普通高等教育“十三五”规划教材

无机及分析化学

主　编　周享春
副主编　刘华荣　童金强　孙代红
　　　　易洪潮　龚银香　陈　炼
　　　　王兰洁　蒋林玲

北京大学出版社
PEKING UNIVERSITY PRESS

内 容 简 介

本书是无机及分析化学精品课程建设和教学改革的重要成果之一。本书系统地介绍了原子结构和分子结构理论，化学反应的基本原理，分散系统的基本性质和四大平衡（酸碱平衡、沉淀-溶解平衡、配位平衡和氧化还原平衡）原理，并在此基础上讨论了物质定量分析的基本方法（滴定分析、吸光光度法和电位分析法及常用的分离-富集方法），重要元素及其化合物的结构、组成、性质及其变化规律。本书深入浅出，既严谨规范，又通俗易懂。

本书可作为化学、应用化学、化学工程与工艺、材料科学与工程、环境科学与工程、地化、地质、资工、油工、油化、轻工、医学检验、药学、生命科学、农业、林业、水产、动科、动医、食品等专业开设无机及分析化学或基础化学课程的教材。

图书在版编目(CIP)数据

无机及分析化学/周享春主编．—北京：北京大学出版社，2017．1
(普通高等教育　“十三五”　规划教材)
ISBN 978－7－301－28028－7

Ⅰ．①无…　Ⅱ．①周…　Ⅲ．①无机化学—高等学校—教材②分析化学—高等学校—教材
Ⅳ．①O61②O65

中国版本图书馆 CIP 数据核字(2017)第 024495 号

书　　名　无机及分析化学
WUJI JI FENXI HUAXUE
著作责任者　周享春　主编
责 任 编 辑　王显超　刘　丽
标 准 书 号　ISBN 978－7－301－28028－7
出 版 发 行　北京大学出版社
地　　址　北京市海淀区成府路 205 号　100871
网　　址　http://www.pup.cn　　新浪微博：@北京大学出版社
电 子 信 箱　pup_6@163.com
电　　话　邮购部 62752015　发行部 62750672　编辑部 62750667
印 刷 者　北京鑫海金澳胶印有限公司
经 销 者　新华书店
787 毫米×1092 毫米　16 开本　29.5 印张　696 千字
2017 年 1 月第 1 版　2023 年 1 月第 4 次印刷
定　　价　58.00 元

前　言

无机及分析化学是对化学、应用化学、化学工程与工艺、材料科学与工程、环境科学与工程、地化、地质、资工、油工、油化、轻工、医学检验、药学、生命科学、农业、林业、水产、动科、动医、食品等专业开设的一门学科基础课，是培养合格的、全面发展的化学化工类及相关专业人才整体知识结构、能力结构教学内容的重要组成部分。通过本课程的学习，使学生掌握化学反应的基本原理、原子结构的基本理论、元素化学的基本知识、误差的基本概念和化学分析的基本技能，培养学生分析和解决生产与科研中有关实际问题的能力。

本书的编写是无机及分析化学精品课程建设和教学改革的重要成果之一，具有以下特点。

（1）努力做到基础性和应用性、系统性和前沿性的有机结合。既强化必要的基本理论和基础知识，又突出理论、规律的应用；保持相对的系统性，适当反映当代化学的新发展和新成就等前沿内容。

（2）在本教材中，凡是在后续课程中还要学习的内容一律不编入其中。

（3）把“四大”滴定分析放在第 11 章讲解，充分体现了滴定分析自身的相互联系和规律。

（4）每章前都有“教学目标”，学生学习时目标明确，大致内容清楚，便于预习和复习，也有利于自学能力的训练和培养。

（5）以现行的中学化学和物理教学大纲为起点，深入浅出。既严谨规范，又通俗易懂。

（6）结合典型范例讲述基本内容，并贯穿始终；书后习题力求减少传统的简单问答和为计算而计算的题型，增加了理论联系实际、诱导学生积极思考的综合性习题。

（7）注重每个章节相关部分的衔接和必要的过渡，力求“来龙明，去脉清”。

（8）以教材为依据制作多媒体课件，编写习题解答，便于学生自学。

（9）采用中华人民共和国国家法定计量单位，采用国家标准所规定的符号。

本书由周享春担任主编，刘华荣、童金强、孙代红、易洪潮、龚银香、陈炼、王兰洁、蒋林玲担任副主编。具体分工如下：第 1、15 章及附录由周享春编写，第 11、12、13 章由刘华荣编写，第 9、10 章由童金强编写，第 4、6 章由孙代红编写，第 8 章由易洪潮编写，第 7 章由龚银香编写，第 2、14 章由陈炼编写，第 3 章由王兰洁编写，第 5 章由蒋林玲编写。周享春对全书各章节进行了全面修改并定稿，周享春(第 1～9 章、第 15 章)和刘华荣(第 10～14 章)对全书清样进行了审核和校对。周享春对全书习题进行了解答，其电子文档(PDF 版)免费供教师教学和学生学习时使用。

本书在编写过程中参考了兄弟院校同类教材的体系、内容及若干专著，在此深表谢意。有关参考书目列于书后。

由于编者水平有限、学识浅薄，书中难免有疏漏和不妥之处，敬请读者和同行批评指正。

编　者

2016 年 12 月

目　　录

第1章 原子结构与元素周期律

教学目标

(1) 了解核外电子运动的特殊性——波粒二象性。

(2) 理解波函数角度分布图，电子云角度分布图和电子云径向分布图。

(3) 掌握四个量子数的量子化条件及其物理意义；掌握电子层，电子亚层，能级和轨道等的含义。

(4) 能运用不相容原理、能量最低原理和洪特规则写出一般元素的原子核外电子排布式和价电子构型。

(5) 理解原子结构和元素周期表的关系，元素若干性质(原子半径、电离能、电子亲合能和电负性)与原子结构的关系。

迄今为止，人们已发现了118种元素。正是这些元素的原子组成了数以万计的具有不同性质的物质。物质在性质上的差别是由于物质的内部结构不同而引起的。物质进行化学反应的基本微粒是原子，在化学反应中，原子核并不发生变化，只是核外电子的运动状态发生变化。因此，要了解物质的性质、化学反应及性质与结构之间的关系，必须首先研究原子的内部结构，特别是原子结构及核外电子的运动状态。

1.1 核外电子的运动状态

1.1.1 原子结构理论的发展简史

面对丰富多彩的客观物质世界，古代的希腊、中国和印度的自然哲学家对物质之源提出了许多臆测。公元前约四百年，古希腊唯物主义哲学家德漠克利特(Democritus)提出了万物由“原子”产生的思想。希腊语中，“atoms”意为“不可再分”。尽管德漠克利特的概念与现代原子概念相当接近，但在当时的争论中却不占上风。另一位古希腊唯心主义哲学家亚里士多德(Aristotle)提出物质是由土、气、火、水四种元素组成。例如，一段木材燃烧能产生火和烟(气)，余下灰烬(土)，也许瞬间有少量树液(水)出现。四元素说占统治地位长达一千五百年。

人类对原子结构的认识由臆测发展到科学，主要是依据科学实验的结果。到了18世纪末，欧洲已进入资本主义上升时期，生产的迅速发展推动了科学的进展，化学实验室里开始有了较精密的天平，使化学科学从对物质变化的简单定性研究进入到定量研究，进而陆续发现一些元素互相化合时质量关系的基本定律，为化学新理论的诞生打下了基础。这些定律主要有：质量守恒定律，即参加化学反应的全部反应物的质量等于反应后全部产物的质量；定组成定律，即一种纯净的化合物无论来源如何，各组分元素的质量都有一定的比例；倍比定律，即当甲乙两元素相互化合生成两种以上化合物时，在这些化合物中，与同一质量甲元素相化合的乙元素的质量互成简单整数比。例如，氢和氧互相化合生成水和过氧化氢，在这两种化合物中，氢和氧的质量比分别是1∶7.94和1∶15.88，即与1份质量的氢相化合的氧的质量比为7.94∶15.88＝1∶2。这些基本定律都是经验规律，是在对大量实验材料进行分析和归纳的基础上得出的结论。究竟是什么原因形成了这些质量关系的规律？这样的新问题摆在化学家面前，迫使他们必须进一步探求新的理论，从而用统一的观点去阐明各个规律的本质。

1803年，道尔顿(Dalton)提出了第一个现代原子论，其主要内容有以下三点。①一切物质都是由不可见的、不可再分割的原子组成。原子不能自生自灭；②同种类的原子在质量、形状和性质上都完全相同，不同种类的原子则不同；③每一种物质都是由它自己的原子组成的。单质是由简单原子组成的，化合物是由复杂原子组成的，而复杂原子又是由为数不多的简单原子所组成的。复杂原子的质量等于组成它的简单原子的质量的总和。他还第一次列出了一些元素的原子量。道尔顿的原子论合理地解释了当时的各个化学基本定律。

1811年，意大利化学家阿佛伽德罗(Avogadro)引入了分子的概念。他认为，原子虽然是构成物质的最小微粒，但它并不能独立存在。原子只有相互结合在一起形成一个新的微粒即分子以后，才可能独立存在。如果是同种原子相结合，形成的是单质的分子；如果是不同种原子相结合，则形成化合物的分子。他强调，不应把单质分子和简单原子混为一谈。同时，他还提出了著名的阿佛伽德罗定律：同温同压下，同体积的气体含有相同的分子数。

原子分子论的建立，阐明了原子、分子间的联系和差别，使人们在认识物质的深度上产生了一个飞跃，澄清了长期以来的混乱。但原子分子论也只是一定历史发展阶段的相对真理。19世纪末，科学上一系列新的发现，打破了原子不可再分的形而上学观点，人们对物质结构的认识又进入一个新的阶段。

19世纪末，生产技术的发展，使人类可以借助于实验来观察电子的行踪，确定电子的荷质比。1897年，汤姆逊(Thomson)发现了电子，使原子不可再分的概念永远被摒弃。发现电子后，汤姆逊当即提出了自己关于原子结构的模型。他认为，原子是由带正电的连续体和在其内部运动的负电子构成的。该模型提出不久就面临了困境。

随着电子的发现，接着又发现了α粒子、质子和中子，特别是1911年卢瑟福(Rutherford)的α粒子散射实验证明：汤姆逊所说的原子中带正电的连续体实际上只能是一个非常小的核，而负电子则受这个核吸引在核的外围空间运动。卢瑟福称其为行星式原子的模型。但是这个行星式原子模型却与经典电磁理论、原子的稳定性和线状光谱发生了矛盾。按照麦克斯韦(Maxwell)的电磁理论，绕核运动的电子应不停地、连续地辐射电磁波，得到连续光谱；由于电磁波的辐射，电子的能量将逐渐地减小，最终会落到带正电的原子核上。但事实上，原子却是稳定地存在着，并且原子可以发射出频率不连续的线状光谱。

20世纪初，量子论和光子学说使人类对原子结构的认识发生了质的飞跃。1905年，爱因斯坦(Einstein)提出了光子学说。其主要根据是：当光照射时，某些金属会发生光电效应。光电效应证明，光不仅具有波动性，而且具有粒子性，即具有波粒二象性。

1913年，玻尔(Bohr)在牛顿力学的基础上，吸收了量子论和光子学说的思想，建立了玻尔原子模型。玻尔原子模型成功地解释了氢原子的线状光谱。但对电子的波粒二象性所产生的电子衍射实验结果，以及多电子体系的光谱，却无能为力。用牛顿经典力学来认识电子运动规律的主要困难在于：电子是微观粒子，它的质量很小，又在原子这样小的空间(直径约 10^{-10} m)内作高速运动。计算求得氢原子在正常状态下电子的运动速度为 2.18×10^{6} m·s^{-1}，约为光速的1%。因此微观粒子与宏观物体不同，不能用经典力学来正确描述，要同时测准速度和位置是不可能的；微观粒子具有波粒二象性，需要用量子力学来描述。

1926年，奥地利物理学家薛定谔(Schrodinger)建立了原子结构的量子力学理论，提出了描述微观粒子(电子)运动的波动方程——薛定谔方程。

1.1.2 核外电子运动的量子化特性——氢原子光谱和玻尔理论

1. 氢原子光谱

核外电子的分布规律和运动状态，以及近代原子结构理论的研究和确立都是从氢原子光谱实验开始的。如果把一只装有氢气的放电管，通过高压电流，则氢原子被激发后所发出的光经过棱镜分光后，在可见、紫外、红外光区可得到一系列按波长次序排列的不连续的线状光谱。在可见光区(波长 λ=400～700nm)有4条颜色不同的谱线，通常用 H_α(红，656.3nm)，H_β(绿，486.1nm)，H_γ(蓝，434.1nm)，H_δ(紫，410.2nm)来表示，如图1-1所示。

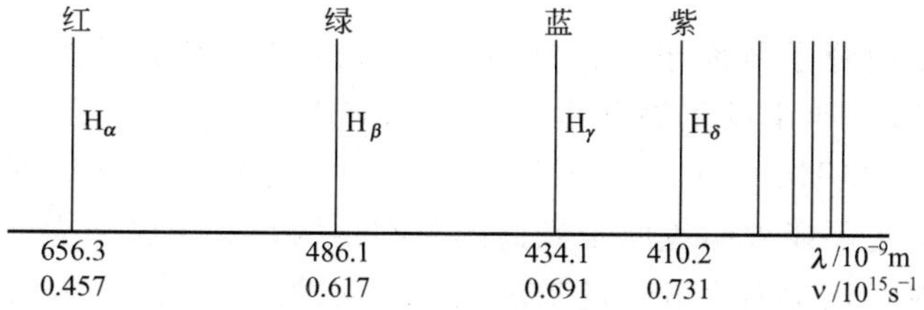

图1-1 氢原子光谱在可见光区的主要谱线

如何解释氢原子线状光谱的实验事实？当时被科学界承认的卢瑟福行星式原子模型已无能为力。按照经典电磁学理论，如果电子绕核做圆周运动，它应该不断发射出连续的电磁波，那么原子光谱应该是连续的，而且电子的能量应该因此而逐渐降低，并最后坠入原子核。然而事实并非如此，原子能稳定的存在，且可以发射出频率不连续的线状光谱。那么氢原子光谱与氢原子核外电子的运动状态有怎样的关系呢？

2. 玻尔理论

丹麦年轻的物理学家玻尔(Bohr)从普朗克(Planck)的量子学说和爱因斯坦的光子学说的成功中获得启示，于1913年在卢瑟福有核原子模型的基础上，提出了氢原子结构的玻尔理论，其要点如下。

(1) 在原子中，电子不能沿着任意的轨道绕核运动，而只能在那些符合一定条件的轨道上运动。电子在这种轨道上运动时，既不吸收能量也不放出能量，而是处于一种稳定状态。

(2) 电子在不同轨道上运动时具有不同的能量，电子运动时所处的能量状态称为能级。电子在轨道上运动时所具有的能量只能取某些不连续的数值，即电子的能量是量子化的。玻尔推导出轨道半径和能量的关系式如下：

$$r_n = a_0 n^2 \tag{1-1}$$

$$E_n = -B\frac{1}{n^2} = -2.179\times10^{-18}\frac{1}{n^2} \tag{1-2}$$

式中，n为量子数，其值可取1，2，3等正整数；负号表示原子核对电子的吸引；$B=2.179\times10^{-18}$J。当$n=1$时，轨道半径为52.9pm，能量$E=-2.179\times10^{-18}$J，是离核最近、能量最低的轨道，这时的能量状态称为氢原子的基态能级。$n=2$，3，…，轨道依次离核渐远，且能量逐渐升高，这些能量状态称为氢原子的激发态能级。

(3) 只有当电子在不同轨道之间跃迁时，才有能量的吸收或放出。当电子从能量较高(E_2)的轨道跃迁到能量较低(E_1)的轨道时，原子以辐射一定频率的光的形式放出能量。光的频率取决于跃迁两能级间的能量差，光子的能量与辐射能的频率成正比：

$$E_2 - E_1 = \Delta E = h\nu \tag{1-3}$$

式中，h为普朗克常数(6.626×10^{-34}J·s)，E的常用单位为J。

玻尔理论不是直接由实验方法确立的，而是在上述三条假设的基础上进行数学处理的结果。应用上述玻尔理论可以解释氢原子光谱，当电子从$n=3$，4，5，6等轨道跃迁到$n=2$的轨道时，按式(1-2)和式(1-3)计算求得：辐射出来的原子光谱的波长分别等于656.3nm、486.1nm、434.1nm、410.2nm，即氢原子光谱中可见光区的H_α、H_β、H_γ和H_δ的波长。

玻尔理论成功地解释了氢原子光谱线的形成和规律，其精确程度令物理学界大为震惊，玻尔因此获得1922年诺贝尔物理学奖。然而应用玻尔理论，除氢原子和某些单电子类氢离子(单电子离子如He^+、Li^{2+}、Be^{3+}、B^{4+}等)尚能得到基本满意的结果外，不能说明多电子原子光谱，也不能说明氢原子光谱的精细结构，对于原子为什么能够稳定存在也未能做出满意的解释。这是因为电子是微观粒子，它的运动不遵守经典力学规律而有其特有的性质和规律。玻尔理论虽然引入了量子化思想，但并没有完全摆脱经典力学的束缚，它的电子绕核运动的固有轨道的观点不符合微观粒子运动的特性，因此玻尔理论必将被随后发展起来的量子力学理论所代替。

1.1.3 微观粒子的运动特征

与宏观物体相比，分子、原子、电子等物质称为微观粒子。微观粒子的运动规律有别于宏观物体，有其自身特有的运动特征和规律，即波粒二象性，体现在量子化及统计性上。

1. 波粒二象性

光的本质是波，还是微粒的问题，在17～18世纪一直争论不休。光的干涉、衍射现象表现出光的波动性，而光压、光电效应则表现出光的粒子性，说明光既具有波的性质又具有微粒的性质，称为光的波粒二象性(wave-particle duality)。光子具有运动质量，根据爱因斯坦提出的质能定律：

$$E=mc^2 \tag{1-4}$$

光子的能量与光波的频率 ν 成正比：

$$E=h\nu \tag{1-5}$$

式中，比例常数 h 称为普朗克常数，$h=6.626\times10^{-34}\,\mathrm{J\cdot s}$；$c$ 为光速，$c=2.998\times10^{8}\,\mathrm{m\cdot s^{-1}}$
结合式(1-4)、式(1-5)及

$$c=\lambda\nu$$

光的波粒二象性可表示为

$$mc=E/c=h\nu/c$$

$$p=h/\lambda \tag{1-6}$$

式中，p 为光子的动量。

2. 德布罗依波

1924年，法国物理学家德布罗依(De Broglie)在光的波粒二象性启发下，大胆假设微观粒子的波粒二象性是一种具有普遍意义的现象。他认为不仅光具有波粒二象性，而且所有微观粒子，如电子、原子等也具有波粒二象性，并预言高速运动的微观粒子(如电子等)的波长为

$$\lambda=h/p=h/mv \tag{1-7}$$

式中，m 是微观粒子的质量，v 是微观粒子的运动速度，p 是微观粒子的动量。式(1-7)即为著名的德布罗依关系式。虽然它形式上与式(1-6)(爱因斯坦的关系式)相同，但必须指出，将波粒二象性的概念从光子应用于微观粒子，当时还是一个全新的假设。这种实物微粒所具有的波称为德布罗依波(也称物质波)。

1927年，德布罗依的大胆假设被戴维逊(Davisson)和盖革(Geiger)的电子衍射实验所证实，电子衍射实验示意图如图1-2所示。他们发现，当经过电势差加速的电子束入射到镍单晶上，观察散射电子束的强度与散射角的关系，结果得到完全类似于单色光通过小圆孔那样的衍射图像。从实验所得的衍射图，可以计算电子波的波长。结果表明，动量 p 与波长 λ 之间的关系完全符合式(1-7)，说明德布罗依的关系式是正确的。

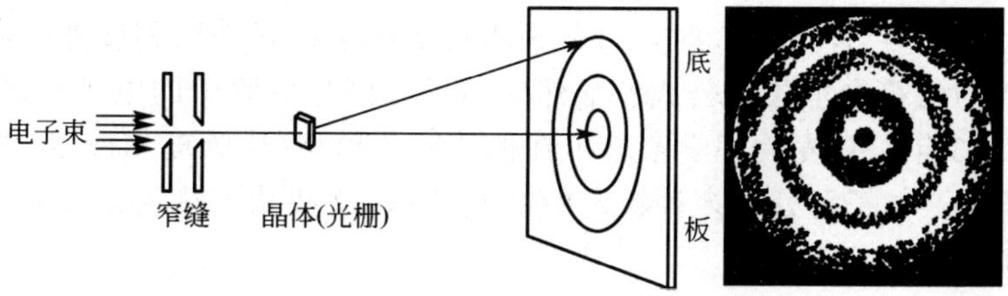

图1-2 电子衍射实验示意图

电子衍射实验表明：一个动量为 p、能量为 E 的微观粒子，在运动时表现为一个波长为 $\lambda=h/mv$、频率为 $\nu=E/h$ 的沿微粒运动方向传播的波（物质波）。因此，电子等实物微粒也具有波粒二象性。

【例 1-1】 电子的质量为 9.10×10^{-31}kg，当在电势差为 1.00V 的电场中运动速度达 $6.00\times10^{5}\text{m}\cdot\text{s}^{-1}$时，其波长为多少？

解：根据式(1-7)，$\lambda=\dfrac{h}{m_e\cdot v_e}$

$$=\frac{6.626\times10^{-34}}{9.10\times10^{-31}\times6.00\times10^{5}}\approx1.21\times10^{-9}(\text{m})$$

该电子波长与 X 射线的波长相当，可用实验测定。

实验进一步证明，不仅电子，其他如质子、中子和原子等一切微观粒子均具有波动性，都符合式(1-7)的关系。由此可见，波粒二象性是微观粒子运动的特征。因而描述微观粒子的运动不能用经典的牛顿力学理论，而必须用建立在量子力学理论基础上的波动方程。

3. 量子化

太阳或白炽灯发出的白光，通过三角棱镜的分光作用，可分出红、橙、黄、绿、青、蓝、紫等光谱，这种光谱称为连续光谱（continuous spectrum）。而原子（离子）受激发后则产生不同种类的光线，经三角棱镜分光后，得到分立的、彼此间隔的线状光谱（line spectrum），称原子光谱（atomic spectrum）。相对于连续光谱，原子光谱为不连续光谱（uncontinuous spectrum）。任何原子被激发后都能产生原子光谱，光谱中每条谱线表征光的相应波长和频率。不同的原子有各自不同的特征光谱。氢原子光谱是最简单的原子光谱。例如，氢原子光谱中从红外区到紫外区，呈现多条具有特征频率的谱线。

1913 年，瑞典物理学家里德伯（Rydberg）仔细测定了氢原子光谱在可见光区各谱线的频率，找出了能概括谱线之间关系的公式——里德伯公式：

$$\nu=R_H\left(\frac{1}{n_1^2}-\frac{1}{n_2^2}\right) \tag{1-8}$$

式中，n_1，n_2 为正整数，且 $n_2>n_1$；$R_H=3.289\times10^{15}\ \text{s}^{-1}$，称里德伯常数。

当把 $n_1=2$，$n_2=3$、4、5、6 分别代入式(1-8)，可计算出可见光区 4 条谱线的频率。如 $n_2=3$ 时：

$$\nu=3.289\times10^{15}\times\left(\frac{1}{2^2}-\frac{1}{3^2}\right)=0.457\times10^{15}\text{s}^{-1}$$

$$\lambda=\frac{c}{\nu}=\frac{2.998\times10^{8}}{0.457\times10^{15}}\approx656\times10^{-9}\text{m}=656\text{nm}(H_\alpha\text{ 线})$$

当 $n_1=1$，$n_2>1$ 或 $n_1=3$，$n_2>3$ 时，可分别求得氢原子在紫外区和红外区谱线的频率。

氢原子光谱为何符合里德伯公式？显然氢原子光谱与氢原子的电子运动状态之间存在着内在联系。1913 年，丹麦物理学家玻尔在他的原子模型（称为玻尔模型）中指出：

(1) 氢原子中，电子可处于多种稳定的能量状态（这些状态称为定态），每一种可能存在的定态，其能量大小必须满足

$$E_n=-2.179\times10^{-18}\frac{1}{n^2}(\text{J})$$

式中，负号表示核对电子的吸引；n 为任意正整数 1，2，3，…，$n=1$ 即氢原子处于能量最低的状态，也称基态，其余为激发态。

(2) n 愈大，表示电子离核愈远，能量愈高。$n=\infty$时，表示电子不再受原子核的吸引，离核而去，这一过程称为电离。n 的大小表示氢原子的能级高低。

(3) 电子处于定态时的原子并不辐射能量。电子由一种定态(能级)跃迁到另一种定态(能级)的过程中，以电磁波的形式放出或吸收辐射能($h\nu$)，辐射能的频率取决于两定态能级的能量之差：

$$\Delta E=h\nu \tag{1-9}$$

由高能态跃迁到低能态($\Delta E<0$)，则放出辐射能；反之，则吸收辐射能。氢原子能级与氢原子光谱之间的关系如图 1-3 所示。

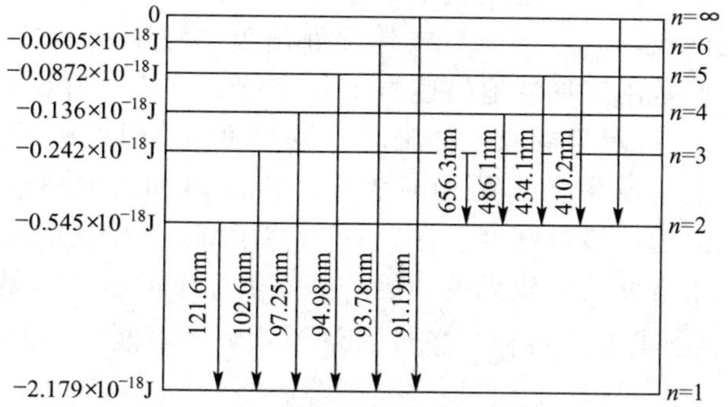

图 1-3　氢原子能级与光谱的关系

由上所述及图 1-3 可知，原子中电子的能量状态不是任意的，而是有一定条件的，它具有微小而分立的能量单位——量子(quantum)($h\nu$)。也就是说，物质吸收或放出的能量就像物质微粒一样，只能以单个的、一定分量的能量，一份一份地按照这一基本分量($h\nu$)的倍数吸收或放出能量，即能量是量子化的。由于原子的两种定态能级之间的能量差不是任意的，即能量是量子化的、不连续的，由此产生的原子光谱必然是分立的、不连续的。

微观粒子的能量及其他物理量具有量子化的特征是一切微观粒子的共性，是区别于宏观物体的重要特性之一。

4. 测不准原理

在经典力学中，宏观物体在任一瞬间的位置和动量都可以用牛顿定律准确测定。例如，太空中的卫星，人们在任何时刻都能同时准确测知其运动速度(或动量)和空间位置(相对于参考坐标)。换言之，它的运动轨道是可测知的，即可以描绘出物体的运动轨迹(轨道)。

而对具有波粒二象性的微观粒子，它们的运动并不服从牛顿定律，不能同时准确测定它们的速度和位置。1927 年，海森堡(Heisenberg)经严格推导提出了测不准原理(uncertainty principle)：电子在核外空间所处的位置(以原子核为坐标原点)与电子运动的动量两者不能同时准确地测定，Δx(位置误差)与 Δp(动量误差)的乘积为一定值$\frac{h}{4\pi}$，即

$$\Delta x \cdot \Delta p \approx \frac{h}{4\pi} \tag{1-10}$$

因此，也就无法描绘出电子运动的轨迹。必须指出，测不准原理并不意味着微观粒子的运动是不可认识的。实际上，测不准原理正是反映了微观粒子的波粒二象性，是对微观粒子运动规律认识的进一步深化。

在图 1-2 的电子衍射实验中，如果电子流的强度很弱，且射出的电子是一个一个依次射到底板上的，则每个电子在底板上只留下一个黑点，显示出其微粒性。但我们无法预测黑点的位置，所以每个电子在底板上留下的位置都是无法预测的。在经历了无数个电子后，在底板上留下的衍射环与较强电子流在短时间内的衍射图是一致的。这表明无论是“单射”还是“连射”，电子在底板上的概率分布是一样的，也反映出电子的运动规律具有统计性。

微观粒子的运动规律可以用量子力学中的统计方法来描述。例如，以原子核为坐标原点，电子在核外定态轨道上运动，虽然无法确定电子在某一时刻会在哪一处出现，但是电子在核外某处出现的概率却不随时间改变而变化。电子云就是用来形象地描述电子在核外空间某处出现概率的一种图示方法。图 1-4 所示为氢原子处于能量最低的状态时的电子云，图中黑点的疏密程度表示概率密度的相对大小。由图可知：离核愈近，概率密度愈大；离核愈远，概率密度愈小。在离核距离(r)相等的球面上概率密度相等，与电子所处的方位无关，因此基态氢原子的电子云是球形对称的。

图 1-4 基态氢原子电子云

综上所述，微观粒子具有“波粒二象性、量子化和测不准”三大特征。

1.1.4 核外电子运动状态的描述

在微观粒子波粒二象性的概念提出后不久，奥地利物理学家薛定谔于 1926 年提出了描述微观粒子运动的波动方程，从而建立了近代量子力学理论。量子力学的最基本的假设就是任何微观体系的运动状态都可用一个波函数 ψ 来描述，微观粒子在空间某点出现的概率密度可用 $|\psi|^2$ 来表示。由于微粒在三维空间里运动，所以它的运动状态必须用含有空间坐标 x，y，z 的波函数 $\psi(x, y, z)$ 来描述，即波函数是一个描述波的数学关系式，含有 x，y，z 三个变量。波函数 ψ 可通过薛定谔方程求得。

1. 薛定谔方程

薛定谔从微观粒子具有波粒二象性出发，通过光学和力学方程之间的类比，提出了著名的薛定谔方程，它是描述微观粒子运动的基本方程，这个二阶偏微分方程为

$$\frac{\partial^2\psi}{\partial x^2}+\frac{\partial^2\psi}{\partial y^2}+\frac{\partial^2\psi}{\partial z^2}+\frac{8\pi^2 m}{h^2}(E-V)\psi=0 \tag{1-11}$$

对于氢原子来说，E 是总能量，等于势能与动能之和；V 是势能，表示原子核对电子的吸引能；m 是电子的质量；ψ 是波函数；h 是普朗克常数；x，y，z 是空间坐标。

解偏微分方程式(1-11)，就是要解出其中的总能量 E 和波函数 ψ(具体解法不是本课程的任务，我们用到的只是求解的结论)。解薛定谔方程可以解出一系列波函数 ψ。各个 ψ 代表电子在原子中的各种运动状态，它们是三维(x，y，z)空间坐标的函数，而且也都是由 3 个量子数 n，l，m 所决定的，一般写成 $\psi_{n,l,m}(x, y, z)$的形式。

为了数学处理方便，通常将直角坐标(x，y，z)转化为球极坐标(r，θ，ϕ)，得到

$\psi_{n,l,m}(r, \theta, \phi)$。球极坐标如图1-5所示，球极坐标与直角坐标的关系如图1-6所示。再用变量分离法求解，将原有的波函数分解成径向部分与角度部分的乘积，即

$$\psi_{n,l,m}(r, \theta, \phi)=R_{n,l}(r)\cdot Y_{l,m}(\theta, \phi)$$

式中，$R(r)$称为波函数的径向部分，也称径向波函数。它只随电子离核的距离r而变化，并含有n，l两个量子数；$Y(\theta, \phi)$则称为波函数的角度部分，又称角度波函数，它随角度(θ, ϕ)而变化，含有l，m两个量子数。

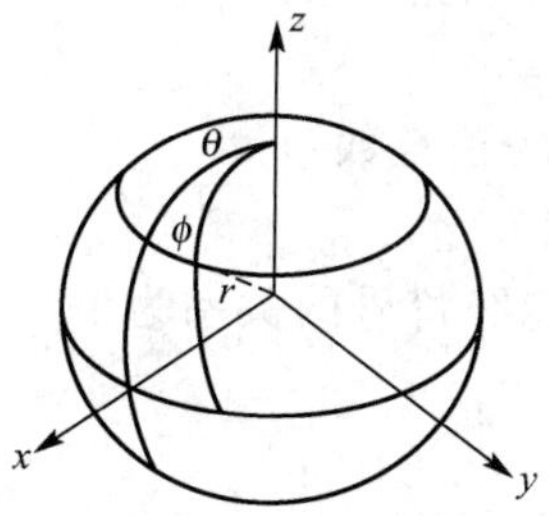

图1-5 球坐标

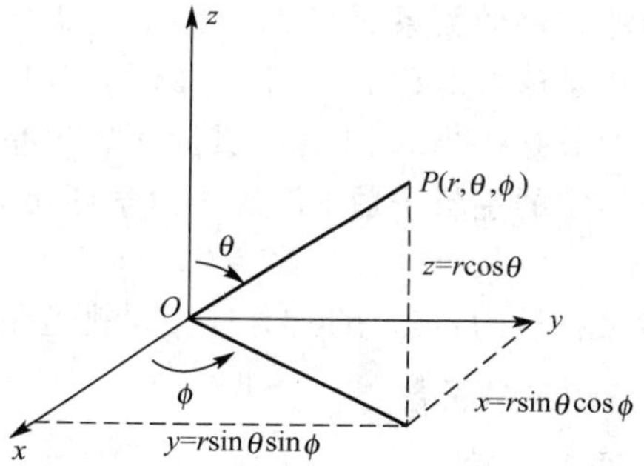

图1-6 球坐标与直角坐标关系

2. 波函数(ψ)与电子云($|\psi|^2$)

波函数ψ是描述核外电子在空间运动状态的数学表达式，核外电子运动的规律受它控制。波函数ψ没有明确而直观的物理意义，但粒子运动在某一时刻某一点的波函数的绝对值的平方$|\psi|^2$却有明确的物理意义，它代表核外空间某点电子出现的概率密度。在核外空间某点附近的微体积$d\tau$中，电子出现的概率$d\omega$可表示为

$$d\omega=|\psi|^2 d\tau \tag{1-12}$$

因此，$|\psi|^2$代表在单位体积内发现电子的概率，称为概率密度。该$|\psi|^2$值可从理论上计算得到。

如果用电子的疏密来表示$|\psi|^2$值的大小，可得到如图1-4所示的基态氢原子的电子云。因此电子云是$|\psi|^2$(概率密度)的形象化描述。因而，人们也把$|\psi|^2$称为电子云，而把描述电子运动状态的波函数ψ称为原子轨道。

3. 四个量子数

在求解薛定谔方程时，为使求得的波函数$\psi(r, \theta, \phi)$和能量E具有一定的物理意义，因而在求解过程中必须引进n，l，m三个量子数。

1) 主量子数n

主量子数(n)在确定电子运动的能量时起主要作用。在氢原子中，电子的能量则完全由主量子数n决定：

$$E_n=-2.179\times10^{-18}\frac{1}{n^2}(\mathrm{J})$$

n可取值1，2，3，4，5，…

当主量子数增加时，电子的能量随之增加，其与核的平均距离也相应增大。在一个原子内，具有相同主量子数的电子，几乎在与核距离相同的空间范围内运动，构成一个核外电子“层”。常用英文大写字母表示核外电子层，主量子数n与电子层符号的对应关系如下。

主量子数 n	1	2	3	4	5	6	7
电子层符号	K	L	M	N	O	P	Q

2）轨道角动量量子数 l

轨道角动量量子数(l)确定原子轨道的形状，并在多电子原子中和主量子数一起决定电子的能级。

电子绕核运动时，不仅具有一定的能量，而且也有一定的角动量 M，它的大小同原子轨道的形状有密切关系。当 $M=0$ 时，即 $l=0$，说明原子中电子运动的情况与角度无关，即原子轨道是球形对称的。当 $l=1$ 时，其原子轨道呈哑铃形分布；当 $l=2$ 时，其原子轨道呈花瓣形分布；当 $l=3$ 时，其原子轨道呈纺锤体分布。

对于给定的主量子数 n，量子力学证明 l 只能取小于 n 的正整数：

$$l=0，1，2，3，4，\cdots，(n-1)$$

相应的能级符号为：s，p，d，f，g。轨道角动量量子数与能级符号的关系为

轨道角动量量子数 l	0	1	2	3	4
能级符号	s	p	d	f	g

例如，一个电子处在 $n=2$、$l=0$ 的运动状态，就是 2s 电子；处在 $n=2$、$l=1$ 的运动状态，就是 2p 电子。

3）磁量子数 m

磁量子数(m)决定原子轨道在空间的取向。某种形状的原子轨道，可以在空间取不同的伸展方向，从而得到几个空间取向不同的原子轨道。这是根据线状光谱在磁场中还能发生分裂并显示出微小的能量差别的现象得出的结果。

磁量子数(m)的量子化条件受轨道角动量量子数(l)的限制。磁量子数的取值：

$m=0，\pm1，\pm2，\cdots，\pm l$，共有$(2l+1)$个值。磁量子数 m 与轨道角动量量子数 l 的关系及由它们确定的空间取向数如下。

l	m	轨道名称及空间取向数
0	0	s 轨道，一种
1	+1，0，−1	p 轨道，三种
2	+2，+1，0，−1，−2	d 轨道，五种
3	+3，+2，+1，0，−1，−2，−3	f 轨道，七种

原子轨道在空间有不同的取向，它们也是量子化的。磁量子数 m 决定原子轨道的空间取向数或原子轨道的数目。对某一个给定的轨道角动量量子数 l，磁量子数 m 共可取$(2l+1)$个值。这些状态的能量在没有外加磁场时是相同的。例如，p 电子的三种空间运动状态(p_x，p_y，p_z)能量完全相同；d 电子的五种空间运动状态能量完全相同；f 电子的七种空间运动状态能量也完全相同。这些在无外加磁场条件下能量相等的轨道称为等价轨道(或简并轨道)。但是，在磁场的作用下，由于原子轨道的分布方向不同而会显示出能量的微小差别，这就是线状光谱在磁场中会发生分裂的原因。

由此可知，电子处于不同的运动状态，s、p、d 和 f 都有相应的原子轨道，要用不同的波函数来表示。而波函数 $\psi_{n,l,m}$ 就是由 n、l、m 决定的数学表达式，是薛定谔方程合理的解。$\psi_{n,l,m}$ 有时又称为“原子轨道”，它与玻尔理论的“轨道”是不同的。$\psi_{n,l,m}$ 并非一个

具体数值，而是一个函数式，它是量子力学中表征微观粒子运动状态的一个函数。微观粒子的各种物理量均可由波函数而得。

4）自旋角动量量子数 s_i

n，l，m 三个量子数是解薛氏方程要求的量子化条件。实验也证明这些条件与实验结果相符。但在无外磁场的情况下，用高分辨率的光谱仪观察氢原子光谱时，发现原来的一条谱线又裂分为靠得很近的两条谱线，反映出电子运动的两种不同的状态。为了解释这一现象，又提出了第四个量子数，称为自旋角动量量子数，用 s_i 表示。前面三个量子数(n，l，m)决定电子绕核运动的状态，常称为轨道量子数。电子除绕核运动外，其自身还作自旋运动。量子力学中分别用自旋角动量量子数：$s_i=+1/2$ 和 $s_i=-1/2$ 表示电子的两种不同的自旋运动状态。

通常图示用箭头"↑"、"↓"符号表示。两个电子的自旋状态为"↑↑"时，称为自旋平行；自旋状态为"↑↓"时，称为自旋相反。

综上所述，主量子数 n 和轨道角动量量子数 l 决定原子轨道的能量；轨道角动量量子数 l 决定原子轨道的形状；磁量子数 m 决定原子轨道的空间取向或原子轨道的数目；自旋角动量量子数 s_i 决定电子运动的自旋状态。也就是说，电子在核外运动的状态可以用四个量子数来描述。根据四个量子数数值间的关系，可以算出各电子层中可能有的运动状态数(即最多可填充的电子数)。

各电子层可能有的状态数，K 层为 2 个，L 层为 8 个，M 为 18 个，N 层为 32 个。归纳得出：各电子层可能有的状态数等于主量子数平方的二倍，即状态数$=2n^2$。

以上这些结论，对于我们用原子结构的知识来讨论原子的电子构型和周期表是很有用的。

4. 原子轨道的角度分布图及电子云的角度分布图和径向分布图

由于电子的波函数是一个三维空间的函数，很难用适当的、简单的图形表示清楚，这里通过变量分离的方法，分别从 ψ 随角度的变化和随半径的变化两个侧面来讨论，给出相应的图形。氢原子波函数可写成仅包含半径变量 r 的径向部分 R 和只包含角度变量的角度部分 Y，即 $\psi=R\cdot Y$。

1）原子轨道的角度分布图

原子轨道的角度分布图又称波函数的角度分布图。例如，p_z 原子轨道函数的角度分布曲面是两个对顶的"球壳"。曲面上一叶的波函数数值为正，下一叶为负，不要误解为正电荷和负电荷。s，p，d 电子的原子轨道(波函数)在三维空间(x，y，z)中的角度分布情况如图 1-7 所示。

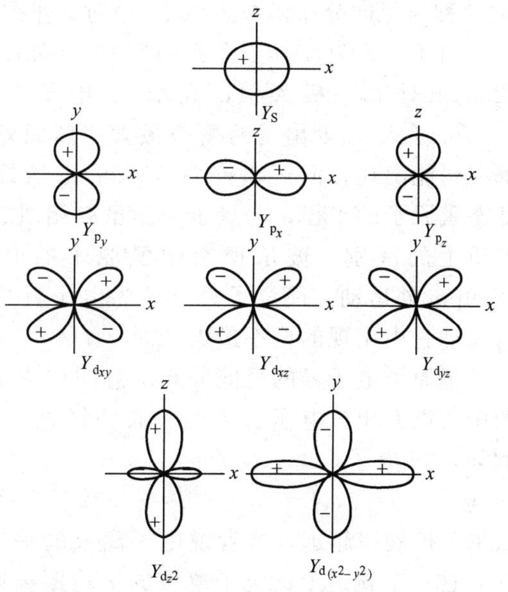

图 1-7　*s*，*p*，*d* 原子轨道的角度分布图

2）电子云的角度分布图

电子云的角度分布图是波函数角度部分函数 $Y(\theta,\phi)$的平方$|Y|^2$ 随 θ，ϕ 角度变化的图形(图 1-8)，可以反映电子在核外空间不

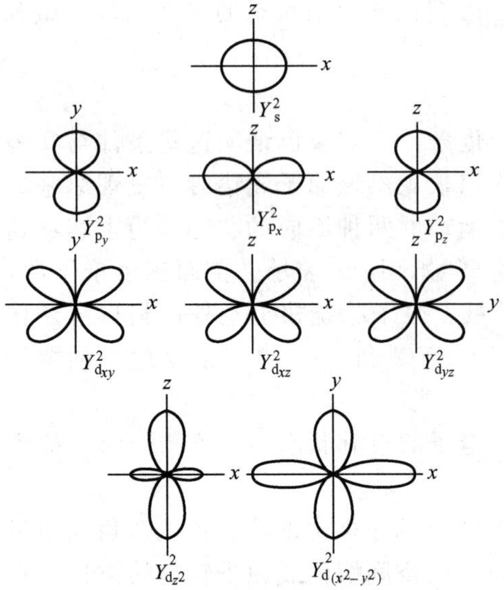

图 1-8　s，p，d 电子云的角度分布图

同角度出现的概率密度的大小。电子云的角度分布图与相应的原子轨道的角度分布图是相似的，它们之间的主要区别在于：

(1) 原子轨道角度分布图中 Y 有正、负之分，而电子云角度分布图中 $|Y|^2$ 则无正、负号，因为 $|Y|$ 平方后总是正值。

(2) 由于 $|Y|<1$ 时，$|Y|^2$ 一定小于 $|Y|$，因而电子云角度分布图要比相应的原子轨道角度分布图稍“瘦”些。

原子轨道和电子云的角度分布图在化学键的形成、分子的空间构型的讨论中有重要意义。

3) 电子云的径向分布图

电子云的角度分布图只能反映电子在核外空间不同角度的概率密度大小，并不能反映电子出现的概率大小与离核远近的关系。通常用电子云的径向分布图来反映电子在核外空间出现的概率与离核远近的关系。

一个离核距离为 r，厚度为 $\mathrm{d}r$ 的薄球壳(如图 1-9 所示)，以 r 为半径的球面面积为 $4\pi r^2$，球壳的体积($\mathrm{d}\tau$)为 $4\pi r^2\mathrm{d}r$。据式(1-12)，电子在球壳内出现的概率：

$$\mathrm{d}w=|\psi|^2\mathrm{d}\tau=|\psi|^2 4\pi r^2\mathrm{d}r=R^2(r)4\pi r^2\mathrm{d}r$$

式中，R 为波函数的径向部分。令

$$D(r)=R^2(r)4\pi r^2$$

$D(r)$称为径向分布函数。以 $D(r)$对 r 作图即可得电子云径向分布图。

图 1-9 为 1s 电子云的径向分布图。曲线在 $r=52.9\text{pm}$ 处有一极大值，表示 1s 电子在离核半径 $r=52.9\text{pm}$ 的球面处出现的概率最大，球面外或球面内电子都有可能出现，但概率较小。52.9pm 恰好是玻尔理论中基态氢原子的半径，与量子力学虽有相似之处，但二者有本质上的区别。玻尔理论中氢原子的电子只能在 $r=52.9\text{pm}$ 处运动，而量子力学认为电子只是在 $r=52.9\text{pm}$ 的薄球壳内出现的概率最大。

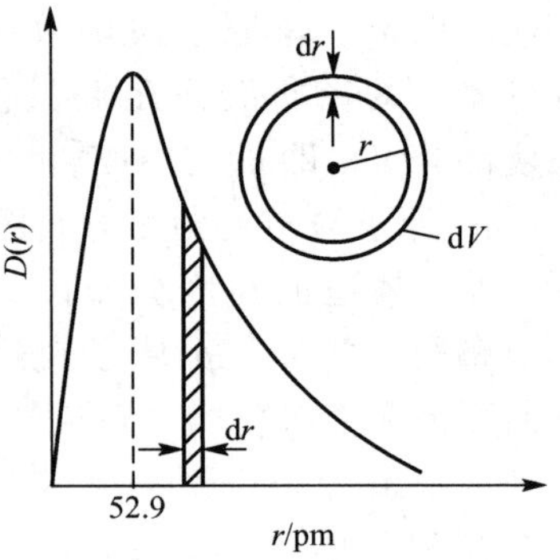

图 1-9　1s 电子云的径向分布图

氢原子电子云的径向分布示意图如图 1-10 所示。从图中可以看出，电子云径向分布曲线上有($n-l$)个峰值。例如，3d 电子，$n=3$，$l=2$，$n-l=1$，只出现一个峰；3s 电子，$n=3$，$l=0$，$n-l=3$，有三个峰。当 l 相同而 n 增大时，如 1s，2s，3s，电子云沿 r 扩展得越远，或者说电子离核的平均距离越远；当 n 相同而 l 不同时，如 3s，3p，3d，这三个轨道上的电子离核的平均距离则较为接近。因为 l 越小，峰的数目越多，l 小者离核最远的峰虽比 l 大者离核远，但 l 小者离核最近的小峰却比 l 大者最小的峰离核更近。

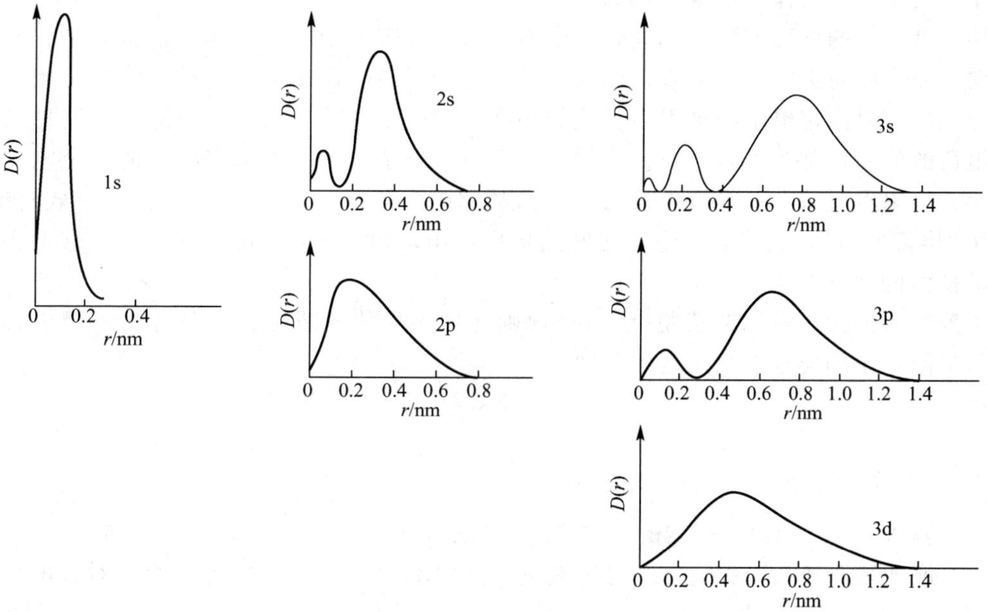

图 1-10 氢原子电子云径向分布示意图

主量子数 n 越大，电子离核平均距离越远；主量子数 n 相同，电子离核平均距离相近。因此，从电子云的径向分布可看出，核外电子是按 n 值分层的，n 值决定了电子层数。

必须指出，上述电子云的角度分布图和径向分布图都只是反映电子云的两个侧面，把两者综合起来才能得到电子云的空间图像。

1.2 多电子原子结构

多电子原子中电子的能级，除了与核电荷大小有关外，还与电子之间的相互作用有关。

1.2.1 屏蔽效应与多电子原子中的轨道能级顺序

1. 屏蔽效应

对于氢原子来说，核电荷 $Z=1$，原子核外仅有 1 个电子，这个电子只受到原子核的作用。其电子运动的能级由下式决定：

$$E_n=-2.179\times10^{-18}\frac{1}{n^2}(\text{J})$$

在多电子原子中，电子不仅受原子核的吸引，而且它们彼此之间也存在着相互排斥作用。例如，锂原子是由带三个单位正电荷的原子核($Z=3$)和三个电子构成的，其中两个电子在 1s 状态，一个在 2s 状态。对于所选定的任何一个电子来说，它是处在原子核和其余两个电子的共同作用之中，而且这三个电子又在不停地运动。因此，要精确地确定其余两个电子对这个电子的作用是很困难的。

用一种近似的处理方法：把其余两个电子对所选定电子的排斥作用，认为是它们屏蔽或削弱了原子核对选定电子的吸引作用。其他电子对某个选定电子的排斥作用，相当于降低部分核电荷对指定电子的吸引力，使作用在指定电子上的有效核电荷降低，这种抵消部分核电荷的作用，称为屏蔽效应。这样，在多电子原子中，对所选定的任何一个电子所受的作用，可以看成来自一个核电荷为$(Z-\sigma)$的单中心势场。$(Z-\sigma)=Z^*$ 称为有效核电荷。σ 称为“屏蔽常数”，它代表了电子之间的排斥作用，相当于 σ 个电子处于原子核上将原有核电荷抵消的部分。

屏蔽效应的大小可用斯莱脱(Slater)规则计算得出的屏蔽常数 σ_i 表示。σ_i 等于其余电子对被屏蔽电子的屏蔽常数 σ 之和，即

$$\sigma_i=\sum\sigma \tag{1-13}$$

2. 屏蔽常数的计算——斯莱脱规则

(1) 轨道分组：(1s)，(2s2p)，(3s3p)，(3d)，(4s4p)，(4d)，(4f)，(5s5p)…

(2) 位于被屏蔽电子右边各组对屏蔽电子的屏蔽常数 $\sigma=0$，即近似看作对该电子无屏蔽作用。

(3) 按上面分组，同组电子间 $\sigma=0.35$(1s 组 $\sigma=0.3$)。

(4) 对$(ns)(np)$组的电子，$(n-1)$层的电子对其的屏蔽常数 $\sigma=0.85$，$(n-2)$层及更内层电子对其的屏蔽常数 $\sigma=1.00$。

(5) 对 nd 或 nf 组的电子，左边各组电子对其的屏蔽常数 $\sigma=1.00$。

【例 1-2】 计算 $_{21}Sc$ 的 4s 电子和 3d 电子的屏蔽常数 σ_i。

解：$_{21}Sc$ 的电子构型为 $1s^2 2s^2 2p^6 3s^2 3p^6 3d^1 4s^2$

分组：$(1s)^2(2s2p)^8(3s3p)^8(3d)^1(4s)^2$

$$\sigma_{4s}=10\times1.00+9\times0.85+1\times0.35=18.0$$

$$\sigma_{3d}=18\times1.00=18.0$$

3. 有效核电荷——多电子原子中轨道能量的计算

核电荷数(Z)减去屏蔽常数(σ_i)等于有效核电荷(Z^*)，即

$$Z^*=Z-\sigma_i \tag{1-14}$$

多电子原子中，每个电子不但受其他电子的屏蔽，而且指定电子也对其他电子产生屏蔽作用。电子的轨道能量可按下式估算：

$$E_i=-2.179\times10^{-18}\left(\frac{Z^*}{n^*}\right)^2(\mathrm{J})$$

式中，Z^* 为作用在某一电子上的有效核电荷数；n^* 为该电子的有效主量子数，与主量子数 n 有关：

n	1	2	3	4	5	6
n^*	1.0	2.0	3.0	3.7	4.0	4.2

Z^* 确定后，就能计算多电子原子中各轨道的近似能量。

【例 1-3】 试确定$_{19}$K的最后一个电子是填在3d还是4s轨道？

解： 若最后一个电子是填在3d轨道，则K原子的电子层结构式为

$$1s^2 2s^2 2p^6 3s^2 3p^6 3d^1$$

若最后一个电子是填在4s轨道，则K原子的电子层结构式为

$$1s^2 2s^2 2p^6 3s^2 3p^6 4s^1$$

$$Z^*_{3d} = 19 - (18 \times 1.00) = 1.00$$

$$Z^*_{4s} = 19 - (10 \times 1.00 + 8 \times 0.85) = 2.2$$

$$E_{3d} = -2.179 \times 10^{-18} \times (1.00/3.0)^2 \approx -0.24 \times 10^{-18}(\mathrm{J})$$

$$E_{4s} = -2.179 \times 10^{-18} \times (2.2/3.7)^2 \approx -0.77 \times 10^{-18}(\mathrm{J})$$

由于$E_{4s} < E_{3d}$，根据能量最低原理，$_{19}$K原子最后一个电子应填入4s轨道，电子结构式为$1s^2 2s^2 2p^6 3s^2 3p^6 4s^1$。

【例 1-4】 试计算$_{21}$Sc的E_{3d}和E_{4s}，确定$_{21}$Sc在失电子时是先失3d电子还是4s电子？

解： $_{21}$Sc的电子结构式为$1s^2 2s^2 2p^6 3s^2 3p^6 3d^1 4s^2$

根据例1-2，已知$\sigma_{4s} = \sigma_{3d} = 18.0$

$$Z^*_{3d} = Z - \sigma_i = 21 - 18.0 = 3.0$$

$$Z^*_{4s} = 21 - 18.0 = 3.0$$

$$E_{3d} = -2.179 \times 10^{-18} \times (3.0/3.0)^2 \approx -2.2 \times 10^{-18}(\mathrm{J})$$

$$E_{4s} = -2.179 \times 10^{-18} \times (3.0/3.7)^2 \approx -1.4 \times 10^{-18}(\mathrm{J})$$

由于$E_{4s} > E_{3d}$，所以$_{21}$Sc原子在失电子时先失去4s电子。过渡金属原子在失电子时一般都是先失去ns电子，再失$(n-1)$d电子的。

4. 多电子原子中轨道能极顺序

(1) 在同一原子中，当原子的轨道角动量量子数l相同时，主量子数n值愈大，相应的轨道能量愈高。因而有

$$E_{1s} < E_{2s} < E_{3s} \cdots; \quad E_{2p} < E_{3p} < E_{4p} \cdots;$$
$$E_{3d} < E_{4d} < E_{5d} \cdots; \quad E_{4f} < E_{5f}$$

(2) 当原子的主量子数n相同时，随着轨道角动量量子数l的增大，相应轨道的能量也随之升高。因而有

$$E_{ns} < E_{np} < E_{nd} < E_{nf}$$

钻穿效应：在多电子原子中，每个电子既被其他电子所屏蔽，也对其他电子起屏蔽作用。在原子核附近出现概率较大的电子，可更多地避免其他电子的屏蔽，受到原子核较强的吸引而更靠近核，这种外层电子渗入内层空间而接近原子核的作用称为钻穿效应，亦称穿透效应。这可以从电子运动具有波动性来理解。钻穿作用与原子轨道的径向分布函数有关。这里近似地借用氢原子的径向分布函数图(图1-10)来解释。当n相同而l不同时，l愈小的轨道的第一个峰钻得愈深，即离核愈近，如3p比3d多一个离核较近的小峰，3s又比3p多一个离核较近的小峰。因而钻穿效应愈大的电子，所受的屏蔽效应愈小，受到核的吸引力愈大，电子的能量则愈低。

(3) 当主量子数n与轨道角动量量子数l均不相同时，应求出Z^*再求出E_i。

(4) 计算表明，多电子原子中轨道能量顺序为

$E(1s)<E(2s)<E(2p)<E(3s)<E(3p)<E(4s)<E(3d)<E(4p)<E(5s)<E(4d)<E(5p)<E(6s)<E(4f)<E(5d)<E(6p)<E(7s)<E(5f)<E(6d)<E(7p)$

5. 鲍林近似能级图

鲍林(Pauling)根据光谱实验数据及理论计算结果，把原子轨道能级按从低到高分为7个能级组，如图1-11所示。图中每个小圆圈代表一个原子轨道。

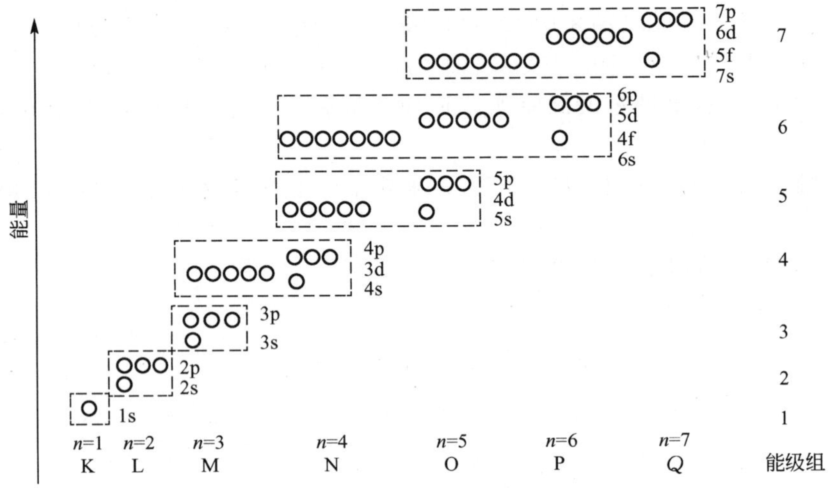

图1-11 轨道填充顺序图

量子力学中把同一原子或分子中能量相同的状态称为简并状态，相应的轨道称为简并轨道。例如，p轨道有3个为简并轨道；d轨道有5个简并轨道；而f轨道有7个简并轨道。

有了鲍林近似能级图，各元素基态原子的核外电子可按这一能级图从低到高顺序填入。在应用鲍林近似能级图时，必须注意以下三点。

(1) 鲍林近似能级图仅反映多电子原子中原子轨道能量的近似高低，并非所有原子均相同。光谱实验与理论计算表明，随原子序数 z 的增加，原子核对电子吸引作用增强，轨道能量降低。由于不同轨道能量下降的程度不同，能级相对次序有所变化，即有个别过渡元素(如Nb，Pt，Pd等元素)稍有出入。

(2) 鲍林近似能级图只适用于多电子原子，即不适用于氢原子和类氢原子。氢原子和类氢原子不存在能级分裂现象，自然也谈不上能级交错。

(3) 鲍林近似能级图严格意义上只能称为“顺序图”。顺序是指轨道被填充的顺序或电子填入轨道的顺序。换一种说法，填充顺序并不总是能代表原子中电子的实际能级。例如，Mn原子($Z=25$)，最先的18个电子填入 $n=1\sim3$ 的9个轨道，接下来2个电子填入4s轨道，最后5个电子填入顺序图中能级最高的3d轨道。但是，如果你由此得出“Mn原子中3d电子的能级高于4s电子”，那就错了，金属锰与酸反应生成 Mn^{2+}，失去的2个电子属于4s而非3d电子。

1.2.2 原子核外电子的排布

1. 核外电子排布的一般原则

了解核外电子的排布，有助于对元素性质周期性变化规律的理解，以及对元素周期表

结构和元素分类本质的认识。在已发现的 118 种元素中，除氢以外的原子都属于多电子原子。多电子原子核外电子的排布遵循以下三条原则。

(1) 能量最低原理：系统的能量越低，稳定性越强。基态原子核外电子的排布尽可能先占据能量较低的轨道，即按鲍林近似能级图的顺序依次填充电子。

(2) 泡利不相容原理：在同一个原子中不可能有四个量子数完全相同的两个电子存在。在轨道量子数 n，l，m 确定的一个原子轨道上最多可容纳两个电子，而这两个电子的自旋方向必须相反，即自旋角动量量子数分别为 $+1/2$ 和 $-1/2$。按照这个原理，s 轨道可容纳 2 个电子，p，d，f 轨道依次最多可容纳 6，10，14 个电子，并可推知每一电子层可容纳的最多电子数为 $2n^2$。

(3) 洪特规则：洪特(Hund)根据大量光谱实验指出，电子在能量相同的轨道(即简并轨道)上排布时，总是尽可能以自旋方向相同的方式分占不同的轨道，因为这样的排布方式使原子的能量最低。图 1－12 所示为氮原子的电子排布式，N 原子的三个 2p 电子分别占据 p_x，p_y，p_z 三个简并轨道，且自旋角动量量子数相同(自旋平行)。此外，作为洪特规则的补充，当亚层的简并轨道被电子半充满、全充满或全空时最为稳定。

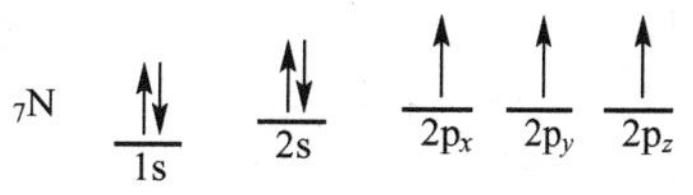

图 1－12　氮原子电子排布式

2. 电子排布式与电子构型

下面运用核外电子排布的一般原则来讨论核外电子排布的几个实例。

例如，7 号元素$_7$N 的核外电子排布式为

$$1s^2 2s^2 2p^3$$

这种用主量子数 n 和角量子数 l 表示的电子排布式称为电子构型(或电子组态、电子结构式、电子排布式)，右上角的数字是轨道中的电子数目。为了表明这些电子的磁量子数和自旋角动量量子数，也可用图 1－12 的图示形式表示，常称轨道排布式。短横“—”也可用“□”或“○”表示，即“—”、“□”或“○”表示 n，l，m 确定的一个轨道。↓、↑表示电子的两种自旋状态。

为了避免电子排布式书写过繁，常把电子排布已达稀有气体结构的内层，用稀有气体元素符号外加方括号(称为“原子实”)表示。例如，钠原子的电子构型为 $1s^2 2s^2 2p^6 3s^1$。它可表示为 [Ne]$3s^1$。原子实以外的电子排布称外层电子构型。必须指出，虽然原子中的电子是按鲍林近似能级图由低到高的顺序填充的，但在书写原子的电子构型时，外层电子构型应按 $(n-2)$f，$(n-1)$d，ns，np 的顺序书写。

例如：

$_{24}$Cr 电子构型 [Ar]$3d^5 4s^1$　　$_{29}$Cu 电子构型 [Ar]$3d^{10} 4s^1$

$_{64}$Gd 电子构型 [Xe]$4f^7 5d^1 6s^2$　　$_{82}$Pb 电子构型 [Xe]$4f^{14} 5d^1 6s^2 6p^2$

对绝大多数元素的原子来说，按电子排布规则得出的电子排布式与光谱实验的结论是一致的。然而有些副族元素如$_{74}$W([Xe]$4f^{14} 5d^4 6s^2$)等，不能用上述规则予以完满解释，这种情况在第 6、7 周期元素中较多。应该说，这些原子的核外电子排布仍然是服从能量最低原理的，说明现有的电子排布规则还有局限性，有待进一步发展和完善，以使它更加符合实际。元素基态原子的电子构型见表 1－1。

表 1-1　元素基态原子的电子构型

原子序数	元素	电子构型	原子序数	元素	电子构型	原子序数	元素	电子构型
1	H	$1s^1$	41	Nb	[Kr] $4d^4 5s^1$	81	Tl	[Xe] $4f^{14} 5d^{10} 6s^2 6p^1$
2	He	$1s^2$	42	Mo	[Kr] $4d^5 5s^1$	82	Pb	[Xe] $4f^{14} 5d^{10} 6s^2 6p^2$
3	Li	[He] $2s^1$	43	Tc	[Kr] $4d^5 5s^2$	83	Bi	[Xe] $4f^{14} 5d^{10} 6s^2 6p^3$
4	Be	[He] $2s^2$	44	Ru	[Kr] $4d^7 5s^1$	84	Po	[Xe] $4f^{14} 5d^{10} 6s^2 6p^4$
5	B	[He] $2s^2 2p^1$	45	Rh	[Kr] $4d^8 5s^1$	85	At	[Xe] $4f^{14} 5d^{10} 6s^2 6p^5$
6	C	[He] $2s^2 2p^2$	46	Pd	[Kr] $4d^{10}$	86	Rn	[Xe] $4f^{14} 5d^{10} 6s^2 6p^6$
7	N	[He] $2s^2 2p^3$	47	Ag	[Kr] $4d^{10} 5s^1$	87	Fr	[Rn] $7s^1$
8	O	[He] $2s^2 2p^4$	48	Cd	[Kr] $4d^{10} 5s^2$	88	Ra	[Rn] $7s^2$
9	F	[He] $2s^2 2p^5$	49	In	[Kr] $4d^{10} 5s^2 5p^1$	89	Ac	[Rn] $6d^1 7s^2$
10	Ne	[He] $2s^2 2p^6$	50	Sn	[Kr] $4d^{10} 5s^2 5p^2$	90	Th	[Rn] $6d^2 7s^2$
11	Na	[Ne] $3s^1$	51	Sb	[Kr] $4d^{10} 5s^2 5p^3$	91	Pa	[Rn] $5f^2 6d^1 7s^2$
12	Mg	[Ne] $3s^2$	52	Te	[Kr] $4d^{10} 5s^2 5p^4$	92	U	[Rn] $5f^3 6d^1 7s^2$
13	Al	[Ne] $3s^2 3p^1$	53	I	[Kr] $4d^{10} 5s^2 5p^5$	93	Np	[Rn] $5f^4 6d^1 7s^2$
14	Si	[Ne] $3s^2 3p^2$	54	Xe	[Kr] $4d^{10} 5s^2 5p^6$	94	Pu	[Rn] $5f^6 7s^2$
15	P	[Ne] $3s^2 3p^3$	55	Cs	[Xe] $6s^1$	95	Am	[Rn] $5f^7 7s^2$
16	S	[Ne] $3s^2 3p^4$	56	Ba	[Xe] $6s^2$	96	Cm	[Rn] $5f^7 6d^1 7s^2$
17	Cl	[Ne] $3s^2 3p^5$	57	La	[Xe] $5d^1 6s^2$	97	Bk	[Rn] $5f^9 7s^2$
18	Ar	[Ne] $3s^2 3p^6$	58	Ce	[Xe] $4f^1 5d^1 6s^2$	98	Cf	[Rn] $5f^{10} 7s^2$
19	K	[Ar] $4s^1$	59	Pr	[Xe] $4f^3 6s^2$	99	Es	[Rn] $5f^{11} 7s^2$
20	Ca	[Ar] $4s^2$	60	Nd	[Xe] $4f^4 6s^2$	100	Fm	[Rn] $5f^{12} 7s^2$
21	Sc	[Ar] $3d^1 4s^2$	61	Pm	[Xe] $4f^5 6s^2$	101	Md	[Rn] $5f^{13} 7s^2$
22	Ti	[Ar] $3d^2 4s^2$	62	Sm	[Xe] $4f^6 6s^2$	102	No	[Rn] $5f^{14} 7s^2$
23	V	[Ar] $3d^3 4s^2$	63	Eu	[Xe] $4f^7 6s^2$	103	Lr	[Rn] $5f^{14} 6d^1 7s^2$
24	Cr	[Ar] $3d^5 4s^1$	64	Gd	[Xe] $4f^7 5d^1 6s^2$	104	Rf	[Rn] $5f^{14} 6d^2 7s^2$
25	Mn	[Ar] $3d^5 4s^2$	65	Tb	[Xe] $4f^9 6s^2$	105	Db	[Rn] $5f^{14} 6d^3 7s^2$
26	Fe	[Ar] $3d^6 4s^2$	66	Dy	[Xe] $4f^{10} 6s^2$	106	Sg	
27	Co	[Ar] $3d^7 4s^2$	67	Ho	[Xe] $4f^{11} 6s^2$	107	Bh	
28	Ni	[Ar] $3d^8 4s^2$	68	Er	[Xe] $4f^{12} 6s^2$	108	Hs	
29	Cu	[Ar] $3d^{10} 4s^1$	69	Tm	[Xe] $4f^{13} 6s^2$	109	Mt	
30	Zn	[Ar] $3d^{10} 4s^2$	70	Yb	[Xe] $4f^{14} 6s^2$	110	Ds	
31	Ga	[Ar] $3d^{10} 4s^2 4p^1$	71	Lu	[Xe] $4f^{14} 5d^1 6s^2$	111	Rg	
32	Ge	[Ar] $3d^{10} 4s^2 4p^2$	72	Hf	[Xe] $4f^{14} 5d^2 6s^2$	112	Cn	
33	As	[Ar] $3d^{10} 4s^2 4p^3$	73	Ta	[Xe] $4f^{14} 5d^3 6s^2$	113	Nh	
34	Se	[Ar] $3d^{10} 4s^2 4p^4$	74	W	[Xe] $4f^{14} 5d^4 6s^2$	114	Fl	
35	Br	[Ar] $3d^{10} 4s^2 4p^5$	75	Re	[Xe] $4f^{14} 5d^5 6s^2$	115	Mc	
36	Kr	[Ar] $3d^{10} 4s^2 4p^6$	76	Os	[Xe] $4f^{14} 5d^6 6s^2$	116	Lv	
37	Rb	[Kr] $5s^1$	77	Ir	[Xe] $4f^{14} 5d^7 6s^2$	117	Ts	
38	Sr	[Kr] $5s^2$	78	Pt	[Xe] $4f^{14} 5d^9 6s^1$	118	Og	
39	Y	[Kr] $4d^1 5s^2$	79	Au	[Xe] $4f^{14} 5d^{10} 6s^1$			
40	Zr	[Kr] $4d^2 5s^2$	80	Hg	[Xe] $4f^{14} 5d^{10} 6s^2$			

注意：当原子失去电子成为阳离子时，其电子是按 $np \rightarrow ns \rightarrow (n-1)d \rightarrow (n-2)f$ 的顺序失去电子的。

例如，Fe^{2+} 的电子构型为 $[Ar]3d^6 4s^0$（先失去 4s 轨道上的两个电子），而不是 $[Ar]3d^4 4s^2$（先失去 3d 轨道上的两个电子）。原因是同一元素的阳离子比原子的有效核电荷多，造成基态阳离子的轨道能级与基态原子的轨道能级有所不同。

1.2.3 原子结构与元素周期系的关系

元素周期律也称元素周期系，自门捷列夫以来逐渐充实和完善。20 世纪 30 年代量子力学的发展使人们弄清了元素周期律与元素核外电子的排布，特别是外层电子的排布有关。

1. 元素性质呈现周期性的内因

元素性质随着核电荷数的递增而呈现周期性的变化，这个规律称为元素周期律。为什么元素性质会随着核电核数的递增而呈现周期性的变化呢？

这是因为：当把元素按原子序数(即核电荷)递增的顺序依次排列成周期表时，原子最外层上的电子数目由 1 到 8，呈现出明显的周期性变化，即电子构型重复 ns^1 到 ns^2np^6 的变化。所以，每一周期(除第 1 周期外)都是由碱金属开始，以稀有气体结束。而每一次这样的重复，都意味着一个新周期的开始和一个旧周期的结束。同时，原子最外层电子数目的每一次重复出现，使元素性质在发展变化中重复呈现某些相似的性质。因为元素的化学性质，主要取决于它的最外电子层的构型；而最外电子层的构型，又是由核电荷数和核外电子排布规律所决定的。因此，元素周期律正是原子内部结构周期性变化的反映，元素性质的周期性来源于原子电子层构型的周期性。

2. 原子的电子层构型和周期的划分

目前人们常用的是长式周期表，它将元素分为 7 个周期。核外电子排布的周期性变化使得元素性质呈现周期性的规律，即元素周期律。

(1) 元素所在的周期数等于该元素原子的电子层数。即第 1 周期元素原子有一个电子层，主量子数 $n=1$；第 3 周期元素有三个电子层，最外层主量子数 $n=3$，余类推。因此，这种相互关系又可以表示为：

$$周期数=最外电子层的主量子数\ n$$

例如，$_{26}Fe[Ar]3d^6 4s^2$ 为第四周期元素；$_{47}Ag[Kr]4d^{10}5s^1$ 为第五周期元素。

(2) 各周期元素的数目等于相应能级组中原子轨道所能容纳的电子数目。各周期元素的数目与相应能级组的原子轨道的关系见表 1-2。

表 1-2　各电子层能容纳的电子总数

周期	元素数目	相应能级组中原子轨道	电子最大容量
1	2	1s	2
2	8	2s　2p	8
3	8	3s　3p	8
4	18	4s　3d　4p	18
5	18	5s　4d　5p	18
6	32	6s　4f　5d　6p	32
7	31(未完)	7s　5f　6d　7p(未完)	未满

3. 原子的电子构型和族的划分

1）价电子构型

价电子是原子发生化学反应时易参与形成化学键的电子，相应的电子排布即为价电子构型。

主族元素：价电子构型＝最外层电子构型($nsnp$)

副族元素：价电子构型＝$(n-2)f(n-1)dnsnp$

2）主族元素

主族元素包括：ⅠA～ⅧA(即0族)，元素的最后一个电子填入 ns 或 np 亚层。

主族元素的族数＝原子的最外电子层的电子数($ns+np$)

例如，元素$_7$N，电子结构式为 $1s^22s^22p^3$，最后一个电子填入 2p 亚层，价电子总数为 5，因而是 VA 元素。

其中 0 族元素为稀有气体，价电子构型为 ns^2np^6(除 He)，为 8 电子稳定结构，根据 Hund 规则补充，全满电子构型特别稳定。

主族元素的最高氧化数，恰好等于原子最外电子层上的电子数目。在同一族内，虽然不同元素的原子电子层数是不相同的，然而都有相同的最外层电子数。例如，碱金属都是 ns^1，卤素都是 ns^2np^5。因此，同一族元素的性质非常相似。而碱金属和卤素比较，两者的电子构型不同，性质也不相同。碱金属最外层仅有 1 个电子 ns^1，容易失去而形成正离子，因此碱金属显很强的金属性；而卤素的最外层有 7 个电子 ns^2np^5，有强烈的夺取一个电子的倾向，它夺取一个电子后就形成 8 电子构型的负离子；卤素也可以形成共价化合物，最高氧化数为Ⅶ。因此，卤素显很强的非金属性。

3）副族元素

ⅢB～Ⅷ族＋ⅠB～ⅡB 族共 10 列，其中Ⅷ族有 3 列。副族元素也称过渡元素(同一周期从 s 区向 p 区过渡)。

ⅠB～ⅡB 最后一个电子填入 ns 轨道

族数＝最外层电子数

ⅢB～ⅦB 最后一个电子填入$(n-1)$d 轨道

族数＝最外层电子数＋$(n-1)$d 电子数

Ⅷ族较特殊，有三列，共 9 个元素：

Fe　Co　Ni　为铁系元素

Ru　Rh　Pd
Os　Ir　Pt　为铂系元素

La 系和 Ac 系元素，也称内过渡元素。

第六周期ⅢB 位置从$_{57}$La 到$_{71}$Lu 共 15 个元素称镧系元素，用符号 Ln 表示；

第七周期ⅢB 位置从$_{89}$Ac 到$_{103}$Lr(铹)共 15 个元素称锕系元素，用符号 An 表示。它们的最后一个电子填入外数第三层$(n-2)$f。

4. 原子的电子构型和元素的分区

周期表中的元素除了按周期和族划分外，还可根据原子的电子构型的特征分为五个区。

(1) s 区元素：最外层电子构型是 $ns^{1\sim2}$，包括ⅠA 族碱金属和ⅡA 族碱土金属。这些元素的原子容易失去 1 个或 2 个电子，形成＋1 或＋2 价离子，它们是活泼金属。

(2) p 区元素：包括电子构型从 $ns^2np^{1\sim6}$ 的元素，即ⅢA～ⅧA(或 0 族)族元素，位于长周期表的右侧，共 6 族元素。

对 0 族元素，除 He 原子核外只有 2 个电子($1s^2$)外，其余稀有气体原子最外电子层的 s 和 p 轨道都已填满，共有 8 个电子。这样的电子构型是比较稳定的。正是由于这个原因，人们曾经认为它们不会形成化合物，取名为惰性气体，化合价为零，故称为零族。其实，所谓 8 电子稳定构型是相对的。1962 年以后，实验证明，某些稀有气体在一定条件下可以形成具有真正化学键的化合物，如 XeF_2 和 XeO_3 等。故有的周期表将“零族”改名为“ⅧA 族”，将“惰性气体”改名为“稀有气体”。

(3) d 区元素：本区元素的原子的电子构型中，最外层 ns 轨道的电子数为 1～2 个，次外层$(n-1)$d 轨道上的电子数在 1～9，包括ⅢB 族到第Ⅷ族元素。d 区元素又称为过渡元素。

d 区元素的化学性质和原子核外 d 电子构型有较大的关系。由于最外层电子数皆为 1～2 个，这些元素的电子构型差别大都在次外层的 d 轨道上，因此，它们都是金属元素，性质比较相似，从左到右，性质变化比较缓慢。

(4) ds 区元素：电子构型是 $(n-1)d^{10}ns^1$ 和$(n-1)d^{10}ns^2$，包括ⅠB 族和ⅡB 族元素。

(5) f 区元素：本区元素的差别在倒数第三层$(n-2)$f 轨道上电子数不同。由于最外两层电子数基本相同，故它们的化学性质非常相似，包括镧系元素和锕系元素。

综上所述，原子的电子构型与元素周期表的关系十分密切。

1.3 元素的原子半径、电离能、电子亲合能和电负性

元素游离原子的某些性质与原子结构密切相关，如原子半径、电离势、电子亲合势和电负性等，它们随着原子序数增大，由于电子构型的周期性变化，而呈现出明显的周期性。

1.3.1 原子半径

因电子在核外各处都有出现的可能性，仅概率大小不同而已，所以对单个原子来讲并不存在明确的界面。所谓原子半径，是根据相邻原子的核间距测出的。由于相邻原子间成键的情况不同，可给出不同类型的原子半径。同种元素的两个原子以共价单键连接时，其核间距的一半称为该原子的共价半径。例如，Cl_2 中氯原子间是以共价单键相连，其核间距为 198.8pm，所以氯原子的共价半径为 99.4pm。金属晶格中金属原子核间距的一半，称为金属半径。同种元素的共价半径和金属半径数值不同，后者一般比前者大10%～15%。

原子半径在周期表中的变化规律可归纳如下。

(1) 同一主族自上而下半径增大。这是因为电子层数逐渐增加的缘故。同一副族自上而下半径一般也增大，但增幅不大，特别是第五和第六周期的副族元素，它们的原子半径十分接近，这是由于镧系收缩所造成的。

镧系收缩：镧系元素依次增加的电子是填充在外数第三电子层的 4f 轨道中，由于 4f 电子的递增不能完全抵消核电荷的递增，La～Lu 有效核电荷逐渐增加，因此对外电子层的引力逐渐增强，以致外电子层逐渐向核收缩。镧系元素的原子半径总趋势是逐渐缩小的，而+3 价离子半径则极有规律地依次缩小。镧系元素这种原子半径和离子半径依次缩小的现象，称为镧系收缩。镧系收缩是重要的化学现象之一。由于它的存在，使镧后元素铪 Hf、钽 Ta、钨 W 等的原子和离子半径，分别与同族上一周期的锆 Zr、铌 Nb、钼 Mo

等几乎相等，造成了 Zr 和 Hf，Nb 和 Ta，Mo 和 W 化学性质非常相似，以致难以分离。此外，在ⅧB 族九种元素中，Fe、Co、Ni 性质相似，Ru、Rh、Pd 和 Os、Ir、Pt 性质相似。而铁系元素与铂系元素性质差别较大，这也是镧系收缩造成的。

(2) 同一周期从左到右，原子半径逐渐减小。但主族元素比副族元素减小的幅度大得多。这是因为主族元素从左到右，新增加的电子都填充在最外层，它对处于同一层的电子屏蔽作用较小($\sigma=0.35$)，故每向右移动一元素，有效核电荷可增加 0.65。副族元素从左到右新增加的电子填充在次外层 d 轨道上，它对外层电子屏蔽作用较大($\sigma=0.85$)，故有效核电荷只增加 0.15。所以副族元素比主族元素半径减小缓慢得多。

1.3.2 电离能

1. 第一电离能

基态的气态原子，失去一个电子形成+1 价的气态阳离子所需要的能量，称为该原子的第一电离能(势)。常用符号 I_1 表示。例如：

$$H(g) \longrightarrow H^+(g) + e;\quad \Delta H = I_1 = 21.784 \times 10^{-19}\,J$$

$$Na(g) \longrightarrow Na^+(g) + e;\quad \Delta H = I_1 = 8.233 \times 10^{-19}\,J$$

但是 $Na(s) \longrightarrow Na^+(g) + e$；$\Delta H \neq I_1$，电离能应该为正值，因为从原子取走电子需要吸收能量。

2. 第二电离能

从+1 价的气态阳离子再失去一个电子，生成+2 价的气态阳离子时，所需要的能量称为第二电离能。余类推。

$$Al(g) \longrightarrow Al^+(g) + e;\quad \Delta H = I_1$$

$$Al^+(g) \longrightarrow Al^{2+}(g) + e;\quad \Delta H = I_2$$

$$Al^{2+}(g) \longrightarrow Al^{3+}(g) + e;\quad \Delta H = I_3$$

$$Al(s) \rightarrow Al^{3+}(g) + e;\quad \Delta H = \Delta H_{Al,升华} + I_1 + I_2 + I_3$$

各级电离能的大小顺序是：$I_1 < I_2 < I_3$，因为离子正电荷越高，半径越小，所以失去电子逐渐变难，需要能量越高。

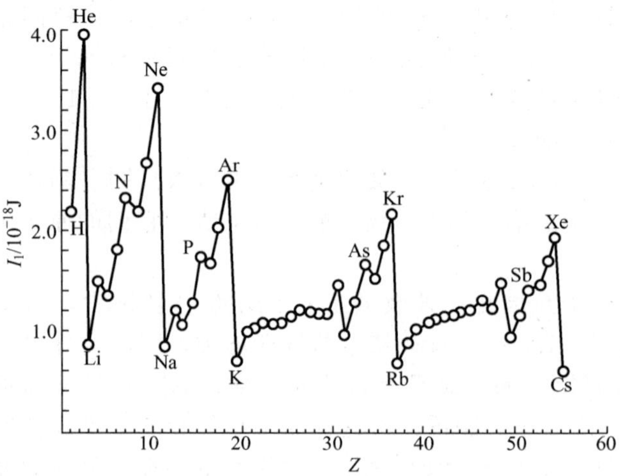

图 1-13 元素第一电离能的周期性

元素的原子电离能越小，表示气态原子越容易失去电子，即该元素在气态时的金属性越强。常用的是第一电离能的数据。图 1-13 所示是元素第一电离能随原子序数增加所呈现的周期性变化。

电离能的数值大小主要取决于原子的有效核电荷、原子半径及原子的电子构型。元素的电离能在周期系中呈现有规律的变化。

(1) 同一周期的元素具有相同的电子层数，从左到右有效核电荷逐渐增大，原子的半径逐渐减小，核对外层电子的引力逐渐加大。因此，越靠右的元素，越不易失去电子，电离能也就越大。

(2) 同一族元素电子层数不同，最外层电子数相同原子半径增大起主要作用，因此，半径越大，核对电子的引力越小，越易失去电子，电离能也就越小。

(3) 电子构型是影响电离能的第三个因素。各周期中稀有气体元素的电离能最大，部分原因是稀元素的原子具有相对稳定的 8 电子或 2 电子最外层构型。某些元素具有全充满和半充满的电子构型，稳定性也较高。例如，$_{30}Zn[Ar]3d^{10}4s^2$，$_{48}Cd[Kr]4d^{10}5s^2$，$_{80}Hg[Xe]4f^{14}5d^{10}6s^2$ 比同周期相邻元素的电离能高。又如 N、P、As 等元素也比左邻右舍的电离能高。

表 1-3 列出了 1～15 号元素的电离能数据。

表 1-3　电离能($\times 10^{-19}$ J 或 eV)

元素	电子层结构	Ⅰ	Ⅱ	Ⅲ	Ⅳ	Ⅴ	Ⅵ
H	$1s^1$	21.784					
		13.598					
He	$1s^2$	39.388	87.174				
		24.578	54.146				
Li	$2s^1$	8.638	121.172	196.167			
		5.392	75.638	122.451			
Be	$2s^2$	14.934	29.174	246.537	348.776		
		9.322	18.211	153.893	217.713		
B	$2s^2$ $2p^1$	13.293	40.297	60.764	415.508	545.028	
		8.298	25.154	37.930	259.368	340.217	
C	$2s^2$ $2p^2$	18.039	39.062	76.715	103.316	628.107	748.950
		11.260	24.383	47.877	64.492	392.077	489.981
N	$2s^2$ $2p^3$	23.284	47.421	76.012	124.110	156.817	884.395
		14.534	29.601	470448	77.472	97.888	552.057
O	$2s^2$ $2p^4$	21.816	59.256	88.004	124.014	182.461	221.262
		13.618	35.116	54.934	77.412	113.896	138.116
F	$2s^2$ $2p^5$	27.910	56.022	100.457	139.595	183.013	251.772
		17.422	34.970	62.707	87.138	114.240	157.161
Ne	$2s^2$ $2p^6$	34.546	65.621	101.647	155.57	202.188	253.004
		21.546	40.962	63.45	97.11	126.21	157.93
Na	$3s^1$	8.233	75.752	114.767	158.454	221.701	275.784
		5.139	47.286	71.64	98.91	138.39	172.15
Mg	$3s^2$	12.249	24.086	128.389	175.003	226.999	298.773
		7.646	15.035	80.143	109.24	141.26	186.50
Al	$3s^2$ $3p^1$	9.59	30.163	45.572	192.224	246.243	305.133
		5.986	18.828	28.447	119.99	153.71	190.47
Si	$3s^2$ $3p^2$	13.058	26.185	53.654	72.316	267.166	328.490
		80151	16.345	33.492	45.141	166.77	205.05
P	$3s^2$ $3p^3$	16.799	31.600	48.348	82.295	104.167	353.129
		10.486	19.725	30.18	51.37	65.023	220.43

钠的第一电离能较低，为 5.139eV，而第二电离能突跃地升高，为 47.286eV，表明 Na 易失去一个电子，成为+1 价的离子。镁的第一、二电离能较低分别为 7.646eV 和 15.035eV，而第三电离能突跃地升高，为 80.143eV，表明镁易失去两个电子，第 3 个电子难失去，形成+2 价的离子。铝的第一、二、三电离能相差不大，而第四电离势突跃升高，表明铝易失去 3 个电子，形成+3 价的离子。

因此，电离能不仅能用来衡量元素的原子在气态时失电子能力的强弱，还是元素通常价态易存在的能量因素之一。反过来，不同级电离能有突跃性的变化，又是核外电子分层排布的有力证明。表 1－3 上粗线就是表明：第一到第四电离能发生突跃的分界线。由此可见，原子的电子构型从电子的能量分布来看，的确可以看做是分层的，层与层间电离能相差较大，而同层内电离能差别较小。电离能的实验测定，可以用原子发射光谱和电子脉冲等方法，得到相当准确和完全的数据，所以电离能成了原子的电子层结构最好的实验佐证。

1.3.3 电子亲合能(势)

1. 第一电子亲合能

处于基态的气态原子，获得一个电子，生成－1 价的气态阴离子所放出的能量，称为该原子的第一电子亲合能(势)。常用符号 E_{A1} 表示。例如：

$$S(g)+e \longrightarrow S^-(g);\quad \Delta H = E_{A1} = -3.4\times10^{-18}J$$

式中，“－”表示放出能量。

但是 $$S(s)+e \longrightarrow S^-(g);\quad \Delta H \neq E_{A1}$$

2. 第二电子亲合能

从－1 价的气态阴离子再获得一个电子，生成－2 价的气态阴离子时，所需要的能量称为第二电子亲合能。余类推。

$$S^-(g)+e \longrightarrow S^{2-}(g);\quad \Delta H = E_{A2} = 5.4\times10^{-18}J$$

$$S(s)+2e \longrightarrow S^{2-}(g);\quad \Delta H = \Delta H_{S,升华} + E_{A1} + E_{A2}$$

目前元素的电子亲合能数据不如电离能的数据完整，活泼的非金属一般具有较高的电子亲合能($-E_{A1}$)。亲合能($-E_{A1}$)越大，该元素越容易获得电子。金属元素的电子亲合能($-E_{A1}$)都比较小，说明金属在通常情况下难于获得电子形成负价阴离子。

最大的电子亲合能不是出现在每族的第 2 周期的元素，而常常是第 3 周期以下的元素。这一反常现象可以这样解释：第 2 周期的非金属元素(如 F、O 等)因原子半径极小，电子密度极大，电子间排斥力很强，以致当加合一个电子形成负离子时，放出的能量很小。

3. 电子亲和能的周期性变化

同一周期，从左到右$|E_{A1}|$逐渐增大，每一周期的卤素最大。氮族元素由于其价电子构型为 ns^2np^3，p 亚层半满，根据 Hund 规则较稳定，所以电子亲和能较小。稀有气体的价电子构型为 ns^2np^6 的 8 电子稳定结构，所以其电子亲和能为正值。

同一主族，$|E_{A1}|$自上而下逐渐减小，但第 2 周期$|E_{A1}|$小于同族第 3 周期相应元素，这就是第 2 周期的特殊性。

必须注意：电离能 I、电子亲和能 E_{A1} 仅反映元素的气态孤立原子得失电子能力的大小，不适用于判断水溶液中元素得失电子能力的大小。此时应用电极电势的大小来判断元素得失电子的能力即氧化还原能力的大小。

1.3.4 电负性(X)

物质发生化学反应时，是原子的外层电子在发生变化。原子对电子吸引能力的不同，是造成元素化学性质有差别的本质原因。元素的电负性的概念，就是用来表示元素在相互化合时，原子对电子吸引能力大小的。由于定义和计算电负性有多种方法，且电负性的数值也不尽相同，因此电负性的标度法还正在发展中。目前应用较多的是鲍林提出的电负性概念。现简要介绍鲍林的电负性概念。

1932年，鲍林提出："电负性是元素的原子在分子中吸引电子的能力"。鲍林根据热化学的数据和分子的键能，指定氟的电负性为4.0，从而求出了其他元素的相对电负性，见表1-3。

从表1-4可知，元素的电负性也呈周期性变化。归纳如下。

(1) 同一周期元素从左到右电负性逐渐增加。过渡元素的电负性变化不大，没有明显的变化规律。

(2) 同一主族元素从上到下电负性逐渐减小。同一副族元素，从上到下，ⅢB～ⅤB，电负性逐渐减小；ⅥB～ⅡB电负性逐渐增加。

表1-4 元素的鲍林电负性

H 2.1																	He (3.2)
Li 1.0	Be 1.5											B 2.0	C 2.5	N 3.0	O 3.5	F 4.0	Ne (5.1)
Na 0.9	Mg 1.2											Al 1.5	Si 1.8	P 2.1	S 2.5	Cl 3.0	Ar (3.3)
K 0.8	Ca 1.0	Sc 1.3	Ti 1.5	V 1.6	Cr 1.6	Mn 1.5	Fe 1.8	Co 1.9	Ni 1.9	Cu 1.9	Zn 1.6	Ga 1.6	Ge 1.8	As 2.0	Se 2.4	Br 2.8	Kr 3.0
Rb 0.8	Sr 1.0	Y 1.2	Zr 1.4	Nb 1.6	Mo 1.8	Tc 1.9	Ru 2.2	Rh 2.2	Pd 2.2	Ag 1.9	Cd 1.7	In 1.7	Sn 1.8	Sb 1.9	Te 2.1	I 2.5	Xe 2.6
Cs 0.7	Ba 0.9	La～Lu 1.0～1.2	Hf 1.3	Ta 1.5	W 1.7	Re 1.9	Os 2.2	Ir 2.2	Pt 2.2	Au 2.4	Hg 1.9	Tl 1.8	Pb 1.9	Bi 1.9	Po 2.0	At 2.2	Rn —
Fr 0.7	Ra 0.9	Ac～No 1.1～1.3															

(3) 稀有气体的电负性是同周期元素中最高的，其中Ne的电负性最高(5.1)，不易形成化学键，Xe的电负性(2.6)比O、F小，故有氙的氧化物及氟化物。

电负性是判断元素的金属性或非金属性大小及了解元素化学性质的重要参数。$\chi=2$ 是金属和非金属的近似分界点，电负性越大非金属性越强。电负性大的元素集中在周期表的右上角，F是电负性最高的元素(除稀有气体Ne外)。周期表的左下角集中了电负性较小的元素，Cs 和 Fr 是电负性最小的元素。电负性数据是研究化学键性质的重要参数。电负性差值大的元素之间的化学键以离子键为主，电负性相同或相近的非金属元素以共价键结合，电负性相等或相近的金属元素以金属键结合。

综合练习

一、思考题

1. 当氢原子的一个电子从第二能级跃迁至第一能级，发射出光子的波长是 121.6nm，当电子从第三能级跃迁至第二能级，发射出光子的波长是 656.3nm。试通过计算回答：

(1) 哪一种光子的能量大？

(2) 求氢原子中电子的第三与第二能级的能量差，以及第二与第一能级的能量差。

2. 玻尔理论有哪几条主要假设？根据这些假设得到哪些结果？解决了什么问题？有什么缺点？

3. 原子轨道、概率密度和电子云等概念有何联系和区别？

4. 下列说法是否正确？应如何改正？

(1) “s 电子绕核旋转，其轨道为一圆圈，而 p 电子是走∞字形”。

(2) “主量子数为 1 时，有自旋相反的两条轨道”。

(3) “主量子数为 3 时，有 3s，3p，3d，3f 四条轨道”。

(4) 氢原子轨道的能级只与主量子数 n 有关。

5. 有无以下的电子运动状态？

(1) $n=1$，$l=1$，$m=0$；

(2) $n=2$，$l=0$，$m=\pm1$；

(3) $n=3$，$l=3$，$m=\pm3$；

(4) $n=4$，$l=3$，$m=\pm2$。

6. 画出下列电子云的空间图形：

(1) d_{z^2}；(2) d_{xy}；(3) $d_{(x^2-y^2)}$；(4) s；(5) p_x。

7. 什么叫屏蔽效应？什么叫钻穿效应？如何解释下列轨道能量的差别？

(1) $E_{1s}<E_{2s}<E_{3s}<E_{4s}$；

(2) $E_{3s}<E_{3p}<E_{3d}$；

(3) $E_{4s}<E_{3d}$。

8. 试以铁原子为例说明电子层、能级、能级组等概念的联系和区别。

9. 在氢原子中 4s 和 3d，哪一个轨道能量高？19 号元素钾和 20 号元素钙的 4s 和 4d，哪一个能量高？说明理由。

10. 写出下列元素的价电子层构型：

原子序数为 9，12，16，35 的元素，ⅡA 族，ⅡB 族，ⅣA 族，稀有气体。

11. 已知下列元素原子的电子层构型为

$$3s^2；4s^2 4p^1；3d^5 4s^2；3s^2 3p^3$$

它们分别属于第几周期？第几族？最高化合价是多少？

12. 多电子原子中核外电子排布遵守哪些基本规律？由此说明周期表 1～36 号元素的电子排布。

13. 说明下列事实的原因：

(1) 元素最外层电子数不超过8个；

(2) 元素次外层电子数不超过18个；

(3) 各周期所包含的元素数分别为2、8、8、18、18、32个。

14. 写出具有下列电子排布的原子的核电荷数和名称：

(1) $1s^2 2s^2 2p^6 3s^2 3p^6$；

(2) $1s^2 2s^2 2p^6 3s^2 3p^6 3d^{10} 4s^2 4p^6 4d^7 5s^1$；

(3) $1s^2 2s^2 2p^6 3s^2 3p^6 3d^{10} 4s^2 4p^6 4d^{10} 4f^7 5s^2 5p^6 5d^1 6s^2$。

15. 简述下列术语的含义：电离能、电子亲合能、电负性。它们和元素周期律有什么样的关系？

16. 根据轨道填充顺序图，指出下表中各电子层的电子数有无错误，并说明理由。

元素	K	L	M	N	O	P
19	2	8	9			
22	2	10	8	2		
30	2	8	18	2		
33	2	8	20	3		
60	2	8	18	18	12	2

17. (1) 主、副族元素的电子构型各有什么特点？

(2) 周期表中s区、p区、d区和ds区元素的电子构型各有什么特点？

(3) 具有下列电子构型的元素位于周期表中哪一个区？它们是金属还是非金属元素？

$$ns^2;\ ns^2np^5;\ (n-1)d^5ns^2;\ (n-1)d^{10}ns^2$$

18. 根据钾、钙的电离能数据，从电子构型说明在化学反应过程中，钾表现+1价，钙表现+2价的原因？

二、练习题

1. 选择题

(1) 在下列所示的电子排布中，(　　)是激发态原子，(　　)是不存在的。

(A) $1s^2 2s^2 2p^6$　　(B) $1s^2 2s^2 3s^1$

(C) $1s^2 2s^1 4d^1$　　(D) $1s^2 2s^2 2p^6 3s^1$

(E) $1s^2 2s^2 2p^5 2d^1 3s^1$

(2) 屏蔽效应起着(　　)。

(A) 对核电荷的增强作用　　(B) 对核电荷的抵消作用

(C) 正负离子间的吸引作用　　(D) 正负离子间电子层的排斥作用

(3) 已知当氢原子的一个电子从第二能级跃迁至第一能级时，发射出光子的波长是121.6nm，可计算出氢原子中电子的第二能级与第一能级的能量差应为(　　)。

(A) 1.63×10^{-18}J　　(B) 3.26×10^{-18}J

(C) 4.08×10^{-19}J　　(D) 8.15×10^{-19}J

(4) 说明电子运动时确有波动性的著名实验是(　　)。

(A) 阴极射线管中产生的阴极射线　　(B) 光电效应

(C) α粒子散射实验　　(D) 戴维逊-盖革的电子衍射实验

(5) 镧系元素都有同样的 $6s^2$ 电子构型，但它们在(　　)填充程度不同。

(A) 6p 能级　　(B) 5d 能级

(C) 4d 能级　　(D) 4f 能级

(6) A 原子基态的电子排布为 $[Kr]4d^{10}5s^25p^1$，它在周期表中位于(　　)，B 原子基态的电子排布为 $[Kr]4d^{10}5s^1$，它在周期表中位于(　　)，C 原子基态的电子排布为 $[Ar]3d^74s^2$，它在周期表中位于(　　)。

(A) s 区 ⅠA　　(B) p 区 Ⅲ A　　(C) d 区 ⅥB　　(D) d 区 ⅧB

(E) ds 区 ⅠB　　(F) p 区 Ⅴ A

(7) He^+ 离子中 3s、3p、3d、4s 轨道的能量关系为(　　)。

(A) 3s<3p<3d<4s　　(B) 3s<3p<4s<3d

(C) 3s=3p=3d=4s　　(D) 3s=3p=3d<4s

(8) 量子数 $n=3$，$m=0$ 时，可允许的最多电子数为(　　)。

(A) 2　　(B) 6　　(C) 8　　(D) 16

(9) 价电子构型为 $4d^{10}5s^1$ 的元素，其原子序数为(　　)。

(A) 19　　(B) 29　　(C) 37　　(D) 47

(10) 某原子在第三电子层中有 10 个电子，其电子构型为(　　)。

(A) $[Ne]3s^23p^33d^54s^2$　　(B) $[Ne]3s^23p^63d^{10}4s^2$

(C) $[Ne]3s^23p^63d^24s^2$　　(D) $[Ne]3s^23p^64s^2$

(11) 3d 电子的径向分布函数图有(　　)。

(A) 1 个峰　　(B) 2 个峰　　(C) 3 个峰　　(D) 4 个峰

(12) 下列微粒半径由大到小的顺序是(　　)。

(A) Cl^-、K^+、Ca^{2+}、Na^+　　(B) Cl^-、Ca^{2+}、K^+、Na^+

(C) Na^+、K^+、Ca^{2+}、Cl^-　　(D) K^+、Ca^{2+}、Cl^-、Na^+

(13) 描述铝原子最外层 p 电子的一组量子数是(　　)。

(A) 3，0，0，$+\frac{1}{2}$　　(B) 3，0，1，$-\frac{1}{2}$

(C) 3，1，-1，$-\frac{1}{2}$　　(D) 3，0，1，$+\frac{1}{2}$

(14) 对于基态 $_{37}Rb$(铷)原子来说，其中某电子的可能的量子数组为(　　)。

(A) $\left(6, 0, 0, +\frac{1}{2}\right)$　　(B) $\left(5, 1, 0, +\frac{1}{2}\right)$

(C) $\left(5, 1, 1, +\frac{1}{2}\right)$　　(D) $\left(5, 0, 0, +\frac{1}{2}\right)$

2. 指出下列各电子结构式中，哪一种表示基态原子，哪一种表示激发态原子，哪一种表示是错误的？

(1) $1s^22s^1$　　(2) $1s^22s^12d^1$

(3) $1s^22s^12p^2$　　(4) $1s^22s^22p^13s^2$

(5) $1s^22s^42p^2$　　(6) $1s^22s^22p^63s^23p^63d^1$

3. 下列各组量子数中，哪组代表基态 Al 原子最易失去电子？哪组代表 Al 原子最难失去电子？

(1) 1, 0, 0, $-\frac{1}{2}$

(2) 2, 1, 1, $-\frac{1}{2}$

(3) 3, 0, 0, $+\frac{1}{2}$

(4) 3, 1, 1, $-\frac{1}{2}$

(5) 2, 0, 0, $+\frac{1}{2}$

4. 符合下列每一种情况的各是哪一族或哪一元素？

(1) 最外层有 6 个 p 电子；

(2) 在 $n=4$，$l=0$ 轨道上的两个电子和 $n=3$，$l=2$ 轨道上的 5 个电子是价电子；

(3) 3d 轨道全充满，4s 轨道只有一个电子；

(4) +3 价离子的电子构型与氩原子［Ar］相同；

(5) 在前六周期元素(稀有气体元素除外)中，原子半径最大；

(6) 在各周期中，第一电离能 I_1 最高的一类元素；

(7) 电负性相差最大的两个元素；

(8) +1 价离子最外层有 18 个电子。

5. 指出下列各组中错误的量子数并写出正确的。

(1) 3, 0, −2, $+\frac{1}{2}$

(2) 2, −1, 0, $-\frac{1}{2}$

(3) 1, 0, 0, 0

(4) 2, 2, −1, $-\frac{1}{2}$

(5) 2, 2, 2, 2

6. 指出下列各能级对应的 n 和 l 值，每一能级包含的轨道各有多少？

(1) 2p (2) 4f (3) 6s (4) 5d

7. 写出下列各种情况的合理量子数。

(1) $n=(\quad)$，$l=2$，$m=0$，$s_i=+\frac{1}{2}$

(2) $n=3$，$l=(\quad)$，$m=1$，$s_i=-\frac{1}{2}$

(3) $n=4$，$l=3$，$m=0$，$s_i=(\quad)$

(4) $n=2$，$l=0$，$m=(\quad)$，$s_i=+\frac{1}{2}$

(5) $n=1$，$l=(\quad)$，$m=(\quad)$，$s_i=(\quad)$

8. 试将某一多电子原子中具有下列各套量子数的电子，按能量由低到高排序，若能量相同，则排在一起。

序号	n	l	m	s_i
(1)	3	2	1	+1/2
(2)	4	3	2	−1/2
(3)	2	0	0	+1/2
(4)	3	2	0	+1/2
(5)	1	0	0	−1/2
(6)	3	1	1	+1/2

9. 试用 s，p，d，f 符号来表示下列各元素原子的电子结构：

(1) $_{18}Ar$ (2) $_{26}Fe$ (3) $_{53}I$ (4) $_{47}Ag$

10. 已知四种元素的原子的价电子层结构分别为：$4s^1$，$3s^2 3p^5$，$3d^2 4s^2$，$5d^{10} 6s^2$，试指出：

(1) 它们在周期系中各处于哪一区？哪一周期？哪一族？

(2) 它们的最高氧化态各是多少？

(3) 电负性的相对大小。

11. 第五周期某元素，其原子失去 2 个电子，在 $l=2$ 的轨道内电子全充满，试推断该元素的原子序数、电子结构，并指出位于周期表中哪一族？是什么元素？

12. 已知甲元素是第三周期 p 区元素，其最低氧化态为 -1 价，乙元素是第四周期 d 区元素，其最高氧化态为 $+4$ 价。试填下表：

元素	外层电子构型	族	金属或非金属	电负性相对高低
甲				
乙				

13. 指出符合下列各特征的元素名称：

(1) 具有 $1s^2 2s^2 2p^6 3s^2 3p^6 3d^8 4s^2$ 电子层结构的元素；

(2) 碱金属族中原子半径最大的元素；

(3) ⅡA 族中第一电离能最大的元素；

(4) ⅦA 族中具有最大电子亲和能的元素；

(5) $+2$ 价离子具有 [Ar]$3d^5$ 结构的元素。

14. 元素钛 Ti 的电子构型是 [Ar]$3d^2 4s^2$，试问这 22 个电子：

(1) 属于哪几个电子层？哪几个亚层？

(2) 填充了几个能级组的多少个能级？

(3) 占据着多少个原子轨道？

(4) 其中单电子轨道有几个？

(5) 价电子数有几个？

15. 有 A、B 两元素，A 原子的 M 层和 N 层电子数分别比 B 原子的同层电子数少 7 个和 4 个，写出 A、B 原子的名称和电子构型，并说明推理过程。

第2章 化学键与分子结构

教学目标

(1) 理解化学键的本质；掌握离子键理论的基本要点，理解决定离子化合物性质的因素及离子化合物的特征。

(2) 掌握价键理论的基本要点及共价键的特征；理解键参数的意义。

(3) 能用杂化轨道理论来解释一般分子的构型。

(4) 能用价层电子对互斥理论来预言一般主族元素分子的构型。

(5) 掌握分子轨道理论的基本要点，并能用其来处理第一、第二周期同核双原子分子。

(6) 了解离子极化作用、分子间力和氢键、离子晶体晶格能对物质性质的影响。

(7) 了解各类晶体的内部结构和特征。

物质通常以分子或晶体的形式存在。分子是保持物质基本化学性质的最小微粒，同时也是参与化学反应的基本单元。物质的性质主要决定于分子的性质，而分子的性质又是由分子的内部结构决定的。研究分子结构，对于了解物质的性质和化学变化的规律具有十分重要的意义。通常把分子内直接相邻的原子之间强烈的相互作用，称为化学键。化学键一般可分为离子键、共价键和金属键。分子结构通常包括：分子的化学组成；在分子(或晶体) 中相邻原子(或离子) 间直接的、强烈的相互作用力，即化学键问题；分子(或晶体) 中原子的空间排布、键长、键角和几何形状，即空间构型问题；分子与分子之间较弱的相互作用力，即分子间力问题。

2.1 键参数和分子的性质

原子之所以会以一定结构型式的单质或化合物存在，是由于原子之间发生了相互作用，形成了相对稳定的聚合体。当聚合体的能量低于单个原子或离子 $100 kJ \cdot mol^{-1}$ 以上时，就认为形成了化学键。化学键把原子或离子结合成单质或化合物。通过化学键而形成的新分子，其结构和性能则不同于游离态的单个原子或离子。

化学键的性质在理论上可以由量子力学计算作定量的讨论，也可以用某些物理量来描述。例如，表征键的强弱用键能；描述分子的空间结构用键长、键角；讨论键的极性用偶极矩等。这些表征化学键性质的物理量，如键能、键长、键角和偶极矩等称为键参数。

2.1.1 键能

在化学研究中，通常用键能来衡量化学键的强弱。键能的定义为：在标准状态(101.3kPa，298K)下，将气态分子AB(g)解离为气态原子A(g)、B(g)所需要的能量。通常用符号E表示，单位：$kJ \cdot mol^{-1}$。

$$AB(g) \longrightarrow A(g) + B(g) \qquad E(A—B)$$

对于双原子分子，键能等于键的离解能D，其大小等于标准状态下，气态原子生成气态分子时所放出的能量，而符号相反。

例如，H—H键的键能：

$$H_2(g) = 2H(g)$$
$$E(H—H) = D(H—H) = 436kJ \cdot mol^{-1}$$

Cl—Cl键的键能：

$$Cl_2(g) = 2Cl(g)$$
$$E(Cl—Cl) = D(Cl—Cl) = 247kJ \cdot mol^{-1}$$

通常，键能愈大，键愈牢固，由该键构成的分子也就愈稳定。表2-1摘录了一些普通双原子分子的键能。

表2-1 双原子分子的键能(离解能)($kJ \cdot mol^{-1}$)

分子名称	离解能	分子名称	离解能
Li_2	105	LiH	243
Na_2	71.1	NaH	197
K_2	50.2	KH	180
Rb_2	40.0	RbH	163
Cs_2	43.5	CsH	176
F_2	155	HF	565
Cl_2	247	HCl	431
Br_2	193	HBr	366
I_2	151	HI	299
N_2	946	NO	628
O_2	493	CO	1071
H_2	435		

从表 2-1 中给出的数据可以看出，双原子分子的键能和周期表中它所在的族有关。例如，碱金属双原子分子的键能都比较小，并且随原子序数的增加而减小。卤化氢 HX 的键能比较大，但也随卤素原子序数的增加而减小。有的彼此相邻族的单质分子的键能差别却很大，O_2 的离解能只有 N_2 的一半多一点，但是却比 F_2 离解能大三倍多。共价键理论认为这是由于 N_2 分子为叁键，O_2 分子为双键，F_2 分子为单键的缘故。

在多原子分子中，两原子之间的键能主要取决于成键原子本身的性质，但也和分子中存在的其他原子有关。例如，在不同的分子中氢原子和氧原子之间的键能数值如下：

$H_2O(g)=H(g)+OH(g)$ $\qquad D(H—OH)=500.8kJ\cdot mol^{-1}$

$OH(g)=O(g)+H(g)$ $\qquad D(O—H)=424.7kJ\cdot mol^{-1}$

$HCOOH=HCOO(g)+H(g)$ $\qquad D(HCOO—H)=431.0kJ\cdot mol^{-1}$

显然，O—H 键的离解能在不同的多原子分子中的数值是有差别的，但是一般情况下差别并不大。不同的多原子分子中，一种键的离解能接近常数是很有意义的。这使我们可以取不同分子中键能的平均值，作为平均键能。例如，O—H 键的平均键能为 $463kJ\cdot mol^{-1}$。表 2-2 列出常见的某些键的平均键能。平均键能只是一种近似值。有的书上又把平均键能统称为键能。

表 2-2 平均键能($kJ\cdot mol^{-1}$)

键的种类	键 能	键种类	键 能
C—H	413	C—C	346
C—F	460	C═C	610
C—Cl	335	C≡C	835
C—Br	289	C—O	356
C—I	230	C═O	745
C—N	335	O—H	463

原子化能：把一个气态多原子分子分解为组成它的全部气态原子时所需要的能量称为原子化能，等于该分子中全部化学键键能的总和。

如果分子中只含有一种键，且都是单键，键能可用键解离能的平均值表示。如 NH_3 分子中含有三个 N—H 键：

$NH_3(g)═H(g)+NH_2(g)$ $\qquad D_1=433.1kJ\cdot mol^{-1}$

$NH_2(g)═NH(g)+H(g)$ $\qquad D_2=397.5kJ\cdot mol^{-1}$

$NH(g)═N(g)+H(g)$ $\qquad D_3=338.9kJ\cdot mol^{-1}$

$$E(N—H)=\overline{D}(N—H)=(D_1+D_2+D_3)/3$$
$$=(433.1+397.5+338.9)/3\approx389.8(kJ\cdot mol^{-1})$$

键能 $E\uparrow$，键强度↑，化学键越牢固，分子稳定性↑。

对同种原子的键能 E 有：单键＜双键＜叁键。

例如，$E(C—C)=346kJ\cdot mol^{-1}$，$E(C═C)=610kJ\cdot mol^{-1}$，$E(C≡C)=835kJ\cdot mol^{-1}$

2.1.2 键长

分子中两个原子核间的平衡距离称为键长(或核间距)。理论上用量子力学近似方法可以计算出键长。实际上对于复杂分子往往是通过光谱或衍射等实验方法来测定键长。表 2-3 列出了一些化学键的键长数据。

通常，两个原子之间所形成的键越短，键就越牢固。

表 2-3 单键、双键、叁键的键能和键长

键的种类	键能/($kJ \cdot mol^{-1}$)	键长/pm
C—C	346	154
C═C	610	134
C≡C	835	120
N—N	138	146
N═N	161	125
N≡N	945.6	110

2.1.3 键角

在分子中键与键之间的夹角称为健角。键角是反映分子空间结构的重要因素之一。例如，水分子中 2 个 O—H 键之间的夹角是 104.5°，这说明水分子是角形结构。又如 CO_2 分子中 O—C—O 键角等于 180°，这说明 CO_2 分子是直线形的。根据分子中键的极性和键角可以推测出分子的空间构型及其他物理性质。

2.1.4 键的极性

在单质分子中的两个原子之间形成的化学键，由于原子核正电荷中心和负电荷中心重合，形成非极性键，如 H_2、O_2、N_2 和 Cl_2 等双原子分子及金刚石、晶态硅和晶态硼中的共价键。

不同原子间形成的共价键，由于原子的电负性不同，成键原子的电荷分布不对称，电负性较大的原子带负电荷，电负性较小的原子带正电荷，正负电荷中心不重合，形成极性键。根据成键原子的电负性差异，可以估测键的极性大小。离子键是最强的极性键。键的极性的大小可用键矩来衡量，键矩的定义为

$$\mu = q \cdot l$$

式中，q 为电量，l 通常取两个原子的核间距。键矩是矢量，其方向从正电荷中心指向负电荷中心，其值可由实验测定。μ 的单位为库仑·米（C·m）。

2.1.5 分子的极性

两个相同原子形成的单质分子，由非极性共价键结合成非极性分子。由两个不同原子形成的分子，如 HCl，由于氯原子对电子的吸引力大于氢原子，使共用电子对偏向氯原子一边，结果氯原子一边显负电，而氢原子一边显正电，在分子中形成正负两极，这种分子称为极性分子。

分子的极性是否就等于键的极性呢？如果组成分子的化学键都是非极性键，则分子当然是非极性的；但在组成分子的化学键为极性键时，分子则可能有极性，也可能没有极性。

在双原子分子中，键有极性，分子就有极性。但以极性键组成的多原子分子却不一定是极性分子，这取决于分子的空间构型。例如，在 CO_2 分子中，氧的电负性大于碳，在 C—O 键中，共用电子对偏向于氧一边，故 C—O 是极性键。但是由于 CO_2 分子的空间结构是线型对称的(O=C=O)，两个 C—O 键的极性相互抵消，其正负电荷中心是重合的，因此，CO_2 是非极性分子。同样，在 CCl_4 分子中 C—Cl 虽然是极性建，但分子为对称的正四面体空间构型，键的极性相互抵消，分子没有极性。如果空间构型不完全对称，键的极性不能完全抵消，由极性键组成的多原子分子也仍然有极性，如 SO_2、H_2O、NH_3 等都是极性分子。

分子极性的大小可用分子偶极矩来衡量。物理学中，把大小相等、符号相反、彼此相距为 d 的两个电荷(+q 和 -q)组成的体系称为偶极子，其电量与距离之积，就是分子的偶极矩(μ)。

$$\mu = q \cdot d$$

分子偶极矩也是一个矢量，既有大小，又有方向，其方向是从正极到负极。因为电子的电荷等于 1.60×10^{-19} C(库仑)，已知分子偶极矩的数值，可以求出偶极长度，即正、负电荷中心之间的距离 d。两个中心间的距离和分子的直径有相同的数量级，即 10^{-10} m。所以，分子偶极矩的大小数量级为 10^{-30} C·m(库·米)。表 2-4 列出某些物质的分子偶极矩和几何构型。

表 2-4 一些物质分子的偶极矩和几何构型

分子式	偶极矩 ($\times10^{-30}$ C·m)	几何构型	分子式	偶极矩 ($\times10^{-30}$ C·m)	几何构型
H_2	0	直线	CO	0.40	直线
CCl_4	0	正四面体	H_2S	3.67	V 形
N_2	0	直线	SO_2	5.33	V 形
$BeCl_2$	0	直线	H_2O	6.17	V 形
CO_2	0	直线	NH_3	4.90	三角锥形
BCl_3	0	平面三角形	HF	6.37	直线
CS_2	0	直线	HCl	3.57	直线
CH_4	0	正四面体	HBr	2.67	直线
$CHCl_3$	3.50	四面体	HI	1.40	直线

分子偶极矩的数据可以由实验测定。例如，实验测得 NH_3 的偶极矩不等于零，是极性分子。由此可以推断氮原子和三个氢原子不会是平面三角形构型，NH_3 的三角锥形结构就是考虑了 NH_3 有极性而推测出来的。应用分子偶极矩的数值预测分子几何构型的方法是：首先确定每个键的极性，每个键都具有自己特征的偶极矩。分子的总偶极矩是各单个键偶极矩的矢量和。

分子偶极矩的数值还可以用来计算化合物分子中原子的电荷分布。例如，已知氯化氢

偶极矩的数值等于 3.57×10^{-30} C·m，氯化氢分子中 H—Cl 的核间距为 1.27×10^{-10} m，就可以计算出氯化氢分子中氢原子和氯原子的电荷分布。

假设分子中的键是离子型，那么每一个离子(H^+ 和 Cl^-)电荷的绝对值应等于 1.60×10^{-19} C。在这种情况下分子的电偶极矩应等于：

$$\mu=q\cdot d=1.60\times10^{-19}\times1.27\times10^{-10}\approx20.3\times10^{-30}(\mathrm{C\cdot m})$$

但实际测得 HCl 的分子偶极矩只有 3.57×10^{-30} C·m，为 100%离子键时所得数值的

$$\frac{3.57}{20.3}\times100\%\approx0.176\times100\%=17.6\%$$

即该键的离子性为 17.6%。这说明 HCl 分子中原子的电荷分布 $\delta(\mathrm{H})=+0.176$，$\delta(\mathrm{Cl})=-0.176$，即 H—Cl 键只含有 17.6%的离子键成分。

2.2 化学键理论

在自然界中，除了稀有气体元素的原子能以单原子分子的形式稳定存在外，其他元素的原子之间则以一定的方式结合成分子或以晶体的形式稳定存在。本节将在原子结构理论的基础上介绍有关化学键的理论知识。

由于参与化学反应的基本单元是分子，而分子的性质是由其内部结构决定的，所以研究化学键理论是现代化学的一个中心任务。

2.2.1 离子键理论

1. 离子键理论的基本要点

离子键理论是由德国化学家柯塞尔(Kossel)在 1916 年提出的。他认为原子在反应中失去或得到电子以达到稀有气体的稳定结构，由此形成的正离子和负离子之间以静电引力相互吸引在一起。因而离子键的本质就是正、负离子间的静电吸引作用，其基本要点如下。

(1) 当活泼金属原子与活泼非金属原子相互接近时，它们有得到或失去电子成为稀有气体稳定结构的趋势，由此形成相应的正离子和负离子。

(2) 正、负离子靠静电引力相互吸引而形成离子晶体。

2. 离子键的特点

由于离子键是由正、负离子之间通过静电引力形成的，因此离子键的特点是没有饱和性和方向性。

没有饱和性是指在空间条件许可的情况下，每个离子可吸引尽可能多的带相反电荷的离子。正、负离子可近似看作点电荷，所以其作用不存在方向问题。由于离子键的这两个特点，所以在离子晶体中不存在单个的“分子”，整个离子晶体就是一个巨型分子，即无限分子。例如，NaCl 晶体，其化学式仅表示 Na^+ 离子与 Cl^- 离子的离子数目之比为 1∶1，

并不是其分子式，整个 NaCl 晶体就是一个大分子。

3. 晶格能

由离子键形成的化合物称为离子型化合物，其相应的晶体为离子晶体。在离子晶体中，用晶格能来量度离子键的强弱。离子晶体的晶格能是指由气态的阳离子和气态的阴离子结合生成 1mol 离子化合物固体时所放出的能量，用符号 U 表示。例如：

$$Na^+(g)+Cl^-(g) = NaCl(s) \qquad U(NaCl)=\Delta H^\ominus$$

根据理论推导，晶格能也可由下面的公式计算：

$$U=-\frac{138840 z_+ z_- A}{d}\left(1-\frac{1}{n}\right) \tag{2-1}$$

式中，U 为晶格能，单位为 $kJ \cdot mol^{-1}$；138840 是晶格能采用 $kJ \cdot mol^{-1}$ 为单位并把 d 的单位从 pm 换算为 m 而引入的；d 为正、负离子核间距离，可近似用$(r_+ + r_-)$表示，单位为 pm；z_+，z_- 分别为正、负离子的电荷数的绝对值；A 是马德隆(Madelung)常数，与离子晶体的构型有关，对于 CsCl、NaCl 和 ZnS 型离子晶体，分别为 1.763、1.748 和 1.630；n 为波恩指数，n 的数值与离子的电子层结构类型有关，见表 2-5。如果正负离子属于不同的电子层结构类型，则 n 取平均值。

表 2-5 波恩指数

离子的电子层结构类型	He	Ne	Ar，Cu^+	Kr，Ag^+	Xe，Au^+
n	5	7	9	10	12

例如，根据 NaBr 晶体的结构数据：

$z_+ = z_- = 1$，$A=1.748$，$n=(7+10)/2=8.5$，$d=(95+195)pm=290pm$，可得

$$U=-\frac{138840\times1\times1\times1.748}{290}\left(1-\frac{1}{8.5}\right)\approx-738.4(kJ \cdot mol^{-1})$$

由式(2-1)可知，晶格能与 z_+ 和 z_- 成正比，与 d 成反比。晶格能大的离子化合物较稳定，反映在物理性质上则硬度高、熔点高、热膨胀系数小。如果离子晶体中正、负离子的电荷 z_+ 和 z_- 相同，构型也相同(A 相同)，则 d 较大者熔点较低；如果离子晶体构型相同，d 相近，则电荷高的硬度高、熔点高，见表 2-6。

表 2-6 NaCl 型晶体 z、d 与物理性质的关系

NaCl 型晶体	NaF	NaCl	NaBr	MgO	ScN	TiC
离子间距/pm	231	276	290	205	223	223
$z_+ = z_-$	1	1	1	2	3	4
熔点/K	1261	1119	1048	3098		3140±90
硬度	3.2	2.5		6.5	7～8	8～9
热膨胀系数 $\alpha_v/10^{-6}K^{-1}$	39	40	43			

2.2.2 价键理论

离子键理论能很好地说明电负性差值较大的离子型化合物(如 CsF、NaBr、NaCl 等)

的成键与性质，但无法解释同种元素间形成的单质分子(如 H_2、N_2 等)及电负性接近的非金属元素间形成的大量化合物(如 HCl、CO_2、NH_3 等)和大量的有机化合物。

在德国化学家柯塞尔提出离子键理论的同时，美国化学家路易斯提出了共价键的电子理论。他认为原子结合成分子时，原子间可共用一对或几对电子，形成稳定的分子。这是早期的共价键理论。在 20 世纪 30 年代初，随着量子力学的发展，建立了两种共价键理论来解释共价键的形成，这就是价键理论和分子轨道理论。

1927 年，英国物理学家海特勒(Heitler)和德国物理学家伦敦(London)成功地用量子力学处理 H_2 分子的结构。1931 年，美国化学家鲍林和斯莱脱将其处理 H_2 分子的方法推广应用于其他分子系统而发展成为价键理论(valence bond theory)，简称 VB 法或电子配对法。

1. 氢分子的形成

氢分子是由两个氢原子构成的。每个氢原子在稳定状态时各有一个 1s 电子，由于在一个 1s 轨道上最多可以容纳两个自旋相反的电子，那么每个氢原子的 1s 轨道上都还可以接受一个与之自旋相反的电子。当具有自旋状态相反的未成对电子的两个氢原子相互靠近时，它们之间产生了强烈的吸引作用，自旋相反的未成对电子相互配对形成共价键，从而形成了稳定的氢气分子。

量子力学处理氢分子结构的结果从理论上解释了为什么电子配对可以形成共价键。用薛定谔方程处理氢分子系统时，得到氢原子相互作用能(E)与它们核间距之间的关系，如图 2-1 所示。结果表明，若两个氢原子的核外电子自旋方向相同，两原子靠近时两核间电子云密度小，系统能量 E_{II} 始终高于两个孤立氢原子的能量之和(E_a+E_b)(E_a、E_b 分别为 a 原子和 b 原子的能量)，称为推斥态(图 2-2(a))，不能形成稳定的 H_2 分子。若两个氢原子的电子自旋方向相反，两个氢原子靠近时两核间的电子云密度大，系统的能量 E_{I} 逐渐降低，并低于两个孤立氢原子的能量之和，称为吸引态(图 2-2(b))。当两个氢原子的核间距为 74pm 时，其能量达到最低点，$E_s=-436\text{kJ}\cdot\text{mol}^{-1}$，两个氢原子之间形成了稳定的共价键，这样便形成了稳定的氢分子。

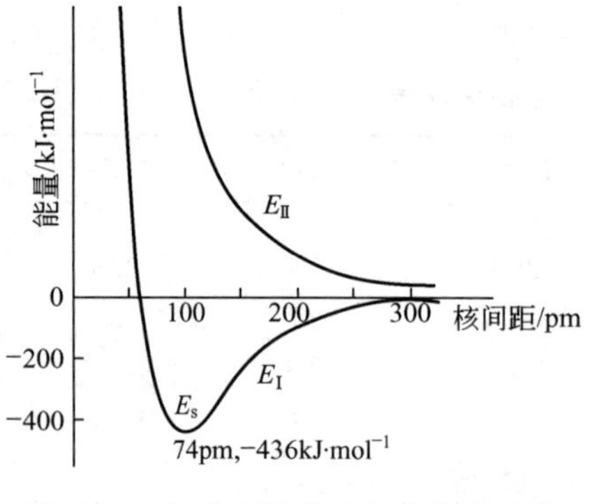

图 2-1　氢分子形成过程的能量变化

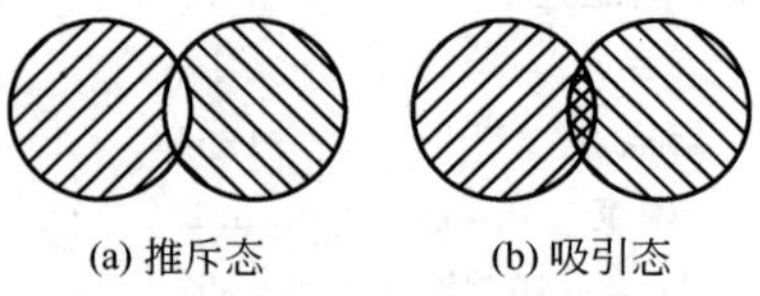

图 2-2　氢分子的两种状态

量子力学对氢分子结构的处理阐明了共价键的本质是电性的。氢分子的基态所以能成键是由于两个氢原子的 1s 原子轨道在互相叠加时，两个 ψ_{1s} 符号相同，叠加后使核间的电子云密度加大，称为原子轨道的重叠。在两个原子之间出现了一个电子云密度较大的区域，这样一方面降低了两核间的正电排斥，另一方面又增强了两核对电子云密度大的区域的吸引，这都有利于系统势能的降低，有利于形成稳定的化学键。

2. 价键理论的基本要点

(1) 自旋相反的未成对电子相互配对时，由于它们的波函数符号相同，按量子力学的术语是原子轨道的对称性匹配，电子在两核间的概率密度增大，此时系统的能量最低，可以形成稳定的共价键。

(2) A、B两原子各有一个未成对电子，并自旋方向相反，则互相配对构成共价单键，如H—H单键。H—Cl也是以单键结合的，因为H原子上有一个1s电子，而Cl原子有一个未成对的3p电子。如果A、B两原子各有两个或三个未成对电子，则在两个原子间可以形成共价双键或共价叁键。例如，N≡N分子以叁键结合，因为每个N原子有三个未成对的2p电子。He原子则因为没有未成对电子，所以不能形成双原子分子。如果A原子有两个未成对电子，B原子只有一个未成对电子，则A原子可同时与两个B原子形成共价单键，故形成AB_2分子，如H_2O分子。若A原子有能量合适的空轨道，B原子有孤电子对，B原子的孤电子对所占据的原子轨道与A原子的空轨道能有效地重叠，则B原子的孤电子对可以与A原子共享，这样形成的共价键称为配位键，以符号A←B表示。

(3) 原子轨道叠加时，轨道重叠程度越大，电子在两核间出现的概率越大，形成的共价键也越稳定。因此，共价键应尽可能沿着原子轨道最大重叠的方向形成，这就是最大重叠原理。

3. 共价键的特征

(1) 饱和性。所谓共价键的饱和性是指每个原子的成键总数或以单键相连的原子数目是一定的。因为共价键的本质是原子轨道的重叠和共用电子对的形成，而每个原子的未成对电子数是一定的，所以形成共用电子对的数目也是一定的。例如，两个H原子的未成对电子配对形成H_2分子后，如有第三个H原子接近该H_2分子，则不能形成H_3分子。又如N原子有三个未成对电子，可与三个H原子结合，生成三个共价键，形成NH_3分子。这就是共价键的饱和性。

(2) 方向性。根据最大重叠原理，在形成共价键时，原子间总是尽可能地沿着原子轨道最大重叠的方向成键。成键电子的原子轨道重叠程度越高，电子在两核间出现的概率密度越大，形成的共价键就越稳定。除了s轨道呈球形对称外，其他的原子轨道(p，d，f)在空间都有一定的伸展方向。因此，在形成共价键时，除了s轨道和s轨道之间在任何方向上都能达到最大程度的重叠外，p，d，f原子轨道的重叠，只有沿着一定的方向才能发生最大程度的重叠。这就是共价键的方向性。图2-3所示是H原子的1s轨道与Cl原子的$3p_x$轨道的三种重叠情形。

① H沿着x轴方向接近Cl，形成稳定的共价键，如图2-3(a)所示。

② H向Cl接近时偏离了x方向，轨道间的重叠较小，结合不稳定，H有向x轴方向移动的倾向，如图2-3(b)所示。

③ H沿z轴方向接近Cl原子，两个原子轨道间不发生有效重叠，因而H与Cl在这个方向不能结合形成HCl分子，如图2-3(c)所示。

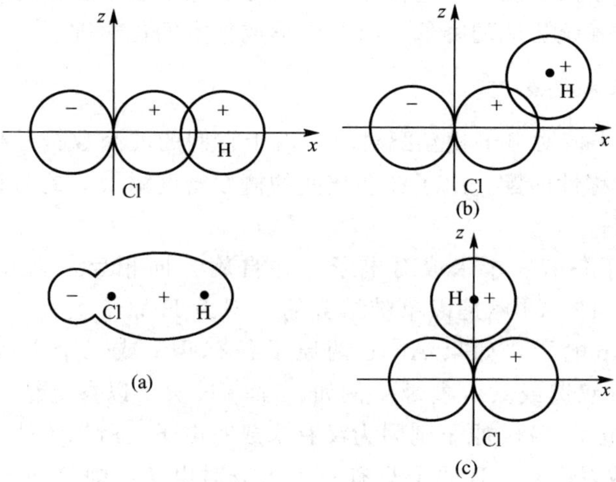

图 2－3　s 轨道和 p_x 轨道的三种重叠情况

4. 共价键的类型

由于原子轨道重叠的情况不同，可以形成不同类型的共价键。一般共价键可分为 σ 键和 π 键。

当键合原子沿键轴接近时，原子轨道沿键轴以“头碰头”的方式重叠，其重叠部分对键轴呈圆柱形对称，由此形成的共价键叫 σ 键。例如 H_2分子中的 $s-s$，Cl_2分子中的 p_x-p_x，HCl 分子中的 $s-p_x$等原子轨道的重叠形成 σ 键。

当键合原子沿键轴接近时，原子轨道沿键轴以“肩并肩”（即“平行”）的方式重叠，其重叠部分对通过键轴并垂直于重叠部分的平面呈反对称，该平面为节面，节面上的电子云为零，由此形成的共价键叫 π 键。例如 N_2分子中，除了 p_x-p_x重叠形成 σ 键外，还有两个由 p_y-p_y和 p_z-p_z重叠形成的 π 键，所以 N_2分子具有三重键，由一个 σ 键和两个 π 键组成。

若有三个或三个以上以 σ 键相连的原子处于同一平面，同时每个原子又有一个相互平行的 p 轨道，而这些 p 轨道上的电子总数 m 又小于 p 轨道数 n 的两倍（$2n$）时，则这些 p 轨道相互重叠形成的 π 键称为大 π 键，用符号 Π_n^m 表示，读作 n 中心 m 电子大 π 键。如 NO_2分子中存在 Π_3^3 大 π 键，O_3、SO_2、HNO_3等分子中存在 Π_3^4 大 π 键，丁二烯和苯分子中分别存在 Π_4^4 和 Π_6^6 大 π 键。大 π 键上的电子属于构成大 π 键的所有原子，称为非定域电子（或离域电子）。

从价键理论考虑，共价单键为 σ 键，π 键只能和 σ 键一起存在，即 π 键只能存在于双键和叁键中；σ 键比 π 键稳定，因为当两个成键原子的核间距一定时，原子轨道“头碰头”重叠比“肩并肩”重叠更加有效。

2.2.3　分子轨道理论

1. 物质的磁性

不同物质的分子在磁场中表现出不同的磁学性质。

多数物质在磁场中会产生一个对着外磁场方向的磁矩。这是因为，一个单独的电子自旋，会产生一个小磁场，有点像电流通过线圈时会产生磁场一样。而电子配对后，由于两个小磁场方向相反，相互抵销，净磁场等于零。若将这种物质放在外磁场中，在外磁场的诱导下，就会产生一个对着外磁场方向的磁矩。它有微弱的抗力，把一部分外磁场的磁力线推开。所以，如果一种物质中的电子都已配对，没有未成对的电子，这样的物质就称为抗磁性物质(或反磁性物质、逆磁性物质)。抗磁性物质在磁场中被磁场所排斥。

当一种物质中有未成对的电子时，则它的净磁场不等于零。若这种磁场很强，会像磁铁一样，未成对电子的自旋自发地排列整齐，则这种物质呈现出强磁性(当外磁场取消时，这种磁性也不致立刻消失)，称为铁磁性物质，如四氧化三铁、金属钴和金属镍等。

有的物质分子中有未成对电子，虽然净磁场不等于零，但磁性太小，不会自发地排列。然而，在强有力的外磁场作用下，却可使电子自旋的磁矩排列整齐，这种物质被微弱的磁化。这种在磁场中能顺着磁场的方向产生一个磁矩的物质，称为顺磁性物质。顺磁性物质在磁场中被磁场所吸引。

顺磁性物质(如 O_2、NO_2、NO)产生磁矩的大小，可以由实验间接测定。根据测定结果，可按下式计算出顺磁性物质的分子中未成对电子数：

$$\mu = \sqrt{n(n+2)}$$

式中，n 为分子中未成对电子数；μ 为磁矩，单位常用玻尔磁子，符号为“B. M.”。

磁矩 μ 是描述物质顺磁性大小的物理量，通过对 μ 值的测定可估算分子中未成对电子数。

根据价键理论，O_2 分子应具有双键结构，分子中所有电子均已配对，未成对电子数 $n=0$，磁矩 $\mu=0$ 。但实验测定 $\mu(O_2)=2.83$ BM，根据上式求得 O_2 分子中 $n=2$，即分子中有两个未成对电子。价键理论无法解释这一实验结果。1932 年前后，莫立根(Mulliken)、洪特(Hund)、伦纳德－琼斯(Lennard-Jone)等先后提出分子轨道理论，成功地解释了以上实验事实。

2. 分子轨道理论的基本要点

分子轨道理论，简称 MO 法(molecular orbital 的缩写)，是从氢分子离子 H_2^+ 的量子力学处理发展起来的。因为 H_2^+ 只有两个氢原子核和一个电子，共三个质点，用近似方法处理比较容易。正像在原子结构中把从最简单的氢原子得来的结果推广到多电子原子的结构上一样，分子轨道理论也是把从 H_2^+ 得来的结果推广到更复杂的分子结构上去。

分子轨道理论把组成分子的所有原子作为一个整体来考虑。组成分子的电子也像组成原子的电子一样，处于一系列不连续的运动状态中。在原子中，电子的这种不连续的空间运动状态称为原子轨道，在分子中电子的空间运动状态就叫分子轨道。与原子轨道相同，分子轨道也可以用相应的波函数(ψ)来描述。分子轨道与原子轨道的不同，主要在于分子轨道是多中心(多核的)，而原子轨道只有一个中心(核)。

原子结构理论用 s、p、d、f、…等符号表示原子轨道的名称，分子轨道理论则用 σ、π、…等来表示分子轨道的名称。

分子轨道理论的基本要点如下：

(1) 分子轨道(MO)由原子轨道(AO)组合而成，n 个 AO 可组合得到 n 个 MO。

(2) 电子逐个填入 MO 中，填充规则与在 AO 中的填充规则相同，即服从能量最低原理、泡利(Pauli)不相容原理和洪特(Hund)规则。

(3) 并不是原子间任意的原子轨道都能组成分子轨道的。为了有效地组成分子轨道，参与组成该分子轨道的原子轨道必须满足三个条件，即原子轨道(AO)能量相近、轨道最大重叠和对称性匹配，简称成键三原则。

① 能量相近。只有能量相近的原子轨道才能组合成有效的分子轨道。能量越相近，组合成的分子轨道越有效。

② 轨道最大重叠。两原子轨道要有效地组合成分子轨道，两原子轨道的重叠程度越大越好，以使成键的分子轨道的能量尽可能降低。

③ 对称性匹配。只有对称性匹配的原子轨道才能有效地组合成分子轨道。哪些原子轨道之间对称性匹配呢？图 2－4 表示两原子沿 x 轴相互接近时，s 和 p 轨道的几种重叠情况。图 2－4 中(a)、(b)、(c)是属于对称性匹配的组合，(d)、(e)属于对称性不配匹的组合。在后一类组合中，各有一半区域是同号重叠，另一半区域是异号重叠，两者正好抵消，净成键效应为零。

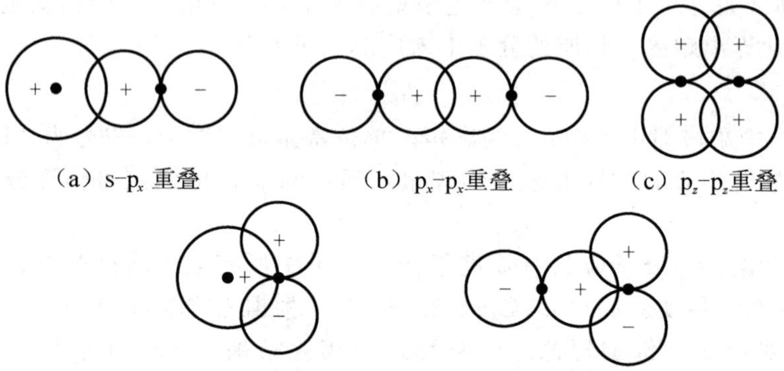

(a) s–p_x 重叠　　(b) p_x–p_x 重叠　　(c) p_z–p_z 重叠

(d) s–p_z 重叠　　(e) p_x–p_z 重叠

(a)、(b)、(c)对称性匹配；(d)、(e)对称性不匹配

图 2－4　轨道对称性匹配示例

3. 分子轨道的形成

以 H_2 分子的形成($H + H \longrightarrow H_2$)为例，讨论分子轨道的形成过程。AO 组合成 MO，量子力学有多种方法，其中之一为 AO 线性组合成 MO：

$$\underset{\text{MO}}{\psi_{\text{I}}} = \underset{\text{aAO}}{C_a\psi_a} + \underset{\text{bAO}}{C_b\psi_b} \qquad \underset{\text{MO}}{\psi_{\text{II}}} = \underset{\text{a}'\text{AO}}{C'_a\psi_a} - \underset{\text{b}'\text{AO}}{C'_b\psi_b}\,y$$

式中：

ψ_a、ψ_b 分别代表两个氢原子的原子轨道；

C 、C′分别为与原子轨道的重叠有关的参数；对同核双原子分子 $C_a = C_b$，$C'_a = C'_b$。

ψ_{I} 的能量比原 1s 轨道能量低，即 $E_{\text{I}}(\text{MO}) < E(\text{AO})$，称为成键分子轨道。对于成键分子轨道，电子在两核间概率密度增大。ψ_{II} 的能量比原 1s 轨道能量高，即 $E_{\text{II}}(\text{MO}) > E(\text{AO})$，称为反键分子轨道。对于反键分子轨道，电子在两核间概率密度减小。如图 2－5 所示，E_a、E_b 分别为两个 H 原子轨道的能量，E_{I}、E_{II} 分别为成键分子轨道和反键分子轨道的能量。

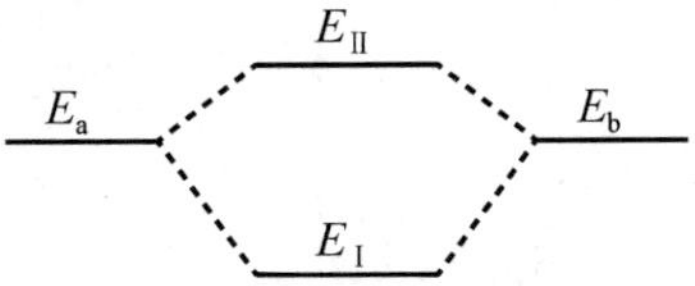

图 2-5　分子轨道的形成

4. 分子轨道能级图

按照分子轨道对称性不同，可将分子轨道分为 σ 轨道和 π 轨道。图 2-6 分别表示 s—s，p—p 轨道组合成分子轨道的情况。其中 σ_s，σ_p 和 π_p 是成键分子轨道，它们的能量分别比原来的原子轨道能量低；σ_s^*、σ_p^* 和 π_p^* 是反键分子轨道，它们的能量分别比原来的原子轨道能量高。

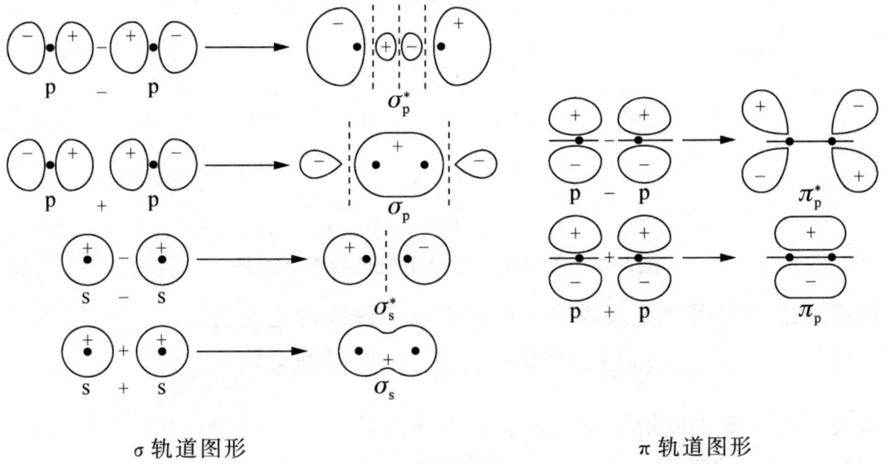

图 2-6　s，p 原子轨道组合的分子轨道

分子轨道的能量高低目前主要是从光谱数据测定的。第一、第二周期元素形成同核双原子分子时，其能级高低顺序有如图 2-7 所示的两种情况。如果原子的 2s 和 2p 轨道能量差较大(如 O、F、Ne 原子)，当两个这种原子相互接近时，不会发生 2s 和 2p 轨道之间的相互作用，其分子轨道能级图如图 2-7(a)所示，能量 $\pi_{2p} > \sigma_{2p}$；如果原子的 2s 和 2p 轨道能量差较小(如 B、C、N 原子)，当两个这种原子相互靠近时，不但会发生 2s—2s和2p—2p重叠，也会发生 2s—2p 重叠，因而改变了能级的顺序，能量 $\sigma_{2p} > \pi_{2p}$，如图 2-7(b)所示。

5. 分子轨道电子排布式与键级的概念

分子中电子的排布可以用分子轨道电子排布式(或称为电子构型)表示。如 N_2 分子的 14 个电子按图 2-7 (b)填充，其分子轨道电子排布式为

$$N_2[(\sigma_{1s})^2(\sigma_{1s}^*)^2(\sigma_{2s})^2(\sigma_{2s}^*)^2(\pi_{2p_y})^2(\pi_{2p_z})^2(\sigma_{2p_x})^2]$$

或

$$N_2[KK(\sigma_{2s})^2(\sigma_{2s}^*)^2(\pi_{2p_y})^2(\pi_{2p_z})^2(\sigma_{2p_x})^2]$$

式中 KK 表示两个 N 原子的 4 个 K 层电子(即 $1s^2$ 电子)。这些电子因处于内层，重叠很少，基本上保持原子轨道的状态，对成键无贡献。$(\sigma_{2s})^2(\sigma_{2s}^*)^2$ 的能量也相互抵消。对成键有贡献的主要是$(\pi_{2p_y})^2(\pi_{2p_z})^2(\sigma_{2p_x})^2$。

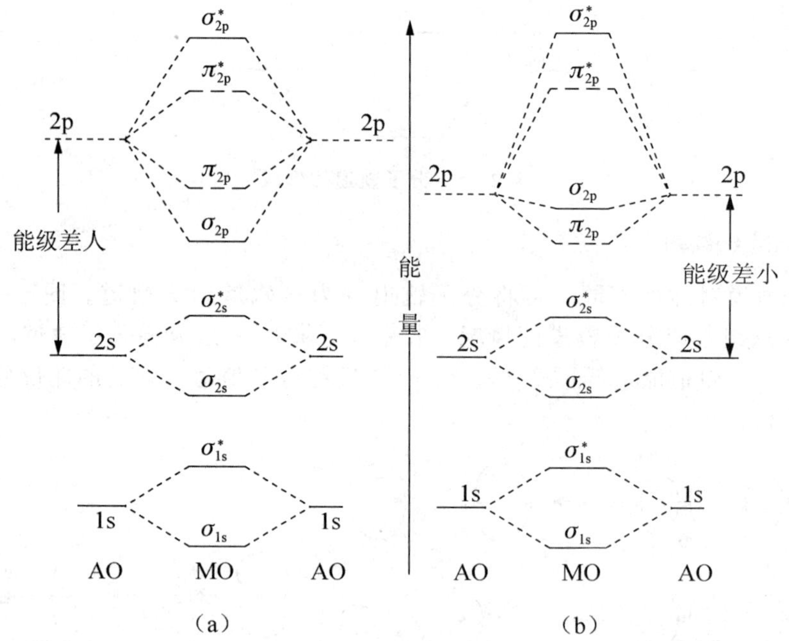

(a)：O_2、F_2；(b)：B_2、C_2、N_2

图2-7　同核双原子分子轨道能级示意图

分子轨道理论中常用键级来说明成键的强度。键级的定义为

$$键级=\frac{成键电子数-反键电子数}{2}$$

键级越大，表示形成的键的强度越大，分子越稳定。

因此，N_2分子的键级为

$$\frac{8-2}{2}=3$$

即 2 个 π 键和 1 个 σ 键，这与价键理论所得的结果是一致的。

6. 应用举例

1) He_2分子

He 原子的电子构型为 $1s^2$。两个 He 原子的 4 个电子按能级图填充，其电子排布式为：

$$He_2[(\sigma_{1s})^2(\sigma_{1s}^*)^2]$$

一对电子进入成键轨道降低的能量被另一对电子进入反键轨道升高的能量所抵消。两个 He 原子形成 He_2后，其分子总能量没有降低，因此 He_2分子不能稳定存在。

He_2分子的键级为

$$\frac{2-2}{2}=0$$

2) O_2分子

O_2分子的 16 个电子按图 2-7 (a) 填充，可得其分子轨道电子排布式为

$$O_2[KK(\sigma_{2s})^2(\sigma_{2s}^*)^2(\sigma_{2p_x})^2(\pi_{2p_y})^2(\pi_{2p_z})^2(\pi_{2p_y}^*)^1(\pi_{2p_z}^*)^1]$$

按洪特规则，最后 2 个电子应自旋平行地分别填充 $\pi_{2p_y}^*$ 和 $\pi_{2p_z}^*$ 轨道，所以 O_2分子中有

2 个单电子，为顺磁性。

$$\mu = \sqrt{n(n+2)} = \sqrt{8} = 2.83\ \text{BM}$$

O_2分子的键级为$\frac{8-4}{2}=2$，与 O_2的键能实验值 494 kJ · mol^{-1}相符。

从 O_2分子的电子排布式可见，对 O_2分子成键有贡献的除$(\sigma_{2p_x})^2$ 外，$(\pi_{2p_z})^2(\pi_{2p_y})^2$ 降低的能量分别被$(\pi_{2p_y}^*)^1(\pi_{2p_z}^*)^1$ 升高的能量抵消掉一半。$(\pi_{2p_y})^2$ 和$(\pi_{2p_y}^*)^1$ 一起只相当于半个键，称为三电子 π 键。O_2中有两个三电子 π 键，所以 O_2分子电子式可简写为

$$\mathrm{O} \overset{\cdot\cdot\cdot}{\underset{\cdot\cdot\cdot}{\text{——}}} \mathrm{O}$$

式中短线代表 σ 键，三点代表一个三电子 π 键。

3) O_2^- 分子离子

O_2^- 分子离子比 O_2分子多一个电子，这个电子应分布在 $\pi_{2p_y}^*$ 或 $(\pi_{2p_z}^*)$分子轨道上，O_2^- 尚有一个 σ 键，一个三电子 π 键，所以能稳定存在。并有一个未成对电子，有顺磁性。其分子轨道电子排布式为

$$O_2^-[\mathrm{KK}(\sigma_{2s})^2(\sigma_{2s}^*)^2(\sigma_{2p_x})^2(\pi_{2p_y})^2(\pi_{2p_z})^2(\pi_{2p_y}^*)^2(\pi_{2p_z}^*)^1]$$

2.3 多原子分子的空间构型

2.3.1 杂化轨道理论

价键理论成功地阐明了共价键的本质及特性，但是对于分子结构中的不少实验事实，它却无法解释。例如，甲烷分子按价键理论推断，C 原子的电子排布为 $1s^2 2s^2 2p_x^1 2p_y^1$，只有 2 个单电子，只能形成两个共价键，且键角(键轴之间的夹角)应该为 90°。但经实验测定，四个 C—H 键的键角均为 109.5°；对于水分子来说，按价键理论两个 O —H 键间的夹角也应当是 90°，但经实验测定，两个 O —H 键的键角为 104.5°。这些推论显然与实验事实不符。实际上，不仅是 CH_4 和 H_2O，还有许多其他分子的键角都不是 90°，而且能形成比用原有原子轨道成键更稳定的化学键。为了解决这些矛盾，1931 年鲍林(Pauling)和斯莱脱(Slater)提出了杂化轨道理论。可以把杂化轨道理论看作是价键理论(VB 法)的补充和发展。

1. 杂化轨道理论的基本要点

1) 杂化与杂化轨道

从电子具有波性，而波可以叠加出发，原子在形成分子过程中，中心原子中能量相近的不同类型的原子轨道(即波函数)可以相互叠加、混杂，重新分配能量与轨道的空间伸展方向以满足成键的要求，组成数目相同、能量简并而成键能力更强的新的原子轨道。这一过程称为(轨道的)杂化，形成的新原子轨道称为杂化轨道。

2) 杂化轨道理论的基本要点

(1) 中心原子中能量相近的原子轨道才能杂化。

(2) 若参与杂化的原子轨道已有成对电子，一般使成对电子中的一个激发到空轨道后

再杂化，激发电子所需的能量完全可从成键后放出的能量得到补偿。

(3) 有几个轨道参与杂化，就能得到几个杂化轨道。杂化轨道的能量是简并的。

(4) 不同类型的杂化轨道有不同的空间取向，从而决定了共价型多原子分子或离子的不同的空间构型。

2. 杂化轨道理论的类型

1) sp 杂化

以 $BeCl_2$ 分子的空间构型为例来讨论 sp 杂化。因为铍的电负性比同族的金属大，它跟氯气反应能生成 $BeCl_2$ 共价分子。在蒸气状态时，氯化铍是由线型的 Cl—Be—Cl 分子组成的。那么 $BeCl_2$ 分子是怎样形成的呢？铍的电子构型是 $1s^2 2s^2$。在基态时，铍应该是不能成键的；但在激发状态时，铍的电子构型成为 $1s^2 2s^1 2p^1$，提供了两个未成对电子，这说明铍可以跟氯气形成 $BeCl_2$ 分子。但问题并没完全解决，这是因为：①激发态铍的两个未成对电子，一个是 2s，一个是 2p，且轨道的能量不相等，而两个氯原子的 3p 轨道又是等价的，究竟是哪一个氯原子的 3p 轨道与铍原子的 2s 轨道发生重叠呢？②铍的 2s 轨道与 2p 轨道成键能力不同，形成的两个 Be—Cl 键，其键长和键能也不应该相等。然而实验测得，这两个键，无论是键长还是键能都是完全相等的。为了解决这一矛盾，杂化轨道理论认为：在 $BeCl_2$ 分子中，成键的轨道不是纯粹的 2s 和 2p，而是由它们“混合”起来重新组成的两个彼此呈直线分布的新轨道，其中每一新轨道含有 1/2s 和 1/2p 的成分。这样的新轨道称为 sp 杂化轨道。

如图 2－8 所示，铍原子利用这两个 sp 杂化轨道跟两个氯原子形成两个完全等同的共价键。sp 杂化轨道一头大、一头小。成键时用较大的一头重叠，比未杂化的 p 轨道可以重叠得更多，形成的共价键也就更稳定。这样，用 sp 杂化轨道，就解释了直线型 $BeCl_2$ 分子的空间构型和稳定性。$BeCl_2$ 分子中 Be 原子的 sp 杂化轨道的形成过程如图 2－9 所示。

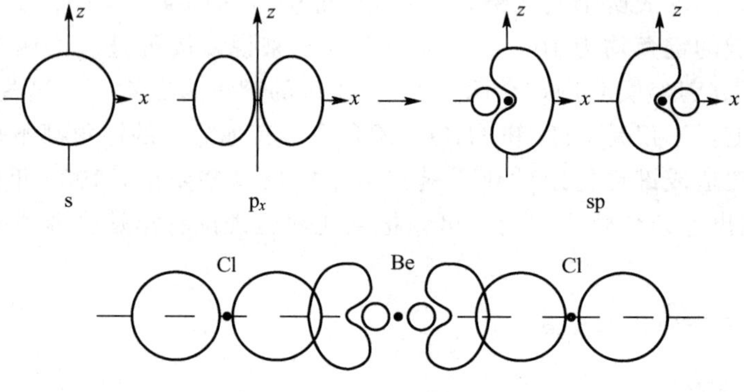

图 2－8　$BeCl_2$ 分子的形成示意图

那么，为什么铍原子的四个电子不单独分占四个轨道，进而形成四个杂化轨道呢？或者说为什么铍不能形成 $BeCl_4$ 分子呢？因为组成杂化轨道的原子轨道，其能量相差不能太大。2s 轨道和 2p 轨道在能量上是比较接近的，而 2s、2p 和 1s 相比能量相差较大，不易形成杂化轨道。

2) sp^2 杂化

实验测得在 BF_3 分子中，原子都在同一平面上，任意两个键所成的键角都是 120°，且

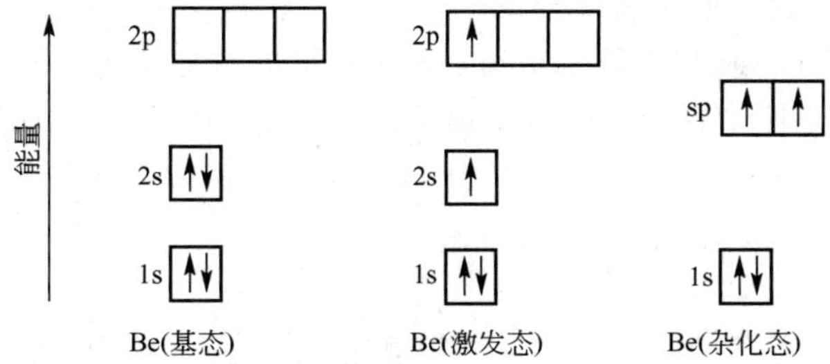

图 2-9 $BeCl_2$ 分子中 Be 原子的 sp 杂化轨道形成示意图

这三个键都是等同的。这是由于 B 原子利用 sp^2 杂化轨道成键的结果，每一个杂化轨道具有 1/3 的 s 成分和 2/3 的 p 成分。三个轨道彼此间以 120°排列，如图 2-10 所示。中心硼原子用 sp^2 杂化轨道与 3 个 F 原子成键，整个分子呈平面三角形。这就说明了 BF_3 的几何构型特点。

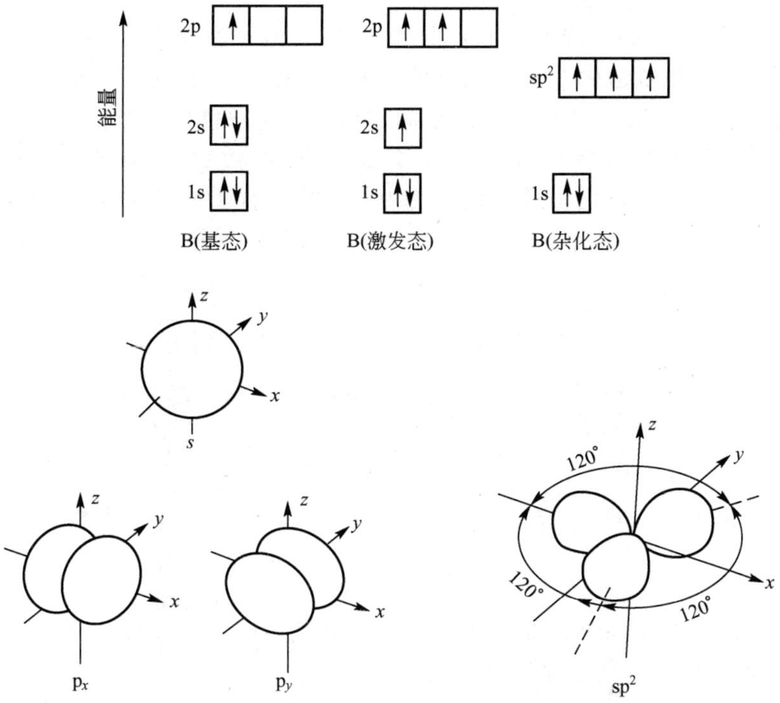

图 2-10 B 原子的 sp^2 杂化示意图

3) sp^3 杂化

C 原子的电子构型为 $1s^2 2s^2 2p_x^{\ 1} 2p_y^{\ 1}$。从经典的价键理论推测，似乎碳跟氢原子结合应该生成 CH_2 分子。因为基态 C 原子只有两个 p 轨道可用来与两个氢原子结合成键。而且 H—C—H 键的键角应该是 90°。因为 p_x 与 p_y 是互相垂直的。但实际上一个 C 原子和四个 H 原子结合生成 CH_4 分子。在 CH_4 分子中，四个 C—H 键是等同的，且相互间的夹角为 109.5°。

根据杂化轨道理论，碳原子在反应时，激发一个 2s 电子到 2p 轨道上。这时，一个 2s 轨道与三个 2p 轨道混合起来，形成四个等价的 sp^3 杂化轨道。每个 sp^3 杂化轨道具有 1/4 的 s

成分和 3/4 的 p 成分，它的形状和单纯的 s 轨道与 p 轨道不同，一头特别大，一头特别小。sp^3 杂化轨道分别指向正四面体的四个顶角，四个轨道的对称轴彼此间的夹角正好是 109.5°，四个 H 原子就沿着上述四个轴的方向与 C 原子成键形成 CH_4 分子。这样，在 CH_4 分子中所有 H—C—H 键角都是 109.5°，且所有的 C—H 键都是等同的，如图 2-11 所示。

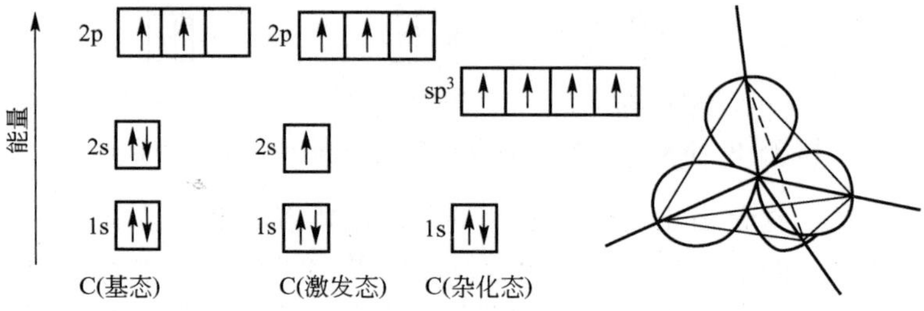

图 2-11　C 原子的 sp^3 杂化示意图

4）sp^3d 杂化和 sp^3d^2 杂化

PCl_5 中 P 原子采取 sp^3d 杂化。P 原子的 1 个 3s 电子激发至 3d 轨道，形成 5 个 sp^3d 杂化轨道。这 5 个杂化轨道中 3 个杂化轨道互成 120 度，位于一个平面上，另外 2 个杂化轨道垂直于这个平面，所以 PCl_5 分子的空间构型为三角双锥形，如图 2-12 所示。

SF_6 分子中 S 原子的一个 3s 电子和 1 个 3p 电子可激发至 3d 轨道，形成 6 个 sp^3d^2 杂化轨道。这 6 个 sp^3d^2 杂化轨道的夹角为 90°，所以 SF_6 分子的空间构型为正八面体，如图 2-13 所示。

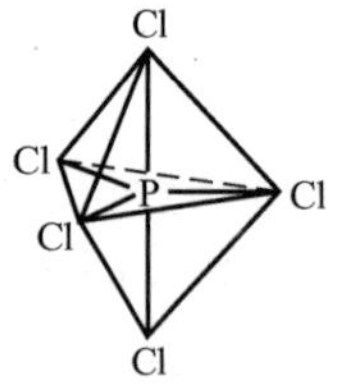

图 2-12　PCl_5 分子构型

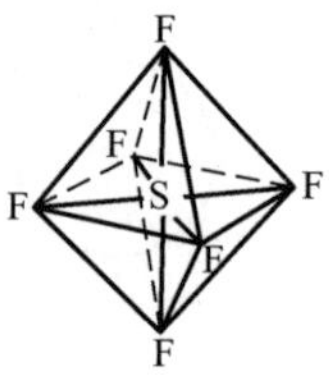

图 2-13　SF_6 分子构型

3. 不等性杂化

等性杂化：在前面几例中，参与杂化的轨道均仅有一个成单的电子，各杂化轨道的 s、p、d 的成分均相等，这类杂化称为等性杂化。

不等性杂化：当参与杂化的轨道不仅有单电子还有成对电子时，各杂化轨道的 s、p、d 的成分不完全相等，这类杂化称为不等性杂化。

在 NH_3 分子中，N 原子也形成 sp^3 杂化。但 N 原子比 C 原子多 1 个电子，因此在 4 个 sp^3 杂化轨道中有 1 个杂化轨道被已成对电子所占据。这种已成对电子不参与成键，称为孤对电子。由于孤对电子只受一个核的吸引，电子云比较“肥大”，它对成键电子对产生较大的斥力，迫使 N—H 键的键角由 109.5°压缩至 107°18′。NH_3 分子的空间构型为三角锥形，如图 2-14 所示。

H_2O 分子中 O 原子也采取 sp^3 杂化，但有 2 个杂化轨道被孤对电子所占据，2 对孤对电子产生的斥力更大，迫使 O—H 键的键角压缩至 104°45′。H_2O 分子的空间构型为角形（V 形），如图 2-15 所示。

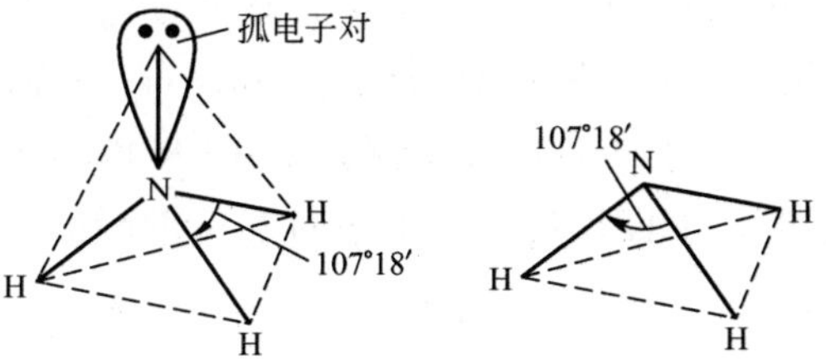

图 2-14 NH_3 分子空间构型示意图

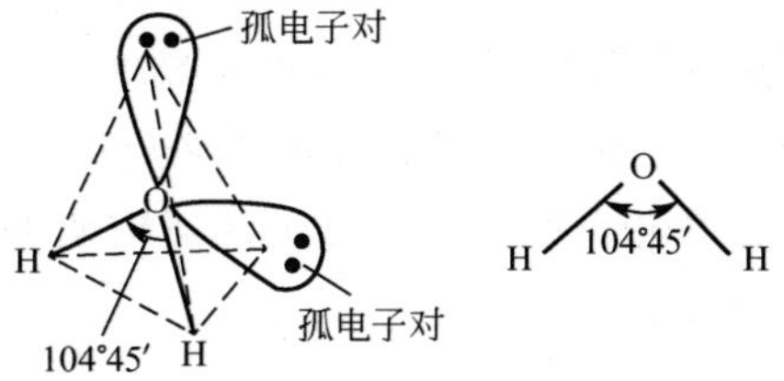

图 2-15 H_2O 分子空间构型示意图

表 2-7 列出了以上五种常见的杂化轨道。此外，过渡元素原子$(n-1)$d 轨道与 $nsnp$ 轨道还能形成其他类型的杂化轨道，这些将在第 8 章 配位化合物中介绍。

表 2-7 杂 化 轨 道

杂化类型	轨道数目	轨道形状	实 例
sp	2	直线	$BeCl_2$、$HgCl_2$
sp^2	3	平面三角	BF_3
sp^3	4	四面体	CH_4、NH_3、H_2O
sp^3d	5	三角双锥	PCl_5
sp^3d^2	6	八面体	SF_6

对中心原子，其主要杂化类型有以下规律。

(1) ⅥA：O、S、Se 等化合物多为不等性 sp^3 杂化，两对孤对电子，为 V 形结构，如 OF_2、H_2S、H_2Se 等。

(2) ⅤA：N、P、As 等化合物多为不等性 sp^3 杂化，一对孤对电子，为三角锥形结构，如 NH_3、NF_3、PH_3、PCl_3、AsH_3 等。

(3) ⅣA：C、Si、Ge 等化合物多为等性 sp^3 杂化，正四面体形结构，如 CH_4、SiH_4、GeH_4 等。对双键 C 原子(如乙烯、苯中的 C 原子)，通常采取 sp^2 杂化；对叁键 C 原子(如乙炔中 C 原子)，通常采取 sp 杂化。

(4) ⅢA：B、Al 等化合物多为等性 sp^2 杂化，平面三角形结构，如 BF_3、$AlCl_3$ 等。

(5) ⅡA、ⅡB：其共价化合物为等性 sp 杂化，直线型结构，如 $BeCl_2$、$HgCl_2$ 等。

(6) 在中心原子配位数较大的分子中还有 d 轨道参与杂化，如 sp^3d^2、d^2sp^3、sp^3d、dsp^2 等各种杂化形式。

(7) 在第 8 章配位化合物中，中心原子以空轨道杂化接受配体提供的孤对电子，也是等性杂化。

杂化轨道理论能很好地说明共价分子中形成的化学键及共价分子的空间构型。但是，对于一个新的或人们不熟悉的简单分子，其中心原子轨道的杂化形式往往是未知的，因而就无法判断其分子空间构型。这时，人们往往先用价层电子对互斥理论(VSEPR)预测其分子空间构型，而后通过价电子对的空间排布确定中心原子杂化类型，再确定其成键情况。

2.3.2 价层电子对互斥理论(VSEPR)

价层电子对互斥理论是一种简单、方便预测非过渡元素共价型分子几何构型的方法，简写为 VSEPR 理论。应用 VSEPR 理论预测分子的几何构型，不需考虑原子轨道的杂化及键合作用，只要写出路易斯结构式即可。该模型 1940 年由西奇维克（Sidgwick）提出，20 世纪 60 年代初由吉来斯必（Gillespie）和尼霍姆（Nyholm）加以发展。VSEPR 模型是建立在静电模型和大量分子几何构型事实的基础上的，下面讨论价层电子对互斥模型的基本要点及其应用。

1. 理论的基本要点

通常共价分子或离子，可以用通式 AX_mE_n 表示，其中 A 为中心原子，X 为配位原子或含有一个配位原子的基团（同一分子中可以有不同的配位原子），m 为配位原子的个数（即中心原子的键电子对数），E 表示中心原子 A 的价电子层中的孤电子对，n 为孤电子对数。价层电子对互斥理论认为：

（1）分子或离子的空间构型取决于中心原子周围的价层电子对数 VP（包括成键电子对和未成键的孤电子对）。

（2）中心原子价电子层（简称价层）中的电子对倾向于尽可能地远离，以使彼此间相互排斥作用最小。

（3）VSEPR 理论把分子中中心原子的价电子层视为一个球面。因而价电子层中的电子对（包括键电子对和孤电子对，称为价电子对 VP）按能量最低原理排布在球面，从而决定分子的空间构型；中心原子价层电子对排布方式见表 2-8。

表 2-8　中心原子价电子对排布方式

价电子对数（VP）	2	3	4	5	6
排布方式	直线形	平面三角形	正四面体	三角双锥	正八面体

（4）在考虑价电子对（VP）排布时，还应考虑键电子对（BP）与孤电子对（LP）的区别。BP 受两个原子核吸引，电子云比较紧缩；而 LP 只受中心原子的吸引，电子云比较“肥大”，对邻近的电子对的斥力就较大。所以在夹角相同情况下，不同电子对之间的排斥力大小顺序为

$$LP\text{与}LP > LP\text{与}BP > BP\text{与}BP$$

为使分子处于最稳定的状态，分子构型总是保持价电子对间的排斥力为最小。

（5）分子若含有双键、三键，由于重键电子较多，斥力也较大，对分子构型（主要是键角）也有一定的影响，一般其影响可视同孤电子对的影响。

2. 判断共价分子构型的具体步骤

（1）确定中心原子的价层电子对数（VP）和孤电子对数（LP）。

中心原子的价电子对数（VP）＝键电子对数（BP）＋ 孤电子对数（LP）

即
$$VP = BP + LP = m + n$$

孤电子对数

$$LP = \frac{\text{中心原子 A 的价电子总数} \pm_{\text{正}}^{\text{负}} \text{离子电荷数} - m\text{ 个基态配位原子的未成对电子数}}{2}$$

如SO_4^{2-}：$LP=\frac{6+2-2\times4}{2}=0$

NH_4^+：$LP=\frac{5-1-1\times4}{2}=0$

NO_2：$LP=\frac{5-2\times2}{2}=0.5=1$（$LP$ 不为整数时进成整数）

（2）确定中心原子价电子对（VP）的空间排布，参见表 2-8。

（3）根据中心原子 A 的价电子对数（VP）与孤电子对数（LP）推断分子空间构型。

① 若 A 的 $LP=0$，则其 VP 的空间排布就是分子空间构型，例如：

分子	BeH_2	BF_3	CH_4	PCl_5	SF_6
LP	(2−2)/2=0	(3−3)/2=0	(4−4)/2=0	(5−5)/2=0	(6−6)/2=0
$VP=BP=m$	2	3	4	5	6
VP 排布	直线形	平面三角形	正四面体	三角双锥	正八面体
分子构型	直线形	平面三角形	正四面体	三角双锥	正八面体

② 若 A 的 $LP\neq0$，则其 VP 的空间排布与分子空间构型不同，例如：

分子	NH_3	H_2O	NO_2
LP	(5−1×3)/2=1	(6−1×2)/2=2	(5−2×2)/2=0.5=1
$VP=m+n$	3+1=4	2+2=4	2+1=3
VP 排布	正四面体	正四面体	平面三角形
分子构型	三角锥	V形（角形）	V形（角形）

③ 孤对电子的影响。

有时孤对电子（LP）的位置也将影响分子的空间构型，此时应根据成键电子对，孤电子对之间相互排斥作用的大小，确定排斥力最小的稳定构型。

例如，XeF_4 中 Xe 的价电子层有 8 个价电子，4 个氟原子各提供 1 个价电子，所以 Xe 的 $LP=\frac{8-4}{2}=2$，$VP=4+2=6$，即：Xe 的价电子对数为 6。因此，Xe 的 6 对价电子的空间排布应是八面体。有 4 个氟原子占据八面体的 4 个顶角，剩下的 2 对孤对电子占据在其他 2 个顶角上。由于氟原子和孤电子对排布的位置不同而有两种可能的几何构型。如图 2-16 所示。

如果一个分子有几种可能的构型。应考虑：

（a）孤电子对与孤电子对、孤电子对与成键电子对、成键电子对与成键电子对之间的三种相互排斥作用。

（b）将几种可能构型的各种排斥作用的种类和数目进行分析对比。

（c）相距角度最小的孤电子对与孤电子对的排斥作用数目越少，其构型越稳定。

上述 XeF_4 的两种可能电子排布构型中，电子对之间的最小角度是 90°，因此，可将 90°的各种排斥作用进行分析对比。

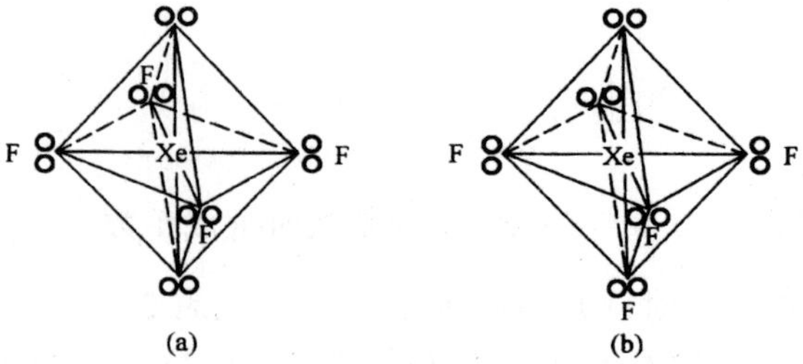

图 2-16　XeF_4的两种可能电子对排布构型

构 型	(a)	(b)
孤电子对与孤电子对间的排斥作用数目	0	1
孤电子对与成键电子对间的排斥作用数目	8	6
成键电子对与成键电子对间的排斥作用数目	4	5

可见，构型(a)比构型(b)的孤电子对与孤电子对排斥作用数少，因此，XeF_4的构型(a)更为稳定。

需要指出的是，如果按上述孤电子对之间的排斥作用数判断后，还存在不止一种构型，可选定孤电子对与成键电子对排斥作用数最少的构型作为最稳定构型。如果这样判断后还剩下几种可能构型，可选定成键电子对之间排斥作用最少的构型作为最稳定的构型。在大多数情况下，上述规则一般可以推断出稳定的构型。

例题：试判断$COCl_2$分子的空间构型及∠ClCCl和∠ClCO的相对大小。

解：$COCl_2$分子的中心原子为电负性较小的原子C，所以应为$O=CCl_2$

孤电子对数　　$LP=\frac{4-2-2\times1}{2}=0$

价电子对数　　$VP=m=2+1=3$

因为$LP=0$，VP排布与分子构型一致，为平面三角形。

由于C=O双键的作用类似孤电子对，斥力大于单键，所以∠ClCCl受到挤压，∠ClCCl<120°；而∠ClCO>120°。

2.4　分子间的作用力和氢键

分子间作用力又称范德华力。分子间作用力和氢键比化学键弱得多，化学键键能为100～800kJ·mol^{-1}，而前者约为2～40kJ·mol^{-1}。但分子间作用力和氢键对物质的性质却有很大的影响，如气体液化的难易、分子晶体的稳定性，有关物质的熔点、沸点、溶解度等。19世纪后期，范德华在研究气体的行为时发现实际气体不同于理想气体，表明气体分子间存在作用力，并提出了著名的范德华方程，以修正实际气体对理想气体的偏差。在液体和固体中，分子间也存在这种力。这种分子之间既不是离子的、又不是共价的相互吸引和排斥力称为分子间作用力。

2.4.1 分子间作用力

分子间作用力，按作用力产生的原因和特性可分为三部分：取向力、诱导力和色散力。

1. 取向力

极性分子与极性分子之间，偶极定向排列产生的作用力称为取向力。显然，分子偶极矩愈大，取向力越大，如图 2－17 所示。

2. 诱导力

如图 2－18 所示，当极性分子与非极性分子靠近时，极性分子的偶极使非极性分子变形，产生的偶极称为诱导偶极。诱导偶极与极性分子的固有偶极相吸引产生的作用力，称为诱导力。

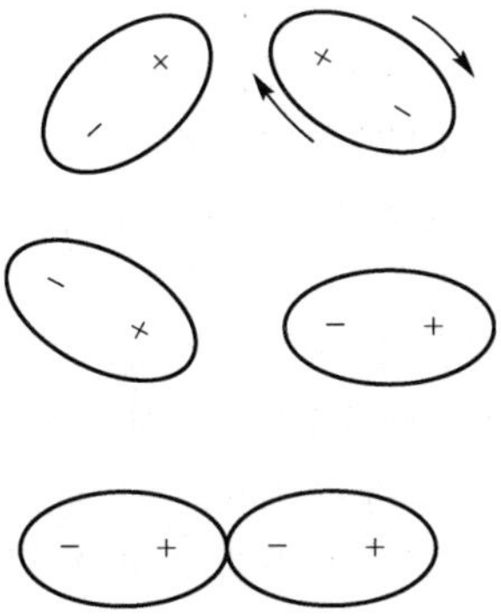

图 2－17 两个极性分子相互作用示意图

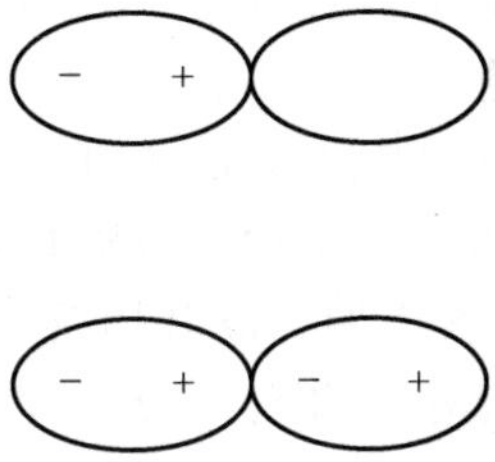

图 2－18 极性分子与非极性分子相互作用示意图

同样，极性分子与极性分子相互接近时，彼此间的相互作用，除了取向力外，在偶极的相互影响下，每个分子也会发生变形，产生诱导偶极。因此，诱导力也存在于极性分子之间。

3. 色散力

由于每个分子中的电子和原子核均处于不断的运动之中，因此，经常会发生电子云和原子核之间的瞬时相对位移，从而产生瞬间偶极。两个瞬间偶极必然是处于异极相邻的状态而相互吸引，称为色散力，如图 2－19 所示。色散力普遍存在于各种分子之间，并且没有方向性。分子的相对分子量愈大，越容易变形，色散力越大。

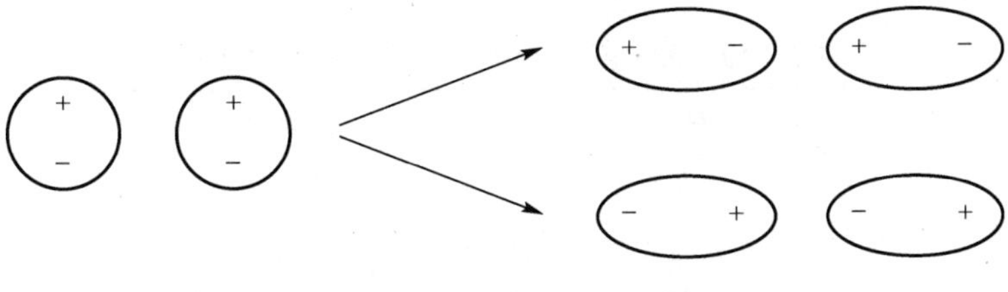

图 2－19 色散力产生示意图

上述三种作用力在分子间的总作用力中的分配情况，列于表 2－9 中。

表 2-9 分子间作用力分配情况($kJ \cdot mol^{-1}$)

分子	取向	诱导	色散	总和
Ar	0.000	0.000	8.5	8.5
CO	0.003	0.008	8.75	8.76
HI	0.025	0.113	25.87	26.00
HBr	0.69	0.502	21.94	23.13
HCl	3.31	1.00	16.83	21.14
NH_3	13.31	1.55	14.95	29.81
H_2O	36.39	1.93	9.00	47.32

分子间作用力有以下特点。

(1) 一般只有几个至几十个 $kJ \cdot mol^{-1}$，比化学键能小 1～2 个数量级。

(2) 分子间作用力的范围约几百皮米，一般不具有方向性和饱和性。

(3) 对于大多数分子，色散力是主要的。只有极性很大的分子，取向力才占较大比重。诱导力通常都很小。

(4) 分子间作用力的大小直接影响物质的许多物理化学性质，如熔点、沸点、溶解度、表面吸附等。例如，HX 的分子量依 HCl、HBr、HI 顺序增加，则分子间力(主要是色散力)也依次增加，故其熔沸点依次增高。然而它们化学键的键能依次减小，所以其热稳定性依次减小。此外，分子间力愈大，它的气体分子越容易被吸附、被液化。

2.4.2 氢键

1. 氢键的形成

与电负性大的原子 X 结合的 H 原子(X—H)带有部分正电荷，能够与另一个电负性大的原子 Y(或 X)结合形成聚集体 X—H…Y(或 X—H…X)，这种结合作用称为氢键。形成氢键的原子 X 和 Y 具有电负性大、半径小、有孤对电子等特性。因此，能形成特征氢键的原子是 F、O、N 原子。X 和 Y 可以是相同元素的原子(如 O—H…O)，也可以是不同元素的原子(如 N—H…O)。

大家知道，卤素氢化物的性质随着分子量的增大而递变，但第一个元素氟却有些例外。在第 VIA 族的氢化物中，H_2O 的性质也很特殊。卤素和第 VIA 族元素的氢化物的沸点列于表 2-10 中。

表 2-10 第 VIA、VIIA 族元素的氢化物的沸点

氢化物	沸点	氢化物	沸点
HF	+20℃	H_2O	100.00
HCl	−84℃	H_2S	−60.75
HBr	−67℃	H_2Se	−41.5
HI	−35℃	H_2Te	−1.3

将表 2-10 所列的沸点的数值对周期数作图（图 2-20），就可更方便地看出氢化物沸点的变化趋势。按分子量减小的次序推测，HF、H_2O 的沸点应比 HCl、H_2S 更低，但实际上却要高得多。此外，氢氟酸的酸性比其他氢卤酸也显著地减弱。

氟化氢和水的性质的反常现象，说明了氟化氢分子之间和水分子之间有很大的作用力，以致使这些简单的分子成为缔合分子。

分子缔合的重要原因是分子间形成了氢键。氢键是由于与电负性极强的元素（如氟、氧等）相结合的氢原子，和另一分子中电负性极强的原子间产生引力而形成的。以水分子为例来说明氢键的形成。在水分子中氢与氧以共价键结合，由于氧的电负性较大，共用电子对强烈地偏向氧一方，而使氢带正电荷，同时，氢原子用自己唯一的电子形成共价键后，已无内层电子。它不被其他原子的电子云所排斥，而能与另一水分子中氧原子上的孤电子对相互吸引，如图 2-21 所示。结果水分子间便形成氢键 O—H…O 而缔合在一起。H 与原来水分子中的氧以共价键结合，相距较近（99pm）；而与另一水分子中的氧则以氢键结合，相距较远（177pm）。所以，O—H…O 之间的距离共 276pm。

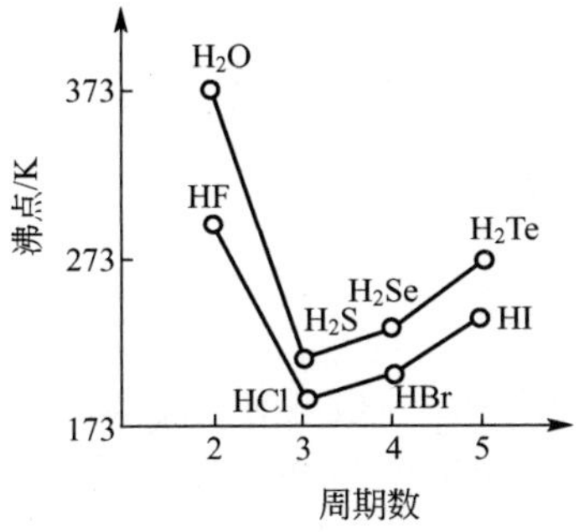

图 2-20 卤素、氧族元素氢化物的沸点

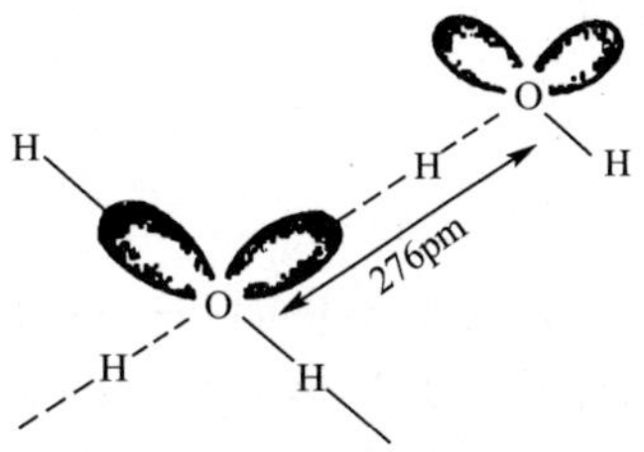

图 2-21 水分子间的氢键

HF 也因氢键的形成而发生缔合现象，生成$(HF)_n$（n=2，3，4，…）。

氢键的形成需要以下条件。

(1) H 原子与电负性很大的原子 X 形成共价键。

(2) 有另一个电负性很大且具有孤对电子的原子 X（或 Y），主要为 F、O、N（Cl、S 较少）。

氢键具有以下特征。

(1) 作用力的大小与分子间力相近，它的键能一般在 41.84kJ·mol^{-1}以下，比化学键的键能要小得多。

(2) 氢键有方向性与饱和性，但分子间力无方向性和饱和性。

(3) 分子间氢键为使系统更稳定、能量更低，要求∠XHY 保持 180°键角；而分子内氢键由于结构要求，无法保持 180°键角，如 HNO_3、DNA 的双螺旋结构就是靠氢键形成的。

能够形成氢键的物质是很广泛的，如水、醇、胺、羧酸、无机酸、水合物、氨合物等。在生命过程中，具有意义的基本物质（蛋白质、脂肪、糖）都含有氢键。氢键能存在于晶态、液态，甚至于气态之中。

2. 氢键对物质的物理性质的影响

实验已证明存在两种氢键。一个分子的 X—H 键与另一个分子的原子 Y 相结合而成的氢键，称为分子间氢键。一个分子的X—H键与它内部的原子Y相结合而成的氢键，称为分子内氢键。

(1) 分子间氢键。由于强的分子间氢键的生成，可使得甲酸、醋酸等缔合成二聚物。

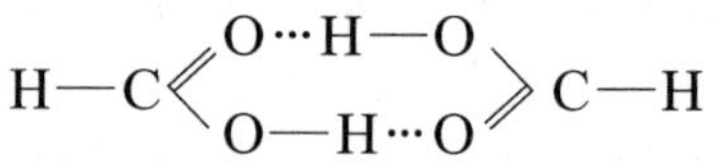

由于氢键而缔合，可使物质的介电常数增大。水的介电常数高，就和水分子间形成氢键而缔合有关。

氢键也存在于晶体中。在KHF_2的二氟化物离子中，发现了极强的氢键(F…H…F)。F—F距离只有226pm，两个F原子与H原子的距离相等，而一般氢键X—H…Y中，H总是离X近而离Y远。

(2) 分子内氢键。例如，在苯酚的邻位上有—CHO、—COOH、—OH、$—NO_2$等时可形成氢键的螯合环。

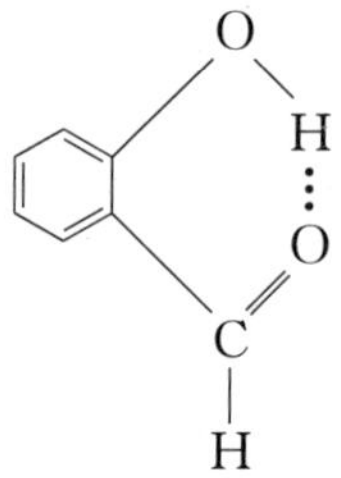

分子内氢键不可能在一条直线上。分子内氢键的生成，一般会使化合物沸点、熔点降低，汽化热、升华热减小；也常影响化合物的溶解度，如邻位硝基苯酚比其间位、对位更不易溶于水，而更易溶于非极性溶剂中。

综上所述：①分子间氢键的形成，相当于形成大分子，分子间结合力增强，使化合物的熔点、沸点、熔化热、汽化热、黏度等增大，蒸气压则减小；而分子内氢键的形成，使分子内部结合更紧密，分子变形性下降，分子间作用力下降，一般使化合物的熔点、沸点、熔化热、汽化热、升华热等减小。②溶质与溶剂形成氢键，溶质的溶解度增加；溶质形成分子间氢键，相当于形成溶质大分子，在极性溶剂中溶质溶解度下降，但在非极性溶剂中，溶质溶解度增加。溶质形成分子内氢键，分子紧缩变小，溶质分子极性降低，在极性溶剂中溶质溶解度降低，但在非极性溶剂中的溶质溶解度则增大。例如，邻硝基苯酚易形成分子内氢键，比间硝基苯酚和对硝基苯酚在水中的溶解度更小，更易溶于苯中。

2.5 晶体知识简介

固态物质可分为晶体和非晶体两大类。其中非晶体由于内部质点排列不规则，所以没有一定的结晶外形。例如，生活上用的石蜡和玻璃，高炉砌炉时作为黏结剂的沥青，高炉冶炼时排出的玻璃状炉渣都是非晶体。非晶体这种聚集状态是不稳定的，在一定的条件下可转化成晶体。非晶体表现为各个方向的性质相同，没有固定的熔点。加热非晶体时，温度升到某一程度后开始软化，流动性增加，最后变成液体。从软化到完全熔化，中间经过一定的较宽的温度范围，并且在这个过程中，没有固定的熔解热效应。而晶体则有许多不同于非晶体的特征。

2.5.1 晶体的特征和分类

1. 晶体的特征

1）有规则的几何外形

晶体的外表特征是有一定的、整齐的、规则的几何外形。如食盐就具有立方体外形。虽然有时由于生成晶体的条件不同，所得到的晶体在外形上可能有些歪曲，但晶体表面的夹角(称为晶角)α、β、γ 总是不变的。

2）有固定的熔点

晶体有固定的熔点。加热晶体，达到熔点时，即开始熔化。在没有全部熔化以前，继续加热，温度不再上升。这时所供给的热量全部用来使晶体熔化。晶体完全熔化后，温度才开始上升。

3）有各向异性

由于晶格各个方向排列的质点的距离不同，因此晶体各个方向上的性质也不一定相同。这就是晶体各向异性。例如，云母的解理性(晶体容易沿着某一平面剥离的现象)就不相同。如沿两层的平面方向剥离，就容易；如垂直于这个平面方向剥离，就困难得多。蓝晶石($Al_2O_3 \cdot SiO_2$)在不同方向上的硬度是不同的。又如石墨在与层垂直的方向上的电导率为与层平行的方向上的导电率的 $1/10^4$。这种各向异性还表现在晶体的光学性质、热学性质及其他电学性质上。

晶体的这些特性是晶体内部结构的反映。应用 X 射线研究晶体的结构表明：组成晶体的粒子(分子、原子、离子)是有规则地排列在空间的一定的点上，这些点的结合形成晶格，排有粒子的那些点称为晶格的结点。

晶格中含有晶体结构中具有代表性的最小重复单位，称为晶胞。晶胞在三维空间中无限地、周期性地重复就成为晶格。晶胞在三维空间无限地重复就产生宏观的晶体。因此，晶体的性质是由晶胞的大小、形状和质点的种类(分子、原子或离子)它们之间的作用力(库仑力、范德华力等)所决定的。

晶体还有单晶体和多晶体之别。单晶体是由一个晶核在各个方向上均衡生长起来的。这种晶体是比较少见的，但可由人工培养长成。常见的晶体的整个结构不是由同一晶格所贯穿，而是由很多取向不同的单晶颗粒拼凑而成的。这种晶体称为多晶体。对多晶体来说，由于组成它们的晶粒取向不同，使它们的各向异性相互抵消，因此多晶体一般并不表现出显著的各向异性。

2. 晶体的分类

按晶格上质点的种类和质点间作用力的性质(化学键的键型)不同，晶体可分为四种基本类型，如图 2-22 所示。

(1) 离子晶体：晶格结点上分别排列着正、负离子，正、负离子间的作用力为离子键，如图 2-22(a)所示。

(2) 原子晶体：晶格结点上的粒子是原子，微粒间的作用力为共价键，如图 2-22(b)所示。

(3) 分子晶体：晶格结点上的粒子是分子(极性分子或非极性分子)，微粒间的作用力

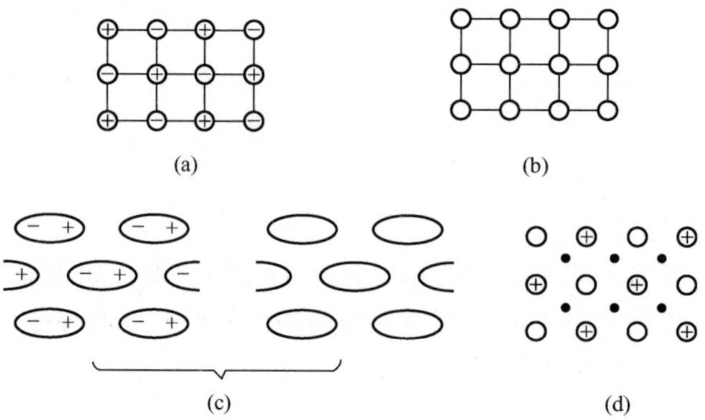

图 2-22　各种晶体中晶格结点上质点的示意图

是分子间力(及氢键)，如图 2-22(c)所示。

(4) 金属晶体：晶格结点上的微粒是金属的原子或金属阳离子，微粒间的作用力为金属键，如图 2-22(d)所示。

2.5.2　离子晶体

正、负离子通过离子键结合堆积形成离子晶体。即在晶格结点上分别排列着正、负离子，由于离子键无方向性和饱和性，正、负离子用密堆积方式交替做有规则的排列。每个离子都被若干个异电荷离子所包围，在空间形成一个庞大的分子，整个晶体就是一个大分子。

离子晶体在空间的排布方式，即晶体类型和配位数主要决定于离子的数目，正、负离子的半径比和离子的电子构型。离子的配位数是指离子周围最邻近的相反电荷离子的数目。对 AB 型离子晶体，正、负离子的半径比和晶体构型的关系见表 2-11。

表 2-11　离子半径与晶体构型(AB 型离子晶体)的关系

半径比 r^+/r^-	配位数	晶体构型	实例
0.225～0.414	4	ZnS 型	BaS、ZnO、CuCl 等
0.414～0.732	6	NaCl 型	NaBr、LiF、MgO 等
0.732～1.00	8	CsCl 型	CsBr、CsI、NH_4Cl 等

NaCl、CsCl、ZnS 是 AB 型离子晶体常见的三种类型，其晶体在空间的排布形式分别如图 2-23、图 2-24、图 2-25 所示。

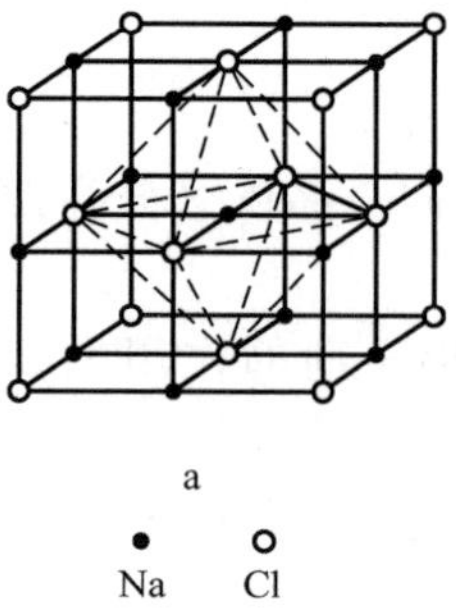

图 2-23　NaCl 型离子晶体

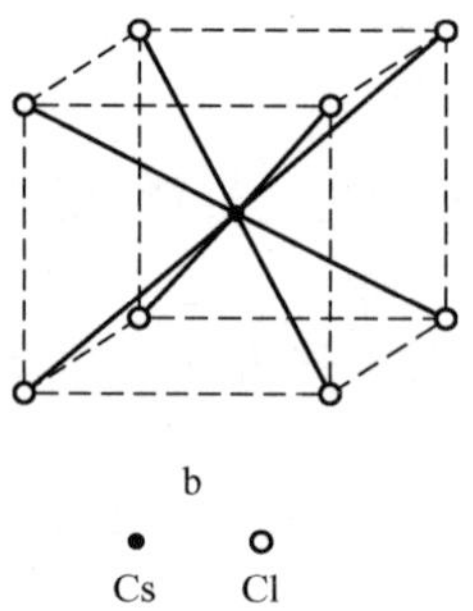

图 2-24　CsCl 型离子晶体

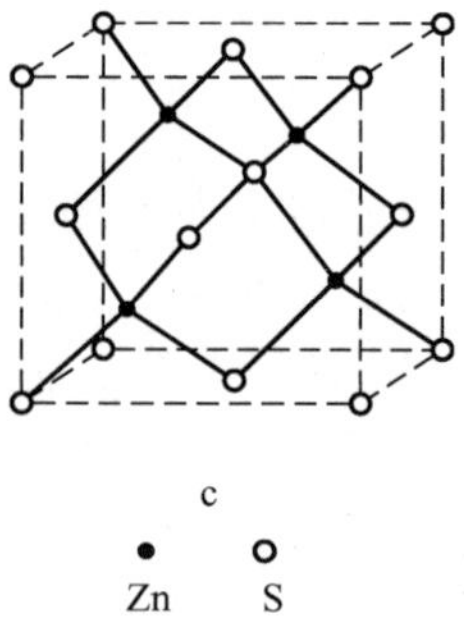

图 2-25　ZnS 型离子晶体

2.5.3 分子晶体

由共价键所形成的单质或化合物，由于分子间力的大小不同，在常温下以气、液、固态存在，当温度降至一定程度时，气、液态的物质都能凝结成固态形成晶体。这时，晶格结点上的微粒是共价分子(极性或非极性分子)，分子之间通过分子间力(及氢键)结合而形成的晶体称为分子晶体，如图 2-26 所示。例如，固态的氢、氯、二氧化碳(干冰)、冰(H_2O)、白磷(P_4)、单质硫(S_8)和绝大多数有机化合物等共价型化合物都属于分子晶体。

在分子晶体中，晶格结点上的粒子是分子(极性分子、非极性分子)，微粒间的作用力是分子间力(及氢键)，所以微粒间作用力远比化学键弱，因此熔点、沸点低，硬度小。这类晶体熔化时不导电，只有极性的分子型晶体溶于水时，由于发生电离才导电，如HCl 等。

2.5.4 原子晶体

晶格结点上的微粒是原子，原子间通过共价键而形成的晶体称为原子晶体，如图 2-27 所示，如金刚石 C、单质 Si、金刚砂(SiC)、石英(SiO_2)等。在原子晶体中不存在独立的简单分子，整个晶体就是一个巨型分子。例如，在金刚石中，晶格结点上都是碳原子，每个碳原子以 sp^3 杂化轨道和其他 4 个碳原子以共价键结合，形成一个巨型分子。由于原子晶体中粒子间以共价键结合，其特点是熔点、沸点高，硬度大。例如，金刚石的熔点是单质中最高的，硬度也是最大的。这类晶体一般不导电，熔融时也不导电，在大多数溶剂中不溶解。由于共价键有方向性和饱和性，原子晶体的配位数一般比离子晶体小。

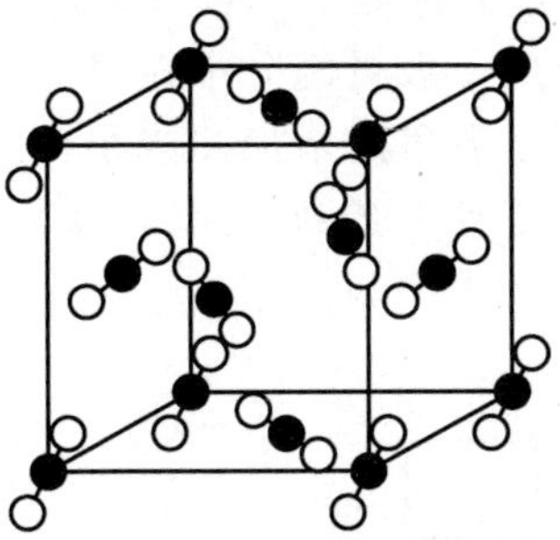

图 2-26 CO_2 分子晶体

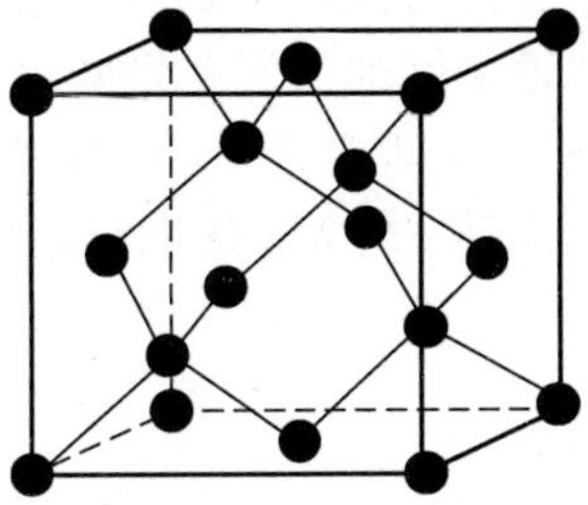

图 2-27 金刚石原子晶体

2.5.5 金属晶体

1. 金属晶体的特性

周期表中大约四分之三的元素为金属。金属有许多共同的性质，如具有金属光泽以及良好的导电性、导热性和机械加工性能等，这些性质与金属晶体的结构和金属键有关。

X 射线衍射分析证明，绝大多数金属单质都具有较简单的等径圆球紧密堆积结构，即使每个原子拥有尽可能多的相邻的原子(往往是 8 或 12 个)，这样电子能级可以取得尽可能多的重叠，从而形成金属键。在金属中最常见的三种特有晶格是配位数为 8 的体心立方紧密堆积晶格、配位数为 12 的面心立方紧密堆积晶格和配位数为 12 的六方紧密堆积晶格。

2. 金属键

处理金属中的化学键问题主要有两种理论，即自由电子理论和能带理论。

1）自由电子理论

自由电子理论认为：自由电子和正离子组成的晶体格子之间的相互作用为金属键。金属元素原子核对其价电子的吸引很弱，价电子容易脱离原子核的束缚而成为自由电子，这些电子不再属于某一金属原子，而是在整个金属晶体中自由运动。

金属的许多特性与金属中存在的自由电子有关。金属的导电性产生于自由电子从高电势向低电势的流动，当外加电场时，自由电子将沿外加电场定向流动而导电。金属晶格结点上的离子不是静止的，而是以一定的幅度振动，这种振动对自由电子的流动起阻碍作用，加之正离子对自由电子的吸引，使得金属有一定的电阻。

金属的导热性产生于自由电子从高温向低温流动，当金属受热时会加强晶格结点上离子的振动。自由电子的运动会不断和离子碰撞而交换能量，使热能在金属晶体中传递。

自由电子能吸收可见光并随即放出，因此金属不透明并显金属光泽。

金属紧密堆积结构允许在外力作用下层与层之间的滑动，但不破坏金属键，因此金属有良好的机械加工性能。

2）能带理论

金属键的能带理论是在分子轨道理论的基础上发展起来的现代金属键理论，其基本要点如下。

在形成金属键时，金属原子的价电子不再从属于某一特定的原子，而是由整个金属晶体所共有，这种价电子称为“离域”电子。分子轨道可由原子轨道线性组合而成，得到的分子轨道数与参与组合的原子轨道数相等。若金属晶体中有 N 个原子，这些原子的每一种能级相同的原子轨道，通过线性组合可得到 N 个分子轨道，它是一组扩展到整块金属的离域轨道。在金属晶体中，所有金属原子的轨道组成了大量的分子轨道，并且由于能级分裂，这些轨道之间的能量差别随组成金属晶体的原子数目的增加而减小。因晶体中的原子数目多，使得这些分子轨道的能量差别极小，近似于连续状态，因此称为能带。图 2－28 为金属 Na 和 Mg 的能带结构示意图。

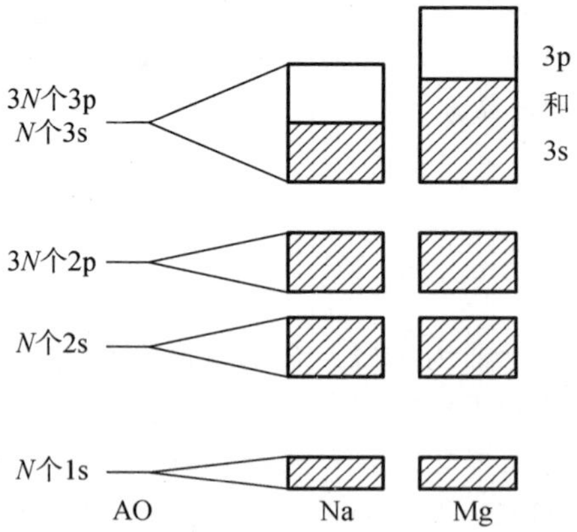

图 2－28　金属 Na 和 Mg 的能带结构示意图

金属能带有以下几种不同类型。

（1）满带。由已充满电子的原子轨道组成的低能量能带叫满带，如金属 Na 和 Mg 晶体中的 1s、2s 和 2p 能带。

(2) 导带。由未充满电子的能级所形成的能带叫导带，如金属 Na 晶体中的 3s 能带。因能带中空轨道与填充电子的轨道能级相差极小，电子可在能带内的不同能级之间自由运动，在外电场的作用下，这种未充满的能带中的电子可做定向运动，形成电流。金属的导电性正是金属晶体中存在着导带的结果。

(3) 禁带。在具有不同能量的能带之间通常有较大的能量差，以致电子不能从一个较低能量的能带进入相邻的较高能量的能带，这个能量间隔区称为禁带，在此区间内不能充填电子。如金属 Na 和 Mg 晶体的 2p 和 3s 能带之间的能量间隔。

(4) 空带。没有填入电子的空能级组成的能带叫空带，如金属 Na 和 Mg 的 3p 或更高能级的能带。

(5) 能带重叠(复合导带)。当组成能带的相邻原子轨道能量相差不大时，它们各自形成的能带有时可能发生互相重叠。例如：Mg 原子的电子构型为 $1s^2 2s^2 2p^6 3s^2$，金属 Mg 的 3s 能带应是满带，好像 Mg 的晶体应该是一个非导体。但实际上由于 Mg 原子的 3s 能级和 3p 能级比较接近，它们在形成能带时，因原子的相互作用，使形成的 3s 和 3p 能级发生分裂，形成的 3s、3p 能带有一部分发生重叠，中间没有禁带，电子由 3s 满带进入 3p 空带非常容易，所以金属 Mg 能稳定存在，且其 3s、3p 能带重叠后形成的复合能带相当于一个导带，因此金属 Mg 能导电。其他碱土金属都有与 Mg 类似的能带结构。

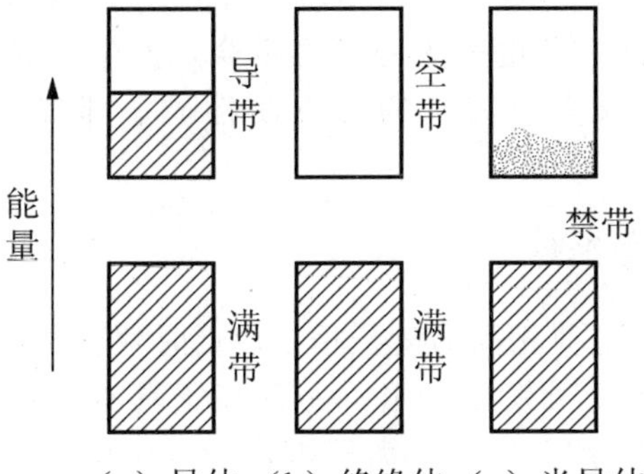

(a) 导体 (b) 绝缘体 (c) 半导体

图 2-29 导体、绝缘体和半导体中能带示意图

当某个晶体的价电子所处的能带是满带，且满带顶部与相邻空带底部之间的能量间隔(即禁带宽度)较大，当禁带宽度 $E_g > 5eV$ 时，外电场的能量不足以使满带中的电子跃迁通过禁带，因而此类晶体不能导电。这种晶体就称为绝缘体，如图 2-29 (b)所示，如金刚石晶体等。当价电子所占的满带与空带之间的禁带宽度 $E < 3eV$ 时，通常情况下是不能导电的，尤其是在低温条件下它属于电的不良导体或绝缘体。但在高温、光照或外加电场下，电子所获得的能量能够使其跃迁到空带中而成为可以自由运动的电子。同时，由于满带中的部分电子跃迁到空带中后，留下空穴(正离子)，也可参与导电，所以此种晶体在上述条件下是可以导电的，且其导电性随温度的升高而增加，具有这种性质的晶体称为半导体，如图 2-29 (c)所示，如硅、锗等元素的晶体。一般情况下，ns、np 轨道的能级差随着主量子数 n 的增加而减小，所以元素所在的周期越大，ns、np 轨道所形成的能带之间的间隔越小，碳族元素晶体的性质正好反映了这种情况，即碳的晶体为绝缘体，硅、锗的晶体是半导体，而锡、铅的晶体是导体。对于金属晶体，当其受热时，因晶体中的原子的振

动加剧，电子运动受到阻碍，因此导电性能降低。对于半导体，当温度升高时，晶体中的电子可获得能量，从而使更多的电子进入空带，因此导电性增强。

金属能带理论对金属晶体的其他物理性质也能给出很好的解释。例如：①多数金属具有银白色的金属光泽。由于在能带中，各分子轨道的能量相差极小，几乎是连续的，所以能带中的电子可以吸收连续光谱，也能将所吸收的能量以近似连续光谱的形式发射出来，所以多数金属具有银白色的金属光泽。②多数金属具有良好的机械加工性能。由于金属中电子是“离域”的，不属于任何一个原子而属于整个金属晶体，所以金属键容易在部分区域被外力破坏并在另一区域重新建立，即金属有良好的机械加工性能。③多数金属具有较高的熔点、沸点和硬度。金属原子价层中能形成金属键的电子数目越多，所形成的金属键越强，则金属的熔、沸点也越高，硬度越大。例如：碱金属的熔、沸点因其原子中只有一个价电子可以形成金属键，其晶体的熔、沸点低，硬度小，而铬族元素的原子中有六个电子可参与形成金属键，其熔、沸点高，硬度大。

2.6 离子极化

离子是带电体，可以产生电场。在该电场的作用下，周围带相反电荷的离子的电子云发生变形，从而使离子正、负电荷中心不再重合，产生诱导偶极，这一现象称为离子的极化。离子极化的强弱取决于离子的两方面性质，即离子的极化能力和离子的变形性。

2.6.1 离子的极化能力和变形性

离子本身带有电荷，当电荷相反的离子相互接近时就有可能发生极化，也就是说，它们在相反电场的影响下，电子云发生变形。一种离子具有的使异号离子极化而变形的能力，称为该离子的“极化能力”。被异号离子极化而发生电子云变形的性质，称为该离子的“变形性”。

由于正离子半径较小，产生的电场较强，所以使相邻负离子变形极化的能力较强；而负离子由于半径较大，其电场较弱，所以本身变形极化的能力较大。因此，考虑离子极化作用时，一般考虑正离子对负离子的极化能力大小和负离子在正离子极化作用下的变形性的大小。若正离子的极化能力越强，负离子的变形性越大，则离子极化作用越强。

下面分别讨论离子的极化能力和变形性的某些规律。

1. 离子的极化能力

离子的极化能力一般考虑正离子的极化能力。

(1) 离子正电荷数越大，半径越小，极化能力越强。

(2) 阳离子的外层电子构型对其极化能力有一定的影响。阳离子极化能力强弱的顺序为：

18、(18+2)及2电子构型>(9～17)电子构型>8电子构型

例如：

18电子构型：Cu^{+}，Ag^{+}，Au^{+}；Zn^{2+}，Cd^{2+}，Hg^{2+}。

18+2电子构型：Sn^{2+}，Pb^{2+}，Sb^{3+}。

2 电子构型：Li^{+}，Be^{2+}。

(9～17)电子构型：过渡金属离子。

8 电子构型：碱金属、碱土金属离子。

2. 离子的变形性

离子的变形性主要考虑阴离子的变形性，用极化率 α 表示离子变形性的大小。

(1) 对电子层结构相同的阴离子，负电荷数越大，变形性越大(如 $O^{2-}>F^{-}$)；半径越大，变形性越大(如 $F^{-}<Cl^{-}<Br^{-}<I^{-}$)。

(2) 对于一些复杂的无机阴离子，如 $SO_4{}^{2-}$，一方面有较大的离子半径，它们的极化能力较弱，另一方面它们作为一个整体(离子内部原子间相互作用大，组成结构紧密、对称性强的原子集团)，变形性也较小。而且复杂阴离子的中心离子氧化值越高，变形性越小。

阴离子变形性规律如下：

$$ClO_4{}^{-}<F^{-}<NO_3{}^{-}<H_2O<OH^{-}<CN^{-}<Cl^{-}<Br^{-}<I^{-}$$

$$SO_4{}^{2-}<H_2O<CO_3{}^{2-}<O^{2-}<S^{2-}$$

(3) 离子的变形性也与离子的电子构型有关，通常有如下规律：

18、(18+2)及 2 电子变形性>(9～17)电子构型>8 电子构型

从上面几点可以归纳如下：最容易变形的离子是体积大的阴离子和 18 电子构型或不规则电子构型的少电荷阳离子(如 Ag^{+}、Pb^{2+}、Hg^{2+}等)。最不容易变形的离子是半径小，电荷高的稀有气体型阳离子，如 Be^{2+}、Al^{3+}、Si^{4+}等。

3. 附加极化作用

每个离子一方面作为带电体，使邻近离子发生变形；另一方面在周围离子的作用下，本身也发生变形，阴、阳离子相互极化的结果是彼此的变形性增大，产生的诱导偶极矩加大，从而进一步增强了它们的极化能力，这种增强的极化作用称为附加极化。每个离子的总极化作用应是它原来的极化作用和附加极化作用之和。离子的外层电子构型对附加极化作用的大小有很重要的影响。18、(18+2)电子构型的阳离子不仅具有较强的极化能力，而且自身容易被极化而变形，因而增加了附加极化作用。一般是所含 d 电子数越多，电子层数越多，这种附加极化作用越大。

2.6.2 离子极化对化学键型的影响

阴、阳离子在结合成化合物时，如果相互间完全没有极化作用，则其间的化学键纯属离子键。实际上，相互极化的关系或多或少存在着，对于含 d^{x} 或 d^{10} 电子的阳离子与半径大或电荷高的阴离子结合时尤为重要。由于阴、阳离子相互极化，使电子云发生强烈变形，从而使阴、阳离子外层电子云重叠。相互极化作用越强，电子云重叠的程度也越大，键的极性越小，键长缩短，从而由离子键过渡到共价键，如图 2-30 所示。

以卤化银为例，其键型变化见表 2-12。

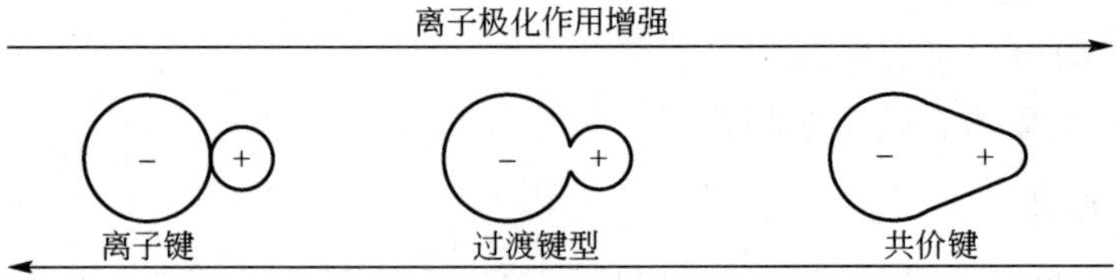

图 2-30　离子极化对键型的影响

表 2-12　卤化银键型变化情况

名称	离子半径之和/pm	实测键长/pm	键型
AgF	257	246	离子型
AgCl	302	277	过渡型
AgBr	320	288	过渡型
AgI	337	299	共价型

由此可见，键长与正、负离子半径之和基本一致的是离子型；键长与正、负离子半径之和差别显著的，基本上是共价型；差别不是很大的是过渡型。

2.6.3　离子极化对化合物性质的影响

1. 化合物的溶解度降低

离子的相互极化改变了彼此的电荷分布，导致离子间距离的缩短和轨道的重叠，离子键逐渐向共价键过渡，使化合物在水中的溶解度降低。由于偶极水分子的吸引，离子键结合的无机化合物一般是可溶于水的，而共价型的无机晶体，却难溶于水，如氟化银易溶于水(在 298.15K 时，溶解度为 $1.4\times10^{-1}\text{mol}\cdot\text{L}^{-1}$)，而 AgCl、AgBr、AgI 的溶解度依次递减(在 298.15K 时依次为 $1.3\times10^{-5}\text{mol}\cdot\text{L}^{-1}$，$7.3\times10^{-7}\text{mol}\cdot\text{L}^{-1}$，$9.2\times10^{-9}\text{mol}\cdot\text{L}^{-1}$)。这主要是因为 F^- 离子半径很小，不易发生变形，Ag^+ 和 F^- 的相互极化作用小，AgF 属于离子晶体，可溶于水。而银的其他卤化物，随着 Cl—Br—I 的顺序，共价程度增强，因而它们的溶解性依次递减。Cu^+ 的卤化物和 Ag^+ 的卤化物行为类似，均难溶于水。Cu^+ 和 Ag^+ 的离子半径和 Na^+、K^+ 近似，为什么它们的卤化物在水中的溶解性有如此大的差别呢？这是由于 Cu^+ 和 Ag^+ 离子的最外电子层构型与 Na^+、K^+ 不同。Cu^+ 和 Ag^+ 为 18 电子构型，极化能力和变形性均很大，与卤素离子 X^-(F^- 除外)相互极化作用强，除氟化物外，其卤化物均为共价化合物，均难溶于水。而 Na^+ 和 K^+ 为 8 电子构型，极化能力和变形性均很小，与卤素离子 X^- 相互极化作用弱，其卤化物均为离子型化合物，均易溶于水。由于 S^{2-} 离子的负电荷高、半径又大，变形性和极化能力都很大，所以铜副族元素硫化物的溶解度皆非常小，CuS 的溶解度为 $1.13\times10^{-18}\text{mol}\cdot\text{L}^{-1}$，$Ag_2S$ 的溶解度为 $2.56\times10^{-17}\text{mol}\cdot\text{L}^{-1}$。

应当指出，虽然影响无机化合物溶解度的因素很多，但离子的极化往往起很重要的作用。

2. 晶格类型的转变

通过上节离子极化对化学键型的影响的讨论，可以看到键型的过渡既缩短了离子间的距离，也往往减小了晶体的配位数。硫化镉的离子半径比 $r_+/r_- = 97/184 \approx 0.53$，应属 NaCl 型晶体，实际上 CdS 晶体却属于 ZnS 型，原因就在于 Cd^{2+} 离子部分地钻入 S^{2-} 的电子云中，犹如减小了离子半径比，使之不再等于正负离子半径比的理论比值 0.53，而是减小到小于 0.414，因而改变了晶型。

3. 导致化合物颜色的加深

离子型化合物的极化程度越大，化合物的颜色越深。例如，Ag^+ 离子和 X^- 卤素离子都是无色的，但 AgCl 为白色，AgBr 为浅黄色，AgI 为较深的黄色；Ag_2CrO_4 是砖红色而不是黄色，这都与离子极化作用有关。但应注意，影响化合物颜色的因素很多，离子极化仅是其中的一个因素。

离子极化对 HgX_2、PbX_2、BiX_3、NiX_2 等化合物颜色的影响见表 2-13。

在某些金属的硫化物、硒化物、碲化物及氧化物与氢氧化物之间，均有这种现象。

表 2-13　HgX_2、PbX_2、BiX_3、NiX_2 等化合物的颜色

名称	Hg^{2+}	Pb^{2+}	Bi^{3+}	Ni^{2+}
Cl	白色	白色	白色	黄褐色
Br	白色	白色	橙色	棕色
I	红色	黄色	黄色	黑色

4. 导致熔、沸点降低

1）离子极化对化合物熔、沸点的影响

例如，NaCl、$MgCl_2$、$AlCl_3$、$SiCl_4$、PCl_5。

从左至右，阳离子电荷数(Z_+)逐渐增加、半径(r_+)逐渐减小，正离子极化能力逐渐增强；负离子均为 Cl^-，变形性不变，氯化物的极化作用逐渐增强，共价成分逐渐增加，故从 NaCl 到 PCl_5，熔、沸点逐渐降低。

又如，NaF、NaCl、NaBr、NaI。

从 NaF→NaI，r_- 逐渐增加，负离子变形性逐渐增加；正离子均为 Na^+，极化能力不变。所以，从 NaF→NaI，卤化钠的极化作用逐渐增强，共价成分逐渐增加，熔、沸点逐渐下降。

必须指出，到目前为止，离子极化作用的理论还很不完善，仅能定性解释部分化合物的性质，若作为一种理论，有待进一步完善与发展。

2）判断晶体物质熔、沸点的方法

判断晶体物质的熔点，不能仅考虑离子极化作用。首先要确定是什么类型的晶体，再确定用什么方法来判断。

例如：

① F_2、Cl_2、Br_2、I_2 为分子晶体，相对分子质量越大，分子间力越大，熔、沸点越高。

② LiF、NaF、KF、RbF、CsF 为离子晶体，F^- 半径很小，不易变形，不存在离子极

化作用。阳离子半径(r_+)越大，晶格能(U)越小，熔、沸点越低。

③ Na_2O、MgO、Al_2O_3 为离子晶体，O^{2-} 半径很小，不易变形，不存在离子极化作用。r_+ 越小，Z_+ 电荷越大，晶格能(U)越大，熔、沸点越高。

④ 熔点：$FeCl_2 > FeCl_3$；$CuCl > CuCl_2$；$PbCl_2 > PbI_2$。

这是因为 Fe^{3+} 比 Fe^{2+}、Cu^{2+} 比 Cu^+ 的极化作用强，I^- 比 Cl^- 变形性大的缘故。

总之，对离子晶体，若无离子极化作用，用晶格能(U)判断熔点；若有离子极化作用，则用离子极化理论判断熔点。

对各种晶体，一般分子晶体熔点最低，原子晶体和离子晶体熔点较高，金属晶体则高、低均有。

2.6.4 多键型晶体

除了上述四种典型的晶体外，也有混合型的情况，如石墨，在它的晶体中，同层的碳原子以 sp^2 杂化形成共价键，每个碳原子以三个共价键与另外三个碳原子相连。六个碳原子在同一平面上形成了正六边形的环，伸展形成片层结构，这里 C—C 键的键长均为 142pm，如图 2-31 所示。在同一平面的碳原子还各剩下一个 p 轨道，它们相互重叠形成大 π 键。大 π 键中电子比较自由，相当于金属中的自由电子，所以石墨能导热和导电。

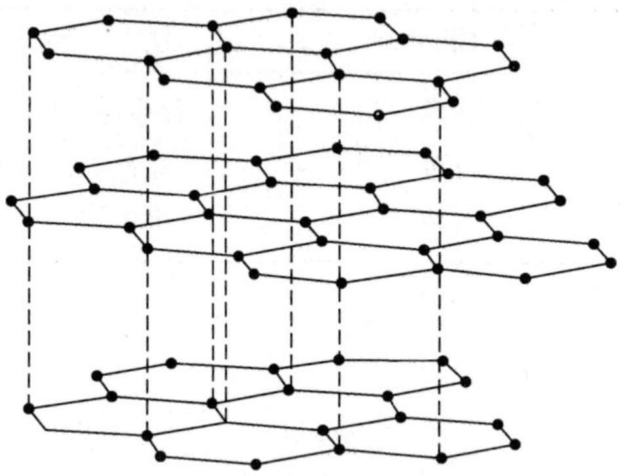

图 2-31 石墨的层状晶体结构

石墨晶体中层与层之间相隔 340pm，距离较大，是以微弱的范德华力结合起来的，所以石墨片层之间容易滑动。但是，由于同一平面层上的碳原子间结合力很强，极难破坏，所以石墨的熔点很高，化学性质也很稳定。

石墨是原子晶体、金属晶体、分子晶体之间的一种混合型，同时具有这三种晶体的某些性质。具有多键型结构的晶体尚有黑磷、云母、六方 BN 等。

综合练习

一、思考题

1. 举例说明下列概念有何区别：

离子键和共价键；极性键和极性分子；σ 键和 π 键；分子间力和氢键。

2. 以 O_2 和 N_2 分子结构为例，说明价键理论和分子轨道理论的主要论点。

3. 根据杂化理论回答下列问题：

分子	CH_4	H_2O	NH_3	CO_2	C_2H_4
键角	109.5°	104.5°	107°	180°	120°

(1) 上表中各种物质中心原子以何种类型杂化轨道成键？

(2) NH_3、H_2O 的键角为什么比 CH_4 小？CO_2 的键角为何是 180°？

4. 下列分子中哪些是非极性分子，哪些是极性分子？

(1) $BeCl_2$ (2) BCl_3 (3) H_2S (4) HCl (5) CCl_4 (6) $CHCl_3$

5. 用VB法和MO法分别说明为什么 H_2 分子能稳定存在，而 He_2 不能稳定存在？

6. 说明下列每组分子之间存在着什么形式的分子间作用力(取向力、诱导力、色散力、氢键)？

(1) 苯和 CCl_4 (2) 甲醇和水 (3) HBr 气体

(4) He 和水 (5) NaCl 和水

7. O_2^- 的键长为12.1pm，O_2^+ 的键长为11.2 pm；N_2 的键长为10.9 pm，N_2^+ 的键长为11.2 pm，用分子轨道理论解释为何 O_2^+ 键长比 O_2^- 短，而 N_2^+ 的键长却比 N_2 的键长要长。

8. 下列化合物中是否存在氢键？若存在氢键，属何种类型？

(1) NH_3 (2) H_3BO_3 (3) CF_3H (4) C_6H_5 (5) C_2H_6

9. 根据晶体物质的晶格结点上占据的质点种类(分子、原子或离子)和质点间作用力的不同，可把晶体分为几种类型？

10. 试判断下列晶体的熔点哪个高？哪个低？从质点间的作用力考虑各属于何种类型？

(1) CsCl，Au，CO_2，HCl (2) NaI，N_2，NH_3，Si(原子晶体)

11. 试指出下列物质固化时可以结晶成何种类型的晶体？

(1) O_2 (2) H_2S (3) Pt (4) KCl (5) Ge

12. 试解释下列现象？

(1) 为什么 CO_2 和 SiO_2 的物理性质差得很远？

(2) 卫生球(萘 $C_{10}H_8$ 的晶体)的气味很大，这与它的结构有什么关系？

(3) NaCl 和 AgCl 的阳离子都是+1价离子，但为什么 NaCl 易溶于水，AgCl 却难溶于水？

二、练习题

1. 选择题

(1)下列物质在水溶液中溶解度最小的是(　　)。

(A) NaCl (B) AgCl (C) CaS (D) Ag_2S

(2) 下列化合物熔点的高低顺序为(　　)。

(A) $SiO_2>HCl>HF$ (B) $HCl>HF>SiO_2$

(C) $SiO_2>HF>HCl$ (D) $HF>SiO_2>HCl$

(3) 在下列化合物中，(　　)不具有孤对电子。

(A) H_2O (B) NH_3 (C) NH_4^+ (D) H_2S

(4) 形成 HCl 分子时原子轨道重叠是(　　)。

(A) s－s 重叠 (B) p_y-p_y(或 p_z-p_z)重叠

(C) $s-p_x$ 重叠 (D) p_x-p_x 重叠

(5) BCl_3 分子的几何构型是平面三角形，B与Cl所成键是(　　)。

(A)(sp^2-p)σ键 (B)($sp-s$)σ键

(C)(sp^2-s)σ键 (D)($sp-p$)σ键

(6) 下列化合物中具有 sp－sp^3 杂化轨道重叠所形成的键是(　　)，以 sp^2－sp^3 杂化轨道重叠所形成的键是(　　)。

(A) $CH_3—C≡CH$　　(B) $CH_3CH═CHCH_3$

(C) $H—C≡C—H$　　(D) $CH_3—CH_2—CH_2—CH_3$

(7) 下列物质中属于分子间氢键的是(　　)，属于分子内氢键的是(　　)。

(A) NH_3　　(B) C_6H_6

(C) C_2H_4　　(D) C_2H_5OH

(E) H_3BO_3　　(F) HNO_3

(8)离子晶体 AB 的晶格能等于(　　)。

(A) A—B 间离子键的键能

(B) A 离子与一个 B 离子间的势能

(C) 1mol 气态 A^+ 离子与 1mol 气态 B^- 离子反应形成 1mol AB 离子晶体时放出的能量

(D) 1mol 气态 A 原子与 1mol 气态 B 原子反应形成 1mol AB 离子晶体时放出的能量

(9) 下列物质熔点变化的顺序中，不正确的是(　　)。

(A) $NaF>NaCl>NaBr>NaI$　　(B) $NaCl<MgCl_2<AlCl_3<SiCl_4$

(C) $LiF>NaCl>KBr>CsI$　　(D) $Al_2O_3>MgO>CaO>BaO$

(10) 下列晶体中熔化时只需克服色散力的是(　　)。

(A) $HgCl_2$　　(B) CH_3COOH　　(C) $CH_3CH_2OCH_2CH_3$

(D) SiO_2　　(E) $CHCl_3$　　(F) CS_2

(11) 下列各物质化学键中只存在 σ 键的是(　　)；同时存在 σ 键和 π 键的是(　　)。

(A) PH_3　　(B) 乙烯　　(C) 乙烷　　(D) SiO_2

(E) N_2　　(F) 乙炔　　(G) CH_2O

(12) 下列分子中，中心原子在成键时以 sp^3 不等性杂化的是(　　)。

(A) $BeCl_2$　　(B) PH_3　　(C) H_2S　　(D) SiH_4

2. 用杂化轨道理论解释为何 PCl_3 是三角锥形，且键角为 101°，而 BCl_3 却是平面三角形的几何构型。

3. 第二周期某元素的单质是双原子分子，键级为 1 且为顺磁性物质。

(1) 推断出它的原子序数。

(2) 写出分子轨道的电子排布式。

4. 下列双原子分子或离子，哪些可稳定存在？哪些不可能稳定存在？请将能稳定存在的双原子分子或离子按稳定性由大到小的顺序排列起来。

H_2　　He_2　　He_2^+　　Be_2　　C_2　　N_2　　N_2^+

5. 试用价层电子对互斥理论判断下列分子或离子的空间构型。

NH_4^+；　CO_3^{2-}；　BCl_3；　PCl_5；　SiF_6^{2-}；　H_3O^+；　XeF_4；　SO_2

6. 用价层电子对互斥理论和杂化轨道理论推测下列各分子的空间构型和中心原子杂化轨道类型。

PCl_3；　SO_2；　NO_2^+；　SCl_2；　$SnCl_2$；　BrF_2^+

7. 试由下列各物质的沸点推断它们分子间力的大小。列出分子间力由大到小的顺序，并说明这一顺序与相对分子质量的大小有何关系？

Cl_2：－34.1℃　　O_2：－183.0℃　　N_2：－198.0℃

H_2：－252.8℃　　I_2：181.2℃　　Br_2：58.8℃

8. 指出下列各组物质熔点由高到低的顺序。

(1) NaF　KF　CaO　KCl　　(2) SiF_4　SiC　$SiCl_4$

(3) AlN　NH_3　PH_3　　(4) Na_2S　CS_2　CO_2

9. 已知 NH_3、H_2S、BeH_2 和 CH_4 的偶极矩分别为 4.90×10^{-30} C·m、3.67×10^{-30} C·m、0C·m 和 0C·m，试回答下列问题：

(1) 分子极性的大小。

(2) 中心原子的杂化轨道类型。

(3) 分子的几何构型。

10. 将下列离子按极化能力从大到小的顺序排列。

Mg^{2+}　Li^{+}　Fe^{2+}　Zn^{2+}

11. 判断下列各组分子之间存在着什么形式的分子间作用力。

(1) CO_2 与 N_2　(2) HBr(气)　(3) N_2 与 NH_3　(4) HF 水溶液

12. 用离子极化的观点解释下列现象：

(1) AgF 在水中溶解度较大，而 AgCl 却难溶于水。

(2) Cu^{+} 的卤化物 CuX 的 $r_+/r_- > 0.414$，但它们都是 ZnS 型结构。

(3) Pb^{2+}、Hg^{2+}、I^- 均为无色离子，但 PbI_2 呈金黄色，HgI_2 呈朱红色。

13. 一价铜的卤化物 CuF、CuCl、CuBr、CuI 按 r_+/r_- 均应归于 NaCl 型晶体，但实际上都是 ZnS 型，为什么？

14. 下列说法中哪些正确？哪些不正确？

(1) 所有不同类原子间的化学键至少具有弱极性。

(2) 色散力不仅存在于非极性分子之间。

(3) 原子形成共价键数目等于游离的气态原子的未成对电子数。

(4) 凡是含氢的化合物，其分子之间都能形成氢键。

15. 下列分子中哪些有极性，哪些无极性？从分子构型加以说明。

(1) SO_2　(2) SO_3　(3) CS_2　(4) BF_3

(5) NF_3　(6) NO_2　(7) $CHCl_3$　(8) SiH_4

第3章 物质的聚集状态

教学目标

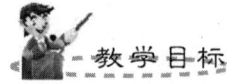

(1) 了解分散系的分类及主要特征。
(2) 掌握溶液浓度的表示方法。
(3) 掌握稀溶液的通性及其应用。
(4) 理解胶体的基本概念、结构及其性质。
(5) 了解高分子溶液、表面活性物质、乳浊液的基本概念和特征。
(6) 了解活度、活度系数和离子强度的概念。

物质通常以三种不同的聚集状态存在，即气态、液态和固态。这三种聚集状态各有其特点，并且在一定的条件下可以相互转化。当物质处于不同的聚集状态时，其物理性质和化学性质是不同的。物质聚集状态的变化虽然是物理变化，但常与化学反应密切相关。在化工生产和科学研究中，大多数化学反应都是在气相和液相中进行的。本来是固体的物料，为了便于处理和输送，在可能的条件下通常也制成溶液。因此，学习、研究物质的聚集状态的有关知识具有十分重要的意义。

3.1 分散系

3.1.1 分散系的概念

一种或几种物质分散成微小的粒子分布在另一种物质中所构成的系统称为分散系。例如，细小的水滴分散在空气中形成的云雾、奶油分散在水中形成的牛奶、各种金属化合物分散在岩石中形成的矿石等都是分散系。分散系中被分散的物质称为分散质(或分散相)，容纳分散质的物质称为分散剂(或分散介质)。上述例子中，小水滴、奶油、金属化合物是分散质，空气、水、岩石是分散剂。分散质处于分割成粒子的不连续状态，而分散剂则处于连续状态。

3.1.2 分散系的分类

按照分散质粒子直径大小不同，可将分散系分为三类，见表 3－1。

表 3－1 按分散质粒子大小分类的各种分散系

类型	粒子直径/nm	分散系名称	主要特征	实例
低分子或离子分散系	<1	真溶液	最稳定，扩散快，能透过滤纸及半透膜，对光散射极弱，单相系统	氢氧化钠、盐酸、碳酸钠等水溶液
胶体分散系	1～100	高分子溶液	很稳定，扩散慢，能透过滤纸，不能透过半透膜，光散射弱，黏度大，单相系统	蛋白质、核酸等水溶液，橡胶的苯溶液
		溶胶	稳定，扩散慢，能透过滤纸，不能透过半透膜，光散射强，多相系统	碘化银、氢氧化铁、硫化砷溶胶
粗分散系	>100	乳状液 悬浊液	不稳定，扩散慢，不能透过滤纸及半透膜，无光散射，多相系统	牛奶、泥浆

以上三种分散系之间虽然有明显的区别，但没有明显的界线，某些系统可以同时表现出两种或者三种分散系的性质，因此以分散质粒子直径的大小作为分散系分类的依据是相对的，分散系之间性质和状态的差异也是逐步过渡的。

在分散系内，分散质和分散剂可以是固体、液体或气体，故按物质的聚集状态分类，分散系可以分为九种，见表 3－2。

表 3－2 按聚集状态分类的各种分散系

分散质	分散剂	实例
固	液	糖水、溶胶、油漆、泥浆
液	液	豆浆、牛奶、石油、白酒
气	液	汽水、肥皂泡沫
固	固	矿石、合金、有色玻璃
液	固	珍珠、硅胶、肌肉、毛发
气	固	泡沫塑料、海绵、木炭
固	气	烟、灰尘
液	气	云、雾
气	气	煤气、空气、混合气

3.2 溶液的浓度

广义的浓度定义，是溶液中的溶质相对于溶液或溶剂的相对量。它是一个强度量，不随溶液的总量而变。在历史上由于不同的实际需要而形成了多种浓度表示方法。近年来，趋向于仅用一定体积的溶液中溶质的“物质的量”来表示浓度，称为“物质的量浓度”，并简称为“浓度”，可认为是浓度的狭义定义。然而，在目前的生产和科研中，仍不可避免地使用各种不同的方法来表示溶液的浓度。

3.2.1 物质的量浓度

单位体积的溶液中所含溶质 B 的物质的量，称为溶质 B 的物质的量浓度，用 $c(\mathrm{B})$表示。即

$$c(\mathrm{B})=\frac{n(\mathrm{B})}{V} \tag{3-1}$$

式中，$n(\mathrm{B})$表示物质 B 的物质的量，单位为 mol；V 表示溶液的体积，单位为 L；$c(\mathrm{B})$的单位通常用 $\mathrm{mol \cdot L^{-1}}$。

根据 SI 规定，使用物质的量单位 mol 时，要指明物质的基本单元。

基本单元是指系统中的基本组分，它既可以是分子、原子、离子、电子及其他粒子，也可以是这些粒子的特定组合，还可以指某一特定的过程或反应。基本单元选择不同，意义就不同。例如，H_2SO_4、$1/2H_2SO_4$是两个不同的基本单元，1mol H_2SO_4可以与 2mol NaOH 反应，而 1mol 1/2 H_2SO_4只能与 1mol NaOH 反应。再如，$2H_2+O_2 = 2H_2O$ 和 $H_2+1/2\ O_2 = H_2O$ 是两个不同的反应基本单元，1mol 这样的反应，前者生成 2mol 水，而后者则生成 1mol 水。所以在使用物质的量浓度时，必须注明物质的基本单元。例如，$c(\mathrm{KMnO_4})=0.10\mathrm{mol \cdot L^{-1}}$与 $c(1/5\mathrm{KMnO_4})=0.10\mathrm{mol \cdot L^{-1}}$的两种溶液，它们所表示的同体积的溶液中，$KMnO_4$ 的质量是不同的。

另外，溶液中的溶质溶解时，经常会发生解离等现象。例如，将 HAc 溶于水时，部分 HAc 将发生解离生成 Ac^-，即 $\mathrm{HAc} \rightleftharpoons \mathrm{H^+ + Ac^-}$。所以，HAc 在水中具有两种存在形式。因此，我们所说的浓度具有两种：一种是利用溶质的量计算而得到的浓度，称为分析浓度，用符号 c 表示，它代表溶质的总浓度；另一种浓度是系统处于平衡状态时，各种存在形式的浓度，用符号 $c(\mathrm{M})$表示。例如，$c(\mathrm{HAc})$、$c(\mathrm{Ac^-})$表示 HAc 解离达到平衡状态时，溶液中剩余 HAc 的浓度和生成 Ac^- 的浓度，这种浓度称为平衡浓度。显然，分析浓度等于各种存在形式的平衡浓度之和，即 $c=c(\mathrm{HAc})+c(\mathrm{Ac^-})$。

3.2.2 质量摩尔浓度

单位质量的溶剂中含有溶质 B 的物质的量称为质量摩尔浓度，用 $b(\mathrm{B})$表示，即

$$b(\mathrm{B})=\frac{n(\mathrm{B})}{m(\mathrm{A})} \tag{3-2}$$

式中，$n(\mathrm{B})$代表溶质的物质的量，单位为 mol；$m(\mathrm{A})$代表溶剂的质量，单位为 kg；$b(\mathrm{B})$的单位为 $\mathrm{mol \cdot kg^{-1}}$。

3.2.3 摩尔分数

混合系统(溶液)中某组分 B 的物质的量占全部系统(溶液)的物质的量的分数，称为组分 B 的摩尔分数，用 $x(\mathrm{B})$表示，即

$$x(\mathrm{B})=\frac{n(\mathrm{B})}{n} \tag{3-3}$$

式中，$n(\mathrm{B})$代表组分 B 的物质的量，单位为 mol；n 代表混合系统(溶质和溶剂)总的物质

的量，单位为 mol；$x(\mathrm{B})$的量纲为 1。

3.2.4 质量分数

混合系统中，某组分 B 的质量占混合物的总质量的分数，称为组分 B 的质量分数，用 $w(\mathrm{B})$表示，即

$$w(\mathrm{B})=\frac{m(\mathrm{B})}{m}\times 100\% \qquad (3-4)$$

式中，$m(\mathrm{B})$代表组分 B 的质量；m 代表混合物的总质量；$w(\mathrm{B})$的量纲为 1。

3.2.5 几种溶液浓度之间的关系

1. 物质的量浓度与质量分数

如果已知溶液的密度 ρ，同时已知溶液中溶质 B 的质量分数 $w(\mathrm{B})$，则该溶液的浓度可表示为

$$c(\mathrm{B})=\frac{n(\mathrm{B})}{V}=\frac{m(\mathrm{B})}{M(\mathrm{B})V}=\frac{m(\mathrm{B})}{M(\mathrm{B})m/\rho}=\frac{\rho m(\mathrm{B})}{M(\mathrm{B})m}=\frac{w(\mathrm{B})\rho}{M(\mathrm{B})} \qquad (3-5)$$

式中，$M(\mathrm{B})$为溶质 B 的摩尔质量。

2. 物质的量浓度与质量摩尔浓度

如果已知溶液的密度 ρ 和溶液的质量 m，则有

$$c(\mathrm{B})=\frac{n(\mathrm{B})}{V}=\frac{n(\mathrm{B})}{m/\rho}=\frac{n(\mathrm{B})\rho}{m}$$

若该系统是一个两组分系统，且 B 组分的含量较少，则溶液的质量 m 近似等于溶剂的质量 $m(\mathrm{A})$，上式可近似成为

$$c(\mathrm{B})=\frac{n(\mathrm{B})\rho}{m}=\frac{n(\mathrm{B})\rho}{m(\mathrm{A})}=b(\mathrm{B})\rho \qquad (3-6)$$

若该溶液是稀的水溶液，则

$$c(\mathrm{B})\approx b(\mathrm{B}) \qquad (3-7)$$

【例 3-1】 在 200g 的水中溶解 34.2g 蔗糖($C_{12}H_{22}O_{11}$)，溶液的密度为$1.0638\mathrm{g\cdot mL^{-1}}$，则蔗糖的物质的量浓度、质量摩尔浓度、摩尔分数和质量分数各是多少？

解：(1)
$$V=\frac{m(\mathrm{B})+m(\mathrm{A})}{\rho}=\frac{34.2+200}{1.0638}\approx 220(\mathrm{mL})$$

$$n(\mathrm{B})=\frac{m(\mathrm{B})}{M(\mathrm{B})}=\frac{34.2}{342}=0.100(\mathrm{mol})$$

$$c(\mathrm{B})=\frac{n(\mathrm{B})}{V}=\frac{0.100}{220\times 10^{-3}}\approx 0.454(\mathrm{mol\cdot L^{-1}})$$

(2)
$$b(\mathrm{B})=\frac{n(\mathrm{B})}{m(\mathrm{A})}=\frac{0.100}{200\times 10^{-3}}=0.500\ (\mathrm{mol\cdot kg^{-1}})$$

(3)
$$n(\mathrm{A})=\frac{m(\mathrm{A})}{M(\mathrm{A})}=\frac{200}{18.02}\approx 11.1\ (\mathrm{mol})$$

$$x(\mathrm{B})=\frac{n(\mathrm{B})}{n(\mathrm{B})+n(\mathrm{A})}=\frac{0.100}{0.100+11.1}\approx 8.93\times 10^{-3}$$

(4) $w(\text{B})=\dfrac{m(\text{B})}{m(\text{B})+m(\text{A})}\times100\%=\dfrac{34.2}{34.2+200}\times100\%\approx0.146\times100\%=14.6\%$

3.3 非电解质稀溶液的依数性

物质的溶解是一个物理化学过程。溶解的结果，是溶质和溶剂的某些性质发生了变化。这些性质变化可分为两类：第一类性质变化决定于溶质的本性，如溶液的颜色、密度、导电性等；第二类性质变化仅与溶质的浓度有关，而与溶质的本性无关，如非电解质溶液的蒸气压下降、沸点上升、凝固点下降和具有渗透压等。例如，不同种类的难挥发的非电解质葡萄糖、蔗糖、甘油等配成相同浓度的水溶液，它们的沸点上升、凝固点下降、渗透压几乎都相同。这些性质变化仅适用于难挥发的非电解质稀溶液，所以又称稀溶液的依数性，或稀溶液的通性。

3.3.1 溶液的蒸气压下降

在一定温度下将某纯溶剂如纯水，放在密闭容器中，水面上一部分动能较高的水分子从水面逸出，扩散到容器的空间中成为水蒸气，这种过程称为蒸发。在水分子不断蒸发的同时，有一些水蒸气分子碰撞到水面而又凝结成为液态水，这种过程称为凝聚。最初蒸发速度大，随着蒸气浓度的增加，凝聚速度也随之增加，最终必然达到凝聚速度与蒸发速度相等的平衡状态(图 3－1(a))。在平衡时，水面上的蒸气浓度不再改变，这时，水面上的蒸气压力称为饱和水蒸气压，简称水蒸气压。水蒸气压与温度有关，温度越高，水蒸气压也越高。

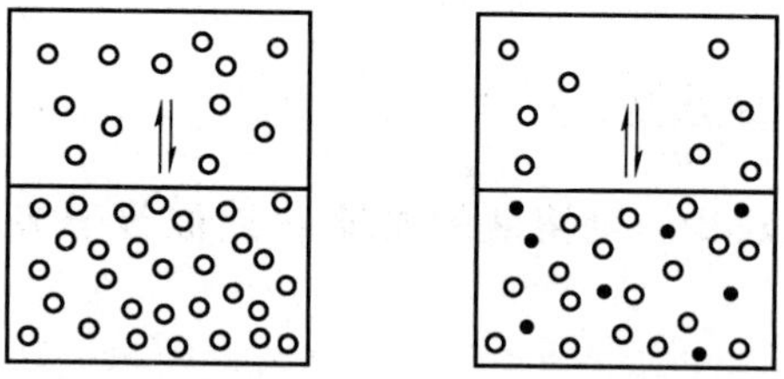

(a) 纯水的蒸气压　　(b) 溶液的蒸气压

图 3－1　溶液蒸气压下降示意图

如果在水中加入一些难挥发的物质(溶质)时，由于溶质的加入必然会降低单位体积内水分子的数目。在单位时间内逸出液面的水分子数目便相应地减少了，因此溶液在较低的蒸气压下建立平衡，即溶液的蒸气压比纯溶剂的蒸气压低(图 3－1(b))。这里所指的溶液的蒸气压，实际上是指溶液中溶剂的蒸气压，因为难挥发的溶质的蒸气压很小，可忽略。

实验证明，在一定温度下，难挥发非电解质稀溶液的蒸气压等于纯溶剂的蒸气压乘以溶剂在溶液中的摩尔分数。这就是著名的拉乌尔(Raoult)定律，即

$$p=p_{\text{A}}^{*}x(\text{A}) \tag{3-8}$$

式中，p 为溶液的蒸气压，p_{A}^{*} 为纯溶剂的蒸气压，$x(\text{A})$为溶剂的摩尔分数。设 $x(\text{B})$为溶质的摩尔分数，则 $x(\text{A})=1-x(\text{B})$，代入式(3－8)得

$$p=p_{\text{A}}^{*}[1-x(\text{B})]$$

$$\Delta p=p_{\text{A}}^{*}-p=p_{\text{A}}^{*}x(\text{B}) \tag{3-9}$$

上式表明，在一定温度下，难挥发非电解质稀溶液的蒸气压下降值与溶质的摩尔分数成正比，这一规律通常称为拉乌尔定律。此定律只适用于稀溶液，溶液越稀，越符合定律。

当溶液的浓度很稀时

$$x(\mathrm{B})=\frac{n(\mathrm{B})}{n(\mathrm{B})+n(\mathrm{A})}\approx\frac{n(\mathrm{B})}{n(\mathrm{A})}$$

若溶剂的质量为 1 kg，则

$$n(\mathrm{A})=\frac{1000}{M(\mathrm{A})}$$

式中，$M(\mathrm{A})$为溶剂的摩尔质量。质量摩尔浓度 $b(\mathrm{B})$在数值上等于 $n(\mathrm{B})$，所以

$$x(\mathrm{B})=\frac{n(\mathrm{B})}{n(\mathrm{A})}=b(\mathrm{B})\cdot\frac{M(\mathrm{A})}{1000}$$

$$\Delta p=p_{\mathrm{A}}^{*}b(\mathrm{B})\cdot\frac{M(\mathrm{A})}{1000}=kb(\mathrm{B}) \qquad (3-10)$$

式中，k 为比例常数，$k=p_{\mathrm{A}}^{*}\cdot\frac{M(\mathrm{A})}{1000}$，只与纯溶剂有关。

式(3－10)表明，非电解质稀溶液蒸气压的下降值与溶液的质量摩尔浓度 $b(\mathrm{B})$成正比。这是拉乌尔定律的另一种形式。

表 3－3 列出了糖水溶液的蒸气压降低的实验值与计算值，二者相当吻合。

表 3－3　20℃时糖水溶液的蒸气压降低值

$b(\mathrm{B})/\mathrm{mol\cdot kg^{-1}}$	Δp（实验值）/Pa	Δp（计算值）/Pa	误差/%
0.0984	4.1	4.1	0.0
0.3945	16.4	16.5	0.6
0.5858	24.8	24.8	0.0
0.9968	41.3	41.0	0.7

3.3.2　溶液的凝固点下降

物质的凝固点，是指在一定外界压力下物质的液相蒸气压和固相蒸气压相等时的温度，即固、液共存的温度。在外压为 101.3kPa 下，冰和水的蒸气压都等于 0.611kPa 时的温度为 273.15K，此时，冰和水共存，称为水的凝固点，又称为冰点①。温度高于 273.15K 时，水的蒸气压低于冰的蒸气压，冰转化为水；温度低于 273.15K 时，冰的蒸气压低于水的蒸气压，水转化为冰。

溶液的凝固点是指溶液中的溶剂和它的固态共存的温度。当水中溶有少量(非挥发性

① 液态水的冰点是水在溶解饱和的空气后测得的数据，完全纯净的水与冰及水蒸气达到平衡的温度称为水的三相点，简言之，水的冰点和三相点不是一个概念。水的三相点经我国物理化学家黄子卿(1900—1982)在 1938 年测定为 0.00981℃(273.15981K)，此时水蒸气的压强为 611.73Pa。三相点是系统的平衡条件决定的，温度和压力是固定的数值，不随外界条件而改变。国际单位制用水的三相点定义热力学温度，即 1/273.16 为热力学温度的单位——开尔文(K)。

非电解质)溶质后，溶液(中的溶剂的)蒸气压下降，但不会改变溶剂的固态物质(冰)的蒸气压，因而当溶液处于纯水凝固点的温度时，冰将融化为水，只有当温度下降到某一个数值，冰和溶液的蒸气压相等，冰和溶液才能共存。可见，溶液的凝固点低于纯溶剂，通常称为溶液的凝固点下降。如图 3-2 所示，在 A 点，纯溶剂(水)与冰的蒸气压相等，此时的温度是纯溶剂的凝固点 T_f'，随着溶质的加入，纯溶剂的蒸气压曲线(AA')下移为溶液的蒸气压曲线(BB')，该曲线与冰的蒸气压曲线交汇的 B 点的温度为溶液的凝固点 T_f。

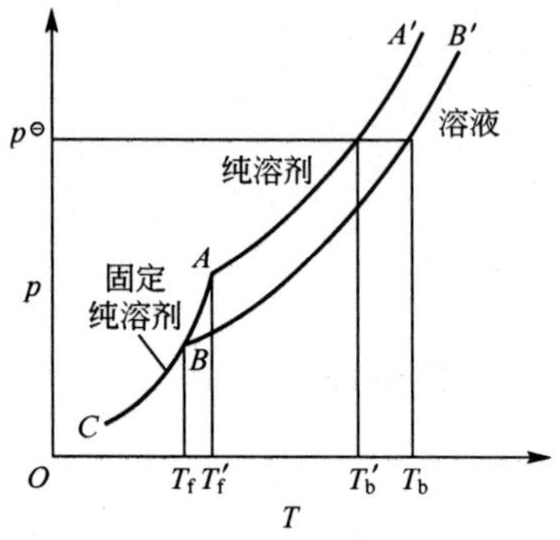

图 3-2 溶液的沸点升高、凝固点降低示意图

实验证明，溶液的凝固点下降值与溶液的质量摩尔浓度成正比：

$$\Delta T_f = K_f \cdot b(B) \tag{3-11}$$

式中，ΔT_f 为溶液凝固点下降值，单位为 K 或℃；K_f 为溶液凝固点下降常数，单位为$K \cdot kg \cdot mol^{-1}$或℃ · kg · mol^{-1}，表 3-4 列举了几种常见溶剂的 K_f 值；$b(B)$为溶质的质量摩尔浓度，单位为 $mol \cdot kg^{-1}$。

表 3-4 几种溶剂的 T_f和 K_f值

溶剂	T_f/K	K_f/K · kg · mol^{-1}
水(H_2O)	273.15	1.83
苯(C_6H_6)	278.66	5.12
硝基苯($C_6H_5NO_2$)	278.85	6.90
萘($C_{10}H_8$)	353.35	6.80
醋酸(CH_3COOH)	289.75	3.90
环己烷(C_6H_{12})	279.65	20.2

用凝固点下降实验测量溶质的摩尔质量，是测定相对分子质量的经典实验方法之一。

【例 3-2】 有一质量分数为 1.0%的水溶液，测得其凝固点为 273.05K。计算溶质的相对分子质量。

解：根据公式 $\Delta T_f = K_f \cdot b(B)$，而

$$b(B) = \frac{n(B)}{m(A)}, \quad n(B) = \frac{m(B)}{M(B)}$$

故

$$\Delta T_f = K_f \frac{m(B)}{m(A) \cdot M(B)}$$

所以

$$M(B) = \frac{K_f \cdot m(B)}{m(A) \cdot \Delta T_f}$$

由于该溶液的浓度较小，所以 $m(A)+m(B) \approx m(A)$，即 $m(B)/m(A) \approx 1.0\%$。

$$M(B) = \frac{1.83 \times 1.0\%}{(273.15 - 273.05)} = 0.183(kg \cdot mol^{-1})$$

所以溶质的相对分子质量为 183。

在日常生活中凝固点下降是经常遇到的现象。例如，海水的凝固点低于 0℃；常青树

的树叶因富含糖分在严寒的冬天常青不冻，等等。利用凝固点下降，撒盐可将道路上的积雪融化；冬天施工的混凝土中常添加氯化钙；为防止冬天汽车水箱冻裂常加入适量的乙二醇或甲醇、甘油；实验室用食盐或氯化钙固体与冰混合配制制冷剂，因凝固点下降，混合物中的冰融化吸热，导致体系温度下降。尽管我们日常遇到的溶液不一定是难挥发非电解质的溶液，但溶液的凝固点仍要下降，只是不符合拉乌尔定律的定量关系而已。表 3 - 5 给出了一些常用的实验室制冷剂，以备读者使用时查阅。

表 3 - 5　实验室常用的冰盐制冷剂

盐	m/g	t/℃	盐	m/g	t/℃
$CaCl_2 \cdot 6H_2O$	41	−9.0	$NaNO_3$	59	−18.5
$CaCl_2$	80	−11	$(NH_4)_2SO_4$	62	−19
$Na_2S_2O_3 \cdot 5H_2O$	67.5	−11	NaCl	33	−21.2
KCl	30	−11	$CaCl_2 \cdot 6H_2O$	82	−21.5
NH_4Cl	25	−15.8	$CaCl_2 \cdot 6H_2O$	125	−40.3
NH_4NO_3	60	−17.3	$CaCl_2 \cdot 6H_2O$	143	−55

注：m 为与 100g 冰(或雪)混合的盐的质量，t 为最低制冷温度。

3.3.3　溶液的沸点升高

沸点是指液体的蒸气压等于外界大气压力时液体对应的温度。例如，当水的蒸气压等于外界大气压力(101.325kPa)时，水开始沸腾，此时对应的温度就是水的沸点(373.15K，该沸点被称为正常沸点)。可见，液体的沸点与外界压力有关，外界压力降低，液体的沸点将下降。

对于水溶液而言，由于溶液的蒸气压总是低于溶剂的蒸气压，所以当纯溶剂的蒸气压达到外界压力而开始沸腾时，溶液的蒸气压尚低于外界压力，若要维持溶液的蒸气压也等于外界压力，必须使溶液的温度进一步升高，所以溶液的沸点总是高于纯溶剂的沸点(图 3 - 2)。若纯溶剂的沸点为 T_b'，溶液的沸点为 T_b，T_b 与 T_b' 的差值即为溶液的沸点升高值 ΔT_b。溶液浓度越大，其蒸气压下降越显著，沸点升高也越显著，根据拉乌尔定律可以推导出：

$$\Delta T_b = K_b \cdot b(B) \qquad (3-12)$$

式中，ΔT_b 为溶液沸点的升高值，单位为 K 或℃；K_b 为溶液沸点升高常数，单位为 $K \cdot kg \cdot mol^{-1}$ 或 $℃ \cdot kg \cdot mol^{-1}$；$b(B)$ 为溶质的质量摩尔浓度，单位为 $mol \cdot kg^{-1}$。K_b 只与溶剂的性质有关，而与溶质的本性无关。不同的溶剂有不同的 K_b 值，它们可以由理论推算，也可以由实验测得。表 3 - 6 中列举了几种常见溶剂的 K_b 值。

沸点升高实验也是测定溶质的摩尔质量(相对分子质量)的经典方法之一，但由于同一物质的溶液凝固点下降常数要比沸点升高常数大，而且溶液凝固点的测定也比沸点测定相对容易，因此通常用测凝固点的方法来估算溶质的相对分子质量。由于凝固点的测定是在低温下进行的，所以被测试样的组成与结构不会遭到破坏，因此，凝固点下降方法通常用于生物体液及易被破坏的试样中可溶性物质浓度的测定。

表 3-6　几种常见溶剂的 T_b 和 K_b

溶剂	T_b/K	K_b/K·kg·mol^{-1}
水(H_2O)	373.15	0.52
苯(C_6H_6)	353.35	2.53
四氯化碳(CCl_4)	351.65	4.88
丙酮(CH_3COCH_3)	329.65	1.71
三氯甲烷($CHCl_3$)	334.45	3.63
乙醚($C_2H_5OC_2H_5$)	307.55	2.16

3.3.4　溶液的渗透压

如果用一种半透膜(如动物的膀胱，植物的表皮层，人造羊皮纸等)将蔗糖溶液和水分隔开(图 3-3)，若这种半透膜仅允许水分子通过，而糖分子却不能通过，则糖分子扩散就受到了限制。由于在单位体积内，纯水比糖水中的水分子数目多一些，所以在单位时间内，进入糖水中的水分子数目比离开的多，结果使糖水的液面升高。这种溶剂分子通过半透膜自动扩散的过程称为渗透。如果我们在蔗糖溶液的液面上施加压力，使两边的液面重新相平，这时水分子从两边穿过的速度完全相等，即达到渗透平衡。这时溶液液面上所施加的压力就是该溶液的渗透压。因此渗透压是为了在半透膜两边维持渗透平衡而需要在溶液液面上施加的额外压力。

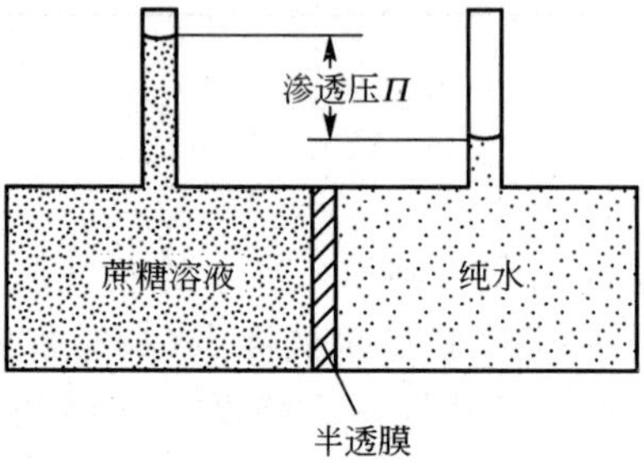

图 3-3　产生渗透压示意图

如果外加在溶液上的压力超过渗透压，则反而会使溶液中的水向纯水的方向扩散，使水的体积增加，这个过程称为反渗透。反渗透广泛应用于海水淡化，速溶咖啡和速溶茶的生产，工业废水或污水处理和溶液的浓缩等方面。

1886 年，荷兰物理学家范特霍夫(Van't Hoff)在前人实验的基础上，得出了稀溶液的渗透压定律：

$$\Pi V = n(\mathrm{B})RT \quad 或 \quad \Pi = \frac{n(\mathrm{B})}{V}RT = c(\mathrm{B})RT \tag{3-13}$$

式中，Π 为溶液的渗透压，单位为 kPa；R 为摩尔气体常数，$R=8.314\text{kPa}\cdot\text{L}\cdot\text{mol}^{-1}\cdot\text{K}^{-1}$；$T$ 为系统的温度，单位为 K。

由此可以看出，通过对溶液渗透压的测定，也能估算出溶质的相对分子质量。

【例 3-3】 有一蛋白质的饱和水溶液，每升含有蛋白质 5.18g，已知在 298.15K 时溶液的渗透压为 413Pa，求此蛋白质的相对分子质量。

解： 根据公式

$$\Pi V = n(\mathrm{B})RT = \frac{m(\mathrm{B})}{M(\mathrm{B})}RT$$

得

$$M(\mathrm{B}) = \frac{m(\mathrm{B})\cdot R\cdot T}{\Pi\cdot V} = \frac{5.18\times 8.314\times 10^3\times 298.15}{413\times 1} \approx 31090(\text{g}\cdot\text{mol}^{-1})$$

即该蛋白质的相对分子质量为 $31090g\cdot mol^{-1}$。

渗透压在自然界中起着极为重要的作用，是生命活动中的重要现象。生物体内的细胞膜是一种天然的完美半透膜。它可以分离新陈代谢中的废物，维持体内电解质的平衡。通过膜吸收营养成分为各器官提供能量，维持生命过程的继续，几乎生命体内所有功能都依靠半透膜来完成。肺泡的薄膜可以扩张和收缩；血液在膜上和空气接触，吸收其中的氧，而血液又不会溢出；皮肤可以透气出汗、排泄废物等。生物膜具有如此多的功能，因此人们希望能人工合成各种用途的人工膜，一方面用以满足不同的需要，另一方面可以借助于人工膜来研究细胞膜的作用机理，研究生命的维持过程。膜技术已发展成为膜科学，膜的制备及应用研究无论从应用角度还是从理论角度，都具有非常广阔的前景。

3.4 胶体溶液

胶体分散系是由颗粒直径在 $10^{-9}\sim10^{-7}$m 的分散质组成的系统。它可分为两类：一类是胶体溶液，又称溶胶，它是由一些小分子化合物聚集成一个单独的大颗粒多相集合系统，如 $Fe(OH)_3$胶体和 As_2S_3胶体等；另一类是高分子溶液，它是由一些高分子化合物所组成的溶液。高分子化合物由于其相对分子质量较大，整个分子属于胶体分散系，因此它表现出许多与胶体相同的性质，所以把高分子化合物溶液看作是胶体的一部分，如淀粉溶液和蛋白质溶液等。事实上，它们是一个均相的真溶液。在这一节中主要介绍胶体的结构和性质。

3.4.1 分散度和表面吸附

由于溶胶是一个多相系统，因此相与相之间就会存在界面，有时也将相与相之间的界面称为表面。分散系的分散度常用比表面积来衡量。所谓比表面积就是单位体积分散质的总表面积。其数学表达式为

$$s=\frac{S}{V} \tag{3-14}$$

式中，s 为分散质的比表面积，单位是 m^{-1}；S 为分散质的总表面积，单位是 m^2；V 为分散质的体积，单位是 m^3。

分散质的颗粒越小，比表面积越大，系统的分散度越高。

相界面上的质点与相内部的质点所受到的作用力是不同的，内部质点所受合力为 0，而表面质点因受到气体分子的吸引力较小，其合力不为零且方向指向液体或固体的内部(图 3-4)，因而表面质点都有向相内部迁移，而使表面积缩小的趋势。如果要增加表面积，必须将部分相内部质点迁移到表面，这样就需要克服相内质点的阻力而消耗能量，所消耗的能量转变成了表面质点的位能，因而表面层质点比相内质点能量高，高出来的

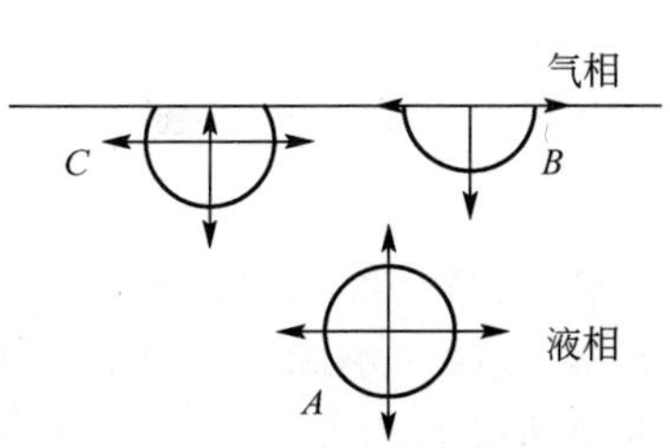

图 3-4 相界面与相内部质点受力情况示意图

这部分能量就称为表面自由能，简称表面能。系统的分散度越高，比表面积越大，表面自由能就越高，系统就越不稳定，因此液体和固体都有自动降低表面自由能的趋势。表面吸附是降低表面自由能的有效手段之一。

吸附是指物质的表面吸住周围介质中分子、原子或离子的过程。有吸附能力的物质称为吸附剂；被吸附的物质称为吸附质。吸附剂的吸附能力与比表面积有关，比表面积越大，吸附能力越强。通过吸附质在吸附剂表面的相对浓集，改善了吸附剂表面质点的受力情况，降低了它的表面自由能。

3.4.2 胶团结构

溶胶的性质与其结构密切相关，实验证明胶团具有吸附和扩散双电层结构。

由于溶胶是一个高度分散的系统，胶体粒子的总表面积非常大，因而具有很高的吸附能力，并能选择性地吸附异性电荷的离子。例如，三氯化铁通过下列水解作用形成溶胶：

$$FeCl_3 + 3H_2O \overset{}{=\!=\!=} Fe(OH)_3 + 3HCl$$

溶液中一部分 $Fe(OH)_3$ 与 HCl 反应生成 FeOCl，而 FeOCl 存在着下列平衡

$$Fe(OH)_3 + HCl \overset{}{=\!=\!=} FeOCl + 2H_2O$$

$$FeOCl \overset{}{=\!=\!=} FeO^+ + Cl^-$$

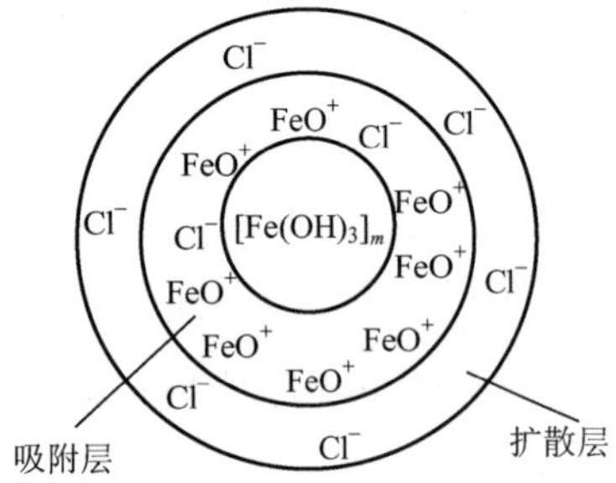

图 3-5 $[Fe(OH)_3]_m$ 胶体粒子的胶团示意图

由大量 $Fe(OH)_3$ 分子集聚而成的胶核 $[Fe(OH)_3]_m$ 选择性地吸附了与它的组成相类似的 FeO^+ 离子而带正电荷，在此，被胶核吸附的离子称为电位离子。此时，由于胶核表面带有较为集中的正电荷，所以它会通过静电引力而吸引带负电的 Cl^-，通常将这些带相反电荷的离子，称为反离子。电位离子与被其较强吸附的反离子构成吸附层，胶核与吸附层一起称为胶粒。由于静电引力，带正电荷的胶粒又吸引溶液中的 Cl^-，形成扩散层，胶粒与扩散层一起称为胶团。其结构如图 3-5 所示。

胶团结构也可以用下式表示：

$$\underbrace{\underbrace{\underbrace{\{[Fe(OH)_3]_m}_{\text{胶核}} \cdot \underbrace{nFeO^+ \cdot (n-x)Cl^-}_{\text{吸附层}}}_{\text{胶粒}}\}^{x+} \cdot \underbrace{x\,Cl^-}_{\text{扩散层}}}_{\text{胶团}}$$

（其中 $nFeO^+$ 为电位离子，$(n-x)Cl^-$ 为反离子，$x\,Cl^-$ 为反离子）

显然，整个胶团是电中性的。当电流通过时，氢氧化铁胶团将在吸附层与扩散层之间发生分裂，胶核与吸附层结合在一起向负极移动，扩散层中的异性离子向正极移动。这就是电泳现象的根本原因。

碘化银、三硫化二砷和硅胶的胶团结构式可表示如下：

$$\{(AgI)_m \cdot nI^- \cdot (n-x)K^+\}^{x^-} \cdot xK^+$$

$$\{(As_2S_3)_m \cdot nHS^- \cdot (n-x)H^+\}^{x^-} \cdot xH^+$$

$$\{(H_2SiO_3)_m \cdot nHSiO_3^- \cdot (n-x)H^+\}^{x^-} \cdot xH^+$$

应当注意的是，在制备胶体时，一定要有稳定剂存在。通常，稳定剂就是在吸附层中的离子。否则胶粒就会因为无静电排斥力而相互碰撞，最终聚合成大颗粒而从溶液中沉淀出来。

3.4.3 胶体溶液的性质

1. 动力学性质——布朗运动

布朗(Brown)用显微镜观察到悬浮在液面上的花粉颗粒不断地做无规则运动，后来用超显微镜观察到溶胶中的胶粒的运动也与此类似，故称为布朗运动。布朗运动是由于不断热运动的液体介质分子对胶粒撞击的结果。对很小但又比液体介质分子大得多的胶粒来说，由于不断地受到不同方向、不同速度的液体分子的撞击，受到的力是不均匀的，所以它们时刻以不同的方向、不同的速度做不规则运动。胶粒越小，布朗运动就越剧烈。布朗运动是胶体分散系的特征之一。

2. 光学性质——丁达尔(Tyndall)效应

将一束光线照射在一个溶胶系统上，在与入射光垂直的方向上可以观察到一条混浊发亮的光柱(图 3-6)，这个现象称为丁达尔效应。丁达尔效应是溶胶特有的现象，可以用于区别溶胶和真溶液。

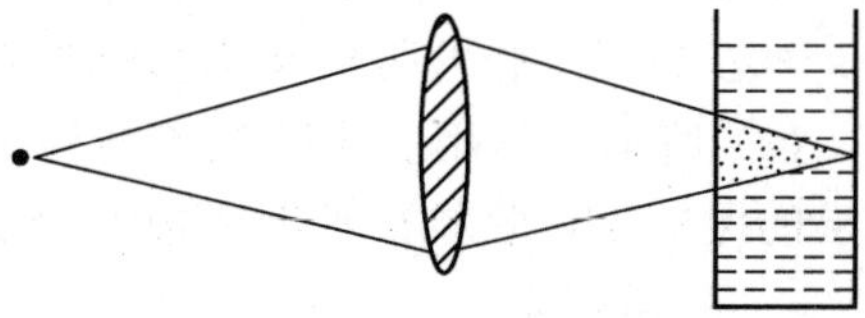

图 3-6 丁达尔效应

根据光学理论，当光线照射在分散质粒子上时，如果颗粒直径远远大于入射光的波长，则发生光的反射；如果颗粒直径略小于入射光的波长，则发生光的散射而产生丁达尔现象。可见光的波长范围在 400～700nm，胶体颗粒直径范围在 1～100nm，所以可见光通过溶胶时产生明显的散射作用，出现丁达尔效应。如果分散质颗粒太小(小于 1nm)，对光的散射极弱，则发生光的透射现象。据此，可以用丁达尔效应来区别溶胶和真溶液。超显微镜就是利用光散射原理设计制造的，用于研究胶粒的运动。

3. 电学性质——电泳

在外加电场的作用下，胶体粒子相对于静止介质做定向移动的现象称为电泳。例如，在一个 U 形管中装入金黄色的 As_2S_3 溶胶，并在溶胶表面小心滴入少量蒸馏水，使溶胶表面和水之间有一明显的界面。然后在 U 形管的两端各插入一银电极(图 3-7)，通电后可以观察到正极一端溶胶界面比负极高。说明 As_2S_3 溶胶的胶粒在电场中由负极向正极运动，显然它是带负电的。大多数金属硫化物、硅酸、土壤、淀粉及金、银等胶粒带负电，称负溶胶；大多数金属氢氧化物的胶粒带正电，称正溶胶。

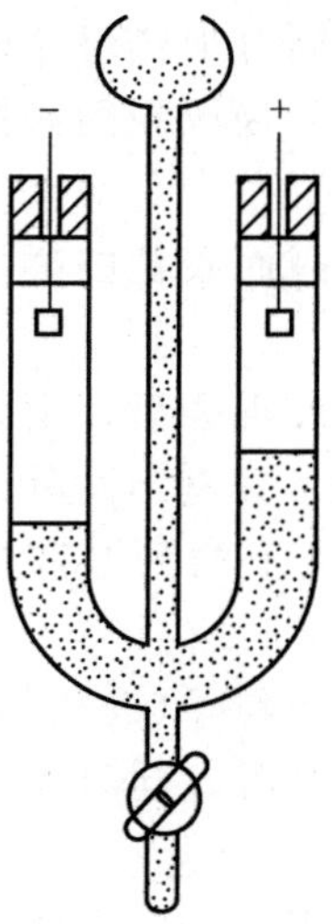

图 3-7 电泳管

溶胶粒子带电的主要原因有以下两点。

(1) 吸附作用。溶胶系统具有较高的表面能，而这些小颗粒为了减小其表面能，就要根据相似相吸的原则对系统中的物质进行吸附。例如，硫化砷溶胶的制备通常是将 H_2S 气体通入饱和 H_3AsO_4 溶液中，经过一段时间以后，生成淡黄色 As_2S_3 溶胶。由于 H_2S 在溶液中电离产生大量的 HS^-，所以 As_2S_3 吸附 HS^- 以后，该溶胶就带负电。

(2) 电离作用。有部分溶胶粒子带电是由于其自身表面电离所造成的。例如，硅胶粒子带电是因为 H_2SiO_3 电离形成 $HSiO_3^-$ 或 SiO_3^{2-}，并附着在表面而带负电。其反应式为

$$H_2SiO_3 = HSiO_3^- + H^+ = SiO_3^{2-} + 2H^+$$

应该指出，溶胶粒子带电原因十分复杂，以上两种情况只能说明溶胶粒子带电的某些规律。至于溶胶粒子究竟怎样带电，或者带什么电荷都还需要通过实验来证实。

3.4.4 溶胶的稳定性与聚沉

1. 稳定性

溶胶是多相、高分散系统，具有很大的表面能，有自发聚集成较大颗粒以降低表面能的趋势，因而是热力学不稳定系统。但事实上溶胶往往能存在很长时间。溶胶之所以有相对的稳定性，主要原因如下。

(1) 布朗运动。溶胶因分散度大，粒径小，布朗运动剧烈，故能克服重力引起的沉降作用。

(2) 胶粒带电。由于胶粒带有相同电荷，当两胶粒相互接近时，静电斥力的作用使它们又相互分开。胶粒带电是多数溶胶能稳定存在的主要原因。

(3) 溶剂化作用。溶胶胶团结构中的吸附层和扩散层的离子都是溶剂化的，在此溶剂化层的保护下，胶粒很难因碰撞而聚沉。

2. 聚沉作用

溶胶的稳定性是相对的，只要破坏了溶胶的稳定性因素，胶粒就会相互聚集成大颗粒而沉降，此过程称为溶胶的聚沉。促使溶胶聚沉的主要因素如下。

(1) 加热。加热可使胶粒的运动加剧，从而破坏了胶粒的溶剂化膜，同时加热可使胶核对电位离子的吸附力下降，减少了胶粒所带的电荷数，降低了其稳定性，使胶粒间碰撞聚结的可能性大大增强。

(2) 溶胶浓度过大。溶胶的浓度过大，单位体积中胶粒的数目较多，因而胶粒的碰撞机会就会增加，溶胶容易发生聚沉。

(3) 将两种带相反电荷的溶胶按适当比例混合。将电性相反的两种溶胶混合后，由于胶粒相互吸引而发生的聚沉现象称为相互聚沉作用，简称互聚。实验表明，只有当两种胶粒所带电荷的代数值为零时才能发生聚沉。因此，溶胶的互聚作用取决于两种溶胶的用量。

实际生活中常用明矾[$KAl(SO_4)_2 \cdot 12H_2O$]来净化水。天然水中的悬浮粒子(硅酸等)一般带负电荷，加入明矾后，生成带正电荷的 $Al(OH)_3$ 溶胶，两者发生聚沉，同时水中的杂质由于 $Al(OH)_3$ 的吸附作用而一起下沉，达到净化水的目的。

(4) 加入电解质。对溶胶聚沉影响最大的还是在溶胶中加入电解质。当溶胶内电解质浓度较低时，胶粒周围的反离子扩散层较厚，因而胶粒之间的间距较大。这时两个胶粒相

互接近时，带有相同电荷的扩散层就会产生斥力，防止胶粒碰撞而聚结沉淀。如果在溶液中加入大量的电解质，由于离子总浓度的增加，大量的离子进入扩散层内，迫使扩散层中的反离子向胶粒靠近，扩散层就会变薄，因而胶粒变小。同时由于离子浓度的增加，相对减小了胶粒所带电荷，使胶粒之间的静电斥力减弱，胶粒之间的碰撞变得更容易，聚沉的机会就大大增加。

电解质对溶胶的聚沉作用主要取决于那些与胶粒所带电荷相反的离子。一般来说，离子电荷越高，对溶胶的聚沉作用就越大。对带有相同电荷的离子来说，它们的聚沉差别虽不大，但也存在差异，随着离子半径的减小，电荷密度增加，其水化半径也相应增加，因而离子的聚沉能力就会减弱。例如，碱金属离子在相同阴离子的条件下，对带负电溶胶的聚沉能力大小为 $Rb^+>K^+>Na^+>Li^+$；而碱土金属离子的聚沉能力大小为 $Ba^{2+}>Sr^{2+}>Ca^{2+}>Mg^{2+}$。这种带有相同电荷离子对溶胶的聚沉能力的大小顺序称为感胶离子序。

电解质的聚沉能力通常用聚沉值的大小来表示。所谓聚沉值是指一定时间内，使一定量的溶胶完全聚沉所需要的电解质的最低浓度。不难看出，电解质的聚沉值越大，则其聚沉能力越小；而电解质聚沉值越小，则其聚沉能力越大。例如，NaCl、$MgCl_2$、$AlCl_3$三种电解质对 As_2S_3 负溶胶的聚沉值分别为 $51mmol\cdot L^{-1}$，$0.72mmol\cdot L^{-1}$ 和 $0.093mmol\cdot L^{-1}$，说明对于 As_2S_3 负溶胶而言，三价 Al^{3+} 的聚沉能力最强，一价 Na^+ 的聚沉能力最弱。

3.5 高分子溶液和乳浊液

3.5.1 高分子溶液

高分子化合物是指相对分子质量在 1000 以上的有机大分子化合物。许多天然有机物如蛋白质、纤维素、淀粉、橡胶及人工合成的各种塑料等都是高分子化合物。

大多数高分子化合物的分子结构呈线状或线状带支链。虽然它们分子的长度有的可达几百纳米，但它们的截面积却只有普通分子的大小。当高分子化合物溶解在适当的溶剂中，就形成高分子化合物溶液，简称高分子溶液。

高分子溶液由于其溶质的颗粒大小与溶胶粒子相近，属于胶体分散系，所以它表现出某些溶胶的性质，如不能透过半透膜、扩散速率慢等。然而，它的分散质粒子为单个大分子，是一个分子分散的单相均匀系统，因此它又表现出溶液的某些性质，与溶胶的性质有许多不同之处。

高分子化合物像一般溶质一样，在适当溶剂中其分子能强烈自发溶剂化而逐步溶胀，形成很厚的溶剂化膜，使它能稳定地分散于溶液中而不凝结，最后溶解成溶液，具有一定溶解度。例如，蛋白质、淀粉溶于水，天然橡胶溶于苯都能形成高分子溶液。除去溶剂后，重新加入溶剂时仍可溶解，因此与溶胶相反，高分子溶液是一种热力学稳定系统。

高分子溶液其溶质与溶剂之间没有明显的界面，因而对光的散射作用很弱，丁达尔效应不像溶胶那样明显。另外，高分子化合物还具有很大的黏度，这与它的链状结构和高度溶剂化的性质有关。

3.5.2 高分子化合物对溶胶的保护作用

在容易聚沉的溶胶中，加入适量的大分子物质溶液(如动物胶、蛋白质等)，可以大大地增加溶胶的稳定性，这种作用称为高分子化合物对溶胶的保护作用。土壤中的胶体，因受到腐殖质等大分子物质的保护作用，更加稳定，因而有利于营养物质的迁移。又如，人血液中含有碳酸镁、碳酸钙等难溶盐，它们都是以溶胶形式存在，且被血清蛋白等保护着。当人患某些疾病时，保护物质含量减少，导致溶胶聚沉，这就是各种结石病产生的主要原因。产生保护作用的原因是溶剂化了的线状高分子被吸附在胶粒表面，使胶粒表面多出一层溶剂化保护膜，从而提高了溶胶的稳定性。但在溶胶中加入少量的高分子化合物后，反而使溶胶对电解质的敏感性大大增加，降低了其稳定性，这种现象称为高分子的敏化作用。产生敏化作用的原因是加入的高分子化合物量太少，不足以包住胶粒，反而使大量的胶粒吸附在高分子的表面，使胶粒间可以互相“桥联”变大而易于聚沉。

3.5.3 高分子溶液的盐析

高分子溶液具有一定的抗电解质聚沉能力，加入少量的电解质，它的稳定性并不受影响。这是因为在高分子溶液中，本身带有较多的可电离或已电离的亲水基团，如—OH、—COOH、$—NH_2$等。这些基团具有很强的水化能力，它们能使高分子化合物表面形成一个较厚的水化膜，能稳定地存在于溶液之中，不易聚沉。要使高分子化合物从溶液中聚沉出来，除中和高分子化合物所带的电荷外，更重要的是破坏其水化膜，因此，必须加入大量的电解质。电解质的离子要实现其自身的水化，就要大量夺取高分子化合物水化膜上的溶剂化水，从而破坏水化膜，使高分子溶液失去稳定性，发生聚沉。像这种通过加入大量电解质使高分子化合物聚沉的作用称为盐析。加入乙醇、丙酮等溶剂，也能将高分子溶质沉淀出来。因为这些溶剂也像电解质的离子一样有强的亲水性，会破坏高分子化合物的水化膜。在研究天然产物时，常常用盐析和加入乙醇等溶剂的方法来分离蛋白质和其他的物质。

3.5.4 表面活性剂

溶于水(或油)后能显著降低水(或油)的表面自由能的物质称为表面活性物质或表面活性剂。表面活性物质的特性取决于其分子结构。它的分子都是由极性基团和非极性基团两部分组成，极性基团如—OH、—COOH、$—COO^-$、$—NH_2$、$—SO_3H$ 等，对水的亲和力很强，称为亲水基；非极性基团如脂肪烃基—R、芳香烃基—Ar 等，对油的亲和力较强，称为亲油基或疏水基。当表面活性物质溶于水(或油)后，分子中的亲水基进入水相，疏水基则进入气相或油相，这样表面活性剂分子就浓集在两相界面上，形成了定向排列的分子膜，使相界面上的分子受力不均匀的情况得到改善，从而降低了水的表面自由能。因此，在油水系统中，加入适量的表面活性剂后，油水之间不再分层，即形成一个相对稳定的混合系统。

表面活性剂的用途非常广泛，素有“工业味精”之称。它除了具有优良的洗涤性能外，还具有润湿、乳化、渗透、分散、柔软、平滑、防水、防蚀、抗静电、杀菌、消毒等性能，根据不同的需求，可以应用在各种不同的领域。在农业生产中，使用的各种有机农药，水溶性差，必须加入表面活性剂使其乳化，这样才能使农药均匀喷洒并在植物叶面上迅速润湿铺展，降低成本，提高药效。

3.5.5 乳状液

乳状液是分散质和分散剂为互不相溶的液体的粗分散系。牛奶、豆浆、某些植物茎叶裂口渗出的白浆(如橡胶树的胶乳)、人和动物机体中的血液、淋巴液等都是乳状液。在乳状液中被分散的液滴的直径约在 0.1～50μm。根据分散质与分散剂的不同性质，乳状液又可分为两大类：一类是“油”(通常指有机物)分散在水中所形成的系统，以油/水型表示，如牛奶、豆浆、农药乳化剂等；另一类是水分散在“油”中形成的水/油型乳状液，如石油。

将油和水一起放在容器内剧烈震荡，可以得到乳状液。但是这样得到的乳状液并不稳定，停止震荡后，分散的液滴相碰后会自动合并，油水会迅速分离成两个互不相溶的液层。可见乳状液也像溶胶那样需要有第三种物质作为稳定剂，才能形成一种稳定的系统。在油水混合时加入少量肥皂，则形成的乳状液在停止震荡后分层很慢，肥皂就起了一种稳定剂的作用。乳状液的稳定剂称为乳化剂，许多乳化剂都是表面活性剂。因此，表面活性剂有时也称为乳化剂。而乳化剂可根据其亲和能力的差别分为亲水性乳化剂和亲油性乳化剂。常用的亲水性乳化剂有钾肥皂、钠肥皂、蛋白质、动物胶等。亲油性乳化剂有钙肥皂、高级醇类、高级酸类、石墨等。

在制备不同类型的乳状液时，要选择不同类型的乳化剂。例如，亲水性乳化剂适合制备油/水型乳状液，不适合制备水/油型乳状液。这是因为亲水性乳化剂的亲水基团结合能力比亲油基团的结合能力大，乳化剂分子的大部分分布在油滴表面。因此，它在油滴表面形成一较厚的保护膜，防止油滴之间相互碰撞而聚结(图 3－8(a))。相反该乳化剂不能在水滴表面较好地形成保护膜，因为表面活性剂分子大部分被拉入水滴中，因此水滴表面的保护膜厚度不够，水滴之间碰撞后，容易聚结而分层。同理，在制备水/油型乳状液时，最好选用亲油性乳化剂(图 3－8(b))。可以通过向乳状液中加水的方法来区分不同类型的乳状液。加水稀释后，乳状液不出现分层，说明水是一种分散剂，则为油/水型乳状液；加水稀释后，乳状液出现分层，则为水/油型乳状液。牛奶是一种油/水型乳状液，所以加水稀释后不出现分层。

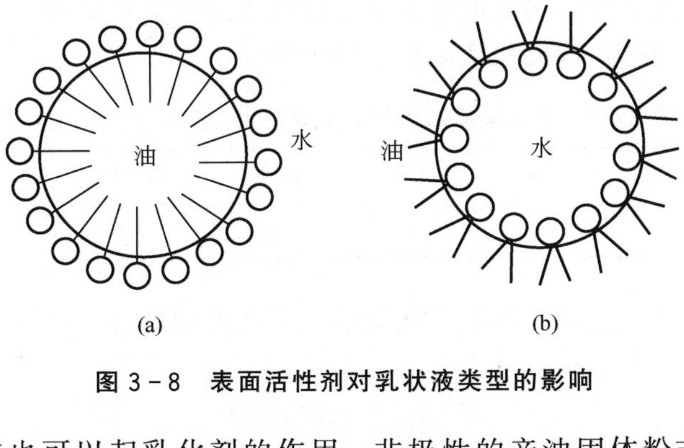

图 3－8 表面活性剂对乳状液类型的影响

极细的固体粉末也可以起乳化剂的作用。非极性的亲油固体粉末，如炭黑，是一种水/油型乳化剂，而二氧化硅等亲水粒子是油/水型乳化剂。去污粉(主要是碳酸钙细粉)或细炉灰(碳酸盐或二氧化硅细粉)等擦洗器皿油污后，用水一冲器皿便很干净，就是因为形成了油/水型乳状液。

乳状液在石油钻探、日用化工、制药、有机农药、食品、制革、涂料等工业生产中应用非常广泛。在人体的生理活动中，乳状液也有重要的作用。例如，食物中的脂肪在消化液(水溶液)中是不溶解的，但经过胆汁中胆酸的乳化作用和小肠的蠕动，使脂肪形成微小的液滴，其表面积大大增加，从而有利于肠壁的吸收。

在生产实践中，有时又需要破坏乳状液，使油、水两相分开，便于工业加工，如天然橡胶汁和原油在炼制加工前的脱水等。乳状液的破坏称为破乳，常用的方法有电解破乳法、化学破乳法、离心分离法、静电破乳法、加压过滤法等。

3.6 电解质溶液

实际上，无论是电解质溶液还是非电解质溶液，无论是浓溶液还是稀溶液，都有蒸气压下降、沸点上升、凝固点下降和渗透压等现象。但电解质溶液和非电解质的浓溶液不服从非电解质稀溶液依数性定律的定量关系。对于非电解质的浓溶液来说，单位体积内溶质分子数增多，溶质分子之间、溶质分子与溶剂分子之间的相互影响大大加强。这些复杂的因素使其与非电解质稀溶液的定量关系产生了偏差。对于电解质溶液来说，电解质的电离则是其不服从依数性定律的主要原因。由于发生电离，溶液中微粒数增多，所以电解质溶液的蒸气压下降、沸点上升、凝固点下降和渗透压总是比相同浓度的非电解质溶液要大一些。

1887 年，阿仑尼乌斯(Arrhenius)根据稀溶液的依数性定律不适用于电解质溶液，以及电解质溶液具有导电性的事实，提出了电离理论。按照电离理论，电解质在水溶液中要电离成带电荷的正离子和负离子。电解质可分为强电解质和弱电解质。强电解质在水溶液中完全电离成离子，而弱电解质仅部分电离成离子，存在着电离平衡。弱电解质溶液在本书后面还要作详细讨论，这里仅简要介绍一下强电解质溶液的有关问题。

NaCl、KCl 等强电解质在水溶液中应该全部以离子形式存在。但根据其导电性能或对其他性质的测定，其电离度(电离百分数)总是小于 100%(表 3－7)。这种实验测得的电离度称为表观电离度。强电解质溶液的表观电离度比实际电离度要小。这就是说，溶液中所能观测到的离子浓度即有效浓度比实际离子浓度要小。

表 3－7　强电解质的表观电离度(298K，0.10mol・L^{-1})

电解质	KCl	$ZnSO_4$	HCl	HNO_3	H_2SO_4	NaOH	$Ba(OH)_2$
表观电离度/%	86	40	92	92	61	91	81

为了更为精确地研究溶液的性质，人们引入了活度的概念。活度是与有效浓度有关的物理量，以 a 表示：

$$a(\mathrm{B})=\frac{\gamma(\mathrm{B})c(\mathrm{B})}{c^{\ominus}} \tag{3-15}$$

式中，$a(\mathrm{B})$、$\gamma(\mathrm{B})$、$c(\mathrm{B})$分别为溶质 B 的活度、活度系数和浓度，$c^{\ominus}$为标准态浓度，通常为 1mol・L^{-1}。活度、活度系数均为无量纲的量。一般来说，活度系数 $\gamma<1$，只有当溶

液无限稀释时，才会有 $\gamma=1$。因此，活度系数的大小，反映了溶液中粒子间相互作用的程度。由于单个离子的活度系数无法从实验中测得，一般取电解质的两种离子的活度系数的平均值，称为平均活度系数 $\gamma_{\pm}$，通常可从化学手册上查到。

1923 年，德拜(Debye)和休克尔(Hückel)等认为，强电解质在溶液中是完全电离的，但电离产生的离子由于带电而相互作用，每个离子都被异性离子所包围，形成了“离子氛”，阳离子周围有较多的阴离子，阴离子周围有较多的阳离子，使得离子在溶液中不完全自由。溶液在通过电流时，阳离子向阴极移动，但它的离子氛却向阳极移动，加之强电解质溶液中的离子较多，离子间平均距离小，离子间吸引力和排斥力都比较显著等因素，离子的运动速度显然比毫无牵挂来得慢一些，因此溶液的导电性就比完全电离的理论模型要低一些，产生不完全电离的假象。

某离子的活度系数不仅受它本身的浓度和电荷的影响，也受溶液中其他离子的浓度及电荷的影响，为了表征这些影响，引入离子强度的概念。离子强度 I 的定义为

$$I=\frac{1}{2}\sum[c(\mathrm{B})z^2(\mathrm{B})] \tag{3-16}$$

式中，$c(\mathrm{B})$为离子 B 的浓度，$z(\mathrm{B})$为离子 B 的电荷。

【例 3-4】 计算含有 0.1mol/L HCl 和 0.1mol/L $CaCl_2$的混合溶液的离子强度。

解：

$$I=\frac{1}{2}[c(\mathrm{H^+})z(\mathrm{H^+})^2+c(\mathrm{Ca^{2+}})z(\mathrm{Ca^{2+}})^2+c(\mathrm{Cl^-})z(\mathrm{Cl^-})^2]$$

$$=0.4(\mathrm{mol/L})$$

离子强度越大，活度系数 γ 值越小。当离子强度小于 1×10^{-4}时，γ 值接近于 1，即活度近似等于实际浓度。高价离子的 γ 值小于低价离子，特别是在较大离子强度的情况下两者的差距很大。

电解质溶液的浓度和活度之间一般是有差别的，严格地说，都应该用活度来进行计算。但对于稀溶液、弱电解质溶液、难溶强电解质溶液作近似计算时，通常就用浓度进行计算。这是因为在这些情况下溶液中的离子浓度很低，离子强度很小，γ 值十分接近于 1。

在实际工作中，为了使实验数据具有可比性，常常需保持溶液的活度系数不发生大的变化。由于活度系数与离子强度有一定的关系，当溶液中的离子强度基本不变时，离子的活度系数也基本不变。用一种离子浓度较大，而不参与反应的强电解质来维持溶液中一定的离子强度，是一种常用的方法。

综合练习

一、思考题

1. 对稀溶液依数性进行计算的公式是否适用于电解质稀溶液和易挥发溶质的稀溶液？为什么？

2. 把一块冰放在温度为 273.15K 的水中，另一块冰放在 273.15K 的盐水中，有什么现象？

3. 什么是渗透压？产生渗透压的原因和条件是什么？

4. 难挥发溶质的溶液，在不断沸腾过程中，它的沸点是否恒定？在不断冷却过程中，它的凝固点是否恒定？为什么？

5. 溶胶稳定的因素有哪些？促使溶胶聚沉的办法有哪些？用电解质聚沉溶胶时有何规律？

6. 乳状液的类型与所选用的乳化剂的类型有何关系？举例说明。

7. 解释下列现象：

(1) 明矾能净水。

(2) 用井水洗衣服时，肥皂的去污能力比较差。

(3) 江河入海口常常形成三角洲。

二、练习题

1. 选择题

(1) $0.1mol \cdot L^{-1}$ KCl 水溶液在 100℃时的蒸气压为(　　)。

(A) 101.3kPa　　(B) 10.1kPa

(C) 略低于 101.3kPa　　(D) 略高于 101.3kPa

(2) 溶胶发生电泳时，向某一方向定向移动的是(　　)。

(A) 胶核　　(B) 吸附层　　(C) 胶团　　(D) 胶粒

(3) 欲使水与苯形成水/油型乳浊液，选用的乳化剂应是(　　)。

(A) 钠皂　　(B) 钾皂　　(C) 钙皂　　(D) SiO_2 粉末

(4) 甲醛(CH_2O)溶液和葡萄糖($C_6H_{12}O_6$)溶液在指定温度下渗透压相等，同体积的甲醛和葡萄糖两种溶液中，所含甲醛和葡萄糖质量之比是(　　)。

(A) 6∶1　　(B) 1∶6　　(C) 1∶1　　(D) 无法确定

(5) 下列物质各 10g，分别溶于 1000g 苯中，配成四种溶液，它们的凝固点最低的是(　　)。

(A) CH_3Cl　　(B) CH_2Cl_2　　(C) $CHCl_3$　　(D) 都一样

2. 有两种溶液，一是 1.5g 尿素[$(NH_2)_2CO$]溶解在 200g 水中，另一种是 42.8g 未知物溶解在 1000g 水中。这两种水溶液都在同一温度下结冰，计算该未知物的摩尔质量。

3. 计算 5.0%的蔗糖($C_{12}H_{22}O_{11}$)水溶液与 5.0%的葡萄糖($C_6H_{12}O_6$)水溶液的沸点。

4. 比较下列各水溶液的指定性质的高低(或大小)次序。

(1) 凝固点：$0.1mol \cdot kg^{-1}$ $C_{12}H_{22}O_{11}$ 溶液，$0.1mol \cdot kg^{-1}$ CH_3COOH 溶液，$0.1mol \cdot kg^{-1}$ KCl 溶液。

(2) 渗透压：$0.1mol \cdot L^{-1}$ $C_6H_{12}O_6$ 溶液，$0.1mol \cdot L^{-1}$ $CaCl_2$ 溶液，$0.1mol \cdot L^{-1}$ KCl 溶液，$1mol \cdot L^{-1}$ $CaCl_2$ 溶液(提示：从溶液中的粒子数考虑)。

5. 医学上用的葡萄糖($C_6H_{12}O_6$)注射液是血液的等渗溶液，测得其凝固点下降为 0.543℃。

(1) 计算葡萄糖溶液的质量分数。

(2) 如果血液的温度为 37℃，血液的渗透压是多少？

6. 孕甾酮是一种雌性激素，它含有 9.5%H、10.5%O、80.0%C。将 1.50g 孕甾酮溶于 10.0g 苯中所得溶液在 3.07℃时凝固，计算孕甾酮的摩尔质量，并确定其分子式。

7. 海水中含有下列离子，它们的质量摩尔浓度如下：$b(Cl^-)=0.57mol \cdot kg^{-1}$，$b(SO_4^{2-})=0.029mol \cdot kg^{-1}$，$b(HCO_3^-)=0.002mol \cdot kg^{-1}$，$b(Na^+)=0.49mol \cdot kg^{-1}$，$b(Mg^{2+})=0.055mol \cdot kg^{-1}$，$b(K^+)=0.011mol \cdot kg^{-1}$ 和 $b(Ca^{2+})=0.011mol \cdot kg^{-1}$。计算海水的近似凝固点和沸点。

8. 将 10.0mL 0.01mol・L^{-1}的 KCl 溶液和 100mL 0.05mol・L^{-1}的 $AgNO_3$溶液混合以制备 AgCl 溶胶，则该溶胶在电场中向何极移动？写出胶团结构式。

9. 三支试管中均放入 20.00mL 同种溶胶。欲使该溶胶聚沉，至少在第一支试管中加入 0.53mL 4.0mol・L^{-1}的 KCl 溶液，在第二支试管中加入 1.25mL 0.05mol・L^{-1}的Na_2SO_4溶液，在第三支试管中加入 0.74 mL 0.0033mol・L^{-1}的 Na_3PO_4溶液。试计算每种电解质溶液的聚沉值，并确定该溶胶的电性。

第4章 热化学及化学反应的方向和限度

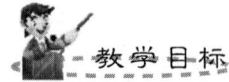

教学目标

(1) 理解反应进度ξ、系统与环境、状态与状态函数的概念。
(2) 理解热力学第一定律、第二定律和第三定律的基本内容。
(3) 掌握化学反应的标准摩尔焓变的各种计算方法。
(4) 掌握化学反应的标准摩尔熵变和标准摩尔吉布斯函数变的计算方法。
(5) 会用 ΔG 来判断化学反应的方向，并了解温度对 ΔG 的影响。
(6) 了解实验平衡常数和标准平衡常数及标准平衡常数与标准摩尔吉布斯函数变的关系。
(7) 掌握不同反应类型的标准平衡常数表达式，并能从该表达式来理解化学平衡的移动。
(8) 掌握有关化学平衡的计算，包括运用多重平衡规则进行的计算。

研究化学反应，并使某反应实现工业生产，必须解决以下四个问题。①化学反应能否自发进行？即化学反应的可能性和方向性问题。②如果能够自发进行，那么有无热量放出、吸收或放出多少热量？即能量守恒和转化问题。③在给定条件下，有多少反应物可以最大限度地转化为生成物？即化学反应的平衡和限度问题。④实现这种转化需要多少时间？即化学反应的速率问题。这些问题可归结为三个方面，即化学反应热力学、化学反应平衡和化学反应动力学问题。本章将讨论这些问题。

4.1 热力学基础知识

4.1.1 化学反应进度

1. 化学反应计量方程式

对于任一已配平的化学反应方程式，按国家法定计量单位可表示为

$$0=\sum_{B}\nu_{B}B \tag{4-1}$$

式中，B为化学反应方程式中的反应物或生成物，称为物质B；ν_B：物质B的化学计量数，其量纲为1，规定反应物的化学计量数为负值，而生成物的化学计量数为正值；$\sum_{B}$ 为对各物种B求和。

例如，反应

$$N_2+3H_2 = 2NH_3$$

可改写为

$$0=-N_2-3H_2+2NH_3$$

化学计量数 ν_B 分别为

$$\nu(N_2)=-1,\ \nu(H_2)=-3,\ \nu(NH_3)=+2$$

2. 化学反应进度 ξ

反应进度：是用来表示系统中化学反应进行程度的一个物理量，用符号“ξ”表示，读作“克赛”。

反应进度最早由比利时热化学家德唐德(De Donder)引入，1982年《物理化学和分子物理学的量和单位》(GB 3102.8—1982)引入，1992年IUPAC推荐使用。反应进度在反应热的计算、反应速率的表示和化学平衡的计算中普遍应用。引入反应进度的最大优点是在反应进行到任意时刻时，可用任一反应物或生成物来表示反应进行的程度，所得结果总是相等的。

对于任意反应

$$0=\sum_{B}\nu_{B}B$$

反应开始时：$t=0$，$\xi(0)=0$，$n_B=n_B(0)$

反应开始后：$t=t$，$\xi(t)=\xi$，$n_B=n_B(\xi)$

定义

$$\xi=\frac{n_B(\xi)-n_B(0)}{\nu_B}=\frac{\Delta n_B}{\nu_B}\quad(\text{mol}) \tag{4-2}$$

即反应进度(ξ)定义为：任一反应物(或生成物)的物质的量的改变值与该物质计量数的比值。对于任一化学反应式，ν_B为定值，反应进度(ξ)越大，则Δn_B越大，即反应进行的程度越大。反应进度与物质的量n具有相同的量纲，SI单位为mol。

$$n_B(\xi)=n_B(0)+\nu_B\xi$$

当反应进度ξ有微小变化时，则

$$d\xi=\frac{dn_B}{\nu_B} \tag{4-3}$$

或

$$dn_B=\nu_B d\xi$$

$$\Delta n_B=\nu_B\Delta\xi$$

上式表示，当反应进度从ξ变化到$\xi+d\xi$，即有$d\xi$的变化时，在反应中任一物质B的物质的量的改变值为$dn_B=\nu_B d\xi$。反应开始时$\xi=0$mol，当$\xi=1$mol时，则反应按照所给定的反应式进行了1mol反应。例如，对于反应

$$N_2(g)+3H_2(g) = 2NH_3(g)$$

若 ξ(或 $\Delta\xi$)＝1.0mol 时，表示进行了 1mol 反应，即 1mol $N_2(g)$和 3mol $H_2(g)$完全反应生成了 2mol 的 $NH_3(g)$。这时，系统中各组分物质的量的改变量分别为

$$\Delta n(N_2)=-1\times 1mol=-1mol \quad \Delta n(H_2)=-3\times 1mol=-3mol$$

$$\Delta n(NH_3)=2\times 1mol=2mol$$

对于反应

$$\frac{1}{2}N_2(g)+\frac{3}{2}H_2(g)=\!=\!=NH_3(g)$$

若 ξ(或 $\Delta\xi$)＝1mol，也表示进行了 1mol 反应，即 1/2mol $N_2(g)$ 与 3/2mol$H_2(g)$完全反应生成了 1mol 的 $NH_3(g)$。这时，系统中各组分物质的量的改变量分别为

$$\Delta n(N_2)=-\frac{1}{2}\times 1mol=-\frac{1}{2}mol \quad \Delta n(H_2)=-\frac{3}{2}\times 1mol=-\frac{3}{2}mol$$

$$\Delta n(NH_3)=1\times 1mol=1mol$$

【例 4－1】 在合成氨的合成塔中，10mol $N_2(g)$和 20mol $H_2(g)$反应，生成了 4.0mol 的 $NH_3(g)$，分别计算下面两个反应的反应进度。

(1) $N_2(g)+3H_2(g)=\!=\!=2NH_3(g)$

(2) $\frac{1}{2}N_2(g)+\frac{3}{2}H_2(g)=\!=\!=NH_3(g)$

解：

	$n(N_2)$/mol	$n(H_2)$/mol	$n(NH_3)$/mol
$t=0$，$\xi=0$，	10	20	0
$t=t$，$\xi=\xi$，	8	14	4

分别用 N_2、H_2、NH_3 的物质的量的变化计算 ξ：

对反应(1)

$$\xi=(8-10)/(-1)=(14-20)/(-3)=(4-0)/2=2.0(mol)$$

对反应(2)

$$\xi=(8-10)/(-0.5)=(14-20)/(-1.5)=(4-0)/1=4.0(mol)$$

可见，反应进度(ξ)与化学反应式的写法有关，即 ξ 与计量数 ν 有关，所以在使用反应进度时，一定要指明反应方程式。

对任一化学反应 $aA+bB=\!=\!=gG+dD$，有

$$\xi=\frac{\Delta n_A}{\nu_A}=\frac{\Delta n_B}{\nu_B}=\frac{\Delta n_G}{\nu_G}=\frac{\Delta n_D}{\nu_D}$$

即：在表示反应进度时，物质 B 和 ν_B 可以不同，但用不同物种表示的同一反应的 ξ 不变。

4.1.2 系统和环境

系统：是人们所选择的研究对象。在化学中，是人为地划分出来供人们研究的部分物质或空间。

环境：是系统以外并与系统密切相关的部分。

系统是人为划分的。例如，一瓶气体，我们研究其中的气体，则气体就是系统，而瓶子和瓶子以外的物质就是环境。这里，系统和环境有明显的界面。但并不是所有系统和环境都有明显界面，如合成氨的合成塔中有 N_2、H_2、NH_3 的混合气体，当我们选择 N_2 为系统时，则 H_2、NH_3、合成塔及以外的其他物质就是环境，这时系统和环境没有明显的界面。

根据系统与环境之间能量和物质的交换情况，可将系统分为三类。

(1) 敞开系统：系统与环境之间既有物质交换，又有能量交换。

(2) 封闭系统：系统与环境之间没有物质交换，但有能量交换。

(3) 隔离系统：系统与环境之间既没有物质交换，又没有能量交换，是一种理想系统。

4.1.3 状态和状态函数

系统的状态：由一系列表征系统性质的宏观物理量(如 n、T、p、V、ρ 等)所确定下来的系统的存在形式，是系统中所有宏观性质的综合表现。

如果系统中物质的量(n)、温度(T)、压力(p)、体积(V)、密度(ρ)及后面将要介绍的热力学能(U)、焓(H)、熵(S)、吉布斯函数(G)等宏观性质均有确定值，就称这个系统处于一定的状态；改变其中任何一个性质，系统的状态就发生了变化。反过来说，当系统处于一定状态时，则确定系统状态的所有宏观性质都确定了，所有的宏观物理量必有定值。

状态函数：籍以确定系统状态的宏观物理量。或者说状态函数是由系统状态所决定的性质。温度、压力、体积、密度、热力学能、焓、熵、吉布斯函数等都是状态函数。

状态函数特性：状态函数的变化值(增量)只取决于系统的始态与终态，而与变化的具体途径无关。

例如：

$$\Delta n = n_2 - n_1 \qquad \Delta p = p_2 - p_1$$

$$\Delta T = T_2 - T_1 \qquad \Delta V = V_2 - V_1$$

例如，一烧杯中的水，温度由 293K 升高到 313K，可以采取两条途径：①先加热到 323K，再冷至 313K；②先冷至 273K，再加热到 313K，但温度的变化值不变，$\Delta T=$ 313K$-$293K$=$20K，它只决定于系统的始、终态，与变化的途径无关。

描述系统状态的各个函数间往往有一定的关系，因此，只要确定系统的一些状态函数，其他的状态函数也就随之而定。例如，理想气体系统，系统的状态可以用 T、p、V、n 来描述，这四个函数间有 $pV=nRT$ 的函数关系。因此理想气体的某一状态只需要其中任意三个物理量便可确定。

4.1.4 过程和途径

过程：当系统发生一个任意的状态变化时，我们说系统经历了一个过程。在实际工作中，有三种常见的过程：①恒温过程，即系统始、终态的温度与环境温度相等且恒定不变的过程；②恒压过程，即系统始、终态压力与环境压力相等且恒定不变的过程；③恒容过程，即系统体积恒定不变的过程。

途径：系统从始态变到终态，可以经历不同的历程，状态变化时经历的具体历程(路线或步骤)称为途径。

例如，一定量的理想气体，从始态 A(200kPa，298K)变化到终态 B(100kPa，398K)，可采取两种途径：

(1) 先恒压升温至 T_2，再恒温减压到达终态。即先从 200kPa，298K 变化到 200kPa，398K；再由此变化到 100kPa，398K。

(2) 先恒温降压至 p_2，再恒压升温到达终态。即先从 200kPa，298K 变化到 100kPa，298K；再由此变化到 100kPa，398K。

两种途径的状态函数的变化值 $\Delta p = p_2 - p_1$，$\Delta T = T_2 - T_1$，只与系统的始、终态有关，而与途径无关。

4.1.5 热和功

系统状态发生变化时，系统与环境之间一般会有能量交换，能量交换的形式主要是热和功，单位均为焦耳(J)或千焦(kJ)。

热(Q)：系统与环境之间因温度不同而引起的能量交换形式称为热，用 Q 来表示。

规定：系统吸热，Q 为正值，即 $Q>0$；系统放热，Q 为负值，即 $Q<0$。

功(W)：除热以外，系统和环境之间其他的能量交换形式统称为功。

规定：系统得功(环境对系统做功)，W 为正值，即 $W>0$；系统失功(系统对环境做功)，W 为负值，即 $W<0$。

功有多种形式。在热力学中，通常把功分成两大类，一类是体积功，另一类是非体积功。由于系统的体积变化而与环境交换的功称为体积功(或膨胀功)，用 $-p\Delta V$ 表示；除体积功以外的所有其他功称为非体积功(或有用功)，用 W_f 表示。非体积功有电功、机械功、表面功等。

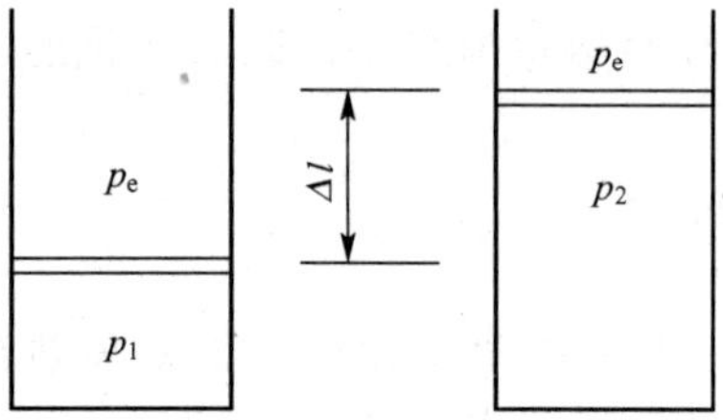

图 4－1　体积功示意图

体积功对于化学过程来说，具有特殊意义。气体恒压过程所做的体积功可用图 4－1 来说明。

对恒压过程，系统始态压力(p_1)和终态压力(p_2)相同，且等于环境的压力(p_e)，即

$$p_1=p_2=p_e=\text{常数}$$

设活塞面积为 S，活塞移动的距离为 Δl，则体积功为

$$W_{体}=-F\cdot\Delta l=-p_eS\Delta l=-p_e\Delta V$$

膨胀时，体积功为负值，而 Δl 和 $\Delta V>0$；压缩时，体积功为正值，而 Δl 和 $\Delta V<0$，所以式中有一个负号。

当系统的压力 p 与环境的压力 p_e 保持相等时，p_e 可用 p 代替，于是

$$W_{体}=-p\Delta V \tag{4-4}$$

所以，环境对系统所做的总功为

$$W_{总}=-p\Delta V+W_f \tag{4-5}$$

式中，W_f 为非体积功。

需要指出的是，Q 和 W 均不是状态函数，与状态变化的具体途径有关，没有过程也就没有热和功，因而不能说系统含多少热(或功)。

4.1.6 热力学能(U)

通常系统的能量由三部分组成：整体的动能、整体的位能和热力学能。

热力学能又称为内能，它是系统内部各种形式能量的总和，包括分子运动的平动能、转动能、振动能、电子运动及原子核的能量和分子间相互作用的位能等。可见，热力学能是系统的性质之一，只取决于系统的状态。系统的状态一定，系统的热力学能就有一定值。因此，热力学能是状态函数。热力学能用符号 U 表示，单位为 J 或 kJ。

目前，系统在一定状态下，U 的绝对值还无法确定。但人们感兴趣的是系统在状态变化过程中热力学能的变化值(ΔU)。$\Delta U>0$，系统能量升高；$\Delta U<0$，系统能量下降。

4.1.7 热力学第一定律

热力学有三大定律，它们不是推导出来的，而是无数次实验的总结。建立在这些定律基础上的结论都是可靠的。这里先介绍热力学第一定律。

热力学第一定律即能量守恒和转化定律。即在隔离系统中，能量的形式可以相互转化，但不会凭空产生，也不会自行消失。

若把隔离系统分成系统与环境两部分，系统热力学能的改变值等于系统与环境之间的能量传递。其数学表达式为

$$\Delta U = Q + W \tag{4-6}$$

式中，ΔU 是系统状态变化时热力学能的改变值，是可测的；Q 和 W 分别是系统在状态变化过程中与环境交换的热和功。上式的物理意义为：系统热力学能的改变值等于系统从环境吸收的热量加上环境对系统所做的功。

【例 4-2】 某系统从环境吸收热量并膨胀做功，已知从环境吸收热 200kJ，对环境做功 100kJ，求该过程中系统的热力学能变和环境的热力学能变。

解：由热力学第一定律可知

$$\begin{aligned}\Delta U(\text{系统}) &= Q + W \\ &= 200 + (-100) = 100(\text{kJ}) \\ \Delta U(\text{环境}) &= Q + W \\ &= (-200) + 100 = -100(\text{kJ})\end{aligned}$$

即完成这一过程后，系统净增加 100kJ 的热力学能，而环境净减少 100kJ 的热力学能，系统与环境的总和（即隔离系统）保持能量守恒。即

$$\Delta U(\text{系统}) + \Delta U(\text{环境}) = 0$$

4.2 热 化 学

化学反应常常伴有热量的吸收和放出。热化学就是把热力学理论和方法应用于化学反应，研究化学反应热效应及其变化规律的科学。

4.2.1 化学反应热效应

在研究化学反应时，通常把反应物作为始态，把生成物作为终态。在系统只做体积功时，始、终态间热力学能的改变值 ΔU（简称热力学能变）以热和功的形式表现出来。根据热力学第一定律，$\Delta U = Q + W$。而以热(Q)的形式表现出来的那部分能量称为化学反应热效应。

热是一个过程量，与过程有关。恒容过程的热效应称为恒容热效应，简称恒容热；恒压过程的热效应称为恒压热效应，简称恒压热。在恒容和恒压条件下，化学反应的热效应分别称为恒容反应热 Q_V 和恒压反应热 Q_p。

1. 恒容反应热 Q_V

在恒温条件下，如果化学反应在容积恒定的容器中进行，且不做非体积功，则该过程

中系统与环境之间交换的热量称为恒容反应热。

因为是恒容过程，$\Delta V=0$，体积功$-p\Delta V=0$；同时系统不做非体积功，$W_f=0$，所以系统与环境交换的总功$W=0$。

根据热力学第一定律

$$\Delta U=Q+W=Q=Q_V$$

即
$$Q_V=\Delta U \tag{4-7}$$

式(4-7)说明，在恒温、恒容且不做非体积功的封闭系统中，恒容反应热Q_V在数值上等于系统状态变化的热力学能变。虽然热力学能U的绝对值无法知道，但可通过测定恒容反应热Q_V，来求得系统的热力学能变ΔU。

2. 恒压反应热 Q_p

在恒温条件下，如果化学反应在恒压条件下进行，且只做体积功而不做非体积功，则该过程中系统与环境之间交换的热量称为恒压反应热。

恒压，且不做非体积功，即

$$p_1=p_2=p_e=p,\ W=W_{体}=-p\Delta V$$

根据热力学第一定律$\Delta U=Q+W$得

$$\begin{aligned}\Delta U&=Q_p-p\Delta V\\ Q_P&=\Delta U+p\Delta V\\ &=(U_2-U_1)+p(V_2-V_1)\\ &=(U_2+pV_2)-(U_1+pV_1)\\ &=(U_2+p_2V_2)-(U_1+p_1V_1)\end{aligned}$$

令 $H=U+pV$ (4-8)

则
$$Q_p=H_2-H_1=\Delta H \tag{4-9}$$

式(4-8)中，U、p、V都是状态函数，所以H也是状态函数，这个新的状态函数称为焓。焓具有能量的量纲，没有明确的物理意义。由于不能确定U的绝对值，所以也不能确定H的绝对值。

式(4-9)表示：在恒温、恒压且不做非体积功的封闭系统中，系统与环境交换的热量全部用于改变系统的焓值。恒压热效应(Q_p)在数值上等于系统或化学反应的焓变值(ΔH)。

恒温、恒压且不做非体积功的过程中，$\Delta H>0$，表明系统是吸热的；$\Delta H<0$，表明系统是放热的。焓变ΔH在特定条件下等于Q_p，并不意味着焓就是系统所含的热。热是系统在状态发生变化时与环境之间的能量交换形式之一。若为非恒温、恒压过程，焓变ΔH仍有确定的数值，但此时$Q\neq\Delta H$。

3. Q_V 与 Q_p 之间的关系

在恒压且不做非体积功的条件下，由$\Delta U=Q_p-p\Delta V$和$Q_p=\Delta H$得

$$\Delta U=\Delta H-p\Delta V \tag{4-10}$$

(1) 当反应物和生成物都为固体和液体时：

$p\Delta V$值很小，可忽略不计，故$\Delta H\approx\Delta U$，即$Q_p\approx Q_V$

(2) 对有气体参与的化学反应：

假设气体为理想气体，$p\Delta V$值较大，则式(4-10)可变化为

$$\Delta H=\Delta U+pV_{生成物}-pV_{反应物}$$

$$=\Delta U+n(\mathrm{g})_{生成物}RT-n(\mathrm{g})_{反应物}RT$$
$$=\Delta U+\Delta n(\mathrm{g})RT$$

即
$$\Delta H=\Delta U+\Delta n(\mathrm{g})RT \tag{4-11}$$

式(4-11)中，$\Delta n(\mathrm{g})$为气体生成物的物质的量之和减去气体反应物的物质的量之和。即

$$\Delta n(\mathrm{g})=\xi\sum_{\mathrm{B}}\nu_{\mathrm{B(g)}} \tag{4-12}$$

式(4-12)中，$\sum_{\mathrm{B}}\nu_{\mathrm{B(g)}}$ 为化学反应计量反应方程式中气体物质的化学计量数的代数和(反应物 ν_{B} 取“—”，生成物 ν_{B} 取“+”)。

所以，Q_p和Q_V的关系为

$$Q_p=Q_V+\Delta n(\mathrm{g})RT \tag{4-13}$$

【例4-3】 在298.15K和100kPa下，2.0mol H_2 完全燃烧放出483.64kJ的热量。假设均为理想气体，求该反应 $2H_2(g)+O_2(g)=\!=\!=2H_2O(g)$的 ΔH 和 ΔU。

解：该反应在恒温恒压下进行，所以

$$\Delta H=Q_p=-483.64\mathrm{kJ}$$

$$\Delta n(\mathrm{g})=\xi\sum_{\mathrm{B}}\nu\mathrm{B(g)}=\nu_{\mathrm{B}}^{-1}\Delta n_{\mathrm{B}}\sum_{\mathrm{B}}\nu\mathrm{B(g)}$$
$$=(-2.0/-2)(2-2-1)$$
$$=-1.0(\mathrm{mol})$$

$$\Delta U=\Delta H-\Delta n(\mathrm{g})RT$$
$$=-483.64-(-1)\times 8.314\times 10^{-3}\times 298.15$$
$$=-481.16(\mathrm{kJ})$$

显然，即使有气体参与的反应，$p\Delta V$ 即 $\Delta n(\mathrm{g})RT$ 与 ΔH 相比也只是一个较小的数值。因此，在一般情况下，可认为 ΔH 在数值上近似等于 ΔU。

由于大量的化学反应都是在压力基本恒定的条件下进行的，因此，恒压反应热尤为重要。

4.2.2 盖斯定律

1840年，俄国化学家盖斯(Hess)从大量热化学实验中总结出一条定律：在恒压(或恒容)且不做非体积功的条件下，化学反应的热效应只取决于反应系统的始态与终态，而与变化途径无关。即在恒压(或恒容)且不做非体积功的条件下，化学反应不管是一步完成还是分几步完成，其热效应是相同的。这一定律称为盖斯定律。

根据恒压反应热 Q_p 与 ΔH、恒容反应热 Q_V 与 ΔU 的关系，盖斯定律是不难理解的。因为在恒压且不做非体积功条件下，$Q_p=\Delta H$；在恒容且不做非体积功的条件下，$Q_V=\Delta U$。H 和 U 是状态函数，状态函数的变化量只与系统的始、终态有关，而与变化的途径无关。所以，化学反应的热效应只取决于反应系统的始态与终态，而与变化途径无关。

盖斯定律可用图4-2来说明。

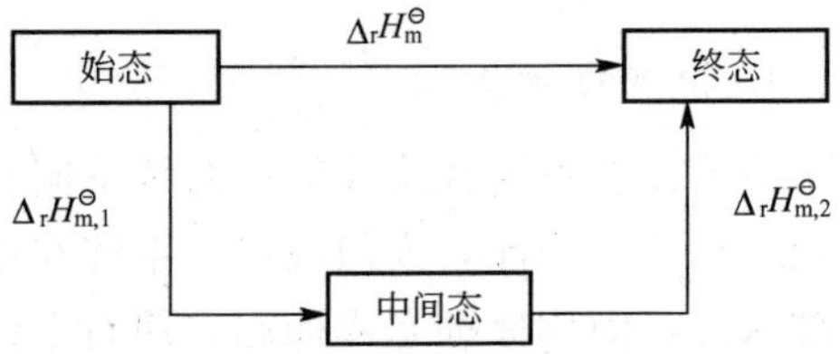

图4-2 三个恒压反应热之间的关系

因为反应的焓变（或热力学能变）只与系统的始、终态有关，而与变化的途径无关，所以

$$\Delta_r H_m^\ominus=\Delta_r H_{m,1}^\ominus+\Delta_r H_{m,2}^\ominus$$

盖斯定律用于计算难以测量的某些反应的反应热尤为方便。例如，石墨和氧气反应生成一氧化碳，难免有二氧化碳产生，因此该反应的反应热无法直接测量，可以用盖斯定律间接求得。

【例 4-4】 已知在 298.15K 下，反应

(1) $C(s)+O_2(g)=\!=\!=CO_2(g)$　　　$\Delta_r H_{m,1}^{\ominus}=-393.51kJ\cdot mol^{-1}$

(2) $CO(g)+\frac{1}{2}O_2(g)=\!=\!=CO_2(g)$　　　$\Delta_r H_{m,2}^{\ominus}=-282.98kJ\cdot mol^{-1}$

求反应(3)$C(s)+1/2O_2\rightarrow CO(g)$的反应热 $\Delta_r H_m^{\ominus}$。

解： 方法 1：设计两条途径

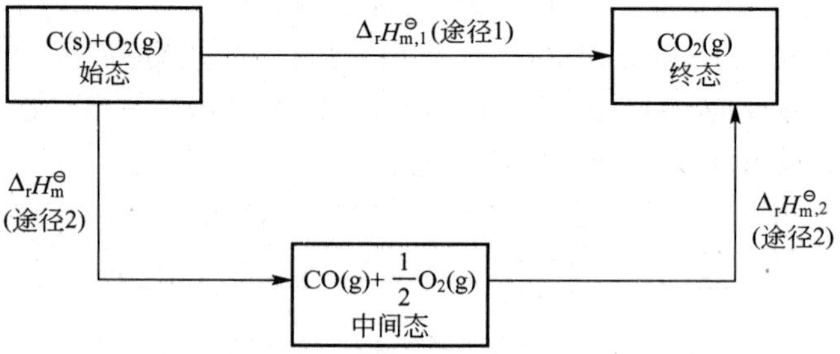

根据盖斯定律，可知：$\Delta_r H_{m,1}^{\ominus}=\Delta_r H_m^{\ominus}+\Delta_r H_{m,2}^{\ominus}$

所以

$$\begin{aligned}\Delta_r H_m^{\ominus}&=\Delta_r H_{m,1}^{\ominus}-\Delta_r H_{m,2}^{\ominus}\\&=-393.51-(-282.98)\\&=-110.53(kJ\cdot mol^{-1})\end{aligned}$$

方法 2：利用反应方程式进行计算

因为(1)－(2)得(3)，所以

$$\Delta_r H_m^{\ominus}=\Delta_r H_{m,1}^{\ominus}-\Delta_r H_{m,2}^{\ominus}$$

$$=-393.51-(-282.98)=-110.53(kJ\cdot mol^{-1})$$

必须注意：在利用化学反应方程式之间的代数关系进行运算、把相同项消去时，不仅物质种类必须相同，而且状态(即物态、温度、压力等)也要相同，否则不能消去。

应用盖斯定律对某些恒压反应进行计算时，可以根据已知的有关数据设计步骤，而不必考虑反应实际能否按所设计的步骤进行，然后通过计算求得反应热，这样就大大减少了繁杂的实验测定工作，更重要的是某些无法由实验测得的反应热可以利用盖斯定律计算求得。

4.2.3　反应焓变的计算

1. 物质的标准态

为了比较不同系统或同一系统不同状态的热力学函数的变化，需要规定一个状态作为比较的标准。为此，人们规定：系统在温度 T 及标准压力 $p^{\ominus}=100kPa$ 下的状态为热力学标准状态，简称标准态或标态，用右上标“$^{\ominus}$”表示。当系统处于标准态时，系统中各物质的状态为相应物质的标准态。

具体物质相应的标准态如下。

(1)纯理想气体物质的标准态：是该气体处于标准压力 $p^\ominus$下的状态；混合理想气体中任一组分的标准态是该气体组分的分压为 $p^\ominus$时的状态。

(2)纯液体（或纯固体）物质的标准态：是标准压力 $p^\ominus$下的纯液体（或纯固体）。

(3)溶液中溶质的标准态：指标准压力 $p^\ominus$ 下的溶质的浓度为 $c^\ominus$ 的溶液（$c^\ominus=1.0\text{mol}\cdot\text{L}^{-1}$）。严格地说是标准压力 $p^\ominus$下，各溶质的浓度均为 $b^\ominus$($b^\ominus=1.0\text{mol}\cdot\text{kg}^{-1}$)时的状态。

注意，在标准态的规定中只规定了压力 $p^\ominus$，并没有规定温度。处于标准状态和不同温度下的系统的热力学函数有不同的值。一般文献上的热力学函数值均为 298.15K(即25℃)时的数值，如果温度不是 298.15K，则须特别指明。

2. 摩尔反应焓变 $\Delta_r H_m$与标准摩尔反应焓变 $\Delta_r H_m^\ominus$

1) 摩尔反应焓变 $\Delta_r H_m$

发生 1 摩尔反应的焓变，即单位反应进度($\xi=1$)时反应的焓变称为摩尔反应焓变。若某化学反应，在反应进度为 ξ 时的反应焓变为 $\Delta_r H$，则摩尔反应焓变 $\Delta_r H_m$为

$$\Delta_r H_m=\frac{\Delta_r H}{\xi} \tag{4-14}$$

而

$$\xi=\frac{\Delta n_B}{\nu_B}$$

所以

$$\Delta_r H_m=\frac{\Delta_r H}{\xi}=\frac{\nu_B\Delta_r H}{\Delta n_B} \tag{4-15}$$

$\Delta_r H_m$的单位为 $\text{J}\cdot\text{mol}^{-1}$或 $\text{kJ}\cdot\text{mol}^{-1}$。

由于反应进度 ξ 与化学反应计量方程式的写法有关，因此计算一个化学反应的 $\Delta_r H_m$时必须明确写出其化学反应计量方程式。

2) 标准摩尔反应焓变 $\Delta_r H_m^\ominus$

化学反应中各物质均处于温度为 T 的标准态下的摩尔反应焓变，称为标准摩尔反应焓变，用符号 $\Delta_r H_m^\ominus$(T)表示，若 $T=298.15\text{K}$，则可用 $\Delta_r H_m^\ominus$表示(即不必注明温度)。

3. 热化学反应方程式

表明化学反应与反应热关系的化学反应方程式，称为热化学反应方程式。例如，在298K、标准压力下：

$$H_2(g)+1/2O_2(g)=\!=\!=H_2O(g) \quad \Delta_r H_m^\ominus=-241.84\text{kJ}\cdot\text{mol}^{-1}$$

$$C(\text{石墨，s})+O_2(g)=\!=\!=CO_2(g) \quad \Delta_r H_m^\ominus=-393.51\text{kJ}\cdot\text{mol}^{-1}$$

热化学反应方程式可以像普通代数方程式一样进行加、减、乘、除运算。书写热化学反应式应注意以下几点。

(1) 对同一反应，不同的化学计量方程式，$\Delta_r H_m^\ominus$的数值不同。例如：

$$2H_2(g)+O_2(g)\longrightarrow 2H_2O(g) \quad \Delta_r H_m^\ominus=-483.64\text{kJ}\cdot\text{mol}^{-1}$$

(2) 由于 U、H 与系统状态有关，所以应注明反应式中各物质的状态。气、液、固分别用 g、l、s 表示，aq 代表水溶液，(aq，∞)代表无限稀释水溶液。固体有不同晶型时还要注明其晶型，如 C(石墨)、C(金刚石)，P(白磷)、P(红磷)等。

(3) 注明温度和压力，如果 $T=298.15\text{K}$、$p=p^\ominus$时可以省略。

4. 标准摩尔生成焓 $\Delta_f H_m^\ominus$

在温度 T 及标准状态下，由稳定状态(参考状态)的单质出发，生成 1mol 某物质(B)时的标准摩尔反应焓变称为该物质(B)在温度 T 时的标准摩尔生成焓，用符号 $\Delta_f H_m^\ominus$(B，物态，T)表示，单位为 $kJ \cdot mol^{-1}$，若温度为 298.15K 时，T 不必标出。例如：

$$C(石墨)+O_2(g) = CO_2(g) \quad \Delta_r H_m^\ominus = -393.51 kJ \cdot mol^{-1}$$

则 CO_2(g)在 T=298.15K 的标准摩尔生成焓 $\Delta_f H_m^\ominus(CO_2, g) = -393.51 kJ \cdot mol^{-1}$

又如：

$$H_2(g)+1/2O_2(g) = H_2O(l) \quad \Delta_r H_m^\ominus = -285.85 kJ \cdot mol^{-1}$$

则 H_2O(l)在 T=298.15K 的标准摩尔生成焓 $\Delta_f H_m^\ominus(H_2O, l) = -285.85 kJ \cdot mol^{-1}$，一些物质在 298.15K 时的标准摩尔生成焓数据载于附录Ⅲ中。

在使用标准摩尔生成焓 $\Delta_f H_m^\ominus$ 数据时，应注意下面几个问题。

(1) 从定义出发，稳定单质的标准摩尔生成焓 $\Delta_f H_m^\ominus$(B)=0，不稳定单质或稳定单质的变体 $\Delta_f H_m^\ominus$(B)≠0，如 $\Delta_f H_m^\ominus$(石墨)=0$kJ \cdot mol^{-1}$，$\Delta_f H_m^\ominus$(金刚石)=1.896$kJ \cdot mol^{-1}$。常见稳定单质 C 为石墨，S 为正交硫，P 为白磷(红磷为负值)，Sn 为白锡。

(2) 使用 $\Delta_f H_m^\ominus$(B)时，应注意 B 的各种聚集状态，如 $\Delta_f H_m^\ominus(H_2O, g) = -241.825 kJ \cdot mol^{-1}$，而 $\Delta_f H_m^\ominus(H_2O, l) = -285.83 kJ \cdot mol^{-1}$。

(3) 水合离子的标准摩尔生成焓 $\Delta_f H_m^\ominus$：由稳定单质溶于大量水形成无限稀薄的溶液，并生成 1mol 水合离子 B(aq)时的标准摩尔反应焓变，称为该水合离子的标准摩尔生成焓。规定 298.15K 时，水合氢离子的标准摩尔生成焓为零，即

$$1/2\ H_2(g)+aq \longrightarrow H^+(aq)+e^- \quad \Delta_f H_m^\ominus(H^+, \infty, aq, 298.15K) = 0 kJ \cdot mol^{-1}$$

其他水合离子与之比较，便可求得它们的标准摩尔生成焓(见附录Ⅲ)。

5. 标准摩尔燃烧焓 $\Delta_c H_m^\ominus$

在温度 T 及标准状态下，1mol 某物质 B 完全燃烧(或完全氧化)的标准摩尔反应焓变称为该物质 B 的标准摩尔燃烧焓，简称燃烧焓，用符号 $\Delta_c H_m^\ominus$(B，物态，T)表示，下标“c”表示燃烧，若温度为 298.15K，T 可省略，单位为 $kJ \cdot mol^{-1}$。例如：

$$CH_4(g)+2O_2(g) = CO_2(g)+2H_2O(l) \quad \Delta_r H_m^\ominus = -890.70 kJ \cdot mol^{-1}$$

则甲烷的标准摩尔燃烧焓 $\Delta_c H_m^\ominus(CH_4, g) = -890.70 kJ \cdot mol^{-1}$

所谓完全燃烧（或完全氧化），是指反应物中的 C 变为 CO_2(g)，H 变为 H_2O(l)，S 变为 SO_2(g)，N 变为 N_2(g)，Cl 变为 HCl(aq)；显然这些燃烧产物的燃烧焓为零。本书附录Ⅲ列出了一些物质的标准摩尔燃烧焓数据可供查用。

许多有机化合物易燃、易氧化，因此燃烧焓数据在有机化学中应用非常广泛。对燃料型物质，燃烧焓数据是判断其热值的重要指标之一；对食品，燃烧焓数据是判断其营养价值的重要指标之一。

6. 标准摩尔反应焓变的计算

1) 根据标准摩尔生成焓 $\Delta_f H_m^\ominus$ 计算标准摩尔反应焓变

如何利用标准摩尔生成焓计算化学反应热，可用图 4-3 说明如下。

根据盖斯定律：

$$\Delta_f H^\ominus(R)+\Delta_r H_m^\ominus = \Delta_f H^\ominus(P)$$

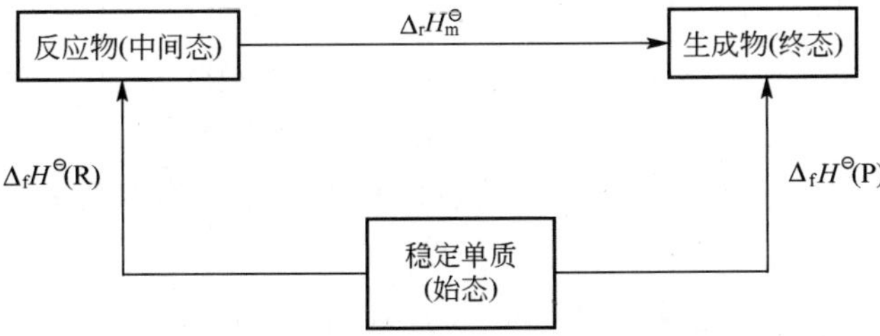

图 4-3　标准摩尔生成焓与标准摩尔反应焓变的关系

P—生成物；R—反应物

$$\Delta_r H_m^\ominus = \Delta_f H^\ominus(P) - \Delta_f H^\ominus(R) \qquad (4-16)$$

即化学反应的标准摩尔反应焓变，等于生成物的标准摩尔生成焓之和减去反应物的标准摩尔生成焓之和。式中，“P”表示生成物，“R”表示反应物。

而
$$\Delta_f H^\ominus(R) = -\sum_R \nu_R \Delta_f H_m^\ominus(R)$$
$$\Delta_f H^\ominus(P) = \sum_P \nu_P \Delta_f H_m^\ominus(P)$$

所以
$$\begin{aligned}\Delta_r H_m^\ominus &= \Delta_f H^\ominus(P) - \Delta_f H^\ominus(R)\\ &= \sum_P \nu_P \Delta_f H_m^\ominus(P) - \left[-\sum_R \nu_R \Delta_f H_m^\ominus(R)\right]\\ &= \sum_B \nu_B \Delta_f H_m^\ominus(B)\end{aligned}$$

即
$$\Delta_r H_m^\ominus = \sum_B \nu_B \Delta_f H_m^\ominus(B) \qquad (4-17)$$

式(4-17)表示：化学反应的标准摩尔反应焓变，等于各反应物和生成物的标准摩尔生成焓与相应各化学计量数(ν)乘积的代数和(对反应物 ν 取“－”，对生成物 ν 取“＋”)。

【例 4-5】 计算 298.15K 下，反应 $4NH_3(g)+5O_2(g)=\!=\!=4NO(g)+6H_2O(g)$ 的标准摩尔反应焓变。

解：
$$\begin{aligned}\Delta_r H_m^\ominus &= [4\Delta_f H_m^\ominus(NO,g)+6\Delta_f H_m^\ominus(H_2O,g)]-[4\Delta_f H_m^\ominus(NH_3,g)\\&\quad +5\Delta_f H_m^\ominus(O_2,g)]\\ &= [4\times 89.86+6\times(-241.825)]-[4\times(-46.19)+5\times 0]\\ &= -906.75(kJ\cdot mol^{-1})\end{aligned}$$

2) 根据标准摩尔燃烧焓 $\Delta_c H_m^\ominus$ 计算标准摩尔反应焓变

如何利用标准摩尔燃烧焓数据计算反应热效应，可用图 4-4 说明如下。

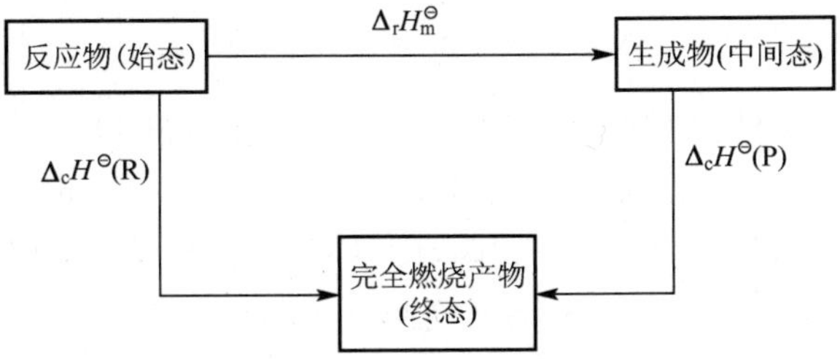

图 4-4　标准摩尔燃烧焓与标准摩尔反应焓变的关系

P—生成物；R—反应物

根据盖斯定律

$$\Delta_r H_m^{\ominus} + \Delta_c H^{\ominus}(P) = \Delta_c H^{\ominus}(R)$$

$$\Delta_r H_m^{\ominus} = \Delta_c H^{\ominus}(R) - \Delta_c H^{\ominus}(P) \qquad (4-18)$$

即化学反应的标准摩尔反应焓变，等于反应物的标准摩尔燃烧焓之和减去生成物的标准摩尔燃烧焓之和。

又
$$\Delta_c H^{\ominus}(R) = -\sum_R \nu_R \Delta_c H_m^{\ominus}(R)$$

$$\Delta_c H^{\ominus}(P) = \sum_P \nu_P \Delta_c H_m^{\ominus}(P)$$

所以
$$\begin{aligned}\Delta_r H_m^{\ominus} &= \Delta_c H^{\ominus}(R) - \Delta_c H^{\ominus}(P)\\ &= -\sum_R \nu_R \Delta_c H_m^{\ominus}(R) - \sum_P \nu_P \Delta_c H_m^{\ominus}(P)\\ &= -\sum_B \nu_B \Delta_c H_m^{\ominus}(B)\end{aligned}$$

即
$$\Delta_r H_m^{\ominus} = -\sum_B \nu_B \Delta_c H_m^{\ominus}(B) \qquad (4-19)$$

式(4-19)表示：化学反应的标准摩尔反应焓变，等于各反应物和生成物的标准摩尔燃烧焓与相应各化学计量数(ν)乘积的代数和的负值(对反应物ν取“−”，对生成物ν取“+”)。

【例 4-6】 求 298.15K、标准状态下反应$(COOH)_2(s)+2CH_3OH(l)$══$(COOCH_3)_2(l)+2H_2O(l)$的反应热效应。

解：
$$\begin{aligned}\Delta_r H_m^{\ominus} &= \Delta_c H^{\ominus}(R) - \Delta_c H^{\ominus}(P)\\ &= \Delta_c H_m^{\ominus}[(COOH)_2, s] + 2\Delta_c H_m^{\ominus}(CH_3OH, l) - \Delta_c H_m^{\ominus}[(COOCH_3)_2, l]\\ &\quad - 2\Delta_c H_m^{\ominus}(H_2O, l)\\ &= (-246.0) + 2\times(-726.64) - (-1677.8) - 2\times 0\\ &= -21.48(kJ\cdot mol^{-1})\end{aligned}$$

【例 4-7】 已知乙醇的标准摩尔燃烧焓为$-1366.75kJ\cdot mol^{-1}$，计算 298.15K 时乙醇的标准摩尔生成焓。

解： 乙醇的燃烧反应为

$$CH_3CH_2OH(l) + 3O_2(g) = 2CO_2(g) + 3H_2O(l)$$

$$\Delta_c H_m^{\ominus}(CH_3CH_2OH, l) = -1366.75kJ\cdot mol^{-1}$$

根据标准摩尔燃烧焓的定义，乙醇的标准摩尔燃烧焓也是上述反应的标准摩尔反应焓变，即

$$\Delta_c H_m^{\ominus}(CH_3CH_2OH, l) = \Delta_r H_m^{\ominus} = -1366.80kJ\cdot mol^{-1}$$

因为
$$\Delta_r H_m^{\ominus} = \sum_B \nu_B \Delta_f H_m^{\ominus}(B)$$

$$\begin{aligned}\Delta_r H_m^{\ominus} &= 2\Delta_f H_m^{\ominus}(CO_2, g) + 3\Delta_f H_m^{\ominus}(H_2O, l)\\ &\quad - \Delta_f H_m^{\ominus}(CH_3CH_2OH, l) - 3\Delta_f H_m^{\ominus}(O_2, g)\end{aligned}$$

所以
$$\begin{aligned}\Delta_f H_m^{\ominus}(CH_3CH_2OH, l) &= 2\Delta_f H_m^{\ominus}(CO_2, g) + 3\Delta_f H_m^{\ominus}(H_2O, l)\\ &\quad - 3\Delta_f H_m^{\ominus}(O_2, g) - \Delta_r H_m^{\ominus}\end{aligned}$$

由附录Ⅲ查得有关数据并代入上式，得

$$\begin{aligned}\Delta_f H_m^{\ominus}(CH_3CH_2OH, l) &= 2\times(-393.511) + 3\times(-285.838) - 3\times 0 - (-1366.80)\\ &= -277.934(kJ\cdot mol^{-1})\end{aligned}$$

4.3 化学反应的方向和限度

4.3.1 化学反应的自发性

1. 自发过程及其特征

自然界发生的过程都具有一定的方向性。例如，水总是自动从高处流向低处，直至两处水位相等；热总是自动从高温物体传到低温物体，直至两者温度相等；正电荷总是从高电位处传递到低电位处，直至两处电位相等；溶质在不均匀的溶液中，总是从高浓度处扩散到低浓度处，直至溶液中各处浓度相等；铁在潮湿的空气中会自动生成铁锈；把锌放入 $CuSO_4$ 溶液中能自动生成铜和 $ZnSO_4$ 等。

自发过程与自发反应：在一定条件下，不需要借助外力就能自动进行的过程称为自发过程；相应的，在一定条件下不需外力就能自动进行的化学反应称为自发反应。否则为非自发过程和非自发反应。

自发过程有如下特征：

(1) 自发过程不需要环境对系统做功就能自动进行，并可以借助一定的装置对环境做有用功。

(2) 自发过程只能单向自动进行，其逆过程是非自发的。

(3) 在一定的条件下，自发过程有一定的进行限度。自发过程的最大限度是系统达到平衡状态。

2. 影响自发过程方向的因素

一个化学反应能否自发进行，取决于什么因素呢？许多自发反应都是放热的，如甲烷和氢气的燃烧、铁生锈等都是放热反应。

$$CH_4(g)+2O_2(g)=\!=\!=2H_2O(l)+CO_2(g) \quad \Delta_r H_m^\ominus=-890.31\text{kJ}\cdot\text{mol}^{-1}$$

$$H_2(g)+\frac{1}{2}O_2(g)=\!=\!=H_2O(l) \quad \Delta_r H_m^\ominus=-285.8\text{kJ}\cdot\text{mol}^{-1}$$

$$2Fe(s)+\frac{3}{2}O_2(g)=\!=\!=Fe_2O_3(s) \quad \Delta_r H_m^\ominus=-824.2\text{kJ}\cdot\text{mol}^{-1}$$

因此，19世纪70年代，法国化学家贝特洛(Berthelot)和丹麦化学家汤姆森(Thomson)认为：放热反应($\Delta_r H<0$)能自发进行，吸热反应($\Delta_r H>0$)不能自发进行。然而，进一步的研究发现，许多吸热反应也能自发进行。例如，在101.3kPa，温度高于0℃时，冰能从环境吸热自动融化为水；碳酸钙在高温下吸收热量自发分解为氧化钙和二氧化碳，其热化学方程如下：

$$H_2O(s)=\!=\!=H_2O(l) \quad \Delta_r H_m^\ominus=6.01\text{kJ}\cdot\text{mol}^{-1}$$

$$CaCO_3(s)=\!=\!=CaO(s)+CO_2(g) \quad \Delta_r H_m^\ominus=178.5\text{kJ}\cdot\text{mol}^{-1}$$

又如许多盐类(如硝酸钾、硫酸铵等)溶于水时均为自发的吸热过程。显然，只用焓变作为自发反应的判据是片面的，那么控制自发变化方向的因素还有哪些呢？试想一下，一盘整齐的积木拿在手里，一放手积木就会自动落下，并变为凌乱状态，这一过程一方面系统能量降低，另一方面，系统的混乱度增大。经验表明：系统趋向于能量降低和混乱度增大，能量和混乱度同时制约自发过程的方向。

4.3.2 熵

1. 熵的概念

1）混乱度

系统内部质点排列的混乱程度称为混乱度，也称无序度。系统的混乱度和系统的微观状态数（Ω）成正比。

最大混乱度原理：系统不仅有趋于最低能量的趋势，而且有趋于最大混乱度的趋势。

下列自发的吸热反应，相对于反应物，其生成物的混乱度增加。

$$H_2O(s) \longrightarrow H_2O(l) \longrightarrow H_2O(g) \qquad \Omega \uparrow$$

$$CaCO_3(s) \xrightarrow{\text{高温}} CaO(s) + CO_2(g) \qquad \Omega \uparrow$$

$$(NH_4)_2Cr_2O_7 \longrightarrow Cr_2O_3(s) + N_2(g) + H_2O(g) \qquad \Omega \uparrow$$

2）熵与熵变

混乱度的大小在热力学中用一个新的热力学函数——熵来量度，用符号“S”表示，单位为 $J \cdot mol^{-1} \cdot K^{-1}$。

熵(S)与微观状态数(Ω)之间有如下关系：

$$S = k\ln\Omega \tag{4-20}$$

式中，$k = 1.38 \times 10^{-23} J \cdot K^{-1}$，称为波耳兹曼(Boltzmann)常数。

熵是反映系统状态的一个物理量，所以熵是状态函数。系统的状态不同，熵值亦不同。某系统或物质处于一定状态时，内部粒子的排列及运动的剧烈程度是一定的。系统或物质的混乱度越大，其熵值也越大，反之，熵值越小。

既然熵(S)是状态函数，所以

$$\Delta S = S_2 - S_1$$

3）熵增原理

对于隔离(或孤立)系统，系统的能量在状态变化前、后是不变的。这时自发变化的方向只取决于熵，即朝着熵增大的方向进行，这就是熵增原理。熵增原理可表示为

$\Delta S_{隔离} = S_{终态} - S_{始态} > 0$(熵增)　　自发进行

$\Delta S_{隔离} = S_{终态} - S_{始态} = 0$　　平衡状态

$\Delta S_{隔离} = S_{终态} - S_{始态} < 0$　　非自发进行

熵增原理反映了热力学第二定律的核心内容。

4）热力学第三定律

任何纯物质系统，温度越低，内部微粒运动的速率越慢，排列越有序，混乱度越小，其熵值越小。温度降到 0K 时，系统内的一切热运动全部停止了，系统处于理想的最有序状态，纯物质理想晶体的微观粒子排列得整齐有序，其微观状态数 $\Omega = 1$，这时熵值等于零。即 0K 时，任何纯物质理想晶体的熵值为零，$S^*(0K) = 0$，这就是热力学第三定律。式中，“$*$”表示理想晶体。

5）摩尔规定熵 $S_m(B, T)$和标准摩尔熵 $S_m^{\ominus}(B, T)$

以热力学第三定律为基础，可求得 1mol 某物质在其他温度下的熵值，称为摩尔规定熵，用符号 $S_m(B, T)$表示。即以 $S^*(0K) = 0$ 为始态、以温度为 T 的指定状态 $S_m(B, T)$

为终态，所算出的1mol某物质B的熵变值 $\Delta_r S_m(B)$，称为摩尔规定熵。

$$S_m(B, T) = \Delta_r S_m(B) = S_m(B, T) - S_m^*(B, 0K) \tag{4-21}$$

在标准状态下的摩尔规定熵，称为该物质的标准摩尔熵，用符号 $S_m^{\ominus}(B, T)$ 表示。附录Ⅲ列出了一些重要物质在298.15K的标准摩尔熵以供查用。

注意：

(1) 在298.15K及标准态下，稳定态单质的标准摩尔熵 $S_m^{\ominus}(B) \neq 0$，这与标准态时稳定态单质的标准摩尔生成焓 $\Delta_f H_m^{\ominus}(B) = 0$ 是不同的。

(2) 物质的熵值随温度的升高而增大，即 T 越高，$S_m^{\ominus}(B)$ 越大。

(3) 同一物质不同聚集状态的 $S_m^{\ominus}(B)$ 值不同，标准摩尔熵相对大小顺序为：s<l<g。

(4) 相同状态下，分子结构相似的物质，相对分子质量 M 越大，标准摩尔熵 $S_m^{\ominus}(B)$ 越大；当 M 相近时，结构复杂的分子的熵值大于简单分子；当结构相似、M 相近时，熵值也相近。

(5) 对水合离子，其标准摩尔熵是以 $S_m^{\ominus}(H^+, aq) = 0$ 为基准求得的相对值；一些水合离子在298.15K时的标准摩尔熵也列在附录Ⅲ中。

2. 标准摩尔反应熵变的计算

由于熵是一个状态函数，与系统的始态和终态有关，而与途径无关。标准摩尔反应熵变 $\Delta_r S_m^{\ominus}$ 的计算与标准摩尔反应焓变 $\Delta_r H_m^{\ominus}$ 的计算类似。

对任一反应 $$0 = \sum_B \nu_B B$$

其标准摩尔反应熵变为 $$\Delta_r S_m^{\ominus} = \sum_B \nu_B S_m^{\ominus}(B) \tag{4-22}$$

即标准摩尔反应熵变等于各反应物和产物标准摩尔熵与相应各化学计量数乘积的代数和(对计量数 ν_B，反应物取“－”，生成物取“＋”)。或标准摩尔反应熵变等于产物与反应物的总标准熵之差(对计量数 ν_B，反应物取和生成物均取“＋”)。

【例4-8】 求下列反应在298.15K时的标准摩尔反应熵变 $\Delta_r S_m^{\ominus}$。

$$NH_4Cl(s) = NH_3(g) + HCl(g)$$

解：查表并将数据代入下式

$$\begin{aligned}\Delta_r S_m^{\ominus} &= S_m^{\ominus}(NH_3, g) + S_m^{\ominus}(HCl, g) - S_m^{\ominus}(NH_4Cl, s)\\ &= 192.61 + 186.786 - 94.60\\ &= 284.80(J \cdot mol^{-1} \cdot K^{-1})\end{aligned}$$

该反应的 $\Delta_r S_m^{\ominus} > 0$，这是由于从反应物到产物，物质的聚集状态由固态变成气态，且分子数也增多，故系统的混乱度增大，熵值增加。一般情况下，气体物质的量增加的反应，熵值增加，其标准摩尔反应熵变总是正值，反之是负值；对于气体物质的量不变的反应，其熵值变化很小。实验证明，温度对标准摩尔反应熵变和标准摩尔反应焓变的影响一般很小，所以，在温度变化范围不是很大并作一般估算时，可忽略温度对两者的影响。即当反应不在298.15K时，可近似用 $\Delta_r H_m^{\ominus}(298.15K)$ 和 $\Delta_r S_m^{\ominus}(298.15K)$ 代替。

熵增是影响反应自发进行方向的因素之一，但系统熵增的过程并不一定都是自发的，如石灰石的热分解反应：

$$CaCO_3(s) = CaO(s) + CO_2(g) \quad \Delta_r S_m^{\ominus} = 160.59 J \cdot mol \cdot K^{-1}$$

反应终了有 $CO_2(g)$ 生成，系统的混乱度增大，熵值增加。该反应虽是一个熵增反应，但在298.15K和标准态时，$CaCO_3(s)$ 的热分解反应并不自发。温度对这个反应的影响很明显，当系统温度在高温时，反应由非自发变为自发。

熵减的过程也可能是自发的，如铁的锈蚀：

$$2Fe(s)+\frac{3}{2}O_2(g)═══Fe_2O_3(s) \quad \Delta_r S_m^{\ominus}=-271.9J\cdot mol\cdot K^{-1}$$

室温下，在潮湿的空气中，铁的锈蚀会很严重。

由上述讨论可知，在一定的压力下判断反应的自发性，需综合考虑系统的焓变和熵变这两个因素。

4.3.3 化学反应方向的判据

1. 吉布斯函数

1876年，美国化学家吉布斯（Gibbs）证明：在恒温恒压下，如果一个反应（或变化）能用来做非体积功，则反应是自发的，如果由环境提供非体积功使反应发生，则反应是非自发的。如下列三个反应：

(1) $CH_4(g)+2O_2(g)═══CO_2(g)+2H_2O(l)$

(2) $Cu^{2+}(aq)+Zn(s)═══Cu(s)+Zn^{2+}(aq)$

(3) $H_2O(l)═══H_2(g)+\frac{1}{2}O_2(g)$

在标准状态下，甲烷在内燃机中燃烧可做机械功，铜锌原电池可做电功，所以反应(1)和(2)可自发进行；欲使反应(3)进行，环境必须对系统做电功进行电解，水不能自发地分解为氢气和氧气。

吉布斯把恒温恒压下系统做非体积功的能力称为自由能，我们把它称为吉布斯(Gibbs)函数或吉布斯自由能，用符号“G”表示。

热力学定义：

$$G=H-TS \tag{4-23}$$

由于H、T、S都是状态函数，所以G也是状态函数。当一个系统从初始状态变化到终了状态时，系统的吉布斯函数的变化值为：

$$\Delta G=G_{终态}-G_{始态}$$

吉布斯函数的改变值(ΔG)，又称为吉布斯函数变。

2. 化学反应方向的判据

吉布斯函数是系统做非体积功的能力，如果系统对环境做非体积功，则系统的吉布斯函数值必然减少。热力学研究证明，在恒温、恒压过程中：

$$\Delta G=G_{终态}-G_{始态}\leqslant W_f$$

$$-W_f\leqslant-\Delta G \tag{4-24}$$

即在恒温、恒压条件下，系统吉布斯函数的减少值($-\Delta G$)等于系统所能做的最大非体积功($-W_f$)。

在恒温恒压条件下，若系统发生1mol化学反应，且不做非体积功，即$W_f=0$，则式(4-24)变为

$$\Delta_r G_m\leqslant 0$$

$\Delta_r G_m$称为摩尔反应吉布斯函数变，量纲为$kJ\cdot mol^{-1}$，可以作为化学反应能否自发进

行的判据。

(1) $\Delta_r G_m < 0$，正反应自发进行。

(2) $\Delta_r G_m = 0$，反应处于平衡状态。

(3) $\Delta_r G_m > 0$，正反应不能自发进行，但逆反应可自发进行。

由此可知：恒温恒压条件下，自发反应总是朝着系统吉布斯函数减小的方向进行。

若化学反应在标准状态下进行，这时的摩尔反应吉布斯函数变称为标准摩尔反应吉布斯函数变，符号为 $\Delta_r G_m^\ominus$，可作为标准状态下化学反应能否自发进行的判据。即

(1) $\Delta_r G_m^\ominus < 0$，正反应自发进行。

(2) $\Delta_r G_m^\ominus = 0$，反应处于平衡状态。

(3) $\Delta_r G_m^\ominus > 0$，正反应不能自发进行，但逆反应可自发进行。

3. 温度对反应自发性的影响

根据吉布斯函数的定义式 $G = H - TS$，对于恒温过程，吉布斯函数变为

$$\Delta G = \Delta H - T\Delta S \tag{4-25a}$$

将此式应用于化学反应，可得

$$\Delta_r G_m = \Delta_r H_m - T\Delta_r S_m \tag{4-25b}$$

若反应在标准状态下进行，则

$$\Delta_r G_m^\ominus = \Delta_r H_m^\ominus - T\Delta_r S_m^\ominus \tag{4-25c}$$

应用式(4-25)可以计算任何温度 T 时的 $\Delta_r G_m^\ominus$（或 $\Delta_r G_m$），由于温度对焓变、熵变影响不大，式中 $\Delta_r H_m^\ominus$ 和 $\Delta_r S_m^\ominus$ 可用 298.15K 时的数据。从吉布斯函数变 $\Delta_r G_m$ 与温度的关系式(4-25)可以看出，$\Delta_r G_m$ 作为化学反应方向的判据，包含了焓变、熵变和温度三个因素，反应进行的方向取决于 $\Delta_r H_m$ 和 $T\Delta_r S_m$ 的相对大小。

(1) $\Delta_r H_m < 0$，$\Delta_r S_m > 0$，放热、熵增的反应，在任何温度下的 $\Delta_r G_m < 0$，正向反应自发进行。例如：

$$2N_2O(g) \longrightarrow 2N_2(g) + O_2(g)$$

(2) $\Delta_r H_m > 0$，$\Delta_r S_m < 0$，吸热、熵减的反应，在任何温度下的 $\Delta_r G_m > 0$，正向反应为非自发进行。例如：

$$3O_2(g) \longrightarrow 2O_3(g)$$

(3) $\Delta_r H_m < 0$，$\Delta_r S_m < 0$，放热、熵减的反应，在较低温度下可能使 $\Delta_r G_m < 0$，正向反应自发进行；在较高温度下可能使 $\Delta_r G_m > 0$，正向反应非自发进行。例如：

$$NH_3(g) + HCl(g) \longrightarrow NH_4Cl(s)$$

(4) $\Delta_r H_m > 0$，$\Delta_r S_m > 0$，吸热、熵增的反应，在较高温度下可能使 $\Delta_r G_m < 0$，正向反应自发进行；在较低温度下可能使 $\Delta_r G_m > 0$，正向反应非自发进行。例如：

$$CaCO_3(s) \longrightarrow CaO(s) + CO_2(g)$$

上述讨论概括于表 4-1 中。

表 4-1 恒压下温度对反应自发性的影响

	$\Delta_r H_m$	$\Delta_r S_m$	$\Delta_r G_m = \Delta_r H_m - T\Delta_r S_m$		反应的自发性
			低温	高温	
1	−	+	−	−	任何温度下正向反应均为自发

（续）

	$\Delta_r H_m$	$\Delta_r S_m$	$\Delta_r G_m = \Delta_r H_m - T\Delta_r S_m$		反应的自发性
			低温	高温	
2	+	−	+	+	任何温度下正向反应均为非自发
3	−	−	−	+	低温时正向反应自发 高温时正向反应非自发
4	+	+	+	−	低温时正向反应非自发 高温时正向反应自发

在恒压条件下，若化学反应的 $\Delta_r H_m$ 和 $\Delta_r S_m$ 正、负号相同时，可以通过改变温度使化学反应方向逆转，由自发反应转变为非自发反应，或由非自发反应转变为自发反应，这个温度称为转变温度，用 $T_{转}$ 表示。在转变温度下，反应处于平衡状态，这时系统的

$$\Delta_r G_m = \Delta_r H_m - T\Delta_r S_m = 0$$

$$T_{转}\Delta_r S_m = \Delta_r H_m$$

$$T_{转} = \frac{\Delta_r H_m}{\Delta_r S_m} \tag{4-26a}$$

如果忽略温度、压力对 $\Delta_r H_m$、$\Delta_r S_m$ 的影响，则

$$\Delta_r H_m \approx \Delta_r H_m^\ominus，\Delta_r S_m \approx \Delta_r S_m^\ominus，T_{转}\Delta_r S_m^\ominus = \Delta_r H_m^\ominus$$

$$T_{转} = \frac{\Delta_r H_m^\ominus}{\Delta_r S_m^\ominus} \tag{4-26b}$$

【例 4-9】 讨论标准状态下温度对下列反应方向的影响

$$CaCO_3(s) \rightleftharpoons CaO(s) + CO_2(g)$$

解：

	$CaCO_3(s) \rightleftharpoons$	$CaO(s) +$	$CO_2(g)$
$\Delta_f H_m^\ominus(kJ \cdot mol^{-1})$	−1206.9	−635.1	−393.5
$S_m^\ominus(J \cdot mol^{-1} \cdot K^{-1})$	92.9	39.7	213.6
$\Delta_f G_m^\ominus(kJ \cdot mol^{-1})$	−1128.8	−604.2	−394.4

298K 时：

$$\begin{aligned}\Delta_r G_m^\ominus &= \sum_B \nu_B \Delta_f G_m^\ominus(B)\\ &= -394.4 - 604.2 + 1128.8\\ &= 130.2(kJ \cdot mol^{-1}) > 0\end{aligned}$$

298K 时，$\Delta_r G_m^\ominus > 0$，所以反应不能自发进行。

$$\Delta_r H_m^\ominus = -393.5 - 635.1 - (-1206.9) = 178.3(kJ \cdot mol^{-1}),$$

$$\Delta_r S_m^\ominus = 213.6 + 39.7 - 92.9 = 160.4(J \cdot mol^{-1} \cdot K^{-1})$$

该反应为吸热、熵增反应，高温下自发，转变温度为

$$\Delta_r G_m^\ominus = \Delta_r H_m^\ominus - T\Delta_r S_m^\ominus < 0$$

$$\begin{aligned}T > \Delta_r H_m^\ominus / \Delta_r S_m^\ominus &= 178.3 \times 10^3 / 160.4\\ &\approx 1112(K)\end{aligned}$$

所以，$T>1112K$ 时反应自发进行。

4.3.4 标准摩尔生成吉布斯函数与标准摩尔反应吉布斯函数变

1. 标准摩尔生成吉布斯函数 $\Delta_f G_m^{\ominus}$

定义：在温度 T 及标准状态下，由稳定状态(参考状态)的单质出发，生成 1mol 某物质 B 时的标准摩尔反应吉布斯函数变 $\Delta_r G_m^{\ominus}$，称为物质 B 在温度 T 时的标准摩尔生成吉布斯函数，用符号 $\Delta_f G_m^{\ominus}$(B，物态，T)表示，单位为 $kJ \cdot mol^{-1}$。若温度为 298.15K，温度 T 不必标出。由定义可知：稳定态单质的标准摩尔生成吉布斯函数为零。

与标准摩尔生成焓相同，在书写生成反应方程式时，物质 B 应为唯一生成物，且物质 B 的化学计量数 $\nu_B=1$。例如，298.15K 时，下列反应

$$C(s，石墨)+2H_2(g)+\frac{1}{2}O_2(g)=\!=\!=CH_3OH(l)$$

$$\Delta_r G_m^{\ominus}=\Delta_f G_m^{\ominus}(CH_3OH,l)=-166.27kJ \cdot mol^{-1}$$

即上述反应的标准摩尔吉布斯函数变就是 $CH_3OH(l)$的标准摩尔生成吉布斯函数。

对水合离子：规定 $\Delta_f G_m^{\ominus}(H^+，aq)=0$，并以此为基准求得其他水合离子的标准摩尔生成吉布斯函数的相对值。

附录Ⅲ中列出了 298.15K 时常见物质的标准摩尔生成吉布斯函数的数据。可以利用标准摩尔生成吉布斯函数，计算 298.15K 时的标准摩尔反应吉布斯函数变，这与由 $\Delta_f H_m^{\ominus}$ 计算 $\Delta_r H_m^{\ominus}$ 是类似的。

2. 标准摩尔反应吉布斯函数变 $\Delta_r G_m^{\ominus}$ 的计算

对任一化学反应

$$0=\sum_B \nu_B B$$

1) 在温度为 298.15K 时的两种计算方法

(1) 根据标准摩尔生成吉布斯函数($\Delta_f G_m^{\ominus}$)进行计算

$$\Delta_r G_m^{\ominus}=\sum_B \nu_B \Delta_f G_m^{\ominus}(B) \tag{4-27}$$

式(4-27)表示：化学反应的标准摩尔反应的吉布斯函数变，等于各反应物和生成物的标准摩尔生成吉布斯函数与相应各化学计量数(ν)乘积的代数和(对反应物，ν 取“－”；对生成物，ν 取“＋”)。或化学反应的标准摩尔反应吉布斯函数变，等于生成物的标准摩尔生成吉布斯函数之和减去反应物的标准摩尔生成吉布斯函数之和(对反应物和生成物，ν 均取“＋”)。

【例 4-10】 计算反应 $2NO(g)+O_2(g)=\!=\!=2NO_2(g)$ 在 298.15K 时的标准摩尔反应吉布斯函数变 $\Delta_r G_m^{\ominus}$，并判断此时反应的方向。

解：

$$\begin{aligned}\Delta_r G_m^{\ominus} &= \sum_B \nu_B \Delta_f G_m^{\ominus}(B)\\ &=2\times 51.86-2\times 90.37-1\times 0\\ &=-77.02(kJ \cdot mol^{-1})<0\end{aligned}$$

此时反应正向进行。

(2) 根据标准摩尔吉布斯函数变($\Delta_r G_m^\ominus$)与温度(T)的关系式来求

$$\Delta_r G_m^\ominus = \Delta_r H_m^\ominus - T\Delta_r S_m^\ominus$$

2) *在温度为 T 时的计算方法*

由于化学反应的标准摩尔反应的吉布斯函数变 $\Delta_r G_m^\ominus$ 随温度变化很大，当反应温度不是 298.15K 时，不能用式(4-27)来计算 $\Delta_r G_m^\ominus$(T)，可根据吉布斯函数变与温度的关系式(4-25)进行近似计算。

$$\Delta_r G_m^\ominus = \Delta_r H_m^\ominus - T\Delta_r S_m^\ominus$$

由于 $\Delta_r H_m^\ominus$ 和 $\Delta_r S_m^\ominus$ 随温度的变化很小，因此可用 298.15K 时的数据来代替其他任意温度下的数据，即

$$\Delta_r G_m^\ominus \approx \Delta_r H_m^\ominus(298.15\text{K}) - T\Delta_r S_m^\ominus(298.15\text{K}) \tag{4-28}$$

【例 4-11】 已知 298.15K、100kPa 下反应 $MgO(s) + SO_3(g) \longrightarrow MgSO_4(s)$ $\Delta_r H_m^\ominus = -287.6\text{kJ}\cdot\text{mol}^{-1}$，$\Delta_r S_m^\ominus = -191.9\text{J}\cdot\text{mol}^{-1}\cdot\text{K}^{-1}$，问：

(1) 该反应此时能否自发进行？

(2) 该反应是温度升高有利还是降低有利？

(3) 求该反应在标准状态下逆向反应的最低分解温度。

解：(1) 在 298.15K、100kPa 时

$$\begin{aligned}\Delta_r G_m^\ominus &= \Delta_r H_m^\ominus - T\Delta_r S_m^\ominus \\ &= (-287.6) - 298.15\times(-191.9)\times10^{-3} \\ &\approx -230.4(\text{kJ}\cdot\text{mol}^{-1}) < 0\end{aligned}$$

反应能自发进行。

(2) $\Delta_r H_m^\ominus < 0$，所以温度降低对反应有利。

(3) 要使反应逆向进行，则 $\Delta_r G_m^\ominus > 0$，即

$$\begin{aligned}\Delta_r G_m^\ominus &= \Delta_r H_m^\ominus - T\Delta_r S_m^\ominus > 0 \\ &= -287.6 - T\times(-191.9\times10^{-3}) > 0\end{aligned}$$

$$T > 287.6/(191.9\times10^{-3}) \approx 1499(\text{K})$$

所以，$T>1499$K，反应逆向进行；$T<1499$K，反应正向进行；$T=1499$K，反应达到平衡状态。

注意：$\Delta_r G_m^\ominus < 0$，只能说明自发反应的可能性，并没考虑反应的现实性(即反应速率问题)。

4.4 化学平衡及其移动

如果一个化学反应可以自发进行，那么进行的程度如何？最大转化率是多少？这就是化学反应的限度问题，即化学平衡问题。化学平衡涉及面广，有均相平衡、多相平衡等，溶液中有四大平衡(酸碱平衡、沉淀溶解平衡、氧化还原平衡和配位平衡)。研究化学平衡及其规律，可以帮助人们找到适当的反应条件，最大限度地提高产品转化率。本节应用热力学基本原理，讨论化学平衡建立的条件及化学平衡移动的方向与化学反应的限度等问题。

4.4.1 可逆反应与化学平衡

1. 可逆反应

在一定条件下，可同时向正、逆两个方向进行的化学反应称为可逆反应。并把从左向右进行的反应称为正反应；从右向左进行的反应称为逆反应。大多数的化学反应均为可逆反应，只是可逆程度不同而已。例如，高温下一氧化碳和水蒸气的反应就是一个可逆反应，其反应式为：

$$CO(g)+H_2O(g) \rightleftharpoons CO_2(g)+H_2(g)$$

2. 化学平衡

在恒温、恒压且无非体积功的条件下，$\Delta_r G_m < 0$，正反应自发进行。随着化学反应的不断进行，系统的吉布斯函数(G)在不断变化，直至最终系统的吉布斯函数(G)值不再改变，即反应的 $\Delta_r G_m = 0$，化学反应达到最大限度，正、逆反应的速率相等，系统内各物质B的组成不再随时间而改变，达到热力学平衡状态，简称化学平衡。

例如，在四个密闭容器中分别加入不同数量的 $H_2(g)$、$I_2(g)$和 $HI(g)$，发生如下反应：

$$H_2(g)+I_2(g) \rightleftharpoons 2HI(g)$$

将反应系统加热到 427℃，恒温，不断测定 $H_2(g)$、$I_2(g)$和 $HI(g)$的分压，经一定时间后 $H_2(g)$、$I_2(g)$和 $HI(g)$三种气体的分压均不再随时间而变化，说明系统达到了平衡状态。

化学平衡具有以下特征：

(1) 化学平衡是一个动态平衡，反应系统达到平衡时，表面上反应已经停止，实际上正、逆反应仍在以相同的速率进行。

(2) 化学平衡是相对的、有条件的。当维系平衡的条件发生变化时，原有的平衡将被破坏，代之以新的平衡。

(3) 在一定温度下化学平衡一旦建立，就有确定的平衡常数。

4.4.2 平衡常数

1. 实验平衡常数

在一定条件下，任何一个可逆反应达到平衡时，测定此时系统内各物质的浓度(或分压)，发现系统内各物质的浓度(或分压)以反应方程式中化学计量数(ν_B)为指数的幂的乘积为一常数，由于这个常数是由实验测得的，故称为实验平衡常数(或经验平衡常数)。实验平衡常数有浓度平衡常数和压力平衡常数之分。

1) 浓度平衡常数 K_c

任一可逆反应

$$0=\sum_B \nu_B B$$

在一定温度下达到平衡时，各反应物和生成物的平衡浓度以其化学计量数为指数的幂的乘积为一常数（或者说各生成物的平衡浓度以其计量系数为指数的幂的乘积与各反应物的平衡浓度以其计量系数为指数的幂的乘积之比为一常数）。这个常数称为浓度平衡常数，用K_c表示，量纲为$(\mathrm{mol \cdot I^{-1}})^{\Delta n}$。数学表达式为

$$K_c = \prod_B (c_B)^{\nu_B} \tag{4-29}$$

式中，c_B为组分B的平衡浓度；Π表示连乘积；ν_B为各反应物和生成物的计量数（反应物取“—”，生成物取“+”）。

2）压力平衡常数K_p

气相反应的平衡常数不仅可以用平衡浓度来表示，还可以用各气体物质的平衡分压来表示。在一定温度下，气相反应达平衡时，各反应物和生成物的平衡分压以其化学计量数为指数的幂的乘积为一常数，这个常数称为压力平衡常数，用K_p表示，量纲为$(\mathrm{Pa})^{\Delta n}$或$(\mathrm{kPa})^{\Delta n}$。数学表达式为

$$K_p = \prod_B (p_B)^{\nu_B} \tag{4-30}$$

式中，p_B为气体组分B的平衡分压。

对同一气相反应，平衡常数既可用K_c表示，也可用K_p表示。对于理想气体，$p_B = c_B RT$，K_p和K_c的关系式为

$$K_p = K_c(RT)^{\Delta n} \tag{4-31}$$

式中，Δn为化学反应计量方程式中，气体生成物的计量系数之和减去气体反应物的计量系数之和，即

$$\Delta n(\mathrm{g}) = \sum_B \nu_B(\mathrm{g}) \tag{4-32}$$

2. 标准平衡常数

物质的平衡浓度（或平衡分压）除以标准浓度$c^\ominus$（或标准压力$p^\ominus$），称为相对平衡浓度（或相对平衡分压）。实验平衡常数表达式中的平衡浓度（或平衡分压），如果换成相对平衡浓度（或相对平衡分压），相应的平衡常数则为标准平衡常数，用$K^\ominus$表示，量纲为1。

气相反应
$$0 = \sum_B \nu_B \mathrm{B(g)}$$
$$K^\ominus = \prod_B (p_B/p^\ominus)^{\nu_B} \tag{4-33}$$

例如：

$$\mathrm{N_2(g) + 3H_2(g) \rightleftharpoons 2NH_3(g)}$$
$$K^\ominus = \frac{[p(\mathrm{NH_3})/p^\ominus]^2}{[p(\mathrm{N_2})/p^\ominus][p(\mathrm{H_2})/p^\ominus]^3}$$

溶液中溶质的反应
$$0 = \sum_B \nu_B \mathrm{B(aq)}$$
$$K^\ominus = \prod_B (c_B/c^\ominus)^{\nu_B} \tag{4-34}$$

由于$c^\ominus = 1\mathrm{mol \cdot L^{-1}}$，为简单起见，式(4-34)中$c^\ominus$在与$K^\ominus$有关的数值计算中常予以省略。

对于一般的化学反应：

$$a\mathrm{A(g)} + b\mathrm{B(aq)} + c\mathrm{C(s)} \rightleftharpoons x\mathrm{X(l)} + y\mathrm{Y(g)} + z\mathrm{Z(aq)}$$
$$K^\ominus = \frac{[p(\mathrm{Y})/p^\ominus]^y [c(\mathrm{Z})/c^\ominus]^z}{[p(\mathrm{A})/p^\ominus]^a [c(\mathrm{B})/c^\ominus]^b} \tag{4-35}$$

例如，实验室中制备氯气的反应：

$$MnO_2(s)+2Cl^-(aq)+4H^+(aq)\rightleftharpoons Mn^{2+}(aq)+Cl_2(g)+2H_2O(l)$$

其标准平衡常数表达式为

$$K^\ominus=\frac{\frac{c(Mn^{2+})}{c^\ominus}\cdot\frac{p(Cl_2)}{p^\ominus}}{\left(\frac{c(Cl^-)}{c^\ominus}\right)^2\left(\frac{c(H^+)}{c^\ominus}\right)^4}$$

书写标准平衡常数表达式时必须注意两点：

(1) 表达式中气体以相对平衡分压($p_B/p^\ominus$)表示，溶液中的溶质以相对平衡浓度($c_B/c^\ominus$)表示；纯固体、纯液体不写入平衡常数的表达式中；在水溶液中进行的反应，水的浓度视为常数，不写入平衡常数表达式中。

(2) $K^\ominus$与化学反应方程式写法有关，平衡常数表达式必须与化学反应方程式相对应。同一反应，以不同的反应方程式表示时，平衡常数及其表达式也不相同。例如，合成氨反应：

(a)
$$N_2(g)+3H_2(g)\rightleftharpoons 2NH_3(g)$$

$$K_1^\ominus=\frac{[p(NH_3)/p^\ominus]^2}{[p(N_2)/p^\ominus][p(H_2)/p^\ominus]^3}$$

(b)
$$\frac{1}{2}N_2(g)+\frac{3}{2}H_2(g)\rightleftharpoons NH_3(g)$$

$$K_2^\ominus=\frac{[p(NH_3)/p^\ominus]}{[p(N_2)/p^\ominus]^{\frac{1}{2}}[p(H_2)/p^\ominus]^{\frac{3}{2}}}$$

显然，$K_1^\ominus\neq K_2^\ominus$，$K_1^\ominus=(K_2^\ominus)^2$。

平衡常数与化学反应的本性和温度有关。不同的反应在相同的温度下，有不同的平衡常数；同一反应在不同的温度下也有不同的平衡常数；相同温度下(浓度、压力不同)，同一反应的平衡常数相同。平衡常数可以衡量化学反应进行的限度，对同类型反应，在给定条件下，$K^\ominus$越大，反应进行得越完全。

3. 多重平衡规则

如果一个反应是其他几个反应的和（或差），则这个反应的平衡常数等于这几个反应的平衡常数的积（或商），这个规则称为多重平衡规则。

【例 4-12】 已知下列反应(1)、(2)、(3)的平衡常数分别为$K_1^\ominus$、$K_2^\ominus$、$K_3^\ominus$，讨论$K_1^\ominus$、$K_2^\ominus$、$K_3^\ominus$的关系。

(1) $SO_2(g)+\frac{1}{2}O_2(g)\rightleftharpoons SO_3(g)$ $\qquad K_1^\ominus=\frac{\left(\frac{p(SO_3)}{p^\ominus}\right)}{\left(\frac{p(SO_2)}{p^\ominus}\right)\left(\frac{p(O_2)}{p^\ominus}\right)^{1/2}}$

(2) $NO_2(g)\rightleftharpoons NO(g)+\frac{1}{2}O_2(g)$ $\qquad K_2^\ominus=\frac{\left(\frac{p(NO)}{p^\ominus}\right)\left(\frac{p(O_2)}{p^\ominus}\right)^{1/2}}{\left(\frac{p(NO_2)}{p^\ominus}\right)}$

(3) $SO_2(g)+NO_2(g)\rightleftharpoons SO_3(g)+NO(g)$ $\qquad K_3^\ominus=\frac{\left(\frac{p(SO_3)}{p^\ominus}\right)\left(\frac{p(NO)}{p^\ominus}\right)}{\left(\frac{p(SO_2)}{p^\ominus}\right)\left(\frac{p(NO_2)}{p^\ominus}\right)}$

解：(1)+(2)得(3)

$$K_3^{\ominus}=K_1^{\ominus}\cdot K_2^{\ominus}$$

(3)-(1)得(2)

$$K_2^{\ominus}=K_3^{\ominus}/K_1^{\ominus}$$

根据多重平衡规则，人们可以应用若干已知反应的平衡常数，求得某个或某些其他反应的平衡常数，而无须一一通过实验测定。

4. 化学反应进行的程度

工业上常用转化率 α 来衡量反应进行的限度，转化率定义为

$$\alpha=\frac{\text{某反应物已转化的量}}{\text{某反应物的起始总量}}\times 100\% \qquad (4-36)$$

化学反应达到平衡时，系统的组成不再随时间而变，此时反应物最大限度地转变为生成物。利用平衡常数可以计算平衡时各反应物和生成物的浓度或分压，以及反应物的转化率。化学反应达平衡时的转化率称为平衡转化率，是理论上该反应的最大转化率。而在实际生产中，往往系统还没有达到平衡，反应物就离开了反应容器，所以一般实际转化率要低于平衡转化率。

4.4.3 标准平衡常数与标准摩尔吉布斯函数变

1. 标准平衡常数与标准摩尔吉布斯函数变之间的关系

通过前面的讨论，我们知道：用 $\Delta_r G_m$ 和 $K^{\ominus}$ 都可以判断化学反应进行的程度，那么这两者之间必然存在某种内在联系。热力学研究证明，在恒温、恒压条件下，任意状态下化学反应的 $\Delta_r G_m$ 与其标准态 $\Delta_r G_m^{\ominus}$ 有如下关系：

$$\Delta_r G_m=\Delta_r G_m^{\ominus}+RT\ln Q \qquad (4-37)$$

式中，Q 为反应商。

对于一般的化学反应：

$$a\mathrm{A(g)}+b\mathrm{B(aq)}+c\mathrm{C(s)}\rightleftharpoons x\mathrm{X(l)}+y\mathrm{Y(g)}+z\mathrm{Z(aq)}$$

$$Q=\frac{[p^*(\mathrm{Y})/p^{\ominus}]^y[c^*(\mathrm{Z})/c^{\ominus}]^z}{[p^*(\mathrm{A})/p^{\ominus}]^a[c^*(\mathrm{B})/c^{\ominus}]^b} \qquad (4-38)$$

式中，c^* 和 p^* 为任意态的(包括平衡态)的浓度或分压。

反应商 Q 的表达式与标准平衡常数 $K^{\ominus}$ 的表达式形式相同，不同之处在于 Q 表达式中的浓度和分压为任意态的(包括平衡态)，而 $K^{\ominus}$ 表达式中的浓度和分压是平衡态的。为使用方便，将 Q 表达式中浓度和分压的“*”省去。

当反应达到平衡时，反应的 $\Delta_r G_m=0$，此时反应方程式中物质 B 的浓度或分压均为平衡态的浓度或分压。所以，此时 $Q=K^{\ominus}$，所以有

$$0=\Delta_r G_m^{\ominus}+RT\ln K^{\ominus}$$

$$\Delta_r G_m^{\ominus}=-RT\ln K^{\ominus} \qquad (4-39)$$

式(4-39)即为化学反应的标准平衡常数与化学反应的标准摩尔吉布斯函数变之间的关系式。因此，只要知道温度 T 时的 $\Delta_r G_m^{\ominus}$，就可求得该反应在温度 T 时的标准平衡常数 $K^{\ominus}$。

从式(4-39)可以看出，在一定温度下，化学反应的 $\Delta_r G_m^{\ominus}$ 值愈小，则 $K^{\ominus}$ 值愈大，反应就进行得愈完全；反之，若 $\Delta_r G_m^{\ominus}$ 值愈大，则 $K^{\ominus}$ 值愈小，反应进行的程度亦愈小。因

此，$\Delta_r G_m^\ominus$ 反映了标准状态时化学反应进行的完全程度。

2. 化学反应等温方程式

将式(4－39)代入式(4－37)可得

$$\Delta_r G_m = -RT\ln K^\ominus + RT\ln Q = RT\ln\frac{Q}{K^\ominus} \tag{4-40}$$

式(4－40)称为化学反应等温式，简称反应等温式。它表明了恒温恒压条件下，化学反应的摩尔吉布斯函数变 $\Delta_r G_m$ 与标准平衡常数 $K^\ominus$ 及反应商 Q 之间的关系。

将 $K^\ominus$ 与 Q 进行比较，可以得出判断化学反应进行方向的判据：

$Q<K^\ominus$，$\Delta_r G_m<0$　　反应正向自发进行

$Q=K^\ominus$，$\Delta_r G_m=0$　　平衡状态

$Q>K^\ominus$，$\Delta_r G_m>0$　　反应逆向自发进行

上述判据称为化学反应进行方向的反应商判据。

【例 4－13】 在2000℃时，反应 $N_2(g)+O_2(g)=\!=\!=2NO(g)$ 的 $K^\ominus=0.10$，判断 $p(N_2)=25.0kPa$，$p(O_2)=50.0kPa$，$p(NO)=10.0kPa$ 时，反应进行的方向。

解：

$$Q=\frac{[p(NO)/p^\ominus]^2}{[p(N_2)/p^\ominus][p(O_2)/p^\ominus]}$$

$$Q=\frac{(10.0/100)^2}{(25.00/100)(50.0/100)}=0.08$$

$Q<K^\ominus$，所以反应正向自发进行。

4.4.4 影响化学平衡的因素

化学平衡是相对的，有条件的。改变平衡条件(如浓度、压力、温度)，系统旧的平衡将被打破，从而在新的条件下建立新的平衡。这种因外界条件的改变而使化学反应从一种平衡状态向另一种平衡状态转变的过程称为化学平衡的移动。

1. 浓度(或气体分压)对化学平衡的影响

由反应商判据可知，在一定温度下，一个已达化学平衡的反应系统，$Q=K^\ominus$，增加反应物的浓度(或分压)或降低生成物的浓度(或分压)，Q 值变小，则 $Q<K^\ominus$，平衡向正方向移动；反之，降低反应物浓度(或分压)或增加生成物浓度(或分压)，Q 值变大，则 $Q>K^\ominus$，平衡向逆反应方向移动。

【例 4－14】 在500℃时，CO 的转化反应 $CO(g)+H_2O(g)=\!=\!=CO_2(g)+H_2(g)$ 的 $K^\ominus=0.5$。起始浓度为 $c(CO)=1.00mol\cdot L^{-1}$，$c(H_2O)=3.00mol\cdot L^{-1}$，试计算：

(1) 平衡时各物质的浓度。

(2) $CO(g)$ 转变成 $CO_2(g)$ 的转化率。

(3) 若将平衡体系中 $CO_2(g)$ 的浓度减少 $0.2mol\cdot L^{-1}$，平衡向什么方向移动？

解： 设平衡时生成的 CO_2 浓度为 $x mol\cdot L^{-1}$。

(1)	$CO(g)$	$+H_2O(g)=\!=\!=$	$CO_2(g)$	$+H_2(g)$
起始浓度($mol\cdot L^{-1}$)	1.00	3.00	0	0
变化浓度($mol\cdot L^{-1}$)	$-x$	$-x$	x	x
平衡浓度($mol\cdot L^{-1}$)	$1.00-x$	$3.00-x$	x	x

$$K^{\ominus}=\frac{[p(CO_2)/p^{\ominus}][p(H_2)/p^{\ominus}]}{[p(CO)/p^{\ominus}][p(H_2O)/p^{\ominus}]}$$

根据分压定律 $p_i=c_iRT$，所以

$$K^{\ominus}=\frac{[c(CO_2)RT/p^{\ominus}][c(H_2)RT/p^{\ominus}]}{[c(CO)RT/p^{\ominus}][c(H_2O)RT/p^{\ominus}]}$$

$$=\frac{c(CO_2)c(H_2)}{c(CO)c(H_2O)}$$

$$0.50=\frac{x^2}{(1.00-x)(3.00-x)}$$

$$x\approx 0.64\text{mol}\cdot\text{L}^{-1}$$

平衡时，$c(CO_2)=c(H_2)=0.64\text{mol}\cdot\text{L}^{-1}$

$c(CO)=1.00-0.64=0.36\text{mol}\cdot\text{L}^{-1}$

$c(H_2O)=3.00-0.64=2.36\text{mol}\cdot\text{L}^{-1}$

(2) CO 的转化率

$$\alpha=\frac{0.64}{1.00}\times 100\%=64\%$$

(3)	$CO(g)$	+	$H_2O(g)$	$=\!=$	$CO_2(g)$	+	$H_2(g)$
平衡浓度($\text{mol}\cdot\text{L}^{-1}$)	0.36		2.36		0.64		0.64
减少后浓度($\text{mol}\cdot\text{L}^{-1}$)	0.36		2.36		0.64−0.2		0.64

$$Q=\frac{[p(CO_2)/p^{\ominus}][p(H_2)/p^{\ominus}]}{[p(CO)/p^{\ominus}][p(H_2O)/p^{\ominus}]}=\frac{c(CO_2)c(H_2)}{c(CO)c(H_2O)}$$

$$=\frac{(0.64-0.2)\times 0.64}{0.36\times 2.36}\approx 0.33$$

$Q<K^{\ominus}$，平衡向正反应方向移动。

在考虑平衡问题时，应该注意三点：

(1) 在实际反应时，人们为了尽可能地充分利用某一种原料，往往使用过量的另一种原料（廉价、易得）与其反应，以使平衡尽可能向正反应方向移动，提高前者的转化率。

(2) 如果从平衡系统中不断降低生成物的浓度（或分压），则平衡将不断地向生成物方向移动，直至某反应物基本上被消耗完全，使可逆反应进行得比较完全。

(3) 如果系统中存在多个平衡，则须应用多重平衡规则。

2. 压力对化学平衡的影响

只有液体和固体参与的反应系统，压力变化对平衡的影响很小，可以忽略。但有气体参与的反应系统，系统压力变化对平衡的影响与反应系统有关。

1) T 不变，增大系统总压（如总压增大到原总压的 x 倍）

已知 $p\propto 1/V$，若体积压缩至原体积的 $1/x$，则各组分的压力 $p'_B=xp_B$。

对气相反应

$$aA(g)+bB(g)\rightleftharpoons gG(g)+dD(g)$$

$$K^{\ominus}=\frac{(p_G/p^{\ominus})^g\ (p_D/p^{\ominus})^d}{(p_A/p^{\ominus})^a\ (p_B/p^{\ominus})^b}$$

$$Q=\frac{(xp_G/p^{\ominus})^g\ (xp_D/p^{\ominus})^d}{(xp_A/p^{\ominus})^a\ (xp_B/p^{\ominus})^b}=x^{\Delta n}\cdot K^{\ominus}$$

式中，$\Delta n=(g+d)-(a+b)$为反应方程式中气体物质计量系数的代数和，即气态产物的计量系数之和减去气态反应物的计量系数之和。

讨论：

(1) 当 $\Delta n<0$ 时，反应后气体分子总数减少。增大总压，$x^{\Delta n}<1$，$Q=x^{\Delta n}K^{\ominus}<K^{\ominus}$，平衡向右移动。

(2) 当 $\Delta n>0$ 时，反应后气体分子总数增加。增大总压，$x^{\Delta n}>1$，$Q=x^{\Delta n}K^{\ominus}>K^{\ominus}$，平衡向左移动。

(3) 当 $\Delta n=0$ 时，反应后气体分子总数不变。增大总压，$x^{\Delta n}=1$，$Q=K^{\ominus}$，平衡不发生移动。

结论：

(1) 增加系统总压，平衡向气体分子数减小的方向移动。

(2) 降低系统总压，平衡向气体分子数增加的方向移动。

(3) 改变总压，对气体分子数不变的平衡没有影响。

2) 引入不参与反应的惰性气体

(1) 恒温恒压。

总压(p)不变，引入不参与反应的惰性气体，各组分的分压 p_B必然降低，相当于总压降低，平衡向气体分子数增加的方向移动。

(2) 恒温恒容。

体积(V)不变，引入不参与反应的惰性气体，虽然总压增加，但各组分的分压(p_B)不变，Q 不变，对平衡无影响。

3) 改变反应物或生成物的分压

由 $p_B=c_BRT$，改变分压与改变浓度对平衡的影响一致。

通过上述讨论可得出：压力对平衡的影响关键看各组分的分压 p_B是否改变，以及反应前后气体分子总数的改变值(Δn)。

3. 温度对化学平衡的影响

温度对平衡的影响与浓度、压力的影响有本质上的区别。浓度和压力改变时，$K^{\ominus}$不变，通过改变 Q 值，使 $Q\neq K^{\ominus}$，导致平衡移动；而温度改变时则通过改变 $K^{\ominus}$，使得 $K^{\ominus}\neq Q$，从而引起平衡的移动。

由 $\Delta_r G_m^{\ominus}=-RT\ln K^{\ominus}$和 $\Delta_r G_m^{\ominus}=\Delta_r H_m^{\ominus}-T\Delta_r S_m^{\ominus}$ 得

$$\ln K^{\ominus}=-\frac{\Delta_r H_m^{\ominus}}{RT}+\frac{\Delta_r S_m^{\ominus}}{R} \tag{4-41}$$

在温度变化不大时，$\Delta_r H_m^{\ominus}$ 和 $\Delta_r S_m^{\ominus}$ 可看作常数。若反应在 T_1和 T_2 时的平衡常数分别为 $K_1^{\ominus}$ 和 $K_2^{\ominus}$，则近似地有

$$\ln K_1^{\ominus}=-\left(\frac{\Delta_r H_m^{\ominus}}{RT_1}+\frac{\Delta_r S_m^{\ominus}}{R}\right) \tag{a}$$

$$\ln K_2^{\ominus}=-\frac{\Delta_r H_m^{\ominus}}{RT_2}+\frac{\Delta_r S_m^{\ominus}}{R} \tag{b}$$

式(b)－式(a)得

$$\ln\frac{K_2^{\ominus}}{K_1^{\ominus}}=-\frac{\Delta_r H_m^{\ominus}}{R}\left(\frac{1}{T_2}-\frac{1}{T_1}\right) \tag{4-42}$$

式(4-42)称为范特霍夫(Van't Hoff)公式。应用范特霍夫公式可以根据某反应在温度 T_1 时的平衡常数 $K_1^\ominus$，计算该反应在温度 T_2 时的平衡常数 $K_2^\ominus$；还可以根据反应在两个温度下的平衡常数，求得反应的标准摩尔反应焓变 $\Delta_r H_m^\ominus$。此外，根据范特霍夫公式，可以判断温度变化对化学平衡移动方向的影响情况：

(1) 对放热反应，$\Delta_r H_m^\ominus<0$，升高温度($T_2>T_1$)，则 $K_2^\ominus<K_1^\ominus$，平衡向逆反应方向移动(即升高温度，平衡向吸热反应方向移动)；降低温度($T_2<T_1$)，则 $K_2^\ominus>K_1^\ominus$，平衡向正反应方向移动(即降低温度，平衡向放热反应方向移动)。

(2) 对吸热反应，$\Delta_r H_m^\ominus>0$，升高温度($T_2>T_1$)，$K_2^\ominus>K_1^\ominus$，平衡向正反应方向移动(即升高温度，平衡向吸热反应方向移动)；降低温度($T_2<T_1$)，则 $K_2^\ominus<K_1^\ominus$，平衡向逆反应方向移动(即降低温度，平衡向放热反应方向移动)。

【例 4-15】 反应 $2SO_2(g)+O_2(g)$══$2SO_3(g)$在 700K 时，$K^\ominus=1.0\times10^5$，反应的标准摩尔焓变 $\Delta_r H_m^\ominus=-317\text{kJ}\cdot\text{mol}^{-1}$，求反应在 800K 时的 $K^\ominus$。

解：

$$\ln\frac{K_2^\ominus}{K_1^\ominus}=-\frac{\Delta_r H_m^\ominus}{R}\left(\frac{1}{T_2}-\frac{1}{T_1}\right)$$

$$\ln\frac{K_2^\ominus}{1.0\times10^5}=-\frac{(-317\times10^3)}{8.314}\left(\frac{1}{800}-\frac{1}{700}\right)$$

$$K_2^\ominus\approx1.1\times10^2$$

4. 勒夏特列原理

1907 年，勒夏特列(Le Chatelier)在总结了大量实验事实的基础上，得出平衡移动的普遍原理：任何一个处于化学平衡的系统，当某一确定系统平衡的因素（如浓度、压力、温度等）发生改变时，系统的平衡将发生移动。平衡移动的方向总是向着减弱外界因素的改变对系统影响的方向。

例如，增大反应物浓度或分压（或者降低生成物浓度或分压），平衡向反应物浓度或分压减小（或者生成物浓度或分压增大）的方向移动；增大总压，平衡向气体分子数减少的方向移动；升高温度，平衡向吸热反应的方向移动。

应该指出的是，勒夏特列原理仅适用于已达平衡的系统，而对于未达平衡的系统则不适用。勒夏特列原理也适用于其他平衡，如相平衡。

综合练习

一、思考题

1. 试说明下列术语的含义：

(1) 状态函数；(2) 系统与环境；(3) 过程与途径；(4) 标准状态；

(5) 标准摩尔生成焓和标准摩尔燃烧焓；(6) 焓、熵、吉布斯自由能。

2. 若把合成氨反应的化学计量方程式分别写成 $N_2(g)+3H_2(g)$══$2NH_3(g)$和$\frac{1}{2}N_2(g)+\frac{3}{2}H_2(g)$══$NH_3(g)$，二者的 $\Delta_r H_m^\ominus$ 和 $\Delta_r G_m^\ominus$ 是否相同？两者间有何关系？

3. 判断下列化学反应在 298K 及 100kPa 下能否正向进行？为什么？

$(NH_4)_2Cr_2O_7(s)$══$Cr_2O_3(s)+N_2(g)+4H_2O(g)$，$\Delta_r H_m^\ominus=-315\text{kJ}\cdot\text{mol}^{-1}$

4. 在恒压条件下，温度对反应的自发性有何影响？举例说明。

二、练习题

1. 选择题

(1) 下列各组物理量中，全部是状态函数的是(　　)。

(A) P，Q，V　　(B) H，U，W

(C) U，H，G　　(D) S，ΔH，ΔG

(2) 某温度下，反应 $2SO_2(g)+O_2(g)=2SO_3(g)$的平衡常数为 K，则同一温度下，反应 $SO_3(g)=SO_2(g)+1/2O_2(g)$的平衡常数为(　　)。

(A) $1/(K^\ominus)^{1/2}$　　(B) $K^\ominus/2$　　(C) $1/K^\ominus$　　(D) $2K^\ominus$

(3) $CaO(s)+H_2O(l)=Ca(OH)_2(s)$，在 298.15K 及标准状态下反应自发进行，高温时其逆反应自发进行，这表明该反应的类型是(　　)。

(A) $\Delta_r H_m^\ominus<O$，$\Delta_r S_m^\ominus<O$　　(B) $\Delta_r H_m^\ominus<0$，$\Delta_r S_m^\ominus>0$

(C) $\Delta_r H_m^\ominus>O$，$\Delta_r S_m^\ominus>0$　　(D) $\Delta_r H_m^\ominus>0$，$\Delta_r S_m^\ominus<O$

(4) 反应 B→A，B→C 的恒压热效应分别为 ΔH_1，ΔH_2 则反应 C→A 的恒压热效应为(　　)。

(A) $\Delta H_1+\Delta H_2$　　(B) $\Delta H_1-\Delta H_2$　　(C) $\Delta H_2-\Delta H_1$　　(D) $2\Delta H_1-2\Delta H_2$

(5) 在恒压下，任何温度时都可自发进行的反应是(　　)。

(A) $\Delta H^\ominus>0$　$\Delta S^\ominus<0$　　(B) $\Delta H^\ominus<0$　$\Delta S^\ominus>0$

(C) $\Delta H^\ominus>0$　$\Delta S^\ominus>0$　　(D) $\Delta H^\ominus<0$　$\Delta S^\ominus<0$

(6) 在 $P^\ominus$ 和 373K 时，$H_2O(g)\longrightarrow H_2O(l)$体系中应是(　　)。

(A) $\Delta H=0$　　(B) $\Delta S=0$　　(C) $\Delta G=0$　　(D) $\Delta U=0$

(7) 已知 $CuCl_2(s)+Cu(s)=2\ CuCl(s)$　　$\Delta_r H_m^\ominus=170kJ/mol$

$Cu(s)+Cl_2(g)=CuCl_2(s)$　　$\Delta_r H_m^\ominus=-206kJ/mol$

则 CuCl(s)的 $\Delta_f H_m^\ominus$应为(　　)。

(A) 36kJ/mol　　(B) 18kJ/mol　　(C) −18kJ/mol　　(D) −36kJ/mol

(8) 水的汽化热 44.0kJ/mol，则 1.00mol 水蒸气在 100℃ 时凝聚为液态水的熵变为(　　)。

(A) $118J\cdot mol^{-1}\cdot K^{-1}$　　(B) 0

(C) $-118J\cdot mol^{-1}\cdot K^{-1}$　　(D) $-59J\cdot mol^{-1}\cdot K^{-1}$

(9) PCl_5分解反应为 $PCl_5=PCl_3+Cl_2$ 在 200℃达到平衡时，PCl_5有 48%分解；在 300℃平衡时有 97%分解，则此反应是(　　)。

(A) 放热反应　　(B) 吸热反应

(C) 既不放热也不吸热　　(D) 平衡常数为 2

(10) 标准压力下，石墨燃烧反应 $\Delta_r H_m^\ominus=-393.7kJ\cdot mol^{-1}$，金刚石燃烧反应的焓变是 $-395.6kJ\cdot mol^{-1}$,则石墨转化为金刚石时反应的焓变为(　　)。

(A) $-789.3kJ\cdot mol^{-1}$　　(B) 0

(C) $1.9kJ\cdot mol^{-1}$　　(D) $-1.9kJ\cdot mol^{-1}$

2. 由附录查出 298.15K 时有关的 $\Delta_f H_m^\ominus$数值，计算下列反应的 $\Delta_r H_m^\ominus$。

(1) $N_2H_4(l)+O_2(g)=N_2(g)+2H_2O(l)$

(2) $H_2O(l)+\frac{1}{2}O_2(g)=H_2O_2(g)$

(3) $H_2O_2(g)=H_2O_2(l)$

不再查表，根据上述三个反应的 $\Delta_r H_m^{\ominus}$，计算反应(4)的 $\Delta_r H_m^{\ominus}$。

(4) $N_2H_4(l)+2H_2O_2(l)=N_2(g)+4H_2O(l)$

3. 已知下列反应的标准摩尔反应焓变，计算乙酸甲酯 $CH_3COOCH_3(l)$ 的标准摩尔生成焓。

(1) $C(石墨，s)+O_2(g)=CO_2(g)$ $\qquad \Delta_r H_{m,1}^{\ominus}=-393.51kJ\cdot mol^{-1}$

(2) $H_2(g)+\frac{1}{2}O_2(g)=H_2O(l)$ $\qquad \Delta_r H_{m,2}^{\ominus}=-285.85kJ\cdot mol^{-1}$

(3) $CH_3COOCH_3(l)+\frac{7}{2}O_2(g)=3CO_2(g)+3H_2O(l)$ $\Delta_r H_{m,3}^{\ominus}=-1788.2kJ\cdot mol^{-1}$

4. 大力神火箭发动机采用液态 N_2H_4 和气体 N_2O_4 作燃料，反应产生的大量热量和气体推动火箭升高。

$$2N_2H_4(l)+N_2O_4(g)=3N_2(g)+4H_2O(g)$$

利用有关数据，计算反应在298K时的标准摩尔反应焓变 $\Delta_r H_m^{\ominus}$。若该反应的热能完全转变为使100kg重物垂直升高的势能，试求此重物可达到的高度(已知 $\Delta_f H_m^{\ominus}(N_2H_4，l)=50.63kJ\cdot mol^{-1}$)。

5. 已知反应：$S(单)+O_2(g)=SO_2(g)$，$\Delta_r H_m^{\ominus}=-297.09kJ\cdot mol^{-1}$。$S(正)+O_2(g)=SO_2(g)$，$\Delta_r H_{m,2}^{\ominus}=-296.80kJ\cdot mol^{-1}$。单斜硫和正交硫的标准摩尔熵 $S_m^{\ominus}$ 分别为 $32.6J\cdot mol^{-1}\cdot K^{-1}$ 和 $31.8J\cdot mol^{-1}\cdot K^{-1}$。计算说明在标准状态下，当温度为25℃和120℃时，硫的哪种晶型更稳定？两种晶型的转变温度为多少？

6. 计算石灰石热分解反应 $CaCO_3(s)\longrightarrow CaO(s)+CO_2(g)$ 在25℃和1000℃时的标准摩尔反应吉布斯函数变 $\Delta_r G_m^{\ominus}$，并分析该反应的自发性。

7. 估算反应 $2NaHCO_3(s)\longrightarrow Na_2CO_3(s)+CO_2(g)+H_2O(g)$ 在标准状态下的最低分解温度。

8. 反应 $CaCO_3(s)\rightleftharpoons CaO(s)+CO_2(g)$，已知在298K时，$\Delta_r G_m^{\ominus}=130.86kJ\cdot mol^{-1}$。

求：(1) 该反应在标准状态和298K时的 $K^{\ominus}$。

(2) 若温度不变，当平衡体系中各组分的分压由100kPa降到 100×10^{-4}kPa时，该反应能否正向自发进行。

9. 已知反应：

$2CuO(s)= CuO(s)+\frac{1}{2}O_2(g)$，在300K时的 $\Delta_r G_m^{\ominus}=112.7\ kJ\cdot mol^{-1}$；400K时 $\Delta_r G_m^{\ominus}=101.6\ kJ\cdot mol^{-1}$。

试求：(1) 计算 $\Delta_r H_m^{\ominus}$ 与 $\Delta_r S_m^{\ominus}$。

(2) 当 $p(O_2)=100kPa$ 时，该反应能自发进行的最低温度是多少？

10. 反应 $CO(g)+3H_2(g)\rightleftharpoons CH_4(g)+H_2O(g)$ 在298K的有关热力学数据为

	CO(g)	$H_2(g)$	$CH_4(g)$	$H_2O(g)$
$\triangle_f H_m^{\ominus}/kJ.mol^{-1}$	−110.54	0	−74.81	−241.84
$S_{m\theta}/J.mol^{-1}.k^{-1}$	198.01	130.70	186.15	188.85

试求：(1) 393K 时上述反应的 $\Delta_r G_m^{\ominus}$。

(2) 393K、100kPa 时反应的标准平衡常数。

11. 已知 298K 时反应：

	PCl_5 (g)	$\rightleftharpoons$	PCl_3 (g)	+	Cl_2 (g)
$\Delta_f/kJ \cdot mol^{-1}$	−374.9		−287.0		0
$S_m^{\ominus}/J \cdot mol^{-1} \cdot K^{-1}$	364.6		311.8		223.1

试求：(1) 求 298K 时反应的 $\Delta_f G_m^{\ominus}$ 值。

(2) 求 298K 时反应的平衡常数 $K^{\ominus}$。

(3) 求 600K 时反应的平衡常数 $K^{\ominus}$。

第5章 化学反应速率

教学目标

(1) 了解化学反应速率的概念及其实验测定方法。

(2) 掌握质量作用定律和化学反应的速率方程式。

(3) 了解碰撞理论和过渡状态理论。

(4) 掌握温度与反应速率关系的阿仑尼乌斯经验式，并能用活化分子、活化能等概念解释各种外界因素对反应速率的影响。

(5) 理解浓度、温度和催化剂对反应速率的影响。

有些化学反应进行得很快，甚至在瞬间即可完成，如酸碱反应、爆炸反应等。另有一些反应却进行得很慢，如常温常压下，氢气与氧气生成水的反应，此反应从化学热力学分析，在常温下自发进行的趋势很大，但反应速率却非常慢。将氢气与氧气在常温下混合，经过很长时间(甚至几年)后，都检测不出有水生成。我们研究化学反应速率的目的，就是要找出有关反应速率的规律并加以利用。在化工生产中，对于对人类有用的反应，如合成氨，我们希望反应速率越快越好，这样可以提高生产效率。另外，还有一些对人类不利的反应，如金属的锈蚀、食物的变质及塑料的老化等，我们希望反应速率越慢越好，以减少损失。因此，研究化学反应速率问题对化工生产及人们的日常生活具有重要意义。

5.1 化学反应速率的概念

化学反应速率是描述化学反应进行快慢的一个物理量，过去常用反应物或生成物的浓度随时间的变化率来表示。在定容条件下，化学反应的平均速率用 $\bar{v}_B$ 表示。

$$\bar{v}_B = \pm\frac{c_2 - c_1}{t_2 - t_1} = \pm\frac{\Delta c_B}{\Delta t} \tag{5-1}$$

因为反应速率只能是正值，式(5-1)中，正号表示用生成物浓度的变化表示反应速率，负号表示用反应物浓度的变化表示反应速率；Δc_B表示某组分B在Δt时间内浓度的变化量。

化学反应的瞬时速率用某一瞬间反应物或生成物浓度随时间的变化率来表示。

$$v_B = \pm \lim_{\Delta t \to 0} \frac{\Delta c_B}{\Delta t} = \pm \frac{dc_B}{dt} \quad (5-2)$$

对于合成氨反应：

$$N_2(g) + 3H_2(g) = 2NH_3(g)$$

若在dt时间内，$N_2(g)$浓度的减少值为dx，则

$$v(N_2) = -\frac{dc(N_2)}{dt} = -\frac{dx}{dt}$$

$$v(H_2) = -\frac{dc(H_2)}{dt} = -\frac{3dx}{dt}$$

$$v(NH_3) = \frac{dc(NH_3)}{dt} = \frac{2dx}{dt}$$

可以看出，用不同组分浓度的变化率来表示同一反应的反应速率，其数值可能不同。为了使同一反应只有一个反应速率，国家标准规定，化学反应速率是反应进度(ξ)随时间的变化率。

对于化学反应

$$0 = \sum_B \nu_B B$$

反应速率

$$r = \frac{d\xi}{dt} = \frac{1}{\nu_B}\frac{dn_B}{dt} \quad (5-3)$$

若反应系统的体积V不随时间而变，即定容条件下，反应速率(v)定义为

$$v = \frac{r}{V} = \frac{1}{\nu_B}\frac{dn_B}{Vdt} = \frac{1}{\nu_B}\frac{dc_B}{dt} \quad (5-4)$$

即定容条件下，反应速率定义为：任一组分B的浓度随时间的变化率除以相应的化学计量数ν_B(对反应物，ν_B取“－”；对生成物，ν_B取“＋”)。

反应速率v的量纲为浓度·时间$^{-1}$，常用量纲为$mol \cdot L^{-1} \cdot s^{-1}$，随反应的快慢不同，时间单位可取s、min、h、d、a等；由于反应进度ξ与反应方程式的写法有关，所以在表示反应速率时，也应指明反应方程式。

上述合成氨反应的反应速率为

$$\begin{aligned} v &= \frac{1}{-1}\frac{dc(N_2)}{dt} = \frac{1}{-3}\frac{dc(H_2)}{dt} = \frac{1}{2}\frac{dc(NH_3)}{dt} \\ &= \frac{1}{-1}\left(\frac{-dx}{dt}\right) = \frac{1}{-3}\left(\frac{-3dx}{dt}\right) = \frac{1}{2}\left(\frac{2dx}{dt}\right) \\ &= \frac{dx}{dt} \end{aligned}$$

可见，用不同物质浓度的变化表示的反应速率除以反应式中相应的化学计量数(ν)所得到的反应速率v的数值与所选物质的种类无关，但与反应式的写法有关。

反应速率是通过实验测得的，在不同时刻取样，用化学分析法或仪器分析法测定反应物或生成物的浓度，作$c-t$关系曲线，再作切线，即可得到不同时刻的反应速率。

5.2 反应历程和化学反应速率方程

5.2.1 反应历程与基元反应

在化学反应中，反应物转变为生成物的具体途径和步骤，称为反应历程（或反应机理）。反应物微粒（分子、原子、离子或自由基）经一步作用就直接转化为生成物的反应称为基元反应(也称元反应)。由一个基元反应组成的化学反应称为简单反应。由两个或两个以上的基元反应组成的化学反应称为复杂反应(或非基元反应)。复杂反应中，速率最慢的基元反应称为复杂反应的定速步骤。例如：

(1) $I_2(g) \rightleftharpoons 2I(g)$是基元反应。

(2) $CO(g) + NO_2(g) \xlongequal{} CO_2(g) + NO(g)$

实验证实是基元反应，也是简单反应。

研究表明，只有少数化学反应是简单反应，绝大多数化学反应都是复杂反应。在很长一个时期，人们一直认为碘分子和氢分子生成碘化氢的反应是简单反应，即

$$H_2(g) + I_2(g) \xlongequal{} 2HI(g)$$

现在已被实验证明它是由以下两个基元反应组成的复杂反应：

$$I_2(g) \xrightleftharpoons{\text{快}} 2I(g)$$

$$H_2(g) + 2I(g) \xrightarrow{\text{慢}} 2HI(g)$$

第一步反应较快。第二步反应较慢，是定速步骤。

又如，$HCl(g)$的合成反应 $H_2(g) + Cl_2(g) \longrightarrow 2HCl(g)$，在光照条件下，是由以下四个基元反应所组成的复杂反应：

(1) $Cl_2(g) + M \longrightarrow 2Cl(g) + M$

(2) $Cl(g) + H_2(g) \longrightarrow HCl(g) + H(g)$

(3) $H(g) + Cl_2(g) \longrightarrow HCl(g) + Cl(g)$

(4) $Cl(g) + Cl(g) + M \longrightarrow Cl_2(g) + M$

式中，M 为惰性物质，可以是器壁或不参与反应的第三种物质，M 只起传递能量的作用。

5.2.2 化学反应速率方程

对于一个给定的化学反应，反应速率与反应物浓度之间的定量关系式，称为化学反应速率方程。

1. 基元反应的速率方程

1864 年，挪威科学家古德堡(Guldberg)和魏格(Waage)在大量实验的基础上，总结出基元反应的反应速率与反应物浓度之间的定量关系：在一定温度下，化学反应速率与各反应物浓度幂($c^{-\nu_B}$)的乘积成正比，浓度的幂次为基元反应方程式中相应组分的计量系数的负值($-\nu_B$)。基元反应的这一规律称为质量作用定律。

对基元反应或简单反应：

$$aA + bB + \cdots \longrightarrow \cdots + yY + zZ$$

其速率方程式为

$$v = kc^{a}(A)c^{b}(B)\cdots \quad (5-5)$$

式(5－5)是质量作用定律的数学表达式，也是基元反应的速率方程式。速率方程中的比例系数 k，称为速率常数，表示各反应物浓度均为单位浓度时的反应速率。k 值越大，反应速率越快。不同的反应有不同的 k 值。k 值的大小与反应物的浓度无关，但与温度和催化剂有关。改变温度或使用催化剂，k 值一般会有较大变化。

式(5－5)中各浓度项的幂次 a，b，…分别称为反应物 A，B，…的反应级数。该反应的总反应级数(reaction order)n 则是各反应物 A，B，…的级数之和，即

$$n = a + b + \cdots$$

在基元反应中，a，b，…分别为反应物 A，B，…的计量系数。当 $n=0$，1，2，…时，分别称为零级反应、一级反应、二级反应等。各反应物的级数与其计量系数相等，因此，基元反应的速率方程可以根据化学反应方程式，由质量作用定律写出。

例如，基元反应 $CO(g) + NO_2(g) = CO_2(g) + NO(g)$ 的速率方程式为

$$v = kc(NO_2)c(CO)$$

2. 复杂反应的速率方程

对复杂反应，各反应物的反应级数一般与其计量系数不相等，因此，复杂反应的速率方程一般不能根据化学反应方程式确定，必须通过实验来确定。

速率方程的一般形式为

$$v = kc^{\alpha}(A)c^{\beta}(B)\cdots \quad (5-6)$$

如果是非基元反应，则 α，β 的数值必须通过实验来测定。反应级数可以为零、整数，也可以为分数。例如，反应：

$$H_2(g) + Cl_2(g) \longrightarrow 2HCl(g) \qquad v = kc(H_2)c^{\frac{1}{2}}(Cl_2)$$

书写速率方程时还须注意：固体或纯液体、稀溶液中溶剂的浓度视为常数，不写入速率方程式中。例如，蔗糖的水解反应：

$$C_{12}H_{22}O_{11} + H_2O \longrightarrow C_6H_{12}O_6 + C_6H_{12}O_6$$

是一个双分子反应，其速率方程式为

$$v = kc(H_2O)c(C_{12}H_{22}O_{11})$$

由于 H_2O 是大量的，在反应过程中可视 H_2O 的浓度基本未变，其浓度作为常量与 k 合并，得到：

$$v = k'c(C_{12}H_{22}O_{11})$$

其中，$k' = kc(H_2O)$。所以蔗糖的水解反应是双分子反应，却是一级反应(也称假一级反应)。

【例 5－1】 在 1073K 时，测得反应 $2NO(g) + 2H_2(g) \longrightarrow N_2(g) + 2H_2O(g)$ 的反应物的初始浓度和生成 $N_2(g)$ 的初始反应速率见下表：

实验序号	初始浓度/mol·L^{-1}		初始速率/mol·L^{-1}·s^{-1}
	c(NO)	c(H_2)	
1	2.00×10^{-3}	6.00×10^{-2}	1.92×10^{-3}
2	1.00×10^{-3}	6.00×10^{-2}	0.48×10^{-3}
3	2.00×10^{-3}	3.00×10^{-2}	0.96×10^{-3}

(1) 写出该反应的速率方程式，求出反应级数。

(2) 求 1073K 时该反应的速率常数。

(3) 计算 1073K 时，$c(NO)=c(H_2)=4.00\times10^{-3}$ mol·L^{-1}时的反应速率。

解：(1) 根据式(5-6)，该反应的速率方程式为

$$v=kc^{\alpha}(NO)c^{\beta}(H_2)$$

将 1，2 号实验数据分别代入速率方程式得：

$$1.92\times10^{-3}=k(2.00\times10^{-3})^{\alpha}(6.00\times10^{-2})^{\beta} \quad (a)$$

$$0.48\times10^{-3}=k(1.00\times10^{-3})^{\alpha}(6.00\times10^{-2})^{\beta} \quad (b)$$

(a)÷(b)得

$$\left(\frac{2.0\times10^{-3}}{1.0\times10^{-3}}\right)^{\alpha}=\left(\frac{1.92\times10^{-3}}{0.48\times10^{-3}}\right)$$

解得 $\alpha=2$

同样，将 1，3 号实验数据分别代入速率方程式，然后两式相除得：

$$\left(\frac{6.00\times10^{-3}}{3.00\times10^{-3}}\right)^{\beta}=\left(\frac{1.92\times10^{-3}}{0.96\times10^{-3}}\right)$$

解得 $\beta=1$。

所以，该反应的速率方程式为

$$v=kc^2(NO)c(H_2)$$

该反应的总反应级数 $n=\alpha+\beta=2+1=3$。

(2) 将 1 号（或任一号）实验数据代入速率方程式，即可求得速率常数。

$$\begin{aligned}k&=v/[c^2(NO)c(H_2)]\\&=1.92\times10^{-3}/[(2.00\times10^{-3})^2(6.00\times10^{-2})]\\&=8.00\times10^3(\text{mol}^{-2}\cdot\text{L}^2\cdot\text{s}^{-1})\end{aligned}$$

(3) $$\begin{aligned}v&=kc^2(NO)c(H_2)\\&=8.00\times10^3\times(4.00\times10^{-3})^2(4.00\times10^{-3})\\&=5.12\times10^{-4}(\text{mol}\cdot\text{L}^{-1}\cdot\text{s}^{-1})\end{aligned}$$

3. *反应级数与反应分子数的关系*

在反应速率方程中，反应物浓度项的幂指数之和称为反应级数。基元反应都具有简单的反应级数，而复合反应的级数可以是整数或分数。

反应级数反映了反应物浓度对反应速率的影响程度。反应级数越大，反应物浓度对反应速率的影响就越大。反应级数通常是通过实验测定的。

反应分子数是指基元反应中参加反应的微粒(分子、原子、离子、自由基等)的数目。根据反应分子数，可以把基元反应分为单分子反应、双分子反应和三分子反应。在基元反应中，反应级数和反应分子数是一致的。

5.3 简单反应级数的反应

5.3.1 零级反应

零级反应的反应速率与反应物的浓度无关，反应速率 v=常数。

对零级反应：

$$B \longrightarrow P$$

其反应速率为

$$v=\frac{1}{\nu_B}\times\frac{dc_B}{dt}=-\frac{dc_B}{dt}$$

速率方程为

$$v=kc_B^0=k$$

得

$$-\frac{dc_B}{dt}=k$$

因此

$$dc_B=-k dt$$

设反应起始($t=0$)时反应物 B 的浓度为 c_0，反应进行到 t 时的浓度为 c_B，对上式积分：

$$\int_{c_0}^{c_B} dc_B=-k\int_0^t dt$$

积分得：

$$c_B-c_0=-k\cdot t \tag{5-7}$$

式(5-7)为零级反应的反应物浓度随时间变化的关系式。

半衰期($t_{1/2}$)：我们把反应物消耗一半所需的时间，称为半衰期，用 $t_{1/2}$表示。

可根据式(4-7)求出零级反应的半衰期：

当 $t=t_{1/2}$时，$c_B=c_0/2$

$$t_{1/2}=\frac{c_0}{2k} \tag{5-8}$$

零级反应具有如下特征：

(1) 速率常数的单位为速率单位，其 SI 单位为 $mol\cdot L^{-1}\cdot s^{-1}$。

(2) 根据速率方程的积分式 $c_B-c_0=-k\cdot t$，以 c_B对 t 作图为一直线，直线的斜率为$-k$，截距为 c_0。

(3) 反应的半衰期$\left(t_{1/2}=\frac{c_0}{2k}\right)$与反应物的起始浓度 c_0成正比，与速率常数成反比。

(4) 零级反应较少，常见于固相表面发生的多相催化反应及生物化学中的酶催化反应。例如，NH_3在金属钨表面的分解反应：

$$2NH_3(g)\xrightarrow{W}N_2(g)+3H_2(g)$$

5.3.2 一级反应

凡反应速率与反应物浓度的一次方成正比的反应称为一级反应。放射性同位素的蜕变为一级反应。设一级反应为

$$\mathrm{B} \longrightarrow \mathrm{P}$$

由 $v=kc_{\mathrm{B}}$及 $v=-\dfrac{\mathrm{d}c_{\mathrm{B}}}{\mathrm{d}t}$，得

$$\frac{\mathrm{d}c_{\mathrm{B}}}{c_{\mathrm{B}}}=-k\mathrm{d}t$$

积分 $\int_{c_0}^{c_{\mathrm{B}}}\dfrac{\mathrm{d}c_{\mathrm{B}}}{c_{\mathrm{B}}}=-k\int_0^t\mathrm{d}t$，得

$$\ln\frac{c_{\mathrm{B}}}{c_0}=-kt$$

即

$$\ln c_{\mathrm{B}}=\ln c_0-kt \tag{5-9}$$

式(5－9)是一级反应的反应物浓度随时间变化的关系式。

将 $c_{\mathrm{B}}=c_0/2$ 代入式(5－9)，可求得一级反应的半衰期：

$$\ln(c_0/2)=\ln c_0-kt_{1/2}$$

$$t_{1/2}=\ln 2/k\approx 0.693/k \tag{5-10}$$

一级反应具有如下特征：

(1) 速率常数的 SI 单位为 s^{-1}。

(2) 根据速率方程的积分式 $\ln c_{\mathrm{B}}=\ln c_0-kt$，以 $\ln c_{\mathrm{B}}$对 t 作图得一直线，直线的斜率为$-k$，截距为 $\ln c_0$。

(3) 反应的半衰期($t_{1/2}=0.693/k$)与速率常数成反比，与反应物的起始浓度无关。

【例 5－2】 从考古发现的某古书卷中取出的小块纸片，测得其中 $^{14}\mathrm{C}/^{12}\mathrm{C}$ 的值为现在活的植物体内 $^{14}\mathrm{C}/^{12}\mathrm{C}$ 的值的 0.795 倍。试估算该古书卷的年代。活的植物体内，$^{14}\mathrm{C}$ 的浓度近似为一常数。已知：

$$^{14}_{6}\mathrm{C} \longrightarrow {}^{14}_{7}\mathrm{N}+{}^{0}_{-1}\mathrm{e}^-,\quad t_{1/2}=5730\mathrm{a}。$$

解：可用式(5－10)求得此一级反应速率常数 k：

$$t_{1/2}=0.693/k$$

$$k=\frac{0.693}{5730}\approx 1.21\times 10^{-4}\,\mathrm{a}^{-1}$$

根据式(5－9)及题意 $c=0.795c_0$，可得

$$\ln c=\ln c_0-kt$$

$$\ln\frac{c_0}{c}=kt$$

$$\ln\frac{c_0}{c}=\ln\frac{c_0}{0.795c_0}=\ln 1.26=kt=(1.21\times 10^{-4})t$$

$$t\approx 1910\mathrm{a}$$

5.3.3 二级反应

二级反应有两类：

(1) $2B \longrightarrow P$；

(2) $A+B \longrightarrow P$。

对反应(1)：

$$v=kc_B^2=-\frac{dc_B}{2dt}$$

分离变量积分

$$\int_{c_0}^{c_B}\frac{dc_B}{c_B^2}=-2k\int_0^t dt$$

得

$$\frac{1}{c_B}-\frac{1}{c_0}=2kt \tag{5-11}$$

反应的半衰期

$$t_{1/2}=\frac{1}{2kc_0} \tag{5-12}$$

对反应(2)：

$A+B \longrightarrow P$，若组分A和B的起始浓度相等，即 $c_A=c_B$ 则

$$v=kc_Ac_B=kc_B^2=-\frac{dc_B}{dt}$$

分离变量积分

$$\int_{c_0}^{c_B}\frac{dc_B}{c_B^2}=-k\int_0^t dt$$

得

$$\frac{1}{c_B}-\frac{1}{c_0}=kt \tag{5-13}$$

反应的半衰期

$$t_{1/2}=\frac{1}{kc_0} \tag{5-14}$$

对 $c_A \neq c_B$ 的二级反应，因较为复杂，故不在此介绍。

5.4 反应速率理论

为了从根本上阐明反应进行快慢的原因及其影响因素，先后提出了一些化学反应速率理论，其中比较有影响的是有效碰撞理论和过渡状态理论。

5.4.1 有效碰撞理论

1918年，路易斯(Lewis)以气体分子运动论为基础，研究了一些气体反应，提出了双分子反应的有效碰撞理论。

有效碰撞理论的基本要点如下：

(1) 反应物分子间必须相互碰撞才可能发生反应，相互碰撞是发生反应的前提条件。反应速率与单位体积、单位时间内分子间的碰撞次数即碰撞频率(Z)成正比。

(2) 并不是每一次碰撞都能发生化学反应，多数化学反应中，只有极少数分子在碰撞时才能发生反应。发生了反应的碰撞称为有效碰撞。要发生有效碰撞，需要具备以下两个条件。

① 反应物分子要有较高的能量。只有具有较高能量的分子在相互碰撞时才能克服电子云间的排斥作用而相互靠近，从而使原有的化学键断开，形成新的分子，即发生化学反应。具有较高能量、能够发生有效碰撞的分子称为活化分子。要使普通分子(具有平均能量的分子)成为活化分子所需的最低能量称为活化能，用 E_a 表示，单位为 $kJ \cdot mol^{-1}$，$E_a = E_0 - E_k$(即活化能等于活化分子的最低能量与气体分子的平均能量之差)。气体分子的能量分布如图 5－1 所示，横坐标为能量，纵坐标 $\Delta N/(N\Delta E)$表示具有能量在 E 到 $E+\Delta E$ 范围内单位能量区间的分子分数。E_k为气体分子的平均能量，E_0为活化分子的最低能量。曲线下的面积表示分子百分数总和为 100%，阴影部分的面积表示活化分子的百分数。在一定温度下，反应的活化能越大，其活化分子百分数越小，单位时间内有效碰撞次数就越少，则反应速率越小；反之，反应的活化能越小，其活化分子百分数就越大，单位时间内有效碰撞次数就越多，则反应速率越大。

② 分子间的碰撞要有适当的取向(或方位)。例如，CO 与 NO_2的反应如图 5－2 所示，只有 CO 中的 C 与 NO_2中的 O 迎头相碰才有可能发生有效碰撞。对结构复杂的分子，方位因素的影响更大。两分子取向有利于发生反应的碰撞机会占总碰撞机会的百分数称为方位因子 (p)，方位因子越大，则反应速率越大。

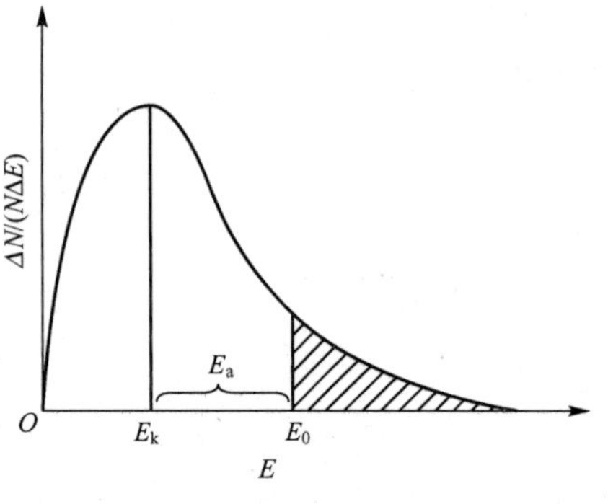

图 5－1　气体分子的能量分布和活化能

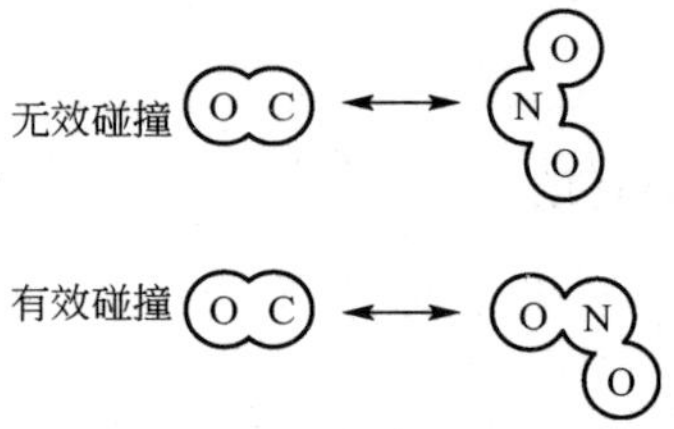

图 5－2　分子碰撞的不同取向

总之，只有反应物的活化分子以适当的方向碰撞，才有可能发生反应。

根据碰撞理论，反应速率与方位因子(p)、活化分子百分数(f)和碰撞频率(z)成正比：

$$v = pfz \qquad (5-15)$$

碰撞理论直观明了，用于解释简单分子的反应比较成功，反应速率的理论估算与实验值基本吻合。但对一些分子结构比较复杂的反应，如有机化合物分子之间的反应就不能进行圆满的解释。这是因为碰撞理论简单地把分子看成是没有内部结构和内部运动的刚性球体。

5.4.2　过渡状态理论

随着人们对原子、分子内部结构认识的深化，20 世纪 30 年代中期，埃林(Eyring)等人在量子力学和统计力学的基础上，提出了过渡状态理论。

过渡状态理论的基本要点如下：

(1) 化学反应不是通过反应物分子之间的简单碰撞完成的，反应过程中必须经过一个中间过渡状态，即反应物分子间首先形成活化配合物，活化配合物又称过渡状态。活化配合物的能量较高，不稳定、寿命短，会很快分解。它既可分解生成产物，也可以分解成为原来的反应物。例如，

$$NO_2(g)+CO(g)\xrightarrow{>500K}NO(g)+CO_2(g)$$

其反应过程为

$$NO_2(g)+CO(g)\rightleftharpoons[O—N\cdots O\cdots C—O]\longrightarrow NO(g)+CO_2(g)$$

当 $CO(g)$ 和 $NO_2(g)$ 吸收能量，按适当的取向相互靠近时，首先形成活化配合物，此时 N…O键部分减弱，O…C 键部分形成，随着 N…O 键进一步减弱，O…C 键进一步增强，最终生成 $NO(g)$ 和 $CO_2(g)$。

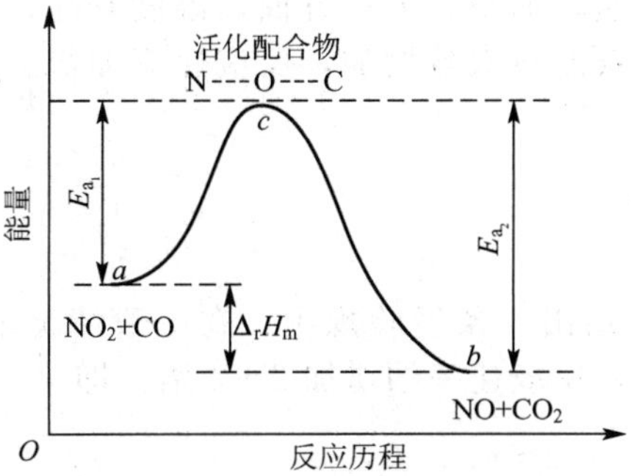

图 5-3　反应历程与系统的能量变化示意图

(2) 反应的活化能越大，反应速率越慢；反应的活化能越小，反应速率越快。过渡状态理论的活化能，是指活化配合物的能量与反应物（或生成物）的平均能量之差。活化配合物的能量与反应物的平均能量之差为正反应的活化能；活化配合物的能量与生成物的平均能量之差为逆反应的活化能。图 5-3 是反应历程与系统的能量关系图。E_{a_1}、E_{a_2} 分别为正、逆反应的活化能。化学反应热效应等于正、逆反应的活化能之差：

$$\Delta_r H_m = E_{a_1} - E_{a_2}$$

若 $E_{a_1} > E_{a_2}$，则 $\Delta_r H_m > 0$，反应吸热；反之，反应放热。

5.5　影响化学反应速率的因素

化学反应速率主要由化学反应的本性决定。不同的化学反应，其反应的活化能大小不同，因而反应速率不同。此外，化学反应速率还与反应物浓度、反应温度、催化剂等因素有关。

5.5.1　浓度对反应速率的影响

1. 根据碰撞理论定性分析

根据碰撞理论，对某一化学反应，在一定温度下，系统中活化分子的百分数是一定的。当反应物浓度增大时，单位体积内分子总数增加，活化分子的总数也相应增加，单位体积内分子的有效碰撞次数增多，因此反应速率加快。对于有气体参加的反应，增大系统的压力意味着增大了浓度。

2. 根据反应速率方程定量计算

对于反应

$$aA+bB+\cdots \longrightarrow \cdots+yY+zZ$$

(1) 若为基元反应，根据质量作用定律，其动力学方程为

$$v=kc_A{}^a c_B{}^b\cdots$$

(2) 若为非基元反应(复杂反应)，应从实验数据求出速率方程

$$v=kc^{\alpha}(A)c^{\beta}(B)$$

5.5.2 温度对反应速率的影响

1. 根据碰撞理论定性分析

对某一反应系统，各组分浓度一定。温度升高，一方面分子运动速率加快，反应物分子间碰撞频率增加，从而使有效碰撞次数增加，反应速率加快；另一方面，温度升高，分子的平均能量增加，从而使活化分子百分数增加，有效碰撞次数增加，反应速率加快。所以，温度升高，绝大多数化学反应速率是加快的。

2. 根据范特霍夫规则和阿仑尼乌斯方程定量计算

1) 范特霍夫规则

1884 年，范特霍夫(Van't Hoff)根据实验结果总结出一条经验规则：在一般情况下，对反应物浓度(或分压)不变的反应，温度每升高 10K，反应速率约增加 2～4 倍。即

$$\frac{v(T+10\text{K})}{v(T)}=\frac{k(T+10\text{K})}{k(T)}=2\sim4 \tag{5-16}$$

2) 阿仑尼乌斯方程

从速率方程式的一般形式 $v=kc^{\alpha}(A)c^{\beta}(B)\cdots$中可以看出：反应速率与浓度 c 和速率常数 k 有关。在浓度不变的情况下，反应速率取决于速率常数 k，改变温度使反应速率改变，是通过改变速率常数来实现的。因此，讨论温度对反应速率的影响，可以归结为温度对速率常数的影响。速率常数和温度之间有怎样的关系呢？

1889 年，阿仑尼乌斯(Arrhenius)在大量实验事实的基础上，提出了速率常数与温度关系的经验式，称之为阿仑尼乌斯方程式：

$$k=Ae^{-\frac{E_a}{RT}} \tag{5-17}$$

式中，A 称指前因子，为经验常数，A 与温度、浓度无关，不同反应 A 值不同，其单位与 k 相同；R 为摩尔气体常数；T 为热力学温度；E_a为活化能(单位为 $\text{J}\cdot\text{mol}^{-1}$)。对某一给定反应，$E_a$为定值。当反应温度区间变化不大时，$E_a$和 A 不随温度而改变。由式(5-17)可以看出，温度升高，k 值增大，由于 k 与温度 T 为指数关系，所以温度变化对 k 值的影响较大。同时还可以看出，活化能 E_a越小，则 k 值越大，反应速率越大。

对式(5-17)取对数，阿仑尼乌斯方程式变为

$$\ln k=-\frac{E_a}{RT}+\ln A \tag{5-18}$$

若某一反应的活化能为 E_a，温度 T_1时的速率常数为 k_1，温度 T_2时的速率常数为 k_2，则

$$\ln k_1=-\frac{E_a}{RT_1}+\ln A \tag{a}$$

$$\ln k_2=-\frac{E_a}{RT_2}+\ln A \tag{b}$$

(b)－(a)得

$$\ln\frac{k_2}{k_1}=-\frac{E_a}{R}(\frac{1}{T_2}-\frac{1}{T_1}) \quad (5-19)$$

【例5-3】 已知反应 $N_2O_5(g) \longrightarrow N_2O_4(g)+\frac{1}{2}O_2(g)$ 在298K和338K时的反应速率常数分别为 $k_1=3.46\times10^5 s^{-1}$ 和 $k_2=4.87\times10^7 s^{-1}$，求该反应的活化能 E_a 和318K时的速率常数 k_3。

解：(1) 由

$$\ln\frac{k_2}{k_1}=-\frac{E_a}{R}\left(\frac{1}{T_2}-\frac{1}{T_1}\right)$$

$$\ln\frac{4.87\times10^7}{3.46\times10^5}=-\frac{E_a}{8.314}\left(\frac{1}{338}-\frac{1}{298}\right)$$

得

$$E_a\approx1.04\times10^5(J\cdot mol^{-1})=104(kJ\cdot mol^{-1})$$

(2)
$$\ln\frac{k_3}{k_1}=\ln\frac{k_3}{3.46\times10^5}=-\frac{1.04\times10^5}{8.314}\left(\frac{1}{318}-\frac{1}{298}\right)$$

$$k_3\approx4.8\times10^6(s^{-1})$$

5.5.3 催化剂对反应速率的影响

催化剂是影响反应速率的重要因素之一。在化工生产中，80%以上的反应过程都使用催化剂。例如，石油裂解、合成氨、硫酸的生产、油脂氢化等都要使用催化剂。催化剂多半是金属、金属氧化物、配合物和多酸化合物等。生物体内各种各样的生物化学变化，几乎都要在各种不同的酶催化下才能进行。

1. 催化剂与催化作用

催化剂是一种能显著改变化学反应速率，但不改变反应的平衡位置，而在反应结束后其自身的质量、组成和化学性质基本不变的物质。催化剂有正负之分。能使反应速率加快的催化剂称为正催化剂。能使反应速率减慢的催化剂称为负催化剂或阻化剂、抑制剂。一般所说的催化剂均指正催化剂。

催化剂对化学反应的作用称为催化作用。由于催化剂与反应物分子形成能量较低的活化配合物，改变了反应的途径，降低了反应的活化能(图5-4)，从而加快反应速率。催化剂在反应过程中并不消耗，但却参与了化学反应，在其中某一步基元反应中被消耗，在后面的基元反应中又再生出来。可见，催化反应都是复杂反应。

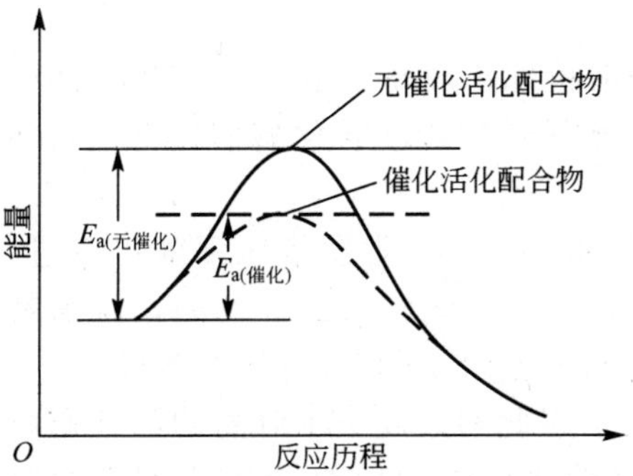

图5-4 催化剂改变反应途径示意图

催化剂的主要特征如下。

(1) 在反应过程中，催化剂与反应物之间形成一种能量较低的活化配合物，改变了反应的历程，大大降低了反应的活化能，从而使反应速率加快。

例如，合成氨反应：

$$N_2(g)+3H_2(g)=\!=\!=2NH_3(g)$$

不加催化剂，反应的活化能约为 176kJ·mol^{-1}；若加铁催化剂，活化能降为 58～67kJ·mol^{-1}，反应速率可提高 10^{16} 倍。

(2) 催化剂同时加快正、逆反应速率，缩短平衡到达的时间，但不能改变平衡状态，反应的平衡常数不受影响；热力学上不能进行的反应，催化剂对它不起作用。

(3) 催化剂有选择性。某种催化剂只对某些反应起催化作用，每个反应都有它特有的催化剂。例如，生产硫酸过程中，将 SO_2 氧化为 SO_3，用 V_2O_5 作催化剂效果较好。另外，相同反应物能生成多种产物时，选用不同催化剂，可得到不同产物。例如，乙烯的催化氧化，若用银网催化，主要产物是环氧乙烷；而用 $PdCl_2$ 和 $CuCl_2$ 催化，主要产物是乙醛。

(4) 反应前后催化剂的质量、组成和化学性质基本不变。

2. 均相催化与多相催化

催化剂与反应物处于同一相中进行的催化反应，称为均相催化。过氧化氢的碘离子催化分解是均相催化的典型实例。催化剂与反应物处于不同相中的催化反应，称为多相催化反应。多相催化反应发生在催化剂表面(或相界面)，催化剂表面积越大，催化效率越高，反应速率越快。在化工生产中，为了增大反应物与催化剂之间的接触表面，往往将催化剂的活性组分附着在一些多孔性的物质(载体)上，如硅藻土、高岭土、活性炭、硅胶等。这类催化剂称为负载型催化剂，它们比普通催化剂往往有更高的催化活性和选择性。固体催化剂在化工生产中用得最多，如合成氨、接触法制硫酸、原油裂解及基本有机合成工业等几乎都用固体催化剂。

3. 酶及其催化作用

在生物体内几乎所有的化学反应都是由酶催化的，如果体内缺少某种酶，生物体就会发生相应的病变。酶是一类结构和功能特殊的蛋白质，它在生物体内所起的催化作用称为酶催化作用。例如，食物中的蛋白质的水解(即消化)，在体外需在强酸(或强碱)条件下煮沸相当长的时间，而在人体内正常体温下，在胃蛋白酶的作用下短时间内即可完成。

酶催化作用的主要特征如下。

(1) 高度的专一性。酶催化作用选择性很强，一种酶往往只对一种特定的反应有效。例如，淀粉酶只能水解淀粉，脲酶只能将尿素转化为 NH_3 和 CO_2。酶催化的选择性甚至达到原子水平。

(2) 高的催化效率。酶催化效率比通常的无机或有机催化剂高出 10^8～10^{12} 倍。酶的高效催化在于它能大大降低反应的活化能。例如，蔗糖水解反应，在转化酶催化下，可使其活化能从 107.1kJ·mol^{-1} 降至 39.1kJ·mol^{-1}。

(3) 温和的催化条件。酶催化反应所需的条件温和，一般在常温常压下就可以进行。例如，工业上合成氨，在铁触媒催化下需高温(～770K)、高压(～5×10^7 Pa)，且需特殊的设备，而某些植物茎中的固氮酶，在常温常压下即可把空气中的 N_2 转化为 NH_3。

(4) 特殊的酸碱环境需求。酶具有许多极性基团，因此溶液的 pH 对酶的活性影响很大。酶只在一定的 pH 范围内才能表现出活性。若溶液偏离最佳 pH 时，酶的活性就降低甚至完全丧失。例如，人体内的酶催化反应一般在体温 37℃和血液 pH 约 7.35～7.45 的条件下进行。酶遇到高温、强酸、强碱、重金属离子或紫外线照射等因素，就会失去活性。

酶催化具有高度专一性和高效性、反应条件温和、节能环保、应用前景广阔，但机理复杂，它是化学家和生物学家正在孜孜以求，努力探索的课题。

5.6 化学反应基本原理的应用

化学热力学告诉我们一个化学反应在给定条件下能否自发进行，进行的程度有多大，反应物的最大转化率是多少；而化学动力学则告诉我们在给定的条件下，该反应进行的快慢。在实际生产过程和科学研究中，我们不仅要考虑化学反应的热力学问题，还要同时考虑化学反应的动力学问题，即要综合考虑反应的平衡与反应的速率问题。

例如，合成氨反应

$$N_2(g)+3H_2(g)=\!=\!=2NH_3(g) \qquad \Delta_r H_m^{\ominus}=-92.4\text{kJ}\cdot\text{mol}^{-1}$$

是一个气体分子数减小的放热反应。

从平衡角度看，压力越大、温度越低，反应的平衡转化率越高；从反应速率的角度看，温度越高，反应速率越快。

综合考虑两种因素，合成氨反应一般采用的工艺条件是：高温、中压，使用铁触媒（Fe催化剂）。

综合练习

一、思考题

1. 试说明下列术语的含义：

（1）平均速率；（2）瞬时速率；（3）活化能；（4）基元反应；（5）反应级数；（6）催化剂；（7）催化作用。

2. 简述碰撞理论和过渡状态理论的基本要点。

3. 某可逆反应 $A(g)+B(g)\rightleftharpoons 2C$ 的 $\Delta_r H_m^{\ominus}<0$，平衡时，若改变下述各项条件，试将其他各项发生的变化填入下表。

改变条件	正反应速率	速率常数 $k_{正}$	平衡常数	平衡移动方向
增加A的分压				
增加C的浓度				
降低温度				
使用催化剂				

4. 下列说法是否正确？并说明理由。

（1）所有反应的反应速率都随时间的变化而变化。

（2）某反应 $A(g)+B(g)\longrightarrow C(g)$ 的速率方程式为 $v=kc(A)c(B)$，则该反应一定是基元反应。

（3）速率方程式是质量作用定律的数学表达式。

（4）反应级数等于反应方程式中各反应物的计量系数之和。

（5）催化剂可以提高反应物的转化率。

(6) 催化剂使正逆反应速率同时增加，且增加的倍数相同。

(7) 活化能高的反应，其反应速率慢、平衡常数小。

5. 比较反应 $N_2(g)+O_2(g)$══$2NO(g)$和 $N_2(g)+3H_2(g)$══$2NH_3(g)$在 427℃时，反应自发进行可能性的大小。联系反应速率理论，提出最佳的固氮反应的思路与方法。

二、练习题

1. 选择题

(1) 反应 $3H_2(g)+N_2(g)$══$2NH_3(g)$ 的 $\Delta_r H^{\ominus}<0$，欲增大正反应速率，下列措施中无用的是(　　)。

(A) 增加 H_2的分压　　(B) 升温

(C) 减小 NH_3的分压　　(D) 加正催化剂

(2) 已知化学反应 $2H_2(g)+2NO(g)$══$2H_2O(g)+N_2(g)$的速率方程式为 $v=kp(H_2)p^2(NO)$，则该反应的级数为(　　)。

(A) 1　　(B) 2　　(C) 3　　(D) 4

(3) A+B══C+D 是吸热的可逆反应，其中正反应的活化能为 E_a(正)，逆反应的活化能为 E_a(逆)，则下列表述中正确的是(　　)。

(A) E_a(正)$>E_a$(逆)　　(B) E_a(正)$=E_a$(逆)

(C) E_a(正)$<E_a$(逆)　　(D) 无法确定

(4) 一般说温度升高，反应速率明显增加，主要原因在于(　　)。

(A) 反应物浓度增大　　(B) 反应物压力增加

(C) 活化能降低　　(D) 活化分子百分率增加

(5) 对于一个确定的化学反应来说，下列说法正确的是(　　)。

(A) $\Delta_r G_m^{\ominus}$越负，反应速率越快　　(B) $\Delta_r H_m^{\ominus}$越负，反应速率越快

(C) 活化能越大，反应速率越快　　(D) 活化能越小，反应速率越快

(6) 下列叙述中正确的是(　　)。

(A) 非基元反应是由若干个基元反应组成的

(B) 凡速率方程中各物质浓度的指数等于反应式中其计量系数时，反应必为基元反应

(C) 反应级数等于反应物在方程式中计量系数之和

(D) 反应速率与反应物浓度成正比

2. 已知反应 $N_2O_4(g) \rightleftharpoons 2NO_2(g)$在总压为 101.3kPa 和温度为 325K 时达平衡，$N_2O_4(g)$的转化率为 50.2%。试求：

(1) 该反应的 $K^{\ominus}$。

(2) 相同温度、压力为 5×101.3kPa 时，$N_2O_4(g)$的平衡转化率 α。

3. 在 298K 时，测得反应 $2NO+O_2 \longrightarrow 2NO_2$的反应速率及有关实验数据如下：

实验序号	初始浓度/mol·L⁻¹		初始速率/mol·L⁻¹·s⁻¹
	$c(NO)$	$c(O_2)$	
1	0.010	0.010	1.6×10^{-2}
2	0.010	0.020	3.2×10^{-2}
3	0.020	0.010	6.4×10^{-2}

求：(1) 该反应的速率方程式和反应级数。

(2) 298K 时反应的速率常数。

(3) $c(NO)=0.030mol\cdot L^{-1}$，$c(O_2)=0.020mol\cdot L^{-1}$，298K 时的反应速率。

4. 臭氧的热分解反应：$2O_3 \longrightarrow 3O_2$ 的历程如下。

(1) $O_3 \rightleftharpoons O_2+O$ （快反应）

(2) $O+O_3 \longrightarrow 2O_2$ （慢反应）

试证明：$-\frac{dc(O_3)}{dt}=k\frac{c^2(O_3)}{c(O_2)}$

5. 某基元反应 $A+B \longrightarrow C$，在1.20L溶液中，$c(A)=4.0mol\cdot L^{-1}$，$c(B)=3.0mol\cdot L^{-1}$时，$v=4.20\times10^{-3}mol\cdot L^{-1}\cdot s^{-1}$，写出该反应的速率方程式，并计算其速率常数。

6. 某人发烧至40℃时，体内某一酶催化反应的速率常数为正常体温(37℃)的1.25倍，求该酶催化反应的活化能。

7. 298K 时，反应 $2N_2O(g) \longrightarrow 2N_2(g)+O_2(g)$，$\Delta_r H_m^{\ominus}=-164.1kJ\cdot mol^{-1}$，$E_a=240kJ\cdot mol^{-1}$。该反应用 Cl_2 催化，催化反应的 $E_a=140kJ\cdot mol^{-1}$。催化后反应速率提高了多少倍？催化反应的逆反应的活化能是多少？

第6章
酸碱平衡

教学目标

(1) 了解酸碱理论的发展过程，掌握质子酸碱理论。

(2) 掌握弱酸弱碱的解离平衡，酸碱水溶液的酸度、质子条件式及有关离子浓度的近似计算。

(3) 掌握缓冲溶液的性质、组成、酸度的近似计算及缓冲溶液的配制。

(4) 掌握指示剂的变色原理及变色范围。

酸和碱是两类极为重要的化学物质，酸碱反应是一类极为重要的化学反应。很多化学反应和生物化学反应都属于酸碱反应，而且许多其他类型的化学反应，如沉淀反应、氧化还原反应、配位反应及一些有机合成反应等，均需在一定的酸碱条件下才能顺利进行。研究溶液中的酸碱平衡规律，对化学学科本身和与之相关的其他学科(如生命科学、医学科学、食品科学、土壤科学)及生产实践都具有重要的意义。

6.1 酸碱质子理论

人类很早就发现并使用了酸和碱。盐酸、硫酸、硝酸等强酸是炼金术家在公元1100—1600年间发现的。但当时人们并不知道酸、碱的组成。人们对于酸、碱的认识，经历了一个由浅入深，由低级到高级的过程。最初，人们是根据物质的性质来区分酸和碱的。有酸味、能使蓝色石蕊变成红色的是酸；有涩味、滑腻感，能使红色石蕊变成蓝色的是碱。酸、碱能相互反应，反应后酸、碱的性质便消失了。为什么酸类或碱类物质都有某些共同的特性呢？后来，人们又试图从酸的组成来定义酸。由于当时人们知道的酸为数不多，而且大都是含氧酸。于是，1787年法国化学家拉瓦锡(Lavoisier)提出氧是酸的组成部分；19世纪初，氢碘酸等无氧酸相继被发现，分析这些酸都含氢元素而不含氧元素。因此，1811

年英国化学家戴维(Davy)又提出，凡是酸的组成中都含有氢元素，它们具有的共同的酸性是由氢元素产生的。随着科学技术的进步和生产的发展，人们对酸碱本质的认识不断深化，提出了多种酸碱理论。其中比较重要的有1884年瑞典化学家阿仑尼乌斯(Arrhenius)的酸碱电离理论，1905年美国科学家富兰克林(Franklin)的酸碱溶剂理论，1923年丹麦物理化学家布朗斯特(Bronsted)和英国化学家劳瑞(Lowry)提出的酸碱质子理论。同年，美国化学家路易斯(Lewis)提出了酸碱电子理论，1963年美国化学家皮尔逊(Pearson)提出了软硬酸碱理论。本节重点讨论酸碱质子理论。

6.1.1 酸碱理论简介

1. 酸碱电离理论

酸碱电离理论认为：电离时产生的阳离子全部是H^+离子的化合物称为酸；电离时产生的阴离子全部是OH^-离子的化合物称为碱。酸碱电离理论从物质的化学组成上揭示了酸碱的本质，明确指出H^+是酸的特征，OH^-是碱的特征，中和反应的实质就是H^+与OH^-反应而生成水。电离理论还应用化学平衡原理找到衡量酸碱的定量标度。因此，它是人们对酸碱认识由现象到本质的一次飞跃，对化学科学的发展起了积极作用，直到现在仍然普遍应用。

然而，酸碱电离理论也有其局限性，它把酸碱仅限于水溶液中。近几十年来，科学实验中越来越多地使用非水溶剂(如液氨、乙醇、醋酸、苯、四氯化碳、丙酮、BrF_3等)。按照电离理论，离开水溶液就没有酸、碱及酸碱反应。电离理论无法说明物质在非水溶液中的酸碱性问题。另外，电离理论把碱限制为氢氧化物，因而对氨水表现碱性这一事实也无法解释。

2. 酸碱溶剂理论

酸碱溶剂理论认为：凡能离解而产生溶剂正离子的物质是酸；凡能离解而产生溶剂负离子的物质是碱。酸碱反应是正离子与负离子化合而形成溶剂分子的反应。

按照酸碱溶剂理论，在水溶液中，水为溶剂，水离解产生的正离子是H^+，负离子为OH^-。因此，凡能离解出H^+的物质是酸，凡能离解出OH^-的物质是碱。酸碱反应就是H^+和OH^-化合而生成溶剂H_2O的反应。溶剂理论对于水溶液中的酸碱概念的解释与电离理论是一致的，但在非水溶液中就有许多不同的酸和碱。例如，以液态NH_3为溶剂时，溶剂的离解反应为

$$2NH_3 \rightleftharpoons NH_4^+ + NH_2^-$$

NH_4Cl在液氨中表现为酸，它的离解反应为

$$NH_4Cl \longrightarrow NH_4^+ + Cl^-$$

氨基化钠在液氨中表现为碱，它的离解反应为

$$NaNH_2 \longrightarrow Na^+ + NH_2^-$$

酸碱反应是NH_4^+和NH_2^-结合为NH_3的反应：

$$NH_4^+ + NH_2^- \longrightarrow 2\ NH_3$$

常见的非水溶剂还有甲醇、乙醇、冰乙酸、丙酮和苯等。

由此可见，水只是许多溶剂中的一种。各种溶剂离解后的正、负离子不同，因而有不

同的酸和碱。溶剂理论扩大了酸碱的范畴，在非水溶剂系统中应用更为广泛，但它也有局限性。它只适用于溶剂能离解成正、负离子的系统，对于不能离解的溶剂及无溶剂的酸碱系统则不适用。

3. 酸碱质子理论

1）质子酸碱的定义

酸碱质子理论认为：凡能给出质子（H^+）的物质是酸，凡能接受质子（H^+）的物质是碱。酸碱可以是阴离子、阳离子或中性分子。能给出多个质子的物质是多元酸，能接受多个质子的物质是多元碱。

2）酸碱共轭关系与共轭酸碱对

酸（HA）给出质子后变为它的共轭碱（A^-），碱（A^-）接受质子后变为它的共轭酸（HA），其间可以相互转化，这种酸碱之间相互联系、相互依存的关系称为共轭关系。把 HA 和 A^- 称为共轭酸碱对，可表示如下：

$$\text{酸(HA)} \rightleftharpoons \text{碱}(A^-) + \text{质子}(H^+)$$

例如：

$$HCl \rightleftharpoons Cl^- + H^+$$
$$NH_4^+ \rightleftharpoons NH_3 + H^+$$
$$H_2CO_3 \rightleftharpoons HCO_3^- + H^+$$
$$HCO_3^- \rightleftharpoons CO_3^{2-} + H^+$$
$$H_3O^+ \rightleftharpoons H_2O + H^+$$
$$H_2O \rightleftharpoons OH^- + H^+$$
$$[Fe(H_2O)_6]^{3+} \rightleftharpoons [Fe(OH)(H_2O)_5]^{2+} + H^+$$

上述各个共轭酸碱对的质子得失反应，称为酸碱半反应。酸越强，它的共轭碱就越弱；酸越弱，它的共轭碱就越强。

3）两性物质

同一物质在某一反应中是酸，但在另一个反应中又是碱，这种在一定条件下可以是失去质子，而在另一条件下又可以接受质子的物质称为（酸碱）两性物质。例如，H_2O、HCO_3^-、$[Fe(OH)(H_2O)_5]^{2+}$ 等均是两性物质。

4）质子酸碱反应的实质

酸碱质子理论认为，上述表示酸碱共轭关系的半反应是不能单独发生的。酸给出的质子必须有另一种与其是非共轭关系的碱来接受，这样质子的转移才能实现，才有可能发生酸碱反应。因此，酸碱反应的实质是两个共轭酸碱对之间的质子传递反应，即由强酸、强碱生成弱酸、弱碱的过程。

一个酸碱反应包含两个酸碱半反应。例如，NH_3 与 HCl 之间的酸碱反应：

半反应 1：$HCl(\text{酸}_1) \rightleftharpoons Cl^-(\text{碱}_1) + H^+$

半反应 2：$NH_3(\text{碱}_2) + H^+ \rightleftharpoons NH_4^+(\text{酸}_2)$

总反应：$HCl(\text{酸}_1) + NH_3(\text{碱}_2) \rightleftharpoons NH_4^+(\text{酸}_2) + Cl^-(\text{碱}_1)$

根据酸碱质子理论，电离理论中的弱酸（碱）的解离反应、酸碱中和反应、盐类的水解反应等都可归结为质子酸碱反应，在酸碱质子理论中没有盐的概念。例如：

$$HCl(\text{酸}_1) + H_2O(\text{碱}_2) = H_3O^+(\text{酸}_2) + Cl^-(\text{碱}_1)$$

$$HAc(酸_1)+H_2O(碱_2) \rightleftharpoons H_3O^+(酸_2)+Ac^-(碱_1)$$
$$H_2O(酸_1)+NH_3(碱_2) \rightleftharpoons NH_4^+(酸_2)+OH^-(碱_1)$$
$$HAc(酸_1)+NH_3(碱_2) \rightleftharpoons NH_4^+(酸_2)+Ac^-(碱_1)$$
$$NH_4^+(酸_1)+H_2O(碱_2) \rightleftharpoons H_3O^+(酸_2)+NH_3(碱_1)$$

通过上面的分析可以看出，酸碱质子理论扩大了酸碱的含义和酸碱反应的范围，摆脱了酸碱必须在水溶液中发生反应的局限性，解决了一些非水溶剂或气体间的酸碱反应问题，并把水溶液中进行的各种离子反应系统地归纳为质子传递的酸碱反应。关于酸碱的定量标度问题，质子理论亦能像电离理论一样，应用平衡常数来定量地衡量在某溶剂中酸或碱的强度，这就使质子理论得到了广泛应用。但是，质子理论只限于质子的给出和接受，所以化合物中必须含有氢，它不能解释不含氢的一类化合物的反应。

4. 酸碱电子理论

酸碱电子理论认为，凡能接受电子对的物质是酸，凡能给出电子对的物质是碱。酸(碱)可以是中性分子，也可以是离子。酸是电子对的接受体，碱是电子对的给予体。酸碱之间以共价配位键相结合，生成酸碱配合物。例如

$$酸(电子对接受体)+碱(电子对给予体) \longrightarrow 酸碱配合物$$
$$H^+ + :OH^- \longrightarrow H:OH$$
$$Ag^+ + 2[:NH_3] \longrightarrow [H_3N \rightarrow Ag \leftarrow NH_3]^+$$

酸碱电子理论更加扩大了酸碱的范围。由于在化合物中配位键的普遍存在，大多数无机化合物都是酸碱配合物。有机化合物也是如此。例如，乙醇可以看做是由 $C_2H_5^+$(酸)和 OH^-(碱)以配位键结合而成的酸碱配合物 $C_2H_5 \leftarrow OH$。

酸碱电子理论对酸碱的定义，摆脱了体系必须具有某种离子或元素，也不受溶剂的限制，而立论于物质的普遍组分，以电子的给出和接受来说明酸碱的反应，故它更能体现物质的本质属性，较前面几个酸碱理论更为全面和广泛。但是由于路易斯理论对酸碱的认识过于笼统，因而不易掌握酸碱的特征。

5. 软硬酸碱理论

软硬酸碱理论，是在酸碱电子理论的基础上，结合授受电子对的难易程度，把 Lewis 酸碱分为硬酸、软酸、交界酸和硬碱、软碱、交界碱各三类。硬酸的特征是电荷较多，半径较小，外层电子被原子核束缚得较紧而不易变形的正离子，如 B^{3+}、Al^{3+}、Fe^{3+} 等。软酸则是电荷较少，半径较大，外层电子被原子核束缚得较松而容易变形的正离子，如 Cu^+、Ag^+、Cd^{2+} 等。Fe^{2+}、Cu^{2+} 等为交界酸。作为硬碱的负离子或分子，其配位原子是一些电负性大、吸引电子能力强的元素，这些配位原子的半径较小，难失去电子，不易变形，如 F^-，OH^- 和 H_2O 等；作为软碱的负离子或分子，其配位原子则是一些电负性较小、吸引电子能力弱的元素，这些原子的半径较大，易失去电子，容易变形，如 I^-、SCN^-、CN^-、CO 等。Br^-、NO_2^- 等为交界碱。

关于酸碱反应，根据实验事实总结出一条规律："硬酸与硬碱结合，软酸与软碱结合，常可形成稳定的配合物"，简称为"硬亲硬，软亲软"。这一规律称为软硬酸碱规则。

软硬酸碱规则基本上是经验的，尚有不少例外。例如，作为软碱的 CN^-，它既可与软酸 Ag^+、Hg^{2+} 等形成稳定的配合物，也可与硬酸 Fe^{3+}、Co^{3+} 等形成稳定的配合物。由

于配合物的成键情况比较复杂，人们对软硬酸碱理论的认识还有待深入。

各种酸碱理论都有其优越性和科学性，但都有一定的局限性。总的来说，酸碱质子理论是目前应用最广泛的一种酸碱理论。

6.1.2 酸碱的相对强弱

1. 水的质子自递反应

1）水的解离平衡与离子积常数

水作为最重要的溶剂，既可作为酸给出质子，又可作为碱接受质子，故水是两性物质，与之相应的两个半反应是：

$$H_2O \rightleftharpoons H^+ + OH^-$$

$$H_2O + H^+ \rightleftharpoons H_3O^+$$

因此，在水中存在水分子之间的质子转移反应：

$$H_2O(\text{酸}_1) + H_2O(\text{碱}_2) \rightleftharpoons H_3O^+(\text{酸}_2) + OH^-(\text{碱}_1)$$

该反应称为水的质子自递反应。为了简便起见，水合质子 H_3O^+ 常简化为 H^+，故水的质子自递反应又常简化为

$$H_2O \rightleftharpoons H^+ + OH^-$$

但应注意，与酸碱半反应不同，它代表一个完整的酸碱反应——水的质子自递反应。该反应的标准平衡常数 $K_w^\ominus$ 称为水的质子自递常数，也称为水的离子积常数，其表达式为

$$K_w^\ominus = \frac{c(H^+)}{c^\ominus} \cdot \frac{c(OH^-)}{c^\ominus} \tag{6-1}$$

式中，$c^\ominus$ 为标准态浓度（$c^\ominus = 1\text{mol} \cdot L^{-1}$），为简便起见，本书在平衡常数表达式中常省去，故上式可简化为

$$K_w^\ominus = c(H^+) \cdot c(OH^-) \tag{6-2}$$

$K_w^\ominus$ 与浓度、压力无关，而与温度有关。在一定温度下，$K_w^\ominus$ 是一个常数。在 22～25℃的纯水中：

$$c(H^+) = c(OH^-) = 1.00 \times 10^{-7}\text{mol} \cdot L^{-1}$$

即

$$K_w^\ominus = 1.00 \times 10^{-14}$$

由于 $K_w^\ominus$ 随温度变化不是很明显。为方便起见，一般在室温条件下，$K_w^\ominus$ 均取值 1.0×10^{-14}，$pK_w^\ominus = 14.00$。溶液中 $c(H^+)$ 或 $c(OH^-)$ 的改变能引起 H_2O 的解离平衡发生移动，但 $K_w^\ominus = c(H^+) \cdot c(OH^-)$ 保持不变。

2）溶液的酸碱性

因为

$$K_w^\ominus = c(H^+) \cdot c(OH^-) = 1.0 \times 10^{-14}$$

所以

$c(H^+) = c(OH^-) = 1.0 \times 10^{-7}\text{mol} \cdot L^{-1}$ 　溶液显中性

$c(H^+) > 1.0 \times 10^{-7}\text{mol} \cdot L^{-1}$，$c(H^+) > c(OH^-)$ 　溶液显酸性

$c(H^+) < 1.0 \times 10^{-7}\text{mol} \cdot L^{-1}$，$c(H^+) < c(OH^-)$ 　溶液显碱性

2. 弱酸、弱碱的解离平衡

1）酸碱解离常数与酸碱的相对强弱

在水溶液中，酸的解离就是酸与水之间的质子转移反应，即酸(HA)给出质子转变为其共轭碱(A^-)，而水(H_2O)接受质子转变为其共轭酸(H_3O^+)；碱的解离就是碱与水之间的质子转移反应，即碱(B)接受质子转变为其共轭酸(HB^+)，而水(H_2O)给出质子转变为其共轭碱(OH^-)。酸碱的强度则取决于酸将质子给予溶剂分子或碱从溶剂分子夺取质子的能力强弱，酸将质子给予溶剂分子的能力越强，其酸性就越强，反之就越弱；碱从溶剂分子夺取质子的能力越强，其碱性就越强，反之就越弱。酸碱的强度可通过其在溶剂中的质子转移反应的标准平衡常数 $K_a^\ominus$ 或 $K_b^\ominus$ 来定量标度。$K_a^\ominus$ 或 $K_b^\ominus$ 在温度一定时为常数，分别称为酸的解离常数(简称酸常数)或碱的解离常数(简称碱常数)。$K_a^\ominus$ 或 $K_b^\ominus$ 值越大，表示该酸或该碱强度越大。

例如，HAc、NH_4^+、HS^- 三种酸与 H_2O 的反应及其相应的 $K_a^\ominus$ 值如下：

$$HAc + H_2O \rightleftharpoons H_3O^+ + Ac^-$$

或

$$HAc \rightleftharpoons H^+ + Ac^-$$

$$K_a^\ominus(HAc) = \frac{c(H^+)c(Ac^-)}{c(HAc)} = 1.8 \times 10^{-5}$$

$$NH_4^+ + H_2O \rightleftharpoons NH_3 + H_3O^+$$

或

$$NH_4^+ \rightleftharpoons NH_3 + H^+$$

$$K_a^\ominus(NH_4^+) = \frac{c(NH_3)c(H^+)}{c(NH_4^+)} = 5.6 \times 10^{-10}$$

$$HS^- + H_2O \rightleftharpoons H_3O^+ + S^{2-}$$

或

$$HS^- \rightleftharpoons H^+ + S^{2-}$$

$$K_a^\ominus(HS^-) = \frac{c(H^+)c(S^-)}{c(HS^-)} = 1.3 \times 10^{-13}$$

显然，$K_a^\ominus(HAc) > K_a^\ominus(NH_4^+) > K_a^\ominus(HS^-)$，因此这三种酸的强弱顺序为 $HAc > NH_4^+ > HS^-$。

多元弱酸(碱)在水溶液中的解离是逐级进行的，如 H_2CO_3：

$$H_2CO_3 \rightleftharpoons HCO_3^- + H^+$$

$$K_{a_1}^\ominus = \frac{c(H^+)c(HCO_3^-)}{c(H_2CO_3)} = 4.3 \times 10^{-7}$$

$$HCO_3^- \rightleftharpoons CO_3^{2-} + H^+$$

$$K_{a_2}^\ominus = \frac{c(H^+)c(CO_3^{2-})}{c(HCO_3^-)} = 5.6 \times 10^{-11}$$

又如二元弱碱 CO_3^{2-} 的解离：

$$CO_3^{2-} + H_2O \rightleftharpoons HCO_3^- + OH^-$$

$$K_{b_1}^\ominus = \frac{c(OH^-)c(HCO_3^-)}{c(CO_3^{2-})} = 1.8 \times 10^{-4}$$

$$HCO_3^- + H_2O \rightleftharpoons H_2CO_3 + OH^-$$

$$K_{b_2}^{\ominus}=\frac{c(OH^-)c(H_2CO_3)}{c(HCO_3^-)}=2.3\times10^{-8}$$

可见，$K_{a_1}^{\ominus}\gg K_{a_2}^{\ominus}$，$K_{b_1}^{\ominus}\gg K_{b_2}^{\ominus}$。

2）共轭酸碱对的 $K_a^{\ominus}$ 与 $K_b^{\ominus}$ 之间的关系

既然共轭酸碱具有相互依存的关系，则 $K_a^{\ominus}$ 与 $K_b^{\ominus}$ 之间必然有一定相关性。例如，某一元弱酸 HA 的 $K_a^{\ominus}$ 与其共轭碱 A^- 的 $K_b^{\ominus}$ 之间的关系可导出如下：

$$HA \rightleftharpoons A^- + H^+$$

$$K_a^{\ominus}=\frac{c(H^+)c(A^-)}{c(HA)}$$

$$A^- + H_2O \rightleftharpoons HA + OH^-$$

$$K_b^{\ominus}=\frac{c(HA)c(OH^-)}{c(A^-)}$$

$$K_a^{\ominus}\times K_b^{\ominus}=\frac{c(H^+)c(A^-)}{c(HA)}\times\frac{c(HA)c(OH^-)}{c(A^-)}=c(H^+)\cdot c(OH^-)=K_w^{\ominus}$$

即

$$K_a^{\ominus}K_b^{\ominus}=K_w^{\ominus}$$

或写成

$$pK_a^{\ominus}+pK_b^{\ominus}=pK_w^{\ominus}$$

例如，对于醋酸(HAc)及其共轭碱(Ac^-)、氨(NH_3)及其共轭酸(NH_4^+)，它们的解离常数有如下关系：

$$K_a^{\ominus}(HAc)K_b^{\ominus}(Ac^-)=K_w^{\ominus}$$

$$K_a^{\ominus}(NH_4^+)K_b^{\ominus}(NH_3)=K_w^{\ominus}$$

可见，若某酸的酸性越强(即酸解离常数 $K_a^{\ominus}$ 越大)，则其共轭碱的碱性就越弱(即碱解离常数 $K_b^{\ominus}$ 越小)；若某碱的碱性越强($K_b^{\ominus}$ 愈大)，则其共轭酸的酸性就越弱($K_a^{\ominus}$ 愈小)。

对多元弱酸、弱碱，也可用上述方法推导出其各级 $K_a^{\ominus}$ 及 $K_b^{\ominus}$ 之间的关系。例如，磷酸(H_3PO_4)的三级解离为

$$H_3PO_4 \rightleftharpoons H^+ + H_2PO_4^-$$

$$K_{a_1}^{\ominus}=\frac{c(H^+)c(H_2PO_4^-)}{c(H_3PO_4)}=7.5\times10^{-3}$$

$$H_2PO_4^- \rightleftharpoons H^+ + HPO_4^{2-}$$

$$K_{a_2}^{\ominus}=\frac{c(H^+)c(HPO_4^{2-})}{c(H_2PO_4^-)}=6.3\times10^{-8}$$

$$HPO_4^{2-} \rightleftharpoons H^+ + PO_4^{3-}$$

$$K_{a_3}^{\ominus}=\frac{c(H^+)c(PO_4^{3-})}{c(HPO_4^{2-})}=4.3\times10^{-13}$$

可见，$K_{a_1}^{\ominus}\gg K_{a_2}^{\ominus}\gg K_{a_3}^{\ominus}$。

磷酸的各级共轭碱的解离常数分别为

$$PO_4^{3-} + H_2O \rightleftharpoons OH^- + HPO_4^{2-}$$

$$K_{b_1}^{\ominus}=\frac{c(OH^-)c(HPO_4^{2-})}{c(PO_4^{3-})}=2.3\times10^{-2}$$

$$HPO_4^{2-} + H_2O \rightleftharpoons OH^- + H_2PO_4^-$$

$$K_{b_2}^{\ominus}=\frac{c(OH^-)c(H_2PO_4^-)}{c(HPO_4^{2-})}=1.6\times10^{-7}$$

$$H_2PO_4^- + H_2O \rightleftharpoons OH^- + H_3PO_4$$

$$K_{b_3}^{\ominus} = \frac{c(OH^-)c(H_3PO_4)}{c(H_2PO_4^-)} = 1.3 \times 10^{-12}$$

可见，$K_{b_1} \gg K_{b_2} \gg K_{b_3}$。

由上述关系很易得出：

$$K_{a_1}^{\ominus}K_{b_3}^{\ominus} = K_{a_2}^{\ominus}K_{b_2}^{\ominus} = K_{a_3}^{\ominus}K_{b_1}^{\ominus} = K_w^{\ominus}$$

所以，共轭酸碱对的 $K_a^{\ominus}$ 与 $K_b^{\ominus}$ 之间的关系可归纳为

一元酸(碱)：

$$K_a^{\ominus}K_b^{\ominus} = K_w^{\ominus} \tag{6-3}$$

二元酸(碱)：

$$K_{a_1}^{\ominus}K_{b_2}^{\ominus} = K_{a_2}^{\ominus}K_{b_1}^{\ominus} = K_w^{\ominus} \tag{6-4}$$

三元酸(碱)：

$$K_{a_1}^{\ominus}K_{b_3}^{\ominus} = K_{a_2}^{\ominus}K_{b_2}^{\ominus} = K_{a_3}^{\ominus}K_{b_1}^{\ominus} = K_w^{\ominus} \tag{6-5}$$

3. 解离度和稀释定律

1）解离度的概念

一般认为强电解质完全解离，而弱电解质只是小部分解离为离子，绝大部分仍然以分子形式存在，未解离的分子和离子之间形成平衡。

$$HAc \rightleftharpoons H^+ + Ac^-$$

$$NH_3 + H_2O \rightleftharpoons NH_4^+ + OH^-$$

通常用解离度(α)来表示弱电解质在溶液中达到解离平衡时解离程度的大小。解离度(α)定义为：弱电解质在溶液中达到解离平衡时，已解离的分子数占该弱电解质原来分子总数的百分率。即

$$\alpha = \frac{\text{已解离的分子数}}{\text{溶液中原有该弱电解质分子总数}} \times 100\% \tag{6-6}$$

例如，$0.10mol \cdot L^{-1}$ HAc 的解离度是 1.32%，则溶液中

$$c(H^+) = 0.10mol \cdot L^{-1} \times 1.32\% = 0.00132mol \cdot L^{-1}$$

$$pH = 2.88$$

2）解离度和解离常数之间的联系与区别

解离度和解离常数都表示弱电解质在溶液中达到解离平衡时解离程度的大小，二者通过稀释定律联系起来。

解离度属平衡转化率，表示弱电解质在一定条件下的解离百分数。在一定温度下，其大小与弱电解质浓度有关，弱电解质的浓度越小，其解离度越大。而解离常数属平衡常数，在一定温度下，其值不受弱电解质浓度的影响。因此，弱酸、弱碱的解离常数比解离度能更好地反映弱酸、弱碱的相对强弱。

3）解离度与解离常数之间的关系——稀释定律

我们以弱酸 HA 为例来讨论解离度与解离常数之间的关系，设 HA 的起始浓度为 c_0，解离度为 α，则

	HA $\rightleftharpoons$	H^+ +	A^-
起始浓度($mol \cdot L^{-1}$)	c_0	0	0
平衡浓度($mol \cdot L^{-1}$)	$c_0 - c_0\alpha$	$c_0\alpha$	$c_0\alpha$

$$K_a^{\ominus}=\frac{c(H^+)\cdot c(A^-)}{c(HA)}=\frac{(c_0\alpha)^2}{c_0-c_0\alpha}=\frac{c_0\alpha^2}{1-\alpha}$$

当弱酸 HA 的解离度 $\alpha<5\%$时，$1-\alpha\approx1$，上式可近似为

$$\alpha=\sqrt{\frac{K_a^{\ominus}}{c_0}} \tag{6-7}$$

同理，对弱碱也可推得类似的关系式：

$$\alpha=\sqrt{\frac{K_b^{\ominus}}{c_0}} \tag{6-8}$$

式(6-7)、式(6-8)成立的前提是：c_0不是很小，而 α 不是很大。该式表明，弱酸(碱)溶液的解离度与其浓度的平方根成反比，与其解离常数的平方根成正比。这一关系称为稀释定律。

6.2 溶液酸度的计算

溶液的酸度对许多化学反应有着重要的影响，在分析化学(特别是滴定分析)中需要严格地控制溶液的酸度。因此，根据酸(碱)解离常数 $K_a^{\ominus}(K_b^{\ominus})$及浓度来计算溶液的 H^+ 浓度具有重要的理论和实际意义。

6.2.1 质子平衡式

按照酸碱质子理论，酸碱反应的实质是质子的转移。因此，当反应达到平衡时，碱所获得的质子总数等于酸所失去的质子总数。其数学表达式称为质子平衡式(Proton Balance Equation)，用 PBE 表示。常利用质子平衡式来处理酸碱平衡时溶液酸度的计算问题。

质子平衡式反映了质子转移的数量关系。要反映质子的转移，必须选择一些物质作为得失质子的参照物。通常选择在溶液中大量存在并参与质子转移的物质(如溶剂和溶质本身)作为质子得失的参照物，称为参考水准(或零水准)。选定了参考水准后，就可根据得、失质子数相等的原则，写出质子平衡式。

例如，在 NaH_2PO_4水溶液中，大量存在并参与了质子转移的物质是 $H_2PO_4^-$ 和 H_2O，存在的型体有：$H_2PO_4^-$、HPO_4^{2-}、PO_4^{3-}、H_3PO_4、H_2O、H_3O^+、OH^-、Na^+ 等。其中 Na^+ 不参与质子转移，其他型体的质子转移情况是：

$$H_2PO_4^- + H_2O \rightleftharpoons HPO_4^{2-} + H_3O^+$$
$$H_2PO_4^- + 2H_2O \rightleftharpoons PO_4^{3-} + 2H_3O^+$$
$$H_2PO_4^- + H_2O \rightleftharpoons H_3PO_4 + OH^-$$
$$H_2O + H_2O \rightleftharpoons OH^- + H_3O^+$$

或用下图表示：

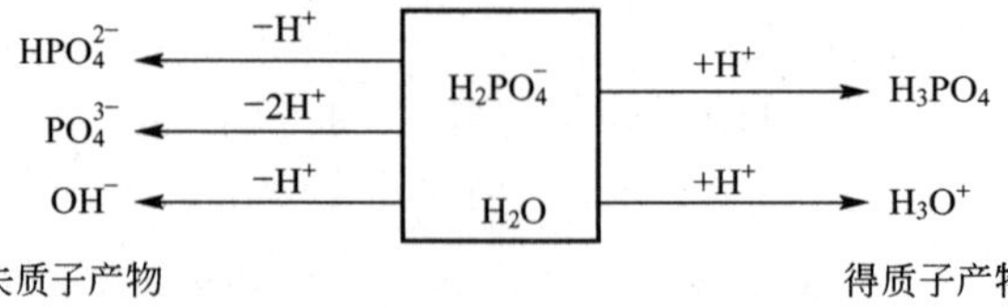

所以，NaH_2PO_4水溶液的质子条件式(PBE)为

$$c(OH^-)+c(HPO_4^{2-})+2c(PO_4^{3-})=c(H^+)+c(H_3PO_4)$$

【例 6-1】 写出 NH_4NaHPO_4水溶液的质子条件式。

解： 选 NH_4^+、HPO_4^{2-}和 H_2O 为参考水准，则它们的质子转移情况为

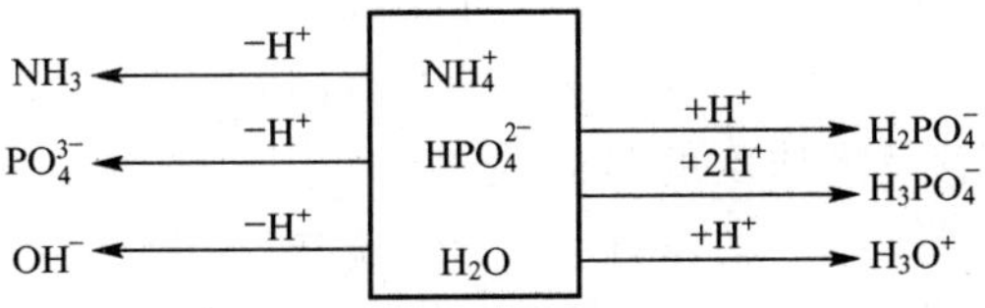

故 NH_4NaHPO_4水溶液的 PBE 为

$$c(OH^-)+c(NH_3)+c(PO_4^{3-})=c(H^+)+c(H_2PO_4^-)+2c(H_3PO_4)$$

【例 6-2】 写出 HCl＋HAc 混合溶液的质子条件式。

解： 选 HCl、HAc 和 H_2O 为参考水准，则它们的质子转移情况为

$$HCl \xrightarrow{-H^+} Cl^-$$

$$HAc \xrightarrow{-H^+} Ac^-$$

$$H_3O^+ \xleftarrow{+H^+} H_2O \xrightarrow{-H^+} OH^-$$

故 HCl＋HAc 混合溶液的 PBE 为

$$c(H^+)=c(Ac^-)+c(OH^-)+c(Cl^-)$$

6.2.2 一元弱酸(碱)水溶液酸度的计算

设某一元弱酸 HA 的分析浓度为 c，则它们的质子转移情况为

$$HA \xrightarrow{-H^+} A^-$$

$$H_3O^+ \xleftarrow{+H^+} H_2O \xrightarrow{-H^+} OH^-$$

其质子平衡式(PBE)为

$$c(H^+)=c(A^-)+c(OH^-)$$

而

$$c(A^-)=\frac{K_a^\ominus c(HA)}{c(H^+)},\ c(OH^-)=\frac{K_w^\ominus}{c(H^+)}$$

所以

$$c(H^+)=\frac{K_a^\ominus c(HA)}{c(H^+)}+\frac{K_w^\ominus}{c(H^+)}$$

$$c(H^+)^2=K_a^\ominus \cdot c(HA)+K_w^\ominus$$

$$c(H^+)=\sqrt{K_a^\ominus c(HA)+K_w^\ominus} \qquad (6-9)$$

式(6-9)是求解一元弱酸 H^+浓度的精确式，$c(HA)$是 HA 的平衡浓度。解此方程比较复杂，实际工作中可视情况作合理的近似处理。如果允许计算误差不大于 5%，可作下面几种近似处理：

(1) 当 $c_aK_a^\ominus \geqslant 20K_w^\ominus$，$c_a/K_a^\ominus < 500$ 时，即酸不是太弱，可忽略水的电离，则

$$c(HA)=c_a-c(H^+)$$

$$c(H^+) = \sqrt{K_a^\ominus \{c_a - c(H^+)\}}$$

$$c^2(H^+) + K_a^\ominus \cdot c(H^+) - K_a^\ominus c_a = 0$$

$$c(H^+) = \frac{-K_a^\ominus + \sqrt{K_a^{\ominus 2} + 4K_a^\ominus c_a}}{2} \qquad (6-10)$$

（2）当 $c_a K_a^\ominus \geqslant 20K_w^\ominus$，$c_a/K_a^\ominus \geqslant 500$ 时，可以认为

$$c_a - c(H^+) \approx c_a$$

则得到计算一元弱酸水溶液 H^+ 浓度的最简式

$$c(H^+) = \sqrt{c_a K_a^\ominus} \qquad (6-11)$$

（3）当 $c_a K_a^\ominus \leqslant 20K_w^\ominus$，但 $c_a/K_a^\ominus \geqslant 500$ 时，水的电离不能忽略，但

$$c_a - c(H^+) \approx c_a$$

所以

$$c(H^+) = \sqrt{c_a K_a^\ominus + K_w^\ominus} \qquad (6-12)$$

一元弱碱水溶液中 $c(OH^-)$ 的计算与弱酸水溶液中 $c(H^+)$ 的计算方法相同，只需将有关公式中的 $c(H^+)$、c_a、$K_a^\ominus$ 分别换成 $c(OH^-)$、c_b、$K_b^\ominus$ 即可。

6.2.3 多元弱酸(碱)水溶液酸度的计算

多元弱酸是分步解离的，一般来说

$$K_{a_1}^\ominus > K_{a_2}^\ominus > K_{a_3}^\ominus \cdots > K_{a_n}^\ominus$$

若 $K_{a_1}^\ominus / K_{a_2}^\ominus > 10^{1.6}$，则可认为溶液中的 H^+ 主要由第一级解离所生成，即可忽略其他各级解离，按一元弱酸来处理。

（1）若 $c_a K_{a_1}^\ominus \geqslant 20K_w^\ominus$，但 $c_a/K_{a_1}^\ominus < 500$

$$c(H^+) = \frac{-K_{a_1}^\ominus + \sqrt{K_{a_1}^{\ominus 2} + 4K_{a_1}^\ominus c_a}}{2} \qquad (6-13)$$

（2）若 $c_a K_{a_1}^\ominus \geqslant 20K_w^\ominus$，且 $c_a/K_{a_1}^\ominus \geqslant 500$，则得到计算多元弱酸水溶液 H^+ 浓度的最简式：

$$c(H^+) = \sqrt{c_a K_{a_1}^\ominus} \qquad (6-14)$$

多元弱碱水溶液 $c(OH^-)$ 的计算，与多元弱酸水溶液中 $c(H^+)$ 的计算方法相同，只需将有关公式中的 $c(H^+)$、c_a、$K_{a_1}^\ominus$ 分别换成 $c(OH^-)$、c_b、$K_{b_1}^\ominus$ 即可。

6.2.4 两性物质的水溶液

两性物质是指既能给出质子又能接受质子的一类物质。常遇到的两性物质主要是电离理论中的酸式盐(如 $NaHCO_3$、Na_2HPO_4、NaH_2PO_4、$NaHC_2O_4$ 等)及弱酸弱碱盐(如 NH_4Ac 等)。

1. 酸式盐(NaHA)

以二元弱酸(H_2A)的酸式盐(NaHA)为例，设 NaHA 的分析浓度为 c，H_2A 的解离常数为 $K_{a_1}^\ominus$ 和 $K_{a_2}^\ominus$，则 H_2A 水溶液中的质子转移情况为

$$H_2A \xleftarrow{+H^+} HA^- \xrightarrow{-H^+} A^{2-}$$

$$H_3O^+ \xleftarrow{+H^+} H_2O \xrightarrow{-H^+} OH^-$$

其 PBE 为

$$c(H^+)+c(H_2A)=c(OH^-)+c(A^{2-})$$

根据有关的解离常数表达式，可得

$$c(H_2A)=\frac{c(H^+)c(HA^-)}{K_{a_1}^{\ominus}}$$

$$c(A^{2-})=\frac{K_{a_2}^{\ominus}\cdot c(HA^-)}{c(H^+)}$$

$$c(OH^-)=\frac{K_w^{\ominus}}{c(H^+)}$$

所以

$$c(H^+)+\frac{c(H^+)c(HA^-)}{K_{a_1}^{\ominus}}=\frac{K_w^{\ominus}}{c(H^+)}+\frac{K_{a_2}^{\ominus}c(HA^-)}{c(H^+)}$$

整理得

$$c(H^+)=\sqrt{\frac{K_{a_1}^{\ominus}\{K_{a_2}^{\ominus}c(HA^-)+K_w^{\ominus}\}}{K_{a_1}^{\ominus}+c(HA^-)}}$$

一般情况下，两性物质 HA^- 的酸式解离和碱式解离倾向都很小(即 $K_{a_2}^{\ominus}$ 和 $K_{b_2}^{\ominus}$ 都很小)，因此 HA^- 的平衡浓度应近似等于 HA^- 的分析浓度，即

$$c(HA^-)\approx c$$

$$c(H^+)=\sqrt{\frac{K_{a_1}^{\ominus}\{K_{a_2}^{\ominus}c+K_w^{\ominus}\}}{K_{a_1}^{\ominus}+c}} \tag{6-15}$$

对式(6－15)可作下述的近似处理：

(1) 若 $cK_{a_2}^{\ominus}\geqslant 20K_w^{\ominus}$，则

$$c(H^+)=\sqrt{\frac{K_{a_1}^{\ominus}K_{a_2}^{\ominus}c}{K_{a_1}^{\ominus}+c}} \tag{6-16}$$

(2) 若 $cK_{a_2}^{\ominus}\geqslant 20K_w^{\ominus}$，且 $c\geqslant 20K_{a_1}^{\ominus}$，则得到计算两性物质 NaHA 水溶液 H^+ 浓度的最简式

$$c(H^+)=\sqrt{K_{a_1}^{\ominus}K_{a_2}^{\ominus}} \tag{6-17}$$

(3) 若 $cK_{a_2}^{\ominus}<20K_w^{\ominus}$，$c\geqslant 20K_{a_1}^{\ominus}$，则式(6－15)中的 $K_{a_1}^{\ominus}$ 项可略去，则得近似式

$$c(H^+)=\sqrt{\frac{K_{a_1}^{\ominus}\{K_{a_2}^{\ominus}c+K_w^{\ominus}\}}{c}} \tag{6-18}$$

2. 酸式盐 (Na_2HA)

对 Na_2HA 型两性物质，处理方法与 NaHA 型相同，只需将公式(6－16)～式(6－18)中的 $K_{a_1}^{\ominus}$ 替换成 $K_{a_2}^{\ominus}$，$K_{a_2}^{\ominus}$ 替换成 $K_{a_3}^{\ominus}$ 即可。

3. 弱酸弱碱盐溶液

对弱酸弱碱盐溶液的 pH 的计算，也可按上述所介绍的方法作近似处理，这里以 $0.10mol\cdot L^{-1}$ NH_4Ac 为例来进行讨论：

Ac^- 作碱，其共轭酸的解离常数 $K_a^{\ominus}(HAc)$ 作为 $K_{a_1}^{\ominus}$；NH_4^+ 作酸，其解离常数 $K_a^{\ominus}(NH_4^+)$ 作为 $K_{a_2}^{\ominus}$。

由于 $cK_{a_2}^{\ominus}=c\dfrac{K_w^{\ominus}}{K_b^{\ominus}(NH_3)}>20K_w^{\ominus}$，$c>20K_{a_1}^{\ominus}$，所以可按最简式计算

$$c(H^+)=\sqrt{K_{a_1}^{\ominus}K_{a_2}^{\ominus}}=\sqrt{K_a^{\ominus}(HAc)\times\frac{K_w}{K_b^{\ominus}(NH_3)}}=\sqrt{\frac{1.8\times10^{-5}}{1.8\times10^{-5}}\times10^{-14}}$$
$$=1.0\times10^{-7}(mol\cdot L^{-1})$$

显然，如果设弱酸(如 HAc)的解离常数为 $K_a^\ominus$，设弱碱(如 NH_3)的解离常数为 $K_b^\ominus$，则计算弱酸弱碱盐(如 NH_4Ac)溶液 H^+ 浓度的最简式为

$$c(H^+)=\sqrt{K_a^\ominus \frac{K_w}{K_b^\ominus}} \tag{6-19}$$

下面将应用以上所介绍的方法来求算一些水溶液体系的酸度。

【例 6-3】 已知 $K_a^\ominus(HAc)=1.8\times10^{-5}$，计算 $0.10mol\cdot L^{-1}$ HAc 溶液的 pH 与 HAc 的解离度。

解：因为 $c_aK_a^\ominus>20K_w^\ominus$，且 $c_a/K_a^\ominus>500$ 所以可用最简式计算：

$$c(H^+)=\sqrt{c_aK_a^\ominus}=\sqrt{0.10\times1.8\times10^{-5}}\approx1.3\times10^{-3}(mol\cdot L^{-1})$$

$$pH=2.88$$

$$\alpha=\frac{c(H^+)}{c_a}=\frac{1.3\times10^{-3}}{0.10}\times100\%=1.3\%$$

【例 6-4】 已知 $K_a^\ominus(HAc)=1.8\times10^{-5}$，计算 $0.10mol\cdot L^{-1}$ NaAc 溶液的 pH。

解：

$$K_b^\ominus(Ac^-)=K_w^\ominus/K_a^\ominus(HAc)=\frac{1.0\times10^{-14}}{1.8\times10^{-5}}\approx5.6\times10^{-10}$$

因为 $c_bK_b^\ominus>20K_w^\ominus$，且 $c_b/K_b^\ominus>500$，所以可用最简式计算：

$$c(OH^-)=\sqrt{c_bK_b^\ominus}=\sqrt{0.10\times5.6\times10^{-10}}\approx7.5\times10^{-6}(mol\cdot L^{-1})$$

$$pOH=5.12$$

$$pH=8.88$$

【例 6-5】 已知 $K_b^\ominus(NH_3\cdot H_2O)=1.8\times10^{-5}$，计算 $0.050mol\cdot L^{-1}$ NH_4Cl 溶液的 pH。

解：$K_a^\ominus(NH_4^+)=K_w^\ominus/K_b^\ominus=\dfrac{1.0\times10^{-14}}{1.8\times10^{-5}}\approx5.6\times10^{-10}$

因为 $c_aK_a^\ominus>20K_w^\ominus$，且 $c_a/K_a^\ominus>500$，所以可用最简式计算：

$$c(H^+)=\sqrt{c_aK_a^\ominus}$$

$$=\sqrt{0.050\times5.6\times10^{-10}}\approx5.3\times10^{-6}(mol\cdot L^{-1})$$

$$pH=5.28$$

【例 6-6】 已知 H_2CO_3 的 $K_{a_1}^\ominus=4.30\times10^{-7}$，$K_{a_2}^\ominus=5.61\times10^{-11}$，计算 $0.10mol\cdot L^{-1}Na_2CO_3$ 溶液的 pH。

解：

$$K_{b_1}^\ominus(CO_3^{2-})=K_w^\ominus/K_{a_2}^\ominus=\frac{1.0\times10^{-14}}{5.61\times10^{-11}}\approx1.78\times10^{-4}$$

$$K_{b_2}^\ominus(CO_3^{2-})=K_w^\ominus/K_{a_1}^\ominus=\frac{1.0\times10^{-14}}{4.30\times10^{-7}}\approx2.33\times10^{-8}$$

$$K_{b_1}^\ominus/K_{b_2}^\ominus=1.78\times10^{-4}/2.33\times10^{-8}>10^{1.6}$$

因为 $c_bK_{b_1}^\ominus>20K_w^\ominus$，且 $c_b/K_{b_1}^\ominus>500$，所以可用最简式计算：

$$c(OH^-)=\sqrt{c_bK_{b_1}^\ominus}$$

$$=\sqrt{0.10\times1.78\times10^{-4}}\approx4.22\times10^{-3}(mol\cdot L^{-1})$$

$$pOH=2.37$$

$$pH=11.63$$

【例6-7】 已知 H_2CO_3 的 $K_{a_1}^{\ominus}=4.30\times10^{-7}$，$K_{a_2}^{\ominus}=5.61\times10^{-11}$，计算 $0.10mol\cdot L^{-1}$ $NaHCO_3$ 溶液的 pH。

解：因为 $cK_{a_2}^{\ominus}\geqslant20K_w^{\ominus}$，且 $c>20K_{a_1}^{\ominus}$，所以可用最简式计算：

$$c(H^+)=\sqrt{K_{a_1}^{\ominus}K_{a_2}^{\ominus}}=\sqrt{4.30\times10^{-7}\times5.61\times10^{-11}}\approx4.9\times10^{-9}$$

$$pH=8.31$$

【例6-8】 计算 $1.0\times10^{-2}mol\cdot L^{-1}$ Na_2HPO_4 水溶液的 pH。已知 H_3PO_4 的各级解离常数分别为 $K_{a_1}^{\ominus}=7.5\times10^{-3}$，$K_{a_2}^{\ominus}=6.3\times10^{-8}$，$K_{a_3}^{\ominus}=4.3\times10^{-13}$。

解：Na_2HPO_4 属于 Na_2HA 型两性物质。

因为 $cK_{a_3}^{\ominus}<20K_w^{\ominus}$，$c>20K_{a_2}^{\ominus}$，所以可将式(6-18)变形为

$$c(H^+)=\sqrt{\frac{K_{a_2}^{\ominus}\{K_{a_3}^{\ominus}c+K_w^{\ominus}\}}{c}}$$

$$c(H^+)=\sqrt{\frac{6.3\times10^{-8}\times(4.3\times10^{-13}\times1.0\times10^{-2}+1.0\times10^{-14})}{1.0\times10^{-2}}}\approx3.00\times10^{-10}(mol)$$

$$pH=9.52$$

6.2.5 酸碱平衡的移动

酸碱平衡和其他化学平衡一样，是一个暂时的、相对的、有条件的动态平衡。当外界条件发生改变时，旧的平衡就被破坏，经过质子转移，重新建立新的平衡，这就是酸碱平衡的移动。影响酸碱平衡的主要因素有浓度、同离子效应和盐效应。

1. 浓度对酸碱平衡的影响

对一个浓度为 c、已达平衡的某一元弱酸 HA 水溶液：

$$HA \rightleftharpoons H^+ + A^-$$

$$K_a^{\ominus}=\frac{c(H^+)c(A^-)}{c(HA)}$$

若向此系统中加入水进行稀释，使系统体积变为原来的 n 倍，则此时反应商为

$$Q=\frac{\frac{c(H^+)}{n}\cdot\frac{c(A^-)}{n}}{\frac{c(HA)}{n}}=\frac{K_a^{\ominus}}{n}<K_a^{\ominus}$$

因此，稀释后平衡向弱酸 HA 离解的方向移动，即 HA 的解离度(α)增大。但值得注意的是，弱酸弱碱经稀释后，虽然解离度增大，但溶液中的 $c(H^+)$ 或 $c(OH^-)$ 不是升高了，而是降低了。这是由于稀释时，解离度(α)增大的倍数总是小于溶液稀释的倍数。

2. 同离子效应

在 HAc 溶液中滴加甲基橙指示剂，溶液将呈红色，这证明 HAc 溶液呈酸性。若再加入少量固体 NaAc，振荡摇匀，则发现红色逐渐变为黄色。该实验表明，溶液中加入 NaAc 后，HAc 溶液的酸度降低了。这是由于 HAc 溶液中存在下列解离平衡：

$$HAc \rightleftharpoons H^+ + Ac^-$$

NaAc 为强电解质，在水中完全解离为 Na^+ 和 Ac^-，从而使溶液中 Ac^- 的浓度增大，造成 HAc 的质子转移平衡向左移动，从而降低了 HAc 的解离度，使溶液中 H^+ 浓度降低。

同理，在NH_3溶液中加入少量固体NH_4Cl，由于NH_4^+的作用，也将使NH_3的质子转移平衡向左移动，解离度降低。

$$NH_3 + H_2O \rightleftharpoons NH_4^+ + OH^-$$

这种在已建立了解离平衡的弱酸或弱碱溶液中，加入与弱酸或弱碱含有相同离子的强电解质，从而使弱酸或弱碱解离度降低的作用，称为同离子效应。

3. 盐效应

若在HAc溶液中加入不含相同离子的强电解质(如NaCl、KNO_3等)时，由于溶液中离子间相互牵制作用增强，Ac^-和H^+结合成分子的机会减小，故表现为HAc的解离度(α)略有增高，这种在弱电解质溶液中加入不含相同离子的强电解质，使弱电解质解离度增加的现象称为**盐效应**。

值得注意的是，虽然在发生同离子效应时，总伴随着盐效应的发生，但由于同离子效应总是比盐效应强得多，所以在一般计算时主要考虑同离子效应。

【例6-9】 计算下列两溶液的pH和HAc的电离度：

(1) $0.10mol \cdot L^{-1}$ HAc溶液。

(2) $0.10mol \cdot L^{-1}$ HAc溶液中加入少量NaAc固体，使$c(NaAc)=0.10mol \cdot L^{-1}$。已知$K_a^{\ominus}(HAc)=1.8\times10^{-5}$。

解：(1) 忽略水的解离

$$HAc \rightleftharpoons H^+ + Ac^-$$

$$K_a^{\ominus}=\frac{c(H^+)c(Ac^-)}{c(HAc)}=\frac{c^2(H^+)}{0.10-c(H^+)}$$

由于弱酸电离度α较小，故$[0.10-c(H^+)]\approx0.10$，则

$$K_a^{\ominus}=\frac{c^2(H^+)}{0.10}$$

解之得

$$c(H^+)=\sqrt{0.10K_a^{\ominus}}\approx1.3\times10^{-3}(mol \cdot L^{-1})$$

$$pH=2.87$$

$$\alpha=\frac{c(H^+)}{c}\times100\%=\frac{1.3\times10^{-3}}{0.10}\times100\%=1.3\%$$

(2) 忽略水的解离，有

$$K_a^{\ominus}=\frac{c(H^+)c(Ac^-)}{c(HAc)}$$

NaAc加入后，由于同离子效应使得HAc电离度α更小，则

$$c(HAc)\approx0.10mol \cdot L^{-1},\ c(Ac^-)\approx0.10mol \cdot K^{-1}$$

$$1.8\times10^{-5}=\frac{c(H^+)\times0.10}{0.10}$$

解之得

$$c(H^+)=1.8\times10^{-5}mol \cdot K^{-1}$$

$$pH=4.74$$

$$\alpha=\frac{c(H^+)}{c}\times100\%=\frac{1.8\times10^{-5}}{0.10}\times100\%=0.018\%$$

以上计算说明，加入NaAc后，HAc的电离度α大大地降低了。而实验证明在

0.10mol·L^{-1} HAc 溶液中加入少量 NaCl，使 c(NaCl)=0.10mol·L^{-1}，能使 HAc 的电离度 α 从 1.3%增加到 1.7%，使 $c(H^+)$从 1.3×10^{-3}mol·L^{-1}增加到 1.7×10^{-3}mol·L^{-1}。可见在一般情况下，盐效应比同离子效应弱得多，如果忽略盐效应，引起的误差也不会太大。

6.2.6 酸碱指示剂

在实际工作中常采用酸度计、pH 试纸或酸碱指示剂来测定溶液的酸度。酸度计是一种电位差计。测定时，用 pH 玻璃电极作指示电极、甘汞电极作参比电极，与待测溶液组成一个测量电池，通过测定该电池的电动势从而得到待测溶液的 pH。pH 试纸是由多种酸碱指示剂按一定比例配制而成的。本节只介绍用酸碱指示剂测定溶液酸度的原理。

1. 酸碱指示剂原理

在一定 pH 范围内，能够借助其本身颜色的改变来指示溶液 pH 的一类物质，称为酸碱指示剂。酸碱指示剂通常是有机弱酸或弱碱，且其共轭酸碱对具有不同的结构及颜色。当溶液 pH 发生改变时，必然影响其解离平衡，使各存在型体的分布发生相应的改变。指示剂共轭酸碱对之间各型体的相互转化，引起指示剂的颜色发生相应的改变。

例如，酚酞指示剂是一种无色的多元有机弱酸，在水溶液中存在下列平衡和颜色变化：

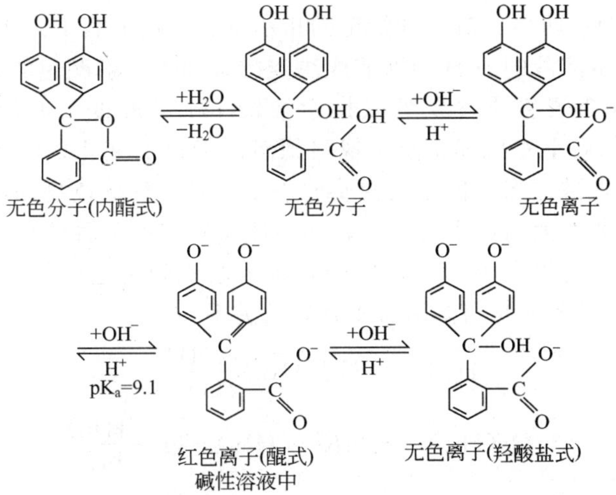

由平衡关系看出，酸性溶液中酚酞以无色的分子形式存在(内酯式结构)；在碱性溶液中转化为红色醌式结构；在强碱性溶液中，又转化为无色的羧酸盐式结构。

另一种常用的酸碱指示剂甲基橙则是一种黄色的有机弱碱，在水溶液中存在如下的解离平衡及颜色变化：

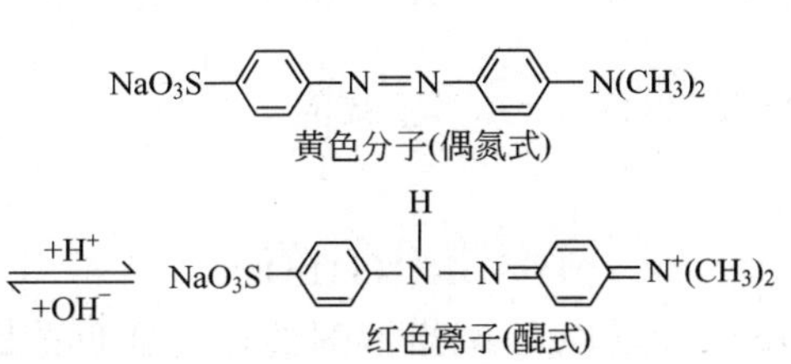

由平衡关系可以看出，增大溶液酸度，平衡向右移动，甲基橙主要以醌式结构存在，呈红色；降低溶液酸度时，则主要以偶氮式结构存在，呈黄色。

2. 指示剂的变色范围

指示剂颜色的改变源于体系 pH 的改变，但并不是溶液 pH 的任何变化都能引起指示剂颜色的明显变化。下面以弱酸型酸碱指示剂 HIn 为例，讨论酸碱指示剂在水溶液中的变色情况。该指示剂在水溶液中存在下列平衡：

$$\mathrm{HIn} \rightleftharpoons \mathrm{H^+} + \mathrm{In^-}$$

$$K_a^{\ominus}(\mathrm{HIn}) = \frac{c(\mathrm{H^+})c(\mathrm{In^-})}{c(\mathrm{HIn})}$$

$K_a^{\ominus}(\mathrm{HIn})$为指示剂的标准解离平衡常数。由上式得：

$$\frac{c(\mathrm{HIn})}{c(\mathrm{In^-})} = \frac{c(\mathrm{H^+})}{K_a^{\ominus}(\mathrm{HIn})}$$

$\frac{c(\mathrm{HIn})}{c(\mathrm{In^-})} \geqslant 10$　　呈现 HIn 酸色

$\frac{1}{10} < \frac{c(\mathrm{HIn})}{c(\mathrm{In^-})} < 10$　　呈现过渡色

$\frac{c(\mathrm{HIn})}{c(\mathrm{In^-})} \leqslant \frac{1}{10}$　　呈现 $\mathrm{In^-}$ 碱色

显然，溶液呈现的颜色取决于指示剂酸式型体与碱式型体浓度的比值，而该比值又取决于 $c(\mathrm{H^+})$和 $K_a^{\ominus}(\mathrm{HIn})$两项。对一种给定的指示剂，一般而言 $K_a^{\ominus}(\mathrm{HIn})$是一个常数。因此溶液的颜色变化是由溶液的 $c(\mathrm{H^+})$即酸度决定的。即指示剂颜色的改变源于体系 pH 的改变；反过来，指示剂颜色的改变可以指示溶液 pH 的改变。但值得指出的是，并非 $c(\mathrm{HIn})/c(\mathrm{In^-})$的任何微小变化都能使人观察到溶液颜色的变化，因为人眼对颜色的辨别能力是有限的。一般来讲，当一种颜色物质的浓度是另一种颜色物质浓度的 10 倍以上时，人眼就能辨别出这种浓度大的物质的颜色，而不能辨别出另一种浓度小的物质的颜色。而当两物质的浓度差别不是很大(10 倍以内)时，则人眼看到是这两种颜色的混合色(或过渡色)。因此，指示剂颜色的变化与溶液 pH 有如下关系：

$$c(\mathrm{H^+}) = K_a^{\ominus}(\mathrm{HIn})\frac{c(\mathrm{HIn})}{c(\mathrm{In^-})}$$

$$-\lg c(\mathrm{H^+}) = -\lg K_a^{\ominus}(\mathrm{HIn}) - \lg\frac{c(\mathrm{HIn})}{c(\mathrm{In^-})}$$

$$\mathrm{pH} = \mathrm{p}K_a^{\ominus}(\mathrm{HIn}) - \lg\frac{c(\mathrm{HIn})}{c(\mathrm{In^-})}$$

$\frac{c(\mathrm{HIn})}{c(\mathrm{In^-})} \geqslant 10$，即 $\mathrm{pH} \leqslant \mathrm{p}K_a^{\ominus}(\mathrm{HIn}) - 1$　显酸色

$\frac{1}{10} < \frac{c(\mathrm{HIn})}{c(\mathrm{In^-})} < 10$，即 $\mathrm{p}K_a^{\ominus}(\mathrm{HIn}) - 1 < \mathrm{pH} < \mathrm{p}K_a^{\ominus}(\mathrm{HIn}) + 1$　显过渡色

$\frac{c(\mathrm{HIn})}{c(\mathrm{In^-})} \leqslant \frac{1}{10}$，即 $\mathrm{pH} \geqslant \mathrm{p}K_a^{\ominus}(\mathrm{HIn}) + 1$　显碱色

指示剂理论变色范围：

$$\mathrm{pH} = \mathrm{p}K_a^{\ominus}(\mathrm{HIn}) \pm 1 \qquad (6-20)$$

我们把 $\mathrm{pH} = \mathrm{p}K_a^{\ominus}(\mathrm{HIn}) \pm 1$ 称为酸碱指示剂的理论变色范围。而当 $\mathrm{pH} = \mathrm{p}K_a^{\ominus}(\mathrm{HIn})$

时，$c(HIn)=c(In^-)$，即酸式型体与碱式型体浓度相等，因此把 $pH=pK_a^\ominus(HIn)$ 称为酸碱指示剂的理论变色点。

指示剂的变色范围理论上是2个pH单位，但实际上指示剂的变色范围主要是依靠人眼观察得来的。由于人眼对各种颜色的敏感度不同，加上指示剂两种颜色互相掩盖，所以导致指示剂实际变色范围与理论变色范围有一定差异。例如，甲基橙的 $pK_a^\ominus(HIn)=3.4$，理论变色范围为pH＝2.4～4.4，而实测结果是pH＝3.1～4.4；pH＜3.1溶液呈红色，pH＞4.4溶液呈黄色，pH＝3.1～4.4，溶液呈现混合色——橙色。

表6-1列出了一些常用酸碱指示剂及其变色范围。

表6-1　几种常用的酸碱指示剂

指示剂	变色范围pH	颜色		$pK_a^\ominus(HIn)$	浓　度
		酸色	碱色		
百里酚蓝（第一次变色）	1.2～2.8	红	黄	1.6	0.1%的20%酒精溶液
甲基黄	2.9～4.0	红	黄	3.3	0.1%的90%酒精溶液
甲基橙	3.1～4.4	红	黄	3.4	0.05%的水溶液
溴酚蓝	3.1～4.6	黄	紫	4.1	0.1%的20%酒精溶液或其钠盐的水溶液
溴甲酚绿	4.0～5.6	黄	蓝	4.9	0.1%的20%酒精溶液或其钠盐的水溶液
甲基红	4.4～6.2	红	黄	5.2	0.1%的60%酒精溶液或其钠盐的水溶液
溴百里酚蓝	6.0～7.6	黄	蓝	7.3	0.1%的20%酒精溶液或其钠盐的水溶液
中性红	6.8～8.0	红	黄橙	7.4	0.1%的60%酒精溶液
酚红	6.7～8.4	黄	红	8.0	0.1%的60%酒精溶液或其钠盐的水溶液
酚酞	8.0～9.6	无	红	9.1	0.5%的90%酒精溶液
百里酚蓝	8.0～9.6	黄	蓝	8.9	0.1%的20%酒精溶液
百里酚酞	9.4～10.6	无	蓝	10.0	0.1%的90%酒精溶液

3. 使用指示剂时应注意的问题

(1) 指示剂用量。指示剂用量不能太多，也不能太少。用量太少，颜色太浅，不易观察溶液的变色情况；用量太多，由于指示剂本身就是弱酸或弱碱，则指示剂本身会或多或少地消耗标准溶液。另外，对双色指示剂，用量过多时，颜色过深会使终点颜色变化不明显；对单色指示剂，指示剂用量的改变还会改变指示剂的变色范围。例如，酚酞是单色指示剂，用量过多将会使变色范围朝pH较低的一方移动。

(2) 温度、溶剂及一些强电解质的存在。温度、溶剂及一些强电解质的存在会影响酸碱指示剂的 $pK_a^{\ominus}(HIn)$，从而影响指示剂的变色范围。例如，甲基橙在18℃时变色范围为pH＝3.1～4.4，而在100℃时为pH＝2.5～3.7。因此，在滴定中应注意控制合适的滴定条件。

(3) 指示剂的颜色变化方向：在具体选择指示剂时，还应注意滴定过程中指示剂的颜色变化方向。例如，酚酞由酸式色变为碱式色，即由无色变为红色，颜色变化明显，容易观察；反之，则由红色到无色，颜色变化不明显，往往滴定过量。因此，酚酞指示剂最好用在碱滴定酸的体系。

4. 混合指示剂

在酸碱滴定中，为了使终点颜色变化敏锐，或使指示剂变色范围更窄，可采用混合指示剂。混合指示剂主要是利用颜色的互补作用来提高指示剂的变色敏锐程度或使指示剂变色范围变窄。混合指示剂的配法有如下两种。

(1) 由两种或两种以上的酸碱指示剂混合而成，由于颜色互补，使颜色变化敏锐并使变色范围变窄。例如，甲酚红(pH 7.2～8.8，黄～紫)和百里酚蓝(pH 8.0～9.6，黄～蓝)按1∶3混合，所得混合指示剂的变色范围变窄，为pH 8.2(粉红)～8.4(紫)。常用的pH试纸就是将多种酸碱指示剂按一定比例混合浸制而成，能在不同的pH时显示不同的颜色，从而较为准确地确定溶液的酸度。pH试纸可分为广泛pH试纸和精密pH试纸两类，其中精密pH试纸就是利用混合指示剂的原理使酸度的确定能控制在较窄的范围内。

(2) 由一种酸碱指示剂与一种颜色不随pH改变的惰性染料混合而成。由于颜色互补使变色敏锐，但变色范围不变。例如，甲基橙(pH 3.1～4.4，红～橙～黄)与靛蓝(惰性染料，蓝色)混合而成的混合指示剂，其颜色变化为pH 3.1(紫)～4.4(绿)，中间过渡色为近于无色的浅灰色，颜色变化十分明显，易于观察。常用混合指示剂列于表6-2。

表6-2　常用酸碱混合指示剂

指示剂溶液的组成	变色点pH	颜色		备注
		酸色	碱色	
1份0.1%甲基黄乙醇溶液 1份0.1%亚甲基蓝乙醇溶液	3.25	蓝紫	绿	pH＝3.2蓝紫色 pH＝3.4绿色
1份0.1%甲基橙水溶液 1份0.25%靛蓝二磺酸钠水溶液	4.1	紫	黄绿	pH＝4.1灰色
3份0.1%溴甲酚绿乙醇溶液 1份0.2%甲基红乙醇溶液	5.1	酒红	绿	颜色变化极显著
1份0.1%溴甲酚绿钠盐水溶液 1份0.1%氯酚红钠盐水溶液	6.1	黄绿	蓝紫	pH＝5.4蓝绿色 pH＝5.8蓝色 pH＝6.0蓝微带紫色 pH＝6.2蓝紫色
1份0.1%中性红乙醇溶液 1份0.1%亚甲基蓝乙醇溶液	7.0	蓝紫	绿	pH＝7.0蓝紫色

（续）

指示剂溶液的组成	变色点 pH	颜色		备注
		酸色	碱色	
1 份 0.1%甲酚红钠盐水溶液 3 份 0.1%百里酚蓝钠盐水溶液	8.3	黄	紫	pH=8.2 粉色 pH=8.4 紫色
1 份 0.1%酚酞乙醇溶液 2 份 0.1%甲基绿乙醇溶液	8.9	绿	紫	pH=8.8 浅蓝色 pH=9.0 紫色
1 份 0.1%酚酞乙醇溶液 1 份 0.1%百里酚乙醇溶液	9.9	无	紫	pH=9.6 玫瑰色 pH=10.0 紫色

6.3 缓冲溶液

一般水溶液，常常容易受外界加酸、加碱或稀释而改变其原有的 pH。许多化学反应和生物化学过程中，都需要使溶液的 pH 保持在一定范围之内，才能使反应和过程正常进行。例如，加碱分离 Al^{3+}、Mg^{2+} 离子，如果 OH^- 浓度太小，Al^{3+} 沉淀不完全；OH^- 浓度太大，已沉淀的 $Al(OH)_3$ 又可能被溶解，而且 Mg^{2+} 也可能会有一些沉淀出来。所以要控制一定的 pH 才能使它们有效地分离。人体血液的 pH 是 7.4 左右，大于 7.8 或小于 7.0 就会导致死亡。因此，我们不仅要学会计算溶液的 pH，还要能够设法控制 pH，这就要依靠缓冲溶液。

6.3.1 缓冲溶液的概念和组成

1. 缓冲溶液的概念

为便于了解缓冲溶液的概念，先分析几个实验现象。

(1) 在一定条件下，纯水的 pH 为 7.00，如果在 50mL 纯水中加入 0.05mL1.0mol·L^{-1} HCl 溶液或 0.05mL 1.0mol·L^{-1}NaOH 溶液，则溶液的 pH 分别由 7.00 降低到 3.00 或增加到 11.00，即 pH 改变了 4 个单位。可见纯水不具有保持 pH 相对稳定的性能。

(2) 如果在 50mL 含有 0.10mol·L^{-1} HAc 和 0.10mol·L^{-1} NaAc 的混合溶液(pH=4.76)中，加入 0.05mL 1.0mol·L^{-1} HCl 溶液或 0.05mL 1.0mol·L^{-1}NaOH 溶液，则溶液的 pH 分别由 4.76 降低到 4.75 或增加到 4.77，即 pH 都只改变了 0.01 个单位。

实验结果表明，在像 HAc－NaAc 这样的弱酸及其共轭碱所组成的溶液中，加入少量强酸或强碱时，溶液的 pH 改变很小。这样的溶液具有保持 pH 相对稳定的性能。

在含有共轭酸碱对（弱酸—弱酸盐或弱碱—弱碱盐）的混合溶液中加入少量强酸或强碱或稍加稀释，溶液的 pH 基本上没有变化，这种具有保持溶液 pH 相对稳定的性能的溶液称为缓冲溶液。缓冲溶液的特点是在适度范围内具有抗酸、抗碱、抗适当稀释(或浓缩)的性能。缓冲溶液的重要作用就是控制溶液的 pH 在一定的范围之内。

2. 缓冲溶液的组成

酸碱缓冲溶液按组成可分为三类：

(1) 由弱酸(碱)与其共轭碱(酸)组成的体系，如 $HAc-Ac^-$、$NH_4^+-NH_3$、$H_2CO_3-HCO_3^-$、$(CH_2)_6N_4H^+-(CH_2)_6N_4$ 等，根据控制溶液 pH 的需要选配适当的缓冲体系。

(2) 强酸或强碱溶液。由于其酸度或碱度较高，外加少量酸、碱或稀释时，溶液 pH 的相对改变不大，此类体系主要用于强酸(碱)条件下 pH 的控制。

(3) 两性物质及次级盐或弱酸、弱碱盐，如 $H_2PO_4^- - HPO_4^{2-}$、NH_4Ac。

在实际工作中，第一类使用最多。

6.3.2 缓冲作用原理

缓冲溶液为什么具有缓冲作用呢？以 HAc－NaAc 缓冲体系为例，体系中存在如下平衡：

$$HAc+H_2O \rightleftharpoons Ac^- + H_3O^+$$

HAc 只有部分解离，而 NaAc 完全解离，使体系中的 Ac^- 浓度增大。由于同离子效应，就抑制了 HAc 的解离，故 HAc－NaAc 溶液体系中大量存在的是 HAc 和 Ac^-，而只有较少量的 H^+。当外加少量的酸(相当于加 H^+)后，H^+ 将与溶液中的 Ac^- 结合生成 HAc 分子，上述平衡体系将向左移动，解离平衡向减小 H^+ 浓度的方向移动，从而部分抵消了外加的少量 H^+，保持了溶液 pH 基本不变；当外加少量碱(相当于加 OH^-)时，OH^- 就会与体系中的 H^+ 结合成 H_2O，使上述平衡向右移动，以补充 H^+ 的消耗，从而也抵消了外加的少量 OH^-，维持了溶液 pH 基本不变；当加水稀释时，一方面降低了溶液的 H^+ 浓度，但另一方面由于电离度的加大和同离子效应的减弱，又使平衡向增大 H^+ 浓度的方向移动，使溶液的 H^+ 浓度变化不大，故 pH 基本不变。

弱碱及其共轭酸体系的缓冲作用原理也与此类似。

6.3.3 缓冲溶液 pH 的计算

对弱酸 HA 与其共轭碱 A^- 组成的缓冲溶液，设弱酸 HA 的起始浓度为 c_a，弱碱 A^- 的起始浓度为 c_b。在一定条件下，存在下列解离平衡：

$$HA+H_2O \rightleftharpoons H_3O^+ + A^-$$

$$K_a^{\ominus}=\frac{c(H^+)c(A^-)}{c(HA)}$$

$$c(H^+)=K_a^{\ominus}\,\frac{c(HA)}{c(A^-)}$$

由于缓冲溶液一般具有较大的共轭酸、碱浓度 c_a 及 c_b，若 $c_a, c_b \geqslant 20c(H^+)$ 或 c_a，$c_b \geqslant 20c(OH^-)$，则 $c(OH^-)$ 及 $c(H^+)$ 均可忽略，这样就可得到计算缓冲溶液酸度的最简式：

$$c(HA)=c_a-c(H^+)\approx c_a$$

$$c(A^-)=c_b+c(H^+)\approx c_b$$

$$c(H^+)=K_a^{\ominus}\,\frac{c_a}{c_b} \tag{6-21a}$$

即

$$pH = pK_a^{\ominus} - \lg \frac{c_a}{c_b} \tag{6-21b}$$

式(6-21)是计算缓冲溶液酸度的最简式。对于一般缓冲溶液 pH 的计算，大多使用最简式。

同理可得计算弱碱及其共轭酸组成的缓冲溶液的 pOH 的最简式：

$$c(OH^-) = K_b^{\ominus} \frac{c_b}{c_a} \tag{6-22a}$$

$$pOH = pK_b^{\ominus} - \lg \frac{c_b}{c_a} \tag{6-22b}$$

$$pH = 14.00 - pOH$$

【例 6-10】 90mL 0.010mol·L^{-1} HAc 和 30mL 0.010mol·L^{-1}NaOH 混合后，溶液的 pH 为多少(已知 HAc 的 $pK_a^{\ominus}=4.75$)？

解：反应后系统为 HAc+NaAc

$$c_a = \frac{(90-30)\times 0.010}{90+30} = 0.0050(mol\cdot L^{-1})$$

$$c_b = \frac{30\times 0.010}{90+30} = 0.0025(mol\cdot L^{-1})$$

$$pH = pK_a^{\ominus} - \lg \frac{c_a}{c_b}$$

$$= 4.75 - \lg \frac{0.0050}{0.0025} \approx 4.45$$

【例 6-11】 计算 10mL 0.30mol·$L^{-1}$$NH_3$与 10mL 0.10mol·$L^{-1}$HCl 混合后溶液的 pH(已知 NH_3的 $K_b^{\ominus}=1.8\times 10^{-5}$)。

解：

$$pK_b^{\ominus}(NH_3) = 4.75$$

$$pK_a^{\ominus}(NH_4^+) = 14.00 - 4.75 = 9.25$$

$$c_a = c(NH_4^+) = \frac{0.10\times 10}{10+10} = 0.050(mol\cdot L^{-1})$$

$$c_b = c(NH_3) = \frac{0.30\times 10 - 0.10\times 10}{10+10} = 0.10(mol\cdot L^{-1})$$

$$pOH = pK_b^{\ominus}(NH_3) - \lg \frac{c_b}{c_a} = 4.75 - \lg \frac{0.10}{0.050} \approx 4.45$$

$$pH = 14.00 - 4.45 = 9.55$$

或

$$pH = pK_a^{\ominus}(NH_4^+) - \lg \frac{c_a}{c_b} = 9.25 - \lg \frac{0.1}{0.2} \approx 9.55$$

6.3.4 缓冲容量

任何缓冲溶液的缓冲能力都是有一定限度的，溶液缓冲能力的大小常用缓冲容量来度量。实验证明，缓冲溶液的缓冲容量的大小，取决于缓冲组分的浓度的大小及缓冲组分浓度的比值。当缓冲组分即共轭酸碱对的浓度较大时，缓冲能力较大；当共轭酸碱对的总浓度一定时，二者的浓度比值为 1∶1 时缓冲能力最大。因此在实际配制缓冲溶液时，应使缓冲组分的浓度较大(但也不宜过大，否则易造成对化学反应或生化反应的不良影响)。实

际工作中常使共轭酸碱的浓度在 0.1mol·L^{-1}～1mol·L^{-1}。另外，还应使共轭酸碱对的浓度比尽量接近 1∶1，一般应将其控制在 10∶1～1∶10 范围内，即利用确定的一对共轭酸碱对配制缓冲溶液时，pH 应控制在 pH=p$K_a^\ominus$±1 范围内，超出了此范围，则缓冲溶液的缓冲能力很小，甚至丧失了缓冲作用。

缓冲溶液的配制可按下列步骤和要求进行：

(1) 依据要求配制的缓冲溶液的 pH，首先选择合适的缓冲对，使其 p$K_a^\ominus$ 尽量接近所要配制的缓冲溶液的 pH。最大差别不要超过 1，即 p$K_a^\ominus$=pH±1。

(2) 根据选择的缓冲对的 p$K_a^\ominus$ 和所要配制的缓冲溶液的 pH，计算出缓冲对的浓度比。

(3) 根据上述结果，配制缓冲溶液，并使共轭酸碱的浓度尽量在 0.1～1.0mol·L^{-1}范围内。对于要求精细控制 pH 的体系还可在缓冲溶液配好后，用酸度计测定并微调其 pH。

(4) 选择的缓冲对还应满足不干扰主化学反应、原料廉价易得、配制容易等条件。

【例 6-12】 如何配制 1.0L 具有中等缓冲能力的 pH=5.00 的缓冲溶液？

解：(1) 因为 HAc 的 p$K_a^\ominus$=4.75，接近 5.0，故选用 HAc-NaAc 缓冲体系。

(2) 求算缓冲体系的浓度比：

由于

$$\mathrm{pH}=\mathrm{p}K_a^\ominus-\lg\frac{c_a}{c_b}=4.75-\lg\frac{c_a}{c_b}=5.0$$

所以

$$\frac{c_a}{c_b}=\frac{c_{\mathrm{HAc}}}{c_{\mathrm{NaAc}}}=0.562$$

(3) 求所需 HAc 和 NaAc 的体积：

为使缓冲溶液具有一定的缓冲能力和计算方便，选用 0.50mol·L^{-1} HAc 和 0.50mol·L^{-1}NaAc溶液配制。设所需 HAc 和 NaAc 溶液的体积分别为 x 和 y，则

$$\begin{cases}x+y=1.0\\ \dfrac{0.50x}{0.50y}=0.562\end{cases}$$

解之得

$$x=0.36\mathrm{L},\ y=0.64\mathrm{L}$$

即将 360mL 0.50mol·L^{-1} HAc 溶液与 640mL 0.50mol·L^{-1} NaAc 溶液混匀，即制得 pH=5.0 的缓冲溶液 1.0L。

【例 6-13】 今有三种酸 $(CH_3)_2AsO_2H$、$ClCH_2COOH$、CH_3COOH，它们的解离常数 $K_a^\ominus$分别为 6.40×10^{-7}、1.40×10^{-3}、1.76×10^{-5}，试问：

(1) 欲配制 pH=6.50 的缓冲溶液，采用哪种酸最好？

(2) 需要多少克这种酸和多少克 NaOH 以配制 1.00L 缓冲溶液，其中酸和它的对应盐的总浓度等于 1.00mol·L^{-1}？

解：(1)

$(CH_3)_2AsO_2H$　　p$K_a^\ominus$ $=-\lg 6.40\times10^{-7}\approx6.19$

$ClCH_2COOH$　　p$K_a^\ominus$ $=-\lg 1.40\times10^{-3}\approx2.85$

CH_3COOH　　p$K_a^\ominus$ $=-\lg 1.76\times10^{-5}\approx4.75$

显然，$(CH_3)_2AsO_2H$ 的 p$K_a^\ominus$ 更接近所需的 pH，故应选 $(CH_3)_2AsO_2H$。

(2) 设缓冲体系中$(CH_3)_2AsO_2H$的平衡浓度为x，则其共轭碱的浓度为$(1-x)$。根据$pH=pK_a^{\ominus}-\lg\frac{c_a}{c_b}$得

$$6.5=6.19-\lg\frac{x}{1-x}$$

解之得

$$x=0.332(mol\cdot L^{-1})$$

加入NaOH

$$(1-0.332)\times 40=26.7(g)$$

加入$(CH_3)_2AsO_2H$

$$(0.332+0.668)\times 138=138(g)$$

所以，欲配制pH=6.50的缓冲溶液1.0L，需要138g$(CH_3)_2AsO_2H$和26.7gNaOH。

6.3.5 重要的缓冲溶液

表6-3列出了最常用的几种标准缓冲溶液，它们的pH是经过实验准确测定的，目前已被国际上规定作为测定溶液pH时的标准参照溶液。

表6-3 pH标准缓冲溶液

pH标准缓冲溶液	pH标准值(>5℃)
$0.034mol\cdot L^{-1}$饱和酒石酸氢钾	3.56
$0.05mol\cdot L^{-1}$邻苯二甲酸氢钾	4.01
$0.025mol\cdot L^{-1}KH_2PO_4$—$0.025mol\cdot L^{-1}Na_2HPO_4$	6.86
$0.01mol\cdot L^{-1}$硼砂	9.18

6.4 弱酸(碱)溶液中各型体的分布

在弱酸(碱)的解离平衡系统中，溶液中同时存在多个型体。从平衡移动的原理可知，改变溶液的酸度可以使酸(碱)解离平衡发生移动，这实际上也是一种同离子效应，即H^+的同离子效应。

为了表示溶液中弱酸(碱)各型体在不同pH时的分布情况，化学上常引入分布系数这一概念。某型体的平衡浓度在总浓度c(即分析浓度)中所占有的分数称为该型体的分布分数，又称分布系数，用符号δ表示。分布分数的大小主要取决于弱酸(碱)的性质，同时还与溶液的pH有关。知道了分布分数和分析浓度，就可求得各种型体的平衡浓度。

6.4.1 一元弱酸(碱)溶液

一元弱酸(HA)在水溶液中存在下列解离平衡并以HA和A^-两种型体存在。设它们的总浓度为c，HA和A^-的平衡浓度分别为$c(HA)$和$c(A^-)$，则

$$HA \rightleftharpoons H^+ + A^-$$

分析浓度：　　　　$c=c(HA)+c(A^-)$

分布分数：　　　　$\delta(HA)+\delta(A^-)=1$　　　　(6-23)

$$K_a^{\ominus}=\frac{c(H^+)c(A^-)}{c(HA)}$$

HA 和 A^- 的分布分数 $\delta(HA)$ 和 $\delta(A^-)$ 分别为

$$\delta(HA)=\frac{c(HA)}{c}=\frac{c(HA)}{c(HA)+c(A^-)}=\frac{1}{1+\frac{c(A^-)}{c(HA)}}$$

$$=\frac{1}{1+\frac{K_a^{\ominus}}{c(H^+)}}=\frac{c(H^+)}{c(H^+)+K_a^{\ominus}} \quad (6-24)$$

$$\delta(A^-)=\frac{c(A^-)}{c}=\frac{c(A^-)}{c(HA)+c(A^-)}=\frac{1}{\frac{c(HA)}{c(A^-)}+1}$$

$$=\frac{1}{\frac{c(H^+)}{K_a^{\ominus}}+1}=\frac{K_a^{\ominus}}{c(H^+)+K_a^{\ominus}} \quad (6-25)$$

从上式可知：

(1) $K_a^{\ominus}(HA)$在一定温度下为常数，$c(H^+)$越高，$\delta(A^-)$越小，$\delta(HA)$越大。

(2) 当 $K_a^{\ominus}(HA)=c(H^+)$时，$\delta(A^-)=\delta(HA)=50\%$，$pH=K_a^{\ominus}(HA)$；

当 $pH<K_a^{\ominus}(HA)$时，$\delta(A^-)<\delta(HA)$；

当 $pH>K_a^{\ominus}(HA)$时，$\delta(A^-)>\delta(HA)$。

(3) $c(HA)=c\times\delta_{HA}=c\times\frac{c(H^+)}{c(H^+)+K_a^{\ominus}}$

$c(A^-)=c\times\delta_{A^-}=c\times\frac{K_a^{\ominus}}{c(H^+)+K_a^{\ominus}}$

由此可见，对于给定的弱酸，由于 $K_a^{\ominus}$ 与浓度无关，故溶液中各型体的分布分数仅是 $c(H^+)$的函数，即 δ 仅取决于溶液的酸度，而与弱酸总浓度无关。

对于一元弱碱，可根据其共轭酸的 $K_a^{\ominus}$，用与以上完全相同的方法导出其水溶液中各型体的分布分数。例如，NH_3水溶液中：

$$\delta(NH_4^+)=\frac{c(H^+)}{c(H^+)+K_a^{\ominus}(NH_4^+)}$$

$$\delta(NH_3)=\frac{K_a^{\ominus}(NH_4^+)}{c(H^+)+K_a^{\ominus}(NH_4^+)}$$

【例 6-14】 计算 pH=4.00 时，分析浓度为 $0.10mol\cdot L^{-1}$的 HAc 溶液中 HAc 和 Ac^- 的分布系数和平衡浓度。已知 HAc 的解离常数 $K_a^{\ominus}=1.8\times10^{-5}$。

解： $\delta(HAc)=\frac{c(H^+)}{c(H^+)+K_a^{\ominus}}=\frac{1.0\times10^{-4}}{1.0\times10^{-4}+1.8\times10^{-5}}\approx0.85$

$$\delta(Ac^-)=\frac{K_a^{\ominus}(HAc)}{c(H^+)+K_a^{\ominus}(HAc)}$$

$$=\frac{1.8\times10^{-5}}{1.0\times10^{-4}+1.8\times10^{-5}}\approx0.15$$

$$c(HAc)=\delta(HAc)\times c=0.85\times0.10=0.085(mol\cdot L^{-1})$$

$$c(Ac^-)=\delta(Ac^-)\times c=0.15\times 0.10$$
$$=0.015(mol\cdot L^{-1})$$

为研究不同酸度下各存在型体的分布，可计算出某一元弱酸(碱)在任意酸度下的分布分数，然后以pH为横坐标、δ为纵坐标，绘制出δ—pH曲线，即为该弱酸(碱)型体分布图。不难理解，对任意一元弱酸，当$pH<pK_a^{\ominus}$时，HA为主要存在型体；$pH>pK_a^{\ominus}$时，A^-为主要存在型体；$pH=pK_a^{\ominus}$时，两种型体浓度相等。HAc水溶液的型体分布图如图6-1所示。

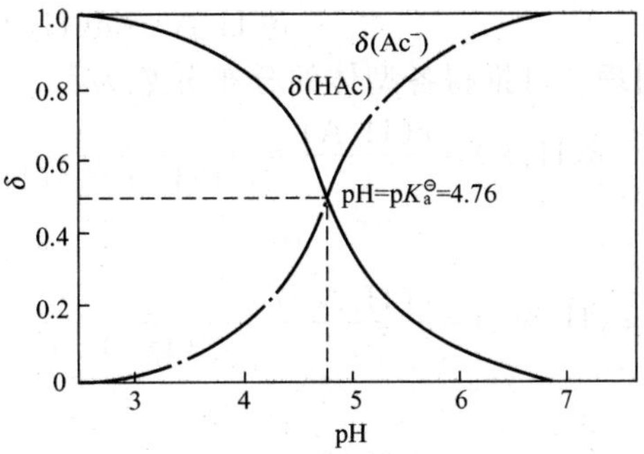

图6-1 HAc水溶液的型体分布图

6.4.2 多元弱酸(碱)溶液

二元弱酸H_2A在水溶液中存在下列平衡，并以H_2A、HA^-和A^{2-}三种型体存在：

$$H_2A \rightleftharpoons H^+ + HA^-$$

$$K_{a_1}^{\ominus}=\frac{c(H^+)c(HA^-)}{c(H_2A)}$$

$$HA^- \rightleftharpoons H^+ + A^{2-}$$

$$K_{a_2}^{\ominus}=\frac{c(H^+)c(A^{2-})}{c(HA^-)}$$

$$c=c(H_2A)+c(HA^-)+c(A^{2-})$$

$$\delta(H_2A)+\delta(HA^-)+\delta(A^{2-})=1 \tag{6-26}$$

$$\delta(H_2A)=\frac{c(H_2A)}{c}=\frac{1}{1+\frac{K_{a_1}^{\ominus}}{c(H^+)}+\frac{K_{a_1}^{\ominus}K_{a_2}^{\ominus}}{c^2(H^+)}}=\frac{c^2(H^+)}{c^2(H^+)+c(H^+)K_{a_1}^{\ominus}+K_{a_1}^{\ominus}K_{a_2}^{\ominus}} \tag{6-27}$$

$$\delta(HA^-)=\frac{c(HA^-)}{c}=\frac{c(H^+)\cdot K_{a_1}^{\ominus}}{c^2(H^+)+c(H^+)K_{a_1}^{\ominus}+K_{a_1}^{\ominus}\cdot K_{a_2}^{\ominus}} \tag{6-28}$$

$$\delta(A^{2-})=\frac{c(A^{2-})}{c}=\frac{K_{a_1}^{\ominus}\cdot K_{a_2}^{\ominus}}{c^2(H^+)+c(H^+)K_{a_1}^{\ominus}+K_{a_1}^{\ominus}\cdot K_{a_2}^{\ominus}} \tag{6-29}$$

酒石酸为二元弱酸，其解离常数$pK_{a_1}^{\ominus}=3.04$，$pK_{a_2}^{\ominus}=4.37$，酒石酸溶液中3种存在型体的δ—pH分布曲线如图6-2所示。曲线可分为3个区域：当$pH<pK_{a_1}^{\ominus}$时，H_2A占优势；当$pK_{a_1}^{\ominus}<pH<pK_{a_2}^{\ominus}$时，$HA^-$占优势；$pH>K_{a_2}^{\ominus}$时，$A^{2-}$占优势。

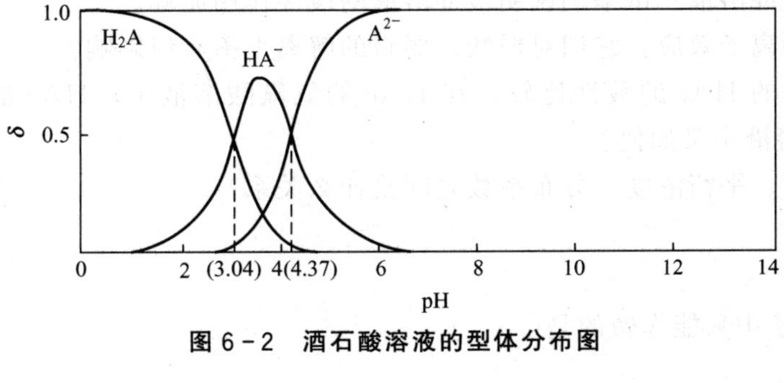

图6-2 酒石酸溶液的型体分布图

对三元弱酸 H_3A，在水溶液中以 H_3A、H_2A^-、HA^{2-} 和 A^{3-} 四种型体存在。

$$c=c(H_3A)+c(H_2A^-)+c(HA^{2-})+c(A^{3-})$$

$$\delta(H_3A)+\delta(H_2A^-)+\delta(HA^{2-})+\delta(A^{3-})=1 \tag{6-30}$$

同理，可推得各型体的分布分数为

$$\delta(H_3A)=\frac{c(H_3A)}{c}=\frac{c^3(H^+)}{c^3(H^+)+c^2(H^+)\cdot K_{a_1}^{\ominus}+c(H^+)\cdot K_{a_1}^{\ominus}\cdot K_{a_2}^{\ominus}+K_{a_1}^{\ominus}\cdot K_{a_2}^{\ominus}\cdot K_{a_3}^{\ominus}} \tag{6-31}$$

$$\delta(H_2A^-)=\frac{c(H_2A^-)}{c}=\frac{c^2(H^+)\cdot K_{a_1}^{\ominus}}{c^3(H^+)+c^2(H^+)\cdot K_{a_1}^{\ominus}+c(H^+)\cdot K_{a_1}^{\ominus}\cdot K_{a_2}^{\ominus}+K_{a_1}^{\ominus}\cdot K_{a_2}^{\ominus}\cdot K_{a_3}^{\ominus}} \tag{6-32}$$

$$\delta(HA^{2-})=\frac{c(HA^{2-})}{c}=\frac{c(H^+)\cdot K_{a_1}^{\ominus}\cdot K_{a_2}^{\ominus}}{c^3(H^+)+c^2(H^+)\cdot K_{a_1}^{\ominus}+c(H^+)\cdot K_{a_1}^{\ominus}\cdot K_{a_2}^{\ominus}+K_{a_1}^{\ominus}\cdot K_{a_2}^{\ominus}\cdot K_{a_3}^{\ominus}} \tag{6-33}$$

$$\delta(A^{3-})=\frac{c(A^{3-})}{c}=\frac{K_{a_1}^{\ominus}\cdot K_{a_2}^{\ominus}\cdot K_{a_3}^{\ominus}}{c^3(H^+)+c^2(H^+)\cdot K_{a_1}^{\ominus}+c(H^+)\cdot K_{a_1}^{\ominus}\cdot K_{a_2}^{\ominus}+K_{a_1}^{\ominus}\cdot K_{a_2}^{\ominus}\cdot K_{a_3}^{\ominus}} \tag{6-34}$$

磷酸为三元酸，其解离常数 $pK_{a_1}^{\ominus}=2.12$，$pK_{a_2}^{\ominus}=7.20$，$pK_{a_3}^{\ominus}=12.36$，磷酸溶液中 4 种存在型体的 δ－pH 分布曲线如图 6－3 所示。

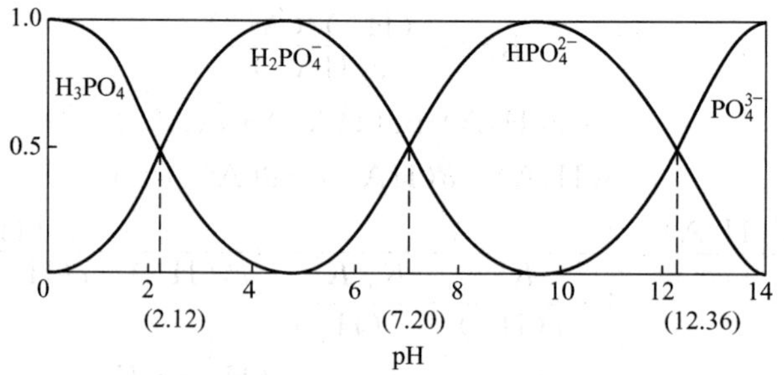

图 6－3　磷酸水溶液的型体分布图

综合练习

一、思考题

1. 试述几种酸碱理论的基本要点。

2. 什么是缓冲溶液？试举例说明缓冲溶液的缓冲作用原理。

3. 什么叫同离子效应？它们对弱酸、弱碱的解离平衡有何影响？

4. 与在水中的 HAc 的酸性比较，在 HAc 的氢氟酸溶液中，HAc 的酸性有何变化？在 HAc 的液氨溶液中又如何？

5. 分析浓度、平衡浓度、分布系数之间是什么关系？

二、练习题

1. 选择题

(1) 下列离子中只能作碱的是(　　)。

(A) H_2O　　(B) HCO_3^-　　(C) S^{2-}　　(D) $[Fe(H_2O)_6]^{3+}$

(2) 在水溶液中能大量共存的一组物质是（　　）。

(A) H_3PO_4和PO_4^{3-}　　(B) $H_2PO_4^-$和PO_4^{3-}

(C) HPO_4^{2-}和PO_4^{3-}　　(D) H_3PO_4和HPO_4^{2-}

(3)下列各组混合液中，可作为缓冲溶液使用的是（　　）。

(A) 0.1mol·L^{-1}HCl与0.05mol·L^{-1}NaOH等体积混合

(B) 0.1mol·L^{-1}HAc 0.1mL与0.1mol·L^{-1}NaAc 1L相混合

(C) 0.2mol·L^{-1} $NaHCO_3$与0.1mol·L^{-1}NaOH等体积混合

(D) 0.1mol·L^{-1} NH_3·H_2O 1mL与0.1mol·$L^{-1}$$NH_4Cl$ 1mL及1L水相混合

(4) 由总浓度一定的HPO_4^{2-}-PO_4^{3-}缓冲对组成的缓冲溶液，缓冲能力最大的溶液pH为(　　)。

(A) 2.12　　(B) 7.20　　(C) 7.20±1　　(D) 12.36

(5) ①0.05mol·L^{-1} NH_4Cl和0.05mol·L^{-1} NH_3·H_2O等体积混合液；②0.05mol·L^{-1}HAc和0.05mol·L^{-1}NaAc等体积混合液；③0.05mol·L^{-1}HAc溶液；④0.05mol·L^{-1}NaAc溶液。上述试液的pH由高到低的排列顺序是(　　)。

(A) ①>②>③>④　　(B) ④>③>②>①

(C) ③>②>①>④　　(D) ①>④>②>③

(6) 已知某二元弱酸H_2B的$pK_{a_1}^\ominus=3.00$，$pK_{a_2}^\ominus=7.00$，则pH=3.00的0.20mol·$L^{-1}$$H_2B$溶液中，$c(HB^-)$为(　　)。

(A) 0.15mol·L^{-1}　　(B) 0.050mol·L^{-1}

(C) 0.025mol·L^{-1}　　(D) 0.10mol·L^{-1}

(7) 已知一元弱酸HB溶液的浓度为0.1mol·L^{-1}，pH=3.00，则0.1mol·L^{-1}的共轭碱NaB溶液的pH为(　　)。

(A) 11.00　　(B) 9.00　　(C) 8.50　　(D) 9.50

2. 写出下列化合物水溶液的质子条件式：

(1) NaH_2PO_4　　(2) NH_4HCO_3　　(3) NH_3+NaOH　　(4) HCl+HAc

3. 已知下列各种弱酸的$K_a^\ominus$值，求它们的共轭碱的$K_b^\ominus$值，并将各碱按照碱性由强到弱的顺序进行排列。

(1) HCN　　$K_a^\ominus=6.2\times10^{-10}$　　(2) HCOOH　　$K_a^\ominus=1.8\times10^{-4}$

(3) C_6H_5OH　　$K_a^\ominus=1.1\times10^{-10}$　　(4) H_3BO_3　　$K_a^\ominus=5.8\times10^{-10}$

(5)H_3PO_4　$K_{a_1}^\ominus(H_3PO_4)=7.5\times10^{-3}$，$K_{a_2}^\ominus(H_3PO_4)=6.3\times10^{-8}$，$K_{a_3}^\ominus(H_3PO_4)=4.3\times10^{-13}$

(6) $H_2C_2O_4$　　$K_{a_1}^\ominus=5.9\times10^{-2}$，　$K_{a_2}^\ominus=6.4\times10^{-5}$

4. 计算下列各水溶液的pH。

(1) 0.100mol·L^{-1}HAc溶液　　(2) 0.100mol·$L^{-1}$$NH_4Cl$溶液

(3) 0.0500mol·L^{-1} Na_3PO_4溶液　　(4) 1.00×10^{-4}mol·$L^{-1}$$NH_4Ac$溶液

(5) 1.00×10^{-3}mol·L^{-1} Na_2HPO_4溶液

5. 在110mL浓度为0.1mol/L的HAc溶液中，加入10mL浓度为0.10mol·L^{-1}的NaOH溶液，则混合溶液的pH为多少？已知HAc的$pK_a^\ominus=4.75$。

6. 草酸的 $pK_{a_1}^{\ominus}=1.2$，$pK_{a_2}^{\ominus}=4.2$，分别估计下列情况溶液的 pH 或 pH 范围：

(1) $C_2O_4^{2-}$ 为主要存在型体。

(2) $HC_2O_4^-$ 为主要存在型体。

(3) $c(HC_2O_4^-)=c(C_2O_4^{2-})$。

(4) $c(H_2C_2O_4)=c(HC_2O_4^-)$。

7. 欲配制 250mL pH=5.00 的缓冲溶液，需在 12.5mL 1.00mol · L^{-1} NaAc 溶液中加入 6.00mol · L^{-1} HAc 溶液和水各多少毫升？

8. 制备 200mL pH=8.00 的缓冲溶液，应取 0.500mol · L^{-1} NH_4Cl 和 0.500mol · L^{-1} NH_3 各多少毫升？已知 $K_b^{\ominus}(NH_3)=1.8\times10^{-5}$。

9. 某人称取 CCl_3COOH 16.34g 和 NaOH 3.0g 溶解于水并稀释至 1.0L。求：

(1) 由此配成的缓冲溶液的 pH 为多少？

(2) 要配制 pH=0.64 的缓冲溶液，在此缓冲溶液中加盐酸或氢氧化钠的物质的量为多少？设加强酸或强碱后溶液体积不变，已知 $K_a^{\ominus}(CCl_3COOH)=0.23$，$M(CCl_3COOH)=163.4g\cdot mol^{-1}$。

第7章 沉淀-溶解平衡

教学目标

(1) 掌握溶度积的概念、溶度积与溶解度的换算。

(2) 了解影响沉淀-溶解平衡的因素，能利用溶度积原理判断沉淀的生成及溶解。

(3) 掌握沉淀溶解平衡的有关计算。

(4) 了解多种沉淀之间的平衡，了解影响沉淀纯度的因素。

在科学研究和生产实践中，经常利用沉淀的生成或溶解来制备所需的物质或材料。如何判断沉淀与溶解反应发生的方向？如何使沉淀的生成或溶解更完全？如何使沉淀更纯净？如何利用沉淀-溶解平衡来测定某种待测物的含量或浓度？要解答这些问题，就需要了解沉淀的生成、溶解和转化的规律。

7.1 溶度积原理

绝对不溶于水的物质是不存在的，习惯上所谓的不溶于水的物质，只不过是在水中的溶解度极小而已。通常把在水中溶解度小于 0.01g/100g(H_2O)的物质称为难溶物质；溶解度在 0.01～0.1g/100g(H_2O)之间的物质称为微溶物质；溶解度大于 0.1g/100g(H_2O)的物质称为“易溶物质”。例如，25℃时，AgCl 的溶解度为 1.35×10^{-4} g/100g(H_2O)，$BaSO_4$ 的溶解度为 2.23×10^{-4} g/100g(H_2O)，HgS 的溶解度为 1.30×10^{-6} g/100g(H_2O)。它们都是难溶物质，但它们的溶解度却有很大的差异。

7.1.1 溶度积常数

固体电解质溶于水后，在水溶液中以水合离子的形式存在。当溶液达到饱和后，未溶解的固体与溶液中的水合离子之间将形成动态平衡，这种平衡可表示如下：

$$\text{固体电解质} \underset{\text{沉淀}}{\overset{\text{溶解}}{\rightleftharpoons}} \text{溶液中的水合离子}$$

这种平衡涉及固相和液相中的离子，是一种多相平衡。以 AgCl 为例，AgCl(s)是由 Ag^+ 和 Cl^- 组成的晶体，将其放入水中时，晶体中的 Ag^+ 和 Cl^- 在水分子的作用下，不断由晶体表面溶入溶液中，成为无规则运动的水合离子，这一过程称为溶解过程。与此同时，已经溶解在溶液中的 Ag^+(aq)和 Cl^-(aq)在不断运动中相互碰撞或与未溶解的 AgCl(s)表面碰撞，也会不断地从液相回到固相表面，并且以 AgCl(s)形式析出，这一过程称为沉淀。任何难溶电解质的溶解和沉淀过程都是相互可逆的。开始时，溶解速率大于沉淀速率，经过一定时间后，溶解和沉淀速率相等时，溶液成为 AgCl(s)的饱和溶液，同时溶解中建立了一种动态的多相离子平衡。它可表示为

$$\mathrm{AgCl(s)} \underset{\text{沉淀}}{\overset{\text{溶解}}{\rightleftharpoons}} \mathrm{Ag^+(aq)} + \mathrm{Cl^-(aq)}$$

该反应的标准平衡常数为

$$K^{\ominus} = c(\mathrm{Ag^+}) \cdot c(\mathrm{Cl^-})$$

对于一般的难溶电解质的沉淀-溶解平衡可表示为

$$\mathrm{A}_n\mathrm{B}_m(\mathrm{s}) \rightleftharpoons n\mathrm{A}^{m+}(\mathrm{aq}) + m\mathrm{B}^{n-}(\mathrm{aq})$$

其标准平衡常数为

$$K_{sp}^{\ominus} = c^n(\mathrm{A}^{m+}) \cdot c^m(\mathrm{B}^{n-}) \qquad (7-1)$$

式(7－1)表示在一定温度下，难溶电解质在其饱和溶液中各离子浓度幂的乘积是一个常数。这个常数称为难溶电解质的溶度积常数，简称溶度积，用符号 $K_{sp}^{\ominus}$ 表示。

$K_{sp}^{\ominus}$ 的大小反映了难溶电解质的溶解能力，其值与温度有关，与浓度无关。一些常见的难溶强电解质的 $K_{sp}^{\ominus}$ 见附录Ⅵ。

严格地讲，溶度积应为沉淀-溶解平衡中各离子活度的幂的乘积。但在溶液中难溶电解质的离子浓度很低，故离子浓度与活度相差很小，$\gamma_{\pm} \approx 1$。

【例 7－1】 由附录Ⅲ的热力学函数计算 298K 时 AgCl 的溶度积常数。

解：

	$\mathrm{AgCl(s)} \rightleftharpoons$	$\mathrm{Ag^+(aq)}$	+	$\mathrm{Cl^-(aq)}$
$\Delta_f G_m^{\ominus}/\mathrm{kJ \cdot mol^{-1}}$	−109.8	77.11		−131.2

$$\Delta_r G_m^{\ominus} = \Sigma \nu_B \Delta_f G_m^{\ominus}(B)$$
$$= (77.11 - 131.2) - (-109.8) = 55.71(\mathrm{kJ \cdot mol^{-1}})$$

由

$$\Delta_r G_m^{\ominus} = -RT\ln K_{sp}^{\ominus}$$

得

$$\ln K_{sp}^{\ominus} = \frac{-\Delta_r G_m^{\ominus}}{RT} = \frac{-55.71 \times 10^3}{(8.314 \times 298.15)} \approx -22.47$$

$$K_{sp}^{\ominus} = 1.74 \times 10^{-10}$$

7.1.2 溶度积和溶解度的相互换算

在一定温度下，溶度积和溶解度都可以表示难溶电解质的溶解能力。因此，难溶电解质的溶度积可以通过其溶解度来求得。反之，通过溶度积也可以求得溶解度。在换算时，要注意所用的浓度单位。溶度积表达式中，离子的浓度用物质的量浓度；而溶解度的单位常有多种表示方法，所以由溶解度求得溶度积时，要先把溶解度换算成物质的量浓度。

【例 7-2】 已知室温条件下，$BaSO_4$和 Ag_2CrO_4的溶度积分别是 1.07×10^{-10}和1.12×10^{-12}，求它们的溶解度。

解：（1）$BaSO_4$的溶解平衡为

$$BaSO_4(s) \rightleftharpoons Ba^{2+}(aq) + SO_4^{2-}(aq)$$

设 $BaSO_4$的溶解度为 $s(mol\cdot L^{-1})$，则 $c(Ba^{2+})=c(SO_4^{2-})=s$，得

$$K_{sp}^{\ominus}(BaSO_4)=c(Ba^{2+})\cdot c(SO_4^{2-})=s^2=1.07\times10^{-10}$$

所以 $$s=\sqrt{1.07\times10^{-10}}\approx1.03\times10^{-5}(mol\cdot L^{-1})$$

（2）Ag_2CrO_4的溶解平衡为

$$Ag_2CrO_4(s) \rightleftharpoons 2Ag^{+}(aq) + CrO_4^{2-}(aq)$$

设 Ag_2CrO_4的溶解度为 $s(mol\cdot L^{-1})$，则 $c(CrO_4^{2-})=s$，$c(Ag^{+})=2s$，则

$$K_{sp}^{\ominus}(Ag_2CrO_4)=c^2(Ag^{+})\cdot c(CrO_4^{2-})=(2s)^2\cdot s=4s^3=1.12\times10^{-12}$$

所以 $$s=\sqrt[3]{\frac{1.12\times10^{-12}}{4}}\approx6.54\times10^{-5}(mol\cdot L^{-1})$$

结果表明，$BaSO_4$的溶度积($K_{sp}^{\ominus}$)虽然比 Ag_2CrO_4的溶度积($K_{sp}^{\ominus}$)大，但是 $BaSO_4$的溶解度却比 Ag_2CrO_4的溶解度小。这是由于 $BaSO_4$属 AB 型难溶电解质，而 Ag_2CrO_4属 A_2B型难溶电解质。对于不同类型的难溶电解质，不能从溶度积的大小直接判断其溶解度的大小，必须通过计算才能得出结论。对于同一类型的难溶电解质，可以由溶度积的大小直接比较它们溶解度的大小。例如，AgCl、$PbSO_4$、$BaSO_4$等难溶电解质均属 AB 型物质，在一定温度下，$K_{sp}^{\ominus}$越大，则溶解度也越大。

【例 7-3】 在 25℃ 时，Ag_2CrO_4的溶解度是 $0.0217g\cdot L^{-1}$，试计算 Ag_2CrO_4的溶度积 $K_{sp}^{\ominus}$。

解： Ag_2CrO_4的溶解度

$$c(Ag_2CrO_4)=\frac{s(Ag_2CrO_4)}{M(Ag_2CrO_4)}$$
$$=\frac{0.0217}{331.8}\approx6.54\times10^{-5}mol\cdot L^{-1}$$

Ag_2CrO_4的溶解平衡为

$$Ag_2CrO_4(s) \rightleftharpoons 2Ag^{+}(aq) + CrO_4^{2-}(aq)$$

平衡浓度($mol\cdot L^{-1}$)　　　　$2s$　　　　s

所以 $$K_{sp}^{\ominus}=c(Ag^{+})^2\cdot c(CrO_4^{2-})=(2s)^2\cdot s=4s^3$$
$$=4\times(6.54\times10^{-5})^3\approx1.12\times10^{-12}$$

必须指出的是，上述溶度积和溶解度之间的换算是有条件的。第一，难溶电解质的离子在溶液中应不发生水解、聚合、配位等副反应；第二，难溶电解质要一步完全电离。只有符合这两个条件的难溶电解质，其 s 和 $K_{sp}^{\ominus}$之间才存在以上简单的数学关系。

7.2 沉淀的类型及溶度积规则

7.2.1 沉淀的类型和性质

沉淀按其外观特征和物理性质，可粗略地分成三类：①晶形沉淀，其外观特征为颗粒

状的结晶，如 $BaSO_4$、$MgNH_4PO_4$ 等；②无定形沉淀，其外观特征呈胶状或絮状，如 $Fe_2O_3 \cdot nH_2O$，$Al_2O_3 \cdot nH_2O$ 等；③凝乳状沉淀，其外观特征介于晶形沉淀和无定形沉淀之间，如 AgCl 等。它们之间的主要差别是沉淀颗粒的大小不同，晶形沉淀的颗粒最大，其直径为 0.1～1μm，无定形沉淀的颗粒较小，其直径仅有 0.02μm，凝乳状沉淀的颗粒大小则介于两者之间。

晶形沉淀是由较大的沉淀颗粒所组成的，其内部构晶离子（即组成沉淀的离子）有规则地排列，结构紧密，具有明显的晶面，沉淀的体积一般比较小，容易沉降于容器的底部，沉淀便于过滤和洗涤。晶形沉淀还可分为粗晶形沉淀（如 $MgNH_4PO_4$）和细晶形沉淀（如 $BaSO_4$）。无定形沉淀是由许多疏松聚集在一起的微小颗粒所形成的，这些微小颗粒杂乱无章地聚集在一起，因而没有明显的晶面，而且颗粒中常含有大量的溶剂分子，所以呈疏松的絮状沉淀，整个沉淀的体积比较大，不易沉降于容器的底部，因此不易过滤和洗涤。

沉淀的形状及颗粒的大小与难溶化合物的溶解度有关。溶解度越大，则沉淀的颗粒越大，易形成晶形沉淀；沉淀的溶解度越小，则沉淀颗粒越小，易形成无定形沉淀。此外，沉淀的颗粒大小还与沉淀时构晶离子的浓度、沉淀条件及后处理过程有关。例如，在稀溶液中沉淀出来的 $BaSO_4$ 为细晶形沉淀，但在水和乙醇的混合溶剂中，将浓的 $Ba(SCN)_2$ 和 $MnSO_4$ 溶液混合，则得到凝乳状的 $BaSO_4$ 沉淀。

7.2.2 溶度积规则

难溶电解质在一定条件下，沉淀能否生成或溶解，可根据溶度积规则来判断。

在难溶电解质溶液中，其离子浓度幂的乘积称为离子积，用 Q_i 表示。对于 A_nB_m 型难溶电解质，有

$$A_nB_m(s) \rightleftharpoons nA^{m+}(aq) + mB^{n-}(aq)$$

$$Q_i = c^n(A^{m+}) \cdot c^m(B^{n-}) \qquad (7-2)$$

Q_i 和 $K_{sp}^{\ominus}$ 的表达式相同，但意义不同。$K_{sp}^{\ominus}$ 表示难溶电解质沉淀-溶解平衡时饱和溶液中离子浓度幂的乘积。对某一难溶电解质来说，在一定温度下 $K_{sp}^{\ominus}$ 为一常数。而 Q_i 则表示任何情况下离子浓度幂的乘积。$K_{sp}^{\ominus}$ 只是 Q_i 的一种特殊情况，是平衡条件下的 Q_i。

在任何给定的溶液中，可根据 Q_i 和 $K_{sp}^{\ominus}$ 的相对大小来判断沉淀的生成和溶解。

(1) 当 $Q_i > K_{sp}^{\ominus}$ 时，溶液为过饱和溶液，平衡向生成沉淀的方向移动，直至达到新的平衡为止。故 $Q_i > K_{sp}^{\ominus}$ 是沉淀生成的条件。

(2) 当 $Q_i = K_{sp}^{\ominus}$ 时，溶液为饱和溶液。体系处于动态平衡状态，离子和沉淀的量都不随时间而改变。

(3) 当 $Q_i < K_{sp}^{\ominus}$ 时，溶液为不饱和溶液。若溶液中有难溶固体电解质存在，则沉淀溶解，直至溶液达到饱和为止。故 $Q_i < K_{sp}^{\ominus}$ 是沉淀溶解的条件。

上述规则称为溶度积规则。它是难溶电解质多相平衡移动规律的总结。在一定温度下，控制难溶电解质溶液中离子的浓度，使溶液中离子积 Q_i 大于或小于溶度积 $K_{sp}^{\ominus}$，就可使难溶电解质生成沉淀或使沉淀溶解，从而使沉淀-溶解平衡向我们所需要的方向转化。

【例 7-4】 将 20mL 浓度为 $0.010mol \cdot L^{-1}$ 的 $BaCl_2$ 溶液加入到 60mL 浓度为 $0.080mol \cdot L^{-1}$ 的 K_2SO_4 溶液中，是否能析出 $BaSO_4$ 沉淀？已知 $K_{sp}^{\ominus}(BaSO_4) = 1.07 \times 10^{-10}$。

解：混合后溶液总体积为20＋60＝80(mL)，溶液混合后离子的浓度为

$$c(Ba^{2+})=\frac{20\times 0.010}{20+60}=2.5\times 10^{-3}(mol\cdot L^{-1})$$

$$c(SO_4^{2-})=\frac{60\times 0.080}{20+60}=6.0\times 10^{-2}(mol\cdot L^{-1})$$

所以　$Q_i=c(Ba^{2+})c(SO_4^{2-})=2.5\times 10^{-3}\times 6.0\times 10^{-2}=1.5\times 10^{-4}>K_{sp}^{\ominus}$

故有 $BaSO_4$ 沉淀生成。

【例 7-5】　在 0.10mol·L^{-1} $FeCl_3$ 溶液中，加入等体积的含有 0.20mol·L^{-1} $NH_3\cdot H_2O$ 和 2.0mol·L^{-1} NH_4Cl 的混合溶液，问能否产生 $Fe(OH)_3$ 沉淀？已知 $K_{sp}^{\ominus}[Fe(OH)_3]=4.0\times 10^{-38}$。

解：由于等体积混合，各物质的浓度均减小一半，即

$$c(Fe^{3+})=0.050mol\cdot L^{-1}\qquad c(NH_4Cl)=1.0mol\cdot L^{-1}$$

$$c(NH_3\cdot H_2O)=0.10mol\cdot L^{-1}$$

设 $c(OH^-)$ 为 $x$mol·L^{-1}，即

$$NH_3\cdot H_2O \rightleftharpoons NH_4^+ + OH^-$$

平衡浓度　　$0.10-x$　　$1.0+x$　　x

$$K_b^{\ominus}=\frac{c(NH_4^+)c(OH^-)}{c(NH_3\cdot H_2O)}=1.8\times 10^{-5}$$

因为 x 很小，$0.10-x\approx 0.1$，$1.0+x\approx 1.0$，所以

$$\frac{1.0x}{0.10}=1.8\times 10^{-5}$$

解得 $x=1.8\times 10^{-6}$，即 $c(OH^-)=1.8\times 10^{-6}mol\cdot L^{-1}$。

$$Q_i=c(Fe^{3+})c^3(OH^-)=0.050\times(1.8\times 10^{-6})^3\approx 2.9\times 10^{-19}$$

$Q_i>K_{sp}^{\ominus}$，故有 $Fe(OH)_3$ 沉淀生成。

或根据弱碱及其共轭酸组成的缓冲溶液的pH计算式

$$c(OH^-)=K_b^{\ominus}\frac{c_b}{c_a}$$

得

$$c(OH^-)=K_b^{\ominus}\frac{c_b}{c_a}=1.8\times 10^{-5}\frac{0.10}{1.0}=1.8\times 10^{-6}(mol\cdot L^{-1})$$

其余步骤相同。

7.3　沉淀-溶解平衡的移动

7.3.1　同离子效应和盐效应

1. 同离子效应

向难溶电解质的溶液中加入与其具有相同离子的可溶性强电解质时，溶液中难溶电解质与可溶性强电解质相同的那种离子的浓度显著增大，按照平衡移动原理，平衡将向生成

沉淀的方向移动。其结果是难溶电解质的溶解度降低。这种因加入含有共同离子的可溶性强电解质而使难溶电解质的溶解度降低的现象称为同离子效应。

例如，在 AgCl 的饱和溶液中加入 NaCl 时，仍会有 AgCl 沉淀析出。这是因为 AgCl 饱和溶液中存在下列平衡

$$AgCl(s) \rightleftharpoons Ag^+(aq) + Cl^-(aq)$$

当在溶液中加入与 AgCl 含有相同离子的 NaCl 时，溶液中 Cl^- 浓度增大，使 $Q_i > K_{sp}^{\ominus}$，平衡向生成 AgCl 沉淀的方向移动，故有沉淀析出。直到溶液中 $Q_i = K_{sp}^{\ominus}$，建立新的平衡时沉淀才停止析出。此时，AgCl 的溶解度比在纯水中要小。

【例 7-6】 计算 25℃下，$CaF_2(s)$在以下不同溶液中的溶解度：

(1) 在水中的溶解度。

(2) 在 $0.010 mol \cdot L^{-1}$ 的 $Ca(NO_3)_2$ 溶液中的溶解度。

(3) 在 $0.010 mol \cdot L^{-1}$ 的 NaF 溶液中的溶解度。

已知 $K_{sp}^{\ominus}(CaF_2) = 2.7 \times 10^{-11}$。

解：(1) 设 CaF_2 在水中溶解度为 s_1，则

$$CaF_2(s) \rightleftharpoons Ca^{2+}(aq) + 2F^-(aq)$$

平衡浓度　　s_1　　$2s_1$

$$K_{sp}^{\ominus} = c(Ca^{2+})c^2(F^-) = s_1(2s_1)^2 = 4s_1^3$$

$$s_1 = \sqrt[3]{\frac{K_{sp}^{\ominus}}{4}} = \sqrt[3]{\frac{2.7 \times 10^{-11}}{4}} \approx 1.9 \times 10^{-4} (mol \cdot L^{-1})$$

(2) 设 CaF_2 在 $0.010 mol \cdot L^{-1}$ 的 $Ca(NO_3)_2$ 溶液中的溶解度为 s_2，则

$$CaF_2(s) \rightleftharpoons Ca^{2+}(aq) + 2F^-(aq)$$

平衡浓度　　$0.010 + s_2$　　$2s_2$

$$K_{sp}^{\ominus} = c(Ca^{2+})c^2(F^-) = (0.010 + s_2)(2s_2)^2 = 2.7 \times 10^{-11}$$

因为 $0.010 + 2s_2 \approx 0.01$，$0.010 \times 4s_2^2 = 2.7 \times 10^{-11}$，

所以　$s_2 \approx 2.6 \times 10^{-5} (mol \cdot L^{-1})$

(3) 设 CaF_2 在 $0.010 mol \cdot L^{-1}$ 的 NaF 溶液中的溶解度为 s_3，则

$$CaF_2(s) \rightleftharpoons Ca^{2+}(aq) + 2F^-(aq)$$

平衡浓度　　s_3　　$0.010 + 2s_3$

因为 $0.010 + 2s_3 \approx 0.010$，所以

$$K_{sp}^{\ominus} = c(Ca^{2+})c^2(F^-) = s_3(0.01)^2 = 2.7 \times 10^{-11}$$

$$s_3 = 2.7 \times 10^{-7} (mol \cdot L^{-1})$$

比较 s_1、s_2、s_3，可以看出，水中 CaF_2 的溶解度 s_1 最大。在 $Ca(NO_3)_2$ 和 NaF 溶液中由于含有 CaF_2 解离出的相同离子 Ca^{2+} 和 F^-，使 CaF_2 的溶解度均有所降低。

同离子效应使难溶电解质的溶解度大为降低，当应用沉淀反应来分离溶液中的离子时，为了使离子沉淀完全，往往需要加入适当过量的沉淀剂。例如，为了使 Ba^{2+} 尽可能完全地生成 $BaSO_4$ 沉淀，就不能仅按反应所需的量加入 Na_2SO_4，而应当加入适当过量的 Na_2SO_4，这样，在有过量的 Na_2SO_4 存在的条件下，因同离子效应，溶液中的 Ba^{2+} 就可以沉淀得非常完全。不过，这里所谓的完全，并不是要使溶液中的某种离子的浓度降低到零。按照化学平衡的观点，这实际上是达不到的。当溶液中的某种离子的浓度降低到小于 $10^{-5} mol \cdot L^{-1}$ 时，按定性的要求就认为这种离子沉淀完全了。若按定量的要求，沉淀完全

时该离子的浓度必须小于 $10^{-6}mol \cdot L^{-1}$。

从溶液中分离出的沉淀物，常常夹带有各种杂质，要除去这些杂质得到纯净的沉淀，就必须对沉淀进行洗涤。沉淀在水中总有一定程度的溶解，当利用沉淀的量来对某种离子的含量进行测定时，在洗涤过程中沉淀的溶解将会对测定结果造成很大的误差。因此，在洗涤沉淀时，为防止沉淀的溶解损失，常常用含有与沉淀具有相同离子的电解质的稀溶液作洗涤剂对沉淀进行洗涤，而不是直接用水洗涤。例如，在洗涤 $BaSO_4$ 沉淀时，可用很稀的 $(NH_4)_2SO_4$ 溶液或很稀的 H_2SO_4 溶液洗涤，沉淀中存在的 $(NH_4)_2SO_4$ 或 H_2SO_4 经灼烧可挥发除去。

加入适当过量的沉淀剂可以使难溶电解质沉淀得更加完全，但沉淀剂的加入量并非越多越好，有时当沉淀剂过量太多时，沉淀反而会出现溶解现象。这与我们将要讨论的盐效应有关。

2. 盐效应

人们从实验中发现，难溶电解质在不具有共同离子的强电解质溶液中的溶解度比在纯水中的溶解度要大一些。例如在 25℃时，AgCl 在纯水中的溶解度为 $1.34\times10^{-5}mol \cdot L^{-1}$，而在 $0.010mol \cdot L^{-1}$ 的 KNO_3 溶液中的溶解度则为 $1.43\times10^{-5}mol \cdot L^{-1}$。这种因为有其他电解质的存在而使难溶电解质的溶解度增大的现象就称为盐效应。

至于盐效应产生的原因，按化学热力学的观点，对于一般的难溶电解质 $A_nB_m(s)$ 的沉淀溶–解平衡可表示为

$$A_nB_m(s) \rightleftharpoons nA^{m+}(aq)+mB^{n-}(aq)$$

以平衡浓度表示的标准平衡常数并不严格。严格地讲，应用活度代替浓度。严格的标准平衡常数为

$$K_{sp}^{\ominus}=a^n(A^{m+})\cdot a^m(B^{n-})=\left[\frac{\gamma_+ c(A^{m+})}{c^{\ominus}}\right]^n\left[\frac{\gamma_- c(B^{n-})}{c^{\ominus}}\right]^m$$

在一定温度下，当溶液中离子浓度增大时，离子间的相互牵制作用加强，活度系数 γ 变小，活度在数值上小于浓度且差距变大。在 $K_{sp}^{\ominus}$ 不变的情况下，平衡时 $A^{m+}(aq)$ 和 $B^{n-}(aq)$ 的浓度必然会有所增大。因此在有其他电解质存在的情况下，难溶电解质的溶解度会有所增大。

在难溶电解质的溶液中只要有其他电解质的存在就会产生盐效应，这些电解质既可以是盐，也可以是酸或碱，既可以是与难溶电解质不具有共同离子的电解质，也可以是与难溶电解质具有共同离子的电解质。所以当向难溶电解质溶液中加入过量沉淀剂时，在产生同离子效应的同时也会产生盐效应。在沉淀剂过量不多的情况下，同离子效应是主要的。随着过量沉淀剂的增多，离子浓度不断增大，盐效应会越来越显著。当过量沉淀剂的浓度增大到一定程度后，盐效应的作用超过同离子效应的作用。这时，难溶电解质的溶解度不是变小，而是有所增大。因此使用过量太多的沉淀剂，并不能达到沉淀更完全的目的。

在实际工作中，为了使实验数据保持一致，常用一种惰性电解质来维持溶液中的离子强度基本不变，从而可保持活度系数基本不变，以消除盐效应的影响。

7.3.2 沉淀的溶解

在难溶电解质的饱和溶液中，加入某种物质改变溶液的酸度、通过氧化还原反应或生

成配合物的方法都可以使有关离子的浓度降低，从而使难溶电解质的 $Q_i < K_{sp}^{\ominus}$，根据溶度积规则，难溶电解质的沉淀就会溶解。

1. 生成弱电解质使沉淀溶解

难溶的弱酸盐、氢氧化物等都能溶于酸而生成弱电解质。例如，在含有固体 $CaCO_3$ 的饱和溶液中加入盐酸后，体系中存在着下列平衡的移动：

$$\begin{array}{l} CaCO_3(s) \rightleftharpoons Ca^{2+} + CO_3^{2-} \\ \qquad\qquad\qquad\qquad\quad + \\ \qquad\qquad\qquad\qquad\quad H^+ \\ \qquad\qquad\qquad\qquad\quad \Updownarrow \\ \qquad\qquad\qquad\qquad\quad HCO_3^- + H^+ \rightleftharpoons H_2CO_3 \rightarrow CO_2\uparrow + H_2O \end{array}$$

总反应为：$CaCO_3(s) + 2H^+(aq) \rightleftharpoons Ca^{2+}(aq) + H_2CO_3$

$$H_2CO_3 \longrightarrow CO_2\uparrow + H_2O$$

此反应的平衡常数为

$$K^{\ominus} = \frac{c(Ca^{2+})c(H_2CO_3)}{c^2(H^+)} = \frac{c(Ca^{2+})c(H_2CO_3)c(CO_3^{2-})}{c^2(H^+)c(CO_3^{2-})}$$

$$= \frac{K_{sp}^{\ominus}(CaCO_3)}{K_{a_1}^{\ominus} \cdot K_{a_2}^{\ominus}} = \frac{4.96\times10^{-9}}{4.3\times10^{-7}\times5.61\times10^{-11}} = 2.06\times10^8$$

计算结果表明，该反应右向进行的程度很大，而且 H^+ 与 CO_3^{2-} 结合生成不稳定的 H_2CO_3，再分解为 CO_2 和 H_2O，从而使 $CaCO_3$ 饱和溶液中 CO_3^{2-} 离子浓度大大减小，以至离子积小于溶度积($Q_i < K_{sp}^{\ominus}$)，因而 $CaCO_3$ 沉淀溶解。这种由于加酸生成弱电解质而使沉淀溶解的方法，称为沉淀的酸溶解。

金属硫化物也是弱酸盐，在酸溶解时，H^+ 和 S^{2-} 先生成 HS^-，HS^- 又进一步和 H^+ 结合成 H_2S 分子，结果 S^{2-} 浓度降低，使 $Q_i < K_{sp}^{\ominus}$，金属硫化物开始溶解。例如，ZnS 的酸溶解可用下式表示：

$$\begin{array}{l} ZnS(s) \rightleftharpoons Zn^{2+} + S^{2-} \\ \qquad\qquad\qquad\qquad + \\ \qquad\qquad\qquad\qquad H^+ \\ \qquad\qquad\qquad\qquad \Updownarrow \\ \qquad\qquad\qquad\qquad HS^- + H^+ \rightleftharpoons H_2S \end{array}$$

在饱和 H_2S 溶液中(H_2S 的浓度为 $0.10mol\cdot L^{-1}$)，S^{2-} 和 H^+ 浓度的关系是：

$$H_2S \rightleftharpoons 2H^+ + S^{2-}$$

$$K^{\ominus} = K_{a_1}^{\ominus}K_{a_2}^{\ominus} = \frac{c^2(H^+)c(S^{2-})}{c(H_2S)}$$

所以 $c^2(H^+)c(S^{2-}) = K_{a_1}^{\ominus}K_{a_2}^{\ominus}c(H_2S)$

$$= 1.1\times10^{-7}\times1.3\times10^{-13}\times0.10 = 1.4\times10^{-21}$$

根据上式可以计算出使金属硫化物溶解时 H^+ 的浓度。

【例 7-7】 要使 0.10mol ZnS 完全溶于 1L 盐酸中，计算所需盐酸的最低浓度。已知 $K_{sp}^{\ominus}(ZnS) = 1.6\times10^{-24}$。

解： 当 0.10mol ZnS 完全溶解于 1L 盐酸中时，$c(Zn^{2+}) = 0.10mol\cdot L^{-1}$，$c(H_2S) = 0.10mol\cdot L^{-1}$

因为 $K_{sp}^{\ominus}(ZnS) = c(Zn^{2+})c(S^{2-})$，所以

$$c(S^{2-})=\frac{K_{sp}^{\ominus}(ZnS)}{c(Z_n^{2+})}=\frac{1.6\times10^{-24}}{0.10}=1.6\times10^{-23}(mol\cdot L^{-1})$$

根据 $K_{a_1}^{\ominus}K_{a_2}^{\ominus}=\frac{c^2(H^+)c(S^{2-})}{c(H_2S)}$，得

$$c(H^+)=\sqrt{\frac{K_{a_1}^{\ominus}K_{a_2}^{\ominus}c(H_2S)}{c(S^{2-})}}=\sqrt{\frac{1.4\times10^{-21}}{1.6\times10^{-23}}}=9.4(mol\cdot L^{-1})$$

溶解 0.10mol ZnS 时消耗掉 0.20mol 盐酸，故所需盐酸的最初浓度为 $9.4mol\cdot L^{-1}+0.20mol\cdot L^{-1}=9.6mol\cdot L^{-1}$。

难溶的金属氢氧化物，如 $Fe(OH)_3$、$Cu(OH)_2$ 等都能溶于酸。这是因为 H^+ 与金属氢氧化物解离出来的 OH^- 不断反应生成弱电解质 H_2O，从而破坏了原有的沉淀-溶解平衡，使金属氢氧化物不断溶解，金属氢氧化物溶于强酸的总反应式为

$$M(OH)_n+nH^+=M^{n+}+nH_2O$$

反应的平衡常数为

$$K^{\ominus}=\frac{c(M^{n+})}{c^n(H^+)}=\frac{c(M^{n+})c^n(OH^-)}{c^n(H^+)c^n(OH^-)}=\frac{K_{sp}^{\ominus}}{(K_w^{\ominus})^n}$$

室温时，$K_w^{\ominus}=1.0\times10^{-14}$，而一般 $M(OH)_n$ 的 $K_{sp}^{\ominus}$ 大于 $(10^{-14})^n$，所以反应平衡常数都大于 1，表明一般金属氢氧化物都能溶于强酸。

对于难溶的两性氢氧化物，如 $Zn(OH)_2$、$Al(OH)_3$、$Sn(OH)_2$ 等，不仅易溶于强酸，而且易溶于强碱，以 $Zn(OH)_2$ 为例，其原理如下：

$$2H^++Z_nO_2^{2-}\rightleftharpoons Zn(OH)_2\rightleftharpoons Zn^{2+}+2OH^-$$

+	+
$2OH^-$　加碱平衡向左移动	$2H^+$　加酸平衡向右移动
↓	↓
$2H_2O$	$2H_2O$

2. 通过氧化还原反应使沉淀溶解

当难溶电解质的组成离子具有氧化性或还原性时，沉淀—溶解平衡会受到氧化还原反应的影响。例如，CuS 不溶于浓盐酸而能溶解于浓硝酸中，是因为浓硝酸具有强氧化性，可以将具有还原性的 S^{2-} 氧化为 SO_4^{2-}，使 S^{2-} 的浓度大大降低，从而 $Q_i<K_{sp}^{\ominus}$，CuS 沉淀溶解：

$$3CuS+8NO_3^-+8H^+=3Cu^{2+}+8NO\uparrow+3SO_4^{2-}+4H_2O$$

氧化还原反应的发生，使难溶电解质的组成离子的氧化态发生变化，原来建立起的沉淀-溶解平衡遭到破坏，最终使沉淀转化为另外的物质。CuCl 为白色沉淀，如果将含沉淀的水溶液放置于空气中，空气中的 O_2 可以将 Cu(Ⅰ)氧化为 Cu^{2+}，随着氧化反应的进行沉淀渐渐溶解，最终变成 $CuCl_2$ 溶液，白色的 CuCl 沉淀也就不复存在了。

$$4CuCl+O_2+4H^+=4Cu^{2+}+4Cl^-+2H_2O$$

沉淀的形成也会改变一些物质的氧化还原性质，从而影响氧化还原反应进行的方向。例如，Cu^{2+} 本来是一种较弱的氧化剂，但在与 KI 反应时，因可形成难溶的 CuI 沉淀，结果 Cu^{2+} 可以将 I^- 氧化成 I_2：

$$2Cu^{2+}+4I^-=2CuI+I_2$$

3. 生成配合物使沉淀溶解

通过加入配位剂，使难溶电解质的组成离子形成稳定的配离子，降低难溶电解质组成离子在溶液中的浓度，从而使其溶解。例如，AgCl 不溶于稀硝酸，但可溶于氨水。其溶解过程为：

$$AgCl(s) \rightleftharpoons Ag^+ + Cl^-$$
$$+$$
$$2NH_3 \rightleftharpoons [Ag(NH_3)_2]^+$$

由于 NH_3 和 Ag^+ 结合而生成稳定的配离子 $[Ag(NH_3)_2]^+$，大大降低了 Ag^+ 的浓度，使 $Q_i < K_{sp}^{\ominus}$，故 AgCl 沉淀开始溶解。

难溶卤化物可以与过量的卤素离子形成配离子而溶解，例如：

$$AgI + I^- \rightleftharpoons [AgI_2]^-$$
$$PbI_2 + 2I^- \rightleftharpoons [PbI_4]^{2-}$$
$$HgI_2 + 2I^- \rightleftharpoons [HgI_4]^{2-}$$
$$CuI + I^- \rightleftharpoons [CuI_2]^-$$

两性氢氧化物在强碱性溶液中也能生成羟合配离子而溶解，如 $Al(OH)_3$ 与 OH^- 反应，生成配离子 $[Al(OH)_4]^-$。

对于溶度积特别小的难溶电解质来说，必须同时降低难溶电解质所解离出的正、负离子的浓度，才能有效地使难溶物的离子积 Q_i 小于其溶度积 $K_{sp}^{\ominus}$，从而达到溶解的目的。例如，HgS 的溶度积（$K_{sp}^{\ominus} = 6.44 \times 10^{-53}$）特别小，它既不溶于非氧化性强酸，也不溶于氧化性硝酸，但可溶于王水中。总的溶解反应方程为

$$3HgS + 2HNO_3 + 12HCl \rightleftharpoons 3H_2[HgCl_4] + 3S\downarrow + 2NO\uparrow + 4H_2O$$

HgS 之所以能溶于王水，一方面是利用王水的氧化性把 S^{2-} 氧化为单质 S；另一方面是王水中大量的 Cl^- 还可与 Hg^{2+} 配位形成稳定的配离子 $[HgCl_4]^{2-}$，从而同时降低了 S^{2-} 和 Hg^{2+} 的浓度，使 $Q_i < K_{sp}^{\ominus}$，这样 HgS 便溶于王水中。

7.3.3 影响沉淀溶解度的其他因素

1. 温度的影响

大多数难溶化合物的溶解过程都是吸热过程，因此沉淀的溶解度随温度升高而增大。但不同物质增大的程度不同。例如，AgCl 的溶解度随温度升高而迅速增大，而 $BaSO_4$ 在相同情况下则增加得很少。在定量分析中，为了获得较好的沉淀，通常在热溶液中进行沉淀。对于一些热溶液中溶解度较大的沉淀，如 $MgNH_4PO_4 \cdot 6H_2O$ 和 CaC_2O_4 等，其沉淀溶解损失很大，不容忽视。因此，沉淀必须放置冷却至室温后，再进行过滤和洗涤，以减少溶解损失；对于一些无定形沉淀，如 $Fe_2O_3 \cdot nH_2O$、$Al_2O_3 \cdot nH_2O$ 等，其溶解度很小，热溶液对溶解度影响也不大，而冷却后难于过滤、洗涤，所以要趁热过滤并用热的洗涤液洗涤。

2. 溶剂的影响

大多数无机难溶化合物是离子型晶体，它们在水中的溶解度一般比在有机溶剂中的溶解度大，因此，若在水溶液中加入与水能混溶的有机溶剂（如乙醇或丙酮等），可以显著

降低沉淀的溶解度。例如，钾盐在水中易溶，用重量法测定钾，沉淀为 K_2PtCl_6，它在水中的溶解度较大，若加入乙醇，则可使溶解度大大降低，沉淀完全。

3. 沉淀颗粒大小的影响

对于同一种沉淀物质，颗粒越小，溶解度越大。反之，颗粒越大，溶解度越小。这是因为处于晶体边缘、棱角或晶面上的离子受晶体内部离子的吸引力较小，受到溶剂分子的作用力比较大。因此，易于进入溶液，其溶解度就较大。小晶粒比大晶粒有更多的离子处于边缘、晶面或棱角，所以溶解度较大。

4. 胶溶现象的影响

在进行沉淀反应时，尤其是对于无定形沉淀的沉淀反应，如果操作不当，常常会形成胶体溶液，甚至会使已经沉降下来的胶体沉淀重新分散于溶液中，这种现象就称为“胶溶”。由于胶溶现象的发生，使得无法得到沉淀。为了避免这种现象的发生，在进行胶体沉淀时往往加入大量的强电解质，以促使胶粒聚沉。

7.4 多种沉淀之间的转化

7.4.1 分步沉淀

如果在溶液中有两种或两种以上的离子都能与加入的沉淀剂发生沉淀反应，它们将根据溶度积的大小按一定的先后次序生成沉淀，这种先后沉淀的现象，称为分步沉淀。例如，在含有相同浓度的 Cl^- 和 I^- 的混合溶液中，逐滴加入 $AgNO_3$ 溶液，先只产生黄色的 AgI 沉淀，当加入到一定量 $AgNO_3$ 时，才出现白色的 AgCl 沉淀。

假定上述溶液中 Cl^- 和 I^- 的浓度均为 $0.010mol \cdot L^{-1}$，在此溶液中加入 $AgNO_3$ 溶液，由于 AgCl、AgI 的溶度积不同，相应沉淀开始析出时所需的 Ag^+ 浓度不同。

AgI 开始析出时所需 Ag^+ 浓度为

$$c(Ag^+)=\frac{K_{sp}^{\ominus}(AgI)}{c(I^-)}=\frac{8.51\times10^{-17}}{0.010}=8.51\times10^{-15}(mol \cdot L^{-1})$$

AgCl 开始析出时所需 Ag^+ 浓度为

$$c(Ag^+)=\frac{K_{sp}^{\ominus}(AgCl)}{c(Cl^-)}=\frac{1.77\times10^{-10}}{0.010}=1.77\times10^{-8}(mol \cdot L^{-1})$$

结果表明，沉淀 I^- 所需 Ag^+ 浓度比沉淀 Cl^- 所需 Ag^+ 浓度小得多，所以 AgI 先沉淀。

不断滴入 $AgNO_3$ 溶液，随着 AgI 的析出，溶液中的 I^- 浓度不断减小，而 Ag^+ 浓度不断增加。当 Ag^+ 增大到 $1.77\times10^{-8}mol \cdot L^{-1}$ 时，AgCl 即开始生成沉淀。此时溶液中存在的 I^- 的浓度为

$$c(I^-)=\frac{K_{sp}^{\ominus}(AgI)}{c(Ag^+)}=\frac{8.51\times10^{-17}}{1.77\times10^{-8}}\approx4.8\times10^{-9}(mol \cdot L^{-1})$$

I^- 的浓度此时小于 $1.0\times10^{-6}mol \cdot L^{-1}$。可以认为，当 AgCl 开始沉淀时，$I^-$ 已经沉淀完全。如果能适当控制反应条件，就可使 Cl^- 和 I^- 分离。

总之，当溶液中同时存在几种离子时，离子积首先达到溶度积的难溶电解质首先生成

沉淀，离子积后达到溶度积的则后生成沉淀。对于同一类型的难溶电解质，溶度积差别越大，利用分步沉淀就可以分离得越完全。

除碱金属和部分碱土金属外，许多金属氢氧化物的溶解度都比较小。在科研和生产实践中，常根据金属氢氧化物溶解度的差别，控制溶液的 pH，使某些金属氢氧化物沉淀出来，另一些金属离子仍保留在溶液中，从而达到分离的目的。

【例 7-8】 溶液中含有 Fe^{3+} 和 Fe^{2+}，它们的浓度均为 $0.050 mol \cdot L^{-1}$，如果要求 Fe^{3+} 沉淀完全而 Fe^{2+} 留在溶液中，需如何控制溶液的 pH？已知：$K_{sp}^{\ominus}[Fe(OH)_3]=4.0\times 10^{-38}$，$K_{sp}^{\ominus}[Fe(OH)_2]=8.0\times 10^{-16}$。

解： Fe^{3+} 沉淀完全时，$c(Fe^{3+})=1.0\times 10^{-6} mol \cdot L^{-1}$，$Fe^{3+}$ 沉淀完全所需的 $c(OH^-)$ 为

$$c(OH^-)=\sqrt[3]{\frac{K_{sp}^{\ominus}(Fe(OH)_3}{c(Fe^{3+})}}=\sqrt[3]{\frac{4.0\times 10^{-38}}{1.0\times 10^{-6}}}\approx 3.4\times 10^{-11}(mol \cdot L^{-1})$$

$$pOH=-\lg c(OH^-)=10.47$$

$$pH=14.00-pOH=14.00-10.47=3.53$$

Fe^{2+} 开始沉淀时所需要的 $c(OH^-)$ 为

$$c(OH^-)=\sqrt{\frac{K_{sp}^{\ominus}(Fe(OH)_2)}{c(Fe^{2+})}}=\sqrt{\frac{8.0\times 10^{-16}}{0.050}}\approx 1.26\times 10^{-7}(mol \cdot L^{-1})$$

$$pOH=-\lg c(OH^-)=6.90$$

$$pH=14.00-pOH=14.00-6.90=7.10$$

故溶液的 pH 应控制在 3.53～7.10，这样既可使 Fe^{3+} 完全沉淀，又可使 Fe^{2+} 留在溶液中。

【例 7-9】 某溶液中 Zn^{2+} 和 Mn^{2+} 的浓度都为 $0.10 mol \cdot L^{-1}$，向溶液中通入 H_2S 气体，使溶液中的 H_2S 始终处于饱和状态，溶液的 pH 应控制在什么范围可以使这两种离子完全分离？

已知：$K_{sp}^{\ominus}(ZnS)=1.6\times 10^{-24}$，$K_{sp}^{\ominus}(MnS)=2.5\times 10^{-13}$，氢硫酸($H_2S$)的解离常数 $K_{a_1}^{\ominus}=1.07\times 10^{-7}$，$K_{a_2}^{\ominus}=1.26\times 10^{-13}$。

解： ZnS 比 MnS 更容易生成沉淀。

(1) 计算 Zn^{2+} 沉淀完全时的 $c(S^{2-})$、$c(H^+)$ 和 pH：

$$c(S^{2-})=\frac{K_{sp}^{\ominus}(ZnS)}{c(Zn^{2+})}=\frac{1.6\times 10^{-24}}{1.0\times 10^{-6}}=1.6\times 10^{-18}(mol \cdot L^{-1})$$

$$H_2S \rightleftharpoons 2H^+ + S^{2-}$$

$$K^{\ominus}=K_{a_1}^{\ominus}K_{a_2}^{\ominus}=\frac{c^2(H^+)c(S^{2-})}{c(H_2S)}$$

$$c(H^+)=\sqrt{\frac{K_{a_1}^{\ominus}\cdot K_{a_2}^{\ominus}c(H_2S)}{c(S^{2-})}}=\sqrt{\frac{1.39\times 10^{-21}}{1.6\times 10^{-18}}}\approx 2.9\times 10^{-2}(mol \cdot L^{-1})$$

$$pH=1.54$$

(2) 计算 Mn^{2+} 开始沉淀时的 $c(S^{2-})$、$c(H^+)$ 和 pH：

$$c(S^{2-})=\frac{K_{sp}^{\ominus}(MnS)}{c(Mn^{2+})}=\frac{2.5\times 10^{-13}}{0.10}=2.5\times 10^{-12}(mol \cdot L^{-1})$$

$$c(H^+)=\sqrt{\frac{K_{a_1}^{\ominus}\cdot K_{a_2}^{\ominus}c(H_2S)}{c(S^{2-})}}=\sqrt{\frac{1.39\times 10^{-21}}{2.5\times 10^{-12}}}\approx 2.4\times 10^{-5}(mol \cdot L^{-1})$$

$$pH=4.64$$

因此，只要将 pH 控制在 1.54～4.64，就能使 Zn^{2+} 沉淀完全，而 Mn^{2+} 不产生沉淀，从而实现 Zn^{2+} 和 Mn^{2+} 的分离。

7.4.2 沉淀的转化

由一种沉淀转化为另一种更难溶沉淀的过程，称为沉淀的转化。在生产实践和科研中，有些沉淀(如难溶强酸盐)既不溶于水也不溶于酸，也不能用氧化还原和配位溶解法将它溶解，此时可先将难溶强酸盐转化为难溶弱酸盐，然后用酸溶解。例如，工业锅炉的锅垢中常含有 $CaSO_4$ 沉淀，$CaSO_4$ 不溶于酸，较难除去。若用 Na_2CO_3 处理，可使锅垢中的 $CaSO_4$ 沉淀转化为结构疏松的 $CaCO_3$ 沉淀。$CaCO_3$ 易溶于酸，用盐酸即可将其除去。

$CaSO_4$ 转化为 $CaCO_3$ 的反应为

$$CaSO_4(s)+CO_3^{2-}(aq) \rightleftharpoons CaCO_3(s)+SO_4^{2-}(aq)$$

反应的平衡常数为

$$K^{\ominus}=\frac{c(SO_4^{2-})}{c(CO_3^{2-})}=\frac{c(SO_4^{2-})c(Ca^{2+})}{c(CO_3^{2-})c(Ca^{2+})}=\frac{K_{sp}^{\ominus}(CaSO_4)}{K_{sp}^{\ominus}(CaCO_3)}$$

$$=\frac{9.1\times10^{-6}}{2.8\times10^{-9}}=3.25\times10^{3}$$

计算表明，这一沉淀转化反应向右进行的趋势很大。若难溶电解质的类型相同，沉淀转化程度的大小取决于两种难溶电解质溶度积的相对大小。一般地说，溶度积较大的难溶电解质易于转化为溶度积较小的难溶电解质。两种沉淀物的溶度积相差越大，沉淀转化反应越完全。

7.5 沉淀的纯度及影响沉淀纯度的因素

在许多过程中，都要求得到较纯的沉淀。但当沉淀从溶液中析出时，不可避免地夹杂溶液中的一些其他组分（杂质或母液），从而使沉淀不纯。为了得到一定纯度的沉淀，必须尽可能地减少沉淀的夹杂。这就要求了解在沉淀过程中，杂质混入沉淀的各种途径，从而找出减少杂质混入的方法，以获得尽可能纯的沉淀。影响沉淀纯度的主要因素有共沉淀现象和后沉淀现象。

7.5.1 共沉淀现象

当一种沉淀从溶液析出时，某些在该条件下是可溶性的组分，常常会被沉淀夹带下来而与沉淀一起析出，这种现象称为共沉淀。例如，用 $BaSO_4$ 质量法测定 SO_4^{2-} 时，如果溶液中存在 Fe^{3+}，$BaSO_4$ 沉淀中就会夹杂着 $Fe_2(SO_4)_3$，使灼烧后的称量物不是白色沉淀而呈黄棕色。产生共沉淀的原因有三个方面。

1. 表面吸附共沉淀

沉淀表面的吸附作用，是共沉淀中最普遍的现象，它是由晶体表面电荷不平衡所引起的。例如，将 NaCl 溶液加入到含有 NaAc 的 $AgNO_3$ 溶液中，形成 AgCl 沉淀。在沉淀颗粒的内部，Ag^+ 或 Cl^- 都被其上、下、左、右、前、后 6 个带相反电荷的构晶离子 Cl^- 或

Ag^+所包围，整个沉淀颗粒的内部处于静电平衡状态。而在沉淀颗粒的表面上，Ag^+或Cl^-至少有一个面没有与带相反电荷的构晶离子相连接，存在着不平衡的静电力场。因而，它具有吸引溶液中带相反电荷离子的能力。当$AgNO_3$过量时，沉淀表面的Cl^-首先强烈地吸引溶液中过量的Ag^+，形成吸附层（或称第一吸附层）。然后Ag^+再通过静电引力进一步吸引溶液中的异性电荷离子作为抗衡离子，即Ac^-或NO_3^-，组成扩散层（或称第二吸附层）。带有不同电荷的吸附层及扩散层共同组成沉淀表面的双电层。双电层中正、负离子总数相等，电荷平衡。

表面吸附具有一定的吸附规律：

（1）当某一构晶离子过量时，沉淀首先吸附构晶离子。

（2）对于抗衡离子，离子的价数越高，浓度越大，越容易被吸附。

（3）如果各抗衡离子的浓度、电荷相同，则首先吸附那些能与构晶离子形成溶解度最小或离解度最小的化合物的离子。

（4）一些在电场作用下容易变形的大阴离子（如有机染料），也易被吸附。例如，在过量$AgNO_3$溶液中沉淀AgCl，溶液中除过量的$AgNO_3$外，还有K^+、Na^+、Ac^-等离子，则AgCl沉淀表面首先吸附溶液中的构晶离子Ag^+，而不是Na^+、K^+；作为扩散层被吸附到沉淀表面上的抗衡离子是Ac^-，而不是NO_3^-，这是由于AgAc的溶解度小于$AgNO_3$。

（5）沉淀表面吸附杂质的量还与下列因素有关：①与沉淀的总表面积有关。当沉淀量一定时，沉淀的颗粒越小则其比表面积越大，吸附杂质的量就越多。晶形沉淀颗粒较大，表面吸附现象不严重，而无定形沉淀颗粒很小，表面吸附较严重。因此，表面吸附共沉淀是无定形沉淀被玷污的主要原因。②与溶液中杂质的浓度有关。一般情况下，杂质的浓度越大，被沉淀吸附的量越多。③与溶液的温度有关。因为吸附是放热过程，因此，溶液温度升高可减少杂质的吸附量。

表面吸附现象既然发生在沉淀的表面，所以洗涤是除去表面吸附杂质的有效方法。洗涤可以将沉淀外层结合得较松散的抗衡离子除去，特别是用电解质的稀溶液作洗涤液时，可以置换出杂质离子。例如，用NaCl沉淀剂沉淀Ag^+，生成的AgCl沉淀表面存在着NaCl吸附共沉淀。用稀HNO_3溶液作洗涤液，则H^+将沉淀表面吸附的Na^+置换下来，转化为HCl，HCl在烘干时挥发除去，便得到较纯净的AgCl沉淀。

2. 生成混晶共沉淀

晶形沉淀都有一定的晶体结构，具有一定的晶格。如果溶液中存在着与构晶离子半径相近、电荷相同的杂质离子，则在沉淀过程中，杂质离子就有可能占据沉淀中的某些晶格位置而进入沉淀颗粒的内部，这种沉淀颗粒就称为混晶，也称为固溶体。例如，$BaSO_4-PbSO_4$、$AgCl-AgBr$、$CaC_2O_4-SrC_2O_4$、$PbCrO_4-BaCrO_4$等，都可形成混晶。另外，$KMnO_4$与$BaSO_4$的离子电荷虽然不同，但半径相近，都有ABO_4型的化学组成，也能形成固溶体，使$BaSO_4$白色沉淀呈粉红色。由于形成混晶的杂质离子进入了晶体内部或晶格，所以难于去除。

减少或消除混晶的最好方法是将杂质离子事先分离除去。例如，为了防止$BaSO_4-PbSO_4$混晶的生成，先将Pb^{2+}沉淀为PbS，与Ba^{2+}分离；将Ce^{3+}氧化成Ce^{4+}，则不再与La^{3+}形成混晶。此外，加入配位剂、改变沉淀剂也可防止或减少混晶共沉淀。

3. 包藏共沉淀

在沉淀过程中，由于沉淀剂加入过快，沉淀生长太快，最初生成的沉淀颗粒表面吸附的杂质来不及离开沉淀表面就被随后生成的沉淀所覆盖，使杂质或母液被包藏在沉淀颗粒的内部，这种杂质包裹在沉淀内部的共沉淀现象称为包藏或吸留。

包藏是晶形沉淀被玷污的主要原因。由于包藏的杂质在沉淀的内部，不能用洗涤的方法除去。减少包藏共沉淀的方法是陈化，即将沉淀与母液一起放置一段时间，晶体中不完整部分的杂质离子容易重新进入溶液，而在溶液中的离子又不断回到晶体表面，使结晶趋于完整，沉淀更为纯净。重结晶也是去除吸留杂质的有效方法。

共沉淀现象有时也是可以被利用的。尤其是在分离、富集一些微量组分方面，共沉淀是一种很好的手段。利用共沉淀的原理，可将稀溶液中的有效组分沉积下来。

7.5.2 后沉淀现象

后沉淀现象是指当溶液中某一组分沉淀析出之后，另一种本来难以析出沉淀的组分，在沉淀与母液一起放置的过程中，逐渐沉积于沉淀表面上的过程。例如，在 0.01mol·L^{-1} Zn^{2+} 的 H_2SO_4 溶液中通入 H_2S，ZnS 沉淀难以析出。若在上述溶液中存在 Cu^{2+} 或 Hg^{2+} 时，开始时有 CuS 或 HgS 沉淀生成，而无 ZnS 析出。放置一段时间后，ZnS 就逐渐在 CuS 或 HgS 表面上析出。这是由于 CuS 或 HgS 沉淀表面选择性地吸附了 S^{2-}，S^{2-} 进一步吸附 Zn^{2+} 作为抗衡离子，则在 CuS 或 HgS 沉淀的表面附近 S^{2-} 及 Zn^{2+} 的浓度比母体溶液中大，相对过饱和度显著增加，因而导致 ZnS 沉淀的生成。用草酸盐沉淀分离 Ca^{2+} 和 Mg^{2+} 时，草酸镁容易形成稳定的过饱和溶液，当草酸钙沉淀析出后，就发生了草酸镁的后沉淀，影响分离效果。特别是加热、放置更会加剧后沉淀现象。

因此，当可能有后沉淀发生时，可以在前一个沉淀完成后立即过滤，以减少或避免后沉淀，得到更纯净的沉淀。

综合练习

一、思考题

1. 用溶度积规则解释：HgS 既不溶于非氧化性强酸，也不溶于氧化性硝酸，但可溶于王水。

2. 解释下列现象。

(1) $Fe(OH)_3$ 沉淀能溶解于稀 H_2SO_4。

(2) $BaSO_4$ 难溶于稀 HCl 中。

(3) MnS 溶于 HAc，而 ZnS 不溶于 HAc，但能溶于稀 HCl 溶液中。

(4) CaF_2 在 pH=3 的溶液中的溶解度较在 pH=5 的溶液中的溶解度大。

(5) Ag_2CrO_4 在 0.0010mol·L^{-1} $AgNO_3$ 溶液中的溶解度较在 0.0010mol·L^{-1} K_2CrO_4 溶液中的溶解度小。

(6) $BaSO_4$ 沉淀要用水洗涤，而 AgCl 沉淀要用稀 HNO_3 洗涤。

(7) $BaSO_4$ 沉淀要陈化，而 AgCl 或 $Fe_2O_3 \cdot nH_2O$ 沉淀不需要陈化。

3. 往 $ZnSO_4$ 溶液中通入 H_2S，ZnS 的沉淀往往很不完全，甚至不沉淀。若往 $ZnSO_4$

溶液中先加入适当 NaAc 后，再通入 H_2S，则 ZnS 几乎可沉淀完全。为什么？

4. 某人计算 $M(OH)_3$ 沉淀在水中的溶解度时，不分析情况，即用公式 $K_{sp}^{\ominus}=c(M^{3+})c^3(OH^-)$计算，已知 $K_{sp}^{\ominus}=1.0\times10^{-32}$，求得溶解度为 $4.4\times10^{-9}mol\cdot L^{-1}$。试问这种计算方法有无错误？为什么？

5. 用过量的 H_2SO_4沉淀 Ba^{2+}时，K^+、Na^+均能引起共沉淀。问何者共沉淀严重？此时沉淀组成可能是什么？已知离子半径：$r_{K^+}=133pm$，$r_{Na^+}=95pm$，$r_{Ba^{2+}}=135pm$。

二、练习题

1. 选择题

(1) 难溶电解质 AB_2的平衡反应式为 $AB_2(S)\rightleftharpoons A^{2+}(aq)+2B^-(aq)$，当达到平衡时，难溶物 AB_2的溶解度 S 与溶度积$K_{sp}^{\ominus}$的关系为(　　)。

(A) $S=(2K_{sp}^{\ominus})^2$　　(B) $S=(K_{sp}^{\ominus}/4)^{1/3}$

(C) $S=(K_{sp}^{\ominus}/2)^{1/2}$　　(D) $S=(K_{sp}^{\ominus}/27)^{1/4}$

(2) 已知 $K_{sp}^{\ominus}(AB)=4.0\times10^{-10}$；$K_{sp}^{\ominus}(A_2B)=3.2\times10^{-11}$，则两者在水中的溶解度关系为（　　）。

(A) $S(AB)>S(A_2B)$　　(B) $S(AB)<S(A_2B)$

(C) $S(AB)=S(A_2B)$　　(D) 不能确定

(3) $Mg(OH)_2$沉淀在下列哪一种情况下其溶解度最大(　　)。

(A) 纯水中　　(B) 在 $0.1mol\cdot L^{-1}$ HCl 中

(C) $0.1mol\cdot L^{-1}$ HCl 和 $NH_3\cdot H_2O$ 中　　(D) 在 $0.1mol\cdot L^{-1}$ HCl 和 $MgCl_2$中

(4) 在一混合离子的溶液中，$c(Cl^-)=c(Br^-)=c(I^-)=0.0001mol\cdot L^{-1}$，若滴加 $1.0\times10^{-5}mol\cdot L^{-1}$ $AgNO_3$溶液，则出现沉淀的顺序为(　　)。

(A) AgBr>AgCl>AgI　　(B) AgI>AgCl>AgBr

(C) AgI>AgBr>AgCl　　(D) AgCl>AgBr>AgI

(5) $K_{sp}^{\ominus}(AgCl)=1.8\times10^{-10}$，AgCl 在 $0.01mol\cdot L^{-1}$ NaCl 溶液中的溶解度($mol\cdot L^{-1}$)为(　　)。

(A) 1.8×10^{-10}　　(B) 1.34×10^{-5}　　(C) 0.001　　(D) 1.8×10^{-8}

(6) 已知 $K_{sp}^{\ominus}(Ag_2CrO_4)=1.1\times10^{-12}$，在 $0.10mol\cdot L^{-1}$ Ag^+ 溶液中，要产生 Ag_2CrO_4沉淀，CrO_4^{2-} 的浓度至少应大于(　　)。

(A) $1.1\times10^{-10}mol\cdot L^{-1}$　　(B) $2.25\times10^{-11}mol\cdot L^{-1}$

(C) $0.10mol\cdot L^{-1}$　　(D) $1.0\times10^{-11}mol\cdot L^{-1}$

(7) 欲使 $CaCO_3$在水溶液中的溶解度增大，可以采用的方法是(　　)。

(A) 加入 $1.0mol\cdot L^{-1}$ Na_2CO_3　　(B) 加入 $2.0mol\cdot L^{-1}$ NaOH

(C) 加入 $0.10mol\cdot L^{-1}$ EDTA　　(D) 降低溶液的 pH

(8) 已知 $K_{sp}^{\ominus}(AgCl)=1.8\times10^{-10}$，$K_{sp}^{\ominus}(Ag_2CrO_4)=1.1\times10^{-12}$，$K_{sp}^{\ominus}(AgI)=8.3\times10^{-17}$，在含以上沉淀的溶液中滴加氨水，三种沉淀中最易溶解的是(　　)。

(A) Ag_2CrO_4　　(B) AgCl

(C) AgI　　(D) 无法判断

(9) 在下列浓度相同的溶液中，AgI 具有最大溶解度的是(　　)。

(A) NaCl　　(B) $AgNO_3$

(C) $NH_3\cdot H_2O$　　(D) KCN

2. 通过计算说明下列情况有无沉淀生成？

(1) 0.010mol·L^{-1} $SrCl_2$溶液 2mL 和 0.10mol·L^{-1} K_2SO_4溶液 3mL 混合。

(2) 1 滴 0.001mol·L^{-1} $AgNO_3$溶液与 2 滴 0.0006mol·L^{-1} K_2CrO_4溶液混合(1 滴按 0.05mL 计算)。

(3) 在 100mL 0.010mol·L^{-1} $Pb(NO_3)_2$溶液中，加入 NaCl 固体 36g(忽略体积改变)。

3. 求 CaC_2O_4在纯水中及在 0.1mol·L^{-1} $CaCl_2$溶液中的溶解度。

4. 考虑酸效应，计算下列微溶化合物的溶解度。

(1) CaF_2在 pH=2.0 的溶液中。

(2) $BaSO_4$在 2.0mol·L^{-1} HCl 中。

(3) $PbSO_4$在 0.10mol·L^{-1} HNO_3中。

(4) CuS 在 pH=0.5 的饱和 H_2S 溶液中，已知：$c(H_2S)\approx 0.1$mol·L^{-1}，氢硫酸(H_2S)的解离常数 $K_{a_1}^{\ominus}=1.1\times10^{-7}$，$K_{a_2}^{\ominus}=1.3\times10^{-13}$。

5. 将固体 AgBr 和 AgCl 加入到 50.0 mL 纯水中，不断搅拌使其达到平衡。计算溶液中 Ag^+的浓度。

6. 往 0.010mol·L^{-1}的 $ZnCl_2$溶液中通 H_2S 至饱和，欲使溶液中不产生 ZnS 沉淀，则溶液中的 H^+浓度不应低于多少。已知 $c(H_2S)\approx 0.1$mol·L^{-1}，氢硫酸(H_2S)的解离常数 $K_{a_1}^{\ominus}=1.1\times10^{-7}$，$K_{a_2}^{\ominus}=1.3\times10^{-13}$，$K_{sp}^{\ominus}$ (ZnS) $=1.6\times10^{-24}$。

7. 假定 $Mg(OH)_2$在饱和溶液中完全电离，计算：

(1) $Mg(OH)_2$在水中的溶解度。

(2) $Mg(OH)_2$饱和溶液中 OH^-的浓度。

(3) $Mg(OH)_2$饱和溶液中 Mg^{2+}的浓度。

(4) $Mg(OH)_2$在 0.010mol·L^{-1} NaOH 溶液中的溶解度。

(5) $Mg(OH)_2$在 0.010mol·L^{-1} $MgCl_2$溶液中的溶解度。

8. 在 20mL0.50mol·L^{-1} $MgCl_2$溶液中加入等体积的 0.10mol·L^{-1}的 $NH_3\cdot H_2O$ 溶液，问有无 $Mg(OH)_2$ 沉淀生成？为了不使 $Mg(OH)_2$ 沉淀析出，至少要加入多少克 NH_4Cl固体(设加入 NH_4Cl 固体后，溶液的体积不变)？

9. 在 Cl^-和 CrO_4^{2-}离子浓度都是 0.100mol·L^{-1}的混合溶液中逐滴加入 $AgNO_3$溶液(忽略体积改变)时，问 AgCl 和 Ag_2CrO_4哪一种先沉淀？当 Ag_2CrO_4开始沉淀时，溶液中 Cl^-离子浓度是多少？

10. AgI 沉淀用$(NH_4)_2S$溶液处理使之转化为 Ag_2S 沉淀，该转化反应的平衡常数是多少？若在 1.0L$(NH_4)_2S$溶液中转化 0.010mol AgI，$(NH_4)_2S$溶液的最初浓度是多少？

11. 计算下列反应的平衡常数，并估计反应的方向。

(1) $PbS+2HAc \rightleftharpoons Pb^{2+}+H_2S+2Ac^-$

(2) $Cu^{2+}+H_2S \rightleftharpoons CuS(S)+2H^+$

12. 称取 CaC_2O_4和 MgC_2O_4的纯混合试样 0.6240g，在 500℃下加热，定量转化为 $CaCO_3$和 $MgCO_3$后为 0.4830g。

(1) 计算试样中 $CaCO_3$和 $MgCO_3$的质量分数。

(2) 若在 900℃加热该混合物，定量转化为 CaO 和 MgO 的质量为多少克？

第8章 配位化合物

教学目标

（1）掌握配位化合物的定义、组成和命名。

（2）了解配位化合物的分类和异构现象。

（3）掌握配位化合物价键理论，了解晶体场理论的基本要点。

（4）掌握配位平衡和配位平衡常数的意义及其有关计算，理解配位平衡的移动及与其他平衡的关系。

历史上发现的第一个配位化合物是我们所熟悉的亚铁氰化铁 $Fe_4[Fe(CN)_6]_3$（普鲁士蓝）。它是 1704 年普鲁士人狄斯巴赫在染料作坊中为寻找蓝色染料，而将兽皮、兽血与碳酸钠在铁锅中强烈地煮沸而得到的。但当时并没有引起化学家的注意。直至 1798 年，法国化学家塔赦特(Tassert)观察到钴盐在氯化铵和氨水溶液中转变为 $CoCl_3 \cdot 6NH_3$，才引起许多无机化学家的兴趣。但是大家一直不明白为什么像 $CoCl_3$ 等一些原子价饱和的无机物还能进一步结合而形成新的化合物，而这些新化合物的结构又是怎样的呢？直到 1893 年，瑞士化学家维尔纳(Werner)创立配位学说以后才逐步弄清这些问题。在配位学说创立后 100 多年的今天，由研究配位化合物而形成的无机化学分支——配位化学，其内容实际上已打破了传统的无机化学、有机化学、物理化学和生物化学的界限，进而成为各分支化学的交叉点。当前，这门新兴的化学学科不仅是国际上十分活跃的前沿学科，而且在金属的分离和提取、分析技术、化工合成上的配位催化、无机高分子材料、染料、电镀、鞣革、医药等国民经济和人民生活的各个方面，有着非常广泛的应用。

8.1 配位化合物的组成和命名

8.1.1 配位化合物的定义

向 $CuSO_4$ 的稀溶液中逐滴加入 $6mol \cdot L^{-1}$ 氨水，则先有浅蓝色的碱式硫酸铜沉淀生成，继续加入氨水时，碱式硫酸铜沉淀溶解，溶液的颜色变为深蓝，反应式如下：

$$2Cu^{2+}+SO_4^{2-}+2NH_3+2H_2O \xlongequal{} (CuOH)_2SO_4\downarrow+2NH_4^+$$

$$(CuOH)_2SO_4+6NH_3+2NH_4^+ \xlongequal{} 2[Cu(NH_3)_4]^{2+}+SO_4^{2-}+2H_2O$$

将上述反应式合并，则

$$Cu^{2+}+4NH_3 \xlongequal{} [Cu(NH_3)_4]^{2+}$$

或

$$CuSO_4+4NH_3 \xlongequal{} [Cu(NH_3)_4]SO_4$$

若往上述深蓝色溶液中加入适量的酒精，即有深蓝色的晶体析出，经分析证明为 $[Cu(NH_3)_4]SO_4$。

在纯的 $[Cu(NH_3)_4]SO_4$ 溶液中，除了水合的 SO_4^{2-} 离子和深蓝色的 $[Cu(NH_3)_4]^{2+}$ 离子外，几乎检查不出 Cu^{2+} 离子和 NH_3 分子的存在。$[Cu(NH_3)_4]^{2+}$ 等复杂离子不仅存在于溶液中，也存在于晶体中。

在 $[Cu(NH_3)_4]^{2+}$ 复杂离子中，每个 NH_3 分子中的 N 原子各提供一对孤对电子，填入 Cu^{2+} 的空轨道，形成 4 个配位键。这些含有配位键，在水溶液中不能完全离解为简单组成的部分称为配合单元，用方括号表示。凡是由配合单元组成的化合物均称为配位化合物，简称配合物。例如，$[Cu(NH_3)_4]SO_4$、$[Ag(NH_3)_2]Cl$、$K_4[Fe(CN)_6]$、$K_3[Fe(CN)_6]$、$Ni(CO)_4$、$Fe(CO)_5$ 等均是配合物。当配合单元为离子时，称为配(位)离子；当配合单元为分子时，称为配(位)分子(如 $Ni(CO)_4$、$Fe(CO)_5$)。带负电荷的配离子称为配阴离子(如 $[Ni(CN)_6]^{4-}$、$[Fe(CN)_6]^{4-}$ 等)；带正电荷的配离子称为配阳离子(如 $[Ag(NH_3)_2]^+$、$[Co(NH_3)_6]^{2+}$ 等)。有时把配离子也称为配合物。所以配合物包括含有配离子的化合物和电中性配合物。

需要指出的是，配合物和复盐是不同的。配合物是由中心离子(原子)和配位体以配位键相结合而形成的不易解离的复杂离子或分子所组成的化合物；而复盐是由两种或两种以上同种晶形的简单盐类所组成的化合物，如明矾($KAl(SO_4)_2\cdot 12H_2O$)等。配合物和复盐的主要区别是：配合物在其晶体或水溶液中，都含有存在配位键的、不易解离的结构单元；而复盐在晶体或水溶液中都以简单的组成离子存在。

8.1.2 配位化合物的组成

在配合物中，有一个阳离子(或中性原子)位于它们的几何中心，称为中心离子(或配合物的形成体)；与中心离子直接以配位键结合的阴离子或中性分子，称为配位体；中心离子与配位体构成配合物的内界，这是配合物的特征部分，写化学式时用方括号括起来；距中心离子较远的部分称为配合物的外界，通常写在方括号的外面。内界与外界共同构成配合物，如 $[Cu(NH_3)_4]SO_4$。配合物的组成可图示如下：

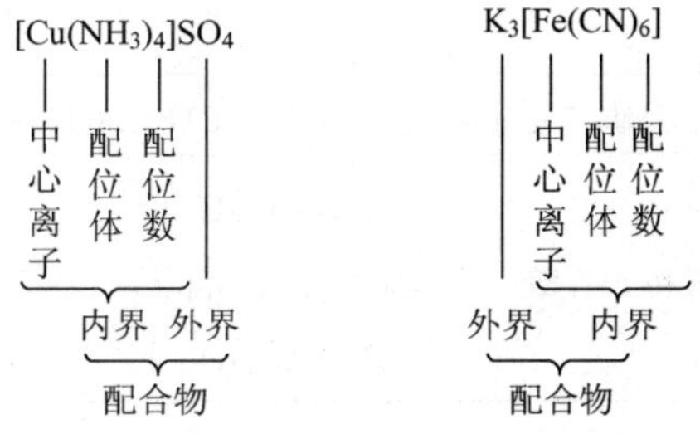

下面简要讨论配合物特征部分的组成和特性：

(1) 形成体。形成体就是配合物的中心离子或原子，一般是具有空的价电子轨道的金属阳离子。特别是过渡金属离子，它们形成配合物的能力很强，如 Fe^{3+}、Co^{2+}、Ni^{2+}、Cu^{2+}、Zn^{2+} 等。有些具有空的价电子轨道的金属原子也可以成为配合物的形成体，它们形成配合分子，如[$Fe(CO)_5$]中的 Fe 原子，[$Ni(CO)_4$]中的 Ni 原子。某些高氧化数的非金属元素也可以作为中心离子，如[SiF_6]$^{2-}$中的 Si(IV)、[BF_4]$^-$中的 B(Ⅲ)。

(2) 配位体和配位原子。配位体简称配体，是与形成体结合的离子或中性分子。配位体可以是简单阴离子，也可以是多原子离子或中性分子。提供配位体的物质称为配位剂。在配位体中，提供孤电子对与形成体直接结合形成配位键的原子，称为配位原子，如 NH_3 中的 N 原子，CN^- 中的 C 原子。作为配位原子，必须具有孤对电子，它们大多是位于周期表右上方ⅣA，ⅤA，ⅥA，ⅦA 族电负性较强的非金属原子。

只有一个配位原子的配位体称为单基(或单齿)配(位)体，如 NH_3、CN^- 等；含有两个或两个以上配位原子的配位体称为多基(或多齿)配(位)体，如乙二胺 $\ddot{N}H_2—CH_2—CH_2—\ddot{N}H_2$(简写为 en)、草酸根 $C_2O_4^{2-}$(简写为 ox)是双基配位体，乙二胺四乙酸(简称 EDTA)是六基配位体。

由多基配位体与同一金属离子形成的具有环状结构的配合物称为螯合物，如[$Cu(en)_2$]$^{2+}$。螯合物中形成的环称为螯环，以五元环和六元环最稳定。由于螯环的形成，使螯合物比一般配合物稳定性大，而且环越多，螯合物越稳定，这种由于螯环的形成而使螯合物稳定性增加的作用称为螯合效应。螯合物的组成一般用螯合比来表示，即中心离子与螯合剂(多基配位体)数目之比。常见的配位体见表 8-1。

表 8-1　常见的配位体

类型	配位原子	实例
单齿配位	C	CO，C_2H_4，CNR(R 代表烃基)，CN^-
	N	NH_3，NO，NR_3，RNH_2，C_5H_5N(吡啶，简写为 Py)，NCS^-，NH_2^-，NO_2^-
	O	ROH，R_2O，H_2O，R_2SO，OH^-，$RCOO^-$，ONO^-，SO_4^{2-}，CO_3^{2-}
	P	PH_3，PR_3，PX_3(X 代表卤素)，PR_2^-
	S	R_2S，RSH，$S_2O_3^{2-}$
	X	F^-，Cl^-，Br^-，I^-
双齿	N	乙二胺(en)$\ddot{N}H_2—CH_2—CH_2—\ddot{N}H_2$，联吡啶(bipy)$\ddot{N}H_5C_5—C_5H_5\ddot{N}$
	O	草酸根(ox)$C_2O_4^{2-}$，乙酰丙酮离子(acac) 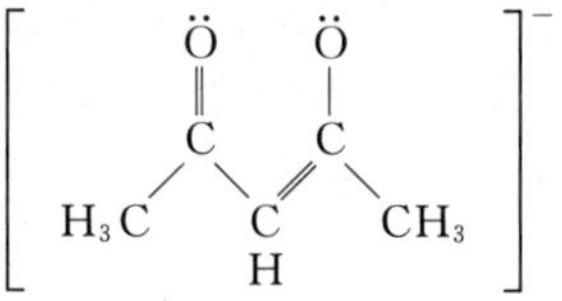
三齿	N	二乙基三胺(dien)　$H_2\ddot{N}—CH_2—CH_2—\ddot{N}H—CH_2—CH_2—\ddot{N}H_2$
四齿	N，O	氨基三乙酸 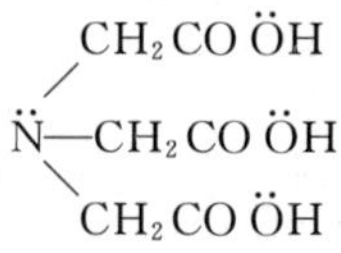

(续)

类型	配位原子	实例
五齿	N, O	乙二胺三乙酸根离子 $\left[\begin{matrix}\ddot{O}\\\|\\O\end{matrix}C-CH_2-\ddot{N}H-CH_2-CH_2-\ddot{N}-\left[CH_2-C\begin{matrix}\ddot{O}\\\|\\O\end{matrix}\right]_2\right]^{3-}$ 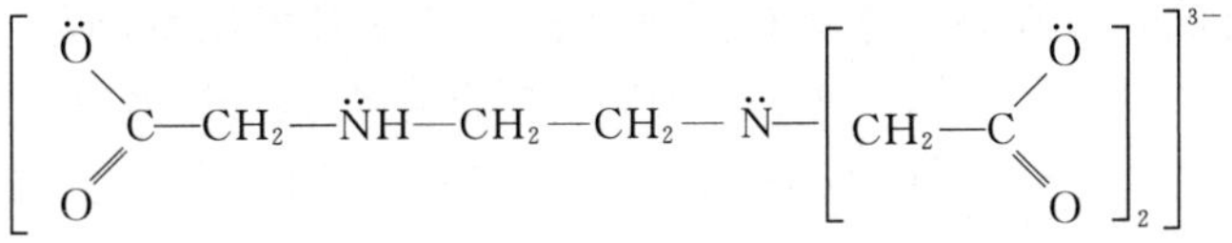
六齿	N, O	乙二胺四乙酸根离子 $\left[\left[\begin{matrix}\ddot{O}\\\|\\O\end{matrix}C-CH_2\right]_2-\ddot{N}-CH_2-CH_2-\ddot{N}-\left[CH_2-C\begin{matrix}\ddot{O}\\\|\\O\end{matrix}\right]_2\right]^{4-}$ 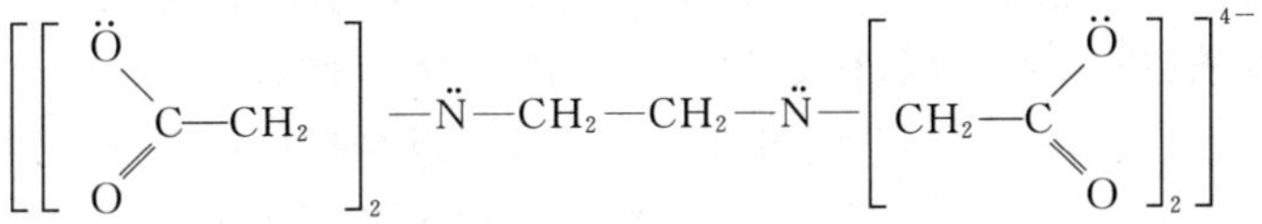

(3) 配位数。在配合物中，直接与形成体成键的配位原子总数称为配位数。配位数是中心离子的重要特征，中心离子配位数一般为 2，4，6，也有少数奇数的配位数(1，3，5，7)。对于单基配位体，中心离子的配位数就等于配位体的数目；而对多基配位体，配位数与配位体的数目就不一致。如 $[Cu(en)_2]^{2+}$ 中，一个乙二胺中有两个配位原子，与 Cu^{2+} 配合时配位数为 4。因此，对于多基配合物，配位数等于配位体的数目乘以该配位体的基数(齿数)。

影响配位数的因素很多，主要是中心离子和配位体的电荷数及中心离子和配位体的半径。中心离子的电荷数越高，吸引配位体的能力越强，越有利于形成高配位数。例如，$[Cu(NH_3)_4]^{2+}$ 的 $Cu(Ⅱ)$ 的配位数为 4，而 $[Cu(NH_3)_2]^+$ 中 $Cu(Ⅰ)$ 的配位数为 2。配体带电荷越多，相互间排斥力越大，不利于形成高配位数。当配位体的半径一定时，中心离子半径越大，其周围可容纳的配位体越多，配位数越大。例如，Al^{3+} 的离子半径比 B^{3+} 的离子半径大，它们的氟配离子分别是 $[AlF_6]^{3-}$ 和 $[BF_4]^-$。但是中心离子的半径若过大时，由于核间距大，反而会减弱它和配体的结合，使配位数降低例如 $[CdCl_6]^{4-}$ 和 $[HgCl_4]^{2-}$。相反，配体的半径越大，配位的位阻也随之增大，导致配位数越小，因为在中心离子周围容纳不下过多的配体。例如，离子半径大小的顺序：$Br^- > Cl^- > F^-$，它们与 Al^{3+} 形成的配离子分别是 $[AlF_6]^{3-}$、$[AlCl_4]^-$ 和 $[AlBr_4]^-$。此外，配位数的大小还与配合物形成时的温度、溶液的浓度有关。一般来说，温度越低，配体浓度越大，配位数也越大。

(4) 配离子的电荷。在配合物中，绝大多数是带电荷的配离子形成的配盐。配离子的电荷等于中心离子和配位体电荷的代数和。例如，$[Fe(CN)_6]^{4-}$ 的电荷是 $+2+(-1)\times 6 = -4$。由于整个配盐是中性的，因此也可以由外界离子的电荷数来确定配离子的电荷，如 $K_3[Fe(CN)_6]$ 中，外界有 3 个 K^+ 离子，可知 $[Fe(CN)_6]^{3-}$ 的电荷数是 -3，从而可进一步推断中心离子是 Fe^{3+}。

8.1.3 配位化合物的命名

配合物的命名方法服从一般无机化合物的命名原则，即阴离子在前，阳离子在后。现以不同种类的配位化合物的命名分别举例说明如下。

1. 配离子

配离子的命名方法一般依照如下顺序：配体数→配体名称→“合”→中心离子(原子)名称→中心离子(原子)氧化值。配位体数用中文数字一、二、三……表示；如果中心离子有不同的氧化数，可在该元素名称后加一括号，括号内用罗马数字注明氧化数。例如：

$[Cu(NH_3)_4]^{2+}$　　四氨合铜(Ⅱ)离子

$[Cr(en)_3]^{3+}$　　三乙二胺合铬(Ⅲ)离子

2. 含配阴离子的配合物

母体名称为“某酸某”或“某酸”，将配阴离子作为复杂酸根来命名。在配阴离子名称和外界离子(或氢离子)名称之间加一“酸”字。例如：

$K_2[PtCl_6]$　　六氯合铂(Ⅳ)酸钾

$Ca_2[Fe(CN)_6]$　　六氰合铁(Ⅱ)酸钙

外界为H的配合物，命名时在词尾用“酸”字。例如：

$H_2[PtCl_6]$　　六氯合铂(Ⅳ)酸

$H_2[SiF_6]$　　六氟合硅(Ⅳ)酸

3. 含配阳离子的配合物

母体名称为“某酸某”或“某化某”，将配阳离子作为复杂阳离子来命名。若外界是简单负离子如Cl^-，OH^-等，则称作“某化某”；若外界是复杂负离子如SO_4^{2-}、NO_3^-等，则称为“某酸某”。例如：

$[Cu(NH_3)_4]SO_4$　　硫酸四氨合铜(Ⅱ)

$[Ag(NH_3)_2]OH$　　氢氧化二氨合银

$[Co(NH_3)_6]Cl_3$　　三氯化六氨合钴(Ⅲ)

4. 配位体的次序

如果在同一配合物(或配离子)中的配体不止一种时，不同配位体之间以“·”分开，配位体的命名顺序：

(1) 既有无机配体又有有机配体时，则无机配体在前，有机配体在后。

(2) 无机配体既有离子又有分子时，离子在前，分子在后。有机配体也是如此。例如：

$K[PtNH_3Cl_3]$　　三氯·一氨合铂(Ⅱ)酸钾

(3) 同类配体的名称，按配位原子元素符号的拉丁字母顺序排列。例如：

$[CoH_2O(NH_3)_5]Cl_3$　　三氯化五氨·一水合钴(Ⅲ)

(4) 同类配体若配位原子也相同，则将含较少原子数的配体排在前面。

(5) 若配位原子相同，配体中所含原子的数目也相同，则按在结构式中与配原子相连的原子元素符号的字母顺序排列。例如：

$[Pt(NH_3)_2(NO_2)(NH_2)]$　　一氨基·一硝基·二氨合铂(Ⅱ)

注意，某些配位体的化学式相同，但提供的配位原子不同，其名称也不相同。例如：

$—NO_2$(以N配位)　　硝基

—ONO(以O配位)　　亚硝酸根

—SCN(以 S 配位）　硫氰酸根

—NCS(以 N 配位）　异硫氰酸根

5. 没有外界的配合物

中心原子的氧化数为 0 时，可不必标明。例如：

$Ni(CO)_4$　　四羰基合镍

$[Pt(NH_3)_2Cl_2]$　　二氯·二氨合铂(Ⅱ)

有些配合物常有其习惯上的名称，如六氰合铁(Ⅲ)酸钾 $K_3[Fe(CN)_6]$可称为铁氰化钾，俗名赤血盐；$K_4[Fe(CN)_6]$又称为亚铁氰化钾，俗名黄血盐；$[Cu(NH_3)_4]^{2+}$称为铜氨配离子，$[Ag(NH_3)_2]^+$称为银氨配离子，$H_2[SiF_6]$称为氟硅酸。

8.2 配位化合物的类型与异构现象

8.2.1 配位化合物的类型

配合物的种类很多，主要可分为简单配合物、螯合物、多核配合物、羰合物、原子簇化合物、夹心配合物和大环配合物七类。

1. 简单配合物

简单配合物是由中心离子和单基配体配位而形成的配合物。这类配合物的配体主要为无机物，配位数在 2～12。简单配合物在溶液中逐级解离成一系列配位数不同的配离子。例如，$[Ag(NH_3)_2]^+$、$[SiF_6]^{2-}$、$[Cu(NH_3)_4]SO_4$、$K_2[PtCl_6]$、$[Pt(NH_3)_2Cl_2]$等均是简单配合物。大量的水合物也是以水为配体的简单配合物，如 $CuSO_4 \cdot 5H_2O$ 就是配合物$[Cu(H_2O)_4]SO_4 \cdot H_2O$。

2. 螯合物

螯合物是一类由中心离子与多基配体所形成的具有环状结构的配合物。例如，乙二胺(en)具有两个可提供孤对电子的 N 原子，是一个多基配体，当 Cu^{2+} 与乙二胺(en)进行配位反应时，就形成具有环状结构的配合物$[Cu(en)_2]^{2+}$。在$[Cu(en)_2]^{2+}$中，有两个五原子环，每个环均由两个 C 原子、两个 N 原子和中心离子构成，即

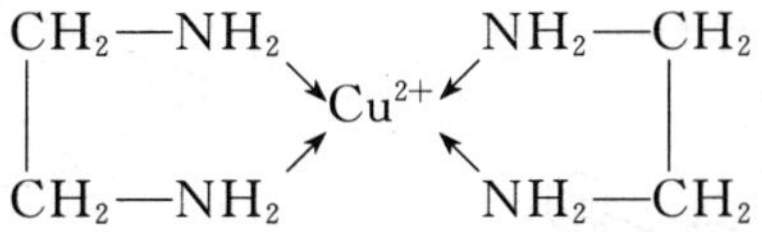

大多数螯合物具有五原子环或六原子环，螯合物中配位体数目虽少，但由于形成环状结构，稳定性较简单配合物高，而且成环数目越多，螯合物越稳定。由于螯合物结构复杂，且多具有特殊颜色，常用于金属离子的鉴定、溶剂萃取、比色定量分析等工作中。

多基配体中两个或两个以上能给出孤电子对的原子应间隔两个或三个其他原子。因为这样才有可能形成稳定的五原子环或六原子环。例如，联氨分子 $H_2N—NH_2$，虽然有两个配位氮原子，但中间没有间隔其他原子，它与金属离子配位后只能形成一个三原子环，环的张力很大，故不能形成稳定的螯合物。

3. 多核配合物

一个配位原子同时与两个中心离子结合形成的配合物称为多核配合物。可形成多核配合物的配体一般为—OH、—NH_2、—O—，—O_2—，Cl—等。在这些配体中有孤对电子数大于1的配位原子O、N、Cl等。例如，在μ-二羟基·八水合二铁(Ⅲ)中，配位原子O分别和两个Fe^{3+}配位，该配合物的结构为

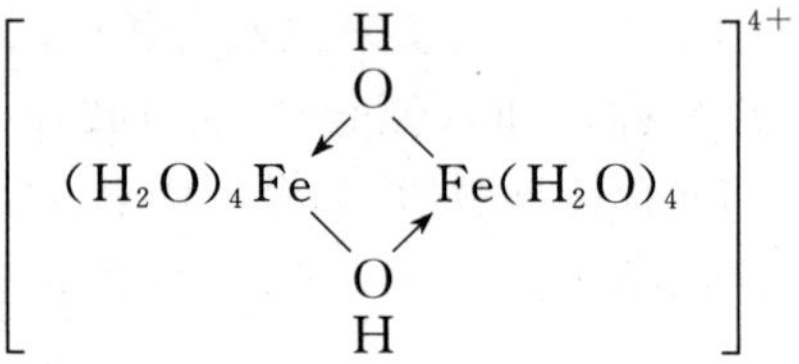

4. 羰合物

以CO为配体的配合物统称为羰基配合物，简称羰合物。例如，$Na[Co(CO)_4]$、$Ni(CO)_4$、$[Mn(CO)_5Br]$等。羰合物中的形成体大多为低氧化态(−1，0，+1)的过渡金属。利用羰合物的分解可制备纯金属，羰合物还可以作为催化剂用于许多有机合成反应。

5. 原子簇化合物

两个或两个以上的金属原子以金属—金属(M—M)键直接结合而形成的配合物称为原子簇化合物(简称簇合物)。按配体划分，原子簇化合物可分为羰基簇、卤素簇等；按金属原子数又可分为二核簇、三核簇、四核簇等。最简单的双核簇合物$[Re_2Cl_8]$的结构如图8-1所示。

某些簇合物具有生物活性，如固氮酶的活性中心——铁钼蛋白就是簇合物。还有一些簇合物具有特殊的催化活性和导电性能，在配位催化、材料科学等领域具有广阔的应用前景。

6. 夹心配合物

过渡金属离子和具有离域π键(大π键)的分子或离子(如环戊二烯和苯等)形成的配合物称为夹心配合物。在这类配合物中，中心离子被对称地夹在与键轴垂直、且相互平行的两配体之间，具有夹心面包式的结构。双环戊二烯基合铁(Ⅱ)(俗称二茂铁)的结构如图8-2所示。双环戊二烯基阴离子的每个C原子上各有一个垂直于茂环平面的带一个单电子的

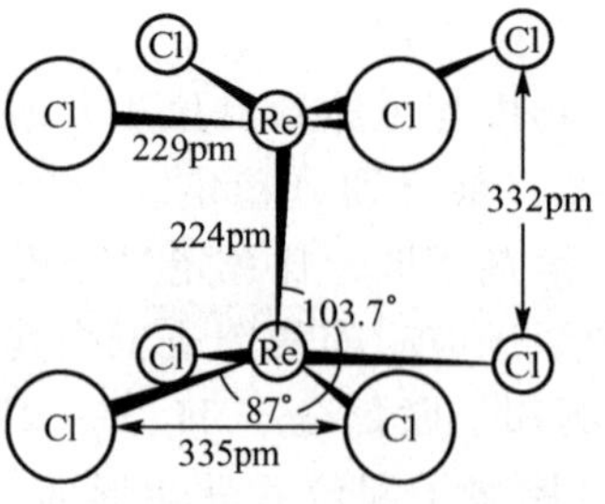

图8-1 $[Re_2Cl_8]$的结构示意图

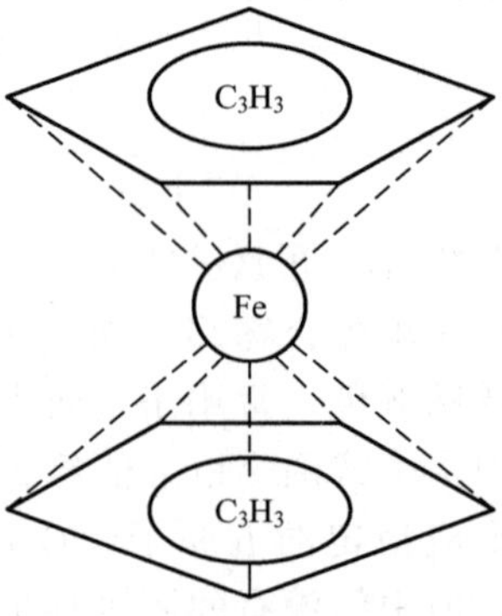

图8-2 二茂铁结构示意图

2p 轨道，由这 5 个 2p 轨道的单电子和一价阴离子的负电荷构成离域 π 键(Π_5^6)，两个茂环的 Π_5^6 键电子填入 Fe^{2+} 的空轨道形成夹心配合物。Ti、V、Zr、Cr、Mn 等过渡金属也能形成这类夹心配合物。

7. 大环配合物

在环状骨架上含有 O、N、S、P 或 As 等多个配位原子的多齿配体所形成的配合物称为大环配合物。大环配合物的配体结构比较复杂，有环状的冠醚、三维空间的穴醚和不同孔径的球醚等。大环配合物在仿生化学、生物医药、金属酶的模拟、细胞膜的传输和超分子的组装等方面有其重要意义。大环配合物还存在于许多生物体中，如人体血液中具有载氧功能的血红素是卟啉的铁的配合物，其结构如图 8-3 所示。在植物光合作用中起光能捕集作用的叶绿素就是含卟啉环的镁配合物，其结构如图 8-4 所示。

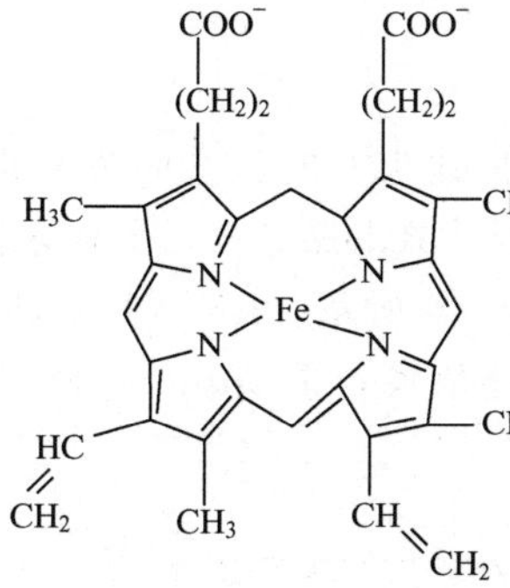

图 8-3　血红素的结构

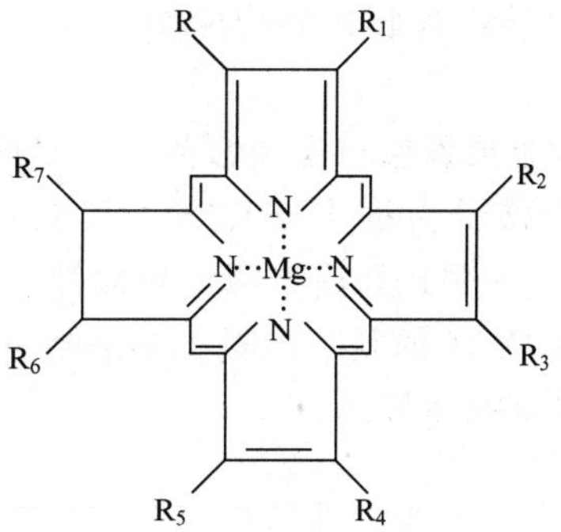

图 8-4　叶绿素的结构

8.2.2　配位的异构现象

化学式相同，但结构和性质不同的化合物称为异构体。在配合物和配离子中，这种异构现象相当普遍。异构现象包括结构异构和空间异构两种基本形式。

1. 结构异构

由配合物中原子间连接方式不同而引起的异构现象称为结构异构。结构异构主要包括电离异构、水合异构、配位异构、配体异构和键合异构等几种类型。

1）电离异构

配合物中阴离子在内、外界的位置不同引起的异构现象称为电离异构，如 $[CoSO_4(NH_3)_5]Br$(红色)和$[CoBr(NH_3)_5]SO_4$(紫色)。

2）水合异构

由水分子在配合物内、外界的位置不同而形成的结构异构称为水合异构。水合异构体常常具有不同的颜色。例如，$[Cr(H_2O)_6]Cl_3$ 呈紫色，$[Cr(H_2O)_5Cl]Cl_2 \cdot H_2O$ 呈亮绿色，$[CrCl_2(H_2O)_4]Cl \cdot 2H_2O$ 呈绿色。

3）配位异构

配阳离子和配阴离子的配体相互交换而形成的结构异构称为配位异构，如$[Co(en)_3][Cr(ox)_3]$ 和$[Cr(en)_3][Co(ox)_3]$(en 表示乙二胺，ox 表示草酸根)。

4）配体异构

在配合物中，由于两个配体是异构体而形成的结构异构称为配体异构。例如，1，2－二胺基丙烷（L）和1，3－二胺基丙烷（L′）两者是异构体，则它们所生成的配合物如 $[Cu(L)_2Cl_2]$ 和 $[Cu(L')_2Cl_2]$ 互为配位异构。

5）键合异构

化学式相同的配体以不同的配位原子配位引起的异构现象称为键合异构。例如，$[Co(NO_2)(NH_3)_5]Cl_2$ 为黄褐色，酸中稳定；而 $[Co(ONO)(NH_3)_5]Cl_2$ 为红褐色，酸中不稳定。能产生键合异构的配体还有硫氰酸根（—SCN，以S配位）和异硫氰酸根（—NCS，以N配位）。

2．空间异构

配合物中由于配体在空间的排布位置不同而产生的异构现象称为空间异构。空间异构主要包括几何异构和旋光异构两类。

1）几何异构

几何异构主要发生在配位数为4的平面正方形和配位数为6的正八面体配合物中。配体可以围绕中心离子占据不同位置，形成顺式（*cis*－）和反式（*trans*－）两种异构体。例如，$[Pt(NH_3)_2Cl_2]$ 有顺式和反式两种异构体，其结构如图8－5所示。*cis*－$[Pt(NH_3)_2Cl_2]$ 呈橙黄色，能抑制DNA的复制，阻止癌细胞分裂，具有抗癌活性；但 *trans*－$[Pt(NH_3)_2Cl_2]$ 呈亮黄色，不具抗癌活性。

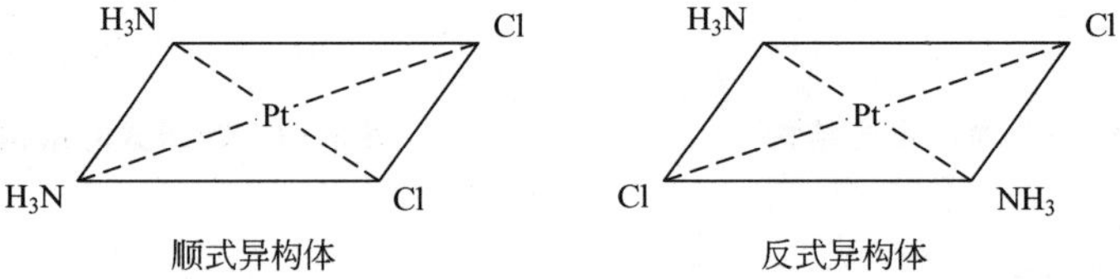

图8－5　$[Pt(NH_3)_2Cl_2]$ 的结构示意图

2）旋光异构

旋光异构指两种异构体的对称关系类似于人的左、右手，互成镜像关系。其结构特点是没有对称面，即不能把这个分子或离子“分割”成相同的两半。具有旋光异构特性的分子称为手性分子。例如，$[PtBr_2Cl(NH_3)_2H_2O]$ 的两个旋光异构体在镜面上互成镜像，但不能叠合，如图8－6所示。

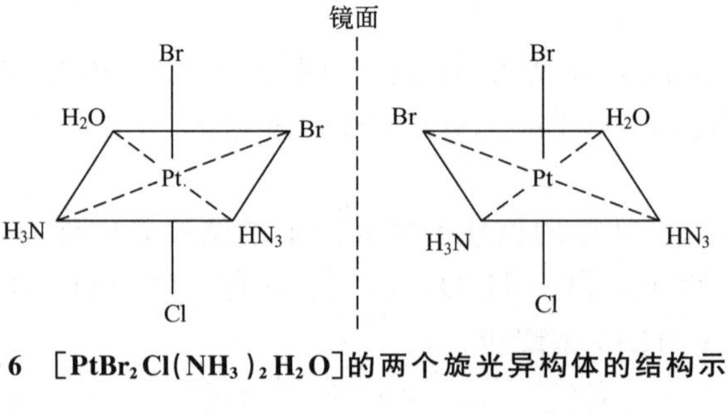

图8－6　$[PtBr_2Cl(NH_3)_2H_2O]$ 的两个旋光异构体的结构示意图

具有旋光异构的配合物对普通的化学试剂和一般的物理检查都不能表现出差异，但却能使平面偏振光发生方向相反的偏转，向左偏转者称为左旋体，用“L”表示，向右偏转者称为右旋体，用“D”表示。等量的左旋体和右旋体混合，旋光性互相抵消，称为外消旋混合物。左旋和右旋异构体往往具有不同的生理活性。例如，二羟基苯基－1－丙氨酸的左旋体是治疗震颤性麻痹症的特效药，而其右旋体却没有药性。

8.3 配位化合物的化学键理论

在配合物中，中心离子 M 与配位体 L 以什么样的化学键结合？如何解释配合物的空间结构、配位数和稳定性以及它们的一些性质？这些问题促使人们对配合物的结构进行研究，从而建立和发展了配合物的化学键理论。配合物的化学键理论主要有价键理论、晶体场理论和分子轨道理论。本节只讨论价键理论和晶体场理论。

8.3.1 价键理论

1. *理论要点*

配合物价键理论是鲍林(Pauling)在电子对配键理论和杂化轨道理论的基础上发展起来的。其基本要点如下：

(1) 配合物的中心离子 M 和配体 L 之间以配位键结合，表示为 M←L。配位原子提供孤对电子，中心离子提供空轨道。

(2) 为了增强成键能力，中心离子用能量相近的空轨道进行杂化，以杂化的空轨道与配体形成配位键。配位离子的空间结构、配位数、稳定性等，主要决定于杂化轨道的数目和杂化类型。

例如，形成 $[AlF_6]^{3-}$ 配离子时，首先是 Al^{3+} 的 1 个 3s、3 个 3p 和 2 个 3d 轨道进行杂化、形成了 6 个能量相同并具有正八面体结构的杂化轨道(以 sp^3d^2 表示)。然后 6 个杂化轨道分别接受配体的一对电子，形成 6 个配位键，构成配位数为 6 的正八面体配离子。价电子层结构示意如下：

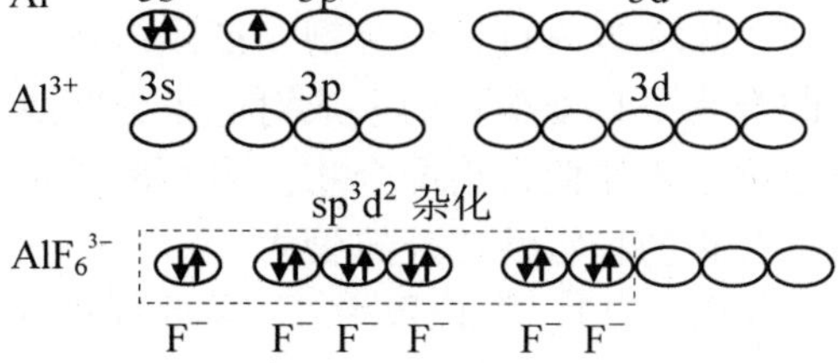

由杂化轨道的类型和数目，可以较好地说明配离子的空间构型和中心原子的配位数。例如，$[Ag(NH_3)_2]^+$ 配离子的配位键是由 sp 型杂化轨道组成的，它的空间结构是直线构型；如采用 dsp^2 杂化轨道，则配离子为正方形构型。一些配合物的杂化轨道类型与空间构型如表 8－2 所示。

表 8-2 配合物的杂化轨道类型与空间构型

配位数	杂化轨道类型	空间构形	配离子类型	实例
2	sp	直线型	外轨型	$[Ag(CN)_2]^-$、$[Cu(NH_3)_2]^+$
3	sp^2	平面三角形	外轨型	$[HgI_3]^-$、$[CuCl_3]^-$
4	sp^3	正四面体	外轨型	$[Zn(NH_3)_4]^{2+}$、$[Co(SCN)_4]^{2-}$
4	dsp^2	平面正方形	内轨型	$[PtCl_4]^{2-}$、$[Cu(NH_3)_4]^{2+}$
5	dsp^3	三角双锥	内轨型	$[Co(CN)_5]^{3-}$、$[Fe(CO)_5]$
6	sp^3d^2	正八面体	外轨型	$[FeF_6]^{3-}$、$[Fe(H_2O)_6]^{2+}$
6	d^2sp^3	正八面体	内轨型	$[Fe(CN)_6]^{3-}$、$[Cr(NH_3)_6]^{3+}$

2. 内轨型与外轨型配合物

在形成配位键时，若中心离子参与杂化的轨道中有一部分是次外层的轨道，即由次外层$(n-1)$d 轨道与最外层 ns、np 轨道杂化所形成的配位化合物称为内轨型配合物。该类配合物键能大，稳定性高。如 $[Fe(CN)_6]^{4-}$、$[Fe(CN)_6]^{3-}$、$[Co(NH_3)_6]^{3+}$ 等。若中心离子的电子层结构不发生变化，仅提供其最外层空轨道与配体结合，即全部由最外层 ns、np、nd 轨道杂化所形成的配位化合物称为外轨型配合物，该类配合物键能小，稳定性较低。如 FeF_6^{3-}、$[Ag(NH_3)_2]^+$、$[Zn(NH_3]_4^{2+}$ 等。

以 Fe^{3+} 形成配离子为例，Fe^{3+} 的价电子排布为

$$Fe^{3+}: \quad 3d^5 \quad 4s^0 \quad 4p^0 \quad 4d^0$$

在 $[Fe(CN)_6]^{3-}$ 配离子中，Fe^{3+} 与 CN^- 形成 $[Fe(CN)_6]^{3-}$ 时，由于 CN^- 的作用，Fe^{3+} 离子的 5 个 d 电子发生重排，“挤入” 3 个 d 轨道中，空出 2 个 3d 轨道，空出的这两个 3d 轨道与 1 个 4s 轨道、3 个 4p 轨道杂化，形成 6 个等性的具有正八面体构型的 d^2sp^3 杂化轨道，分别接受 CN^- 中 C 原子提供的孤电子对，$[Fe(CN)_6]^{3-}$ 的空间构型是正八面体。

像 $[Fe(CN)_6]^{3-}$ 这一类配离子，中心离子是以$(n-1)$d、ns、np 轨道杂化成键的，由于内层轨道参与了杂化成键，故称为内轨型配合物。形成内轨型配合物时，中心离子内层轨道 d 电子发生重排，使配合物中自旋平行的未成对电子数减少，磁矩变小，甚至变为逆磁性物质。所以内轨型配合物也称作低自旋配合物。中心离子是以能量较低的内层轨道参与杂化成键，所以内轨型配合物的稳定性比外轨型大。

而 Fe^{3+} 在与 F^- 形成 $[FeF_6]^{3-}$ 时，配位数为 6，需要提供 6 个空轨道。为了提高成键能力，Fe^{3+} 以 1 个 4s 轨道、3 个 4p 轨道和 2 个 4d 轨道进行杂化，形成 6 个 sp^3d^2 杂化轨道，与 6 个 F^- 离子提供的孤电子对形成 6 个配位键，$[FeF_6]^{3-}$ 配离子是正八面体构型。在上述配合物中，中心离子全部由最外层的 ns、np、nd 轨道杂化成键，故称为外轨型配合物。形成外轨型配合物时，中心离子的内层电子排布没有发生变化，未成对的 d 电子尽可能分占不同的轨道而自旋平行，所以外轨型配合物也称作高自旋型配合物。它们常常具有顺磁性，未成对电子数越多，磁矩越大。由于中心离子以能量较高的最外层轨道杂化成键，故外轨型配合物的稳定性较小。$[Fe(CN)_6]^{3-}$ 和 $[FeF_6]^{3-}$ 中 Fe^{3+} 的 d^2sp^3 和 sp^3d^2 杂化轨道示意图如下：

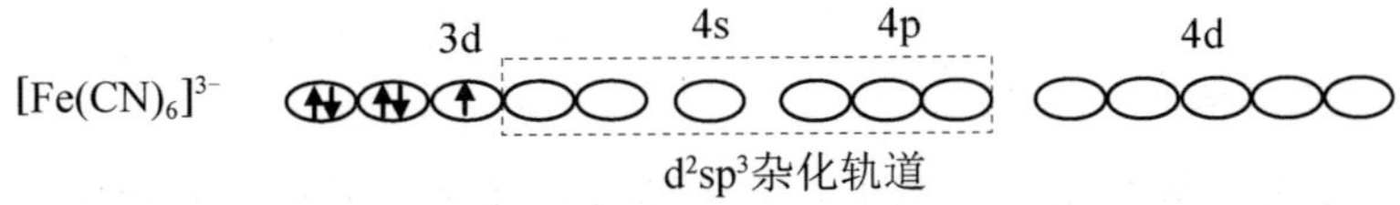

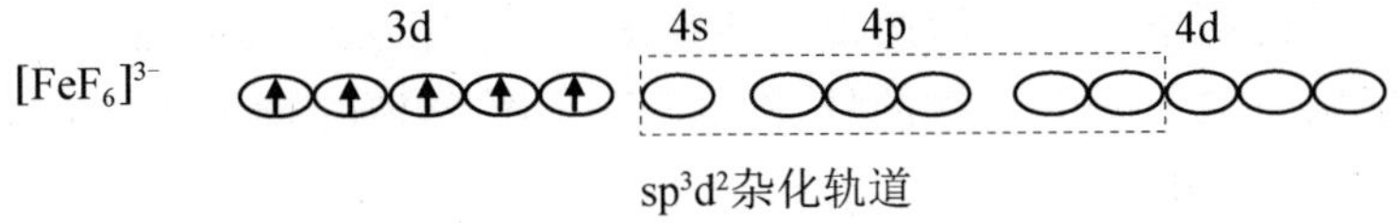

3. 形成内轨型与外轨型配合物的影响因素

形成外轨型还是内轨型配合物，主要决定于中心离子和配位体的性质。

(1) 中心离子的价电子层结构。若中心离子内层 d 轨道已全满，则只能形成外轨型配合物，如 $Zn^{2+}(3d^{10})$、$Ag^{+}(4d^{10})$、$Cd^{2+}(4d^{10})$。若中心离子内层 d 轨道为 d^3 型，如 Cr^{3+}，有空$(n-1)$d 轨道，则易形成内轨型配合物。若中心离子内层 d 轨道为 $d^4\sim d^9$ 型，则内轨型和外轨型配离子都可形成，主要取决于配位体的类型。

同一元素作中心离子时，中心离子电荷数越高越有利于形成低自旋内轨型配合物。

(2) 配位体的性质。对同一中心离子，配合物的类型主要取决于配位体的性质。一般说来，配位原子电负性较小的，如以 CN^-、NO_2^-、CO 为配位体的配合物多是内轨型的。电负性较大的，如以 X^-（卤离子）、SCN^-、H_2O 为配位体的配合物多是外轨型的（$[Cr(H_2O)_6]^{3+}$、$[Cu(H_2O)_4]^{2+}$ 例外）。以 Cl^-、NH_3、RNH_2 为配位体的配合物，有时为内轨型，有时为外轨型，具体情况取决于中心离子的电荷和价电子层结构。

4. 配合物的磁矩

配合物的类型还可通过测定配合物的磁矩来确定。磁矩 μ 和物质中未成对的电子数 n 有如下关系：

$$\mu = \sqrt{n(n+2)} \tag{8-1}$$

μ 的单位为玻尔磁子(B・M)，$1\ B \cdot M = 9.274078\times10^{-24}\ A \cdot m^2$。

磁矩的大小反映了原子或分子中未成对电子数目的多少。μ 等于零时，则电子完全配对，无未成对电子，为逆磁性物质。通过实验测得配合物的磁矩 μ，可计算出未成对电子数 n，与自由金属离子中未成对电子数相比，就可以确定配合物的自旋状态。中心离子的未成对电子数与配离子磁矩的理论值如表 8-3 所示。

表 8-3 中心离子的未成对电子数与配离子磁矩的理论值

未成对电子数 n	0	1	2	3	4	5
磁矩 μ/ B・M	0	1.73	2.83	3.87	4.90	5.92

具体操作时将磁矩的实验值与理论值比较，可以推知所形成的配离子中未成对的电子数，例如，实验测得 $[FeF_6]^{3-}$ 的磁矩为 5.9 B・M，可推知此配离子中的 Fe^{3+} 含有 5 个未成对的电子。又如，实验测得 $[Fe(CN)_6]^{4-}$ 的磁矩为 0.00，可知它没有未成对的电子。根据磁矩的数据得知，$[Fe(CN)_6]^{4-}$ 是内轨配离子，而 $[FeF_6]^{3-}$ 是外轨配离子。需要说明的是，在有些情况下，仅从测量的磁矩值也难以判断配合物的类型，此时须通过测定结

构实验来确证。

5. 价键理论的优缺点

优点：配合物的价键理论简单明了，易于理解和接受。能在一定程度上说明配合物的形成条件、配离子的配位数、几何构型、某些化学性质和磁性等问题。

缺点：不能定量地说明配合物的性质，对许多配合物的特性也无法作出良好的解释(如不能解释配离子的颜色等)。

8.3.2 晶体场理论

与价键理论考虑配位键的情况不同，晶体场理论将中心离子和配体看成点电荷，带正电荷的中心离子和带负电荷的配体以静电相互吸引，配体间相互排斥。着重考虑配体静电场对中心体 d 轨道能级的影响，来说明配离子的光学、磁学性质。把配体对中心离子产生的静电场叫作晶体场。

1. 基本要点

(1) 中心离子和配体之间仅有静电的相互吸引和排斥作用。

(2) 中心离子的 5 个能量相同的 d 轨道受周围配体负电场的排斥作用程度不同，发生能级分裂，有的轨道能量升高，有的能量降低。

(3) 由于 d 轨道的能级分裂，d 轨道的电子需重新排布，使系统能量降低，即给配合物带来了额外的稳定化能。

2. 正八面体场中 d 轨道的能级分裂

由于配合物的中心离子 M^{n+} 一般是过渡元素的离子，在价层有 5 个简并的 d 轨道，它们在空间的伸展方向各不相同，受配体静电场的影响也就各不相同，因此产生了 d 轨道的能级分裂。

现以八面体场为例来说明 d 轨道的能级分裂情况。如果将 M^{n+} 放在球形对称的负电场包围的球心上，则因负电场对 5 个简并的 d 轨道产生均匀的排斥力，使 5 个 d 轨道的能量都有所升高，但不发生分裂。如果八面体场中的 6 个配体因受 M^{n+} 的吸引分别沿 x、y、z 轴的正、负方向接近 M^{n+} 时，如图 8－7 所示，$d_{x^2-y^2}$、d_{z^2} 电子出现几率最大的方向与配体负电荷迎头相碰，受到配体场的强烈排斥而能量升高较多(较球形场时的能量高)；而 d_{xy}、d_{yz}、d_{xz} 轨道正好处于配体的空隙中间，其电子出现几率最大的方向则与配体负电荷方向错开，因此所受斥力较小而能量上升较少(较球形场时能量低，但仍比自由离子 d 轨道的能量高)。因此，原来 5 个简并的 d 轨道在八面体场中分裂为二组：能量较高的 $d_{x^2-y^2}$、d_{z^2} 为一组，称为 e_g 轨道；能量较低的 d_{xy}、d_{yz}、d_{xz} 为另一组，称为 t_{2g} 轨道。d 轨道在八面体场中的能级分裂情况如图 8－8 所示。

3. 晶体场分裂能及其影响因素

d 轨道在不同几何构型的配合物中，因晶体场的对称性不同其能级分裂的情况也不同。分裂后最高能级 e_g 和最低能级 t_{2g} 之间的能量差，称为晶体场分裂能，用 Δ_0 或 $10\ D_q$ 表示。它相当于一个电子从 t_{2g} 轨道跃迁到 e_g 轨道所需要的能量，这个能量通常由光谱实验来测定。晶体场越强，d 轨道能级分裂程度越大。影响晶体场分裂能的主要因素如下。

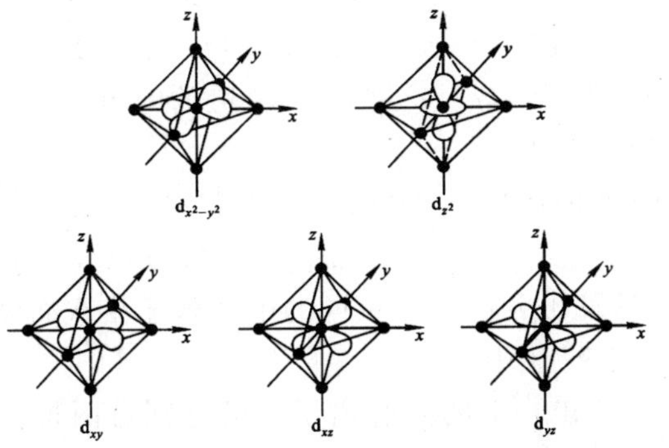

图 8-7　八面体场中的 d 轨道

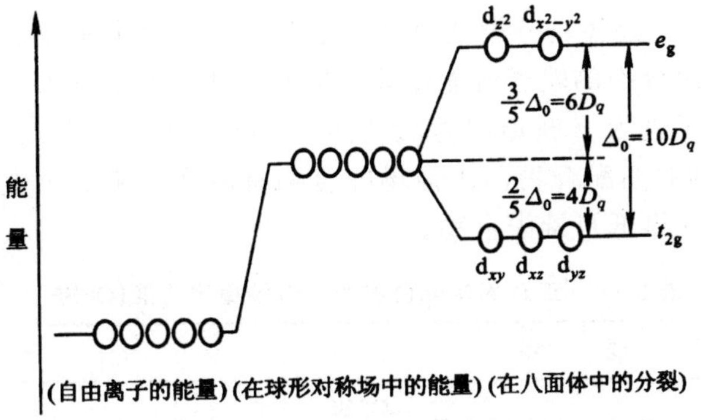

图 8-8　d 轨道在八面体场中的能级分裂

(1) 对同一中心离子生成相同构型的配离子而言，不同的配体产生的晶体场分裂能 Δ_0 大小顺序为

$I^- < Br^- < Cl^- \sim SCN^- < F^- < OH^- < C_2O_4^{2-} < H_2O < EDTA < NH_3 < SO_3^{2-} < CN^- \sim CO$

该顺序称为“光谱化学序”，即晶体场强度的顺序。

(2) 对于同一配体，同一金属原子高氧化态离子的 Δ_0 大于低价氧化态离子。例如

$[Co(H_2O)_6]^{2+}$，$\Delta_0 = 9300cm^{-1}$；$[Co(H_2O)_6]^{3+}$，$\Delta_0 = 18600cm^{-1}$

(3) 在配体和金属离子的价态相同时，Δ_0 的大小还与金属离子所在的周期数有关，Δ_0 按下列顺序增加：

第一过渡系列元素 < 第二过渡系列元素 < 第三过渡系列元素

例如：

$[CrCl_6]^{3-}$，$\Delta_0 = 13600cm^{-1}$　；$[MoCl_6]^{3-}$，$\Delta_0 = 19200cm^{-1}$

4. 晶体场稳定化能(CFSE)

d 电子在分裂后的 d 轨道上重新排布，配合物系统的能量降低，这个总能量的降低值，称为晶体场稳定化能，用 CFSE 表示。CFSE 越大，配合物越稳定。根据能量守恒原理，d 轨道在分裂前后的能量应保持不变。若以分裂前的球形场中的离子为基准，设轨道的总能量为 0，则在八面体场中：

$$2E(e_g) + 3E(t_{2g}) = 0$$

及 $$E(e_g) - E(t_{2g}) = \Delta_0$$

联立解之得 $$E(e_g) = +3/5\Delta_0;\ E(t_{2g}) = -2/5\Delta_0$$

设进入 e_g轨道的的电子数为 $n(e_g)$，进入 t_{2g}轨道的的电子数为 $n(t_{2g})$，则八面体场配合物的晶体场稳定化能(CFSE)为

$$\begin{aligned}\text{CFSE}(\text{八面体}) &= -2/5\Delta_0 \cdot n(t_{2g}) + 3/5\Delta_0 \cdot n(e_g) \\ &= -[0.4n(t_{2g}) - 0.6n(e_g)]\Delta_0 \qquad (8-2)\end{aligned}$$

根据式(8－2)，可以计算出 d 电子数不同的中心离子在八面体强场和弱场中的晶体场稳定化能，计算结果列于表 8－4 中。

从表 8－4 可以看出，对 $d^4 \sim d^7$ 的中心离子，可分别有两种排布方式。在弱场配合物中(电子成对能 $P >$ 晶体场分裂能 Δ_0)，每个轨道填充 2 个电子需要克服电子成对能，而两组分裂的轨道的能量差较小，因此每个电子进入 d 轨道总是优先独占一个轨道，即三个 t_{2g}轨道各填入一个电子后，接着填入 e_g轨道；而在强场配合物中，两组分裂的轨道的能量差较大(电子成对能 $P <$ 晶体场分裂能 Δ_0)，克服电子成对能使 2 个电子填充到一个轨道所需的能量要小于两组分裂的轨道的能量差，因此第四个电子进入 d 轨道时将选择填入 t_{2g}轨道，直至第 7 个电子进入 d 轨道时才会进入 e_g轨道(此时三个 t_{2g}轨道已被 6 个电子充满)。结果是 $d^4 \sim d^7$ 的弱场配合物，比强场配合物有较多的未成对电子。因此，前者叫做高自旋配合物，后者叫做低自旋配合物。

表 8－4　正八面体配合物的晶体场稳定化能(CFSE)*

电子排布	弱场				强场			
	t_{2g}电子	e_g电子	未成对电子	CFSE [Dq]	t_{2g}电子	e_g电子	未成对电子	CFSE [Dq]
d^0	0	0	0	0				
d^1	1	0	1	$-0.4\Delta_0$				
d^2	2	0	2	$-0.8\Delta_0$				
d^3	3	0	3	$-1.2\Delta_0$				
d^4	3	1	4	$-0.6\Delta_0$	4	0	2	$-1.6\Delta_0$
d^5	3	2	5	0	5	0	1	$-2.0\Delta_0$
d^6	4	2	4	$-0.4\Delta_0$	6	0	0	$-2.4\Delta_0$
d^7	5	2	3	$-0.8\Delta_0$	6	1	1	$-1.8\Delta_0$
d^8	6	2	2	$-1.2\Delta_0$				
d^9	6	3	1	$-0.6\Delta_0$				
d^{10}	6	4	0	0				

* 在 $d^0 \sim d^3$ 和 $d^8 \sim d^{10}$ 的八面体配合物中没有高自旋和低自旋的区别，所以都记在表 8－4 的弱配位场一栏中。

5. 晶体场理论的应用

晶体场理论对于过渡金属的许多性质，如磁性、结构、颜色和稳定性等都有较好的解释。

1）说明配合物的磁性

配合物中心离子为 d^4、d^5、d^6、d^7 构型的电子有两种可能的排布方式，见表 8-4。

(1) 当电子成对能 P ＞晶体场分裂能 Δ_0 时，形成高自旋型配合物，电子平行自旋程度较高，单电子数较多，磁性较强。

(2) 当电子成对能 P ＜晶体场分裂能 Δ_0 时，形成低自旋型配合物，电子平行自旋程度较低，单电子数较少，磁性较低。

2）说明配合物的颜色

晶体场理论认为，在过渡金属所形成的配合物中，当 d 轨道未全满时，配合物吸收可见光中某一波长光，d 电子从 t_{2g} 跃迁到 e_g 轨道，这种跃迁称为 d－d 跃迁。d－d 跃迁所吸收的能量等于晶体场分裂能 Δ_0，与所吸收的光的频率(ν)、波长(λ)和波数(σ)的关系为

$$\Delta_0 = E(e_g) - E(t_{2g}) = h\nu = hc/\lambda = hc\sigma$$

配离子吸收光的能量一般在 10 000 ～ 30 000 cm^{-1} 范围，其中 14 000 ～ 25 000 cm^{-1} 相当于可见光的波数，所以配离子常有特征颜色，即配合物呈现吸收波长的互补色。

过渡金属的水合离子，虽配体相同，但 e_g 与 t_{2g} 轨道的能级差不同，发生 d－d 跃迁时吸收可见光波长不同，所以其水溶液具有不同的颜色，见表 8-5。

表 8-5　过渡金属的水合离子颜色

d电子构型	d^1	d^2	d^3	d^4	d^5
水合离子	$[Ti(H_2O)_6]^{3+}$	$[V(H_2O)_6]^{3+}$	$[Cr(H_2O)_6]^{3+}$	$[Cr(H_2O)_6]^{2+}$	$[Mn(H_2O)_6]^{2+}$
颜色	紫红	绿	紫	天蓝	肉红
d电子数构型	d^6	d^7	d^8	d^9	
水合离子	$[Fe(H_2O)_6]^{2+}$	$[Co(H_2O)_6]^{2+}$	$[Ni(H_2O)_6]^{2+}$	$[Cu(H_2O)_4]^{2+}$	
颜色	淡绿	粉红	绿	蓝	

中心离子 d 轨道全满(d^{10})或全空(d^0)时，不能发生 d－d 跃迁，其水合离子为无色。例如：$[Zn(H_2O)_6]^{2+}$、$[Sc(H_2O)_6]^{3+}$ 均为无色。

6. 晶体场理论的局限性

晶体场理论在解释配合物的磁性和颜色等方面优于价键理论。其主要缺点在于，它把中心体与配体间的作用力完全归结于静电作用，没有考虑二者之间一定程度的共价结合，这种模型显然过于简单而不严格，因此无法解释由中心体与配体间的共价作用所产生的一些实验现象。例如，对于$[Ni(CO)_4]$、$[Fe(C_5H_5)_2]$等以共价结合为主的配合物的一些性质无法解释；对光谱化学序列中为什么 X^-、OH^- 等负离子的场强比中性分子 H_2O、NH_3 还弱也无法解释，等等。从 1952 年开始，人们把晶体场理论与分子轨道理论结合起来，即不仅考虑中心离子与配体之间的静电效应，也考虑到它们之间所生成的共价键分子轨道的性质，从而提出配位场理论。配位场理论更合理地说明了配合物结构及其性质的关系，由于学时所限，在此不作介绍。

8.4 配离子在溶液中的解离平衡

8.4.1 配位平衡常数

1. 稳定常数($K_f^\ominus$)

在 AgCl 沉淀上加氨水时，由于 Ag^+ 与 NH_3 形成稳定的$[Ag(NH_3)_2]^+$配离子，AgCl 沉淀溶解。若再向此溶液中加入 KI 溶液，则有黄色的 AgI 沉淀析出。这一现象说明$[Ag(NH_3)_2]^+$配离子的溶液中仍有 Ag^+ 存在。即溶液中既有 Ag^+ 与 NH_3 的配位反应，也有$[Ag(NH_3)_2]^+$配离子的离解反应。当配离子的形成与离解达到平衡状态时，其表达式如下：

$$Ag^+ + 2NH_3 \rightleftharpoons [Ag(NH_3)_2]^+$$

这种平衡称为配离子的配位平衡。根据化学平衡原理，平衡常数为

$$K_f^\ominus = \frac{c([Ag(NH_3)_2]^+)}{c(Ag^+) \cdot c^2(NH_3)} \tag{8-3}$$

式中，$K_f^\ominus$ 称为配合物的稳定常数（或生成常数）。$K_f^\ominus$ 越大，表示形成配离子的倾向越大，配离子越稳定。$[Ag(NH_3)_2]^+$配离子的 $K_f^\ominus = 1.12\times10^7$，$[Ag(CN)_2]^-$配离子的 $K_f^\ominus = 1.0\times10^{21}$，因此$[Ag(CN)_2]^-$比$[Ag(NH_3)_2]^+$更稳定。在$[Ag(CN)_2]^-$配离子溶液中加入 KI 溶液，则不会析出黄色的 AgI 沉淀。

2. 不稳定常数($K_d^\ominus$)

除了可用稳定常数($K_f^\ominus$)表示配合物的稳定性外，也可用配离子的解离程度来表示其稳定性。例如，配离子$[Ag(NH_3)_2]^+$在水中的解离平衡为

$$[Ag(NH_3)_2]^+ \rightleftharpoons Ag^+ + 2NH_3$$

其平衡常数表达式为

$$K_d^\ominus = \frac{c(Ag^+) \cdot c^2(NH_3)}{c([Ag(NH_3)_2]^+)} \tag{8-4}$$

式中，$K_d^\ominus$ 为配合物的不稳定常数(或解离常数)。$K_d^\ominus$ 越大，表示配离子越容易解离，即越不稳定。很明显

$$K_f^\ominus = \frac{1}{K_d^\ominus} \tag{8-5}$$

3. 逐级稳定常数($K_n^\ominus$)

配离子的生成一般是分步进行的，因此在溶液中存在一系列的配合平衡，对应于这些平衡也有一系列的稳定常数。例如：

$Cu^{2+} + NH_3 \rightleftharpoons [Cu(NH_3)]^{2+}$，第一级逐级稳定常数为

$$K_1^\ominus = \frac{c([Cu(NH_3)]^{2+})}{c(Cu^{2+}) \cdot c(NH_3)}$$

$[Cu(NH_3)]^{2+} + NH_3 \rightleftharpoons [Cu(NH_3)_2]^{2+}$，第二级逐级稳定常数为

$$K_2^{\ominus}=\frac{c([Cu(NH_3)_2]^{2+})}{c([Cu(NH_3)]^{2+})\cdot c(NH_3)}$$

$[Cu(NH_3)_2]^{2+}+NH_3 \rightleftharpoons [Cu(NH_3)_3]^{2+}$，第三级逐级稳定常数为

$$K_3^{\ominus}=\frac{c([Cu(NH_3)_3]^{2+})}{c([Cu(NH_3)_2]^{2+})\cdot c(NH_3)}$$

$[Cu(NH_3)_3]^{2+}+NH_3 \rightleftharpoons [Cu(NH_3)_4]^{2+}$，第四级逐级稳定常数为

$$K_4^{\ominus}=\frac{c([Cu(NH_3)_4]^{2+})}{c([Cu(NH_3)_3]^{2+})\cdot c(NH_3)}$$

对于配合物 ML_n，其逐渐形成反应及对应的逐级稳定常数可表示为

$M+L \rightleftharpoons ML$，第一级逐级稳定常数为

$$K_1^{\ominus}=\frac{c(ML)}{c(M)c(L)}$$

$ML+L \rightleftharpoons ML_2$，第二级逐级稳定常数为

$$K_2^{\ominus}=\frac{c(ML_2)}{c(ML)c(L)}$$

$$\vdots$$

$ML_{n-1}+L \rightleftharpoons ML_n$，第 n 级逐级稳定常数为

$$K_n^{\ominus}=\frac{c(ML_n)}{c(ML_{n-1})c(L)} \qquad (8-6)$$

4. 累积稳定常数($\beta_n^{\ominus}$)

在许多配位平衡的计算中，更常用到累积稳定常数($\beta_n^{\ominus}$)。对配位反应

$$M+L \rightleftharpoons ML$$

$$M+2L \rightleftharpoons ML_2$$

$$\vdots$$

$$M+nL \rightleftharpoons ML_n$$

所对应的平衡常数称为相应反应的累积稳定常数，用 $\beta_1^{\ominus}$，$\beta_2^{\ominus}$，…，$\beta_n^{\ominus}$ 表示。将各级逐级稳定常数依次相乘，可得到各级累积稳定常数。

$$\beta_1^{\ominus}=K_1^{\ominus}=\frac{c(ML)}{c(M)c(L)}$$

$$\beta_2^{\ominus}=K_1^{\ominus}\cdot K_2^{\ominus}=\frac{c(ML_2)}{c(M)c^2(L)}$$

$$\vdots$$

$$\beta_n^{\ominus}=K_1^{\ominus}\cdot K_2^{\ominus}\cdots K_n^{\ominus}=\frac{c(ML_n)}{c(M)c^n(L)}=K_f^{\ominus} \qquad (8-7)$$

最后一级累积稳定常数就是配合物的总稳定常数。某些配离子的标准稳定常数列于附录Ⅴ中。利用标准稳定常数，可以计算配合物中有关物质的浓度，讨论配位平衡及其移动。

8.4.2 配位平衡的移动

如前所述，金属离子 M^{n+} 和配体 L^- 生成配离子$[ML_x]^{(n-x)+}$，在水溶液中存在如下平衡：

$$M^{n+} + xL^- \rightleftharpoons [ML_x]^{(n-x)+}$$

这种配位平衡也是一种相对的动态平衡。根据平衡移动原理，改变 M^{n+} 或 L^- 的浓度，会使上述平衡发生移动。例如，向上述平衡体系中加入某种试剂，如酸、碱、沉淀剂、氧化剂(或还原剂)，或其他配合剂，当其与 M^{n+} 或 L^- 发生各种化学反应时就会导致上述配位平衡发生移动。这一过程涉及配位平衡与其他各种化学平衡相互联系的多重平衡。下面将分别予以讨论。

1. 酸度的影响

1) 配体的酸效应

配合物的配位体若为酸根离子或弱碱，当溶液中 $c(H^+)$ 增大时，配位体便与 H^+ 结合成弱酸分子，降低了配位体浓度，使配位平衡向解离的方向移动，配合物的稳定性下降，这种作用称为配位体的酸效应。配位体的酸效应实际上是包含了配位平衡和酸碱平衡的多重平衡。例如，在 $[FeF_6]^{3-}$ 溶液中，如果酸度过大(如 $c(H^+) > 0.05 mol \cdot L^{-1}$)，则 F^- 与 H^+ 结合生成 HF，使 $[FeF_6]^{3-}$ 的解离平衡向解离的方向移动。

$$[FeF_6]^{3-} \rightleftharpoons Fe^{3+} + 6F^-$$
$$+$$
$$6H^+ \rightleftharpoons 6HF$$

总反应为

$$[FeF_6]^{3-} + 6H^+ \rightleftharpoons Fe^{3+} + 6HF$$

$$K^{\ominus} = \frac{c(Fe^{3+}) \cdot c^6(HF)}{c([FeF_6]^{3-}) \cdot c^6(H^+)} = \frac{c(Fe^{3+}) \cdot c^6(HF)}{c([FeF_6]^{3-}) \cdot c^6(H^+)} \cdot \frac{c^6(F^-)}{c^6(F^-)} = \frac{1}{K_f^{\ominus} \cdot (K_a^{\ominus})^6}$$

$K^{\ominus}$ 是多重平衡常数，显然，$K_f^{\ominus}$ 越小即配合物稳定性越弱，或者 $K_a^{\ominus}$ 越小即生成的酸越弱，则 $K^{\ominus}$ 越大，即配离子越容易被破坏。

【例 8-1】 在 1.0L 水中加入 1.0mol $AgNO_3$ 和 2.0mol NH_3(设无体积变化)，计算溶液中各组分的浓度。当加入 HNO_3(设无体积变化)使配离子消失掉 99%时，溶液的 pH 为多少？已知：$[Ag(NH_3)_2]^+$ 的 $K_f^{\ominus} = 1.12 \times 10^7$，$NH_3$ 的 $K_b^{\ominus} = 1.8 \times 10^{-5}$。

解： 设平衡时，$c(Ag^+) = x mol \cdot L^{-1}$，则有

$$Ag^+ + 2NH_3 \rightleftharpoons [Ag(NH_3)_2]^+$$

平衡浓度($mol \cdot L^{-1}$)　　x　　$2x$　　$1.0 - x \approx 1.0$

$$K_f^{\ominus} = \frac{c([Ag(NH_3)_2]^+)}{c(Ag^+) \cdot c^2(NH_3)} \approx \frac{1.0}{x(2x)^2} = 1.12 \times 10^7$$

解之得 $x = 2.8 \times 10^{-3}$，所以

$$c(Ag^+) = 2.8 \times 10^{-3} mol \cdot L^{-1},\ c(NH_3) = 2 \times 2.8 \times 10^{-3} = 5.6 \times 10^{-3} (mol \cdot L^{-1})$$

$$c([Ag(NH_3)_2]^+) \approx 1.0 mol \cdot L^{-1}$$

当加入 HNO_3 后，配离子 $[Ag(NH_3)_2]^+$ 发生部分解离。设使配离子消失掉 99%时，溶液的氢离子浓度 $c(H^+) = y mol \cdot L^{-1}$，总反应为

$$[Ag(NH_3)_2]^+ + 2H^+ \rightleftharpoons Ag^+ + 2NH_4^+$$

平衡浓度($mol \cdot L^{-1}$)　0.01　　y　　0.99　2×0.99

$$K^{\ominus} = \frac{c(Ag^+) \cdot c^2(NH_4^+)}{c([Ag(NH_3)_2]^+) \cdot c^2(H^+)} = \frac{0.99 \times (2 \times 0.99)^2}{0.01 y^2}$$

$$=\frac{1}{K_f^{\ominus}\cdot(K_a^{\ominus})^2}=\frac{[K_b^{\ominus}(NH_3)]^2}{K_f^{\ominus}\cdot(K_w^{\ominus})^2}=2.9\times10^{11}$$

解之得 $y=3.7\times10^{-5}$，即 $c(H^+)=3.7\times10^{-5}mol\cdot L^{-1}$，所以

$$pH=4.43$$

通过以上的讨论可知，对配体为碱的配合物，增加体系酸度将使配合物的解离平衡向解离的方向移动。

2）金属离子的水解效应

过渡元素的金属离子，尤其在高氧化态时，都有显著的水解作用。当溶液的酸度降低到一定程度时，金属离子就会发生水解从而使配合物解离。溶液酸度越低，水解的趋势越强。由于金属离子形成氢氧化物沉淀而使配离子稳定性降低甚至被破坏，这种作用称为金属离子的水解效应。例如，若配合物的中心离子为 Fe^{3+}，当酸度低到一定程度时会水解生成 $Fe(OH)_3$ 沉淀，使配合物被破坏。

$$[FeF_6]^{3-}\rightleftharpoons Fe^{3+}+6F^-$$
$$+$$
$$3OH^-\rightleftharpoons Fe(OH)_3\downarrow$$

增大溶液的酸度可抑制水解，防止游离金属离子浓度的降低，有利于配离子的形成。因此，酸度对配位平衡的影响是多方面的，既要考虑配位体的酸效应，又要考虑金属离子的水解效应，但通常以酸效应为主。

2. 沉淀反应对配位平衡的影响

一些难溶盐的沉淀可因形成配离子而溶解，同时，有些配离子却因加入沉淀剂生成沉淀而被破坏。这是沉淀平衡与配位平衡相互影响的结果。利用配离子的稳定常数和沉淀的溶度积常数，可分析和判断反应进行的方向。

在 AgCl 沉淀中加入浓氨水时，NH_3 会与 Ag^+ 结合生成 $[Ag(NH_3)_2]^+$ 配离子，从而使 Ag^+ 浓度降低，促使沉淀溶解，反应式为

$$AgCl(s)\rightleftharpoons Ag^++Cl^-$$
$$+$$
$$2NH_3\rightleftharpoons [Ag(NH_3)_2]^+$$

总反应为

$$AgCl+2NH_3\rightleftharpoons[Ag(NH_3)_2]^++Cl^-$$

该平衡是包含了配位平衡与沉淀溶解平衡的多重平衡，反应的实质就是配位剂和沉淀剂共同争夺金属离子的过程。其平衡常数 $K^{\ominus}$ 为

$$K^{\ominus}=\frac{c([Ag(NH_3)_2]^+)\cdot c(Cl^-)}{c^2(NH_3)}=\frac{c([Ag(NH_3)_2]^+)\cdot c(Cl^-)}{c^2(NH_3)}\cdot\frac{c(Ag^+)}{c(Ag^+)}=K_f^{\ominus}\cdot K_{sp}^{\ominus}$$

显然，配合反应可以促进沉淀溶解，沉淀反应也可破坏配合物。沉淀能否被配位剂溶解，配合物能否被沉淀所破坏，主要取决于 $K_{sp}^{\ominus}$ 和 $K_f^{\ominus}$ 的相对大小，同时还与沉淀剂和配位剂的浓度有关。一般而言，沉淀越易溶解，配合物稳定性越大，则沉淀越易通过形成配合物而溶解。反之，中心离子与沉淀剂形成的沉淀越难溶，配合物越不稳定，则配合物越易于解离而生成沉淀。

【例 8-2】 如果在 1.0L 氨水中溶解 0.10mol 的 AgCl，需氨水的最初浓度是多少？

若溶解 0.10mol 的 AgI，氨水的浓度应是多少？

解：

$$AgCl+2NH_3 \rightleftharpoons [Ag(NH_3)_2]^+ + Cl^-$$

$$K^{\ominus}=\frac{c([Ag(NH_3)_2]^+)\cdot c(Cl^-)}{c^2(NH_3)}=K_f^{\ominus}\cdot K_{sp}^{\ominus}$$

假定溶解了的 Ag^+ 都转化成 $[Ag(NH_3)_2]^+$，则溶液中

$c([Ag(NH_3)_2]^+)=c(Cl^-)=0.10mol\cdot L^{-1}$（忽略 $[Ag(NH_3)_2]^+$ 的解离）。由上式可得：

$$c(NH_3)=\sqrt{\frac{c([Ag(NH_3)_2]^+)\cdot c(Cl^-)}{K_f^{\ominus}\cdot K_{sp}^{\ominus}}}=\sqrt{\frac{0.10\times0.10}{1.12\times10^7\times1.77\times10^{-10}}}$$

$$\approx 2.24\ (mol\cdot L^{-1})$$

在溶解过程中消耗氨水的浓度为 $2\times0.10=0.20(mol\cdot L^{-1})$，所以

$$c(NH_3)_{总}=c(NH_3)+0.20mol\cdot L^{-1}=2.44mol\cdot L^{-1}$$

故溶解 0.10molAgCl 需要氨水的总浓度至少应为 $2.44mol\cdot L^{-1}$。

若溶解 AgI，则

$$AgI+2NH_3 \rightleftharpoons [Ag(NH_3)_2]^+ + I^-$$

依上代入相应数据得：

$$c(NH_3)=\sqrt{\frac{c([Ag(NH_3)_2]^+)\cdot c(Cl^-)}{K_f^{\ominus}\cdot K_{sp}^{\ominus}}}=\sqrt{\frac{0.10\times0.10}{1.12\times10^7\times8.3\times10^{-17}}}$$

$$=3.28\times10^3(mol\cdot L^{-1})$$

NH_3的浓度如此之大是不可能的，故 AgI 不溶于氨水中。

【例 8-3】 在 $0.10mol\cdot L^{-1}$的$[Ag(NH_3)_2]^+$溶液中加入 KBr 溶液，使 KBr 浓度达到 $0.10mol\cdot L^{-1}$，有无 AgBr 沉淀生成？已知：$K_f^{\ominus}([Ag(NH_3)_2]^+)=1.12\times10^7$，$K_{sp}^{\ominus}(AgBr)=5.35\times10^{-13}$。

解：这是一个配位平衡和沉淀平衡共存的系统。首先计算出平衡时的 $c(Ag^+)$，然后根据溶度积规则进行判断。设$[Ag(NH_3)_2]^+$配离子离解所生成的 $c(Ag^+)=x mol\cdot L^{-1}$，则

$$Ag^+ + 2\ NH_3 \rightleftharpoons [Ag(NH_3)_2]^+$$

平衡浓度($mol\cdot L^{-1}$)　　x　　　$2x$　　　$0.10-x$

$[Ag(NH_3)_2]^+$解离度较小，故 $0.10-x\approx0.10$，代入$[Ag(NH_3)_2]^+$的 $K_f^{\ominus}$表达式得

$$K_f^{\ominus}=\frac{c([Ag(NH_3)_2]^+)}{c^2(NH_3)c(Ag^+)}=\frac{0.10}{x(2x)^2}=1.12\times10^7$$

解之得 $x=1.3\times10^{-3}$，即 $c(Ag^+)=1.3\times10^{-3}mol\cdot L^{-1}$。

因为 $Q_i=c(Ag^+)\cdot c(Br^-)=1.3\times10^{-3}\times0.10=1.3\times10^{-4}>K_{sp}^{\ominus}(AgBr)$，所以有 AgBr沉淀产生。

【例 8-4】 在 $0.30mol\cdot L^{-1}[Cu(NH_3)_4]^{2+}$溶液中，加入等体积的 $0.20mol\cdot L^{-1}$ NH_3 和 $0.02mol\cdot L^{-1}$ NH_4Cl 的混合溶液，是否有 $Cu(OH)_2$ 沉淀生成？已知：$K_f^{\ominus}([Cu(NH_3)_4]^{2+})=2.09\times10^{13}$，$K_b^{\ominus}(NH_3)=1.8\times10^{-5}$，$K_{sp}^{\ominus}[Cu(OH)_2]=2.2\times10^{-20}$。

解：这是一个配位平衡、沉淀平衡和酸碱平衡共存的系统。首先计算出平衡时的 $c(Cu^{2+})$和 $c(OH^-)$，然后根据溶度积规则进行判断。

溶液混合物各物质浓度为原溶液的一半，即

$$c([Cu(NH_3)_4]^{2+})=0.15mol\cdot L^{-1}$$

$$c(NH_3)=0.10\text{mol}\cdot L^{-1}$$
$$c(NH_4^+)=0.010\text{mol}\cdot L^{-1}$$

平衡时 $c(Cu^{2+})$ 依据配位平衡计算：

$$K_f^{\ominus}=\frac{c([Cu(NH_3)_4]^{2+})}{c(Cu^{2+})\cdot c^4(NH_3)}=2.09\times10^{13}$$

$$c(Cu^{2+})=\frac{c([Cu(NH_3)_4]^{2+})}{K_f^{\ominus}\cdot c^4(NH_3)}=\frac{0.15}{2.09\times10^{13}\times(0.10)^4}\approx7.18\times10^{-11}(\text{mol}\cdot L^{-1})$$

平衡时的 $c(OH^-)$ 依据碱的解离平衡计算：

$$K_b^{\ominus}(NH_3)=\frac{c(OH^-)c(NH_4^+)}{c(NH_3)}=1.8\times10^{-5}$$

$$c(OH^-)=\frac{K_b^{\ominus}(NH_3)\cdot c(NH_3)}{c(NH_4^+)}=\frac{1.8\times10^{-5}\times0.10}{0.010}=1.8\times10^{-4}(\text{mol}\cdot L^{-1})$$

由于

$$Q_i=c(Cu^{2+})c^2(OH^-)=7.18\times10^{-11}\times(1.8\times10^{-4})^2\approx2.32\times10^{-10}$$
$$Q_i>K_{sp}^{\ominus}[Cu(OH)_2]$$

所以有 $Cu(OH)_2$ 沉淀生成。

3. 氧化还原反应对配位平衡的影响

在配位平衡系统中如果发生氧化还原反应，将产生两种情况。

1）降低配合物的稳定性

由于溶液中金属离子发生氧化还原反应，降低了金属离子的浓度，从而降低了配离子的稳定性。例如，Fe^{3+} 与 SCN^- 生成血红色 $[Fe(SCN)_6]^{3-}$ 离子，如果在此溶液中滴加 $SnCl_2$ 溶液，Sn^{2+} 可将 Fe^{3+} 还原为 Fe^{2+}，使 Fe^{3+} 浓度减少，配位平衡向解离的方向移动，配离子被破坏，血红色消失。反应式为

$$[Fe(SCN)_6]^{3-}\rightleftharpoons6SCN^-+Fe^{3+}$$
$$+$$
$$Sn^{2+}\rightleftharpoons Fe^{2+}+Sn^{4+}$$

总反应为

$$2[Fe(SCN)_6]^{3-}+Sn^{2+}\rightleftharpoons2Fe^{2+}+12SCN^-+Sn^{4+}$$

2）改变金属离子的氧化还原性

如果金属离子形成较稳定的配合物，则将改变其氧化或还原的能力，使氧化还原平衡发生移动。若电对中氧化型金属离子形成较稳定的配离子，由于氧化型金属离子的减少，则电极电势会减小。例如：

$$Fe^{3+}+e\rightleftharpoons Fe^{2+}\qquad \varphi^{\ominus}(Fe^{3+}/Fe^{2+})=0.771V$$
$$I_2+2e\rightleftharpoons 2I^-\qquad \varphi^{\ominus}(I_2/I^-)=0.536V$$

由电极电势可知，Fe^{3+} 可以把 I^- 氧化为 I_2，其反应为

$$Fe^{3+}+I^-\rightleftharpoons Fe^{2+}+1/2\ I_2$$

如果向该系统中加入 F^-，Fe^{3+} 立即与 F^- 形成了 $[FeF_6]^{3-}$，降低了 Fe^{3+} 浓度，因而减弱了 Fe^{3+} 的氧化能力，使上述氧化还原平衡向左移动，I_2 又被还原成 I^-。

总反应为

$$2Fe^{2+}+I_2+12F^-\rightleftharpoons2[FeF_6]^{3-}+2I^-$$

由此可见，在通常情况下，Fe^{3+}可将I^-氧化为I_2；但在有配位剂F^-存在时，由于形成了$[FeF_6]^{3-}$而使Fe^{3+}的氧化性降低，此时Fe^{3+}不仅不能将I^-氧化为I_2，相反，I_2可将Fe^{2+}氧化为Fe^{3+}。

4. 配合物的相互转化与平衡

在一种配离子溶液中，加入能与中心离子形成更稳定配离子的配位剂，则发生配离子的转化。例如，在$[Fe(SCN)_6]^{3-}$溶液中加入NaF，$[Fe(SCN)_6]^{3-}$转化为更稳定的$[FeF_6]^{3-}$：

$$[Fe(SCN)_6]^{3-}+6F^- \rightleftharpoons [FeF_6]^{3-}+6SCN^-$$

$$K^{\ominus}=\frac{c([FeF_6]^{3-})\cdot c^6(SCN^-)}{c([Fe(SCN)_6]^{3-})\cdot c^6(F^-)}=\frac{c([FeF_6]^{3-})\cdot c^6(SCN^-)}{c([Fe(SCN)_6]^{3-})\cdot c^6(F^-)}\cdot\frac{c(Fe^{3+})}{c(Fe^{3+})}$$

$$=\frac{K_f^{\ominus}([FeF_6]^{3-})}{K_f^{\ominus}([Fe(SCN)_6]^{3-})}=\frac{1.0\times10^{16}}{1.5\times10^3}\approx6.7\times10^{12}$$

这一转化反应的平衡常数很大，说明转化得很完全。一种配离子转化成另一种配离子的可能性和程度，取决于两种配离子的稳定常数的相对大小。一般情况下，$K_f^{\ominus}$小的配离子容易转化成$K_f^{\ominus}$大的配离子，且$K_f^{\ominus}$相差越大转化得越彻底。

【例 8-5】 计算反应

$[Ag(NH_3)_2]^+ + 2CN^- \rightleftharpoons [Ag(CN)_2]^- + 2NH_3$的平衡常数，并判断配位反应进行的方向。已知：$K_f^{\ominus}([Ag(NH_3)_2]^+)=1.12\times10^7$，$K_f^{\ominus}([Ag(CN)_2]^-)=1.0\times10^{21}$。

解：

$$K^{\ominus}=\frac{c([Ag(CN)_2]^-)\cdot c^2(NH_3)}{c([Ag(NH_3)_2]^+)\cdot c^2(CN^-)}=\frac{c([Ag(CN)_2]^-)\cdot c^2(NH_3)}{c([Ag(NH_3)_2]^+)\cdot c^2(CN^-)}\cdot\frac{c(Ag^+)}{c(Ag^+)}$$

$$=\frac{K_f^{\ominus}([Ag(CN)_2]^-)}{K_f^{\ominus}([Ag(NH_3)_2]^+)}=\frac{1.0\times10^{21}}{1.12\times10^7}\approx8.9\times10^{13}$$

转化反应的平衡常数很大，所以反应朝生成$[Ag(CN)_2]^-$的方向进行。

8.5 配位化合物的重要性

由于自然界中大多数化合物是以配合物的形式存在，配合物的形成能够更明显地表现出各元素的化学特性，因此，配合物化学所涉及的范围和应用非常广泛。例如，分析技术、金属的分离和提取、化工合成上的配位催化、无机高分子材料、染料、电镀、鞣革、医药和生命科学等方面，都和配合物有密切的关系。本节简要地介绍配合物应用的几个实例。

8.5.1 分析技术

在分析化学的定性检出和定量测定中都经常用到配位化学的原理。例如，一些螯合剂与某些金属离子生成有色难溶的螯合物，因此可作为检验金属离子的特效试剂；利用有色配离子的形成，使仪器分析中分光光度法的应用范围大大地扩展；利用形成配合物的反应进行滴定分析；利用配合剂与干扰离子发生配位反应来消除干扰离子的影响。这些都是分析化学中常用的方法。

8.5.2 湿法冶金

将含有金、银等单质的矿石放入NaCN(或KCN)的溶液中，经搅拌，借助于空气中氧的作用，使Au和Ag分别形成配合物$[Au(CN)_2]^-$和$[Ag(CN)_2]^-$而溶解。以Au为例，其溶解反应为

$$4Au+8CN^-+2H_2O+O_2 \rightleftharpoons 4[Au(CN)_2]^-+4OH^-$$

然后在溶液中加Zn还原，即可得到Au。还原反应式为

$$2[Au(CN)_2]^-+Zn \rightleftharpoons [Zn(CN)_4]^{2-}+2Au$$

我国铜矿的品位一般较低，通常是采用一种螯合剂（如2-羟基-5-仲辛基二苯甲酮肟等）使铜富集起来。20世纪70年代以来，应用溶剂萃取法回收铜是湿法冶金中一个较为突出的成就。

8.5.3 无机离子的分离和提纯

稀土金属元素的离子半径几乎相等，其化学性质也非常相似，难以用一般的化学方法使之分离。可利用它们和某种螯合物如二苯基-18-冠-6[$C_{12}H_{24}O_6$，简称冠醚]对稀土进行萃取分离。较大、较轻的稀土离子可以和冠醚生成螯合物，易溶于有机溶剂，而重稀土离子则不能形成稳定的配合物。经用冠醚萃取后，重稀土留在水相，而轻金属则进入有机相中。

又如，对含镍矿粉在一定条件下通入CO气体，可得剧毒的液态$[Ni(CO)_4]$(四羰基合镍配合物)，然后再加热使之分解为高纯度的金属镍。钴不能与CO发生上述反应，故可利用这种方法分离镍和钴。

8.5.4 配位催化作用

许多基本有机合成反应，如氧化、氢化、聚合、羰基化等许多重要反应，均可借助于以过渡金属配合物为基础的催化剂来实现，这些反应称为配位催化反应。例如，乙烯在钯配合物上直接氧化制取乙醛的方法已投入生产。首先是在水溶液中，乙烯同Pd^{2+}离子配合成$[(C_2H_4)Pd(H_2O)Cl_2]$，接着它水解成$[(C_2H_4)Pd(OH)Cl_2]^-$离子，最后生成CH_3CHO(乙醛)。同时，Pd^{2+}被还原成金属Pd，又可循环使用。配合催化在石油化学工业、合成橡胶等工业应用非常广泛。

8.5.5 染料工业

配合物被广泛地应用于染料工业，如配位金属染料。有的纤维如羊毛、尼龙（聚酰胺纤维）等对一般染料没有亲和力，染色后牢固度很差。若染色后再用金属盐处理（如铬、铝、铁、铜盐），不仅牢固度增加，而且使颜色加深。羊毛中含有可与金属离子配位的基团，如羊毛蛋白质，而许多染料也是一种强的配位剂。在染色过程，金属离子与染料和纤维生成一种混合型的配合物，而使染料牢固地固定在纤维上，并由于螯合物的生成而使颜色加深。

8.5.6　电镀与电镀液的处理

为了获得光滑、均匀、附着力强的金属镀层，需要降低电镀液中被镀金属离子的浓度。通常是使金属离子形成配合物，常用的配位体是KCN、酒石酸、柠檬酸等。用过的电镀液中含有的CN^-是剧毒物质，可在电镀废液中加入$FeSO_4$，使之与CN^-配位，形成无毒的$[Fe(CN)_6]^{4-}$，而后排放。电镀废液对水源的污染是非常严重的。当前电镀大都尽量采用无毒电镀液，只在特殊的不得已的情况下才使用氰化物，如应用柠檬酸、焦磷酸、氨三乙酸等配位剂进行无氰电镀。

8.5.7　生命科学中的配合物

配合物在生命机体的正常代谢过程中起着重要的作用。例如，人体和动物体中氧的运载体是肌红蛋白和血红蛋白，它们都含有血红素基团，而血红素是铁的配合物。植物叶中的叶绿素是镁的配合物，它是进行光合作用的基础。生物体内的大多数反应都是在酶的催化下进行的，而许多酶的分子含有以配合形态存在的金属。这些金属往往起着活性中心的作用，如铁酶、锌酶、铜酶和钼酶。酶作为催化剂，其催化效率比一般非生物催化剂高一千万倍至十万亿倍。根据近年的研究，具有固氮活力的固氮酶，是由一个铁蛋白(含铁)和另一个铁钼蛋白(含铁、钼)所组成。通过固氮酶的催化作用能够在常温常压下将空气中的氮气转变成氨。因此，化学模拟固氮是一个重要的基础科学研究课题。此外，硼、铜、钼、锰等微量元素对植物的生理机能也起着十分重要的作用。由于一些微量元素在土壤中易于沉淀，如土壤中的磷常与Fe^{3+}、Al^{3+}形成难溶磷酸盐而不被植物吸收，如果使它们成为水溶性螯合物就能被植物吸收。配合物与生物学各个领域的关系是十分密切的。金属配合物抗癌功能的研究也受到很大重视，如顺式二氯二氨合铂（Ⅱ）$[Pt(NH_3)_2Cl_2]$(简称顺铂)，有显著的肿瘤抑制作用，已广泛应用于临床。

综合练习

一、思考题

1. 举例说明什么是配合物？它与复盐有何区别？水合物、氨合物是否可认为是配合物？

2. 试用配合物化学的知识来解释下列事实：

(1) 为何大多数过渡元素的配离子是有色的，而大多数Zn(Ⅱ)配离子为无色的？

(2) 为什么大多数的Cu(Ⅱ)配离子的空间构型为平面正方形？

(3) 为何将Cu_2O溶于浓氨水中，得到的溶液为无色？

(4) 为何AgI不能溶于过量氨水中，却能溶于KCN溶液中？

(5) AgBr沉淀可溶于KCN溶液中，但Ag_2S不溶？

(6) 为何CdS能溶于KI溶液中？

(7) 为何用简单的锌盐和铜盐的混合溶液进行电镀，锌和铜不会同时析出。如果在此混合溶液中加入NaCN溶液就可以镀出黄铜（铜锌合金)？

3. 市售的用做干燥剂的蓝色硅胶，常掺有蓝色的 Co^{2+} 离子同氯离子键合的配合物，用久后，变为粉红色则无效。

(1) 写出蓝色配离子的化学式。

(2) 写出粉红色配离子的化学式。

(3) Co(Ⅱ)离子的 d 电子数为多少？如何排布？

(4) 写出粉红色、蓝色配离子与水的有关反应式。

4. 用 $NH_3 \cdot H_2O$ 处理含 Ni^{2+} 和 Al^{3+} 离子的溶液。起先得到有色沉淀。继续加氨，沉淀部分溶解形成深蓝色的溶液，剩下的沉淀是白色的。再用过量的碱溶液（如 NaOH 溶液）处理，得到澄清的溶液。如果往澄清溶液中慢慢地加入酸，则又形成白色沉淀，继续加酸则沉淀又溶解。写出每一步反应的离子方程式。

5. 有两种配合物 A 和 B，它们的组成均为 $CoCl_3 \cdot 5NH_3 \cdot H_2O$，根据下列实验事实写出这两种配合物的结构式。

(1) A 和 B 的水溶液均呈弱酸性，加入强碱并加热至沸，放出 NH_3，同时有 Co_2O_3 沉淀析出。

(2) 向 A 和 B 的溶液中加入 $AgNO_3$ 溶液，均有白色 AgCl 沉淀析出。

(3) 滤去沉淀，在滤液中再加 $AgNO_3$，则均无沉淀，但加热至沸，A 溶液无变化，而 B 溶液又有白色 AgCl 沉淀生成，其沉淀量为原来 B 溶液沉淀量的一半。

二、练习题

1. 选择题

(1) 下列物质中，在氨水中最容易溶解的是(　　)。

(A) Ag_2S　　(B) AgI　　(C) AgBr　　(D) AgCl

(2) 下列配位体中能作螯合剂的是(　　)。

(A) SCN^-　　(B) H_2NNH_2

(C) SO_4^{2-}　　(D) $H_2NCH_2CH_2NH_2$

(3) 下列配合物能在强酸介质中稳定存在的为(　　)。

(A) $[Ag(NH_3)_2]^+$　　(B) $[FeCl_4]^-$

(C) $[Fe(C_2O_4)_3]^{3-}$　　(D) $[Ag(S_2O_3)_2]^{3-}$

(4) 一般情况下，下列离子中可能形成内轨型配合物的是(　　)。

(A) Cu^+　　(B) Fe^{2+}　　(C) Ag^+　　(D) Zn^{2+}

(5) 配位数是指(　　)。

(A) 配位体的数目　　(B) 中心离子的电荷数

(C) 配位体中配位原子的数目　　(D) 中心离子的未成对的电子数目

(6) 下列配离子中属于逆磁性的是(　　)。

(A) $Mn(CN)_6^{4-}$　　(B) $Cu(NH_3)_4^{2+}$　　(C) $Co(CN)_6^{3-}$　　(D) $Fe(CN)_6^{3-}$

(7) 下列各对配合物稳定性不正确的是(　　)。

(A) $Fe(CN)_6^{3-} > Fe(SCN)_6^{3-}$　　(B) $HgCl_4^{2-} > HgI_4^{2-}$

(C) $Ni(NH_3)_4^{2+} < Ni(CN)_4^{2-}$　　(D) $Ag(CN)_2 > Ag(S_2O_3)_2^{3-}$

(8) 某金属离子生成的两种配合物的磁矩分别为 $\mu=4.90$ BM 和 $\mu=0$ BM，则该金属可能是(　　)。

(A) Cr^{3+}　　(B) Fe^{2+}　　(C) Mn^{2+}　　(D) Mn^{3+}

(9) 配合物 $K_3[Fe(CN)_5CO]$ 的中心离子杂化类型为(　　)。

(A) sp^3d^2　　(B) dsp^3　　(C) d^2sp^3　　(D) sp^3d

(10) 利用生成配合物而使难溶电解质溶解时，下列哪种情况最有利于沉淀的溶解(　　)。

(A) $\lg K_f^\ominus(MY)$ 大，$K_{sp}^\ominus$ 小　　(B) $\lg K_f^\ominus(MY)$ 大，$K_{sp}^\ominus$ 大

(C) $\lg K_f^\ominus(MY)$ 小，$K_{sp}^\ominus$ 大　　(D) $\lg K_f^\ominus(MY) >> K_{sp}^\ominus$

(11) 易于形成配离子的金属元素主要位于周期表中的(　　)。

(A) p 区　　(B) d 区和 ds 区　　(C) s 区和 p 区　　(D) s 区

(12) 将过量的 $AgNO_3$ 溶液加入到一定浓度的 $Co(NH_3)_4Cl_3$ 溶液中，产生与配合物等摩尔的 AgCl 沉淀，则可判断该化合物中心原子的氧化数和配位数分别是(　　)。

(A) +2 和 6　　(B) +2 和 4　　(C) +3 和 6　　(D) +3 和 4

(13) 下列配离子属于外轨型的是(　　)。

(A) $[Fe(CN)_6]^{3-}$　　(B) $[Co(CN)_6]^{3-}$

(C) $[Ni(CN)_4]^{2-}$　　(D) $[FeF_6]^{3-}$

(14) $[FeF_6]^{3-}$ 配离子杂化轨道的类型是(　　)。

(A) d^2sp^3 杂化，内轨型　　(B) sp^3d^2 杂化，内轨型

(C) d^2sp^3 杂化，外轨型　　(D) sp^3d^2 杂化，外轨型

(15) 四异硫氰酸根·二氨合钴（Ⅲ）酸铵的化学式是(　　)。

(A) $(NH_4)_2[Co(SCN)_4(NH_3)_2]$　　(B) $(NH_4)_2[Co(NH_3)_2(SCN)_4]$

(C) $NH_4[Co(NCS)_4(NH_3)_2]$　　(D) $(NH_4)_2[Co(NH_3)_2(NCS)_4]$

(16) 下列物质中，哪一个不适宜做配体(　　)。

(A) $S_2O_3^{2-}$　　(B) H_2O　　(C) Cl^-　　(D) NH_4^+

2. 在 0.20mol·L^{-1} 氨水和 0.20mol·L^{-1} 氯化铵的缓冲溶液中加入等体积的 0.02mol·$L^{-1}$$[Cu(NH_3)_4]Cl_2$ 溶液，问混合后能否有 $Cu(OH)_2$ 沉淀生成？已知：$K_{sp}^\ominus(Cu(OH)_2)=2.2\times10^{-20}$，$K_f^\ominus([Cu(NH_3)_4]^{2+})=4.8\times10^{12}$，$K_b^\ominus(NH_3)=1.76\times10^{-5}$。

3. 比较 AgCl 在 6.0mol·L^{-1} 氨水和水中的溶解度。已知：$K_{sp}^\ominus(AgCl)=1.8\times10^{-10}$，$K_f^\ominus([Ag(NH_3)_2]^+)=1.12\times10^7$。

4. 假设体积不变，欲使 0.010mol 的 AgCl 完全溶解在 100L 的水中，需加入多少克 NaCl？已知：$K_f^\ominus([AgCl_2]^-)=3.0\times10^5$，$K_{sp}^\ominus(AgCl)=1.8\times10^{-10}$。

5. 为了把 Cu^{2+} 的量减少到 10^{-13}mol·L^{-1}，则在 0.0010mol·L^{-1} 的 $Cu(NO_3)_2$ 溶液中 NH_3 的浓度应为多少？已知：$[Cu(NH_3)_4]^{2+}$ 的 $K_d^\ominus=5.35\times10^{-13}$。

6. 配合物 A 和 B 具有相同的实验式：$Co(NH_3)_3(H_2O)_2ClBr_2$。在一个干燥器中 A 很快失去 1mol 水，而同样条件下 B 不失水。当将 $AgNO_3$ 加入 A 的溶液时，1mol A 可沉淀出 1mol AgBr，而将 $AgNO_3$ 加入 B 的溶液时，1mol B 可沉淀出 2mol AgBr。根据上述现象写出 A 和 B 的化学式。

7. Ag^+ 与 $[Ag(CN)_2]^-$ 可生成 $Ag[Ag(CN)_2]$ 沉淀。计算 $Ag[Ag(CN)_2]$ 在 0.10mol·L^{-1}KCN 中的溶解度。已知：$K_{sp}^\ominus(Ag[Ag(CN)_2])=2.0\times10^{-12}$，$K_f^\ominus([Ag(CN)_2]^-)=1.0\times10^{21}$。

8. 城市的净化水设备常常由于水中 $Ca(HCO_3)_2$ 转变为 $CaCO_3$ 而堵塞，为了防止这种现象发生，可加入 $Na_4P_2O_7$ 生成 $[CaP_2O_7]^{2-}$，以降低 Ca^{2+} 浓度而不生成 $CaCO_3$ 沉淀。问1000L水中(含 Ca^{2+} 约 $4.0\times10^{-4}mol\cdot L^{-1}$)应加多少克 $Na_4P_2O_7$？已知：$K_f^{\ominus}([CaP_2O_7]^{2-})=1.0\times10^5$。

9. 在 pH=10 时，欲使 $0.10mol\cdot L^{-1}$ 的 Al^{3+} 溶液不生成 $Al(OH)_3$ 沉淀，问 NaF 浓度至少要多大？已知：$K_{sp}^{\ominus}[Al(OH)_3]=1.3\times10^{-33}$，$K_f^{\ominus}([AlF_6]^{3-})=6.94\times10^{19}$。

10. 计算下述平衡 $[Zn(NH_3)_4]^{2+}+4OH^- \rightleftharpoons [Zn(OH)_4]^{2-}+4NH_3$ 的平衡常数。当 NH_3 的浓度为 $1.0mol\cdot L^{-1}$ 时 $c([Zn(NH_3)_4]^{2+})/c([Zn(OH)_4]^{2-})$ 的值为多少？($K_b^{\ominus}(NH_3)=1.8\times10^{-5}$，$K_f^{\ominus}([Zn(OH)_4]^{2-})=3.0\times10^{15}$，$K_f^{\ominus}([Zn(NH_3)_4]^{2+})=2.88\times10^9$)。

第9章 氧化还原反应与电化学

教学目标

(1) 掌握氧化还原反应的基本概念，能配平氧化还原反应方程式。

(2) 理解电极电势的概念，能用能斯特公式进行有关计算。

(3) 掌握电极电势在有关方面的应用。

(4) 了解原电池电动势与吉布斯函数变的关系。

(5) 掌握元素电势图及其应用。

(6) 了解电解的有关基本理论及其应用，了解金属电化学腐蚀的机理及防护。

根据反应过程中是否有氧化值的变化或电子转移，化学反应可基本上分为两大类：有电子转移或氧化值变化的氧化还原反应和没有电子转移或氧化值无变化的非氧化还原反应。前几章讨论的酸碱反应、沉淀反应和配合反应都是非氧化还原反应，本章讨论氧化还原反应。氧化还原反应对于制备新物质，获取化学热能和电能具有重要的意义，与我们的衣、食、住、行及工农业生产、科学研究都密切相关。据不完全统计，化工生产中约50%以上的反应都涉及氧化还原反应。实际上，整个化学的发展就是从氧化还原反应开始的。所以，有必要对其机理、速率、应用等做深入的探讨，使之得到更广泛的应用。

9.1 氧化还原反应的基本概念

9.1.1 氧化值

1970年国际纯粹和应用化学联合会(IUPAC)较严格地定义了氧化值的概念：氧化值是指某元素一个原子的表观电荷数，这个电荷数是假设把每一个化学键中的电子指定给电负性更大的原子而求得的。

确定氧化值的一般规则如下。

(1) 在单质中，元素的氧化值为零。

(2) 在中性分子中，所有原子氧化值的代数和等于零。

(3) 在复杂离子中，所有原子的氧化值代数和等于离子的电荷数。单原子离子的氧化值等于它所带的电荷数。

(4) 氧在化合物中的氧化值一般为－2；在过氧化物(如 H_2O_2、Na_2O_2 等)中为－1；在超氧化物(如 KO_2)中为$-\frac{1}{2}$；在 OF_2 中为＋2。氢在化合物中的氧化值一般为＋1，仅在与活泼金属生成的离子型氢化物(如 NaH、CaH_2)中为－1。

根据这些规则，就可以确定化合物中其他原子的氧化值。

【例 9－1】 通过计算确定下列化合物中 S 原子的氧化值：

(a) H_2SO_4；(b) $Na_2S_2O_3$；(c) SO_3^{2-}；(d) $S_4O_6^{2-}$。

解：设题给化合物中 S 的氧化值分别为 x_1，x_2，x_3 和 x_4，根据上述有关规则可得：

(a) $2(+1)+1(x_1)+4(-2)=0$，$x_1=+6$

(b) $2(+1)+2(x_2)+3(-2)=0$，$x_2=+2$

(c) $1(x_3)+3(-2)=-2$，$x_3=+4$

(d) $4(x_4)+6(-2)=-2$，$x_4=+2.5$

应该指出的是，在确定有过氧链的化合物中各元素的氧化数时，要写出化合物的结构式，例如，过氧化铬 CrO_5 和过二硫酸根的结构式分别为

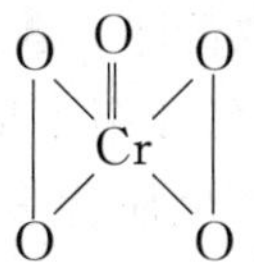

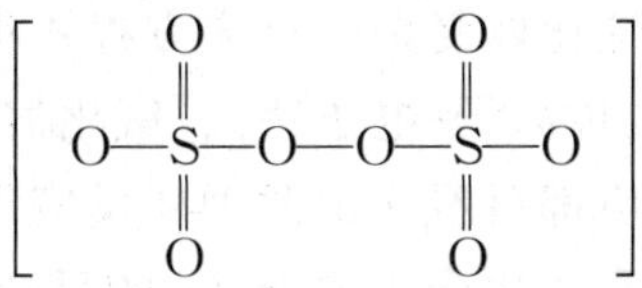

它们的分子中都存在着过氧链。在过氧链中氧的氧化数为－1，因此上述两个化合物中 Cr 和 S 的氧化数均为＋6。如果将氧的氧化数都看作是－2，则上面两个化合物中 Cr 和 S 的氧化数分别为＋10 和＋7，这显然是与事实不符的。例如，反应

$$K_2Cr_2O_7+4H_2O_2+H_2SO_4 = 2CrO_5+K_2SO_4+5H_2O$$

本不属于氧化还原反应(实际上是一个过氧链转移的反应)，但如果将 CrO_5 中 Cr 的氧化数定为＋10，那么上述反应就成为氧化还原反应了。又如，反应

$$2Mn^{2+}+5S_2O_8^{2-}+8H_2O \xlongequal{Ag^+} 2MnO_4^-+10SO_4^{2-}+16H^+$$

起氧化作用的是 $S_2O_8^{2-}$ 中的过氧链上的氧原子，其氧化数由－1 变到－2。但如果将 $S_2O_8^{2-}$ 中 S 的氧化数定为＋7，就会误认为 $S_2O_8^{2-}$ 中 S 起氧化作用，其氧化数由＋7 变到＋6。

9.1.2 氧化与还原

根据氧化值的概念，在一个反应中，氧化值升高的过程称为氧化，氧化值降低的过程称为还原，反应中氧化过程和还原过程同时发生。在化学反应过程中，元素的原子或离子在反应前后氧化值发生变化的一类反应称为氧化还原反应。

在氧化还原反应中，若一种反应物的组成元素的氧化值升高(氧化)，则必有另一种反应物的组成元素的氧化值降低(还原)。氧化值升高的物质称为还原剂，还原剂是使另一种物质还原，本身被氧化，它的反应产物称为氧化产物。氧化值降低的物质称为氧化剂，氧

化剂是使另一种物质氧化，本身被还原，它的反应产物称为还原产物。

$$\underset{\text{(氧化剂)}}{Na\overset{+1}{Cl}O} + \underset{\text{(还原剂)}}{2\overset{+2}{Fe}SO_4} + H_2SO_4 = \underset{\text{(还原产物)}}{Na\overset{-1}{Cl}} + \underset{\text{(氧化产物)}}{\overset{+3}{Fe_2}(SO_4)_3} + H_2O$$

在这个反应中，次氯酸钠是氧化剂，氯元素的氧化值从+1降低到−1，它本身被还原，使硫酸亚铁氧化。硫酸亚铁是还原剂，铁元素的氧化值从+2升高到+3，它本身被氧化，使次氯酸钠还原。在这个反应中，硫酸虽然也参加了反应，但氧化值没有改变，通常称硫酸溶液为介质。如果氧化数的升高和降低都发生在同一化合物中，这种氧化还原反应称为自氧化还原反应，如

$$2K\overset{+5}{Cl}\overset{-2}{O_3} \xrightarrow[\triangle]{MnO_2} 2K\overset{-1}{Cl} + 3\overset{0}{O_2}$$

如果氧化数的升、降都发生在同一物质中的同一元素上，则这种氧化还原反应称为歧化反应，如

$$4K\overset{+5}{Cl}O_3 \overset{\triangle}{=} 3K\overset{+7}{Cl}O_4 + K\overset{-1}{Cl}$$

$$2H_2\overset{-1}{O_2} = 2H_2\overset{-2}{O} + \overset{0}{O_2}$$

歧化反应是自氧化还原反应的一种特殊类型。

9.1.3 氧化还原反应方程式的配平

氧化还原反应往往比较复杂，反应方程式很难用目视法配平。配平这类反应方程式最常用的有半反应法(也称离子-电子法)、氧化值法等，这里只介绍半反应法。

任何氧化还原反应都可看作由两个半反应组成，一个半反应代表氧化，另一个则代表还原。例如，钠与氯直接化合生成 NaCl 的反应：

$$2Na(s) + Cl_2(g) = 2NaCl(s)$$

的两个半反应是

$$2Na \longrightarrow 2Na^+ + 2e^- \quad \text{(氧化)}$$

$$Cl_2 + 2e^- \longrightarrow 2Cl^- \quad \text{(还原)}$$

这样的方程式称为离子-电子方程式。

像任何其他化学反应式一样，离子一电子方程式必须反映化学变化过程的实际。氧化值发生变化的元素只能以实际存在的物种出现在方程式中。例如，NO_3^- 离子在酸性溶液中被 H_2S 还原的基本反应为

$$NO_3^- + H_2S \longrightarrow NO + S$$

该式的离子-电子方程式只能是

$$NO_3^- + 3e^- \longrightarrow NO$$

$$H_2S \longrightarrow S + 2e^-$$

像离子方程式一样，离子-电子方程式两端应保持原子和电荷平衡，平衡电荷时既要考虑到离子所带的电荷，也要考虑到电子所带的电荷。上述两个半反应的配平结果为

$$NO_3^- + 4H^+ + 3e^- \longrightarrow NO + 2H_2O$$

$$H_2S \longrightarrow S + 2H^+ + 2e^-$$

用离子-电子方程式配平氧化还原反应方程式的方法称为离子－电子法，又称半反应法。其具体步骤如下。

(1) 写出未配平的基本反应式(离子方程式)。

(2) 写出未配平的两个离子-电子方程式。

(3) 配平每一个离子-电子方程式的原子数和电荷数。

(4) 如果必要，将两个半反应分别乘以适当的系数，以确保反应中得失的电子数相等。例如，上述两个半反应分别乘以 2 和 3，使反应中得失的电子数均为 6：

$$2NO_3^- + 8H^+ + 6e^- \longrightarrow 2NO + 4H_2O$$

$$3H_2S \longrightarrow 3S + 6H^+ + 6e^-$$

(5) 两个半反应相加就得到一个配平的离子反应方程式。例如，上述两个半反应相加得：

$$2NO_3^- + 3H_2S + 2H^+ \xlongequal{} 3S + 2NO + 4H_2O$$

在半反应方程式中，如果反应物和生成物内所含的氧原子数目不同，可以根据介质的酸碱性，分别在半反应方程式中加 H^+、加 OH^- 或加 H_2O，并利用水的解离平衡使反应式两边的氧原子数目相等。不同介质条件下配平氧原子的经验规则见表 9-1。

表 9-1　配平氧原子的经验规则

介质条件	比较方程式两边氧原子数	配平时左边应加入物质	生成物
酸性	左边 O 多	H^+	H_2O
	左边 O 少	H_2O	H^+
碱性	左边 O 多	H_2O	OH^-
	左边 O 少	OH^-	H_2O
中性(或弱碱性)	左边 O 多	H_2O	OH^-
	左边 O 少	H_2O(中性)	H^+
		OH^-(弱碱性)	H_2O

【例 9-2】　酸性介质中，$S_2O_8^{2-}$ 能将 Cr^{3+} 氧化为 $Cr_2O_7^{2-}$，自身还原为 SO_4^{2-}，写出配平的离子反应方程式。

解： 基本反应

$$S_2O_8^{2-} + Cr^{3+} \longrightarrow Cr_2O_7^{2-} + SO_4^{2-}$$

分解为两个半反应：

氧化反应：　$Cr^{3+} \longrightarrow Cr_2O_7^{2-}$

还原反应：　$S_2O_8^{2-} \longrightarrow SO_4^{2-}$

配平半反应的原子数和电荷数：

$$2Cr^{3+} + 7H_2O \xlongequal{} Cr_2O_7^{2-} + 14H^+ + 6e^-$$

$$S_2O_8^{2-} + 2e^- \longrightarrow 2SO_4^{2-}$$

将两个半反应乘以适当的系数后相加得

$$2Cr^{3+} + 3S_2O_8^{2-} + 7H_2O \xlongequal{} Cr_2O_7^{2-} + 6SO_4^{2-} + 14H^+$$

9.2 电极电势

9.2.1 原电池

1. 原电池的概念

如果把一片金属锌插入 $CuSO_4$ 溶液中，可以看到蓝色的$CuSO_4$溶液颜色逐渐变浅，而且在 Zn 片上沉积着一层疏松的红色金属铜，这是由于发生了氧化还原反应

$$Zn+Cu^{2+}=Zn^{2+}+Cu$$

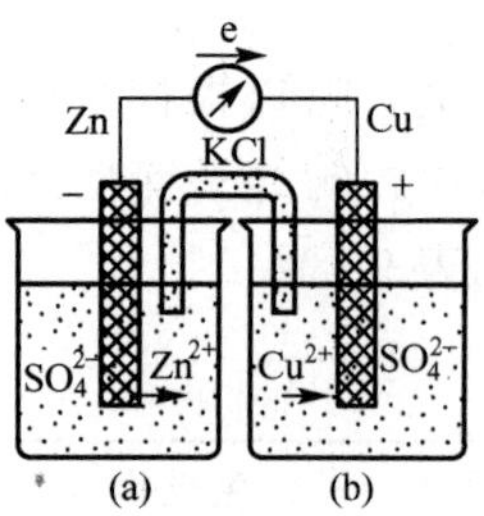

图 9－1　铜-锌原电池

在这个反应中，虽然有电子从 Zn 片转移到 Cu^{2+} 离子上，但是由于 Zn 片直接和 Cu^{2+} 离子接触，因而无电流。若将该反应设计在如图 9－1 所示的装置中进行，就可以使电子定向移动而产生电流。这种借助于氧化还原反应，把化学能转变成电能的装置称为原电池。

在图 9－1 的容器(a)中盛有 $1.0mol \cdot L^{-1}$ 的 $ZnSO_4$ 溶液，并插入一块锌片；容器(b)中盛有 $1.0mol \cdot L^{-1}$ 的 $CuSO_4$ 溶液，并插入一块铜片。两金属片间用导线串联一个灵敏检流计。当用由饱和 KCl 溶液和琼脂制成的倒置 U 形管作为盐桥将两容器中的溶液联通时，可以观察到：①检流计指针发生偏转(从 Zn 片指向 Cu 片)；②在铜片上有金属铜沉积，而锌片逐渐被溶解(变薄)；③取出盐桥，检流计指针回至零点；④放入盐桥，指针又发生偏转。

电路接通后，检流计指针发生偏转，说明电路中有电流通过。这是由于 Zn 比 Cu 活泼，Zn 在原电池中是电子流出的极，称为负极，放出电子成为 Zn^{2+} 离子，在负极发生了氧化反应；Cu 是电子流入的极，称为正极，溶液中的 Cu^{2+} 离子在铜电极上得到电子而析出金属铜，在正极发生了还原反应。

负极(Zn)	$Zn-2e^{-}=Zn^{2+}$	发生氧化反应
正极(Cu)	$Cu^{2+}+2e^{-}=Cu$	发生还原反应

由于发生了以上反应，因而可以观察到铜片上有金属铜沉积，锌片逐渐溶解而变薄。原电池中的电极反应是分别在两个半电池中进行的，这种在半电池中进行的反应称为半反应。将两个半反应合并所得到的总反应，称为电池反应，如

$$Zn+Cu^{2+}=Zn^{2+}+Cu$$

随着两个半电池中半反应的进行，在容器(a)中，由于 Zn^{2+} 离子的不断增加，使原来电中性的 $ZnSO_4$ 溶液带正电荷；而容器(b)中，由于 Cu^{2+} 离子的不断沉积，而使电中性的 $CuSO_4$ 溶液带负电荷(SO_4^{2-} 过剩)，这样就阻碍了电子继续从 Zn 片流向 Cu 片。盐桥的作用就是使其中的阳离子(K^{+})向 $CuSO_4$ 溶液迁移，使其中的阴离子(Cl^{-})向 $ZnSO_4$ 溶液中迁移，从而保持 $ZnSO_4$ 溶液和 $CuSO_4$ 溶液的电中性，同时也起到了使整个装置构成闭合回路的作用。因此，观察到放入盐桥时，检流计指针偏转，取出盐桥时，检流计指针回到零的现象。

在原电池中，有的电极参加电极反应，如铜片和锌片；有的电极不参加电极反应，只起导电作用。这种只起导电作用的电极称为惰性电极，常用的有铂和石墨。

每个半电池都是由同一元素不同氧化值的物种构成，其中具有低氧化值的物种称为还原型物种，具有高氧化值的物种称为氧化型物种。同一元素的氧化型物种和其对应的还原型物种构成的整体，称为氧化还原电对。氧化还原电对常用符号 Ox/Red 表示；如 Cu^{2+}/Cu、Zn^{2+}/Zn、H^+/H_2、O_2/H_2O、ClO_3^-/Cl_2、MnO_4^-/Mn^{2+} 等。对应的氧化还原半反应通常表示为还原半反应，即

$$\mathrm{Ox}+n\mathrm{e}^- \longrightarrow \mathrm{Red}$$

式中，n 表示半反应中转移的电子数。

2. 原电池符号

原电池的装置可以用符号表示，通常对符号作如下规定。

(1) 半电池中，两相之间的界面以"|"表示，同相的不同物种用","隔开。

(2) 两半电池之间的盐桥或隔膜，用"‖"表示。

(3) 负极写在左边，正极写在右边，分别用符号(－)和(＋)表示。

(4) 溶液要注明活度或浓度，气体要注明分压。

例如，用原电池符号表示 Cu－Zn 原电池：

$$(-)\mathrm{Zn}|\mathrm{Zn}^{2+}(c_1)\,\|\,\mathrm{Cu}^{2+}(c_2)|\mathrm{Cu}(+)$$

(5) 若组成半电池的氧化还原电对没有导电的电极，需借助一根惰性电极起导电作用，但要标明电极材料。有时介质对原电池反应的方向也是有影响的，在原电池符号中也应标明。

【例 9－3】 写出下列电池的电池符号：

(1) $\mathrm{Fe}+2\mathrm{H}^+(1.0\mathrm{mol\cdot L^{-1}}) \longrightarrow \mathrm{Fe}^{2+}(0.1\mathrm{mol\cdot L^{-1}})+\mathrm{H_2}(100\mathrm{kPa})$

(2) $\mathrm{MnO_4^-}(0.1\mathrm{mol\cdot L^{-1}})+5\mathrm{Fe}^{2+}(0.1\mathrm{mol\cdot L^{-1}})+8\mathrm{H}^+(1.0\mathrm{mol\cdot L^{-1}})$

$$\longrightarrow \mathrm{Mn}^{2+}(0.1\mathrm{mol\cdot L^{-1}})+5\mathrm{Fe}^{3+}(0.1\mathrm{mol\cdot L^{-1}})+4\mathrm{H_2O}$$

解： (1) $(-)\mathrm{Fe(s)}|\mathrm{Fe}^{2+}(0.1\mathrm{mol\cdot L^{-1}})\,\|\,\mathrm{H}^+(1.0\mathrm{mol\cdot L^{-1}})|\mathrm{H_2}(100\mathrm{kPa}),\mathrm{Pt}(+)$

(2) $(-)\mathrm{Pt}|\mathrm{Fe}^{2+}(0.1\mathrm{mol\cdot L^{-1}}),\mathrm{Fe}^{3+}(0.1\mathrm{mol\cdot L^{-1}})\,\|\,\mathrm{MnO_4^-}(0.1\mathrm{mol\cdot L^{-1}}),\mathrm{Mn}^{2+}(0.1\mathrm{mol\cdot L^{-1}}),\mathrm{H}^+(1.0\mathrm{mol\cdot L^{-1}})|\mathrm{Pt}(+)$

3. 常见电极的分类

电极是电池的基本组成部分，众多的氧化还原反应对应各种各样的电极，根据电极的组成不同，常见电极分为以下四种类型。

(1) 金属-金属离子电极。这类电极是由金属及其离子的溶液组成。例如，Cu^{2+}/Cu 对应的电极属这类电极。

电极反应：　$\mathrm{Cu}^{2+}+2\mathrm{e}^- \rightleftharpoons \mathrm{Cu}$

电极符号：　$\mathrm{Cu}(s)|\mathrm{Cu}^{2+}(c)$

(2) 气体-离子电极。这类电极是由气体与其饱和的离子溶液及惰性电极材料组成。如氢电极。

电极反应：　$2\mathrm{H}^+ +2\mathrm{e}^- \rightleftharpoons \mathrm{H_2}$

电极符号：　$\mathrm{Pt},\mathrm{H_2}(p)|\mathrm{H}^+(c)$

(3) 均相氧化还原电极。这类电极是由同一元素不同氧化数对应的物质、介质及惰性电极材料组成，如电对 $Cr_2O_7^{2-}/Cr^{3+}$ 对应的电极。

电极反应：　　$Cr_2O_7^{2-}+14H^++6e^- \rightleftharpoons 2Cr^{3+}+7H_2O$

电极符号：　　$Pt|Cr_2O_7^{2-}(c_1), Cr^{3+}(c_2), H^+(c_3)$

(4) 金属-金属难溶盐-阴离子电极。这类电极的构成较为复杂，它是将金属表面涂以该金属难溶盐后，将其浸入与难溶盐有相同阴离子的溶液中构成的，如氯化银电极。

电极反应：　　$AgCl+e^- \rightleftharpoons Ag+Cl^-$

电极符号：　　$Ag(s), AgCl(s)|Cl^-(c)$

金属-金属难溶盐-阴离子电极又称固体电极。这类电极性质稳定，经常用作参比电极。实验室常用的甘汞电极属于这类电极。

9.2.2 电极电势

在上述铜锌原电池中，为什么电子从 Zn 原子转移给 Cu^{2+} 离子而不是从 Cu 原子转移给 Zn^{2+} 离子？这是由于 Cu 电极与 Zn 电极电势不同所致。

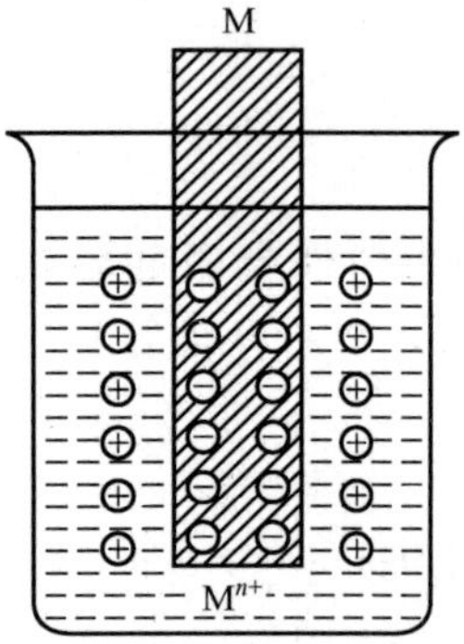

图 9-2　金属的电极电势

当把金属 M 棒放入它的盐溶液中时，一方面金属 M 表面构成晶格的金属原子和极性大的水分子互相吸引，失去电子以水合离子 $M^{n+}(aq)$ 的形式进入溶液，金属越活泼，溶液越稀，这种倾向越大；另一方面，盐溶液中的 $M^{n+}(aq)$ 离子可以从金属 M 表面获得电子而沉积在金属表面上，金属越不活泼，溶液越浓，这种倾向越大。这两种对立着的倾向在某种条件下达到暂时的平衡：

$$M \rightleftharpoons M^{n+}(aq)+ne^-$$

在某一给定浓度的溶液中，若失去电子的倾向大于获得电子的倾向，到达平衡时的最后结果将是金属离子 M^{n+} 进入溶液，使金属棒上带负电，靠近金属棒附近的溶液带正电，如图 9-2 所示。这时，在金属和盐溶液之间产生电位差，这种产生在金属和它的盐溶液之间的电势称为金属的电极电势。金属的电极电势除与金属本身的活泼性和金属离子在溶液中的浓度有关外，还与温度有关。

在铜锌原电池中，Zn 片与 Cu 片分别插在它们各自的盐溶液中，构成 Zn^{2+}/Zn 电极与 Cu^{2+}/Cu 电极。实验告诉我们，如将两电极连以导线，电子流将由锌电极流向铜电极。这说明 Zn 片上留下的电子要比 Cu 片上多，也就是 Zn^{2+}/Zn 电极的上述平衡比 Cu^{2+}/Cu 电极的平衡更偏于右方，或 Zn^{2+}/Zn 电对与 Cu^{2+}/Cu 电对两者具有不同的电极电势，Zn^{2+}/Zn 电对的电极电势比 Cu^{2+}/Cu 电对要负一些。由于两电极电势不同，连以导线，电子流(或电流)得以定向通过。

9.2.3 标准电极电势

1. 标准氢电极

事实上，电极电势的绝对值目前尚无法测定，只能选定某一电对的电极电势作为参比标准，将其他电对的电极电势与它比较而求出各电对平衡电势的相对值。通常选作标准的

是标准氢电极(standard hydrogen electrode, SHE),如图 9-3 所示。其电极可表示为

$$Pt|H_2(100kPa)|H^+(1.0mol\cdot L^{-1})$$

标准氢电极是将铂片镀上一层蓬松的铂(称铂黑),并把它浸入 H^+ 浓度①为 $1mol\cdot L^{-1}$ 的稀硫酸溶液中,在 298.15K 时不断通入压力为 100kPa 的纯氢气流,这时氢被铂黑所吸收,此时被氢饱和了的铂片就像由氢气构成的电极一样。铂片在标准氢电极中只是作为电子的导体和氢气的载体,并未参加反应。H_2 电极与溶液中的 H^+ 建立了如下平衡:

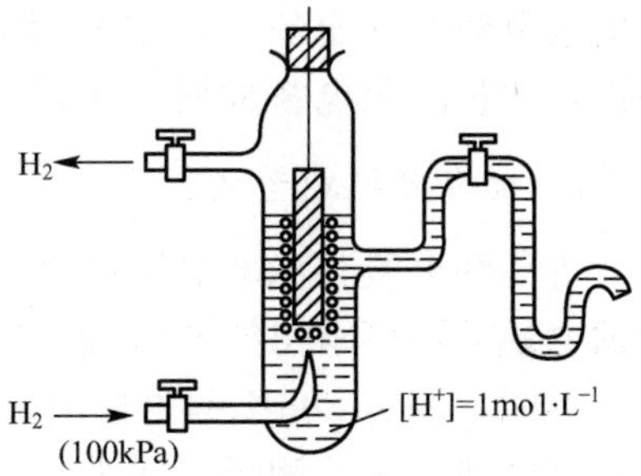

图 9-3 标准氢电极

$$H_2(g)\rightleftharpoons 2H^+(aq)+2e^-$$

标准氢电极的电极电势人们规定它为零,即 $\varphi^\ominus(H^+/H_2)=0.0000V$。用标准氢电极与其他电极组成原电池,通过测定该原电池的电动势就可以计算各种电极的电极电势。

2. 标准电极电势

如果参加电极反应的物质均处于标准态,这时的电极称为标准电极,对应的电极电势称为标准电极电势,用 $\varphi^\ominus$ 表示,SI 单位为 V,通常测定时的温度为 298.15K。所谓标准态是指组成电极的离子的浓度为 $1.0mol\cdot L^{-1}$,气体的分压为 100kPa,液体或固体都是纯净物质,温度可以任意指定,但通常为 298.15K。如果原电池的两个电极均为标准电极,这时的电池称为标准电池,对应的电动势称为标准电池电动势,用 $E^\ominus$ 表示:

$$E^\ominus=\varphi_+^\ominus-\varphi_-^\ominus \tag{9-1}$$

3. 甘汞电极

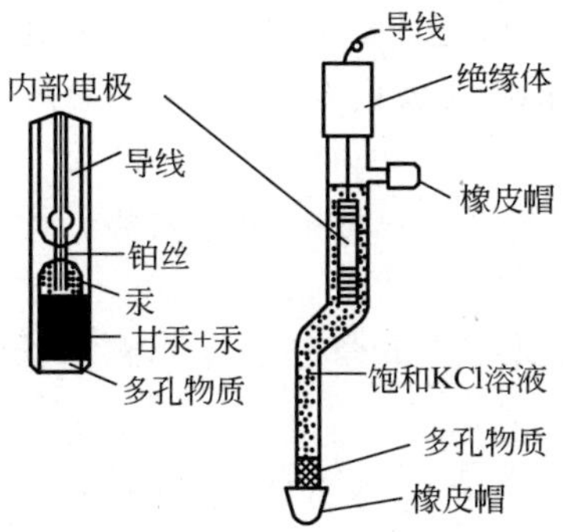

图 9-4 甘汞电极

标准氢电极要求氢气的纯度很高,并要求氢气压力稳定。另外,铂在溶液中还易吸附其他组分,产生中毒失活现象,所以其制备和使用条件十分苛刻。因此,在实际应用中,往往采用易于制备、使用方便,而且其电极电势稳定的甘汞电极作为参比电极。参比电极的电极电势可根据标准氢电极准确测定。

甘汞电极是金属汞和 Hg_2Cl_2 及 KCl 溶液组成的电极,其构造如图 9-4 所示。内玻璃管中封接一根铂丝,铂丝插入纯汞中(厚度为 0.5~1cm),下面有一层甘汞(Hg_2Cl_2)和汞的糊状物,外玻璃管中装入 KCl 溶液。电极下端与待测溶液的接触部分是熔结陶瓷芯或玻璃砂芯等多孔物质。

甘汞电极的符号为

$$Pt, Hg, Hg_2Cl_2|Cl^-(c)$$

其电极反应为

$$Hg_2Cl_2(s)+2e^- = 2Hg(l)+2Cl^-(aq)$$

甘汞电极的电极电势与 Cl^- 浓度有关,通常用饱和 KCl 溶液,称为饱和甘汞电极。它

① 严格地说,应是 H^+ 离子的活度 $a(H^+)=1$,在稀溶液中活度可用浓度近似代替。

的电极电势是一定的，在 25℃时其电极电势为+0.2412V。饱和甘汞电极常作为参比电极使用，比标准氢电极方便、优越。

4. 标准电极电势的测定

将待测电极与标准氢电极组成原电池，用检流计确定电池的正负极，用电位计测得电池的电动势即可求出待测电极的标准电极电势。

例如，测定 298K 锌电极的标准电极电势 $\varphi^{\ominus}(Zn^{2+}/Zn)$：将标准锌电极与标准氢电极组成原电池。实验测得，锌为负极，电池的标准电动势 $E^{\ominus}=+0.76V$。

电池符号为

$$(-)Zn(s)|Zn^{2+}(1.0mol\cdot L^{-1})\parallel H^{+}(1.0mol\cdot L^{-1})|H_2(100kPa)|Pt(+)$$

$$E^{\ominus}=\varphi^{\ominus}(H^{+}/H_2)-\varphi^{\ominus}(Zn^{2+}/Zn)$$

$$\varphi^{\ominus}(Zn^{2+}/Zn)=\varphi^{\ominus}(H^{+}/H_2)-E^{\ominus}=0V-0.76V=-0.76V$$

用相同的方法测得下面电池(298K)：

$$(-)Pt|H_2(100kPa)|H^{+}(1.0mol\cdot L^{-1})\parallel Ag^{+}(1.0mol\cdot L^{-1})|Ag(s)(+)$$

$$E^{\ominus}=+0.799V$$

由 $E^{\ominus}=\varphi^{\ominus}(Ag^{+}/Ag)-\varphi^{\ominus}(H^{+}/H_2)$，则 $0.799=\varphi^{\ominus}(Ag^{+}/Ag)-0$，即

$$\varphi^{\ominus}(Ag^{+}/Ag)=+0.799V$$

其他电极的标准电极电势可用类似的方法得到。附录Ⅶ中给出了一些电极的标准电极电势。

在实际工作中，通常是用待测电极与饱和甘汞电极组成原电池来进行测量的。

电极电势是表示氧化还原电对所对应的氧化型物质或还原型物质得失电子能力(即氧化还原能力)相对大小的一个物理量。电极电势代数值越小，电对所对应的还原型物质还原能力越强，氧化型物质氧化能力越弱；电极电势代数值越大，电对所对应的还原型物质还原能力越弱，氧化型物质氧化能力越强。使用标准电极电势表时应注意以下几点：

(1) 本书采用 1953 年国际纯粹和应用化学联合会(IUPAC)所规定的还原电势，即认为 Zn 比 H_2 更容易失去电子，$\varphi^{\ominus}(Zn^{2+}/Zn)$为负值。

(2) 电极电势是强度性质，没有加合性。即无论半电池反应式的系数乘以或除以任何实数，$\varphi^{\ominus}$值仍然不变。

(3) $\varphi^{\ominus}$是水溶液体系的标准电极电势。对于非标准态、非水溶液体系，不能用 $\varphi^{\ominus}$ 比较物质的氧化还原能力。

9.2.4 原电池的电动势和化学反应吉布斯函数之间的关系

在等温等压下，体系吉布斯函数的减少，等于体系所做的最大有用功(非膨胀功)。在电池反应中，如果非膨胀功只有电功一种，那么反应过程中吉布斯函数的降低值就等于电池所做的最大电功，即

$$\Delta_r G_m=-W(\text{电池电功})$$

$$\text{电池电功}=\text{电池电动势}\times\text{电量}$$

$$\text{电动势 } E=\varphi_{\text{正极}}-\varphi_{\text{负极}}$$

因 1 个电子的电量为 $1.602\times10^{-19}C$，则 1mol 电子的电量为 96485C。如反应过程有

$n$mol 电子转移，其电量为 nF(其中 F 为法拉第常量，$F=96485\mathrm{C\cdot mol^{-1}}$)，所以电池电功：

$$W=EQ=nFE$$

$$\Delta_r G_m=-nFE \tag{9-2}$$

若电池中所有物质都处于标准状态，电池的电动势就是标准电动势 $E^{\ominus}$。这时的 $\Delta_r G_m$ 就是标准摩尔吉布斯函数变 $\Delta_r G_m^{\ominus}$，则上式可以写为

$$\Delta_r G_m^{\ominus}=-nFE^{\ominus} \tag{9-3}$$

式中，F 的单位为 $\mathrm{C\cdot mol^{-1}}$，$E^{\ominus}$的单位为 V，n 为氧化还原方程式中的得失电子数。

这个关系式把热力学和电化学联系起来。根据原电池的电动势 $E^{\ominus}$，可以求出该电池的最大电功，以及反应的标准摩尔吉布斯函数变 $\Delta_r G_m^{\ominus}$。反之，若已知某个氧化-还原反应的标准摩尔吉布斯函数变 $\Delta_r G_m^{\ominus}$ 的数据，就可求得该反应所构成原电池的电动势 $E^{\ominus}$。由 $\Delta_r G_m^{\ominus}$(或 $E^{\ominus}$)可判断氧化还原反应进行的方向和限度。

【例 9-4】 若把下列反应设计成电池，求电池的电动势 $E^{\ominus}$ 及反应的 $\Delta_r G_m^{\ominus}$。

$$Cr_2O_7^{2-}+6Cl^-+14H^+ = 2Cr^{3+}+3Cl_2+7H_2O$$

解： 正极的电极反应 $Cr_2O_7^{2-}+14H^++6e^- \longrightarrow 2Cr^{3+}+7H_2O$ $\quad \varphi_+^{\ominus}=1.330\mathrm{V}$

负极的电极反应 $Cl_2+2e \longrightarrow 2Cl^-$ $\quad \varphi_-^{\ominus}=1.358\mathrm{V}$

$$E^{\ominus}=\varphi_+^{\ominus}-\varphi_-^{\ominus}=1.330-1.358=-0.028(\mathrm{V})$$

$$\Delta_r G_m^{\ominus}=-nFE^{\ominus}=-6\times96485\times(-0.028)\approx1.6\times10^4(\mathrm{J\cdot mol^{-1}})$$

9.2.5 能斯特公式

标准电极电势是在标准态及温度通常为 298.15K 时测得的。但化学反应往往是在非标准态下进行的，当浓度和温度改变时，电极电势也随之改变。影响电极电势的因素主要有：电极的本性、氧化型(Ox)和还原型(Red)物种的浓度(或分压)及温度等。

德国科学家能斯特(Nernst)从理论上推导出电极电势与反应温度、反应物的浓度(或分压)的定量关系式，称为能斯特公式。

电极反应： $a\mathrm{Ox}+ne^- \rightleftharpoons b\mathrm{Red}$

能斯特公式为

$$\varphi=\varphi^{\ominus}+\frac{RT}{nF}\ln\frac{c^a(\mathrm{Ox})}{c^b(\mathrm{Red})} \tag{9-4}$$

式中，R 为摩尔气体常数；F 为法拉第常数，取值 $96485\mathrm{C\cdot mol^{-1}}$；$n$ 为电极反应中得到或失去的电子数；T 为反应的热力学温度。

氧化还原反应一般在常温下进行，如反应不特别指明温度，通常指反应是在 298K 下进行的。在 298K 时，式(9-4)可改写为

$$\varphi=\varphi^{\ominus}+\frac{8.314\times298\times2.303}{n\times96485}\lg\frac{c^a(\mathrm{Ox})}{c^b(\mathrm{Red})}$$

则

$$\varphi=\varphi^{\ominus}+\frac{0.0592}{n}\lg\frac{c^a(\mathrm{Ox})}{c^b(\mathrm{Red})} \tag{9-5}$$

式中，φ 的单位为伏特(V)。

使用能斯特公式时，应注意以下问题：

(1) 电极反应中的纯固体、纯液体及稀溶液中的溶剂，它们的相对浓度值(严格地说应为活度)可以取 1。

(2) 对电极反应中的气体物质，能斯特公式中的相对浓度值代表相对分压。

(3) 电极反应中，若除了 Ox、Red 物种外，若还有其他物种，如 H^+、OH^- 等，也必须将这些物种列在能斯特公式中。

例如：

$Cu^{2+}+2e^-$ ══ Cu 的能斯特公式为

$$\varphi(Cu^{2+}/Cu)=\varphi^{\ominus}(Cu^{2+}/Cu)+\frac{0.0592}{2}\lg c(Cu^{2+})$$

$Br_2(l)+2e^-$ ══ $2Br^-$ 的能斯特公式为

$$\varphi(Br_2/Br^-)=\varphi^{\ominus}(Br_2/Br^-)+\frac{0.0592}{2}\lg\frac{1}{c^2(Br^-)}$$

$Cl_2(g)+2e^-$ ══ $2Cl^-$ 的能斯特公式为

$$\varphi(Cl_2/Cl^-)=\varphi^{\ominus}(Cl_2/Cl^-)+\frac{0.0592}{2}\lg\frac{p(Cl_2)/p^{\ominus}}{c^2(Cl^-)}$$

$Cr_2O_7^{2-}+14H^++6e^-$ ══ $2Cr^{3+}+7H_2O$ 的能斯特公式为

$$\varphi(Cr_2O_7^{2-}/Cr^{3+})=\varphi^{\ominus}(Cr_2O_7^{2-}/Cr^{3+})+\frac{0.0592}{6}\lg\frac{c(Cr_2O_7^{2-})\cdot c^{14}(H^+)}{c^2(Cr^{3+})}$$

$O_2+2H_2O+4e^-$ ══ $4OH^-$ 的能斯特公式为

$$\varphi(O_2/OH^-)=\varphi^{\ominus}(O_2/OH^-)+\frac{0.0592}{4}\lg\frac{p(O_2)/p^{\ominus}}{c^4(OH^-)}$$

能斯特公式有适用于电极反应和电池反应的两种形式，将电池反应的两个半反应的能斯特公式合并即得电池反应的能斯特方程：

$$E=E^{\ominus}-\frac{RT}{nF}\ln Q \qquad (9-6)$$

在 298K 时，有

$$E=E^{\ominus}-\frac{0.0592}{n}\lg Q \qquad (9-7)$$

式中，Q 称为化学反应的反应商，n 为氧化还原反应中所转移的电子总数。

9.2.6 电极物质浓度对电极电势的影响

对于特定的电极，在一定的温度下，电极中氧化型(Ox)物质和还原型(Red)物质的相对浓度决定电极电势的高低。$\frac{c(\text{氧化型})}{c(\text{还原型})}$越大，电极电势值越高；$\frac{c(\text{氧化型})}{c(\text{还原型})}$越小，电极电势值越低。

1. 电对物质本身浓度变化对电极电势的影响

下面以例 9-5 来说明电对物质本身浓度变化对电极电势的影响。

【例 9-5】 已知 $Fe^{3+}+e^-$ ══ Fe^{2+}，$\varphi^{\ominus}=0.771V$。试求在 298K，$c(Fe^{3+})/c(Fe^{2+})=10000$ 时的 $\varphi(Fe^{3+}/Fe^{2+})$值。

解：

$$\varphi=\varphi^{\ominus}+\frac{0.0592}{n}\lg\frac{c(\text{氧化型})}{c(\text{还原型})}$$

$$=0.771+\frac{0.0592}{1}\lg 10^4$$

$$=0.771+0.0592\times 4$$
$$\approx 1.01V$$

即随着 Fe^{2+} 浓度降低至原来的 $1/10^4$，电极电势升高了 0.236V，作为氧化剂的 Fe^{3+} 夺取电子的能力增强。这和化学平衡移动的概念是一致的，也就是说 Fe^{2+} 浓度降低，促使平衡向右移动。

计算结果表明，还原型物质浓度降低，电极电势升高，氧化还原电对氧化型物质的氧化能力增强，还原型物质的还原能力减弱；若增加氧化型物质浓度，也会使电极电势升高。反之，若降低氧化型物质浓度或增加还原型物质的浓度，则使电极电势降低，电对中氧化型物质的氧化能力减弱，还原型物质的还原能力增强。

2. 沉淀的生成对电极电势的影响

下面以例 9-6 来说明沉淀的生成对电极电势的影响。

【例 9-6】 在含 Cu^{2+} 和 Cu^{+} 离子的溶液中，加入 KI 达到平衡时，$c(I^-)=c(Cu^{2+})=1.0mol\cdot L^{-1}$。已知：$K_{sp}^{\ominus}(CuI)=1.1\times 10^{-12}$。计算 298K 时 $\varphi(Cu^{2+}/Cu^{+})$ 的值。

解：因为 $Cu^{2+}+e^-=\!=\!=Cu^+$，知 $\varphi^{\ominus}=0.153V$，又 $Cu^{+}+I^-=\!=\!=CuI(s)$，使 $c(Cu^+)$ 降低，则

$$c(Cu^+)=\frac{K_{sp}^{\ominus}(CuI)}{c(I^-)}=\frac{1.1\times 10^{-12}}{1.0}=1.1\times 10^{-12}(mol\cdot L^{-1})$$

$$\varphi(Cu^{2+}/Cu^{+})=\varphi^{\ominus}(Cu^{2+}/Cu^{+})+\frac{0.0592}{1}\lg\frac{c(Cu^{2+})}{c(Cu^{+})}$$

$$=0.153+0.0592\lg\frac{1.0}{1.1\times 10^{-12}}\approx 0.859(V)$$

上例说明，若在溶液中加入能与电对中的氧化型或还原型物质生成沉淀的物质，会明显改变电对的电极电势，影响氧化型的氧化能力和还原型的还原能力。

3. 配合物的生成对电极电势的影响

在电极中加入配位剂使其与氧化型物质或还原型物质生成稳定的配合物，则溶液中游离的氧化型物质或还原型物质的浓度明显降低，从而使电极电势发生变化。

【例 9-7】 298K 时，向标准铜电极中加入氨水，使平衡时 $c(NH_3)=c([Cu(NH_3)_4]^{2+})=1.0mol\cdot L^{-1}$，求 $\varphi(Cu^{2+}/Cu)$ 值。

解：电极反应为

$$Cu^{2+}+2e^-\rightleftharpoons Cu \quad \varphi^{\ominus}(Cu^{2+}/Cu^{+})=0.34V$$

加入 NH_3 后，

$$Cu^{2+}+4NH_3\rightleftharpoons [Cu(NH_3)_4]^{2+} \quad K_f^{\ominus}([Cu(NH_3)_4]^{2+})=2.09\times 10^{13}$$

当 $c(NH_3)=c([Cu(NH_3)_4]^{2+})=1.0mol\cdot L^{-1}$ 时，

$$c(Cu^{2+})=\frac{1}{K_f^{\ominus}([Cu(NH_3)_4]^{2+})}$$

$$\varphi(Cu^{2+}/Cu)=\varphi^{\ominus}(Cu^{2+}/Cu)+\frac{0.0592}{2}\lg c(Cu^{2+})$$

$$=\varphi^{\ominus}(Cu^{2+}/Cu)+\frac{0.0592}{2}\lg\frac{1}{K_f^{\ominus}([Cu(NH_3)_4]^{2+})}$$

$$=0.34+\frac{0.0592}{2}\lg\frac{1}{2.09\times10^{13}}$$

$$\approx -0.05(V)$$

此时的电极对应另一类新电极，即$[Cu(NH_3)_4]^{2+}/Cu$电极，电极反应为

$$[Cu(NH_3)_4]^{2+}+2e^- \rightleftharpoons Cu+4NH_3 \quad \varphi^{\ominus}([Cu(NH_3)_4]^{2+}/Cu)=-0.05V$$

由上面的计算过程可知，这类电极的$\varphi^{\ominus}$值除与原来电极的$\varphi^{\ominus}$值有关外，还与生成配合物的稳定性有关。当氧化型物质生成配合物时，配合物的稳定性越大，对应电极的$\varphi^{\ominus}$值越低。当还原型物质生成配合物时，生成配合物的稳定性越大，对应电极的$\varphi^{\ominus}$值越高。

4. 酸度对电极电势的影响

由能斯特公式可知，如果OH^-或H^+参与了电极反应，则溶液的酸度变化会引起电极电势的变化。

【例 9-8】 已知：$Cr_2O_7^{2-}+14H^++6e^- \rightleftharpoons 2Cr^{3+}+7H_2O$，$\varphi^{\ominus}=1.33V$。当其他条件同标准态时，求 pH=3.00 时的电极电势。

解：

$$c(Cr_2O_7^{2-})=c(Cr^{3+})=1.0mol\cdot L^{-1}$$

$$c(H^+)=1.0\times10^{-3}mol\cdot L^{-1}$$

则

$$\varphi=\varphi^{\ominus}+\frac{0.0592}{6}\lg\frac{c(Cr_2O_7^{2-})c^{14}(H^+)}{c^2(Cr^{3+})}$$

$$=1.33+\frac{0.0592}{6}\lg(1.0\times10^{-3})^{14}\approx0.92(V)$$

计算表明，$K_2Cr_2O_7$的氧化能力随溶液酸度的增加而增加，随溶液酸度的降低而减弱。在实验室或工厂中，$K_2Cr_2O_7$总是在较强的酸液中用作氧化剂。

9.2.7 条件电极电势

实验发现，利用式(9-4)计算得到的电极电势数值与实际测量值有较大的偏差。产生偏差的原因是：①忽略了离子强度(以浓度代替活度)；②氧化型物质和还原型物质可能存在的其他型体(副反应)对电极电势的影响。但在实际工作中，溶液的离子强度常常较大，电极物质的副反应比较多，它们对电极电势的影响往往比较大，不能忽略。因此在利用电极电势讨论物质的氧化还原能力时，必须考虑离子强度及副反应对电极电势的影响。

1. 副反应系数

电极物质易与介质中的某些物质发生反应，结果使实际游离浓度小于理论值。下面以 HCl 介质中Fe^{3+}/Fe^{2+}电极为例来说明氧化还原过程中发生的副反应。

电极反应：

$$Fe^{3+}+e^- \rightleftharpoons Fe^{2+}$$

Fe^{3+}、Fe^{2+}还易与H_2O、Cl^-等发生下列副反应：

$$Fe^{3+}+H_2O \longrightarrow Fe(OH)^{2+}+H^+ \xrightarrow{H_2O} Fe(OH)_2^+ \cdots$$

$$Fe^{3+}+Cl^- \longrightarrow FeCl^{2+} \xrightarrow{Cl^-} FeCl_2^+ \cdots$$

Fe^{2+}也可发生与Fe^{3+}类似的副反应。若以$c[Fe(Ⅲ)]$、$c[Fe(Ⅱ)]$分别表示Fe^{3+}、Fe^{2+}的分析浓度(即总浓度)，则有

$$c[Fe(Ⅲ)]=c(Fe^{3+})+c(Fe(OH)^{2+})+\cdots+c(FeCl^{2+})+\cdots$$

$$c[Fe(Ⅱ)]=c(Fe^{2+})+c(Fe(OH)^{+})+\cdots+c(FeCl^{+})+\cdots$$

则 Fe^{3+}、Fe^{2+} 的副反应系数分别定义为

$$\alpha(Fe^{3+})=\frac{c[Fe(Ⅲ)]}{c(Fe^{3+})},\ \alpha(Fe^{2+})=\frac{c[Fe(Ⅱ)]}{c(Fe^{2+})}$$

游离的 Fe^{3+}、Fe^{2+} 的平衡浓度分别为

$$c(Fe^{3+})=\frac{c[Fe(Ⅲ)]}{\alpha(Fe^{3+})},\ c(Fe^{2+})=\frac{c[Fe(Ⅱ)]}{\alpha(Fe^{2+})}$$

2. 条件电极电势

如果考虑到离子强度及副反应的影响，对 $Fe^{3+}+e^{-}\rightleftharpoons Fe^{2+}$ 的能斯特公式有下列形式(298K 时)：

$$\varphi(Fe^{3+}/Fe^{2+})=\varphi^{\ominus}(Fe^{3+}/Fe^{2+})+0.0592\lg\frac{\gamma(Fe^{3+})\alpha(Fe^{2+})c[Fe(Ⅲ)]}{\gamma(Fe^{2+})\alpha(Fe^{3+})c[Fe(Ⅱ)]} \quad (9-8)$$

式(9－8)是考虑上面两个因素后的能斯特公式。但当溶液的离子强度较大，副反应较多时，活度系数 γ 和副反应系数 α 都不易求得。为了简化，将式(9－8)写成下列形式：

$$\varphi(Fe^{3+}/Fe^{2+})=\varphi^{\ominus}(Fe^{3+}/Fe^{2+})+0.0592\lg\frac{\gamma(Fe^{3+})\alpha(Fe^{2+})}{\gamma(Fe^{2+})\alpha(Fe^{3+})}+0.0592\lg\frac{c[Fe(Ⅲ)]}{c[Fe(Ⅱ)]}$$

考虑到 γ、α 在条件一定时数值固定，将上式的前两项合并为一常数，用 $\varphi^{\ominus\prime}(Fe^{3+}/Fe^{2+})$ 表示。

$$\varphi^{\ominus\prime}(Fe^{3+}/Fe^{2+})=\varphi^{\ominus}(Fe^{3+}/Fe^{2+})+0.0592\lg\frac{\gamma(Fe^{3+})\alpha(Fe^{2+})}{\gamma(Fe^{2+})\alpha(Fe^{3+})}$$

$\varphi^{\ominus\prime}(Fe^{3+}/Fe^{2+})$称为条件电极电势。它是在特定的条件下，氧化型和还原型物质的分析浓度(总浓度)均为 $1.0mol\cdot L^{-1}$，并校正了各种因素的影响后的实际电势。引入条件电极电势后，式(9－8)变为

$$\varphi(Fe^{3+}/Fe^{2+})=\varphi^{\ominus\prime}(Fe^{3+}/Fe^{2+})+0.0592\lg\frac{c[Fe(Ⅲ)]}{c[Fe(Ⅱ)]} \quad (9-9)$$

对电极反应 $Ox+ne^{-}\rightleftharpoons Red$

在 298.15K 时，其能斯特方程的一般通式为

$$\varphi(Ox/Red)=\varphi^{\ominus\prime}(Ox/Red)+\frac{0.0592}{n}\lg\frac{c'(Ox)}{c'(Red)}$$

式中 $c'(Ox)$、$c'(Red)$ 分别为溶液中 Ox、Red 的总浓度，$\varphi^{\ominus\prime}$ 为条件电极电势。

条件电极电势的引入使处理分析化学中的问题更方便，更符合实际。附录Ⅷ中列出了部分电极的条件电极电势。各种条件下的条件电势是由实验测得的。目前，条件电极电势的数据比较少，实际应用时，亦可采用条件相近的 $\varphi^{\ominus\prime}$ 或用标准电极电势数值做近似处理。

【例 9－9】 计算 298K、$3.0mol\cdot L^{-1}$ HCl 条件下，电极 $Cr_2O_7^{2-}+14H^{+}+6e^{-}\rightleftharpoons 2Cr^{3+}+7H_2O$ 的 $\varphi(Cr_2O_7^{2-}/Cr^{3+})$ 值并与由标准电极电势计算的结果进行比较。已知：$c(Cr_2O_7^{2-})=c(Cr^{3+})=0.10mol\cdot L^{-1}$；298K、$3.0mol\cdot L^{-1}$ HCl 条件下，$\varphi^{\ominus\prime}(Cr_2O_7^{2-}/Cr^{3+})=1.08V$。

解：

$$Cr_2O_7^{2-}+14H^{+}+6e^{-}\rightleftharpoons 2Cr^{3+}+7H_2O$$

$$\varphi^{\ominus}(Cr_2O_7^{2-}/Cr^{3+})=1.33V,\ \varphi^{\ominus\prime}(Cr_2O_7^{2-}/Cr^{3+})=1.08V$$

(1) 由标准电极电势计算：

$$\varphi(Cr_2O_7^{2-}/Cr^{3+})=\varphi^{\ominus}(Cr_2O_7^{2-}/Cr^{3+})+\frac{0.0592}{n}\lg\frac{c(Cr_2O_7^{2-})c^{14}(H^+)}{c^2(Cr^{3+})}$$

$$=1.33+\frac{0.0592}{6}\lg\frac{0.10\times3.0^{14}}{0.10^2}\approx1.410(V)$$

（2）由条件电极电势计算：

$$\varphi(Cr_2O_7^{2-}/Cr^{3+})=\varphi^{\ominus'}(Cr_2O_7^{2-}/Cr^{3+})+\frac{0.0592}{n}\lg\frac{c(Cr_2O_7^{2-})}{c^2(Cr^{3+})}$$

$$=1.08+\frac{0.0592}{6}\lg\frac{0.10}{0.10^2}\approx1.09(V)$$

计算表明，在实验条件下的电极电势比由标准电极电势计算的值低，说明 $Cr_2O_7^{2-}$ 的氧化能力比理论预测的要弱。

前面讨论的影响电极电势的因素如酸度、沉淀、配位等对电极电势的影响，也就是忽略了离子强度影响的情况下条件电势的计算。

9.3 电极电势的应用

9.3.1 比较氧化剂或还原剂的相对强弱

不同的电极具有不同的电极电势，电极电势的大小与电对的性质具有直接的关系。表 9－2列出了一些电对的还原电势。表中标准电极电势 $\varphi^{\ominus}$(Ox/Red)的代数值越小，该电对的还原型越易失去电子，其还原型的还原能力就越强；$\varphi^{\ominus}$(Ox/Red)的代数值越大，该电对的氧化型越易得到电子，其氧化型的氧化能力越强。

要注意的是：这里的 $\varphi^{\ominus}$(Ox/Red)是水溶液体系的标准电极电势，对于非标准态、非水溶液体系，就不能用 $\varphi^{\ominus}$(Ox/Red)来比较物质的氧化还原能力。

表 9－2　某些电对的标准电极电势(298.15K)

电对	$Ox+ne^-=Red$	$\varphi_A^{\ominus}/V$
K^+/K	$K^++e^-=K$	−2.925
Ca^{2+}/Ca	$Ca^{2+}+2e^-=Ca$	−2.870
Na^+/Na	$Na^++e^-=Na$	−2.714
Mg^{2+}/Mg	$Mg^{2+}+2e^-=Mg$	−2.370
Al^{3+}/Al	$Al^{3+}+3e^-=Al$	−1.660
Zn^{2+}/Zn	$Zn^{2+}+2e^-=Zn$	−0.763
Fe^{2+}/Fe	$Fe^{2+}+2e^-=Fe$	−0.440
Sn^{2+}/Sn	$Sn^{2+}+2e^-=Sn$	−0.136
Pb^{2+}/Pb	$Pb^{2+}+2e^-=Pb$	−0.126
H^+/H_2	$2H^++2e^-=H_2$	+0.0000
Cu^{2+}/Cu	$Cu^{2+}+2e^-=Cu$	+0.3370
Hg_2^{2+}/Hg	$Hg_2^{2+}+2e^-=2Hg$	+0.7930
Ag^+/Ag	$Ag^++e^-=Ag$	+0.7990
Pt^{2+}/Pt	$Pt^{2+}+2e^-=Pt$	～+1.20
Au^{3+}/Au	$Au^{3+}+3e^-=Au$	+1.500

氧化剂氧化能力增强 ↓　还原剂还原能力增强 ↑　代数值增大 ↓

9.3.2 计算原电池的标准电动势 $E^{\ominus}$ 和电动势 E

在组成原电池的两个半电池中，电极电势代数值较大的半电池是原电池的正极，电极电势代数值较小的半电池是原电池的负极。原电池的电动势等于正极的电极电势减去负极的电极电势。

$$E=\varphi_{+}-\varphi_{-}$$

在标准态时，

$$E^{\ominus}=\varphi_{+}^{\ominus}-\varphi_{-}^{\ominus}$$

9.3.3 判断氧化还原反应进行的方向

在恒温恒压下，氧化还原反应进行的方向可由反应的吉布斯函数变来判断。根据 $\Delta_r G_m=-nFE=-nF(\varphi_{+}-\varphi_{-})$ 有：

(1) $\Delta_r G_m<0$，$E>0$，$\varphi_{+}>\varphi_{-}$，反应正向自发进行。

(2) $\Delta_r G_m=0$，$E=0$，$\varphi_{+}=\varphi_{-}$，反应处于平衡。

(3) $\Delta_r G_m>0$，$E<0$，$\varphi_{+}<\varphi_{-}$，反应逆向自发进行。

如果是在标准状态下，则可用 $E^{\ominus}$ 进行判断。

所以，在氧化还原反应组成的原电池中，用反应物中的氧化剂电对作正极，还原剂电对作负极，比较两电极的电极电势值的相对大小即可判断氧化还原反应的方向。例如：

$$2Fe^{3+}(aq)+Sn^{2+}(aq)\rightleftharpoons 2Fe^{2+}(aq)+Sn^{4+}(aq)$$

在标准状态下，反应是从左向右进行还是从右向左进行？可查标准电势数据：

$$\varphi^{\ominus}(Sn^{4+}/Sn^{2+})=0.151V，\varphi^{\ominus}(Fe^{3+}/Fe^{2+})=0.771V$$

反应物中 Fe^{3+} 是氧化剂作正极，两者相比，$\varphi^{\ominus}(Fe^{3+}/Fe^{2+})>\varphi^{\ominus}(Sn^{4+}/Sn^{2+})$，这说明反应中应该是 Sn^{2+} 给出电子，而 Fe^{3+} 接受电子，所以反应是自发地由左向右进行。

由于电极电势 φ 的大小不仅与 $\varphi^{\ominus}$ 有关，还与参加反应的物质的浓度、酸度有关。因此，如果有关物质的浓度不是 $1.0mol\cdot L^{-1}$ 时，则须按能斯特方程分别算出氧化剂电对和还原剂电对的电极电势，然后再根据计算出的电势，判断反应进行的方向。但大多数情况下，可以直接用 $\varphi^{\ominus}$ 值来判断，因为一般情况下，$\varphi^{\ominus}$ 值在 φ 中占主要部分，当标准电动势 $E^{\ominus}>0.2V$ 时，一般不会因浓度变化而使电池电动势 E 值改变符号；而 $E^{\ominus}<0.2V$ 时，离子浓度改变时，氧化还原反应的方向常因参加反应物质的浓度和酸度的变化而有可能产生逆转。

9.3.4 判断氧化还原反应进行的次序

如果在一个体系中同时存在几种物质，它们都可以与同一种氧化剂或还原剂发生氧化还原反应，而且有关的氧化还原反应速率都足够快，那么，这些氧化还原反应是同时进行，还是按照一定的次序先后进行呢？实验证明，电极电势高的电对的氧化型物种(Ox)首先氧化电极电势较低的电对的还原型物种(Red)，再依次氧化电极电势较高的电对的还原型物种(Red)，即氧化剂首先氧化与其电势差较大的还原剂，再依次氧化与其电势差较小的还原剂。

9.3.5 计算氧化还原反应的平衡常数

氧化还原反应的平衡常数可根据能斯特方程式从有关电对的标准电极电势求得，因此用电极电势可以判断氧化还原反应进行的程度。

氧化还原反应的通式为

$$n_2\mathrm{Ox}_1+n_1\mathrm{Red}_2 \rightleftharpoons n_2\mathrm{Red}_1+n_1\mathrm{Ox}_2$$

设反应温度为 298.15K，则氧化剂和还原剂两电对的电极电势分别为

$$\varphi_1=\varphi_1^{\ominus}+\frac{0.0592}{n_1}\lg\frac{c(\mathrm{Ox}_1)}{c(\mathrm{Red}_1)}$$

$$\varphi_2=\varphi_2^{\ominus}+\frac{0.0592}{n_2}\lg\frac{c(\mathrm{Ox}_2)}{c(\mathrm{Red}_2)}$$

式中，$\varphi_1^{\ominus}$、$\varphi_2^{\ominus}$ 分别为氧化剂、还原剂两个电对的标准电极电势；n_1、n_2 为氧化剂、还原剂半反应中的电子转移数目。反应达到平衡时，$\varphi_1=\varphi_2$，即

$$\varphi_1^{\ominus}+\frac{0.0592}{n_1}\lg\frac{c(\mathrm{Ox}_1)}{c(\mathrm{Red}_1)}=\varphi_2^{\ominus}+\frac{0.0592}{n_2}\lg\frac{c(\mathrm{Ox}_2)}{c(\mathrm{Red}_2)}$$

整理后，得

$$\lg K^{\ominus}=\lg\left(\frac{c(\mathrm{Red}_1)}{c(\mathrm{Ox}_1)}\right)^{n_2}\left(\frac{c(\mathrm{Ox}_2)}{c(\mathrm{Red}_2)}\right)^{n_1}=\frac{(\varphi_1^{\ominus}-\varphi_2^{\ominus})n_1n_2}{0.0592}=\frac{(\varphi_1^{\ominus}-\varphi_2^{\ominus})n}{0.0592}$$

式中，n 为 n_1、n_2 的最小公倍数，即在氧化还原反应中所转移的电子总数。

由上式可见，平衡常数 $K^{\ominus}$ 值的大小是由氧化剂和还原剂两个电对的标准电极电势之差 $\Delta\varphi^{\ominus}$ 和转移的电子总数决定的。$\varphi_1^{\ominus}$ 和 $\varphi_2^{\ominus}$ 相差越大，$K^{\ominus}$ 值越大，反应进行得越完全。实际上大多数氧化还原反应，$\Delta\varphi^{\ominus}$ 都比较大，所以有较大的平衡常数。

根据标准摩尔反应吉布斯函数变和平衡常数的关系，也可以推导出氧化还原反应平衡常数的计算公式：

$$\Delta_r G_m^{\ominus}=-RT\ln K^{\ominus}=-2.303RT\lg K^{\ominus}$$

所有氧化还原反应从原则上讲都可以组成原电池，则

$$\Delta_r G_m^{\ominus}=-nFE^{\ominus}$$

以上两式合并得到

$$-nFE^{\ominus}=-2.303RT\lg K^{\ominus}$$

所以

$$\lg K^{\ominus}=\frac{nFE^{\ominus}}{2.303RT}$$

当温度为 298K 时，$2.303RT/F$ 是一个常数，其值为 0.0592V，代入上式得到：

$$\lg K^{\ominus}=\frac{nE^{\ominus}}{0.0592} \tag{9-10}$$

式中，n 是指氧化还原反应中所转移的电子总数。

9.3.6 测定溶液的 pH 及物质的某些常数

【例 9-10】 298K 时测得下列电池的电动势为 $E=0.463\mathrm{V}$，计算弱酸 HA 的解离常数及溶液的 pH。

$(-)\mathrm{Pt},\ \mathrm{H_2}(p^{\ominus})|\mathrm{HA}(0.10\mathrm{mol\cdot L^{-1}}),\ \mathrm{A^-}(0.10\mathrm{mol\cdot L^{-1}})\|\mathrm{KCl}(饱和)|\mathrm{Hg_2Cl_2(s)}|\mathrm{Hg}(+)$

解： 饱和甘汞电极　$\varphi^{\ominus}(\mathrm{Hg_2Cl_2/Hg})=0.241\mathrm{V}$，$E=0.463\mathrm{V}$，而 $\varphi_+-\varphi_-=E$，故

$$\varphi_- = \varphi_+ - E = 0.241 - 0.463 = -0.222\text{V}$$

负极反应：
$$2H^+ + 2e^- = H_2$$

$$\varphi_- = \varphi^\ominus(H^+/H_2) + \frac{0.0592}{2}\lg\frac{c^2(H^+)}{p(H_2)/p^\ominus}$$

$$-0.222 = \frac{0.0592}{2}\lg\frac{c^2(H^+)}{100/100}$$

$$c(H^+) = 1.8\times10^{-4}\text{mol}\cdot\text{L}^{-1}$$

$$\text{pH} = 3.75$$

由 $K_a^\ominus = \frac{c(H^+)c(A^-)}{c(HA)}$，而 $c(A^-) = c(HA)$

故

$$K_a^\ominus = c(H^+) = 1.8\times10^{-4}$$

【例 9-11】 已知 $\varphi^\ominus(Ag^+/Ag) = 0.80\text{V}$，$\varphi^\ominus(AgBr/Ag) = 0.071\text{V}$，求标准状态下 AgBr 的溶度积常数。

解：可把上述两电对设计成两个电极，把它们的电极反应合并就是电池反应，根据求算平衡常数的公式即可算出难溶物的溶度积常数。

正极反应：$Ag^+ + e^- \rightleftharpoons Ag$　　　$\varphi^\ominus(Ag^+/Ag) = 0.80\text{V}$

负极反应：$Ag + Br^- - e^- \rightleftharpoons AgBr$　　　$\varphi^\ominus(AgBr/Ag) = 0.071\text{V}$

两式相加得总反应：$Ag^+ + Br^- \rightleftharpoons AgBr$

此反应的平衡常数就是溶度积常数的倒数。

所以

$$\lg K^\ominus = \lg\frac{1}{K_{sp}^\ominus} = \frac{1\times E^\ominus}{0.0592} = \frac{0.80-0.071}{0.0592}$$

$$K_{sp}^\ominus \approx 4.9\times10^{-13}$$

9.4 元素标准电极电势图及其应用

9.4.1 元素标准电极电势图

同一元素的不同氧化态物质的氧化或还原能力是不同的。为了突出表示同一元素各不同氧化态物质的氧化还原能力及它们相互之间的关系，拉蒂莫尔(Latimer)建议把同一元素的不同氧化态物质，按照从左到右其氧化值降低的顺序排列成以下图式，并在两种氧化态物质之间的连线上标出对应电对的标准电极电势的数值。

例如，碘的元素电势图如图 9-5 所示。

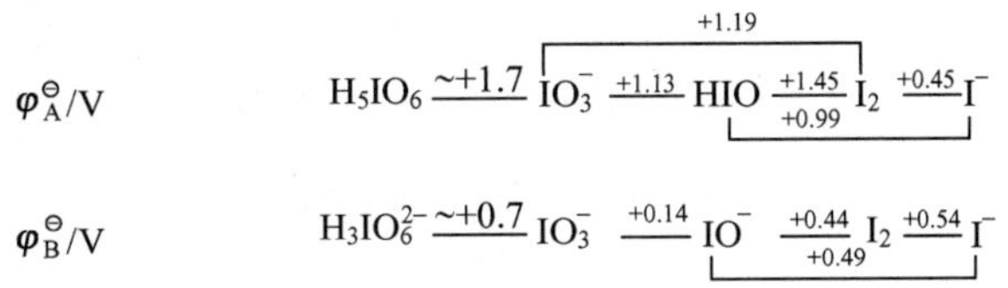

图 9-5 碘的元素电势图

也可以列出其中一部分，例如：

$$\varphi_A^{\ominus}/V \qquad HIO \xrightarrow{+1.45} I_2 \xrightarrow{+0.54} I^-$$
$$\underbrace{\qquad\qquad\qquad}_{+0.99}$$

这种表示元素各种氧化态物质之间电极电势变化的关系图，称为元素标准电极电势图（简称元素电势图或 Latimer 图）。它清楚地表明了同种元素的不同氧化态的氧化、还原能力的相对大小。其中 $\varphi_A^{\ominus}$ 代表 pH＝0 时的标准电极电势，$\varphi_B^{\ominus}$ 代表 pH＝14 时的标准电极电势。

9.4.2 元素标准电极电势图的应用

1. 判断是否发生歧化反应

同一元素的原子间发生的氧化还原反应称为歧化反应。在歧化反应中，同一元素的一部分原子氧化数升高，而另一部分原子的氧化数降低。例如：

$$Cl_2 + 2OH^- = ClO^- + Cl^- + H_2O$$

这就是 Cl_2 的歧化反应，反应中一部分 Cl 原子氧化数升高为＋1，另一部分 Cl 原子氧化数降低为－1。设电势图中某元素三种氧化数物质及对应的电对的电极电势值为

$$A \xrightarrow{\varphi_{A/B}^{\ominus}} B \xrightarrow{\varphi_{B/C}^{\ominus}} C$$

当 $\varphi^{\ominus}(A/B) > \varphi^{\ominus}(B/C)$（即 $\varphi_{左}^{\ominus} > \varphi_{右}^{\ominus}$），A 与 C 能反歧化为 B。

当 $\varphi^{\ominus}(B/C) > \varphi^{\ominus}(A/B)$（即 $\varphi_{右}^{\ominus} > \varphi_{左}^{\ominus}$），B 歧化为 A、C。

2. 计算标准电极电势

利用元素电势图，根据相邻电对的已知标准电极电势，可以求算任一未知电对的标准电极电势。假如有下列元素电势图：

$$A \xrightarrow[n_1]{\varphi_1^{\ominus}} B \xrightarrow[n_2]{\varphi_2^{\ominus}} C$$
$$\underbrace{\qquad\qquad\qquad\qquad}_{\varphi_3^{\ominus}}$$

将这三个电对分别与标准氢电极组成原电池，电池反应的标准摩尔吉布斯函数变分别为

$$A + \frac{n_1}{2}H_2 = B + n_1H^+ \qquad (1)$$

$$\Delta_r G_{m(1)}^{\ominus} = -n_1 F \varphi_1^{\ominus}$$

$$B + \frac{n_2}{2}H_2 = C + n_2H^+ \qquad (2)$$

$$\Delta_r G_{m(2)}^{\ominus} = -n_2 F \varphi_2^{\ominus}$$

(1)＋(2)得

$$A + \frac{n_1+n_2}{2}H_2 = C + (n_1+n_2)H^+ \qquad (3)$$

$$\Delta_r G_{m(3)}^{\ominus} = -(n_1+n_2) F \varphi_3^{\ominus}$$

由于

$$\Delta_r G_{m(3)}^{\ominus} = \Delta_r G_{m(1)}^{\ominus} + \Delta_r G_{m(2)}^{\ominus}$$

因此

$$-(n_1+n_2)\varphi_3^{\ominus}=-n_1\varphi_1^{\ominus}-n_2\varphi_2^{\ominus}$$

$$\varphi_3^{\ominus}=\frac{n_1\varphi_1^{\ominus}+n_2\varphi_2^{\ominus}}{n_1+n_2}$$

若有 i 个相邻的电对：

$$\mathrm{A}\ \frac{\varphi_1^{\ominus}}{n_1}\ \mathrm{B}\ \frac{\varphi_2^{\ominus}}{n_2}\ \mathrm{C}\cdots\mathrm{I}\ \frac{\varphi_i^{\ominus}}{n_i}\ \mathrm{J}$$

则

$$\varphi_{A/J}^{\ominus}=\frac{n_1\varphi_1^{\ominus}+n_2\varphi_2^{\ominus}+\cdots+n_i\varphi_i^{\ominus}}{n_1+n_2+\cdots+n_i} \tag{9-11}$$

式中，n_1，n_2，n_i分别代表各电对内转移的电子数。

从元素电极电势图可以很方便地计算出电对的电极电势，所以在电势图上就没有必要标出所有电对的电极电势，一般只标出最基本的、最常用的电极电势即可。

9.5 影响氧化还原反应速率的因素

根据标准电极电势和条件电极电势，可以判断氧化还原反应进行的方向、次序和程度。但这只能说明氧化还原反应进行的可能性，并不能说明反应速率的快慢。对于氧化还原反应，不仅要从反应的平衡常数来判断反应的可能性，还要从反应速率的角度来考虑反应的现实性。影响氧化还原反应速率的主要因素有：浓度、温度、催化剂和诱导作用等。

9.5.1 浓度

根据质量作用定律，基元反应的反应速率与反应物浓度幂的乘积成正比。但绝大多数氧化还原反应是分步进行的，整个反应的速率由最慢的一步所决定，所以不能笼统地按总的氧化还原反应方程式中各反应物的计量数来判断其浓度对反应速率的影响程度。但一般来说，增加反应物浓度可以加快反应速率。例如，$K_2Cr_2O_7$ 与 KI 的反应速率较慢，提高 I^- 和 H^+ 浓度可加快反应速率。

9.5.2 温度

温度对反应速率的影响是比较复杂的。对大多数反应来说，升高温度可以提高反应速率。例如，在 H_2SO_4溶液中，MnO_4^- 与 $C_2O_4{}^{2-}$ 的反应为

$$2MnO_4^- + 5C_2O_4^{2-} + 16H^+ = 2Mn^{2+} + 10CO_2\uparrow + 8H_2O$$

在室温下，反应速率很慢，加热能加快此反应的进行，但温度不能过高。如果温度过高，$H_2C_2O_4$会发生分解。通常将溶液加热至 75～85℃。所以在增加温度来加快反应速率时，还应注意其他一些不利因素。例如 I_2有挥发性，加热溶液会引起挥发损失；有些物质(如 Fe^{2+}，Sn^{2+}等)加热时会加速空气中的 O_2对它们的氧化，从而引起误差。

9.5.3 催化剂

催化剂对反应速率有很大的影响。例如在酸性介质中，用过二硫酸铵氧化 Mn^{2+} 的

反应：

$$5S_2O_8^{2-} + 2Mn^{2+} + 8H_2O \rightleftharpoons 2MnO_4^- + 10SO_4^{2-} + 16H^+$$

必须有 Ag^+ 作催化剂反应才能迅速进行。又如 MnO_4^- 与 $C_2O_4^{2-}$ 的反应，Mn^{2+} 的存在能催化反应迅速进行。由于 Mn^{2+} 是反应的生成物之一，所以这种反应称为自催化反应。此反应在开始时，由于溶液中 Mn^{2+} 含量极少，虽然加热到 75～85℃，反应进行得仍较为缓慢，因此 MnO_4^- 褪色很慢。但反应开始后，溶液中产生了 Mn^{2+}，就使以后的反应大为加速。

9.5.4 诱导作用

在氧化还原反应中，不仅催化剂能影响反应速率，而且有的氧化还原反应也能促进另一种氧化还原反应的进行。这种现象称为诱导作用。例如，在酸性溶液中 MnO_4^- 与 Cl^- 的反应

$$2MnO_4^- + 10Cl^- + 8H^+ \rightleftharpoons 2Mn^{2+} + 5Cl_2 + 8H_2O$$

一般情况下进行得较缓慢。但当有 Fe^{2+} 存在，MnO_4^- 和 Fe^{2+} 之间的氧化还原反应

$$MnO_4^- + 5Fe^{2+} + 8H^+ \rightleftharpoons Mn^{2+} + 5Fe^{3+} + 4H_2O$$

可以加速 MnO_4^- 和 Cl^- 的反应。MnO_4^- 和 Fe^{2+} 的反应称为诱导反应，MnO_4^- 和 Cl^- 的反应称为受诱反应。Fe^{2+} 称为诱导体，MnO_4^- 称为作用体，Cl^- 称为受诱体。

诱导反应与催化反应不同。在催化反应中，催化剂参加反应后恢复到原来的状态。而在诱导反应中，诱导体参加反应后变成了其他物质。诱导作用的发生，是由于反应过程中形成的不稳定中间产物具有更强的氧化能力。例如 $KMnO_4$ 氧化 Fe^{2+} 诱导了 Cl^- 的氧化，是由于 MnO_4^- 氧化 Fe^{2+} 的过程中形成了一系列锰的中间产物 Mn(Ⅵ)、Mn(Ⅴ)、Mn(Ⅳ)、Mn(Ⅲ)等，它们能与 Cl^- 反应，因而出现诱导作用。如果在溶液中加入过量的 Mn^{2+}，Mn^{2+} 能使 Mn(Ⅶ)迅速转变为 Mn(Ⅲ)，而此时又因溶液中有大量 Mn^{2+}，降低了 Mn(Ⅲ)/Mn(Ⅱ)电对的电极电势，从而使 Mn(Ⅲ)只能与 Fe^{2+} 反应而不与 Cl^- 反应，这样就阻止了 MnO_4^- 对 Cl^- 的氧化，使受诱反应不能发生。

因此，为了使氧化还原反应能按所需方向定量、迅速地进行完全，选择和控制适当的反应条件(包括浓度、酸度、温度、催化剂和添加某些试剂等)是十分重要的。

9.6 电　　解

9.6.1 电解的基本概念

对一些不能自发进行的氧化还原反应，可用外加电压迫使其发生反应，将电能转变成化学能。这种利用外加电压使氧化还原反应进行的过程称为电解。实现电解过程的装置称为电解池或电解槽。

在电解池中，与直流电源正极相连的电极是阳极，与负极相连的电极是阴极。阳极发生氧化反应，阴极发生还原反应。由于阳极带正电，阴极带负电，电解液中正离子移向阴极，负离子移向阳极。在阳极上发生(失电子的)氧化反应，在阴极上发生(得电子的)还原反应，在电解池的两极上物质得失电子的过程称为放电。电流在通过电解池时，要从电子

导电转变为离子导电，并再从离子导电转变为电子导电。这两次转变都是通过电化学反应来实现的。

例如，以铂为电极，电解 0.10mol・L^{-1}的 NaOH 溶液，如图 9-6 所示。电解时，H^+ 移向阴极，OH^- 移向阳极，分别放电。

阴极反应：$4H_2O+4e^- \!=\!=\!= 2H_2(g)+4OH^-$

阳极反应：$4OH^- -4e^- \!=\!=\!= 2H_2O+O_2(g)$

总反应：$2H_2O \!=\!=\!= 2H_2(g)+O_2(g)$

因此，以铂为电极电解 NaOH 溶液，实际上是电解水，NaOH 的作用是增加溶液的导电性。

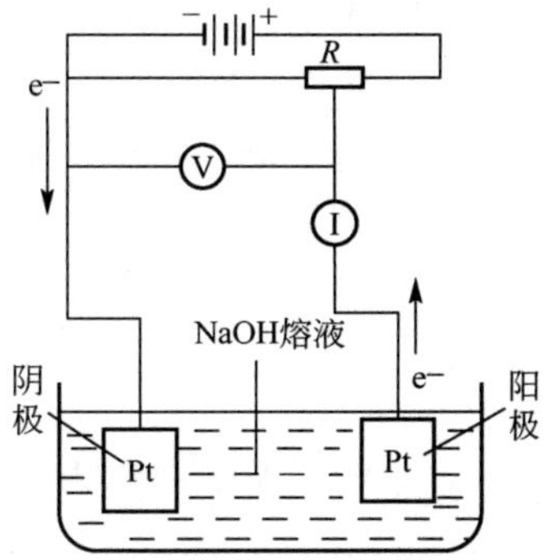

图 9-6 电解 NaOH 溶液示意图

9.6.2 法拉第电解定律

通过电解池的电量与电解池两极上发生化学反应生成的物质的量有着直接的关系。早在 1834 年，法拉第(Faraday)就通过实验归纳出了这一关系：当有 1F(法拉第)电量通过电解池时，在电解池的两极上分别生成相当于得失 1mol 电子所还原或氧化的物质。这就是著名的法拉第电解定律。例如，在电解水时，当有 1F 电量通过时，在阴极上可生成1/2mol H_2，在阳极上可生成 1/4mol O_2。由于一个电子的电量为 1.60217733×10^{-19}C，1mol 电子所具有的电量为

$$1F = 1.60217733\times10^{-19}\times6.0221367\times10^{23}$$
$$\approx 9.6485309\times10^{4}\,\text{C}\cdot\text{mol}^{-1}$$

F 称为法拉第常数，即 1mol 电子所具有的电量。在精确度要求不高的计算中，F 常取 96485C・mol^{-1}或 96500 C・mol^{-1}。

9.6.3 分解电压与超电势

1. 分解电压

电解 NaOH 溶液时，用可变电阻 R 调节外加电压 V，用电流计 I 指示在一定外加电压下通过电解液的电流，作如图 9-7 所示的 $I-V$ 曲线。由图可见，当外加电压很小时，电流很小；电压逐渐增加到 1.23V 时，电流仍很小，电极上看不出有气泡析出。当电压增加到约 1.70V 时，电流开始剧增。以后电流随电压增加直线上升，同时在两极上有明显的气泡产生，电解顺利进行。使电解能顺利进行所需的最低外加电压称为分解电压。图 9-7 中 D 点的电压即为分解电压。产生分解电压的原因是电解时，在阴极上析出的 H_2 和阳极上析出的 O_2，分别被吸附在铂片上，形成了氢电极和氧电极，组成原电池：

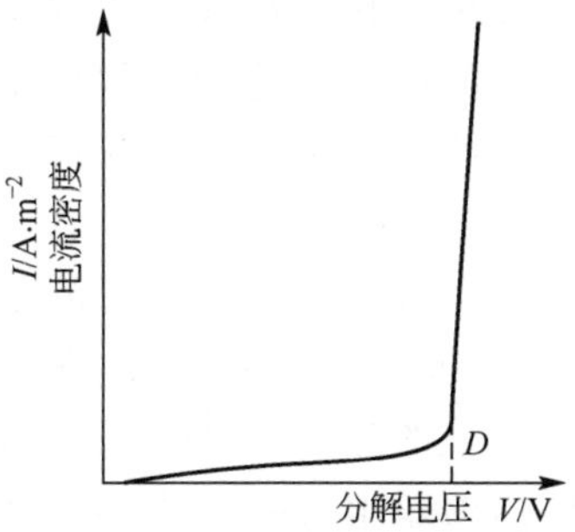

图 9-7 分解电压示意图

$$(-)\text{Pt}\,|\,H_2[g,p(H_2)]\,|\,\text{NaOH}(0.10\text{mol}\cdot\text{L}^{-1})\,|\,O_2[g,p(O_2)]\,|\,\text{Pt}(+)$$

在 298.15K，$c(OH^-)=0.10$mol・L^{-1}时，当 $p(H_2)=p(O_2)=p^{\ominus}$时，该原电池的电动势 E 为

正极：$2H_2O+O_2(g)+4e^- \longrightarrow 4OH^-$

$$\varphi_+=\varphi(O_2/OH^-)=\varphi^\ominus(O_2/OH^-)+\frac{0.0592}{4}\lg\frac{\frac{p(O_2)}{p^\ominus}}{c^4(OH^-)}$$

$$=0.401+\frac{0.0592}{4}\lg\frac{1}{c^4(OH^-)}$$

负极：$2H_2(g)+4OH^- -4e^- \longrightarrow 4H_2O$

$$\varphi_-=\varphi(H_2O/H_2)=\varphi^\ominus(OH^-/H_2)+\frac{0.0592}{4}\lg\frac{1}{c^4(OH^-)\left(\frac{p(H_2)}{p^\ominus}\right)^2}$$

$$=-0.828-\frac{0.0592}{4}\lg c^4(OH^-)$$

$$E=\varphi_+-\varphi_-=0.401-(-0.828)=1.229(V)$$

此电池电动势称为理论分解电压 $E_{理,分}$，其方向和外加电压相反。要使电解顺利进行，外加电压必须克服这一反向的电动势。可见，分解电压是由于电解产物在电极上形成某种原电池，产生反向电动势所引起的。当外加电压稍大于理论分解电压，电解似乎应能进行。但此反应实际的分解电压为 1.70V。为什么反应的实际分解电压大于理论分解电压呢？

2. 超电势

实际分解电压大于理论分解电压的原因主要与电极的超电势有关。当外加电压刚好等于两极的平衡电势时，整个系统处于平衡状态，电解反应系统的吉布斯自由能变为零。要使 O_2 和 H_2 顺利地从电极上析出，阳极的电极电势必须高于其平衡电势，阴极的电极电势必须低于其平衡电势。这种实际析出电势与电极的平衡电势之间的差值就称为超电势，以 η 表示。

超电势均为正值，阴极超电势($\eta_{阴}$)和阳极超电势($\eta_{阳}$)之和就是实际分解电压($E_{实}$)与理论分解电压($E_{理}$)之差的主要部分：

$$E_{实}\approx E_{理}+\eta_{阳}+\eta_{阴}$$

物质在电极上发生化学反应是一个比较复杂的过程，涉及多个电化学步骤，包括离子扩散、得失电子、产物形成等。这些都是在偏离平衡状态下进行的，都会使物质的析出电势对平衡电势产生偏离而出现超电势。另外，电极材料及其表面状态、电流密度、反应温度等因素都对超电势有一定的影响。

实践证明，在阴极上析出金属的超电势一般都比较小，但在电极上析出气体时的超电势都相当大。气体在不同的电极材料上析出时，超电势的差别也很大。例如，H_2 在镀铂黑的 Pt 电极上析出时，超电势约为零，但在 Hg 电极和 Pb 电极上的超电势相当大，可达 1V 左右。O_2 在 Pt 电极上的超电势相当大，而在 Ni 电极上析出的超电势却相当小。在同一电极材料上，随着电流密度的增大，超电势的值也会增大。

9.6.4 电解池中两极的电解产物

在电解池的两极上接上直流电源，并逐渐加大两极间的电压，这样电解池中阳极电势不断升高，阴极电势不断下降。电解液中的阴离子向阳极迁移，阳离子向阴极迁移。当外加电压达到物质的分解电压时，电解反应就开始进行。对于各电极来说，只要电极电势达到相应物质的析出电势，这种物质就会在电极上放电，电解反应就可进行。如前所述，电解池两极的析出电势可用如下式子表示：

$$\varphi_{阳}=\varphi'_{阳}+\eta_{阳}$$

$$\varphi_{阴}=\varphi'_{阴}-\eta_{阴}$$

式中，$\varphi_{阳}$、$\varphi_{阴}$分别是阳极和阴极上的析出电势，$\varphi'_{阳}$、$\varphi'_{阴}$分别是阳极和阴极的平衡电势，也就是前面各节所讨论的各种电对的电极电势。

1. 阴极反应

在电解池的阴极上发生还原反应。金属离子可在阴极得电子被还原为金属，H^+离子也可在阴极得电子被还原为H_2。当电解液中同时存在几种阳离子时，析出电势较高的离子优先得电子被还原析出，析出电势较低的离子则后放电析出。各种金属离子的超电势一般都较小，可以近似地用平衡电势代替析出电势。例如，若溶液中含有 1.0mol・L^{-1}的Cu^{2+}和 1.0mol・L^{-1} Ag^+，当阴极电势达 0.7996V 时，阴极上就开始析出银，随着银的析出，Ag^+浓度减小。由能斯特方程可知，阴极的析出电势会逐渐降低，当阴极的析出电势下降至 0.3419V 时，Cu 就开始析出了。此时，Ag 和 Cu 同时在阴极析出。但根据计算，此时溶液中Ag^+离子浓度已下降到 1.86×10^{-8}mol・L^{-1}，即在 Cu 开始析出时，溶液中的Ag^+已完全被还原为 Ag。

在水溶液中进行电解时，必须考虑H^+放电析出氢气的问题。当用锌板作电极来电解硫酸锌溶液时，设溶液中Zn^{2+}的浓度为 2.0mol・L^{-1}，溶液中H^+离子浓度为 0.01mol・L^{-1}，以 1000A・m^{-2}的电流密度进行电解。锌在锌板上析出的超电势很小，可以用平衡时的电极电势代替析出电势，即

$$\begin{aligned}\varphi(Zn^{2+}/Zn)&=\varphi^{\ominus}(Zn^{2+}/Zn)+\frac{0.0592}{2}\lg c(Zn^{2+})\\&=-0.762+\frac{0.0592}{2}\lg 2.0\approx-0.753(V)\end{aligned}$$

即锌的析出电势为-0.753V。而氢气析出时的平衡电极电势为

$$\varphi(H^+/H_2)=\varphi^{\ominus}(H^+/H_2)+\frac{0.0592}{2}\lg\frac{c^2(H^+)}{\frac{p(H_2)}{p^{\ominus}}}$$

设H_2析出时的分压为$p^{\ominus}$(100kPa)，则

$$\varphi(H^+/H_2)=0+\frac{0.0592}{2}\lg 0.01^2\approx-0.118(V)$$

由于氢气在锌电极上析出的超电势较大，不可忽略。当电流密度为 1000A・m^{-2}时，超电势为 1.05V，故氢气的析出电势为

$$\varphi(H_2,析出)=\varphi(H^+/H_2)-\eta(H_2)=-0.118-1.05=-1.168(V)$$

从计算可知，锌的析出电势高于氢气的析出电势，故Zn^{2+}离子应优先于H^+离子放电。即在以上条件下，电解硫酸锌时，阴极产物是锌，而基本不会放出氢气。

2. 阳极反应

在电解池中的阳极上发生氧化反应，析出电势低的离子将优先在阳极上放电被氧化。当阳极用惰性材料如 Pt、石墨等时，阴离子Cl^-、Br^-、I^-及OH^-离子将被氧化为Cl_2、

Br_2、I_2 和 O_2 而放出。一般含氧酸根因析出电势很高，则不易在阳极上放电。例如，用石墨作阳极电解饱和 NaCl 溶液，在电流密度为 $1000A \cdot m^{-2}$ 时，Cl_2 在石墨上析出的超电势为 0.25V，而 O_2 在石墨上析出的超电势为 1.06V，设溶液的 pH 为 7，气体分压为标准压力(100kPa)，则 O_2 的析出电势为

$$\varphi(O_2\text{，析出})=0.401+\frac{0.0592}{4}\lg\frac{1}{(10^{-7})^4}+1.06\approx1.875(V)$$

饱和 NaCl 溶液中 Cl^- 浓度约为 $6.0mol \cdot L^{-1}$，则 Cl_2 的析出电势为

$$\varphi(Cl_2\text{，析出})=1.36+\frac{0.0592}{2}\lg\frac{1}{6.0^2}+0.25\approx1.566(V)$$

可见 Cl_2 在石墨电极上的析出电势低于 O_2 在石墨电极上的析出电势。故用石墨电极电解饱和 NaCl 溶液时，阳极上放出 Cl_2 而不放出 O_2。

当阳极材料为非惰性的金属时，阳极金属被氧化为金属离子而进入电解液。金属氧化的超电势一般较小，且其电极电势一般较低，故不需要很高的电势就可将其氧化。许多有色金属的电解精炼就是以粗金属为阳极，在电解过程中发生阳极溶解，使金属以离子形式进入电解液中，而在阴极上析出很纯的金属。在阳极进行氧化溶解时，阳极中所含的金属杂质或其他杂质的析出电势若比电解提纯金属的析出电势高，则不被氧化而落入电解池中成为阳极泥，从而达到除去杂质的目的。

9.6.5 电解的应用

电解的应用很广，在对材料进行加工和表面处理时，常用到的电镀、电抛光、阳极氧化、电解加工等都属于电解的应用。

1. 电镀

为使物品美观、不受侵蚀，常用电解的方法将其外表面镀一薄层其他金属，这一工艺称为电镀。电镀时，以被镀物为阴极，欲镀金属为阳极，两极浸入含欲镀金属离子的溶液中，接直流电源。例如，电镀锌，以被镀器件为阴极，金属锌为阳极，两极浸入 $Na_2[Zn(OH)_4]$ 溶液中。选择 $Na_2[Zn(OH)_4]$ 溶液，是因为 $[Zn(OH)_4]^{2-}$ 配离子的存在，使溶液中 Zn^{2+} 的浓度不大，金属在镀件上析出速率不致太快，从而镀层细致光滑。同时 Zn^{2+} 放电时，$[Zn(OH)_4]^{2-}$ 解离，保证镀液中 Zn^{2+} 浓度基本稳定。两极的主要反应是：

$$\text{阴极}\ Zn^{2+}+2e^- = Zn$$
$$\text{阳极}\ Zn-2e^- = Zn^{2+}$$

2. 电抛光

电抛光是利用电解过程中，金属表面凸出部分的溶解速率大于凹入部分溶解速率，从而使金属表面平滑光亮的加工工艺。电抛光时，将工件(如钢铁)作阳极，铅板作阴极，两极浸入含有磷酸、硫酸和铬酐(CrO_3)的电解液中进行电解。

3. 阳极氧化

金属铝与空气接触后即形成一层均匀致密的氧化膜 Al_2O_3，起到保护作用。但自然形成的氧化膜只有 0.02～1μm。在电解过程中，把待保护的金属作阳极，使之氧化可得到厚度达 50～300μm 的氧化膜，增加了金属防腐耐蚀的能力，这种加工工艺称为阳极氧化。

4. 电解加工

电解加工是利用金属在电解液中可发生阳极溶解的原理，将工件加工成型。电解加工时，工件为阳极，模件为阴极，两极间距很小(0.1～1mm)，使电解液流过，以达到输送电解液和及时带走电解产物的目的。阳极金属能较大量地溶解，最后成为与阴极模件表面相吻合的形状。用此方法可加工切削刀具、汽轮机叶片等用常规方法较难加工的部件。

5. 非金属电镀

非金属电镀先采用化学镀的工艺，使非金属表面变为金属表面，然后再进行一般的电镀。化学镀是指使用合适的还原剂，使镀液中的金属离子还原成金属而沉积在非金属表面上的一种镀覆工艺。

综合练习

一、思考题

1. 什么叫氧化还原反应、自身氧化还原反应和歧化反应？试各举例说明。

2. 原电池中的盐桥起什么作用？

3. 只有氧化还原反应才能组成原电池吗？

4. 怎样利用电极电势来决定原电池的正、极？电池电动势如何计算？在原电池中电子转移的方向怎样？正负离子移动的方向怎样？

5. 什么是条件电极电势？它与标准电极电势的关系如何？

6. 当有电流通过电解池时，判断两电极上分别发生什么反应，并写出反应式。

(1) 以碳棒为阳极，铜为阴极，溶液为氯化铜。

(2) 以铜为电极，溶液为氯化铜。

(3) 以银为电极，溶液为盐酸。

二、练习题

1. 选择题

(1) 根据 $\varphi^{\ominus}(Cu^{2+}/Cu)=0.34V$，$\varphi^{\ominus}(Fe^{3+}/Fe^{2+})=0.77V$，判断标准态下能将 Cu 氧化为 Cu^{2+}，但不能氧化 Fe^{2+} 的氧化剂与其还原剂对应的电极电位 $\varphi^{\ominus}$ 值应是(　　)。

(A) $\varphi^{\ominus}<0.77V$　　(B) $\varphi^{\ominus}>0.34V$

(C) $0.34V<\varphi^{\ominus}<0.77V$　　(D) $\varphi^{\ominus}<0.34V$，$\varphi^{\ominus}>0.77V$

(2) 已知：$\varphi^{\ominus}(S/ZnS)>\varphi^{\ominus}(S/MnS)>\varphi^{\ominus}(S/S^{2-})$，则(　　)。

(A) $K_{sp}^{\ominus}(ZnS)>K_{sp}^{\ominus}(MnS)$　　(B) $K_{sp}^{\ominus}(ZnS)<K_{sp}^{\ominus}(MnS)$

(C) $K_{sp}^{\ominus}(ZnS)=K_{sp}^{\ominus}(MnS)$　　(D) 无法确定

(3) 现有 A、B 两个氧化还原反应，通过以下哪个条件能判断反应 A 比反应 B 进行得完全(　　)。

(A) $E_A^{\ominus}>E_B^{\ominus}$　　(B) $K_A^{\ominus}>K_B^{\ominus}$

(C) $n_A E_A^{\ominus}>n_B E_B^{\ominus}$　　(D) $E_A>E_B$

(4) 分别在下列电极中加入相关的离子，则其氧化型物质的氧化能力增强的是(　　)。

(A) $AgCl/Ag$　　(B) $Ag(CN)_2^-/Ag$

(C) S/MnS　　(D) O_2/OH^-

(5) 已知：$\varphi^\ominus(Cu^{2+}/Cu^+)=0.16V$，$\varphi^\ominus(Cu^{2+}/CuI)=0.86V$，则 $K_{sp}^\ominus(CuI)$为(　　)。

(A) 89　　(B) 3.5×10^{-18}

(C) 1.0×10^{-24}　　(D) 1.32×10^{-12}

(6) 已知：$\varphi^\ominus(Fe^{3+}/Fe^{2+})=0.771V$；$[Fe(CN)_6]^{3-}$和$[Fe(CN)_6]^{4-}$的 $K_f^\ominus$ 分别为 1.0×10^{42}和 1.0×10^{35}，则 $\varphi^\ominus([Fe(CN)_6]^{3-}/[Fe(CN)_6]^{4-})$应为(　　)。

(A) 0.36V　　(B) −0.36V　　(C) 1.19V　　(D) 0.771V

(7) 已知：电极反应$NO_3^-+4H^++3e^-\rightleftharpoons NO+2H_2O$，$\varphi^\ominus(NO_3^-/NO)=0.96V$。当 $c(NO_3^-)=1.0mol\cdot L^{-1}$，$p(NO)=100kPa$，$c(H^+)=1.0\times10^{-7}mol\cdot L^{-1}$，上述电极反应的电极电势是(　　)。

(A) 0.41V　　(B) −0.41V　　(C) 0.82V　　(D) 0.56V

(8) 已知：钒元素的电势图及下列各电对的 $\varphi^\ominus$ 值：

$$V(V)\xrightarrow{1.00V}V(IV)\xrightarrow{0.31V}V(III)\xrightarrow{-0.255V}V(II)$$

$\varphi^\ominus(Zn^{2+}/Zn)=-0.763V$　　$\varphi^\ominus(Sn^{4+}/Sn^{2+})=0.154V$

$\varphi^\ominus(Fe^{3+}/Fe^{2+})=0.771V$　　$\varphi^\ominus(Fe^{2+}/Fe)=-0.44V$

欲将 V(Ⅴ)只还原到 V(Ⅳ)，下列还原剂中合适的是(　　)。

(A) Zn　　(B) Sn^{2+}　　(C) Fe^{2+}　　(D) Fe

2. 将下列反应设计成原电池，并写出原电池的符号。

(1) $Fe+Cu^{2+}=Fe^{2+}+Cu$　　(2) $Ni+Pb^{2+}=Ni^{2+}+Pb$

(3) $Cu+2Ag^+=Cu^++2Ag$　　(4) $Sn+2H^+=Sn^{2+}+H_2$

3. 下列物质在一定条件下都可以作为氧化剂：$KMnO_4$、$K_2Cr_2O_7$、$CuCl_2$、$FeCl_3$、H_2O_2、I_2、Br_2、F_2、PbO_2。试根据标准电极电势的数据，把它们按氧化能力的大小排列成顺序，并写出它们在酸性介质中的还原产物。

4. 已知：$MnO_4^-+8H^++5e^-=Mn^{2+}+4H_2O$　　$\varphi^\ominus=1.51V$

$Fe^{3+}+e^-=Fe^{2+}$　　$\varphi^\ominus=0.771V$

(1) 判断下列反应的方向：

$$MnO_4^-+Fe^{2+}+H^+\longrightarrow Mn^{2+}+4H_2O+5Fe^{3+}$$

(2) 将这两个半电池组成原电池，用电池符号表示该原电池的组成，标明电池的正负极，并计算其标准电动势。

(3) 当氢离子浓度为 $10mol\cdot L^{-1}$时，其他各离子浓度均为 $1mol\cdot L^{-1}$时，计算该电池的电动势。

5. 已知：$Hg_2Cl_2(s)+2e^-=2Hg(l)+2Cl^-$　　$\varphi^\ominus=0.28V$

$Hg_2^{2+}+2e^-=2Hg(l)$　　$\varphi^\ominus=0.80V$

求 $K_{sp}^\ominus(Hg_2Cl_2)$。(提示：$Hg_2Cl_2(s)=Hg_2^{2+}+2Cl^-$)

6. 为了测定溶度积，设计了下列原电池

$$(-)Pb|PbSO_4,\ SO_4^{2-}(1.0mol\cdot L^{-1})\ \|\ Sn^{2+}(1.0mol\cdot L^{-1})|Sn(+)$$

在 25℃时测得电池电动势 $E^\ominus=0.22V$，求 $PbSO_4$ 溶度积常数 $K_{sp}^\ominus$。

7. 简答题

(1) 已知铁、铜元素的标准电位图：

$$\varphi_A^\ominus/V\qquad Fe^{3+}\xrightarrow{0.77}Fe^{2+}\xrightarrow{-0.41}Fe\qquad Cu^{2+}\xrightarrow{0.15}Cu^+\xrightarrow{0.52}Cu$$

试分析，为什么金属铁能从铜溶液（Cu^{2+}）中置换出铜，而金属铜又能溶于三氯化铁溶液。

（2）试根据电极电位分析：

① Na_2S 试剂中的硫比 H_2S 中的硫更易被空气氧化。

② HNO_3 的氧化性大于 KNO_3。

（3）实验室利用 Cu^{2+} 与 I^- 反应来制备 CuI。但 CuCl、CuBr 却不能用类似的反应来制取，请分析原因。已知：$\varphi^{\ominus}(Cu^{2+}/Cu^+)=0.16V$，$\varphi^{\ominus}(Br_2/Br^-)=1.07V$，$\varphi^{\ominus}(Cl_2/Cl^-)=1.36V$，$\varphi^{\ominus}(I_2/I^-)=0.54V$，$K_{sp}^{\ominus}(CuI)=1.1\times10^{-12}$，$K_{sp}^{\ominus}(CuBr)=2.0\times10^{-9}$，$K_{sp}^{\ominus}(CuCl)=2.0\times10^{-6}$。

8. 计算 298K 时下列电池的电动势及电池反应的平衡常数。

（1）$(-)Pb|Pb^{2+}(0.10mol\cdot L^{-1})\|Cu^{2+}(0.50mol\cdot L^{-1})|Cu(+)$；

（2）$(-)Sn|Sn^{2+}(0.050mol\cdot L^{-1})\|H^+(1.0mol\cdot L^{-1})|H_2(10^5Pa)$，$Sn(+)$；

（3）$(-)Pt$，$H_2(10^5Pa)|H^+(1.0mol\cdot L^{-1})\|Sn^{4+}(0.50mol\cdot L^{-1})$，$Sn^{2+}(0.10mol\cdot L^{-1})|Pt(+)$；

（4）$(-)Pt$，$H_2(10^5Pa)|H^+(0.010mol\cdot L^{-1})\|H^+(1.0mol\cdot L^{-1})|H_2(10^5Pa)$，$Pt(+)$。

9. 已知：298K 时，$\varphi^{\ominus}(Ag^+/Ag)=0.80V$，$\varphi^{\ominus}(Fe^{3+}/Fe^{2+})=0.77V$。如用 Fe^{3+}/Fe^{2+}，Ag^+/Ag 组成原电池。

（1）写出标准态下自发进行的电池反应，计算反应的平衡常数。

（2）求当 $c(Ag^+)=0.10mol\cdot L^{-1}$，$c(Fe^{3+})=c(Fe^{2+})=0.10mol\cdot L^{-1}$ 时电池的电动势。

（3）若在 Ag^+/Ag 电极中加入固体 NaCl 并使 $c(Cl^-)=1.0mol\cdot L^{-1}$，$Fe^{3+}/Fe^{2+}$ 电极处于标准态。计算说明 Fe^{3+} 能否氧化 Ag，写出自发进行的反应式。已知：$K_{sp}^{\ominus}(AgCl)=1.8\times10^{-10}$。

10. 判断 298K 标准态下，反应

$$MnO_2(s)+2Cl^-+4H^+ = Mn^{2+}+Cl_2+2H_2O$$

能否正向自发反应？若用 $c(HCl)=12.0mol\cdot L^{-1}$ 的盐酸与 MnO_2 反应，上述反应能否正向自发进行？设其他物质处于标准态。

11. 已知 $Co^{3+}+e^- \rightleftharpoons Co^{2+}$　　$\varphi^{\ominus}(Co^{3+}/Co^{2+})=1.92V$

$Cl_2+2e^- \rightleftharpoons 2Cl^-$　　$\varphi^{\ominus}(Cl_2/Cl^-)=1.36V$

由标准电极电势值可知，在标准态下，Cl_2 不能氧化 Co^{2+}。然而 $Co(OH)_3$ 是在 $CoCl_2$ 中加氯水，再加 NaOH 制得的。试计算说明之，并写出反应式。已知：$K_{sp}^{\ominus}[Co(OH)_3]=1.6\times10^{-44}$，$K_{sp}^{\ominus}[Co(OH)_2]=1.6\times10^{-15}$。

第10章 定量分析概论

教学目标

(1) 了解分析化学的任务和作用。
(2) 了解定量分析方法的分类和定量分析的过程。
(3) 了解定量分析中误差产生的原因、表示方法以及提高准确度的方法。
(4) 掌握分析结果的数据处理方法。
(5) 理解有效数字的意义，并掌握其运算规则。

10.1 概　　述

10.1.1 分析化学的任务和作用

分析化学的任务是确定物质的化学组成，测量各组成的含量以及表征物质的化学结构。它们分别隶属于定性分析、定量分析和结构分析的范畴。

分析化学在国民经济的发展、国防力量的壮大、自然资源的开发以及科学技术的进步等各方面的作用是举足轻重的。例如，从工业原料的选择、工艺流程的控制直至成品质量检测；从土壤成分、化肥、农药到农作物生长过程的研究；从武器装备的生产和研制到刑事犯罪活动的侦破；从资源勘探、矿山开发到三废的处理和综合利用，无一不依赖分析化学的配合。

由于分析化学是一门人们赖以获得物质的组成和结构的信息科学，而这些信息对于生命科学、材料科学、环境科学和能源科学都是必不可少的，因此，分析化学被称为科学技术的眼睛，是进行科学研究的基础。

10.1.2 分析方法的分类

根据分析任务、分析对象、测定原理、操作方法和具体要求不同，分析方法可分为许多种类。

1. 定性分析、定量分析和结构分析

定性分析的任务是鉴定物质由哪些元素、原子团和化合物所组成；定量分析的任务是测定物质中有关成分的含量；结构分析的任务是研究物质的分子结构或晶体结构。

2. 无机分析和有机分析

无机分析的对象是无机物，有机分析的对象是有机物。

在无机分析中，组成无机物的元素种类较多，通常要求鉴定物质的组成和测定各成分的百分含量。在有机分析中，组成有机物的元素种类不多，但结构相当复杂，分析的重点是官能团分析和结构分析。

3. 化学分析和仪器分析

以物质的化学反应为基础的分析方法称为化学分析法。化学分析法历史悠久，是分析化学的基础，又称经典分析法，主要有重量分析法和滴定分析(容量分析)法等。

以物质的物理和物理化学性质为基础的分析方法称为物理和物理化学分析法。这类方法都需要较特殊的仪器，通常称为仪器分析法，如光学分析法、电化学分析法、色谱分析法、质谱分析法和放射化学分析法等。

4. 常量分析、半微量分析和微量分析

根据试样的用量和操作规模不同，可分为常量、半微量、微量和超微量分析，分类的大致情况见表 10－1。

表 10－1　各类分析方法的试样用量

方法	试样质量	试液体积
常量分析	>0.1g	>10mL
半微量分析	0.01～0.1g	1～10 mL
微量分析	0.1～10mg	0.01～1 mL
超微量分析	<0.1mg	<0.01 mL

根据待测成分含量高低不同，又可粗略分为常量成分(质量分数>1%)、微量成分(质量分数 0.01%～1%)和痕量成分(质量分数<0.01%)的测定。痕量成分的分析不一定是微量分析，为了测定痕量成分，有时取样量在千克以上。

5. 例行分析和仲裁分析

一般化验室中进行的分析，称为例行分析。不同单位对分析结果有争论时，请权威单位进行裁判的分析工作，称为仲裁分析。

10.1.3　定量分析过程

定量分析的任务是测定物质中某种或某些组分的含量。要完成一项定量分析工作，通常包括以下几个步骤。

1. 取样

根据分析对象是气体、液体或固体，采用不同的取样方法。在取样过程中，最重要的一点是要使分析试样具有代表性，否则进行分析工作是毫无意义的，甚至可能得出错误的结论。

2. 试样的分解

定量分析一般采用湿法分析，即将试样分解后制成溶液，然后进行测定。正确的分解方法应使试样分解完全，分解过程中待测组分不损失，尽量避免引入干扰组分。分解试样的方法很多，主要有酸溶法、碱溶法和熔融法，操作时可根据试样的性质和分析的要求选用适当的分解方法。

3. 测定

根据待测组分的性质、含量和对分析结果准确度的要求，再根据实验室的具体情况，选择最合适的化学分析方法或仪器分析方法进行测定。各种方法在灵敏度、选择性和适用范围等方面有较大的差别，所以应该熟悉各种方法的特点，做到胸中有数，以便在需要时能正确选择分析方法。

由于试样中的其他组分可能对测定有干扰，故应设法消除其干扰。消除干扰的方法主要有两种：一种是分离方法；一种是掩蔽方法。常用的分离方法有沉淀分离法、萃取分离法、离子交换分离法和色谱分离法等。常用的掩蔽方法有沉淀掩蔽法、配位掩蔽法和氧化还原掩蔽法等。

4. 计算分析结果

根据试样质量、测量所得数据和分析过程中有关反应的计量关系，计算试样中待测组分的含量。

10.1.4 定量分析结果的表示

1. 待测组分的化学表示形式

分析结果通常以待测组分实际存在形式的含量表示。例如，测得试样中氮的含量以后，根据实际情况，以 NH_3、NO_3^-、N_2O_5、NO_2^- 或 N_2O_3 等形式的含量表示分析结果。如果待测组分的实际存在形式不清楚，则分析结果最好以氧化物或元素形式的含量表示。例如，在矿石分析中，各种元素的含量常以其氧化物形式(如 K_2O、Na_2O、CaO、MgO、FeO、Fe_2O_3、SO_3、P_2O_5和 SiO_2 等)的含量表示；在金属材料和有机分析中，常以元素形式(如 Fe、Cu、Mo、W 和 C、H、O、N、S 等)的含量表示。

在工业分析中，有时还用所需要的组分的含量表示分析结果。例如，分析铁矿石的目的是为了寻找炼铁的原料，这时就以金属铁的含量来表示分析结果。

电解质溶液的分析结果，常以所存在离子的含量表示，如以 K^+、Na^+、Ca^{2+}、Mg^{2+}、SO_4^{2-}、Cl^-等含量表示。

2. 待测组分含量的表示方法

1） 固体试样

固体试样中待测组分的含量，通常以质量分数表示。试样中含待测物质 B 的质量

$m(B)$与试样的质量$m(S)$之比，称为质量分数$w(B)$。

$$w(B)=m(B)/m(S) \tag{10-1}$$

当待测组分含量非常低时，可采用$\mu g \cdot g^{-1}$、$ng \cdot g^{-1}$和$pg \cdot g^{-1}$来表示，若在溶液中则分别以$\mu g \cdot mL^{-1}$、$ng \cdot mL^{-1}$和$pg \cdot mL^{-1}$来表示。

2）液体试样

液体试样中待测组分的含量，通常以物质的量浓度c(B)表示：

$$c(B)=n(B)/V \tag{10-2}$$

式中，$n(B)$为组分B的物质的量(mol)，V为液体试样的总体积(L)，故物质的量浓度$c(B)$的单位为$mol \cdot L^{-1}$。

液体试样中待测组分的含量，除通常用物质的量浓度表示之外，还有下列几种表示方法：

（1）质量分数：表示待测组分在试液中所占的质量百分率。

（2）体积分数：表示100 mL试液中待测组分所占的体积(mL)。

（3）质量浓度：表示1 L试液中待测组分的质量(以g为单位)。

对于试液中的微量组分，通常以$mg \cdot L^{-1}$、$\mu g \cdot L^{-1}$或$\mu g \cdot mL^{-1}$、$ng \cdot mL^{-1}$和$pg \cdot mL^{-1}$等表示其含量。例如，分析某工业废水试样，测得每升水中含Na^+ 0.120mg、F^- 0.80mg、Hg^{2+} 5μg，则它们的含量分别表示为Na^+ $0.120mg \cdot L^{-1}$、F^- $0.80mg \cdot L^{-1}$、Hg^{2+} $5\mu g \cdot L^{-1}$

3）气体试样

气体试样中的常量或微量组分的含量，通常以体积分数表示。

10.2 定量分析中的误差

10.2.1 测定值的准确度与精密度

在实际工作中，常根据准确度和精密度来评价测定结果的优劣。

1. 准确度与误差

真值是试样中某组分客观存在的真实含量，测定值x与真值x_T相接近的程度称为准确度。测定值与真值越接近，其误差(绝对值)越小，测定结果的准确度越高。因此误差的大小是衡量准确度高低的标志，其表示方法如下：

绝对误差
$$E=x-x_T \tag{10-3}$$

相对误差
$$E_r=\frac{E}{x_T}\times 100\% \tag{10-4}$$

式中x为单次测定值。如果进行了数次平行测定，$\bar{x}$为全部测定结果的算术平均值，此时

$$\bar{x}=\frac{\sum x_i}{n} \tag{10-5}$$

$$E=\bar{x}-x_T \tag{10-6}$$

统计学已经证明，在一组平行测定值中，平均值是最可信赖的值，它反映了该组数据

的集中趋势，因此人们常用平均值表示测定结果。

当测定值大于真值时误差为正值，表明测定结果偏高；反之误差为负值，测定值偏低，因此绝对误差和相对误差都有正负之分。由于相对误差反映出了绝对误差在真值中所占的百分率，更便于比较各种情况下测定结果的准确度，因而更具有实际意义。

一般说来，真值是未知的。随着分析测试技术的发展，测定结果越来越趋近于真值，但它毕竟不等于真值。在实际工作中，将公认的权威机构发售的标准参考物质(如标准试样)，其证书上给出的数值称为真值。它是由许多资深的分析工作者，采用原理不同的方法(以消除系统误差)，经过多次测定并对数据进行统计处理后得出的结果。它反映了当前分析工作中的最(较)高水平，因而是相当准确的，但也是相对的真值。

准确度的高低体现了在分析过程中，系统误差和随机误差对测定结果综合影响的大小，它决定了测定值的正确性。

【例 10-1】 用沉淀重量法测得纯 $BaCl_2 \cdot 2H_2O$ 中 Ba 的质量分数为 0.5617，计算绝对误差和相对误差。

解：纯 $BaCl_2 \cdot 2H_2O$ 中 Ba 的质量分数为

$$w(Ba)=m(Ba)/m(BaCl_2 \cdot 2H_2O)=137.33/244.24=0.5623$$

绝对误差 $E=x-x_T=0.5617-0.5623=-6\times10^{-4}$

相对误差 $E_r=\dfrac{E}{x_T}\times100\%=(-6\times10^{-4}/0.5623)\times100\%=-0.1\%$

2. *精密度与偏差*

一组平行测定结果相互接近的程度称为精密度，它反映了测定值的再现性。由于在实际工作中真值常常是未知的，因此精密度就成为人们衡量测定结果的重要因素。

精密度的高低取决于随机误差的大小，通常用偏差来量度。如果测定数据彼此接近，则偏差小，测定的精密度高；相反，如数据分散，则偏差大，精密度低，说明随机误差的影响较大。由于平均值反映了测定数据的集中趋势，因此各测定值与平均值之差也就体现了精密度的高低。偏差的表示方法如下。

(1) 绝对偏差、平均偏差和相对平均偏差。

绝对偏差即各单次测定值与平均值之差：

$$d_i = x_i - \bar{x} \qquad (10-7)$$

平均偏差即各单次测量的绝对偏差的绝对值的平均值：

$$\bar{d} = \frac{\sum_{i=1}^{n} |x_i - \bar{x}|}{n} \qquad (10-8)$$

相对平均偏差即平均偏差除以平均值：

$$d_r = \frac{\bar{d}}{\bar{x}}\times100\% \qquad (10-9)$$

平均偏差和相对平均偏差由于取了绝对值因而都是正值。

(2) 标准偏差和相对标准偏差。

由于在一系列测定值中，偏差小的值总是占多数，这样按总测定次数来计算平均偏差时会使所得的结果偏小，大偏差值将得不到充分的反映。因此在数理统计中，一般不采用平均偏差而广泛采用标准偏差(简称标准差)来衡量数据的精密度。

在分析化学中，将一定条件下无限多次测定数据的全体称为总体，而随机从总体中抽出的一组测定值称为样本，样本中所含测定值的数目称为样本的大小或容量。例如，欲对某一批煤中硫的含量进行测定，首先按照有关部门的规定进行取样、粉碎和缩分，最后制成一定质量(如 500g)的分析试样，这就是供分析用的总体。如果从中称取 10 份煤样进行测定，得到 10 个测定值，它们就是该总体的一个随机样本，样本容量为 10。

若样本容量为 n，平行测定数据为 x_1，x_2，…，x_n，则此样本平均值为

$$\bar{x} = \frac{\sum x_i}{n}$$

当测定次数无限增多时，所得的平均值即称为总体平均值 μ，数理统计的方法已经证明，在消除了系统误差之后得到的总体平均值 μ(实际工作中 $n>30$ 次即可)即为待测组分的真值 x_T。

当测定次数趋于无限时，总体标准偏差 σ 表示了各测定值 x_i 对总体平均值 μ 的偏离程度，其表达式为：

$$\sigma = \sqrt{\frac{\sum (x_i - \mu)^2}{n}} \tag{10-10}$$

在计算标准偏差时，由于将各测定值与总体平均值 μ 的偏差进行了平方，即强调了大偏差数据的作用，因此它较平均偏差能更正确、更灵敏地反映测定值的精密度。σ^2 称为方差。

在一般的分析工作中，由于只做有限次测定($n<20$ 次)，总体平均值是不知道的，故只有采用样本标准偏差来衡量该组数据的精密度，从而表示各测定值对样本平均值的偏离程度。样本的标准偏差用 s 表示：

$$s = \sqrt{\frac{\sum (x_i - \bar{x})^2}{n-1}} \tag{10-11}$$

式中 $n-1$ 称为自由度，用 f 表示。它表示在上述样本中，其偏差的自由度为 $n-1$。也可以理解为，对于有限次数的测定，以平均值 $\bar{x}$ 代替总体平均值 μ 时，由于 $\sum (x_i - \bar{x})^2 < \sum (x_i - \mu)^2$ 所引起的误差，当在以 $n-1$ 代替 n 时就给予了校正。当测定次数 n 相当多时，它与自由度的差别变得极微，此时 $\bar{x}$ 亦趋近于 μ。

样本的相对标准偏差(变异系数)为

$$CV = \frac{s}{\bar{x}} \tag{10-12}$$

【例 10-2】 测定某硅酸盐试样中 SiO_2 的质量分数(%)，5 次平行测定结果为 37.40，37.20，37.30，37.50，37.30。计算平均值、平均偏差、相对平均偏差、标准偏差和相对标准偏差。

解： $\bar{x} = (37.40+37.20+37.30+37.50+37.30)/5 = 37.34\%$

$$\bar{d} = \frac{\sum_{i=1}^{n} |x_i - \bar{x}|}{n} = (0.06+0.14+0.04+0.16+0.04)/5 = 0.088\%$$

$$d_r = \frac{\bar{d}}{\bar{x}} \times 100\% = (0.088/37.74) \times 100\% = 0.24\%$$

$$s=\sqrt{\frac{\sum(x_i-\bar{x})^2}{n-1}}=\sqrt{\frac{0.06^2+0.14^2+2\times0.04^2+0.16^2}{5-1}}=0.11\%$$

$$CV=\frac{s}{\bar{x}}\times100\%=(0.11/37.34)\times100\%=0.29\%$$

以下用具体例子说明标准偏差比平均偏差能更灵敏地反映数据的精密度。例如测定某铜合金中铜的质量分数(%)，两组测定值分别为

10.3，9.8，9.6，10.2，10.1，10.4，10.0，9.7，10.2，9.7

10.0，10.1，9.3*，10.2，9.9，9.8，10.5*，9.8，10.3，9.9

显然第二组数据比较分散，但计算结果却表明它们的平均偏差相同（$\overline{d_1}=\overline{d_2}=0.24\%$），因此用平均偏差已不能正确地反映出这两组测定值精密度的差异。如果采用标准偏差则有 $s_1=0.28\%$，$s_2=0.33\%$，$s_1<s_2$，表明第一组数据的精密度较第二组的高。

3. 准确度与精密度间的关系

评价测定结果的优劣，要同时衡量其准确度和精密度。精密度是保证准确度的先决条件。精密度差，所得结果不可靠，也就谈不上准确度高。但是，精密度高并不一定保证准确度高。图 10-1 显示了甲、乙、丙、丁四人测定同一试样中某组分含量时所得的结果。由图可见，甲所得的结果的准确度和精密度均好，结果可靠；乙的分析结果的精密度虽然很高，但准确度较低；丙的精密度和准确度都很差；丁的精密度很差，平均值虽然接近真实值，但这是由于正负误差凑巧相互抵消的结果，因此丁的结果也不可靠。

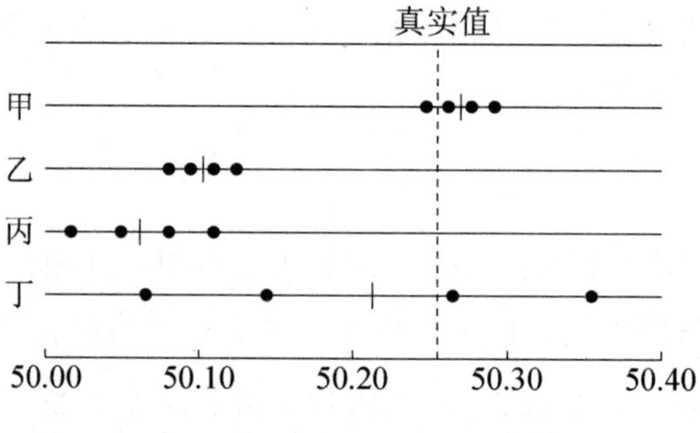

图 10-1　不同工作者分析同一试样的结果

•表示个别测定值，｜表示平均值

对于含量未知的试样，由于仅凭测定的精密度难以正确评价测定结果，因此常同时测定一个或数个标准试样，检查标样测定值的精密度，并对照真实值以确定它的准确度，从而对试样测定结果的可靠性作出评价。

10.2.2　定量分析误差产生的原因

根据误差产生的原因及其性质的差异，可以分为系统误差和随机误差两类。

1. 系统误差

系统误差是定量分析误差的主要来源，对测定结果的准确度有较大影响。它是由分析过程中某些确定的、经常性的因素引起的，因此对测定值的影响比较恒定。系统误差的特点是具有“重现性”、“单向性”和“可测性”。即在相同的条件下，重复测定时会重复出

现；使测定结果系统偏高或系统偏低，其数值大小也有一定的规律；如果能找出产生误差的原因，并设法测出其大小，那么系统误差可以通过校正的方法予以减小或消除，因此系统误差也称之为可测误差。产生系统误差的原因主要有以下几种。

1）方法误差

方法误差来源于分析方法本身不够完善或有缺陷。例如，反应未能定量完成，干扰组分的影响，在滴定分析中滴定终点与化学计量点不相符合，在重量分析中沉淀的溶解损失、共沉淀和后沉淀的影响等，都可能导致测定结果系统地偏高或偏低。

2）仪器和试剂误差

由于仪器不够精确或未经校准，从而引起仪器误差。例如，砝码因磨损或锈蚀造成其真实质量与名义质量不符；滴定分析器皿或仪表的刻度不准而又未经校正；由于实验容器被侵蚀引入了外来组分等。而试剂不纯和蒸馏水中的微量杂质则可能带来试剂误差。由上述两种因素造成的误差，其大小一般不因人而异。

3）操作误差

由于分析者的实际操作与正确的操作规程有所出入而引起的操作误差。例如，使用了缺乏代表性的试样；试样分解不完全或反应的某条件控制不当等。

与上述情况有所不同，有些误差是由于分析者的主观因素造成的，称之为“个人误差”。例如，在判断滴定终点的颜色时，有的人习惯偏深，有的人则偏浅；在读取滴定剂的体积时，有的人偏高，有的人则偏低等。还有的操作者有着“先入为主”的成见，特别对于那些终点不太明显的体系，他们不是注意溶液颜色的变化，而总是盯着滴定管的刻度，根据前次的结果来判定终点，从而产生操作误差。

操作误差的大小可能因人而异，但对于同一操作者则往往是恒定的。

2. 随机误差

在平行测定中，即使消除了系统误差的影响，所得的数据仍然是参差不齐的，这是随机误差影响的结果。随机误差又称偶然误差，它是由某些随机的偶然的原因所造成的。例如，测量时环境温度、气压、湿度、空气中尘埃等微小波动；个人一时辨别的差异而使读数不一致，如在滴定管读数时，估计的小数点后第二位的数值，几次读数不一致。随机误差的产生是由于一些不确定的偶然原因造成的，因此，其数值的大小、正负都是不确定的，所以随机误差又称不可测误差。随机误差在分析测定过程中是客观存在，不可避免的。

从表面上看，随机误差的出现似乎很不规律，但如果进行多次测定，则可发现随机误差的分布也是有规律的，它的出现符合正态分布规律：

（1）绝对值相等的正误差和负误差出现的概率相同，因而大量等精度测量中各个误差的代数和有趋于零的趋势；

（2）绝对值小的误差出现的概率大，绝对值大的误差出现的概率小，绝对值很大的误差出现的概率非常小。

正态分布规律可以用图 10－2 所示的正态分布曲线表示。图中，横坐标$(x-\mu)$代表随机误差的大小，纵坐标 y 代表随机误差发生的概率密度。

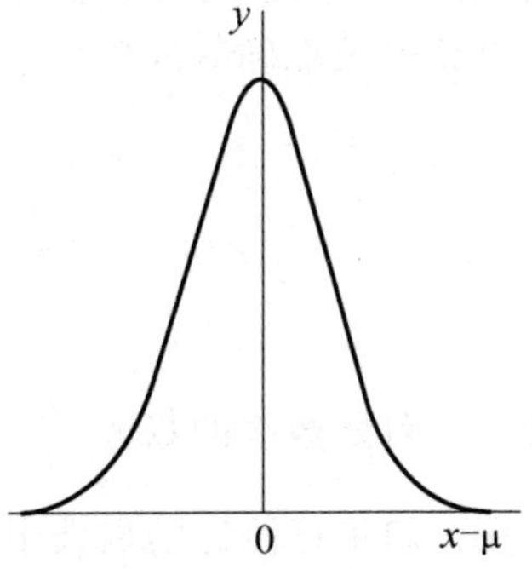

图 10－2　随机误差的正态分布曲线

除了系统误差和随机误差外，在分析中还可能会出现由于过失或差错而造成的过失误差。例如，看错砝码、读错读数、记错数据、加错试剂等，这些都属于不应有的过失。实验时必须避免。

10.2.3 误差的减免

在定量分析中误差是不可避免的，为了获得准确的分析结果，必须尽可能地减少分析过程中的误差。

1. 检验和消除系统误差

在实际工作中，有时遇到这样的情况，几个平行测定的结果非常接近，似乎分析工作没有什么问题了，可是一旦用其他可靠的方法检验，就发现分析结果有严重的系统误差，甚至可能因此而造成严重差错。因此，在分析工作中，必须十分重视系统误差的检验和消除，以提高分析结果的准确度。造成系统误差的原因是多方面的，根据具体情况可采用不同的方法加以校正。一般系统误差可用下面的方法进行检验和消除。

(1) 对照试验。在相同条件下，用标准试样(已知含量的准确值)与被测试样同时进行测定，通过对标准试样的分析结果与其标准值的比较，可以判断测定是否存在系统误差。也可以对同一试样用其他可靠的分析方法与所采用的分析方法进行对照，以检验是否存在系统误差。

(2) 空白试验。由试剂或蒸馏水和器皿带进杂质所造成的系统误差通常可用空白试验来校正。空白试验就是不加试样，按照与试样分析相同的操作步骤和条件进行试验，测定结果称为空白值。然后，从试样测定结果中扣去空白值，即可得到较可靠的测定结果。

(3) 校准仪器。仪器不准确引起的系统误差，可通过校准仪器来减小。例如，在滴定分析过程中，要对滴定管、移液管、容量瓶、砝码等进行校准。

(4) 校正方法。某些由于分析方法引起的系统误差可用其他方法直接校正。如重量分析法测定水泥熟料中 SiO_2 的含量时，滤液中的硅可用分光光度法测定，然后加到重量法的结果中，这样就可消除由于沉淀的溶解损失而造成的系统误差。

2. 增加平行测定次数，减少随机误差

随机误差是由偶然性的不固定的原因造成的，在分析过程中始终存在，是不可消除的，但可以通过增加平行测定次数，减少随机误差。在消除系统误差的前提下，平行测定次数越多，平均值越接近真实值。在分析化学中，对同一试样，通常要求平行测定 3～4 次，以获得较准确的分析结果。

10.3 实验数据的统计处理

10.3.1 可疑数据的取舍

在一组平行测定的数据中，往往会出现个别偏差比较大的数据，这一数据称为可疑值或离群值。如果这一数据是由实验过失造成的，则应该将其弃舍，否则就不能随便将它弃舍，而必须用统计方法来判断是否取舍。决定取舍的方法很多，常用的有四倍法、格鲁布

斯法和 Q 检验法等，其中 Q 检验法比较严格而且又比较方便，故在此只介绍 Q 检验法。Q 检验法的具体步骤如下：

（1）先将数据从小到大排列为：x_1，x_2，…，x_{n-1}，x_n。

（2）计算测定值的极差 R：

$$R=\text{最大值}-\text{最小值}$$

（3）计算可疑值与相邻值之差(应取绝对值)d：

$$d=x_2-x_1 \text{或} d=x_n-x_{n-1}$$

（4）计算出统计量 $Q_{计算}$：

$$Q_{计算}=\frac{d}{R} \tag{10-13}$$

$Q_{计算}$越大，说明 x_1 或 x_n 离群越远。

（5）比较 $Q_{计算}$ 与 $Q_{表}$(见表 10-2)。若 $Q_{计算}>Q_{表}$，则可疑值应舍弃，否则应该保留。

表 10-2 不同置信度下舍弃可疑数据的 Q 值

置信度	测定次数							
	3	4	5	6	7	8	9	10
90%	0.94	0.76	0.64	0.56	0.51	0.47	0.44	0.41
95%	0.98	0.85	0.73	0.64	0.59	0.54	0.51	0.48
99%	0.99	0.93	0.82	0.74	0.68	0.63	0.60	0.57

【例 10-3】 测定某试样中氯的含量时，4 次分析测定结果为 30.34%、30.16%、30.40%和 30.38%。若置信度为 90%，试用 Q 检验法判断 30.16%是否应该弃舍？

解： 将测定值由小到大排列：30.16%、30.34%、30.38%、30.40%

$$Q_{计算}=\frac{d}{R}=(30.34\%-30.16\%)/(30.40\%-30.16\%)=0.75$$

查表 10-2，在置信度为 90%时，当 $n=4$，$Q_{表}=0.76$，$Q_{计算}<Q_{表}$，因此，该数值不能弃舍。

10.3.2 平均值的置信区间

在日常分析中，实际测定次数总是有限的，总体平均值自然不为人们所知。通常总是把测定数据的平均值作为分析结果报出，但根据测得的少量数据得到的平均值总是带有一定的不确定性，它不能明确地说明测定的可靠性。在要求准确度较高的分析工作中，作出分析报告时，应同时指出结果真实值所在的范围，这一范围就称为置信区间；以及真实值落在这一范围的概率，称为置信度或置信水准，常用 P 表示。

图 10-2 中曲线各点的横坐标是$(x-\mu)$，其中 x 为单次测定值，μ 为总体平均值，在消除系统误差的前提下 μ 就是真实值，因此$(x-\mu)$即为误差。曲线上各点的纵坐标表示误差出现的频率，曲线与横坐标从$-\infty$到$+\infty$之间所包围的面积表示误差不同的测定值出现的概率的总和，设为 100%。由数学统计计算可知，真实值落在 $x\pm\sigma$，$x\pm2\sigma$ 和 $x\pm3\sigma$ 的概率分别为 68.3%，95.5%和 99.7%。也就是说，在 1000 次的测定中，只有三次测量值的误差大于$\pm3\sigma$。以上是对无限次的测定而言的。

对于有限次数的测定，真实值 μ 与平均值 $\bar{x}$ 之间有如下关系：

$$\mu = \bar{x} \pm \frac{ts}{\sqrt{n}} \tag{10-14}$$

式中 s 为标准偏差，n 为测定次数，t 为在选定的某一置信度下的概率系数，可根据测定次数从表 10－3 中查得。

表 10－3　不同测定次数及不同置信度下的 t 值

测定次数 n	置信度				
	50%	90%	95%	99%	99.5%
2	1.00	6.314	12.706	63.657	127.32
3	0.816	2.920	4.303	9.925	14.089
4	0.765	2.353	3.182	5.841	7.453
5	0.741	2.132	2.776	4.604	5.598
6	0.727	2.015	2.571	4.032	4.773
7	0.718	1.943	2.447	3.707	4.317
8	0.711	1.895	2.365	3.500	4.029
9	0.706	1.860	2.306	3.355	3.832
10	0.703	1.833	2.262	3.250	3.690
11	0.700	1.812	2.228	3.169	3.581
21	0.687	1.725	2.086	2.845	3.153
∞	0.674	1.645	1.960	2.576	2.807

式(10－14)表示，在一定置信度下，以测定结果的平均值 $\bar{x}$ 为中心，包括总体平均值 μ 的范围，称为平均值的置信区间。

【例 10－4】 分析铁矿石中铁的含量，结果的平均值 $\bar{x}=35.21\%$，$s=0.06\%$。计算：

（1）若测定次数 $n=4$，置信度分别为 95%和 99%时，平均值的置信区间。

（2）若测定次数 $n=6$，置信度为 95%时，平均值的置信区间。

解：（1）$n=4$，置信度为 95%时，$t_{95\%}=3.18$

$$\mu = \bar{x} \pm \frac{ts}{\sqrt{n}} = (35.21 \pm 0.10)\%$$

置信度为 99%时，$t_{99\%}=5.84$

$$\mu = \bar{x} \pm \frac{ts}{\sqrt{n}} = (35.21 \pm 0.18)\%$$

（2）$n=6$，置信度为 95%时，$t_{95\%}=2.57$

$$\mu = \bar{x} \pm \frac{ts}{\sqrt{n}} = (35.21 \pm 0.06)\%$$

由上面计算可知，在相同测定次数下，随着置信度由 95%提高到 99%，平均值的置信区间将从(35.21±0.10)%扩大至(35.21±0.18)%；另外，在一定置信度下，增加平行测定次数可使置信区间缩小，说明测量的平均值更接近总体平均值。

从 t 值表中还可以看出，当测量次数 n 增大时，t 值减小；当测定次数为 20 次以上到测定次数为∞时，t 值相近，这表明当 $n>20$ 时，再增加测定次数对提高测定结果的准确度已经没有什么意义。因此只有在一定的测定次数范围内，分析数据的可靠性才随平行测定次数的增多而增加。

10.3.3 分析结果的数据处理与报告

在实际工作中，必须对试样进行多次平行测定($n \geqslant 3$)，然后进行统计处理并写出分析报告。

例如测定某矿石中铁的含量时，获得如下数据：79.58%、79.45%、79.47%、79.50%、79.62%、79.38%、79.90%。若置信度 $P=90\%$，根据数据统计处理过程做如下处理。

(1) 用 Q 检验法检验有无可疑值舍弃。79.90 偏差较大：

$$Q=\frac{(79.90-79.62)}{(79.90-79.38)}=0.54$$

测定 7 次，置信度 $P=90\%$，则 $Q_{表}=0.51$，

因为 $Q_{计算}>Q_{表}$，故 79.90%应该舍去。

(2) 根据所有保留值，求出平均值 $\bar{x}$。

$$\bar{x}=(79.58\%+79.45\%+79.47\%+79.50\%+79.62\%+79.38\%)/6=79.50\%$$

(3) 求平均偏差。

$$\bar{d}=(0.08\%+0.05\%+0.03\%+0\%+0.12\%+0.12\%)/6=0.07\%$$

(4) 求相对平均偏差。

$$d_r=\frac{\bar{d}}{\bar{x}}\times100\%=\frac{0.07\%}{79.50\%}\times100\%=0.09\%$$

(5) 求标准偏差 s。

$$s=\sqrt{\frac{(0.08\%)^2+(0.05\%)^2+(0.03\%)^2+(0.12\%)^2+(0.12\%)^2}{6-1}}=0.09\%$$

(6) 求相对标准偏差。

$$CV=\frac{s}{\bar{x}}\times100\%=\frac{0.09\%}{79.50\%}\times100\%=0.11\%$$

(7) 求置信度为 90%、$n=6$ 时，平均值的置信区间。

查表得：$t=2.015$(概率系数)

$$\mu=(79.50\pm\frac{2.015\times0.09}{\sqrt{6}})\%=(79.50\pm0.07)\%$$

10.4 有效数字的修约及其运算规则

10.4.1 有效数字及其位数

所谓有效数字，就是实验中测得的数据或由这些数据计算而得到的数据。因此，有效

数字与实验过程所使用的仪器精度有关，有效数字的位数取决于仪器的准确度，有效数字只有最后一位是可疑的。例如：用分析天平称取某试样的质量为 0.5100g，数字的最后一位是估读出来的，是可疑数字，可能有上、下一个单位的误差，即实际质量在(0.5100±0.0001)g 范围内，其相对误差为

$$\frac{\pm 0.0001}{0.51}\times 100\%=\pm 0.02\%$$

若将上述称量结果写成 0.510g，则表明试样的实际质量在(0.510±0.001)g 范围内，其相对误差为

$$\frac{\pm 0.001}{0.51}\times 100\%=\pm 0.2\%$$

可见，在记录测定数据时，数字最后的“0”写与不写，所表示的测量精确度是不同的。又如，量取溶液的体积记录为 25mL 和 25.00mL，意义完全不同。前者表示的是用一般量筒量取的，而后者则表示的是用移液管量取的，前者的误差为±1mL，而后者的误差为±0.01mL。

有效数字的位数取决于最左边非零数字以后的数字位数。这个数字有几位，有效数字的位数就是几位。例如：

1.0001	5 位	0.0040	2 位
0.0123	3 位	1.330×10^4	4 位

注意：以“0”结尾的整数，如 1200，其有效数字位数是含糊不清的，应采用指数形式表示有效数字的位数。如为 2 位有效数字，可写成 1.2×10^3；若为 3 位有效数字，可写成 1.20×10^3；若为 4 位有效数字，则写成 1.200×10^3。

在实验的处理中常遇到分数、倍数和常数等数据(如 $\frac{1}{2}$、1000、π 等)，这些数不是测量得到的，其位数需要几位就写几位。而对 pH、pM、lgK 等对数值，其有效数字的位数取决于小数部分数字的位数，因其整数部分只代表科学记数法中 10 的方次。如 pH=12.20，有效数字的位数为 2 位，而 pH=12.020，其有效数字的位数为 3 位。如将 pH 换算成 H^+ 浓度，则应分别写为 $6.3\times 10^{-13}\,mol\cdot L^{-1}$ 和 $9.55\times 10^{-13}\,mol\cdot L^{-1}$。

10.4.2 有效数字的运算规则

1. 有效数字的修约

在有效数字的运算过程中，必须根据各步的测量精度及有效数字的计算规则，对有效数字的位数进行合理的取舍，这个过程称为有效数字的修约。有效数字的修约规则多采用“四舍六入五留双”。即当要修约的数字≤4 时，该数字舍去；当要修约的数字≥6 时，进位；当要修约的数字等于 5，且其后面的数字均为 0，若其前一位数字为偶数，则将其舍去，否则进位；若要修约的 5 后面还有不为零的任何数，无论 5 前面的数是奇数还是偶数，皆进位。

根据上述规则，将下列数据修约为四位有效数字：

0.727646 → 0.7276

0.47366 → 0.4737

11.2350 → 11.24

11.2450 → 11.24

11.24501 → 11.25

注意：在进行数字的修约时，必须一次修约到所需要的位数，不能分次修约。例如，将 3.5481 修约为 2 位有效数字，不能先修约为 3.55，再修约为 3.6，而应该一次修约为 3.5。

2. 有效数字的运算规则

1）加减法

几个数据相加或相减时，它们的和或差的有效数字的位数，应以小数点后位数最少的数字为依据，即取决于绝对误差最大的那个数字。

例如：将 0.0221，1.05766，25.63 三个数字相加时，先确定有效数字保留的位数，按“四舍六入五留双”的原则修约各有效数字，然后再进行加减计算。其运算结果为

$$0.0221+1.05766+25.63=0.02+1.06+25.63=26.71$$

2）乘除法

几个数据相乘除时，它们的积或商的有效数字位数，通常以有效数字位数最少的那个数字为基准，即结果的有效数字位数取决于相对误差最大的那个数字。例如：

$$0.0221\times1.05766\times25.63$$

设三个数的最后一位数字都有±1 的绝对误差，则它们的相对误差分别为

$(\pm0.0001/0.0221)\times100\%=\pm0.5\%$

$(\pm0.00001/1.05766)\times100\%=\pm0.0009\%$

$(\pm0.01/25.63)\times100\%=\pm0.04\%$

其中 0.0221 的相对误差最大，有效数字的位数最少，为 3 位，应以此为基准，用“四舍六入五留双”的原则修约其他两个数值，然后相乘，即

$$0.0221\times1.05766\times25.63=0.0221\times1.06\times25.6=0.600$$

在有效数据的乘除运算中，常会遇到首位数≥8 的数据，在修约这些数据时，可多算一位有效数字。如 0.0885、9.01 等，在计算过程中可认为是 4 位有效数字。

在使用计算器作连续运算时，运算过程中不必对每一步的计算结果进行修约，但最后结果的有效数字位数必须按照以上规则正确地取舍。

对于高含量(大于 10%)组分的测定，一般要求测定结果有 4 位有效数字；对于中含量(1%～10%)组分的测定，一般要求有 3 位有效数字；对于微量(小于 1%)组分的测定，一般要求 2 位有效数字。通常以此为标准，报出测定结果。

综合练习

一、思考题

1. 如何提高分析结果的准确度？

2. 下列情况会引起什么误差？若为系统误差，应如何减免或消除？

（1）天平砝码被腐蚀。

（2）称量试样时吸收了水分。

（3）以失去部分结晶水的硼砂为基准物，标定 HCl 溶液的浓度。

(4) 试剂中含有微量待测组分。

(5) 重量法测 SiO_2 时，试样中硅酸沉淀不完全。

(6) 称量开始时天平零点未调。

(7) 滴定管读数时，最后一位估读不准。

(8) 用 NaOH 滴定 HAc，选酚酞为指示剂确定终点颜色时稍有出入。

(9) 配制标准溶液时，溶解基准物时溶液溅失。

(10) 高锰酸钾法测钙，过滤时沉淀穿滤。

3. 某同学测定食盐中氯的含量时，实验记录如下：在万分之一分析天平上称取 0.021085g 样品，用沉淀滴定法中的莫尔法滴定，用去 0.0973mol·L^{-1} $AgNO_3$ 标准溶液 3.5735mL，请指出其中的错误？如何才能提高测定的准确度？若称样量扩大 10 倍，请合理修约有效数字并运算，求 $w(Cl)$。

4. 为什么评价定量分析结果的优劣应从精密度和准确度两个方面衡量？两者是什么关系？它们与系统误差、随机误差有何关系？

5. 何谓平均值的置信区间？置信度与置信区间有何关系？置信度越高越好吗？

6. 某人用一个新的分析方法测定了一个标准样品，得到下列数据(%)：80.00、80.15、80.16、80.18、80.20。求：①检验是否有可疑值舍弃(置信度 $P=95\%$)；②计算测定结果的平均值、平均偏差、相对平均偏差、标准偏差和相对标准偏差；③当置信度 P 为 95%时的平均值的置信区间。

二、练习题

1. 选择题

(1) 属于随机误差的是(　　)。

(A) 滴定终点与化学计量点不一致

(B) 把滴定管的读数 22.45 读成 22.46

(C) 用纯度为 98%的 $CaCO_3$ 标定 EDTA 标准溶液的浓度

(D) 称量时把 1g 的砝码看成 2g

(2) 可以减少分析测试中随机误差的措施是(　　)。

(A) 增加平行测定次数　　(B) 进行方法校正

(C) 进行空白试验　　(D) 进行仪器校正

(3) 从精密度好就可以断定分析结果可靠的前提是(　　)。

(A) 随机误差小　　(B) 系统误差小

(C) 平均偏差小　　(D) 标准偏差小

(4) 下列各数中有效数字位数为四位的是(　　)。

(A) 0.0001　　(B) $c(H^+)=0.0235$ mol·L^{-1}

(C) pH=4.462　　(D) CaO%=25.30

(5) 在定量分析中，精密度与准确度之间的关系是(　　)。

(A) 精密度高，准确度必然高

(B) 准确度高，精密度不一定就高

(C) 精密度是保证准确度的前提

(D) 准确度是保证精密度的前提

(6) 定量分析工作要求测定结果的误差(　　)。

(A) 等于零　(B) 没有要求

(C) 略大于允许误差　(D) 在允许误差范围之内

(7) 以下各项措施中，可消除分析测试中的系统误差的是(　　)。

(A) 增加测定次数　(B) 增加称样量

(C) 做对照试验　(D) 提高分析人员水平

(8) 用 25mL 移液管移出的溶液体积应记为(　　)。

(A) 25mL　(B) 25.0mL

(C) 25.00mL　(D) 25.000mL

(9) 某食品中有机酸的 $K_a^{\ominus}$ 值为 4.5×10^{-13}，其 p$K_a^{\ominus}$ 为(　　)。

(A) 12.35　(B) 12.3　(C) 12.347　(D) 12.3468

(10) 滴定分析法要求相对误差为±0.1%，若使用灵敏度为 0.1mg 的天平称取试样时，至少应称取(　　)。

(A) 0.1g　(B) 0.2g　(C) 0.05g　(D) 1.0g

(11) 某试样含 Fe^{2+} 的质量分数的平均值的置信区间为 36.45%±0.10%(置信度为 90%)，对此结果应理解为(　　)。

(A) 有 90%的测定结果落在 36.35%～36.55%范围内

(B) 总体平均值 μ 落在此区间的概率为 90%

(C) 若再做一次测定，落在此区间的概率为 90%

(D) 在此区间内，包括总体平均值 μ 的把握为 90%

2. 填空题

(1) 分析测试数据中随机误差的特点是：大小相同的正负误差出现的概率________，大误差出现的概率________，小误差出现的概率________。

(2) 下列情况属于系统误差还是随机误差：

① 天平称量时最后一位读数估计不准________。

② 终点与化学计量点不符合________。

③ 砝码腐蚀________。

④ 试剂中有干扰离子________。

⑤ 称量试样时吸收了空气中的水分________。

⑥ 重量法测定水泥中 SiO_2 含量时，试样中的硅酸沉淀不完全________。

⑦ 滴定管读数时，最后一位估计不准________。

⑧ 用含量为 99%的硼砂作为基准物质标定 HCl 溶液的浓度________。

(3) 平行四次测定某溶液的物质的量浓度，结果分别为($mol\cdot L^{-1}$)：0.2041、0.2049、0.2039、0.2043，其平均值 $\bar{x}$ =________，平均偏差 $\bar{d}$ =________，标准偏差 s=________，相对标准偏差为________。

(4) 滴定管的读数误差为±0.01mL，则在一次滴定中的绝对测量误差为________ mL，要使滴定误差不大于 0.1%，滴定剂的体积至少应该________ mL。

(5) 置信度一定时，增加测定次数，则置信区间变________；而测定次数不变时，置信度提高，则置信区间变________。

(6) 在处理实验数据过程中采用“________”规则进行有效数字的修约。

(7) 测定饲料中淀粉含量，数据为：20.01%、20.03%、20.04%、20.05%。则其平均值为________；平均偏差为________；相对平均偏差为________；极差为________；相对极差为________。

(8) 25.5508 有________位有效数字，若保留 3 位有效数字，应按________的原则修约为________，计算下式［0.1001×(25.4508－21.52)×246.43］/(2.0359×1000) 的结果为________。

(9) 总体平均值 μ 是当测定次数为________时各测定值的________值，若没有________误差，总体平均值就是________值。

(10) 对某 NaOH 溶液浓度测定 4 次，其结果($mol \cdot L^{-1}$)为：0.2043、0.2039、0.2049、0.2041。则平均值 $\bar{x}$ 为________；平均偏差 $\bar{d}$ 为________；标准偏差 s 为________；相对标准偏差为________。由结果可知，同一组测量值的标准偏差比平均偏差值________，说明用标准偏差更能反映出________。

3. 已知分析天平称量的绝对误差为±0.1mg，若要求分析结果的准确度达到 0.1%，问至少应该用分析天平称取多少克试样？

4. 用邻苯二甲酸氢钾标定 NaOH 标准溶液的浓度，四次平行测定结果为($mol \cdot L^{-1}$)：0.1014、0.1016、0.1025、0.1012，试用 Q 检验法判断 0.1025 能否弃去。(置信度为 90%)

5. 测某铵盐中氮的质量分数 6 次测定结果分别为：21.32%、21.60%、21.28%、21.70%、21.30%、21.56%。试计算平均值、平均偏差、相对平均偏差、极差、标准偏差和相对标准偏差。

6. 依有效数字计算法则计算下列各式：

(1) 7.9936÷0.9967－5.02＝？

(2) 0.0325×5.103×60.06÷139.8＝？

(3) $1.276\times4.17+1.7\times10^{-4}-0.0021764\times0.0121$＝？

(4) pH＝1.05，求［H^+］＝？

7. 分析血清中钾的含量，5 次测定结果分别为($mg \cdot mL^{-1}$)：0.160、0.152、0.154、0.156、0.153。计算置信度为 95%时，平均值的置信区间。

第11章 滴定分析

教学目标

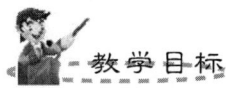

(1) 掌握滴定分析基本原理，了解反应完全程度对终点误差的影响，了解滴定分析对化学反应的要求与常见的滴定方式，掌握有关滴定分析的计算方法。

(2) 掌握酸碱滴定原理。理解各种酸碱滴定的滴定曲线及指示剂的选择原则。了解影响滴定突跃范围的因素，掌握弱酸弱碱能被准确滴定的条件，以及多元酸、碱能被准确滴定及分步滴定的条件。

(3) 掌握莫尔法、佛尔哈德法和法扬斯法的原理、指示剂以及重要应用。

(4) 理解条件稳定常数概念以及酸效应对稳定常数的影响；掌握配位滴定原理及指示剂的选择；掌握单一离子的滴定条件及多个离子连续滴定的条件。

(5) 掌握常用氧化还原指示剂的类型及指示终点的原理。掌握重要的氧化还原滴定法(高锰酸钾法、重铬酸钾法和碘量法)的基本原理和应用。

11.1 滴定分析法概述

11.1.1 滴定分析法的过程和分类

滴定分析法也称容量分析法，是最常用的定量分析法。在滴定分析时，一般先将试样配成溶液并置于一定的容器中(通常为锥形瓶)，用一种已知准确浓度的溶液(标准溶液，也称滴定剂)通过滴定管逐滴地滴加到被测物质的溶液中，直至所加溶液物质的量与被测物质的量按化学计量关系恰好反应完全，然后根据所加标准溶液的浓度和所消耗的体积，计算出被测物质含量。

通过滴定管滴加滴定剂的操作过程称为滴定。所加标准溶液与被测物质恰好完全反应的这一点称为化学计量点。在滴定过程中，化学计量点到达时往往没有明显的外部特征，因此一般都需要加入指示剂，利用指示剂的颜色变化来判断，指示剂颜色突变时停止滴定，因此这一点称为滴定终点。滴定终点与化学计量点不一定恰好一致，往往存在一定的差别，这一差别称为滴定误差或称终点误差。

滴定分析是以化学反应为基础的，根据化学反应的类型不同，滴定分析法一般可分为下列 4 种：

（1）酸碱滴定法：以酸碱中和反应为基础的滴定分析法，称为酸碱滴定法，也称中和滴定法。

（2）沉淀滴定法：以沉淀反应为基础的滴定分析法称为沉淀滴定法，如银量法，其反应可表示为

$$Ag^{+} + X^{-} \xlongequal{} AgX \downarrow$$

（3）氧化还原滴定法：以氧化还原反应为基础的滴定分析法称为氧化还原滴定法，根据标准溶液的不同，氧化还原滴定法分为高锰酸钾法、重铬酸钾法和碘量法等。

（4）配位滴定法：以配位反应为基础的滴定分析法称为配位滴定法，如用 EDTA 作滴定剂，与金属离子的配合反应可表示为：

$$M^{z+} + Y^{4-} \xlongequal{} [MY]^{z-4}$$

11.1.2 滴定分析法对化学反应的要求

滴定分析法虽然能利用各种类型的反应，但并不是所有的化学反应都可以用来进行滴定分析。用于滴定分析的化学反应必须具备下列条件：

（1）反应必须定量地完成，即按一定的化学反应方程式进行，无副反应发生，而且反应完全程度达到 99.9%以上。

（2）反应速率要快。对于速率慢的反应，应采取适当措施来提高反应速率，如加热、加催化剂等。

（3）要有适当的指示剂或仪器分析方法来确定滴定的终点。

11.1.3 滴定方式

常用滴定方式有直接滴定法、返滴定法、置换滴定法和间接滴定法。

（1）直接滴定法：凡能满足滴定分析条件的反应，都可采用直接滴定法，即用标准溶液直接滴定被测物质的溶液。例如，用氢氧化钠标准溶液直接滴定盐酸溶液。直接滴定法是滴定分析中最常用和最基本的滴定方法。

（2）返滴定法：当反应速率较慢或反应物为固体时，被测物质中加入符合化学计量关系的滴定剂后，反应往往不能立即完成。在此情况下，可在被测物质中先加入一定量过量的滴定剂，待反应完成后，再用另一种标准溶液滴定剩余的滴定剂，这种方法称为返滴定法，也称剩余滴定法。例如，用 EDTA 标准溶液测定 Al^{3+} 时，Al^{3+} 与 EDTA 配位反应的速率很慢，不能用 EDTA 标准溶液直接滴定，可在 Al^{3+} 溶液中先加入一定量过量的 EDTA 标准溶液并将溶液加热煮沸，待 Al^{3+} 与 EDTA 完全反应后，再用 Zn^{2+} 标准溶液返滴定剩余的 EDTA。

（3）置换滴定法：若被测物质与滴定剂的反应不按一定的反应式进行或伴有副反应时，不能采用直接滴定法。可以先用适当的试剂与被测物质反应，使被测物质定量地置换成另外一种物质，再用标准溶液滴定这一物质，从而求出被测物质的含量，这种方法称为

置换滴定法。例如，用 $K_2Cr_2O_7$ 标定 $Na_2S_2O_3$ 的浓度时，不能采用直接滴定法，因为在酸性介质中，$K_2Cr_2O_7$ 不仅将 $Na_2S_2O_3$ 氧化为 $Na_2S_4O_6$，还有一部分 $Na_2S_2O_3$ 被氧化为 Na_2SO_4，$Na_2S_2O_3$ 与 $K_2Cr_2O_7$ 的反应没有一定的计量关系。但是，如果在 $K_2Cr_2O_7$ 的酸性介质中加入过量的 KI，$K_2Cr_2O_7$ 与 KI 定量反应生成 I_2，再用 $Na_2S_2O_3$ 来滴定生成的 I_2。

(4) 间接滴定法：有些被测物质不能直接与滴定剂起反应，可以利用间接反应使其转化为可被滴定的物质，再用滴定剂滴定所生成的物质，这种滴定方法称为间接滴定法。例如，用 $KMnO_4$ 标准溶液不能直接滴定 Ca^{2+}，可先将 Ca^{2+} 沉淀为 CaC_2O_4。用 H_2SO_4 溶解，再用 $KMnO_4$ 标准溶液滴定 $C_2O_4^{2-}$，从而间接测定 Ca^{2+}。

11.1.4 标准溶液和基准物质

标准溶液就是指已知准确浓度的溶液。在滴定分析中，不论采用哪种滴定方式，都离不开标准溶液，都是利用标准溶液的浓度和用量来计算待测组分的含量。因此，在滴定分析中，必须正确地配制标准溶液和准确地标定标准溶液的浓度。

1. 基准物质

能用于直接配制标准溶液的物质称为基准物质。作为基准物质必须具备下列条件：

(1) 物质的组成与化学式完全相符，若含结晶水，其含量也应与化学式相符。

(2) 物质的纯度足够高，一般要求其纯度在 99.9%以上。

(3) 性质稳定，在保存或称量过程中其组成不变，如不易吸水、不吸收 CO_2、不被空气中 O_2 氧化等。

(4) 试剂最好具有较大的摩尔质量，这样可减小称量误差。

常用的基准物质有 $Na_2B_4O_7 \cdot 10H_2O$、Na_2CO_3、邻苯二甲酸氢钾、$H_2C_2O_4 \cdot 2H_2O$、$K_2Cr_2O_7$、$CaCO_3$、$Na_2C_2O_4$、KIO_3、ZnO、NaCl、Zn、Cu 等。

2. 标准溶液的配制

标准溶液的配制可分为直接配制法和间接配制法。

(1) 直接配制法。准确称取一定质量的基准物质，溶于水后定量转入容量瓶中定容，然后根据所称物质的质量和定容的体积计算出该标准溶液的准确浓度。例如，准确称取 1.226g 基准物质 $K_2Cr_2O_7$，用水溶解后，置于 250mL 的容量瓶中，加水稀释至刻度，即得 0.01667 $mol \cdot L^{-1}$的 $K_2Cr_2O_7$ 标准溶液。

(2) 间接配制法。许多化学试剂由于纯度或稳定性较差等原因，不能直接配制成标准溶液。可先将它们配制成近似浓度的溶液，然后再用基准物质或已知准确浓度的标准溶液来标定该标准溶液的准确浓度，这种配制标准溶液的方法称为间接配制法，也称标定法。如欲配制准确浓度为 0.1 $mol \cdot L^{-1}$的 NaOH 标准溶液，可先在托盘天平上称取 4gNaOH 晶体，用去离子水将其溶解后，稀释至 1L 左右，然后用基准物质如邻苯二甲酸氢钾或已知浓度的 HCl 标准溶液标定其准确浓度。

3. 标准溶液浓度的表示方法

(1) 物质的量浓度。物质的量浓度是最常用的表示方法。标准物质 B 的物质的量的浓度可按下式计算：

$$c_B = n_B / V \tag{11-1}$$

式中 n_B 为物质 B 的物质的量，V 为标准溶液的体积。

(2) 滴定度。在生产单位的例行分析中，为了简化计算常用滴定度来表示标准溶液的浓度。滴定度(T)是指每毫升标准溶液相当于被测物质的质量，常用 $T_{待测物/滴定剂}$ 表示，单位为 $g \cdot mL^{-1}$。如 $T_{Fe/K_2Cr_2O_7} = 0.005135\ g \cdot mL^{-1}$，表示 1mL $K_2Cr_2O_7$ 标准溶液相当于 0.005135 g Fe，也就是说 1mL $K_2Cr_2O_7$ 标准溶液恰好能与 0.005135g Fe^{2+} 反应，如果在滴定中消耗该 $K_2Cr_2O_7$ 标准溶液 21.85mL，则被滴定溶液中含铁的质量为

$$m(Fe) = 0.005135 \times 21.85 = 0.1122g$$

滴定度的优点是根据所消耗的标准溶液的体积可以直接得到被测物质的质量，这在生产单位的批量分析中是很方便的。

11.1.5 滴定分析中的计算

计算依据：当两反应物作用完全时，参加反应的物质的量之间的关系恰好符合其化学反应式所表示的化学计量关系。

设被测物质 A 和滴定剂 B 之间的反应为

$$aA + bB = yY + zZ$$

在化学计量点时，有：

$$\frac{n_A}{n_B} = \frac{c_A V_A}{c_B V_B} = \frac{a}{b}$$

如果根据 B 溶液的浓度测定 A 溶液的浓度，则

$$c_A = \frac{a c_B V_B}{b V_A} \tag{11-2}$$

若称取试样的质量为 m_s，则被测组分 A 的质量分数为

$$w_A = \frac{m_A}{m_s} = \frac{\frac{a}{b} c_B V_B M_A}{m_s} \tag{11-3}$$

式(11-2)和式(11-3)是滴定分析计算中常用的两个公式。对于多步反应的滴定，仍可从各步反应中找出实际参加反应的物质的计量关系。

【例 11-1】 称取草酸($H_2C_2O_4 \cdot 2H_2O$) 0.3021 g，溶于水后，用 NaOH 滴定至终点时消耗 25.05 mL NaOH，计算 NaOH 溶液的浓度。

解： 此滴定的反应式为

$$H_2C_2O_4 + 2NaOH = Na_2C_2O_4 + 2H_2O$$

$$n(NaOH) : n(H_2C_2O_4) = 2 : 1$$

$$\begin{aligned} c(NaOH) &= \frac{n(NaOH)}{V(NaOH)} \\ &= \frac{2n(H_2C_2O_4 \cdot 2H_2O)}{V(NaOH)} \\ &= \frac{2m(H_2C_2O_4 \cdot 2H_2O)}{M(H_2C_2O_4 \cdot 2H_2O)V(NaOH)} \\ &= \frac{2 \times 0.3021}{126.1 \times 25.05 \times 10^{-3}} mol \cdot L^{-1} = 0.1913 mol \cdot L^{-1} \end{aligned}$$

【例 11-2】 求 0.1000 mol·L^{-1} NaOH 标准溶液对 $H_2C_2O_4$ 的滴定度。

解： NaOH 与 $H_2C_2O_4$ 的反应为

$$H_2C_2O_4 + 2NaOH = Na_2C_2O_4 + 2H_2O$$

根据滴定度的定义，NaOH 标准溶液对 $H_2C_2O_4$ 的滴定度为：1mLNaOH 标准溶液相当于 $H_2C_2O_4$ 的质量，即

$$\begin{aligned} T(H_2C_2O_4/NaOH) &= \frac{1}{2} \times \frac{c(NaOH)M(H_2C_2O_4)}{1000} \\ &= \frac{1}{2} \times \frac{0.1000 \times 90.04}{1000} \\ &= 0.004502\ g \cdot mL^{-1} \end{aligned}$$

11.2 酸碱滴定法

酸、碱或通过一定的化学反应能转化为酸、碱的物质，都有可能采用酸碱滴定法测定它们的含量。酸碱滴定法所依据的滴定反应实际上是酸、碱解离反应或水的质子自递反应的逆反应。例如，用 NaOH 标准溶液滴定 HAc 溶液，滴定反应为

$$HAc + OH^- \rightleftharpoons Ac^- + H_2O$$

再如用 NaOH 标准溶液滴定 HCl 溶液，滴定反应为

$$H^+ + OH^- \rightleftharpoons H_2O$$

这些滴定反应的平衡常数称为滴定反应常数，以 $K_t^{\ominus}$ 表示。例如前一个滴定反应：

$$K_t^{\ominus} = \frac{c(Ac^-)}{c(HAc) \cdot c(OH^-)} = \frac{1}{K_b^{\ominus}} = \frac{K_a^{\ominus}}{K_w^{\ominus}} = \frac{1.74 \times 10^{-5}}{1.0 \times 10^{-14}} = 1.74 \times 10^9$$

可见，酸碱滴定反应能否进行完全，或者说，酸碱能否被准确滴定主要取决于被滴定的酸或碱的解离常数 $K_a^{\ominus}$ 或 $K_b^{\ominus}$ 的大小。

11.2.1 酸碱滴定曲线

下面分别讨论几种常见的酸碱滴定类型。

1. 强碱滴定强酸（或强酸滴定强碱）

为了选择合适的指示剂，必须了解在滴定过程中 H^+ 浓度随滴定试剂加入量(或滴定分数)的变化关系。

1）酸碱滴定曲线与滴定突跃

酸碱滴定曲线是指滴定过程中溶液的 pH 随滴定剂体积变化的关系曲线。酸碱滴定曲线可以借助酸度计或其他分析仪器测得，也可以通过计算求得。在此，以 0.1000 mol·L^{-1} NaOH 标准溶液滴定 20.00mL 同浓度的 HCl 溶液为例，讨论强碱滴定强酸的滴定曲线。根据滴定过程中 pH 的变化情况，分为以下几个阶段进行计算。

(1) 滴定前，系统的酸度决定于酸的原始浓度。因为 $c(H^+) = 0.1000$ mol·L^{-1}，所以 pH=1.00。

(2) 滴定开始到化学计量点前，溶液的酸度主要决定于剩余酸的浓度。例如，当 NaOH 加入量为 19.98mL 时，HCl 剩余量为 0.02mL 未被作用，因此

$$c(H^+)=0.1000\times0.02/(19.98+20.00)=5.0\times10^{-5}\ mol\cdot L^{-1}$$

$$pH=4.30$$

(3) 到达化学计量点，由于是强碱滴定强酸，当两者完全作用时形成 NaCl 和 H_2O，此时 pH 为 7.00。

(4) 化学计量点后，若继续滴加 NaOH 溶液，这时形成了 NaCl - NaOH 体系，溶液的酸度取决于氢氧化钠的浓度，若 NaOH 的加入量为 20.02 mL，即过量 0.02mL，此时 pH 计算如下：

$$c(OH^-)=0.1000\times0.02/(20.00+20.02)=5.0\times10^{-5}\ mol\cdot L^{-1}$$

$$pOH=4.30$$

$$pH=14.00-4.30=9.70$$

若按以上方式进行较为详细的计算，就可以得到不同 NaOH 加入量时所对应溶液的 pH(见表 11 - 1)。以氢氧化钠溶液的加入量(mL)为横坐标，对应溶液 pH 为纵坐标作图，可以得到如图 11 - 1 所示的滴定曲线。

表 11 - 1　0.1000 mol·L^{-1}NaOH 溶液滴定 20.00 mL 同浓度 HCl 溶液

加入 NaOH 溶液的体积/mL	剩余 HCl 溶液的体积/mL	过量 NaOH 溶液的体积/mL	pH
0.00	20.00		1.00
18.00	2.00		2.28
19.80	0.20		3.30
19.98	0.02		4.30 (A) 突跃范围
20.00	0.00		7.00
20.02		0.02	9.70 (B)
20.20		0.20	10.70
22.00		2.00	11.68
40.00		20.00	12.52

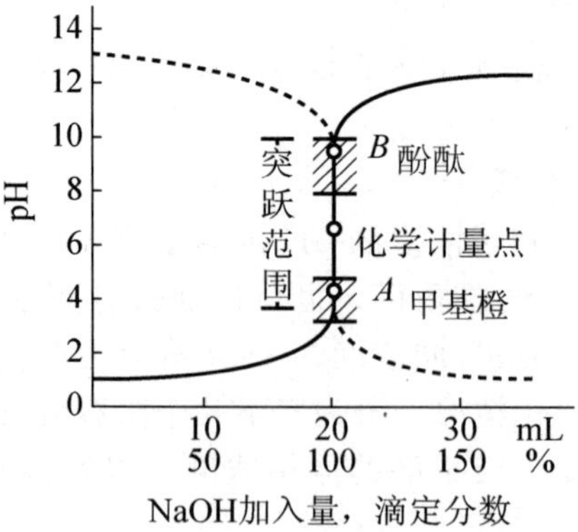

图 11 - 1　0.1000 mol·L^{-1}NaOH 溶液滴定 20.00 mL 同浓度 HCl 溶液的滴定曲线

从计算结果和滴定曲线可以看到，在化学计量点前后溶液 pH 发生剧烈变化。在 A 点，还剩 0.02mL HCl 溶液未反应，而 B 点滴定剂 NaOH 溶液仅过量 0.02mL，两点间 NaOH 溶液的加入量只相差 0.04mL。即相对于化学计量点而言，在 A 点 NaOH 还缺 0.1%，而 B 点 NaOH 仅过量 0.1%，但溶液的 pH 却从 4.30 突然上升至 9.70，增加了 5.4 个 pH 单位，滴定曲线呈现出几乎垂直的一段。化学计量点前后±0.1%范围内 pH 的急剧变化就称为酸碱滴定突跃，突跃所对应的 pH 变化范围称为滴定突跃范围。

若用 0.1000 mol・L^{-1} HCl 溶液滴定 20.00 mL 同浓度的 NaOH 溶液，其滴定曲线与上述曲线相互对称(图 11－1 中虚线)，但溶液 pH 变化方向相反。滴定突跃由 pH＝9.70 降至 pH＝4.30。

2）指示剂的选择

从上述实验可以看出，用 0.1000 mol・L^{-1} NaOH 滴定 20.00 mL 同浓度 HCl 溶液的化学计量点的 pH 为 7.00，滴定突跃范围为 4.30～9.70，只要变色范围在滴定突跃范围内的指示剂，如甲基红(pH 4.4～6.2)、溴百里酚蓝(pH 6.2～7.6)、苯酚红(pH 6.8～8.4)等，都可以正确地指示滴定终点。实际上，一些变色范围部分处于滴定突跃范围内的指示剂(如酚酞，变色范围为 pH 8～10)，也可以使用。

在这个滴定类型中，若用酚酞作指示剂，滴定到溶液从无色刚变为粉红色时停止，则溶液 pH 略大于 8.0，此时氢氧化钠溶液过量还不到 0.02mL，终点误差不大于 0.1%。在选择指示剂时，还应考虑所选择指示剂在滴定体系中的变色是否容易判断。例如，甲基橙的变色范围(pH 3.1～4.4)部分处于滴定突跃内，若用甲基橙作指示剂，颜色变化是从红到黄。由于人眼对红色中略带黄色不易察觉，因而甲基橙一般不用于碱滴酸，而常用于酸滴碱。

3）浓度对滴定突跃的影响

滴定突跃的大小还与溶液的浓度有关。如果溶液浓度改变，化学计量点时溶液的 pH 虽然不变，但滴定突跃范围却发生了变化。用不同浓度的 NaOH 溶液滴定不同浓度 HCl 溶液的滴定曲线如图 11－2 所示。由图可以看出，滴定体系的浓度越小，滴定突跃就越小，这样就使指示剂的选择受到一定限制。因此，浓度大小是影响滴定突跃的因素之一。除此之外，滴定突跃的大小还和酸碱本身的强弱有关。

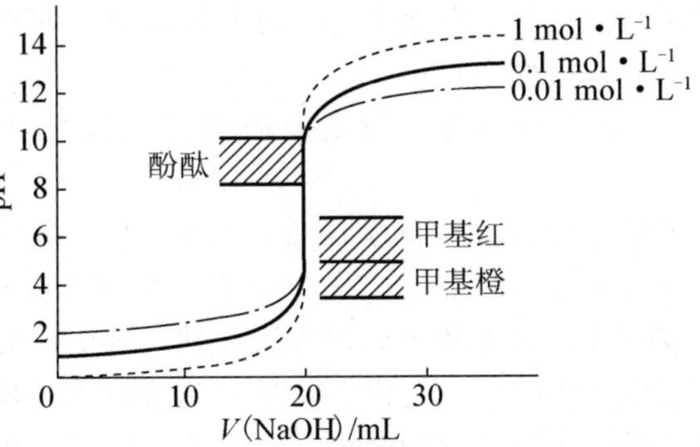

图 11－2　不同浓度的 NaOH 溶液滴定不同浓度 HCl 溶液的滴定曲线

2. 强碱滴定一元弱酸(或强酸滴定一元弱碱)

1）滴定曲线与指示剂

以 0.1000 mol・L^{-1} NaOH 滴定 20.00 mL 同浓度 HAc 为例，讨论强碱滴定一元弱酸

的滴定曲线和指示剂的选择。

滴定前，由于被滴定物质为一元弱酸，因此

$$c(H^+) = \sqrt{c_a K_a^\ominus} = \sqrt{0.1000 \times 1.8 \times 10^{-5}} = 1.3 \times 10^{-3} (mol \cdot L^{-1})$$

$$pH = 2.88$$

滴定开始到化学计量点前，由于产生 Ac^-，形成 $HAc - Ac^-$ 缓冲体系，根据

$$pH = pK_a^\ominus - \lg \frac{c_a}{c_b}$$

当加入 NaOH 19.98 mL 时：

$$pH = 4.76 - \lg \frac{0.1000 \times 0.02}{0.1000 \times 19.98} = 4.74 + 3.00 = 7.76$$

或

$$pH = 4.76 - \lg \frac{0.1\%}{99.9\%} = 4.74 + 3.00 = 7.76$$

化学计量点为 NaAc 溶液，Ac^- 为弱碱：

$$c(OH^-)_{sp} = \sqrt{c_{sp} K_b^\ominus} = \sqrt{5.00 \times 10^{-2} \times \frac{1.00 \times 10^{-14}}{1.74 \times 10^{-5}}}$$

$$= 5.36 \times 10^{-6} mol \cdot L^{-1} \quad pOH = 5.27$$

pH＝14.00－pOH＝14.00－5.27＝8.73，此时溶液已呈碱性。

化学计量点后，系统为 NaOH＋NaAc 溶液，溶液酸度主要由过量的 NaOH 浓度所决定，产生的 Ac^- 的水解可以忽略。例如，当过量 0.02mL NaOH 溶液时，pH＝9.70。

若对整个滴定过程逐一计算并作图，就能得到这一滴定类型的滴定曲线，如图 11－3 所示。由图可见，这种类型的滴定曲线与强酸滴定强碱类型的滴定曲线相比，具有以下特点：

(1) 滴定突跃明显减小。同样的滴定浓度，由于 HAc 是弱酸，滴定开始前溶液中氢离子浓度低，所以曲线起点高。滴定突跃只有约两个 pH 单位，即 pH＝7.76～9.70。从图 11－3 中还可以看出，被滴定的酸越弱，滴定突跃就越小，有些甚至没有明显的突跃。

(2) 化学计量点前曲线的转折不明显。主要原因是缓冲体系的形成。在滴定刚开始以及接近理论终点时，缓冲体系的作用较弱，pH 均上升较快，而在中间一段区域，由于较强的缓冲作用，使得 pH 上升较慢。

(3) 化学计量点时溶液不是中性，而是偏弱碱性，这主要是终点产物 NaAc 所造成的。

根据这种滴定类型的滴定突跃以及化学计量点时的 pH，显然只能选择那些在弱碱性区域内变色的指示剂，例如酚酞(pH 8.0～10.0)、百里酚蓝等(pH 8.0～9.6)。

对强酸滴定一元弱碱同样可以参照上面的方法处理，滴定曲线的特点和强碱滴定一元弱酸类似，但溶液 pH 变化方向相反，且化学计量点时溶液不是弱碱性，而是弱酸性，故选择在弱酸性区域内变色的指示剂，如甲基橙(pH 4.4～3.1)、甲基红(pH 6.2～4.4)等。

2) 准确滴定的判据

由于一般滴定是使用指示剂，靠人们的眼睛来判断终点，因此对于酸碱滴定来说，即使指示剂变色点和化学计量点完全一致，在确定终点时一般仍会有大约 0.3 个 pH 单位的不确定性。根据终点误差公式，若要使终点误差在允许的±0.1%之内，则要求

$$c \cdot K_a^\ominus \geq 10^{-8} \tag{11-4}$$

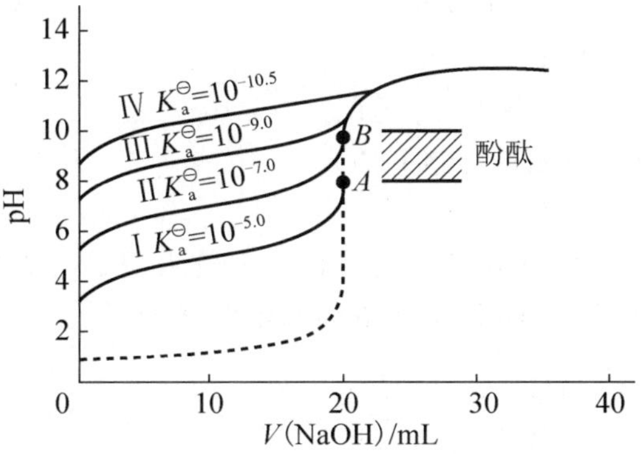

图 11－3　NaOH 溶液滴定不同弱酸溶液的滴定曲线

$$c \cdot K_b^{\ominus} \geqslant 10^{-8} \qquad (11-5)$$

式(11－4)、(11－5)分别是一元弱酸、弱碱能否被准确滴定的判据。

3. 多元酸、混酸及多元碱的滴定

1) 滴定条件

对于多元酸或碱，由于它们含有多个 H^+ 或 OH^-，而且在水中又是逐级解离的，因而首先应根据 $c_0 \cdot K_{a_n}^{\ominus} \geqslant 10^{-8}$ 或 $c_0 \cdot K_{b_n}^{\ominus} \geqslant 10^{-8}$ 判断各个 H^+ 或 OH^- 能否被准确滴定，然后根据 $\dfrac{K_{a_n}^{\ominus}}{K_{a_{n+1}}^{\ominus}} \geqslant 10^4$ 或 $\dfrac{K_{b_n}^{\ominus}}{K_{b_{n+1}}^{\ominus}} \geqslant 10^4$ (允许误差±1%)来判断能否实现分步滴定，再由终点 pH 选择合适的指示剂。

对于混合酸，强酸与弱酸混合的情况较为复杂，而两种弱酸(HA＋HB)混合的体系，同样先应分别判断它们能否被准确滴定，再根据 $\dfrac{c(HA) \cdot K_a^{\ominus}(HA)}{c(HB)K_a^{\ominus}(HB)} \geqslant 10^4$ 判断能否实现分别滴定。具体归纳如下：

(1) 多元酸和多元碱能否准确滴定的判据。

$$c_0 K_{a_n}^{\ominus} \geqslant 10^{-8} \qquad (11-6)$$

$$c_0 K_{b_n}^{\ominus} \geqslant 10^{-8} \qquad (11-7)$$

(2) 能否分步滴定 (允许误差±1%)的判据。

$$\frac{K_{a_n}^{\ominus}}{K_{a_{n+1}}^{\ominus}} \geqslant 10^4 \qquad (11-8)$$

$$\frac{K_{b_n}^{\ominus}}{K_{b_{n+1}}^{\ominus}} \geqslant 10^4 \qquad (11-9)$$

(3) 能否分别滴定(允许误差±1%)的判据。

$$\frac{c(HA) \cdot K_a^{\ominus}(HA)}{c(HB)K_a^{\ominus}(HB)} \geqslant 10^4 \qquad (11-10)$$

2) 应用示例

(1) 0.10 mol·L^{-1} NaOH 溶液滴定同浓度的 H_3PO_4 溶液。

H_3PO_4 在水中分三级解离：

$$H_3PO_4 \rightleftharpoons H^+ + H_2PO_4^- \qquad pK_{a_1}^{\ominus}=2.12$$

$$H_2PO_4^- \rightleftharpoons H^+ + HPO_4^{2-} \qquad pK_{a_2}^{\ominus} = 7.20$$
$$HPO_4^{2-} \rightleftharpoons H^+ + PO_4^{3-} \qquad pK_{a_3}^{\ominus} = 12.36$$

因为 $c_0K_{a_1}^{\ominus} > 10^{-8}$，$c_0K_{a_2}^{\ominus} \approx 10^{-8}$，$c_0K_{a_3}^{\ominus} << 10^{-8}$

所以直接滴定 H_3PO_4 只能进行到 HPO_4^{2-}。

又因为 $K_{a_1}^{\ominus} / K_{a_2}^{\ominus} > 10^4$，$K_{a_2}^{\ominus} / K_{a_3}^{\ominus} > 10^4$

所以 H_3PO_4、$H_2PO_4^-$ 可以分步滴定，有两个较为明显的滴定突跃，而 HPO_4^{2-} 不能准确被滴定。NaOH 溶液滴定 H_3PO_4 溶液的滴定曲线如图 11-4 所示。

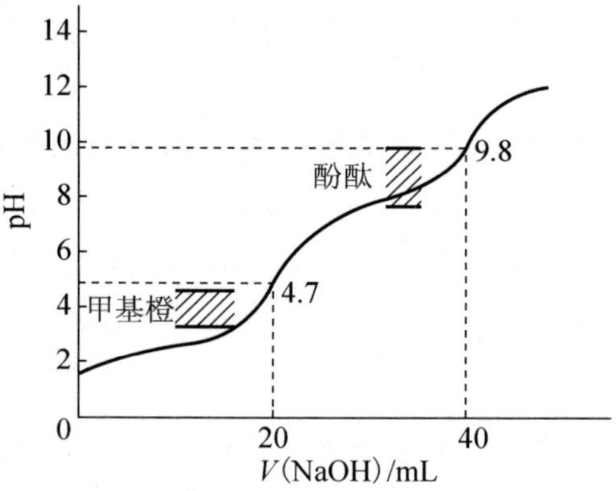

图 11-4　NaOH 溶液滴定 H_3PO_4 溶液的滴定曲线

第一化学计量点时主要产物为 NaH_2PO_4，溶液的 pH 可计算如下：

$$c(H^+)_{sp_1} = \sqrt{K_{a_1}^{\ominus}K_{a_2}^{\ominus}}$$

$$pH_{sp_1} = \frac{1}{2}(pK_{a_1}^{\ominus} + pK_{a_1}^{\ominus})$$

$$= 4.66$$

所以对于第一终点，一般可选择甲基橙为指示剂。

第二化学计量点时主要产物为 Na_2HPO_4，因此

$$c(H^+)_{sp_2} = \sqrt{K_{a_2}^{\ominus}K_{a_3}^{\ominus}}$$

$$pH_{sp_2} = \frac{1}{2}(pK_{a_2}^{\ominus} + pK_{a_3}^{\ominus})$$

$$= 9.78$$

所以对于第二终点，如果要求不高，可以选择酚酞(变色点 pH≈9)为指示剂，但最好用百里酚酞指示剂(变色点 pH≈10)。

必须说明的是，由于多元酸的中和存在交叉现象，所以第一化学计量点和第二化学计量点均不是真正的化学计量点，因此两个终点误差均较大。以上两个终点若采用混合指示剂可适当减小终点误差。

(2) 0.10 $mol \cdot L^{-1}$ HCl 溶液滴定同浓度的 Na_2CO_3 溶液。

能用强酸滴定的多元碱不多，其中最重要的是碳酸钠。

$$K_{b_1}^{\ominus} = K_w^{\ominus}/K_{a_2}^{\ominus} = 1.8 \times 10^{-4}$$
$$K_{b_2}^{\ominus} = K_w^{\ominus}/K_{a_1}^{\ominus} = 2.4 \times 10^{-8}$$

因为 $c_0K_{b_1}^{\ominus} > 10^{-8}$，$c_0K_{b_2}^{\ominus} \approx 10^{-8}$，$K_{b_1}^{\ominus} / K_{b_2}^{\ominus} \approx 10^4$

所以基本上能实现分步滴定。Na_2CO_3 的滴定曲线如图 11－5 所示。由于 $K_{b_1}^{\ominus}$ 与 $K_{b_2}^{\ominus}$ 相差不是太大，加之 HCO_3^- 的缓冲作用，使得第一个滴定突跃不太理想，而第二个滴定突跃较为明显。

第一化学计量点时形成 $NaHCO_3$，因此

$$pH_{sp_1} = \frac{1}{2}(pK_{a_1} + pK_{a_2}) = \frac{1}{2}(6.37 + 10.25) = 8.31$$

如果要求不高，可以选用酚酞为指示剂。若希望终点变色明显，可采用甲酚红和百里酚蓝混合指示剂。

第二化学计量点时形成 H_2CO_3 的饱和溶液，浓度约为 0.040 $mol \cdot L^{-1}$，这时多元酸可当作一元酸处理：

$$c(H^+)_{sp_2} = \sqrt{cK_{a_1}^{\ominus}}$$
$$pH_{sp_2} = 3.89$$

可选甲基橙为指示剂。但在滴定过程中生成的 H_2CO_3 转化为 CO_2 较慢，易形成 CO_2 的饱和溶液，使溶液酸度增大，终点过早出现。为避免此现象的发生，在滴定至终点时应剧烈摇动溶液，使 CO_2 尽快逸出。

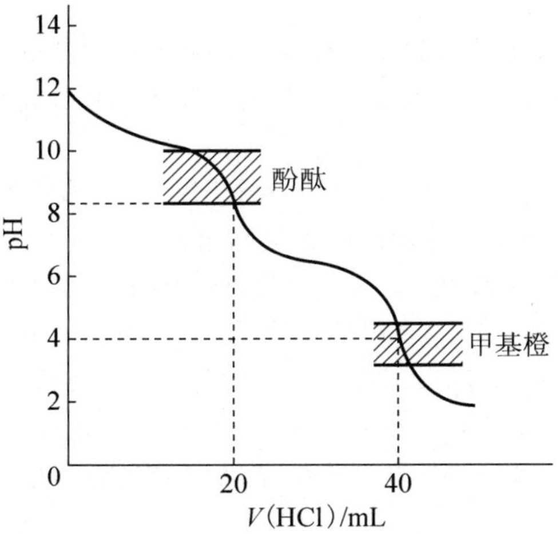

图 11－5　HCl 溶液滴定 Na_2CO_3 溶液的滴定曲线

11.2.2　酸碱标准溶液的配制和标定

酸碱滴定中最常用的标准溶液是 0.1 $mol \cdot L^{-1}$ 的盐酸溶液和 0.1 $mol \cdot L^{-1}$ 的氢氧化钠溶液。

1. 盐酸标准溶液

盐酸标准溶液是不能直接配制的，必须先配成接近所需浓度的溶液，然后用基准物质进行标定。常用的基准物质有无水碳酸钠和硼砂。

无水碳酸钠(Na_2CO_3)吸湿性强，因此使用前必须在 270～300℃ 干燥 1h，然后存放在干燥器中待用。注意，加热温度不能超过 300℃，否则部分碳酸钠会分解为氧化钠。标定时，采取甲基橙－靛蓝作为指示剂 [pH 4.4(绿色)～3.1(紫色)]。在要求不高时，也可以

用甲基橙为指示剂。标定反应为

$$Na_2CO_3 + 2HCl \xlongequal{} 2NaCl + CO_2\uparrow + H_2O$$

用碳酸钠标定盐酸的主要缺点是吸湿性强，摩尔质量较小，称量误差较大。

硼砂（$Na_2B_4O_7 \cdot 10H_2O$）作为基准物质的主要优点是摩尔质量大（$384.4\ g \cdot mol^{-1}$），称量误差小，且稳定，缺点是在空气中容易风化失去部分结晶水。硼砂水溶液实际上是同浓度的 H_3BO_3 和 $H_2BO_3^-$ 的混合液：

$$B_4O_7^{2-} + 5H_2O \xlongequal{} 2H_3BO_3 + 2H_2BO_3^-$$

H_3BO_3 是很弱的酸（$K_a^\ominus = 5.8\times10^{-10}$），而 $H_2BO_3^-$ 具有较强的碱性（$K_b^\ominus = 1.75\times10^{-5}$）。用盐酸滴定硼砂溶液的反应为

$$B_4O_7^{2-} + 2H^+ + 5H_2O \xlongequal{} 4H_3BO_3$$

到化学计量点时，若硼酸浓度为 $0.1000\ mol \cdot L^{-1}$，溶液 pH 可由下式计算得到

$$c(H^+)_{sp} = \sqrt{cK_a^\ominus} = \sqrt{0.1000\times5.8\times10^{-10}} = 7.6\times10^{-6}\ mol \cdot L^{-1}$$

$$pH = 5.12$$

可选用甲基红作指示剂［pH6.2(黄)～4.4(红)］。

2. 氢氧化钠标准溶液

氢氧化钠容易吸收空气中的水和二氧化碳，因此不能直接用于配制标准溶液，而是先配成接近所需浓度的溶液，然后进行标定。常用来标定氢氧化钠的基准物质有草酸、邻苯二甲酸氢钾等。

草酸（$H_2C_2O_4 \cdot 2H_2O$）是二元弱酸，$K_{a_1}^\ominus = 5.9\times10^{-2}$，$K_{a_2}^\ominus = 6.4\times10^{-5}$，$K_{a_1}^\ominus / K_{a_2}^\ominus < 10^4$，只能一次性滴定到草酸根，选用酚酞作为指示剂。

草酸稳定性高，在相对湿度为 50%～90%时不风化，也不吸水，可保存于密闭容器中，但其摩尔质量（$M = 126.07\ g \cdot mol^{-1}$）不大。为了减少称量误差，一般称取较多草酸配制成较大体积（如 250.0mL、500.0mL 等）的溶液，标定时移取部分溶液。

邻苯二甲酸氢钾（$KHC_8H_4O_4$）在空气中性质稳定，摩尔质量较大（$M = 204.2\ g \cdot mol^{-1}$），由于 $K_{a_2}^\ominus = 3.6\times10^{-6}$，所以它是标定碱液的良好基准物质。一般选用酚酞作为指示剂。

11.2.3 酸碱滴定应用举例

1. 直接法

工业纯碱、烧碱以及磷酸钠等产品大多数都是混合碱，它们的测定方法有很多种。例如纯碱，其组成形式可能是纯 Na_2CO_3，或 $Na_2CO_3 + NaOH$ 或 $Na_2CO_3 + NaHCO_3$ 的混合物，其组成及其相对含量可用直接酸碱滴定法（双指示剂法）测定，具体过程如下：

准确称取一定质量的试样，溶解后先以酚酞为指示剂，用 HCl 标准溶液滴定至粉红色消失（第一终点），设消耗 HCl 溶液的体积为 V_1（这时 NaOH 全部被中和，Na_2CO_3 被中和至 $NaHCO_3$）。反应式为

$$NaOH + HCl \xlongequal{} NaCl + H_2O$$

$$Na_2CO_3 + HCl \xlongequal{} NaHCO_3 + NaCl + H_2O$$

然后在此溶液中再加入甲基橙指示剂，继续用 HCl 溶液滴定至溶液由黄色变为橙色

（第二终点），设又消耗 HCl 溶液体积为 V_2，这是滴定 $NaHCO_3$ 所消耗的 HCl 溶液体积。反应式为

$$NaHCO_3 + HCl = CO_2\uparrow + NaCl + H_2O$$

根据 V_1 和 V_2 的相对大小，可以判断样品的组成，见表 11－2。

表 11－2　V_1 和 V_2 的相对大小与混合碱组成之间的关系

体积关系	$V_1=0, V_2\neq0$	$V_1\neq0$，$V_2=0$	$V_1=V_2$	$V_1>V_2$	$V_1<V_2$
存在的组分	$NaHCO_3$	NaOH	Na_2CO_3	$NaOH(V_1-V_2)+$ $Na_2CO_3(2V_2)$	$Na_2CO_3(2V_1)+$ $NaHCO_3(V_2-V_1)$

若混合碱的组成为 $NaOH+Na_2CO_3$，则

$$w(Na_2CO_3) = \frac{c(HCl)\cdot V_2\cdot M(Na_2CO_3)}{m_s}$$

$$w(NaOH) = \frac{c(HCl)\cdot (V_1-V_2)\cdot M(NaOH)}{m_s}$$

若混合碱的组成为 $Na_2CO_3+NaHCO_3$，则

$$w(Na_2CO_3) = \frac{c(HCl)\cdot V_1\cdot M(Na_2CO_3)}{m_s}$$

$$w(NaHCO_3) = \frac{c(HCl)\cdot (V_2-V_1)\cdot M(NaHCO_3)}{m_s}$$

【例 11－3】 某纯碱试样 0.8235g 溶于水后，以酚酞为指示剂，耗用 20.40 mL 0.2486mol·L^{-1} HCl 溶液。再以甲基橙为指示剂，继续用 0.2486 mol·L^{-1} HCl 滴定，共耗去 48.86mL。求试样中各组分的质量分数。

解： 根据已知条件，以酚酞为指示剂时，耗去 HCl 溶液的体积 $V_1=20.40$ mL，而用甲基橙为指示剂时，又消耗的 HCl 溶液的体积为 $V_2=48.86-20.40=28.46$ mL。$V_1<V_2$，试样为 $Na_2CO_3+NaHCO_3$ 的混合物，其中 V_1 用于将试样中的 Na_2CO_3 完全转化为 $NaHCO_3$，而 V_2 是滴定产生的以及原有的 $NaHCO_3$ 所消耗的 HCl 总体积。所以

$$w(Na_2CO_3) = \frac{c(HCl)\cdot V_1\cdot M(Na_2CO_3)}{m_s} = \frac{0.2486\times 20.40\times 10^{-3}\times 106.0}{0.8235} = 0.6528$$

$$w(NaHCO_3) = \frac{c(HCl)\cdot (V_2-V_1)\cdot M(NaHCO_3)}{m_s} = \frac{0.2486\times (28.46-20.40)\times 10^{-3}\times 84.01}{0.8235} = 0.2044$$

此例就是混合碱测定中的双指示剂法。

混合碱组成测定的另一种方法为 $BaCl_2$ 法。例如含有 NaOH 和 Na_2CO_3 的试样，可以取两份试液分别做下面的测定：第一份用甲基橙作为指示剂，用 HCl 溶液滴定混合碱的总量；另一份加入过量的 $BaCl_2$ 溶液，使 Na_2CO_3 生成 $BaCO_3$ 沉淀，然后以酚酞作为指示剂，用 HCl 溶液滴定 NaOH，这样就能求得 NaOH 和 Na_2CO_3 的含量。

2. 间接法

许多不能满足直接滴定条件的酸碱物质，如 NH_4^+、ZnO、$Al_2(SO_4)_3$ 以及许多有机

物，都可以考虑采用间接法测定。

例如一些含氮有机物质(如含蛋白质的食品、饲料以及生物碱等)，可通过化学反应将有机氮转化为NH_4^+，再依NH_4^+的蒸馏法进行测定，这种方法称为凯氏(Kjeldahl)定氮法。

测定时将试样与浓H_2SO_4共煮，进行消化分解，并加入K_2SO_4以提高沸点，促进分解过程，使所含的氮在$CuSO_4$或汞盐催化下成为NH_4^+：

$$CuSO_4C_mH_nN \xrightarrow{\text{浓 } H_2SO_4\text{，}K_2SO_4} CO_2\uparrow + H_2O + NH_4^+$$

溶液以过量的NaOH碱化后，再以蒸馏法测定。

【例 11-4】 将1.023 g黄豆用浓硫酸进行消化处理，得到被测试液，在该试液中加入过量的NaOH溶液，将释放出来的NH_3用50.00mL 0.3258mol·L^{-1}的HCl溶液吸收，多余的盐酸采取甲基橙指示剂，以29.80 mL 0.3019 mol·L^{-1} NaOH滴定至终点。计算黄豆中氮的质量分数。

解：

$$w(N) = \frac{[c(HCl)\cdot V(HCl) - c(NaOH)\cdot V(NaOH)]M(N)}{m_s}$$

$$= \frac{(0.3258\times 50.00 - 0.3019\times 29.80)\times 10^{-3}\times 14.01}{1.023}$$

$$= 0.09988$$

11.3 沉淀滴定法

11.3.1 概述

沉淀滴定法是以沉淀反应为基础的滴定分析方法。沉淀反应虽然众多，但只有符合下列条件的反应才能用于滴定分析：

(1) 反应的完全程度高，达到平衡的速率快，不易形成过饱和溶液。

(2) 沉淀的组成恒定，溶解度小，在沉淀过程中也不易发生共沉淀现象。

(3) 有较简单的方法确定滴定终点。

由于上述条件的限制，能用于滴定分析的沉淀反应并不多，目前应用较多的是生成难溶性银盐的反应：

$$Ag^+ + X^- \xlongequal{} AgX\downarrow$$

这里X^-可以是Cl^-、Br^-、I^-、CN^-和SCN^-等离子。以这类反应为基础的沉淀滴定法称为银量法。用银量法可以测定Cl^-、Br^-、I^-、CN^-、SCN^-和Ag^+等离子，也可测定经处理后能定量地产生这些离子的有机物。此外，$K_4[Fe(CN)_6]$与Zn^{2+}、Ba^{2+}(Pb^{2+})与SO_4^{2-}、Hg^{2+}与S^{2-}、$NaB(C_6H_5)_4$与K^+等形成沉淀的反应也可用于滴定，但其实际应用不及银量法普遍。

本节将着重讨论银量法。

11.3.2 确定终点的方法

根据确定终点所采用的指示剂不同，银量法可分为莫尔(Mohr)法、佛尔哈德(Volhard)法和法扬司(Fajans)法。

1. 莫尔法

1) 原理

以 K_2CrO_4 为指示剂的银量法称为莫尔法，主要用于以 $AgNO_3$ 标准溶液直接滴定 Cl^-(或 Br^-)的反应。

滴定反应 $Ag^+ + Cl^- \rightleftharpoons AgCl\downarrow$(白色) $K_{sp}^{\ominus}(AgCl) = 1.8\times10^{-10}$

指示反应 $2Ag^+ + CrO_4^{2-} \rightleftharpoons Ag_2CrO_4\downarrow$(砖红色) $K_{sp}^{\ominus}(Ag_2CrO_4) = 2.0\times10^{-12}$

由于 AgCl 的溶解度小于 Ag_2CrO_4，故根据分步沉淀的原理，首先发生滴定反应析出白色的 AgCl 沉淀。待 Cl^- 被定量沉淀后，稍过量的 Ag^+ 就会与 CrO_4^{2-} 反应，产生砖红色的 Ag_2CrO_4 沉淀而指示滴定终点。

2) 滴定条件

(1) 指示剂的用量。指示剂 CrO_4^{2-} 的浓度必须合适。若太大将会引起终点提前，且 CrO_4^{2-} 本身的黄色会影响对终点的观察；若太小又会使终点滞后，都会影响滴定的准确度。根据溶度积原理可计算出计量点时恰好析出 Ag_2CrO_4 沉淀所需 $c(CrO_4^{2-})$ 的理论值。计量点时：

$$c(Ag^+) = c(Cl^-) = \sqrt{K_{sp}^{\ominus}(AgCl)} = \sqrt{1.8\times10^{-10}} = 1.3\times10^{-5}\ mol\cdot L^{-1}$$

此时溶液中 CrO_4^{2-} 的浓度应为：

$$c(CrO_4^{2-}) = \frac{K_{sp}^{\ominus}(Ag_2CrO_4)}{c^2(Ag^+)} = \frac{2.0\times10^{-12}}{(1.3\times10^{-5})^2} = 1.2\times10^{-2}\ mol\cdot L^{-1}$$

在实际滴定中，如此高浓度的 CrO_4^{2-} 黄色太深，对观察终点不利。实验表明，终点时 CrO_4^{2-} 浓度约为 $5.0\times10^{-3}\ mol\cdot L^{-1}$ 比较合适。

(2) 溶液的酸度。滴定应当在中性或弱碱性介质中进行。若酸度太高，CrO_4^{2-} 将因酸效应致使其浓度降低，导致 Ag_2CrO_4 沉淀出现过迟甚至不沉淀；但溶液的碱性太强，又将生成 Ag_2O 沉淀，故适宜的酸度范围为 pH=6.5～10.5。若试液中有铵盐存在，则由于 pH 较大时会有相当数量的 NH_3 生成，它与 Ag^+ 生成 $[Ag(NH_3)]^+$ 或 $[Ag(NH_3)_2]^+$，致使 AgCl 和 Ag_2CrO_4 的溶解度增大，测定的准确度降低。实验证明，当 $c(NH_4^+) < 0.05\ mol\cdot L^{-1}$ 时，控制溶液的 pH 在 6.5～7.2 范围内滴定，可得到满意的结果。若 $c(NH_4^+) > 0.15\ mol\cdot L^{-1}$，则仅仅通过控制溶液酸度已不能消除其影响，此时须在滴定之前将大量铵盐除去。

(3) 滴定时应剧烈摇动。滴定时应剧烈摇动锥形瓶，使被 AgCl 或 AgBr 沉淀吸附的 Cl^- 或 Br^- 及时释放出来，防止终点提前。

(4) 预先分离干扰离子。凡与 Ag^+ 能生成沉淀的阴离子如 PO_4^{3-}、AsO_4^{3-}、SO_3^{2-}、S^{2-}、CO_3^{2-} 和 $C_2O_4^{2-}$ 等，与 CrO_4^{2-} 能生成沉淀的阳离子如 Ba^{2+}、Pb^{2+} 等，大量 Cu^{2+}、Co^{2+}、Ni^{2+} 等有色离子，以及在中性或弱碱性溶液中易发生水解反应的离子如 Fe^{3+}、Al^{3+}、Bi^{3+} 和 Sn(Ⅳ)等均干扰测定，应预先分离。

3) 应用范围

莫尔法主要用于以 $AgNO_3$ 标准溶液直接滴定 Cl^-、Br^- 和 CN^- 的反应，而不适用于滴定 I^- 和 SCN^-。这是因为 AgI 和 AgSCN 沉淀对 I^- 和 SCN^- 有强烈的吸附作用，即使剧烈摇动也无法使之释放出来。莫尔法也不适用于以 NaCl 标准溶液直接滴定 Ag^+，因为在

Ag^+ 试液中加入指示剂 K_2CrO_4 后，就会立即析出 Ag_2CrO_4 沉淀，用 NaCl 标准溶液滴定时，Ag_2CrO_4 再转化成 AgCl 的速率极慢，使终点推迟。因此，如用莫尔法测定 Ag^+，则必须采用返滴定法，即先加入一定量且过量的 NaCl 标准溶液，然后再加入指示剂，用 $AgNO_3$ 标准溶液返滴定剩余的 Cl^-。

$AgNO_3$ 标准溶液可以用优级纯试剂直接配制，或用间接法配制 $AgNO_3$ 标准溶液后，用 NaC1 标准溶液标定。由于 $AgNO_3$ 溶液遇光易分解，故应保存于棕色瓶中。

2. 佛尔哈德法

1）原理

以铁铵矾 [$NH_4Fe(SO_4)_2 \cdot 12H_2O$] 为指示剂的银量法称为佛尔哈德法。本法分为直接滴定法和返滴定法。

（1）直接滴定法。在酸性条件下，以铁铵矾作指示剂，用 KSCN 或 NH_4SCN 标准溶液直接滴定溶液中的 Ag^+，至溶液中出现 $[Fe(SCN)]^{2+}$ 的红色时表示终点到达。

滴定反应　$Ag^+ + SCN^- \rightleftharpoons AgSCN\downarrow$（白色）　　$K_{sp}^{\ominus}(AgSCN) = 1.0 \times 10^{-12}$

指示反应　$Fe^{3+} + SCN^- \rightleftharpoons [Fe(SCN)]^{2+}$（红色）　$K^{\ominus} = 138$

显然终点出现的早晚，与 Fe^{3+} 的浓度有关。在实用中一般采用 0.015 mol·L^{-1} 的浓度，约为理论计算值的 1/20。

（2）返滴定法。此法是首先向试液中加入已知量且过量的 $AgNO_3$ 标准溶液，使 X^- 或 SCN^- 定量生成银盐沉淀后，再加入铁铵矾指示剂，用 SCN^- 标准溶液返滴定剩余的 Ag^+，其反应如下：

$$Ag^+(\text{过量}) + X^- \rightleftharpoons AgX\downarrow$$

$$Ag^+(\text{剩余}) + SCN^- \rightleftharpoons AgSCN\downarrow$$

$$Fe^{3+} + SCN^- \rightleftharpoons [Fe(SCN)]^{2+}(\text{红色})$$

① 应用此法测定 Cl^- 时，由于 AgCl 的溶解度比 AgSCN 大，当剩余的 Ag^+ 被滴定完毕后，过量的 SCN^- 将与 AgCl 发生沉淀转化反应：

$$AgCl + SCN^- \rightleftharpoons AgSCN\downarrow + Cl^-$$

该反应使得本应产生的 $[Fe(SCN)]^{2+}$ 红色不能及时出现，或已经出现的红色随着摇动而又消失。因此，要想得到持久的红色就必须继续滴入 SCN^-，直到 SCN^- 与 Cl^- 之间建立新的平衡为止，沉淀转化反应的平衡常数为

$$K^{\ominus} = \frac{c(Cl^-)}{c(SCN^-)} = \frac{K_{sp}^{\ominus}(AgCl)}{K_{sp}^{\ominus}(AgSCN)} = \frac{1.8 \times 10^{-10}}{1.0 \times 10^{-12}} = 1.8 \times 10^{2}$$

此时终点与计量点将会相差较远。为了避免上述转化反应的发生，最好当 AgCl 沉淀完全后将其滤去，然后再用 SCN^- 标准溶液滴定滤液中过量的 Ag^+。但这样手续繁杂，且操作不当将造成较大误差。也可以在加入 $AgNO_3$ 溶液后将试液煮沸，使 AgCl 沉淀凝聚之后再进行滴定，可减慢其转化速率，亦能得到满意的结果。目前比较简单的方法是在形成 AgCl 沉淀之后加入少量有机溶剂，如硝基苯、苯、四氯化碳、1，2-二氯乙烷、甘油或邻苯二甲酸二丁酯等，用力振摇后使 AgCl 沉淀表面覆盖一层有机溶剂而与外部溶液隔开，以防止转化反应进行。

② 应用此法测定 Br^-、I^- 和 SCN^- 时，滴定终点十分明显。但在测定 I^- 时，指示剂必须在加入过量 $AgNO_3$ 溶液之后才能加入，以免发生下述反应而造成误差：

$$2Fe^{3+} + 2I^- \longrightarrow 2Fe^{2+} + I_2$$

2）滴定条件

（1）滴定应在酸性溶液中进行，一般控制溶液酸度在 0.1～1 mol · L^{-1}之间。若酸度较低，则因 Fe^{3+}水解形成颜色较深的 $[Fe(H_2O)_5(OH)]^{2+}$或 $[Fe_2(H_2O)_4(OH)_2]^{4+}$等影响对终点的观察，甚至产生 $Fe(OH)_3$ 沉淀以致失去指示剂的作用。

（2）用直接法滴定 Ag^+时，为防止 AgSCN 对 Ag^+的吸附，临近终点时必须剧烈摇动；用返滴定法滴定 Cl^-时，为了避免 AgCl 沉淀发生转化，应轻轻摇动。

（3）强氧化剂会将 SCN^-氧化；氮的低价氧化物与 SCN^-能形成红色 NOSCN（硫氰亚硝酰），造成对终点的错误判断；铜盐、汞盐等能与 SCN^-反应生成沉淀，以上影响因素必须消除。

3）应用范围

佛尔哈德法的最大优点是可以在酸性溶液中进行滴定，许多弱酸根离子都不干扰，因而选择性高，应用范围广。采用直接滴定法可测定 Ag^+等；采用返滴定法可测定 Cl^-、Br^-、I^-、SCN^-、PO_4^{3-} 和 AsO_4^{3-} 等离子。

3. 法扬司法

1）原理

用吸附指示剂确定终点的银量法称为法扬司法。所谓吸附指示剂是一类有机化合物，当它被沉淀表面吸附后，会因结构的改变引起颜色的变化，从而指示滴定终点。例如用 $AgNO_3$ 标准溶液滴定 Cl^-时，可采用荧光黄作指示剂。荧光黄是一种有机弱酸，用 HFIn 表示，在溶液中存在如下解离平衡：

$$HFIn \rightleftharpoons FIn^-（黄绿色）+ H^+ \quad pK_a^{\ominus} = 7$$

在计量点之前，溶液中 Cl^-过量，AgCl 沉淀吸附 Cl^-而带负电荷，FIn^-不被吸附，溶液呈现 FIn^-的黄绿色。在计量点后，稍过量的 $AgNO_3$ 就使 AgCl 沉淀吸 Ag^+而形成带正电荷的 AgCl · Ag^+，它将强烈地吸附 FIn^-。荧光黄阴离子被吸附后，因结构变化而呈粉红色，从而指示滴定终点。此过程可示意如下：

Cl^-过量时　AgCl · Cl^- + FIn^-（黄绿色）

Ag^+过量时　AgCl · Ag^+ + FIn^-（黄绿色）$\rightleftharpoons$ AgCl · Ag^+ · FIn^-（粉红色）

如果用 NaCl 滴定 Ag^+，则颜色的变化正好相反。

银量法中常用的吸附指示剂和滴定酸度条件可查阅分析化学手册。

2）滴定条件

（1）由于吸附指示剂是因被吸附在沉淀表面而变色，为了使终点的颜色变化更为明显，应尽可能使沉淀保持溶胶状态，以具有较大的比表面，便于吸附更多的指示剂。为此在滴定时常加入糊精或淀粉等胶体保护剂，以防止卤化银沉淀凝聚。

（2）应控制适宜的酸度。吸附指示剂多是有机弱酸，被吸附而变色的则是其共轭碱阴离子型体。因此必须控制适宜的酸度使指示剂在溶液中保持其阴离子状态，以起到指示剂的作用。适宜酸度的高低与指示剂酸性的强弱即解离常数 $K_a^{\ominus}$ 的大小有关。$K_a^{\ominus}$ 越大，允许的酸度越高。例如，荧光黄的 $pK_a^{\ominus} = 7$，适用于 pH＝7.0～10.5（pH ＞10.5 时，Ag^+将沉淀为 Ag_2O）范围的滴定；曙红的 $pK_a^{\ominus} = 2$，则在 pH＝2 时才可以使用。

（3）因为卤化银易感光变灰，影响对终点的观察，故应避免在强光照射下滴定。

(4) 通常要求沉淀对指示剂的吸附能力略小于对待测离子的吸附能力，否则在计量点之前，指示剂离子即取代被吸附的待测离子而使溶液变色，致使终点提前。但上述吸附能力也不能太弱，否则导致终点滞后且变色不敏锐。卤化银对卤离子和几种常用吸附指示剂吸附能力的次序如下：

$$I^- > SCN^- > Br^- > \text{曙红} > Cl^- > \text{荧光黄}$$

因此，用 $AgNO_3$ 滴定 Cl^- 时应选荧光黄为指示剂而不选曙红，但滴定 Br^-、I^-、SCN^- 时则宜选曙红。

3) 应用范围

法扬司法可用于 Cl^-、Br^-、I^-、SCN^-、SO_4^{2-} 和 Ag^+ 等离子的测定。

11.3.3 莫尔法、佛尔哈德法和法扬司法的测定原理及应用比较

莫尔法、佛尔哈德法和法扬司法的测定原理及应用比较见表 11-3。

表 11-3 莫尔法、佛尔哈德法和法扬司法的测定原理及应用比较

	莫尔法	佛尔哈德法	法扬司法
指示剂	K_2CrO_4	Fe^{3+}	吸附指示剂
滴定剂	$AgNO_3$	SCN^-	$AgNO_3$ 或 Cl^-
滴定反应	$Ag^+ + Cl^- \rightleftharpoons AgCl\downarrow$ (白色)	$Ag^+ + SCN^- \rightleftharpoons AgSCN\downarrow$ (白色)	$Ag^+ + Cl^- \rightleftharpoons AgCl\downarrow$
指示反应	$2Ag^+ + CrO_4^{2-} \rightleftharpoons Ag_2CrO_4\downarrow$ (砖红色)	$Fe^{3+} + SCN^- \rightleftharpoons [Fe(SCN)]^{2+}$ (红色)	$AgCl\cdot Ag^+ + FIn^-$ (黄绿色) $\rightleftharpoons AgCl\cdot Ag^+\cdot FIn^-$ (粉红色)
酸 度	pH=6.5～10.5	0.1～1 $mol\cdot L^{-1}$ HNO_3 介质	与指示剂的 $K_a^\ominus$ 大小有关，使其以 FIn^- 型体存在
测定对象	Cl^-、Br^- 和 CN^-	直接滴定法测 Ag^+； 返滴定法测 Cl^-、Br^-、I^-、SCN^-、PO_4^{3-} 和 AsO_4^{3-} 等	Cl^-、Br^-、I^-、SCN^-、SO_4^{2-} 和 Ag^+ 等

11.4 氧化还原滴定法

11.4.1 氧化还原滴定法概述

氧化还原滴定法是以氧化还原反应为基础的滴定分析法。可以用于滴定分析的氧化还原反应很多，根据所用的氧化剂和还原剂不同，可将氧化还原滴定法分为高锰酸钾法、重铬酸钾法、碘量法、溴酸钾法等。

氧化还原滴定法的应用广泛，可以用来直接测定氧化性或还原性物质，也可以用来间接测定一些能与氧化剂或还原剂发生定量反应的物质。

1. 氧化还原滴定分析对化学反应的要求

氧化还原反应虽然很多，但有许多反应的速率慢，而且副反应多不能满足滴定分析的要求。能够用于氧化还原滴定分析的化学反应必须具备下列条件：

(1) 反应能够定量进行。一般认为滴定剂和被滴定物质对应电对的条件电极电势之差大于 0.40V，反应就能定量进行。

(2) 有适当的方法或指示剂指示反应的终点。

(3) 有足够快的反应速率。

由于上述条件的限制，不是所有的氧化还原反应都能用于滴定分析。有些反应从理论上看进行得很完全，但由于反应速率太慢而无实际意义。因此，在讨论氧化还原滴定时，除了从平衡的观点判断反应的可能性外，还应考虑反应机理和速率问题。对于速度缓慢的氧化还原反应，往往通过升高温度、加催化剂或改变酸度等办法来加快反应的速度。

2. 可逆氧化还原体系滴定曲线的计算

以参与反应均为可逆电对的氧化还原滴定体系为例，说明利用能斯特方程计算滴定曲线的基本思路。

在 $1mol \cdot L^{-1}\ H_2SO_4$ 介质中，以 $0.1000mol \cdot L^{-1}\ Ce^{4+}$ 溶液滴定 20.00mL $0.1000mol \cdot L^{-1}\ Fe^{2+}$ 溶液。已知此时两可逆电对 Ce^{4+}/Ce^{3+} 和 Fe^{3+}/Fe^{2+} 的半反应及条件电势分别为

$$Ce^{4+} + e^- \rightleftharpoons Ce^{3+} \qquad \varphi^{\ominus\prime}[Ce(IV)/Ce(III)] = 1.44V$$

$$Fe^{3+} + e^- \rightleftharpoons Fe^{2+} \qquad \varphi^{\ominus\prime}[Fe(III)/Fe(II)] = 0.68V$$

滴定反应为

$$Ce^{4+} + Fe^{2+} = Ce^{3+} + Fe^{3+}$$

滴定前，体系为 $0.1000mol \cdot L^{-1}\ Fe^{2+}$ 溶液。因空气中 O_2 的作用，溶液中必然存在极少量的 Fe^{3+}，但由于不知其确切浓度，故无法计算体系的电势。

滴定一旦开始，体系中就会同时存在 Ce^{4+}/Ce^{3+} 和 Fe^{3+}/Fe^{2+} 两个电对，可以按照它们各自的能斯特方程进行计算：

$$\varphi = \varphi^{\ominus\prime}[Ce(IV)/Ce(III)] + 0.0592\lg(c[Ce(IV)]/c[Ce(III)]) \qquad (11-11)$$

$$\varphi = \varphi^{\ominus\prime}[Fe(III)/Fe(II)] + 0.0592\lg(c[Fe(III)]/c[Fe(II)]) \qquad (11-12)$$

在滴定中的任一时刻，当体系达到平衡时，其电极电势 φ 是定值。因此不论采用上述哪一个公式，计算结果都是相同的，可以根据具体情况进行选择。为此将滴定过程分为以下三个阶段。

(1) 滴定开始到化学计量点前。此时滴加的 Ce^{4+} 几乎全部转化为 Ce^{3+}，$c[Ce(IV)]$ 极小，不易求得，因此应采用铁电对的公式(11-12)来计算 φ。由于产物 Fe(Ⅲ)和 Ce(Ⅲ)的浓度在任何时刻都是相等的，即有

$$c[Fe(III)] = c[Ce(III)]$$

因此，当加入 Ce^{4+} 溶液 10.00mL 时，由于 $a=b=1$，故滴定分数 $f=10.00/20.00=0.5000$。

$$c[Fe(III)] = c[Ce(III)] = (0.1000 \times 10.00)/(20.00+10.00)$$

$$c[Fe(II)] = (0.1000 \times 10.00)/(20.00+10.00)$$

则有 $\qquad \varphi = 0.68 + 0.0592\lg(10.00/10.00) = 0.68V$

又例如，当加入 Ce^{4+} 溶液 19.98mL 时，滴定分数 $f=19.98/20.00=0.999$，同理：

$$\varphi = 0.68 + 0.0592\lg(19.98/0.02) = 0.86V$$

(2) 化学计量点。此时滴定分数 $f=20.00/20.00=1.000$，由于 Ce^{4+} 和 Fe^{2+} 均已定量反应完毕，它们的浓度极小且不易求得，因此单独采用任一电对都无法求得 φ 值，为此可将二者联系起来考虑。

$$\varphi_{sp}=\varphi^{\ominus\prime}[Ce(\text{Ⅳ})/Ce(\text{Ⅲ})]+0.0592\lg\frac{c[Ce(\text{Ⅳ}),sp]}{c[Ce(\text{Ⅲ}),sp]}$$

$$\varphi_{sp}=\varphi^{\ominus\prime}[Fe(\text{Ⅲ})/Fe(\text{Ⅱ})]+0.0592\lg\frac{c[Fe(\text{Ⅲ}),sp]}{c[Fe(\text{Ⅱ}),sp]}$$

这里下标 sp 表示计量点。将两式相加：

$$2\varphi_{sp}=(\varphi^{\ominus\prime}[Ce(\text{Ⅳ})/Ce(\text{Ⅲ})]+\varphi^{\ominus\prime}[Fe(\text{Ⅲ})/Fe(\text{Ⅱ})])+0.0592\lg\frac{c[Ce(IV),sp]c[Fe(\text{Ⅲ}),sp]}{c[Ce(\text{Ⅲ}),sp]c[Fe(\text{Ⅱ}),sp]}$$

由于在计量点，则有

$$c[Ce(\text{Ⅲ}),\ sp]=c[Fe(\text{Ⅲ}),\ sp]\qquad c[Ce(\text{Ⅳ}),\ sp]=c[Fe(\text{Ⅱ}),\ sp]$$

于是

$$\frac{c[Ce(\text{Ⅳ}),sp]c[Fe(\text{Ⅲ}),sp]}{c[Ce(\text{Ⅲ}),sp]c[Fe(\text{Ⅱ}),sp]}=1$$

故

$$\varphi_{sp}=(\varphi^{\ominus\prime}[Ce(\text{Ⅳ})/Ce(\text{Ⅲ})]+\varphi^{\ominus\prime}[Fe(\text{Ⅲ})/Fe(\text{Ⅱ})])/2$$
$$=(1.44V+0.68V)/2=1.06V$$

(3) 化学计量点后。此时 Ce^{4+} 过量，溶液中的 Fe^{2+} 几乎全部被氧化成 Fe^{3+}，$c[Fe(\text{Ⅱ})]$ 极小，不易求得，因此应采用铈电对的公式(11-11)来计算 φ 值。

例如，当加入 Ce^{4+} 溶液 20.02mL 时，滴定分数 $f=20.02/20.00=1.001$。

$$c[Ce(\text{Ⅲ})]=c[Fe(\text{Ⅲ})]=(0.1000\times20.00)/(20.00+20.02)$$
$$c[Ce(\text{Ⅳ})]=(0.1000\times0.02)/(20.00+20.02)$$

故 $$\varphi=1.44+0.0592\lg(0.02/20.00)=1.26V$$

又例如，当加入 Ce^{4+} 溶液 40.00mL 时，滴点分数 $f=40.00/20.00=2.000$，按上述步骤计算得体系电势 $\varphi=1.44V$。

滴定曲线的部分计算数据列于表 11-4 中。

表 11-4　$0.1000mol\cdot L^{-1}Ce^{4+}$ 滴定 $0.1000mol\cdot L^{-1}Fe^{2+}$ [$V(Fe^{2+})=20.00mL$，$1mol\cdot L^{-1}H_2SO_4$ 中)]

加入 Ce^{4+} 溶液的体积 V/mL	滴定分数 f/%	体系的电极电势 φ/V	
1.00	5.00	0.60	
10.00	50.00	0.68	
18.00	90.00	0.74	
19.80	99.00	0.80	
19.98	99.90	0.86	滴定突跃
20.00	100.00	1.06	滴定突跃
20.02	100.10	1.26	滴定突跃
20.20	101.00	1.32	
22.00	110.00	1.38	
30.00	150.00	1.42	
40.00	200.00	1.44	

根据表 11-3 的数据绘出该体系的滴定曲线如图 11-6 所示。由于在滴定过程中有关电对氧化型和还原型的浓度比发生了变化，特别是在化学计量点附近发生突变，故使得体系的电势 φ 也发生了相应的突跃。当滴定分数 $f=0.5000(50.00\%)$时，体系的电势恰等于 Fe^{3+}/Fe^{2+} 电对的条件电位；而当滴定分数 $f=2.000(200.0\%)$时，则等于 Ce^{4+}/Ce^{3+} 电对的条件电势。显然两电对的条件电势之差 $\Delta\varphi^{\ominus'}$越大，计量点附近的电势突跃也将越大。

应该指出，由于此例中铈电对和铁电对都是可逆电对，实际电势符合能斯特方程，所以通过计算绘制的滴定曲线与实测结果比较一致，且滴定中体系的电势与浓度无关。如果涉及不可逆电对时情况将有所不同。例如，图 11-7 是在 1 mol · L^{-1} H_2SO_4 介质中用 $KMnO_4$ 滴定 Fe^{2+} 的滴定曲线。在化学计量点前，体系的电势主要由可逆电对 Fe^{3+}/Fe^{2+} 决定，故实测的与理论的滴定曲线在这一部分并无明显差别。但在化学计量点后，由于体系的电势主要由不可逆电对 MnO_4^-/Mn^{2+} 决定，故这部分滴定曲线两者的差别明显。

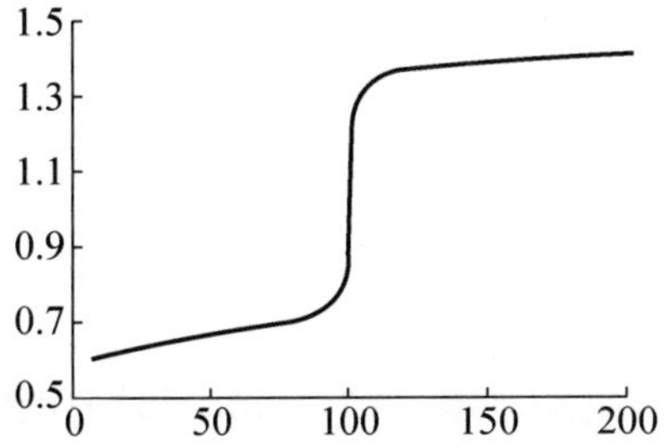

图 11-6　Ce^{4+} 滴定 Fe^{2+} 的滴定曲线

0.1000mol · L^{-1} Ce^{4+} 滴定 20.00mL

0.1000mol · L^{-1} Fe^{2+} (1 mol · L^{-1} H_2SO_4)

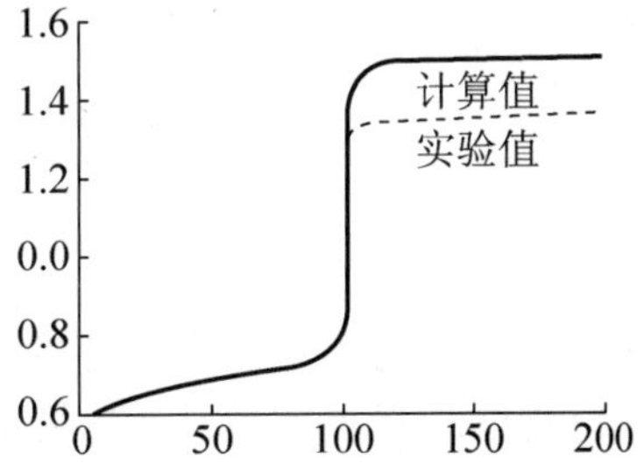

图 11-7　$KMnO_4$ 滴定 Fe^{2+} 的滴定曲线

0.020 00mol · L^{-1} $KMnO_4$ 滴定 20.00mL

0.1000mol · L^{-1} Fe^{2+} (1 mol · L^{-1} H_2SO_4)

电势突跃的范围是选择氧化还原指示剂的依据。氧化还原滴定曲线常因滴定介质的不同而改变其位置和突跃的大小。这主要是由于在不同介质(主要是酸)条件下，相关电极的条件电极电势改变了。如图 11-8 是用 $KMnO_4$ 溶液在不同介质中滴定 Fe^{2+} 的滴定曲线。(问题：为什么在 HCl 和 H_3PO_4 溶液介质条件下，在化学计量点前，滴定曲线的位置比较低？为什么化学计量点后的曲线位置低于理论曲线?)

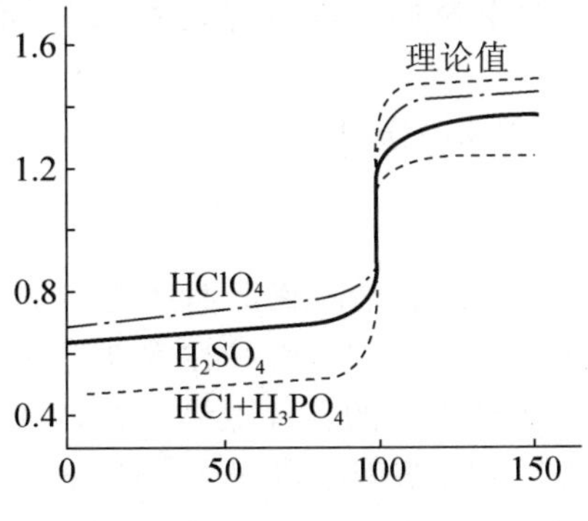

图 11-8　在不同介质中 $KMnO_4$ 溶液滴定 Fe^{2+} 的滴定曲线

3. 计算化学计量点电势及滴定突跃的通式

设在一定条件下用氧化剂 Ox_1 滴定还原剂 Red_2，滴定反应为

$$a\mathrm{Ox}_1 + b\mathrm{Red}_2 \xlongequal{} a\mathrm{Red}_1 + b\mathrm{Ox}_2$$

设 n_1、$\varphi_1^{\ominus}{}'$和 n_2、$\varphi_2^{\ominus}{}'$分别为物质 1 电对、物质 2 电对的电子转移数和相应条件下的条件电势，在化学计量点时：

$$\varphi_{sp} = \varphi_1^{\ominus}{}' + \frac{0.0592}{n_1}\lg\frac{c(\mathrm{Ox}_1,\ sp)}{c(\mathrm{Red}_1,\ sp)} \qquad (11-13)$$

$$\varphi_{sp} = \varphi_2^{\ominus}{}' + \frac{0.0592}{n_2}\lg\frac{c(\mathrm{Ox}_2,\ sp)}{c(\mathrm{Red}_2,\ sp)} \qquad (11-14)$$

将 n_1×式(11－13)＋n_2×式(11－14)得

$$(n_1+n_2)\varphi_{sp} = (n_1\varphi_1^{\ominus}{}' + n_2\varphi_2^{\ominus}{}') + 0.0592\lg\frac{c(\mathrm{Ox}_1,\ sp)\ c(\mathrm{Ox}_2,\ sp)}{c(\mathrm{Red}_1,\ sp)\ c(\mathrm{Red}_2,\ sp)}$$

按照滴定反应方程式，应有下述关系存在：

$$c(\mathrm{Red}_1,\ sp)/c(\mathrm{Ox}_2,\ sp) = a/b \quad c(\mathrm{Ox}_1,\ sp)/c(\mathrm{Red}_2,\ sp) = a/b$$

于是

$$\frac{c(\mathrm{Ox}_1,\ sp)\ c(\mathrm{Ox}_2,\ sp)}{c(\mathrm{Red}_1,\ sp)\ c(\mathrm{Red}_2,\ sp)} = \frac{a}{b}\cdot\frac{b}{a} = 1$$

故

$$\varphi_{sp} = \frac{n_1\varphi_1^{\ominus}{}' + n_2\varphi_2^{\ominus}{}'}{n_1+n_2} \qquad (11-15)$$

这就是计算化学计量点电势的通式。

若以化学计量点前后 0.1%误差时电势的变化作为突跃范围，则－0.1 %时的电势为

$$\varphi_{-0.1\%} = \varphi_2^{\ominus}{}' + \frac{3\times0.0592}{n_2}$$

＋0.1%时的电势为

$$\varphi_{+0.1\%} = \varphi_1^{\ominus}{}' + \frac{3\times0.0592}{n}$$

滴定突跃

$$\Delta\varphi = \varphi_{+0.01\%} - \varphi_{-0.01\%} = \varphi_1^{\ominus}{}' - \varphi_2^{\ominus}{}' - \frac{3\times0.0592\times(n_1+n_2)}{n_1n_2}$$

$$= \Delta\varphi^{\ominus}{}' - \frac{3\times0.0592\times(n_1+n_2)}{n_1n_2}$$

可见滴定突跃大小主要由两电对的条件电势之差 $\Delta\varphi^{\ominus}{}'$ 所决定，同时也与两电对的电子转移数 n_1 和 n_2 有关。

由通式(11－15)可知，只有当 $n_1 = n_2$ 时，才有

$$\varphi_{sp} = \frac{\varphi_1^{\ominus}{}' + \varphi_2^{\ominus}{}'}{2} \qquad (11-16)$$

此时计量点正好处于滴定突跃的中点，滴定曲线在计量点前后是对称的。例如上述 Ce^{4+} 滴定 Fe^{2+} 的体系就是如此，φ_{sp}(1.06V)恰好在突跃范围 0.86～1.26V 的正中间。如果 $n_1 \neq n_2$，则 φ_{sp}将偏向 n 值较大的电对的条件电势一方，且 n_1 和 n_2 相差越大，计量点偏离中点越多。例如在 1 mol·L^{-1} HCl 溶液中以 Fe^{3+} 滴定 Sn^{2+}：

$$2Fe^{3+} + Sn^{2+} \xlongequal{} 2Fe^{2+} + Sn^{4+}$$

$$\varphi^{\ominus}{}'[\mathrm{Fe(III)/Fe(II)}] = 0.70\mathrm{V} \quad n_{Fe} = 1$$

$$\varphi^{\ominus}{}'[\mathrm{Sn(IV)/Sn(II)}] = 0.14\mathrm{V} \quad n_{Sn} = 2$$

计算得到的 φ_{sp}＝0.33V，不在滴定突跃 0.23～0.52V 的中点，而是处于滴定突跃的

三分之一处，偏向 Sn^{4+}/Sn^{2+} 电对的 $\varphi^{\ominus}{}'$ 值。由于电势滴定法（属于仪器分析法）是以滴定突跃的中点作为滴定终点的，因此在 $n_1 \neq n_2$ 的情况下，终点将与计量点电势不符。

还应注意，计量点电势的计算通式(11-15)仅适用于参加滴定反应的两个电对都是对称电对的情况。所谓对称电对，是指在该电对的半反应方程式中，氧化型与还原型的系数相等，如 Fe^{3+}/Fe^{2+}、MnO_4^-/Mn^{2+} 等。而对 $Cr_2O_7^{2-}/Cr^{3+}$ 电对其半反应为

$$Cr_2O_7^{2-} + 14H^+ + 6e^- \rightleftharpoons 2Cr^{3+} + 7H_2O$$

由于 $Cr_2O_7^{2-}$ 的系数与 Cr^{3+} 的不相等，故为不对称电对。涉及不对称电对的氧化还原滴定，其化学计量点电势的计算较复杂，这里不作详细讨论，但推导的基本思路是相同的。例如，以 $K_2Cr_2O_7$ 滴定 Fe^{2+} 时：

$$\varphi_{sp} = \frac{6\varphi_{Cr}^{\ominus}{}' + \varphi_{Fe}^{\ominus}{}'}{7} + \frac{0.0592}{7}\lg\frac{1}{2c[Cr(Ⅲ)]}$$

4. 氧化还原滴定指示剂

在氧化还原滴定过程中，除了用电势法确定终点外，还可利用某些物质在化学计量点附近颜色的改变来指示滴定终点。

氧化还原滴定中常用指示剂有以下几种类型。

(1) 自身指示剂。在氧化还原滴定中，有些标准溶液或被滴定的物质本身有颜色，如果反应后变为无色或浅色物质，那么滴定时就不必另加指示剂。例如，在高锰酸钾法中，MnO_4^- 本身显紫红色，可用它滴定无色或浅色的还原剂溶液，在滴定中，MnO_4^- 被还原为无色的 Mn^{2+}，滴定到化学计量点时，只要 MnO_4^- 稍微过量就可使溶液显粉红色，表示已经到达了滴定终点。实验表明，$KMnO_4$ 浓度约为 $2\times10^{-6}\,mol\cdot L^{-1}$ 时，就可以看到溶液呈粉红色。

(2) 专属指示剂。有的物质本身并不具有氧化还原性，但它能与氧化剂或还原剂产生特殊的颜色，因而可以指示滴定终点。例如，可溶性淀粉与碘溶液反应，生成深蓝色的化合物，当 I_2 被还原为 I^- 时，深蓝色消失，因此，在碘量法中，可用淀粉溶液作指示剂。在室温下，用淀粉可检出约 $1.0\times10^{-5}\,mol\cdot L^{-1}$ 的碘溶液。温度升高，灵敏度降低。又如以 Fe^{3+} 滴定 Sn^{2+} 时，可用 KSCN 为指示剂，当溶液出现红色，即生成 Fe(Ⅲ)的硫氰酸配合物时，即为终点。

(3) 本身发生氧化还原反应的指示剂。这类指示剂的氧化态和还原态具有不同的颜色，在滴定过程中，指示剂由氧化态变为还原态，或由还原态变为氧化态，根据颜色的突变来指示终点。例如，用 $K_2Cr_2O_7$ 溶液滴定 Fe^{2+}，常用二苯胺磺酸钠为指示剂。二苯胺磺酸钠的还原态为无色，氧化态为紫红色，故滴定至化学计量点时，稍过量的 $K_2Cr_2O_7$ 就能使二苯胺磺酸钠由还原态转变为氧化态，溶液显紫红色，因而可以指示滴定终点。

今用 In(Ox)和 In(Re)分别表示指示剂的氧化态和还原态，其氧化还原电对为

$$In(Ox) + ne^- \rightleftharpoons In(Re)$$

随着滴定过程中溶液电势值的变化，指示剂的 $c[In(Ox)]/c[In(Re)]$ 亦按能斯特公式所示的关系变化：

$$\varphi = \varphi_{In}^{\ominus} + \frac{0.0592}{n}\lg\frac{c[In(Ox)]}{c[In(Re)]}$$

与酸碱指示剂的变色情况相似，当 $c[In(Ox)]/c[In(Re)] \geqslant 10$ 时，溶液呈现氧化态的

颜色，此时

$$\varphi \geqslant \varphi_{In}^{\ominus} + \frac{0.0592}{n}\lg 10 = \varphi_{In}^{\ominus} + \frac{0.0592}{n}$$

当 $c[In(Ox)]/c[In(Re)] \leqslant \frac{1}{10}$ 时，溶液呈现还原态的颜色，此时

$$\varphi \leqslant \varphi_{In}^{\ominus} + \frac{0.0592}{n}\lg \frac{1}{10} = \varphi_{In}^{\ominus} - \frac{0.0592}{n}$$

指示剂变色的电势范围为

$$\varphi_{In}^{\ominus} \pm \frac{0.0592}{n} \tag{11-17}$$

若采用条件电势，则为

$$\varphi_{In}^{\ominus\prime} \pm \frac{0.0592}{n} \tag{11-18}$$

表 11－5 列出了一些重要的氧化还原指示剂的条件电势。在选择指示剂时，应使指示剂的条件电势尽量与反应的化学计量点电势一致，以减少终点误差。

表 11－5　一些氧化还原指示剂的 $\varphi^{\ominus\prime}$ 及颜色变化

指示剂	$\varphi_{In}^{\ominus\prime}$ /V $c(H^+)=1\ mol \cdot L^{-1}$	颜色变化	
		氧化态	还原态
亚甲基蓝	0.53	蓝	无色
二苯胺	0.76	紫	无色
二苯胺磺酸钠	0.84	紫红	无色
邻苯氨基苯甲酸	0.89	紫红	无色
邻二氮菲-亚铁	1.06	浅蓝	红
硝基邻二氮菲-亚铁	1.25	浅蓝	紫红

5. 氧化还原滴定前的预处理

进行氧化还原滴定之前往往需要将被测组分处理成能与滴定剂迅速、完全并按照一定化学计量关系起反应的状态。即：或者氧化成高价状态后用还原剂滴定，或者还原成低价状态后用氧化剂滴定。滴定前使被测组分定量转变为一定形态的步骤称为滴定前的预处理。

例如，测定某试样中 Mn^{2+} 和 Cr^{3+} 的含量。由于 $\varphi^{\ominus}(MnO_4^-/Mn^{2+})(+1.51V)$ 和 $\varphi^{\ominus}(Cr_2O_7^{2-}/Cr^{3+})(+1.33V)$ 都很高，很难找到一个氧化性比 MnO_4^- 和 $Cr_2O_7^{2-}$ 更强的氧化剂直接滴定 Mn^{2+} 和 Cr^{3+}。通常用氧化剂 $(NH_4)_2S_2O_8$ 将 Mn^{2+} 和 Cr^{3+} 分别预氧化为 MnO_4^- 和 $Cr_2O_7^{2-}$，然后再用还原剂(如 Fe^{2+})的标准溶液进行滴定。

又如 Sn^{4+} 的滴定。很难找到一个比 Sn^{2+} 更强的还原剂滴定 Sn^{4+}，通常将 Sn^{4+} 预还原为 Sn^{2+}，然后再选用合适的氧化剂(如碘溶液)进行滴定。

再如，铁矿中的铁以两种价态(Fe^{3+}、Fe^{2+})存在，测定总铁量时若分别滴定 Fe^{3+} 和 Fe^{2+}，就需要两种标准溶液。若将 Fe^{3+} 预先还原成 Fe^{2+}，然后再用 $K_2Cr_2O_7$ 溶液滴定，则滴定可一次完成。

由于许多还原性滴定剂在空气这种氧化性气氛中不稳定，因而氧化还原滴定法中的滴定剂中大多是氧化剂，对被测组分进行预还原处理的情况较为常见。

预处理中使用的氧化剂和还原剂通常应符合下列条件：

（1）能定量地将被处理组分氧化或还原。

（2）具有一定的选择性。例如钛铁矿中铁的测定，若用金属锌[$\varphi^{\ominus}(Zn^{2+}/Zn)=-0.763V$]作还原剂，则 Fe^{3+} 和 Ti^{4+}[$\varphi^{\ominus}(Ti^{4+}/Ti^{3+})=+0.10V$]一起被还原。用 $K_2Cr_2O_7$ 溶液滴定的结果是两者的合量；若还原剂选用 $SnCl_2$[$\varphi^{\ominus}(Sn^{4+}/Sn^{2+})=+0.14V$]，$Ti^{4+}$ 则不会被还原。

（3）与被处理组分的反应速率较快。

（4）易于除去过量的氧化剂或还原剂。

表 11－6 和表 11－7 分别给出预处理中常用的某些氧化剂和还原剂。

表 11－6　预处理中常用的氧化剂

氧化剂	用途	反应条件	除去过量氧化剂的方法
$NaBiO_3$	$Mn^{2+}\rightarrow MnO_4^-$ $Cr^{3+}\rightarrow Cr_2O_7^{2-}$ $Ce^{3+}\rightarrow Ce^{4+}$	在 HNO_3 溶液中	过量 $NaBiO_3$ 微溶于水可过滤除去
$(NH_4)_2S_2O_8$	$Ce^{3+}\rightarrow Ce^{4+}$	HNO_3 或 H_2SO_4 溶液中并有 Ag^+ 催化	$(NH_4)_2S_2O_8$ 加热煮沸即分解： $S_2O_8^{2-}+H_2O\rightarrow 2HSO_4^-+(1/2)O_2$
	$VO^{2+}\rightarrow VO_3^-$ $Cr^{3+}\rightarrow Cr_2O_7^{2-}$ $Mn^{2+}\rightarrow MnO_4^-$	HNO_3 或 H_2SO_4 溶液中并加入 H_3PO_4 以防止沉淀出 $MnO(OH)_2$	
$KMnO_4$	$VO^{2+}\rightarrow VO_3^-$ $Cr^{3+}\rightarrow CrO_4^{2-}$ $Ce^{3+}\rightarrow Ce^{4+}$	冷稀酸溶液中并有 Cr^{3+} 存在 碱性介质中 酸性介质中(即使有 F^- 或 $H_2P_2O_7^{2-}$ 存在也可选择性地将 Ce^{3+} 氧化为 Ce^{4+})	先加入尿素，然后小心滴加 $NaNO_2$ 溶液至 $KMnO_4$ 红色正好退去为止，反应为 $2MnO_4^-+5NO_2^-+6H_3O^+\rightarrow 2Mn^{2+}+5NO_3^-+9H_2O$ $2NO_2^-+CO(NH_2)_2+2H_3O^+\rightarrow N_2+CO_2+5H_2O$ 加入尿素是为了防止 VO_3^- 和 $Cr_2O_7^{2-}$ 被 NO_2^- 还原。
H_2O_2	$Cr^{3+}\rightarrow CrO_4^{2-}$ $Co^{2+}\rightarrow Co^{3+}$ Mn(II)→Mn(Ⅳ)	$1\ mol\cdot L^{-1}$ NaOH 中 $NaHCO_3$ 溶液中 碱性介质中	碱性溶液中煮沸分解，少量催化剂 Ni^{2+} 或 I^- 使分解加速
$HClO_4$	$Cr^{3+}\rightarrow Cr_2O_7^{2-}$ $VO^{2+}\rightarrow VO_3^-$ $I^-\rightarrow IO_3^-$	加热	放冷并稀释则失去氧化性，煮沸并除去生成的 Cl_2
KIO_4	$Mn^{2+}\rightarrow MnO_4^-$	酸性介质并加热	过量 KIO_4 与加入的 Hg^{2+} 离子反应生成 $Hg(IO_4)_2$ 沉淀，过滤除去
Na_2O_2	$Fe(CrO_2)_2\rightarrow CrO_4^{2-}$ $I^-\rightarrow IO_3^-$	熔融 酸性或中性溶液	酸性溶液中煮沸 煮沸或通空气

表 11-7 预处理中常用的还原剂举例

还原剂	用途	反应条件	除去过量还原剂的方法
$SnCl_2$	$Fe^{3+}\rightarrow Fe^{2+}$	HCl 溶液	加入过量 $HgCl_2$ 溶液使之氧化
	Mo(Ⅵ)→Mo(Ⅴ)		
	As(Ⅴ)→As(Ⅲ)		
	U(Ⅵ)→U(Ⅳ)	$FeCl_3$ 催化	
H_2S	$Fe^{3+}\rightarrow Fe^{2+}$	强酸性溶液	煮沸
	$MnO_4^-\rightarrow Mn^{2+}$		
	$Ce^{4+}\rightarrow Ce^{3+}$		
	$Cr_2O_7^{2-}\rightarrow Cr^{3+}$		
SO_2	$Fe^{3+}\rightarrow Fe^{2+}$	H_2SO_4 溶液	煮沸或通 CO_2
	$AsO_4^{3-}\rightarrow AsO_3^{3-}$	SCN^- 催化	
	Sb(Ⅴ)→Sb(Ⅲ)		
	V(Ⅴ)→V(IV)		
	$Cu^{2+}\rightarrow Cu^+$	有 SCN^- 存在	
$TiCl_3$（或 $SnCl_2-TiCl_3$）	$Fe^{3+}\rightarrow Fe^{2+}$	酸性溶液	用水稀释试液时，少量过量的 $TiCl_3$ 即被水中溶解的 O_2 所氧化
联胺	As(Ⅴ)→As(Ⅲ)		浓 H_2SO_4 溶液中煮沸
	Sb(Ⅴ)→SbⅢ)		
Al	Sn(Ⅳ)→Sn(Ⅱ)	HCl 溶液	
	Ti(Ⅳ)→Ti(Ⅲ)		
锌汞齐	Fe(Ⅲ)→Fe(Ⅱ)	酸性溶液	
	Ti(Ⅳ)→Ti(Ⅲ)		
	V(Ⅴ)→V(Ⅱ)		
	Ce(Ⅳ)→Ce(Ⅲ)		

11.4.2 常用的氧化还原滴定方法

1. 高锰酸钾法

高锰酸钾是一种强氧化剂。在强酸性溶液中，$KMnO_4$ 与还原剂作用时获得 5 个电子，还原为 Mn^{2+}：

$$MnO_4^- + 8H^+ + 5e^- \rightleftharpoons Mn^{2+} + 4H_2O \qquad \varphi^{\ominus} = 1.51V$$

在中性或碱性溶液中，获得 3 个电子，还原为 MnO_2：

$$MnO_4^- + 2H_2O + 3e^- \rightleftharpoons MnO_2 + 4OH^- \qquad \varphi^{\ominus} = 0.58V$$

由此可见，高锰酸钾法既可在酸性条件下使用，也可在中性或碱性条件下使用。由于 $KMnO_4$ 在强酸性溶液中具有更强的氧化能力，因此一般都在强酸条件下使用。但 $KMnO_4$ 在碱性条件下氧化有机物的反应速度比在酸性条件下更快。在 NaOH 浓度大于 $2mol\cdot L^{-1}$ 的碱溶液中，很多有机物与 $KMnO_4$ 反应，此时 MnO_4^- 被还原为 MnO_4^{2-}：

$$MnO_4^- + e^- \rightleftharpoons MnO_4^{2-} \qquad \varphi^{\ominus} = 0.564V$$

用 $KMnO_4$ 作氧化剂，可直接滴定许多还原性物质，如 Fe(Ⅱ)、H_2O_2、草酸盐、As(Ⅲ)、Sb(Ⅲ)、W(Ⅳ)及 U(Ⅳ)等。

有些氧化性物质，不能用 $KMnO_4$ 溶液直接滴定，可用间接法测定。例如测定 MnO_2 含量时，可在试样的 H_2SO_4 溶液中加入一定过量的 $Na_2C_2O_4$，待 MnO_2 与 $C_2O_4^{2-}$ 作用完毕后，用 $KMnO_4$ 标准溶液滴定过量的 $C_2O_4^{2-}$。利用类似的方法，还可测定 PbO_2 或 Pb_3O_4，以及 $K_2Cr_2O_7$、$KClO_3$、H_2VO_4 等氧化剂的含量。

某些物质虽不具氧化还原性，但能与另一还原剂或氧化剂定量反应，用间接法测定，例如测定 Ca^{2+} 时，先将 Ca^{2+} 沉淀为 CaC_2O_4，再用稀 H_2SO_4 将所得沉淀溶解，然后用 $KMnO_4$ 标准溶液滴定溶液中的 $C_2O_4^{2-}$，从而间接求得 Ca^{2+} 的含量。显然，凡是能与 $C_2O_4^{2-}$ 定量地沉淀为草酸盐的金属离子(如 Sr^{2+}、Ba^{2+}、Ni^{2+}、Cd^{2+}、Zn^{2+}、Cu^{2+}、Pb^{2+}、Hg^{2+}、Ag^+、Bi^{3+}、Ce^{3+}、La^{3+}等)都能用同样的方法测定。

高锰酸钾法的优点是 $KMnO_4$ 氧化能力强，应用广泛，但由于其氧化能力强，它可以和很多还原性物质发生作用，所以干扰也比较严重。此外，$KMnO_4$ 试剂常含少量杂质，其标准溶液不够稳定。

1) 高锰酸钾标准溶液

市售的高锰酸钾常含有少量杂质，如硫酸盐、氯化物及硝酸盐等，因此不能用直接法配制准确浓度的标准溶液。$KMnO_4$ 氧化力强，易和水中的有机物、空气中的尘埃、氨等还原性物质作用。$KMnO_4$ 还能自行分解，如下式所示：

$$4\,KMnO_4 + 2H_2O = 4MnO_2\downarrow + 4KOH + 3O_2\uparrow$$

分解的速度随溶液的 pH 而改变，在中性溶液中，分解很慢，但 Mn^{2+} 和 MnO_2 的存在能加速其分解，见光时分解得更快。因此 $KMnO_4$ 溶液的浓度容易改变。

为了配制较稳定的 $KMnO_4$ 溶液，可称取稍多于理论量的 $KMnO_4$ 固体，溶于一定体积的蒸馏水中，加热煮沸，冷却后贮于棕色瓶中，于暗处放置数天，使溶液中可能存在的还原性物质完全氧化，然后过滤除去析出的 MnO_2 沉淀，再进行标定。使用经久放置后的 $KMnO_4$ 溶液时应重新标定其浓度。$KMnO_4$ 溶液可用还原剂作基准物来标定。$H_2C_2O_4 \cdot 2H_2O$、$Na_2C_2O_4$、$FeSO_4 \cdot (NH_4)_2SO_4 \cdot 6H_2O$、纯铁丝及 As_2O_3 等都可用作基准物。其中草酸钠不含结晶水并容易提纯，是最常用的基准物质。

在 H_2SO_4 溶液中，MnO_4^- 与 $C_2O_4^{2-}$ 的反应为

$$2MnO_4^- + 5C_2O_4^{2-} + 16H^+ = 2Mn^{2+} + 10CO_2\uparrow + 8H_2O$$

为了使此反应能定量地较迅速地进行，应注意下述滴定条件。

(1) 温度。

在室温下此反应的速度缓慢，因此应将溶液加热至75～85℃；但温度不宜过高，否则在酸性溶液中会使部分 $H_2C_2O_4$ 发生分解。

$$H_2C_2O_4 = CO_2\uparrow + CO + H_2O$$

(2) 酸度。

溶液保持足够的酸度，一般在开始滴定时，溶液的酸度约为 $0.5 \sim 1\ mol \cdot L^{-1}$ H_2SO_4。酸度不够时，往往容易生成 MnO_2 沉淀；酸度过高又会促使 $H_2C_2O_4$ 分解。

(3) 滴定速度。

由于 MnO_4^- 与 $C_2O_4^{2-}$ 的反应是自动催化反应，滴定开始时，加入的第一滴 $KMnO_4$

溶液褪色很慢，所以开始滴定时滴定速度要慢些，在 $KMnO_4$ 红色没有褪去以前，不要加入第二滴。等几滴 $KMnO_4$ 溶液已起作用后，滴定速度就可以稍快些，但不能太快，否则加入的 $KMnO_4$ 溶液来不及与 $C_2O_4^{2-}$ 反应，即在热的酸性溶液中发生分解。

$$4MnO_4^- + 12H^+ \xlongequal{\quad} 4Mn^{2+} + 5O_2 + 6H_2O$$

$KMnO_4$ 法滴定终点是不太稳定的，这是由于空气中的还原性气体及尘埃等杂质落入溶液中能使 $KMnO_4$ 缓慢分解，而使粉红色消失，所以经过半分钟不褪色即可认为终点已到。

2）应用示例

（1）过氧化氢的测定。

商品双氧水中的过氧化氢，可用 $KMnO_4$ 标准溶液直接滴定，其反应为

$$5H_2O_2 + 2MnO_4^- + 6H^+ \xlongequal{\quad} 2Mn^{2+} + 5O_2 + 8H_2O$$

此滴定在室温时可在硫酸或盐酸介质中顺利进行，但开始时反应进行较慢，反应产生的 Mn^{2+} 可起催化作用，使以后的反应加速。H_2O_2 不稳定，在其工业品中一般加入某些有机物如乙酰苯胺等作稳定剂。这些有机物大多能与 MnO_4^- 作用而干扰 H_2O_2 的测定。此时过氧化氢宜采用碘量法或铈量法测定。生物化学中，过氧化氢酶能使 H_2O_2 分解，故可用适量的 H_2O_2 与过氧化氢酶作用，剩余的 H_2O_2 在酸性条件下用 $KMnO_4$ 标准溶液滴定，以此间接测定过氧化氢酶的含量。

（2）Ca^{2+} 的测定。

一些金属离子能与 $C_2O_4^{2-}$ 生成难溶草酸盐沉淀。如果将生成的草酸盐沉淀溶于酸中，再用 $KMnO_4$ 标准溶液来滴定 $H_2C_2O_4$，就可间接测定这些金属离子。钙离子可用此法测定。

在沉淀 Ca^{2+} 时，如果将沉淀剂 $(NH_4)_2C_2O_4$ 加到中性或氨性的 Ca^{2+} 溶液中，此时生成的 CaC_2O_4 沉淀颗粒很小，难于过滤，而且含有碱式草酸钙和氢氧化钙，所以必须适当地选择沉淀 Ca^{2+} 的条件。

正确沉淀 CaC_2O_4 的方法是在 Ca^{2+} 试液中先以盐酸酸化，然后加入 $(NH_4)_2C_2O_4$。由于 $C_2O_4^{2-}$ 在酸性溶液中大部分以 $HC_2O_4^-$ 存在，$C_2O_4^{2-}$ 的浓度很小，此时即使 Ca^{2+} 浓度相当大，也不会生成 CaC_2O_4 沉淀。如果在加入 $(NH_4)_2C_2O_4$ 后把溶液加热至 70～80℃，滴入稀氨水。由于 H^+ 逐渐被中和，$C_2O_4^{2-}$ 浓度缓缓增加，结果可以生成粗颗粒结晶的 CaC_2O_4 沉淀。最后应控制溶液的 pH 在 3.5 至 4.5 之间（甲基橙呈黄色）并继续保温约 30 min 使沉淀陈化。这样不仅可避免其他不溶性钙盐的生成，而且所得 CaC_2O_4 沉淀又便于过滤和洗涤。放置冷却后，过滤、洗涤，将 CaC_2O_4 溶于稀硫酸中，即可用 $KMnO_4$ 标准溶液滴定热溶液中与 Ca^{2+} 定量结合的 $H_2C_2O_4$。

（3）铁的测定。

将试样溶解后（通常使用盐酸作为溶剂），生成的 Fe^{3+}（实际上是 $[FeCl_4]^-$、$[FeCl_6]^{3-}$ 等配离子）应先用还原剂还原为 Fe^{2+}，然后用 $KMnO_4$ 标准溶液来滴定。在滴定前还应加入硫酸锰、硫酸及磷酸的混合液，其作用是：

① 避免 Cl^- 存在下所发生的诱导反应。

② Fe^{3+} 生成无色的 $[Fe(PO_4)_2]^{3-}$ 配离子，可使终点易于观察。

（4）测定某些有机化合物。

在强碱性溶液中，MnO_4^- 与有机化合物反应，生成绿色的 MnO_4^{2-}，利用这一反应可

以用高锰酸钾法测定某些有机化合物。

例如测定甘油，在试液中加入一定量过量的 $KMnO_4$ 标准溶液，并加入氢氧化钠至溶液呈碱性：

$$\begin{array}{l} H_2C—OH \\ \quad | \\ HC—OH \\ \quad | \\ H_2C—OH \end{array} + 14MnO_4^- + 20OH^- \longrightarrow 3CO_3^{2-} + 14MnO_4^{2-} + 14H_2O$$

待反应完成后，将溶液酸化。用 Fe^{2+} 标准溶液滴定溶液中所有的高价锰离子，使之还原为 Mn(Ⅱ)，计算出消耗的 Fe^{2+} 标准溶液的物质的量。用同样的方法，测出在碱性溶液中反应前一定量的 $KMnO_4$ 标准溶液相当于 Fe^{2+} 标准溶液的用量。根据两者之差，计算出该有机物的物质的量。此法可用于测定甲酸、甲醇、柠檬酸、酒石酸等。

2. 重铬酸钾法

重铬酸钾法是以重铬钾标准溶液为滴定剂的氧化还原滴定法。$K_2Cr_2O_7$ 是一种常用的氧化剂，在酸性溶液中，半反应如下：

$$Cr_2O_7^{2-} + 14H^+ + 6e^- \rightleftharpoons 2Cr^{3+} + 7H_2O \qquad \varphi^{\ominus} = 1.33V$$

$K_2Cr_2O_7$ 溶液为橙色，而其还原产物为绿色的 Cr^{3+}，故其滴定终点要借助氧化还原指示剂来判断。常用的指示剂有二苯胺磺酸钠、邻二氮菲亚铁等。另外，由于 $K_2Cr_2O_7$ 的氧化能力比 $KMnO_4$ 弱，该法的应用范围较 $KMnO_4$ 法窄。但与 $KMnO_4$ 法相比，$K_2Cr_2O_7$ 法具有如下优点：

① $K_2Cr_2O_7$ 容易提纯，且性质稳定，可以用直接法配制标准溶液，并可长期贮存。

② 滴定可在盐酸介质中进行。由条件电势(1 mol·L^{-1} HCl) $\varphi^{\ominus\prime}(Cr_2O_7^{2-}/Cr^{3+}) = 1.00V$，$\varphi^{\ominus\prime}(Cl_2/Cl^-) = 1.36V$ 可知，在 1 mol·L^{-1} HCl 条件下，$Cr_2O_7^{2-}$ 不能氧化 Cl^-。但 HCl 浓度不能过大，否则 $Cr_2O_7^{2-}$ 会被 Cl^- 还原。

1) $K_2Cr_2O_7$ 标准溶液的配制

准确称取经 140～150℃烘干后的 $K_2Cr_2O_7$ 基准物质，并将其溶解在一定量水中，即得 $K_2Cr_2O_7$ 标准溶液。标准溶液浓度的计算公式为

$$c(K_2Cr_2O_7) = \frac{m(K_2Cr_2O_7)}{M(K_2Cr_2O_7) \times V(K_2Cr_2O_7)}$$

2) $K_2Cr_2O_7$ 法应用示例

(1) 试样中铁含量的测定。

重铬酸钾法测定铁含量基于下列反应：

$$6Fe^{2+} + Cr_2O_7^{2-} + 14H^+ \longrightarrow 6Fe^{3+} + 2Cr^{3+} + 7H_2O$$

Fe^{2+} 是测定形式，所以试样在测定前应先制备成 Fe^{2+} 试液。滴定反应是在 H_2SO_4-H_3PO_4 介质中进行的，以二苯胺磺酸钠为指示剂，终点时溶液颜色由绿色(Cr^{3+} 的颜色)突变为紫色。试样中铁的含量可按下式进行计算：

$$w(Fe) = \frac{6c(K_2Cr_2O_7) \times V(K_2Cr_2O_7) \times M(Fe)}{m(\text{试样})}$$

测定时加入 H_3PO_4 是为了减小终点误差。因指示剂的条件电势 $\varphi_{In}^{\ominus\prime} = 0.85V$，而滴定突跃是从 0.86V($Fe^{2+}$ 被滴定了 99.9%)开始的，显然，在滴定突跃开始之前，指示剂已被氧化，从而使终点提前。试液中加入 H_3PO_4，使之与 Fe^{3+} 生成无色的稳定的 $[Fe(HPO_4)]^{2-}$，降低了

Fe^{3+}/Fe^{2+}电对的电势，使指示剂的条件电势落在突跃范围之内。此外，由于生成无色$[Fe(HPO_4)]^{2-}$，消除了Fe^{3+}的黄色干扰，使终点时溶液颜色变化更加敏锐。

（2）土壤中有机质的测定。

土壤中有机质含量的高低是判断土壤肥力的重要指标。由于有机质组成复杂，通常先测定土壤中碳含量，再按一定的关系折算为有机质含量。测定时的主要反应为

$$2K_2Cr_2O_7+8H_2SO_4+3C \xlongequal{Ag_2SO_4} 2K_2SO_4+2Cr_2(SO_4)_3+3CO_2\uparrow+8H_2O$$

$$K_2Cr_2O_7+6FeSO_4+7H_2SO_4 = Cr_2(SO_4)_3+K_2SO_4+3Fe_2(SO_4)_3+7H_2O$$

测定时采用返滴定法。先将试样在浓硫酸的存在下与已知过量的$K_2Cr_2O_7$溶液共热，使土壤中有机质中的碳被氧化为CO_2，反应结束后，剩余的$K_2Cr_2O_7$在$H_2SO_4-H_3PO_4$介质中，选用二苯胺磺酸钠为指示剂，用$FeSO_4$标准溶液返滴定。根据$K_2Cr_2O_7$和$FeSO_4$的用量可计算出已被氧化的碳的量，计算公式为

$$w(C)=\frac{[V_0(FeSO_4)-V(FeSO_4)]\times c(FeSO_4)\times M(C)\times\frac{1}{6}\times\frac{3}{2}}{m(\text{试样})}$$

式中$V_0(FeSO_4)$、$V(FeSO_4)$分别为空白测定和试样测定时所用$FeSO_4$标准溶液的体积。

大量试验表明：①该法不能将土壤中的有机质完全氧化，在Ag_2SO_4作催化剂的条件下，其平均氧化率可达96%，因此计算有机质的含量时应乘以氧化校正系数1.04(100/96)；②土壤有机质中碳的含量为58%，通常用1.724(100/58)为有机质的换算系数。土壤中有机质含量可由下式计算得到。

$$w(\text{有机质})=\frac{[V_0(FeSO_4)-V(FeSO_4)]\times c(FeSO_4)\times M(C)\times\frac{1}{6}\times\frac{3}{2}\times1.724\times1.04}{m(\text{试样})}$$

（3）水中化学需氧量的测定。

化学需氧量(COD)是指在一定条件下用强氧化剂处理水样所消耗的氧化剂的量，通常折算成每升水样消耗氧的质量(单位为$mg\cdot L^{-1}$)。水中各种有机物进行化学氧化反应的难易程度是不同的，因此化学需氧量是在规定条件下水中各种还原剂需氧量的总和。化学需氧量反映水体受污染的程度。

测定化学需氧量的常用方法有高锰酸钾法和重铬酸钾法。由于重铬酸钾法的氧化程度比高锰酸钾法高，污染严重的水体和工业废水用重铬酸钾法测定。其测定方法是：水样在H_2SO_4介质中，以Ag_2SO_4为催化剂，加入已知过量的$K_2Cr_2O_7$标准溶液，加热。待反应完成后，剩余的$K_2Cr_2O_7$以1，10-二氮菲亚铁为指示剂，用$FeSO_4$标准溶液返滴定，终点时溶液颜色由黄色经蓝色最后呈红褐色。水样的COD值计算如下：

$$\rho(O_2)=\frac{[V_0(FeSO_4)-V(FeSO_4)]\times c(FeSO_4)\times M(O_2)\times\frac{1}{4}\times1000}{V(\text{水样})}$$

式中$V_0(FeSO_4)$、$V(FeSO_4)$分别为空白测定和试样测定所用$FeSO_4$标准液的体积。

3. 碘量法

1）概述

碘量法是利用I_2的氧化性和I^-的还原性进行滴定分析的方法。其半反应为

$$I_2+2e^- \rightleftharpoons 2I^-$$

固体碘在水中的溶解度很小，因此滴定分析时所用碘液是 I_3^- 溶液，该溶液是将固体碘溶于碘化钾溶液制得的，反应式为

$$I_2 + I^- \rightleftharpoons I_3^-$$

半反应为

$$I_3^- + 2e^- \rightleftharpoons 3I^- \qquad \varphi^{\ominus} = 0.54V$$

为简便起见，一般仍将 I_3^- 简写为 I_2。

由 I_2/I^- 电对的 $\varphi^{\ominus}$ 值可知，I_2 的氧化能力较弱，它只能与一些较强的还原剂作用。I^- 是一中等强度的还原剂，它能被许多氧化剂氧化为 I_2。因此，碘量法又可分为直接碘量法和间接碘量法两种。

(1) 直接碘量法。

用 I_2 标准溶液直接滴定还原剂溶液的分析法称为直接碘量法(或碘滴定法)。直接碘量法可测定一些强还原性物质，例如可利用反应 $I_2 + SO_2 + 2H_2O = 2I^- + SO_4^{2-} + 4H^+$ 对钢铁中硫含量进行滴定分析。由于 I_2 是一较弱的氧化剂，直接碘量法测定范围有限。

(2) 间接碘量法。

先将氧化性试样与 I^- 作用，反应析出的 I_2 用硫代硫酸钠($Na_2S_2O_3$)标准溶液进行滴定，这种分析方法称为间接碘量法(或滴定碘法)。间接碘量法可以测定具有氧化性的试样。如 $K_2Cr_2O_7$ 的测定：先将 $K_2Cr_2O_7$ 试液在酸性介质中与过量的碘化钾作用产生 I_2，再用 $Na_2S_2O_3$ 标准溶液滴定 I_2。有关反应为

$$Cr_2O_7^{2-} + 6I^- + 14H^+ = 2Cr^{3+} + 3I_2 + 7H_2O$$

$$I_2 + 2S_2O_3^{2-} = 2I^- + S_4O_6^{2-}$$

由于 I^- 能与许多氧化剂作用，间接碘量法的应用较直接碘量法更为广泛。表 11-8 给出碘量法能够测定的某些物质。

表 11-8 可用碘量法测定的物质

直接碘量法	间接碘量法		
S^{2-}	MnO_4^-	NO_2^-	H_2O_2
SO_3^{2-}	MnO_2	ClO_3^-	Cu^{2+}
$S_2O_3^{2-}$	$Cr_2O_7^{2-}$	AsO_4^{3-}	Pb^{2+}
AsO_3^{3-}	CrO_4^{2-}	SbO_4^{3-}	Ba^{2+}
SbO_3^{3-}	IO_3^-	ClO^-	Fe^{3+}
Sn^{2+}	BrO_3^-	某些有机物	

碘量法既可以测定还原性物质，也可以测定氧化性物质，副反应少，测定时介质可以是酸性、中性，也可以是弱碱性。该法所用指示剂是淀粉。

2) 碘量法的反应条件

为了获得准确的结果，应用碘量法时应注意下面的条件。

(1) 防止 I^- 被 O_2 氧化和 I_2 的挥发。

I^- 离子被空气氧化和 I_2 的挥发是碘量法的重要误差来源。实验时常使用下面的方法防止 I^- 被空气氧化。

① 溶液酸度不能太高。因为反应

$$4I^- + O_2 + 4H^+ \longrightarrow 2I_2 + 2H_2O$$

反应进行的程度和反应速率都将随溶液酸度增加而提高。

② 光照以及 Cu^{2+}、NO_2^- 等对空气氧化 I^- 的反应有催化作用，故应将消除 Cu^{2+}、NO_2^- 等干扰离子后的溶液放置于暗处，避免光线直接照射。

③ 间接碘量法中，应在接近滴定终点时再加入淀粉指示剂，否则大量的 I_2 与淀粉结合，会妨碍 $Na_2S_2O_3$ 对 I_2 的还原。

防止 I_2 挥发常用的方法有：

① 加入过量的 KI，使 I_2 生成 I_3^- 减少 I_2 挥发性。

② 反应温度不宜高，析出 I_2 的反应应在碘量瓶中进行，反应完成后应立即滴定。

③ 滴定时，不能剧烈摇动溶液，滴定速度不宜太慢。

（2）控制合适的酸度。

直接碘量法不能在碱溶液中进行，间接碘量法只能在弱酸性近中性的溶液中进行。如果溶液的 pH 过高(即酸度过低)，I_2 自身会发生歧化反应：

$$3I_2 + 6OH^- \longrightarrow IO_3^- + 5I^- + 3H_2O$$

在间接碘量法中，pH 过高或过低都会改变 I_2 与 $S_2O_3^{2-}$ 的计量关系，从而带入很大的误差。

在近中性溶液中，I_2 与 $S_2O_3^{2-}$ 的反应为

$$I_2 + 2S_2O_3^{2-} \longrightarrow 2I^- + S_4O_6^{2-}$$

其计量关系为

$$n(I_2) : n(S_2O_3^{2-}) = 1 : 2$$

pH 过高时，发生下列反应：

$$I_2 + 2OH^- \longrightarrow IO^- + I^- + H_2O$$

$$4IO^- + S_2O_3^{2-} + 2OH^- \longrightarrow 4I^- + 2SO_4^{2-} + H_2O$$

总反应为

$$S_2O_3^{2-} + 4I_2 + 10OH^- \longrightarrow 8I^- + 2SO_4^{2-} + 5H_2O$$

$$n(I_2) : n(S_2O_3^{2-}) = 4 : 1$$

若溶液 pH 过低时，发生下列反应：

$$S_2O_3^{2-} + 2H^+ \longrightarrow H_2SO_3 + S\downarrow$$

$$I_2 + H_2SO_3 + H_2O \longrightarrow SO_4^{2-} + 4H^+ + 2I^-$$

总反应为

$$I_2 + S_2O_3^{2-} + H_2O \longrightarrow SO_4^{2-} + S\downarrow + 2H^+ + 2I^-$$

$$n(I_2) : n(S_2O_3^{2-}) = 1 : 1$$

3）标准溶液的配制和标定

碘量法中，经常使用的标准溶液有 $Na_2S_2O_3$ 和 I_2 两种，下面分别介绍这两种溶液的配制和标定。

（1）I_2 标准溶液的配制和标定。

配制：I_2 具有挥发性，准确称量较困难，碘标准溶液通常是用间接法配制的。配制 I_2 标准溶液时，先在托盘天平上称取一定量的碘，将适量的 KI 与 I_2 一起置于研钵中，加少量水研磨，待 I_2 全部溶解后，加水将溶液稀释至一定的体积。溶液贮存于具有玻璃塞的棕

色瓶内，放置在阴暗处(I_2 溶液不应与橡皮等有机物接触，且要避免光照和受热)。

标定：As_2O_3 是标定 I_2 溶液的常用基准物质，As_2O_3 难溶于水，故先将一定准确量的 As_2O_3 溶解在氢氧化钠溶液中，再用酸将溶液酸化，最后用 $NaHCO_3$ 将溶液 pH 调至 8～9。以淀粉为指示剂，用 I_2 溶液进行滴定，终点时，溶液由无色突变为蓝色。相关的反应式为

$$As_2O_3 + 6OH^- = 2AsO_3^{3-} + 3H_2O$$

$$H_3AsO_3 + I_2 + H_2O = HAsO_4^{2-} + 2I^- + 4H^+$$

I_2 的浓度可按下式进行计算：

$$c(I_2) = \frac{2m(As_2O_3)}{M(As_2O_3)V(I_2)}$$

I_2 溶液浓度也可以用 $Na_2S_2O_3$ 标准溶液进行比较滴定。

(2) $Na_2S_2O_3$ 标准溶液的配制和标定。

配制：$Na_2S_2O_3$ 标准溶液也是用间接法配制。$Na_2S_2O_3$ 溶液不稳定，其浓度随时间而变化。主要原因如下：

① $Na_2S_2O_3$ 溶液遇酸即分解。水中溶解的 CO_2 也能与它发生作用：

$$S_2O_3^{2-} + CO_2 + H_2O = HSO_3^- + HCO_3^- + S\downarrow$$

② 空气中的氧可将其氧化：

$$2S_2O_3^{2-} + O_2 = 2SO_4^{2-} + 2S\downarrow$$

③ 水中存在的微生物能使其转化为 Na_2SO_3：

$$Na_2S_2O_3 = Na_2SO_3 + S\downarrow$$

光照会加快该反应速率。在微生物作用下分解是存放过程中 $Na_2S_2O_3$ 浓度变化的主要原因。

在配制 $Na_2S_2O_3$ 溶液时，用托盘天平称取一定量的 $Na_2S_2O_3 \cdot 5H_2O$，用新煮沸(除 CO_2、O_2，杀菌)并冷却了的蒸馏水溶解，稀释至一定的体积后加入少量 Na_2CO_3，使溶液保持微碱性，以抑制细菌的再生长。配好的溶液放在棕色瓶中置于阴暗处，一天后再进行标定。

$Na_2S_2O_3$ 标准溶液不易长期放置，使用一段时间后应重新标定。若发现溶液变混或黄，则不能继续使用。

标定：$Na_2S_2O_3$ 溶液的标定采用间接碘量法，标定时常用的基准物有 $K_2Cr_2O_7$、$KBrO_3$、KIO_3 和纯铜等，其中以 $K_2Cr_2O_7$ 最为常用。如准确称取一定量的 $K_2Cr_2O_7$(或量取一定体积的 $K_2Cr_2O_7$ 标准溶液)，放于碘量瓶中，加入适量的 H_2SO_4 和过量的 KI 溶液，待反应定量完成后，以淀粉为指示剂，立即用 $Na_2S_2O_3$ 溶液滴定至溶液蓝色褪去。相关反应为

$$Cr_2O_7^{2-} + 6I^- + 14H^+ = 3I_2 + 2Cr^{3+} + 7H_2O$$

$$I_2 + 2S_2O_3^{2-} = 2I^- + S_4O_6^{2-}$$

$Na_2S_2O_3$ 溶液浓度可按下面公式计算：

$$c(Na_2S_2O_3) = \frac{6m(K_2Cr_2O_7)}{M(K_2Cr_2O_7)V(Na_2S_2O_3)}$$

或

$$c(Na_2S_2O_3) = \frac{6c(K_2Cr_2O_7)V(K_2Cr_2O_7)}{V(Na_2S_2O_3)}$$

4）碘量法应用示例

（1）间接碘量法测铜。

本法是基于 Cu^{2+} 与过量 KI 的反应，生成与之计量相当的 I_2。

$$2Cu^{2+}+4I^-=2CuI\downarrow(白)+I_2$$

再用 $Na_2S_2O_3$ 标准溶液进行滴定。以淀粉为指示剂，蓝色恰好褪去为终点。这里 I^- 既是还原剂，又是沉淀剂，还是配位剂。由于 CuI 沉淀表面会吸附一些 I_2，使其无法被滴定，造成结果偏低。为此可在临近终点时加入 KSCN 或 NH_4SCN，使 CuI 转化为溶解度更小的 CuSCN：

$$CuI+SCN^-=CuSCN\downarrow+I^-$$

由于 CuSCN 沉淀几乎不吸附 I_2，因而消除了这项误差。

用碘量法测铜时，最好用纯铜来标定 $Na_2S_2O_3$ 溶液，以消除方法误差。

此法也适用于测定铜合金、炉渣、电镀液等试样中铜的含量。

（2）间接碘量法测钡。

利用 Ba^{2+} 在一定条件下与 CrO_4^{2-} 生成 $BaCrO_4$ 沉淀的性质，可间接测定之。

在 HAc－NaAc 缓冲溶液中，用过量 K_2CrO_4 将 Ba^{2+} 沉淀为 $BaCrO_4$。沉淀经过滤、洗涤后，用稀 HCl 溶液溶解，并使 CrO_4^{2-} 转化为 $Cr_2O_7^{2-}$。

$$2BaCrO_4+2H^+=2Ba^{2+}+Cr_2O_7^{2-}+H_2O$$

再加入过量的 KI 将全部 $Cr_2O_7^{2-}$ 还原，并生成与之计量相当的 I_2。

$$Cr_2O_7^{2-}+6I^-+14H^+=3I_2+2Cr^{3+}+7H_2O$$

以淀粉为指示剂，用 $Na_2S_2O_3$ 标准溶液滴定生成的 I_2，即可间接求出 Ba^{2+} 的含量。Pb^{2+} 也可用类似方法加以测定。

（3）葡萄糖含量的测定。

在碱性溶液中，I_2(过量)反应生成的 IO^- 能将葡萄糖定量氧化。

$$I_2+2OH^-=IO^-+I^-+H_2O$$

$$CH_2OH(CHOH)_4CHO+IO^-+OH^-=CH_2OH(CHOH)_4COO^-+I^-+H_2O$$

其总反应为

$$C_6H_{12}O_6+I_2+3OH^-=C_6H_{11}O_7^-+2I^-+2H_2O$$

剩余的 IO^- 在碱性溶液中发生歧化反应：

$$3IO^-=IO_3^-+2I^-$$

酸化试液后，上述歧化产物可转变成 I_2 析出，再用 $Na_2S_2O_3$ 标准溶液进行测定：

$$IO_3^-+5I^-+6H^+=3I_2+3H_2O$$

$$2S_2O_3^{2-}+I_2=S_4O_6^{2-}+2I^-$$

在上述过程中，反应物之间有如下计量关系：

$$I_2\sim IO^-\sim C_6H_{12}O_6 \qquad I_2\sim 2S_2O_3^{2-}$$

因此

$$w(C_6H_{12}O_6)=\frac{\left[(cV)_{I_2}-\frac{1}{2}(cV)_{Na_2S_2O_3}\right]\times M(C_6H_{12}O_6)}{m_S}$$

（4）直接碘量法测硫。

测定溶液中 S^{2-} 或 H_2S 的含量时，可调节溶液至弱酸性，以淀粉为指示剂，用 I_2 标准

溶液直接滴定 H_2S 而求得。

$$I_2+H_2S \longrightarrow S+2I^-+2H^+$$

该滴定不能在碱性溶液中进行，除 I_2 将发生歧化反应外，部分 S^{2-} 也会被氧化为 SO_4^{2-}。

测定钢铁中硫的含量时，将试样置于密封的管式炉中高温熔融，并通入空气，使其中的硫全部氧化为 SO_2。用水吸收导出的 SO_2，生成 H_2SO_3 溶液。

$$SO_2+H_2O \longrightarrow H_2SO_3$$

再以淀粉为指示剂，用 I_2 标准溶液滴定生成的 H_2SO_3，从而求得硫的含量。

$$I_2+H_2SO_3+H_2O \longrightarrow 2I^-+SO_4^{2-}+4H^+$$

4. 氧化还原滴定结果的计算

氧化还原滴定结果的计算主要依据氧化还原反应式中的化学计量关系。

【例 11-5】 用 30.00 mL $KMnO_4$ 溶液恰能氧化一定质量的 $KHC_2O_4 \cdot H_2O$，同样质量 $KHC_2O_4 \cdot H_2O$ 又恰能被 25.20 mL 0.2000mol·L^{-1}KOH 溶液中和。$KMnO_4$ 溶液的浓度是多少？

解： $KMnO_4$ 与 $KHC_2O_4 \cdot H_2O$ 反应为

$$2MnO_4^-+5C_2O_4^{2-}+16H^+ \longrightarrow 2Mn^{2+}+10CO_2\uparrow+8H_2O$$

所以

$$n(KMnO_4)=2/5n(KHC_2O_4 \cdot H_2O)$$

$KHC_2O_4 \cdot H_2O$ 与 KOH 反应为

$$HC_2O_4^-+OH^- \rightleftharpoons C_2O_4^{2-}+H_2O$$

$$n(KHC_2O_4 \cdot H_2O)=n(KOH)$$

因两个反应中 $KHC_2O_4 \cdot H_2O$ 质量相等，所以有

$$n(KMnO_4)=2/5n(KOH)$$

故

$$c(KMnO_4)=\frac{2c(KOH)V(KOH)}{5V(KMnO_4)}$$

$$=\frac{2\times0.2000\times25.20\times10^{-3}}{5\times30.00\times10^{-3}}=0.06720\text{mol}\cdot L^{-1}$$

【例 11-6】 25.00mL KI 用稀盐酸及 10.00mL 0.05000mol·L^{-1} KIO_3 溶液处理，煮沸以挥发除去释出的 I_2。冷却后，加入过量的 KI 溶液使之与剩余 KIO_3 反应，释出的 I_2 需用 21.14mL0.1008mol·L^{-1} $Na_2S_2O_3$ 溶液滴定。计算 KI 溶液的浓度。

解：加入的 KIO_3 分两部分分别与待测 KI(1)和以后加入的 KI(2)起反应：

$$IO_3^-+5I^-+6H^+ \rightleftharpoons 3I_2+3H_2O \quad (1)$$

$$IO_3^-+5I^-+6H^+ \rightleftharpoons 3I_2+3H_2O \quad (2)$$

第(2)步反应生成的 I_2 又被 $Na_2S_2O_3$ 滴定：

$$I_2+2S_2O_3^{2-} \rightleftharpoons 2I^-+S_4O_6^{2-}$$

反应(1)消耗的 KIO_3 为总的 KIO_3 量减去反应(2)所消耗的 KIO_3 量，即

$$n[KIO_3(1)]=n[KIO_3(\text{总})]-n[KIO_3(2)]=n[KIO_3(\text{总})]-1/3n[I_2(2)]$$

$$=n[KIO_3(\text{总})]-1/6n[Na_2S_2O_3]$$

而

$$n[KI(1)] = 5n[KIO_3(1)] = 5[n(KIO_3(总)) - 1/6n(Na_2S_2O_3)]$$

所以

$$c(KI) = \frac{5\left[c(KIO_3)V(KIO_3) - \frac{1}{6}c(Na_2S_2O_3)V(Na_2S_2O_3)\right]}{V(KI)}$$

$$= \frac{5\left(10.00 \times 0.05000 - \frac{1}{6} \times 21.14 \times 0.1008\right)}{25.00}$$

$$= 0.02897 mol \cdot L^{-1}$$

11.5 配位滴定法

11.5.1 配位滴定法概述

配位滴定法是以配位反应为基础的滴定分析方法。由于大多数无机配合物的稳定性不高，并存在逐级配位现象，因此能用于滴定分析的无机配位剂并不多。目前，广泛应用的是有机配位剂。

有机配位剂大多是多齿配体，能与金属离子形成稳定的螯合物，很少有逐级配位现象。目前使用最多的有机配位剂是氨羧配位剂，其分子中大多含有氨基二乙酸基$[-N(CH_2COOH)_2]$。这类配位剂中含有配位能力很强的氨氮($\equiv$N:)和羧氧($-COO:^-$)两种配位原子，能与多数金属离子形成稳定的可溶性配位物。氨羧配位剂的种类很多，其中应用最为广泛的是乙二胺四乙酸(简称 EDTA)。

1. EDTA 的结构特点与解离平衡

以 EDTA 为滴定剂的配位滴定法称为 EDTA 滴定法，通常所说的配位滴定法主要指 EDTA 滴定法。本节主要讨论以 EDTA 为滴定剂的配位滴定法的有关原理和应用。

在水溶液中，EDTA 两个羧基上的 H^+ 转移到两个 N 原子上，形成双偶极离子：

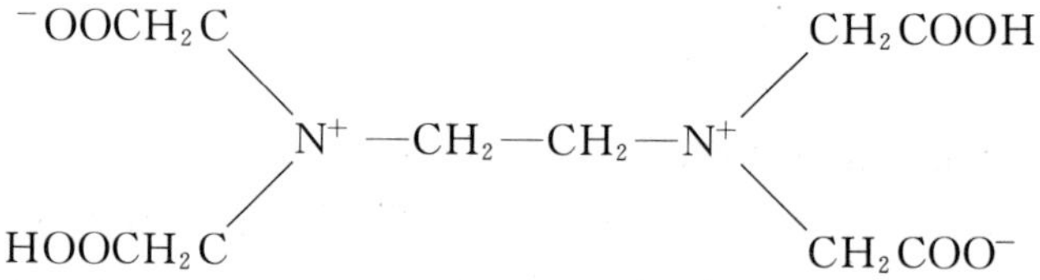

EDTA 的分子式常用 H_4Y 表示。由于 EDTA 在水中的溶解度较小，故通常使用的是它的二钠盐 $Na_2H_2Y \cdot 2H_2O$，一般也简称为 EDTA 或 EDTA 二钠盐。

当溶液的 H_3O^+ 浓度较大时，H_4Y 的双偶极离子的两个羧酸根可以各再接受一个质子形成 H_6Y^{2+}。这样，EDTA 就相当于六元酸，在水溶液中存在六级解离平衡。因此，EDTA 在水溶液中总是以 H_6Y^{2+}、H_5Y^+、H_4Y、H_3Y^-、H_2Y^{2-}、HY^{3-} 和 Y^{4-} 等七种型体存在。EDTA 的各级解离平衡常数分别为：$K_{a_1}^{\ominus}(10^{-0.9})$、$K_{a_2}^{\ominus}(10^{-1.6})$、$K_{a_3}^{\ominus}(10^{-2.0})$、$K_{a_4}^{\ominus}(10^{-2.67})$、$K_{a_5}^{\ominus}(10^{-6.16})$、$K_{a_6}^{\ominus}(10^{-10.26})$。当溶液的 pH 不同时，各种型体的分布系数 δ 也不同。

EDTA 的各种型体的分布系数 δ 与溶液 pH 的关系如图 11-9 所示。

EDTA 在溶液中的主要存在型体取决于溶液的 pH。pH < 0.9 时，主要以 H_6Y^{2+} 存

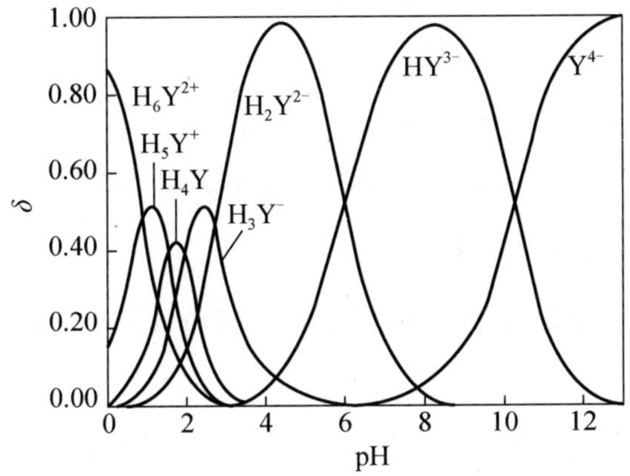

图 11－9　EDTA 的各种型体的分布系数 δ 与溶液 pH 的关系

在；pH＝0.9～1.6 时，主要以 H_5Y^+ 存在；pH＝1.6～2.0 时，主要以 H_4Y 存在；pH＝2.0～2.67 时，主要以 H_3Y^- 存在；pH＝2.67～6.16 时，主要以 H_2Y^{2-} 存在；pH＝6.16～10.26 时，主要以 HY^{3-} 存在；pH＞10.26 时，主要以 Y^{4-} 存在。

2. EDTA 与金属离子的配位平衡

由于 EDTA 具有六个配位原子，具有很强的配位能力，能与绝大多数的金属离子配位，生成具有五个五元环的螯合物。图 11－10 为 EDTA 与 Ca^{2+} 形成的螯合物的立体结构图。

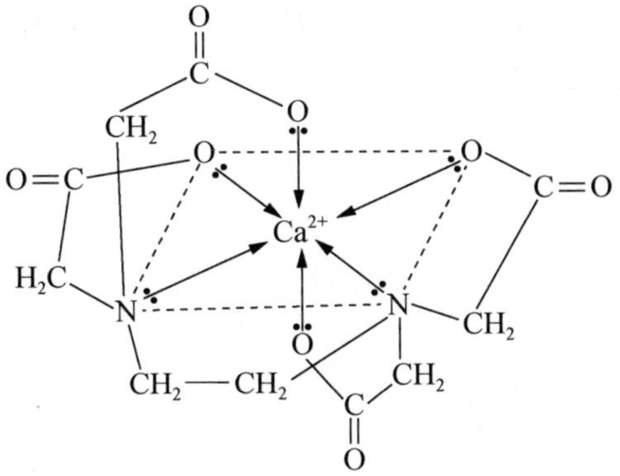

图 11－10　EDTA－Ca^{2+} 螯合物的立体结构

EDTA 与金属离子形成的螯合物具有如下特点：

(1) EDTA 与金属离子形成的螯合物稳定性高，而且反应速率较快。

(2) EDTA 与金属离子形成的螯合物的配位比大多为 1∶1，没有逐级配位现象，便于定量计算。

(3) EDTA 与金属离子所形成的螯合物易溶于水。

(4) EDTA 与无色金属离子生成无色的螯合物，与有色金属离子一般生成颜色更深的螯合物。

金属离子 M^{n+} 与 Y^{4-} 形成配合物的稳定性大小可用稳定常数表示，略去电荷，配位平衡可简写为

$$M + Y \rightleftharpoons MY$$

故

$$K_f^{\ominus}(MY) = \frac{c(MY)}{c(M)c(Y)} \tag{11-19}$$

一些常见金属离子与 EDTA 的配合物的稳定常数见附录 V。

11.5.2 EDTA 配合物的条件稳定常数

配位滴定中除了被测金属离子与 EDTA 的主反应外，还存在许多副反应，它们之间的平衡关系可用下式表示：

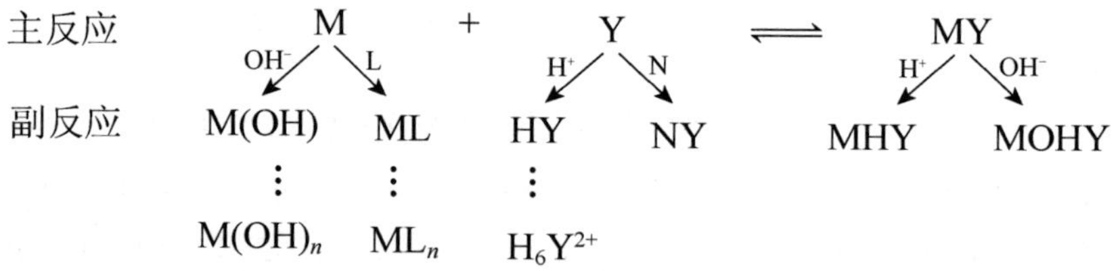

主反应产物 MY 发生副反应对滴定反应是有利的，但这类副反应的程度很小，一般可忽略不计。金属离子 M 和配位剂 Y 的副反应都不利于滴定反应。其中起主要作用的是由 H^+ 引起的 EDTA 的酸效应和由 L 引起的金属离子的配位效应，现分别讨论如下。

1. 酸效应

随着酸度的增加，Y^{4-} 的分布系数减小，EDTA 的配位能力减小，这种现象称为 EDTA 的酸效应。酸效应的大小用酸效应系数 $\alpha[Y(H)]$ 来衡量，它是指未参加配位反应的 EDTA 各种存在型体的总浓度 $c(Y')$ 与能直接参与主反应的 Y^{4-} 的平衡浓度 $c(Y^{4-})$ 之比。

$$\begin{aligned}
\alpha[Y(H)] &= \frac{c(Y')}{c(Y^{4-})} \\
&= \frac{c(Y^{4-}) + c(HY^{3-}) + c(H_2Y^{2-}) + \cdots + c(H_6Y^{2+})}{c(Y^{4-})} \\
&= 1 + \frac{c(HY^{3-})}{c(Y^{4-})} + \frac{c(H_2Y^{2-})}{c(Y^{4-})} + \cdots + \frac{c(H_6Y^{2+})}{c(Y^{4-})} \\
&= 1 + c(H^+)\beta_1 + c^2(H^+)\beta_2 + \cdots + c^6(H^+)\beta_6
\end{aligned}$$

去掉电荷，即

$$\alpha[Y(H)] = c(Y')/c(Y) \tag{11-20}$$

随着溶液的酸度升高，酸效应系数 $\alpha[Y(H)]$ 增大。即由酸效应引起的副反应程度越大，EDTA 与金属离子的配位能力越小。表 11－9 列出了 EDTA 在不同 pH 条件时的酸效应系数。

2. 配位效应

由于其他配位剂 L 与金属离子的配位反应而使主反应能力降低，这种现象叫配位效应。配位效应的大小用配位效应系数 $\alpha[M(L)]$ 来表示，它是指未与滴定剂 Y^{4-} 配位的金属离子 M 的各种存在型体的总浓度 $c(M')$ 与游离金属离子浓度 $c(M)$ 之比，即

表 11－9 EDTA 在不同 pH 条件时的酸效应系数

pH	lgα[Y(H)]	pH	lgα[Y(H)]	pH	lgα[Y(H)]	pH	lgα[Y(H)]
0.0	23.64	3.8	8.85	7.4	2.88	11.0	0.07
0.4	21.32	4.0	8.44	7.8	2.47	11.5	0.02
0.8	19.08	4.4	7.64	8.0	2.27	11.6	0.02
1.0	18.01	4.8	6.84	8.4	1.87	11.7	0.02
1.4	16.02	5.0	6.45	8.8	1.48	11.8	0.01
1.8	14.27	5.4	5.69	9.0	1.28	11.9	0.01
2.0	13.51	5.8	4.98	9.4	0.92	12.0	0.01
2.4	12.19	6.0	4.65	9.8	0.59	12.1	0.01
2.8	11.09	6.4	4.06	10.0	0.45	12.2	0.005
3.0	10.60	6.8	3.55	10.4	0.24	13.0	0.0008
3.4	9.70	7.0	3.32	10.8	0.11	13.9	0.0001

$$\begin{aligned}\alpha[\mathrm{M(L)}] &= \frac{c(\mathrm{M'})}{c(\mathrm{M})} \\ &= \frac{c(\mathrm{M}) + c(\mathrm{ML_1}) + c(\mathrm{ML_2}) + \cdots + c(\mathrm{ML}_n)}{c(\mathrm{M})} \\ &= 1 + \frac{c(\mathrm{ML_1})}{c(\mathrm{M})} + \frac{c(\mathrm{ML_2})}{c(\mathrm{M})} + \cdots + \frac{c(\mathrm{ML}_n)}{c(\mathrm{M})} \\ &= 1 + c(\mathrm{L})\beta_1 + c^2(\mathrm{L})\beta_2 + \cdots + c^n(\mathrm{L})\beta_n \end{aligned} \tag{11-21}$$

溶液中 OH^- 也可以看作一种配位剂，能和金属离子形成羟基配合物，而引起副反应，其羟合效应系数 $\alpha[\mathrm{M(OH)}]$ 可表示为

$$\begin{aligned}\alpha[\mathrm{M(OH)}] &= \frac{c(\mathrm{M'})}{c(\mathrm{M})} \\ &= \frac{c(\mathrm{M}) + c\{\mathrm{M(OH)_1}\} + c\{\mathrm{M(OH)_2}\} + \cdots + c\{\mathrm{M(OH)}_n\}}{c(\mathrm{M})} \\ &= 1 + c(\mathrm{OH})\beta_1 + c^2(\mathrm{OH})\beta_2 + \cdots + c^n(\mathrm{OH})\beta_n \end{aligned} \tag{11-22}$$

如果溶液中其他的配位剂 L 和 OH^- 同时与金属离子发生副反应，则金属离子的总配位效应系数可表示为

$$\alpha(\mathrm{M}) = \alpha[\mathrm{M(L)}] + \alpha[\mathrm{M(OH)}] - 1 \tag{11-23}$$

3. 条件稳定常数

在配位滴定中，由于副反应的存在，配合物的实际稳定性下降，这时配合物的稳定性可用条件稳定常数 $K_f^{\ominus\prime}(\mathrm{MY})$ 表示，它表示了在溶液酸度和其他配位剂影响下配合物的实际稳定程度的大小。

$$K_f^{\ominus\prime}(\mathrm{MY}) = \frac{c(\mathrm{MY})}{c(\mathrm{M'})c(\mathrm{Y'})} = \frac{c(\mathrm{MY})}{\alpha_{[\mathrm{M(L)}]}c(\mathrm{M}) \cdot \alpha_{[\mathrm{Y(H)}]}c(\mathrm{Y})} = \frac{K_f^{\ominus}(\mathrm{MY})}{\alpha_{[\mathrm{M(L)}]}\alpha_{[\mathrm{Y(H)}]}} \tag{11-24}$$

或

$$\lg K_f^{\ominus\prime}(MY) = \lg K_f^{\ominus}(MY) - \lg\alpha[M(L)] - \lg\alpha[Y(H)] \qquad (11-25)$$

式中，$c(M')$为未与滴定剂 Y^{4-} 配位的金属离子 M^{n+} 的各种存在型体的总浓度，$c(Y')$为未参加配位反应的 EDTA 各种存在型体的总浓度，$K_f^{\ominus}(MY)$ 为金属离子 M^{n+} 与 Y^{4-} 形成配合物的稳定常数，$\alpha[M(L)]$ 为金属离子 M^{n+} 的总配位效应系数，$\alpha[Y(H)]$ 为 EDTA 的酸效应系数。

显然，酸效应和配位效应越大，$K_f^{\ominus\prime}(MY)$越小，即配合物的实际稳定性越小。

11.5.3 配位滴定曲线

1. 配位滴定曲线的绘制

配位滴定中，随着配位剂的不断加入，被滴定的金属离子浓度 $c(M)$不断减小，其改变的情况和酸碱滴定类似。在化学计量点附近 pM 值$[-\lg c(M)]$ 发生突变。配位滴定过程中 pM 的变化规律可以用 pM 值对配位剂 EDTA 的加入量所绘制的滴定曲线来表示。考虑到各种副反应的影响，需要应用条件稳定常数 $K_f^{\ominus\prime}(MY)$。对于不易水解或不易与其他配位剂配位的金属离子(例如 Ca^{2+})，只需考虑 EDTA 的酸效应。

现以 EDTA 溶液滴定 Ca^{2+} 溶液为例，讨论滴定过程中金属离子浓度的变化情况。设 $c(Ca^{2+})=0.01000\ mol \cdot L^{-1}$，$V(Ca^{2+})=20.00\ mL$，$c(Y)=0.01000\ mol \cdot L^{-1}$，$pH=10.0$，体系中不存在其他的配位剂。

查表可知，$\lg K_f^{\ominus}(CaY)=10.7$，$\lg\alpha[Y(H)]=0.45$。所以

$$\lg K_f^{\ominus\prime}(CaY)=\lg K_f^{\ominus}(CaY)-\lg\alpha[Y(H)]=10.7-0.45=10.25$$

即

$$K_f^{\ominus\prime}(CaY)=1.8\times10^{10}$$

与酸碱滴定曲线类似，配位滴定曲线也可以分为滴定前、滴定开始至计量点前、计量点时及计量点后 4 个部分进行讨论。

(1) 滴定前。

$$c(Ca^{2+})=0.010\,00\ mol \cdot L^{-1} \qquad pCa=2.00$$

(2) 滴定开始至化学计量点前。

近似以剩余 Ca^{2+} 浓度来计算 pCa。当加入的 EDTA 为 19.98 mL 时：

$$c(Ca^{2+}) = 0.01000 \times \frac{0.02}{(20.00+19.98)} = 5.0\times10^{-6}(mol \cdot L^{-1})$$

$$pCa=5.30$$

(3) 化学计量点时。

由于 CaY 配合物比较稳定，所以在化学计量点时，Ca^{2+} 与加入的标准溶液几乎全部配位形成 CaY 配合物。即

$$c(CaY) = 0.01000 \times \frac{20.00}{20.00+20.00} = 5.0\times10^{-3}(mol \cdot L^{-1})$$

$$K_f^{\ominus\prime}(CaY) = \frac{c(CaY)}{c(Ca)\cdot c(Y')} = \frac{c(CaY)}{c^2(Ca)}$$

$$c(Ca)=\sqrt{\frac{c(CaY)}{K_f^{\ominus\prime}(CaY)}}=\sqrt{\frac{0.005000}{1.8\times10^{10}}}=5.3\times10^{-7}(mol \cdot L^{-1})$$

$$pCa=6.28$$

(4) 化学计量点后。

当加入的滴定剂为 20.02 mL 时，EDTA 过量 0.02mL，其浓度为

$$c(Y') = \frac{0.01 \times 0.02}{20.02 + 20.00} = 5.00 \times 10^{-6}\ (\text{mol} \cdot \text{L}^{-1})$$

同时可近似认为 $c(\text{CaY}) = 5.0 \times 10^{-3}\ \text{mol} \cdot \text{L}^{-1}$，所以

$$K_f^{\ominus\prime}(\text{CaY}) = \frac{c(\text{CaY})}{c(\text{Ca})c(Y')} = \frac{5.00 \times 10^{-3}}{c(\text{Ca}) \times 5.00 \times 10^{-6}} = 1.8 \times 10^{10}$$

$$c(\text{Ca}) = 5.6 \times 10^{-8}(\text{mol} \cdot \text{L}^{-1})$$

$$\text{pCa} = 7.25$$

如此逐一计算，以 pCa 为纵坐标，加入 EDTA 标准溶液的百分数(或体积)为横坐标作图，即得到用 EDTA 标准溶液滴定 Ca^{2+} 的滴定曲线。同理得到不同 pH 条件下的滴定曲线，如图 11－11 所示。

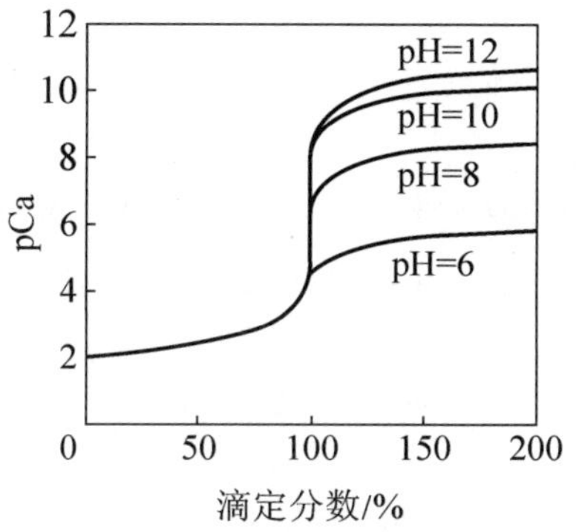

图 11－11　EDTA 滴定 Ca^{2+} 的滴定曲线

2. 影响滴定突跃的因素

(1) 溶液 pH 的影响。当图 11－11 可知，当配合物的 $\lg K_f^{\ominus}(\text{MY})$ 和金属离子的起始浓度 $c(\text{M})$ 一定时，溶液 pH 大小影响滴定突跃的上限。pH 越大，滴定突跃上限越高，即滴定突跃范围越大；pH 越小，滴定突跃范围越小。但是，通过增大 pH 来增大滴定反应的程度是有限的，pH 过大，会相应地增大金属离子水解的程度。

(2) 配合物条件稳定常数 $K_f^{\ominus\prime}(\text{MY})$ 的影响。当金属离子的起始浓度 $c(\text{M})$ 一定时，配合物的条件稳定常数 $K_f^{\ominus\prime}(\text{MY})$ 影响滴定突跃的上限。$K_f^{\ominus\prime}(\text{MY})$ 越大，滴定突跃上限越高，即滴定突跃范围越大。MY 配合物的条件稳定常数对滴定曲线的影响如图 11－12 所示。

(3) 金属离子起始浓度的影响。当配合物的条件稳定常数 $K_f^{\ominus\prime}(\text{MY})$ 一定时，金属离子起始浓度影响滴定突跃的下限，这与酸碱滴定中酸(碱)浓度影响突跃范围相似。金属离子起始浓度越小，滴定曲线的起点越高，因而滴定突跃范围越小。金属离子浓度 $c(\text{M})$ 对滴定曲线的影响如图 11－13 所示。

3. 金属离子能被准确滴定的条件

根据终点误差理论，欲用 EDTA 准确滴定金属离子 M，且终点误差 E_t 在 ±0.1% 之间，则必须

$$c(\text{M})K_f^{\ominus\prime}(\text{MY}) \geqslant 10^6 \tag{11-26}$$

即

$$\lg[c(\mathrm{M})K_f^{\ominus\prime}(\mathrm{MY})] \geqslant 6 \tag{11-27}$$

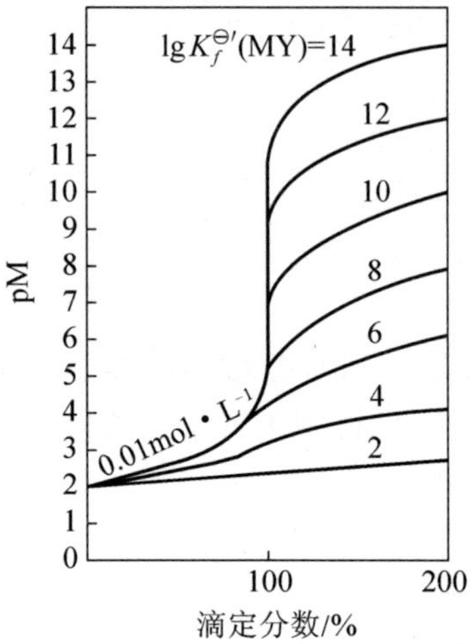

图 11－12　$\lg K_f^{\ominus\prime}$(MY)对滴定曲线的影响

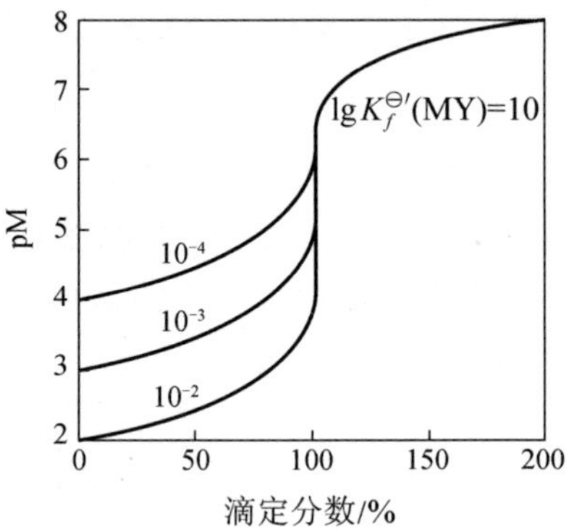

图 11－13　金属离子浓度 c(M)对滴定曲线的影响

当金属离子浓度 $c(\mathrm{M})=0.01\ \mathrm{mol\cdot L^{-1}}$时，此配合物的条件稳定常数必须等于或大于 10^8，即

$$K_f^{\ominus\prime}(\mathrm{MY})\geqslant 10^8 \tag{11-28}$$

或

$$\lg[K_f^{\ominus\prime}(\mathrm{MY})] \geqslant 8 \tag{11-29}$$

11.5.4　配位滴定中酸度的控制

1. 缓冲溶液控制溶液的酸度

在配位滴定过程中，随着配合物的生成，不断有 H^+ 释放出来：

$$M^{n+}+H_2Y^{2-} \rightleftharpoons MY^{n-4}+2H^+$$

随溶液的酸度不断增大，不仅降低了配合物 MY 的条件稳定常数，使滴定突跃范围减小，而且破坏了指示剂变色的适宜酸度，使终点误差增大。所以，通常在配位滴定中依据不同待测离子 M 与 EDTA 的配位条件选用适当缓冲溶液来控制滴定溶液的酸度。

2. 配位滴定所允许的最低 pH 和酸效应曲线

不同金属离子 M 与 EDTA 形成配合物的稳定性是不相同的，配合物稳定性大小又与溶液酸度有关。所以当用 EDTA 滴定不同的金属离子时，对稳定性高的配合物，溶液酸度稍高一点也能准确地进行滴定，但对稳定性稍差的配合物，酸度若高于某一数值时，就不能准确地滴定。因此，滴定不同的金属离子，有不同的最高酸度(即最低 pH)，小于这一最低 pH，就不能进行准确滴定。

若金属离子没有发生副反应，$K_f^{\ominus\prime}(\mathrm{MY})$仅取决于 $\alpha[\mathrm{Y(H)}]$，即

$$\lg K_f^{\ominus\prime}(\mathrm{MY}) = \lg K_f^{\ominus}(\mathrm{MY}) - \lg\alpha[\mathrm{Y(H)}]$$

根据配位滴定对条件稳定常数的要求

$$\lg K_f^{\ominus\prime}(\mathrm{MY}) \geqslant 8$$

即

$$\lg K_f^{\ominus}(\text{MY}) - \lg\alpha[\text{Y(H)}] \geqslant 8$$

$$\lg\alpha[\text{Y(H)}] \leqslant \lg K_f^{\ominus}(\text{MY}) - 8 \tag{11-30}$$

由此式可算出各种金属离子的 $\lg\alpha[\text{Y(H)}]$ 值，再查表即可查出其相应的 pH，这个 pH 即为滴定某一金属离子所允许的最低 pH。

例如：$\lg K_f^{\ominus}(\text{CaY})=11.0$，$\lg\alpha[\text{Y(H)}] \leqslant 11.0-8=3$，查表得最低 pH 为 7.3。

若以不同金属离子的 $\lg K_f^{\ominus\prime}(\text{MY})$ 值对相应的最低 pH 作图，就得到 EDTA 滴定金属离子的酸效应曲线，如图 11-14 所示。根据酸效应曲线，我们不仅可以找出单独滴定某一金属离子所需的最低 pH，而且可以判断在一定 pH 时，哪些离子被滴定，哪些离子有干扰，从而可以利用控制酸度，达到分别滴定或连续滴定的目的。

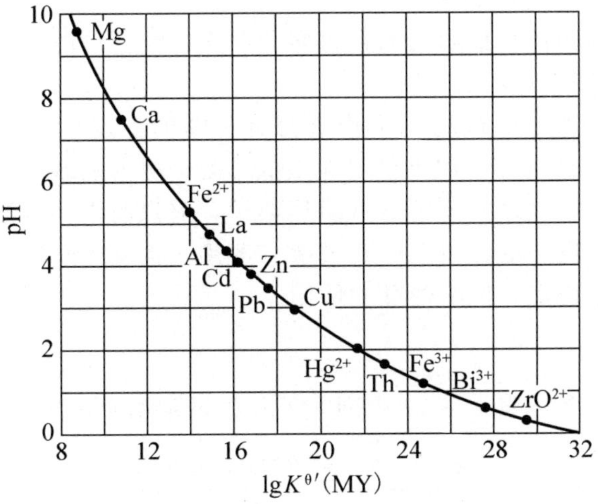

图 11-14　EDTA 的酸效应曲线

11.5.5　金属指示剂

1. 金属指示剂的变色原理及应具备的条件

在配位滴定中，可用各种方法指示滴定终点，其中最简便、使用最广泛的是金属指示剂。金属指示剂是一种配位剂，通常是一些有机染料，能与金属离子形成与其本身颜色显著不同的有色配合物，因而能指示出滴定过程中金属离子浓度的变化情况。

以铬黑 T(EBT)为例，说明金属指示剂的变色原理。铬黑 T 是弱酸性偶氮染料，其化学名称是 1-(1-羟基-2-萘偶氮)-6-硝基-2-萘酚-4-磺酸钠。铬黑 T 的钠盐为黑褐色粉末，带有金属光泽。为方便计，用 NaH_2In 表示。它在水溶液中存在下列平衡：

$$\underset{\text{pH}<6.3}{H_2In^-(\text{红色})} \underset{+H^+}{\overset{-H^+}{\rightleftharpoons}} \underset{\text{pH}=6.3\sim11.6}{HIn^{2-}(\text{蓝色})} \underset{+H^+}{\overset{-H^+}{\rightleftharpoons}} \underset{\text{pH}>11.6}{In^{3-}(\text{橙色})}$$

由于铬黑 T 与金属离子形成的配合物都呈红色，所以只有在 pH=6.3～11.6 范围内才能发生明显的颜色变化。

在 pH=10 的条件下，以铬黑 T 为指示剂，用 EDTA 标准溶液滴定 Mg^{2+} 时，部分

Mg^{2+}先与铬黑 T 形成红色的螯合物 $MgIn^{-}$：

$$Mg^{2+} + HIn^{2-} = MgIn^{-}(\text{红色}) + H^{+}$$

当滴入 EDTA 溶液时，游离的 Mg^{2+} 与 EDTA 配位形成 MgY^{2-}：

$$Mg^{2+} + Y^{4-} = MgY^{2-}$$

在接近计量点时，稍过量的 EDTA 夺取已与铬黑 T 配位的 Mg^{2+}，释放出铬黑 T，溶液由红色变为蓝色，即为滴定终点。化学反应式为

$$MgIn^{-}(\text{红色}) + H_2Y^{2-} = MgY^{2-} + HIn^{2-}(\text{蓝色}) + H^{+}$$

如果略去电荷，金属指示剂的变色原理可简单地表示如下：

滴定前　　　M+In(甲色)══MIn(乙色)

终点时　　　MIn(乙色)+Y══MY+In(甲色)

金属指示剂必须具备下列条件。

（1）指示剂本身的颜色与指示剂和金属离子形成的配合物的颜色要有显著区别，这样在终点时才会有明显的颜色变化。

（2）指示剂与金属离子形成的配位物既要有足够的稳定性，又要略低于金属离子与 EDTA 形成的配位物的稳定性。如果稳定性太低，就会提前出现终点，而且颜色变化也不敏锐；如果稳定性太高，EDTA 不能夺取金属离子，终点时看不到溶液颜色的变化。

（3）指示剂与金属离子的显色反应要灵敏、迅速，且有良好的可逆性。

（4）指示剂应比较稳定，便于贮存和使用。

2. 常用金属指示剂

金属指示剂种类繁多，表 11-10 中列举了几种最常用金属指示剂。

表 11-10　常用的金属指示剂

指示剂	使用的最适宜 pH 范围	颜色变化		直接滴定的离子	指示剂配制	注意事项
		MIn	In			
铬黑 T (EBT)	8～10	红	蓝	pH＝10，Mg^{2+}，Zn^{2+}，Cd^{2+}，Pb^{2+}，Mn^{2+}，稀土离子	1∶100 NaCl（固体）	Fe^{3+}，Al^{3+}，Cu^{2+}，Ni^{2+} 等封闭 EBT
钙指示剂	12～13	红	蓝	pH 12～13，Ca^{2+}	1∶100 NaCl（固体）	Fe^{3+}，Al^{3+}，Cu^{2+}，Ni^{2+} 等封闭钙指示剂
二甲酚橙	＜6	紫红	亮黄	pH＜1，ZrO^{2+} pH＝1～2，Bi^{3+} pH＝2.5～3.5，Th^{4+} pH＝5～6，Zn^{2+}，Pb^{2+}，Cd^{2+}，Hg^{2+}，稀土离子	0.5%水溶液	Fe^{3+}，Al^{3+}，Ni^{2+}，Ti^{4+} 等封闭二甲酚橙
酸性铬蓝 K	8～13	红	蓝	pH＝10，Mg^{2+}，Zn^{2+} pH＝13，Ca^{2+}	1∶100 NaCl（固体）	

续表

指示剂	使用的最适宜pH范围	颜色变化		直接滴定的离子	指示剂配制	注意事项
		MIn	In			
PAN	2～12	红	黄	pH＝2～3，Bi^{3+}，Th^{4+} pH＝4～6，Cu^{2+}，Ni^{2+}，Cd^{2+}，Zn^{2+}等	0.1％乙醇溶液	MIn在水溶液中溶解小，为防止PAN僵化，滴定时需加热
磺基水杨酸	1.5～2.5	紫红	无色	pH＝1.5～3.0，Fe^{3+}	5％水溶液	该指示剂本身没有颜色，FeY^-呈黄色

3. 指示剂的封闭、僵化和氧化变质现象

1）指示剂的封闭现象

某些金属离子与指示剂形成的配合物(MIn)比相应的金属离子与EDTA形成的配合物(MY)更稳定，显然此指示剂不能用作滴定该金属离子的指示剂。但在滴定其他金属离子时，若溶液中存在这些金属离子，则溶液一直呈现这些金属离子与指示剂形成的配合物MIn的颜色，即使到了化学计量点也不变色，这种现象称为指示剂的封闭现象。例如在pH＝10时以铬黑T为指示剂滴定Ca^{2+}、Mg^{2+}总量时，Al^{3+}、Fe^{3+}、Cu^{2+}、Co^{2+}、Ni^{2+}会封闭铬黑T，使终点无法确定。这时就必须将它们分离或加入少量三乙醇胺(掩蔽Al^{3+}、Fe^{3+})和KCN(掩蔽Cu^{2+}、Co^{2+}、Ni^{2+})，以消除干扰。

2）指示剂的僵化现象

有些指示剂本身或金属离子与指示剂形成的配合物在水中的溶解度太小，使滴定剂与金属－指示剂的配合物交换缓慢，终点拖长，这种现象称为指示剂的僵化。解决办法是加入有机溶剂或加热以增大其溶解度，从而加快反应速率，使终点变色明显。

3）指示剂的氧化变质现象

金属指示剂大多为含有双键的有色化合物，易被日光、氧化剂、空气所分解，在水溶液中不稳定，日久会变质。如铬黑T在Mn(Ⅳ)、Ce(Ⅳ)存在下，会很快被分解褪色。为了克服这一缺点，常配成固体混合物，加入还原性物质如抗坏血酸、羟胺等或临用时配制。

11.5.6 EDTA标准溶液的配制与标定

EDTA标准溶液一般采用间接法配制，即先配制成接近所需浓度的溶液，再用基准物质进行标定。EDTA标准溶液的常用浓度为0.01～0.05 $mol \cdot L^{-1}$。

标定EDTA溶液的基准物质有Zn、ZnO、CaO、$CaCO_3$、$MgSO_4 \cdot 7H_2O$等。标定时，准确称取一定质量的基准物质，在pH为10的NH_3-NH_4Cl缓冲溶液中以铬黑T为指示剂，用EDTA标准溶液滴定至溶液由红色转变为纯蓝色，即为终点。根据滴定消耗EDTA溶液的体积和称取基准物质的质量，计算出EDTA标准溶液的准确浓度。

11.5.7 配位滴定方式及其应用

在配位滴定中，采用不同的滴定方式，不仅可以扩大配位滴定的应用范围，而且可以提高配位滴定的选择性。

1. 直接滴定法

直接滴定法是配位滴定中的基本方法。这种方法是将试样处理成溶液后，调节至所需要的酸度，加入必要的其他试剂和指示剂，直接用 EDTA 滴定。

在适宜的条件下，大多数金属离子都可以采用 EDTA 直接滴定，见表 11-8。

2. 返滴定法

返滴定法是在试液中先加入已知量过量的 EDTA 标准溶液，用另一种金属盐类的标准溶液滴定过量的 EDTA，根据两种标准溶液的浓度和用量，即可求得被测物质的含量。

返滴定剂所生成的配合物应有足够的稳定性，但不宜超过被测离子配合物的稳定性太多，否则在滴定过程中，返滴定剂会置换出被测离子，引起误差，而且终点不敏锐。

返滴定法主要用于下列情况。

(1) 采用直接滴定法时，缺乏符合要求的指示剂，或者被测离子对指示剂有封闭作用。

(2) 被测离子与 EDTA 的配位反应速度很慢。

(3) 被测离子发生水解等副反应，影响测定。

例如 Al^{3+} 的滴定，由于存在下列问题，故不宜采用直接滴定法。

(1) Al^{3+} 对二甲酚橙等指示剂有封闭作用。

(2) Al^{3+} 与 EDTA 配位缓慢，需要加过量 EDTA 并加热煮沸，配位反应才比较完全。

(3) 在酸度不高时，Al^{3+} 水解生成一系列多核氢氧基配合物，如$[Al_2(H_2O)_6(OH)_3]^{3+}$，$[Al_3(H_2O)_6(OH)_6]^{3+}$ 等，即使将酸度提高至 EDTA 滴定 Al^{3+} 的最高酸度($pH\approx4.1$)，仍不能避免多核配合物的形成。铝的多核配合物与 EDTA 反应缓慢，配位比不恒定，故对滴定不利。

为了避免发生上述问题，可采用返滴定法。为此，可先加入一定量过量的 EDTA 标准溶液，在 $pH\approx3.5$ 时，煮沸溶液。由于此时酸度较大($pH<4.1$)，故不至于形成多核氢氧基配合物；又因 EDTA 过量较多，故能使 Al^{3+} 与 EDTA 配位完全。配位完全后，调节溶液 pH 至 5～6(此时 AlY 稳定，也不会重新水解析出多核配合物)，加入二甲酚橙，即可顺利地用 Zn^{2+} 标准溶液进行返滴定。

3. 置换滴定法

利用置换反应，置换出等物质的量的另一金属离子，或置换出 EDTA，然后滴定，这就是置换滴定法。置换滴定法的方式灵活多样。

(1) 置换出金属离子。

被测离子 M 与 EDTA 反应不完全或所形成的配合物不稳定，可让 M 置换出另一配合物(如 NL)中等物质的量的 N，用 EDTA 滴定 N，即可求得 M 的含量。

$$M+NL \rightleftharpoons ML+N$$

例如，Ag^{+} 与 EDTA 的配合物不稳定，不能用 EDTA 直接滴定，但将 Ag^{+} 加入到

$[Ni(CN)_4]^{2-}$溶液中，则

$$2Ag^+ + [Ni(CN)_4]^{2-} \rightleftharpoons 2[Ag(CN)_2]^- + Ni^{2+}$$

在 pH=10 的氨性溶液中，以紫脲酸铵作指示剂，用 EDTA 滴定置换出来的 Ni^{2+}，即可求得 Ag^+的含量。

(2) 置换出 EDTA。

将被测离子 M 与干扰离子全部用 EDTA 配位，加入选择性高的配位剂 L 以夺取 M，并释放出 EDTA：

$$MY + L \rightleftharpoons ML + Y$$

反应后，释放出与 M 等物质的量的 EDTA，用金属盐类标准溶液滴定释放出来的 EDTA，即可测得 M 的含量。

例如，测定锡合金中的 Sn 时，可于试液中加入过量的 EDTA，将可能存在的 Pb^{2+}、Zn^{2+}、Cd^{2+}、Bi^{3+}等与 Sn(Ⅳ)一起配位。用 Zn^{2+}标准溶液滴定，配位过量的 EDTA。加入 NH_4F，选择性地将 SnY 中的 EDTA 释放出来，再用 Zn^{2+}标准溶液滴定释放出来的 EDTA，即可求得 Sn(Ⅳ)的含量。

置换滴定法是提高配位滴定选择性的途径之一。此外，利用置换滴定法的原理，可以改善指示剂指示滴定终点的敏锐性。例如，铬黑 T 与 Mg^{2+}显色很灵敏，但与 Ca^{2+}显色的灵敏度较差，为此，在 pH=10 的溶液中用 EDTA 滴定 Ca^{2+}时，常于溶液中先加入少量 MgY，此时发生下列置换反应：

$$MgY + Ca^{2+} \rightleftharpoons CaY + Mg^{2+}$$

置换出来的 Mg^{2+}与铬黑 T 显很深的红色。滴定时，EDTA 先与 Ca^{2+}络合，当达到滴定终点时，EDTA 夺取 Mg－铬黑 T 络合物中的 Mg^{2+}，形成 MgY，游离出指示剂，显蓝色，颜色变化很明显。在这里，滴定前加入的 MgY 和最后生成的 MgY 的物质的量是相等的，故加入的 MgY 不影响滴定结果。用 CuY-PAN 作指示剂时，也是利用置换滴定法的原理。

4. 间接滴定法

有些金属离子和非金属离子不与 EDTA 配位或生成的配合物不稳定，这时可以采用间接滴定法。例如钠的测定，将 Na^+沉淀为醋酸铀酰锌钠 $NaAc \cdot Zn(Ac)_2 \cdot 3UO_2(Ac)_2 \cdot 9H_2O$，分出沉淀，洗净并将它溶解，然后用 EDTA 滴定 Zn^{2+}，从而求得试样中 Na^+的含量。

间接滴定法手续较繁，引入误差的机会也较多，故不是一种理想的方法。

11.5.8 提高配位滴定选择性的方法

1. 混合离子能否被分别滴定的条件

前已述及，当滴定单独一种金属离子时，只要满足 $\lg[c(M)K_f^{\ominus'}(MY)] \geqslant 6$ 的条件，就可准确进行滴定，相对误差≤±0.1%。但当溶液中有两种或两种以上的金属离子共存时，情况就比较复杂。如何在混合离子溶液中进行选择性滴定，在配位滴定中是非常重要的。所谓选择性滴定，是指当溶液中存在几种金属离子时，EDTA 只滴定其中的一种离子，而其他离子对该离子的滴定没有影响。

设溶液中含有与 M 共存的离子 N，且 $K_f^{\ominus'}(MY) > K_f^{\ominus'}(NY)$，根据终点误差理论，欲用 EDTA 准确滴定金属离子 M 而 N 离子不干扰，且终点误差在±0.3%之间，则必须

$$\Delta \lg cK_f^{\ominus'} \geqslant 5 \tag{11-31}$$

如果仍然要求终点误差在±0.1%之间，则

$$\Delta \lg cK_f^{\ominus'} \geqslant 6 \tag{11-32}$$

式(11－31)和(11－32)为选择性滴定 M 离子而 N 离子不干扰的判别式。

如果上述条件不能满足，N 离子就会干扰 M 离子的准确滴定，此时必须采取一定的措施以消除 N 离子的干扰。消除共存离子干扰的主要方法有控制酸度、掩蔽法、解蔽法和选用其他滴定剂。

2. 提高配位滴定选择性的方法

1）控制酸度

控制酸度可以有选择地滴定某种金属离子。例如，在 pH≈10 时滴定 Zn^{2+}，Mg^{2+} 有干扰，但在 pH≈5 时滴定 Zn^{2+}，Mg^{2+} 就不干扰。对于 $\lg K_f^{\ominus'}$ 值差别较大的配合物，控制酸度还可以连续滴定金属离子，例如，在含有 Fe^{3+}、Al^{3+}、Ca^{2+}、Mg^{2+} 混合溶液中，先在 pH＝1～2 时滴定 Fe^{3+}，而 Al^{3+}、Ca^{2+}、Mg^{2+} 不干扰，再在适当条件下使 Al^{3+} 与 EDTA 完全配合，然后调节 pH＝5～6，用 Zn^{2+} 标准溶液返滴过量的 EDTA，从而测得 Al^{3+} 的含量，而 Ca^{2+}、Mg^{2+} 不干扰。

2）使用掩蔽剂

在被测离子溶液中有干扰物质存在时，若加入能与干扰离子起反应的试剂(掩蔽剂)以降低其浓度，因而不影响被测离子滴定，这种消除干扰的方法称为掩蔽法。常用的掩蔽法有配位掩蔽法、沉淀掩蔽法和氧化还原掩蔽法。

(1) 配位掩蔽法。

利用配位剂(掩蔽剂)与干扰离子生成稳定的配合物，降低了干扰离子的浓度，以致不影响被测离子的滴定，这种方法称为配位掩蔽法。例如，EDTA 滴定 Mg^{2+}(pH≈10)时，Zn^{2+} 的干扰可用 KCN 掩蔽；EDTA 滴定 Ca^{2+} 和 Mg^{2+}(pH≈10)时，Fe^{3+}、Al^{3+} 的干扰可用三乙醇胺掩蔽。

配位滴定中使用的掩蔽剂很多，常用的有：氟化物(掩蔽 Fe^{3+}、Al^{3+}、Ti^{4+}、Zr^{4+} 等)、乙酰丙酮(掩蔽 Fe^{3+}、Al^{3+} 等)、邻二氮菲(掩蔽 Zn^{2+}、Cd^{2+}、Hg^{2+}、Cu^{2+}、Co^{2+}、Ni^{2+} 等)、三乙醇胺(掩蔽 Fe^{3+}、Al^{3+}、Ti^{4+}、Sn^{4+} 等)和氰化物(掩蔽 Zn^{2+}、Cd^{2+}、Hg^{2+}、Cu^{2+}、Co^{2+}、Ni^{2+}、Fe^{2+} 等)等。

(2) 沉淀掩蔽法。

利用沉淀剂与干扰离子生成难溶性沉淀，降低干扰离子的浓度，不需分离沉淀而直接滴定被测离子，这种方法称为沉淀掩蔽法。例如，在 pH≈10 时，以铬黑 T 作指示剂，用 EDTA 滴定 Ca^{2+} 时，Mg^{2+} 也被滴定。但在 pH ⩾ 12～12.5 时，Mg^{2+} 可被沉淀为 $Mg(OH)_2$，残余的 Mg^{2+} 浓度很小就不会显著影响 Ca^{2+} 的滴定了。

(3) 氧化还原掩蔽法。

利用氧化还原反应改变干扰物质的价态，则不影响被测物质的滴定，这种消除干扰的方法称为氧化还原掩蔽法。例如，用 EDTA 滴定 Hg^{2+} 时，Fe^{3+} 有干扰[$\lg K_f^{\ominus}(FeY^-)=25.1$]，若用盐酸羟氨或抗坏血酸将 Fe^{3+} 还原为 Fe^{2+}，由于 Fe^{2+}－EDTA 配合物的稳定性

差[$\lg K_f^{\ominus}(FeY^{2-})=14.3$]，此时就不干扰 Hg^{2+} 的滴定了。

3）解蔽法

把被掩蔽物质从其掩蔽形式中释放出来，使其恢复参与某一反应的能力，这种方法称为解蔽法。例如 Zn^{2+}、Mg^{2+} 共存时，可在 pH=10 的缓冲溶液中加入 KCN，使 Zn^{2+} 形成 $[Zn(CN)_4]^{2-}$ 配离子而被掩蔽。先用 EDTA 单独滴定 Mg^{2+}，然后在滴定过 Mg^{2+} 的溶液中加入甲醛溶液，以破坏 $[Zn(CN)_4]^{2-}$ 配离子，使 Zn^{2+} 重新释放出来。其反应如下：

$$[Zn(CN)_4]^{2-}+4HCHO+4H_2O = Zn^{2+}+4HOCH_2CN+4OH^-$$

反应中释放出来的 Zn^{2+}，可用 EDTA 继续滴定。这里 KCN 是 Zn^{2+} 的掩蔽剂，HCHO 是解蔽剂。

4）选用其他滴定剂

在配位滴定中，主要是以 EDTA 作滴定剂，还有一些其他的滴定剂也能与金属离子形成稳定的配合物，如 EGTA（乙二醇二乙醚二胺四乙酸）就是其中的一种。它也能与 Ca^{2+}、Mg^{2+} 形成配合物，可同 EDTA 与 Ca^{2+}、Mg^{2+} 形成的配合物作一比较：

$$\lg K_f^{\ominus}(Ca-EGTA)=11.0 \qquad \lg K_f^{\ominus}(Mg-EGTA)=5.2$$

$$\lg K_f^{\ominus}(Ca-EDTA)=10.7 \qquad \lg K_f^{\ominus}(Mg-EDTA)=8.7$$

可见 Mg-EGTA 配合物的稳定性很差，而 Ca-EGTA 配合物仍很稳定，因此选用 EGTA 作滴定剂，在有 Mg^{2+} 存在下仍可以滴定 Ca^{2+}。

3. 应用示例——水硬度的测定

含有钙、镁离子的水称为硬水。水的硬度通常分为总硬度和钙、镁硬度。总硬度指钙、镁的总量，钙、镁硬度则分别指钙、镁各自的含量。水硬度通常以 1 升水中含多少毫克 CaO 来表示，单位为 $mg(CaO)\cdot L^{-1}$，可用配位滴定法测定水的硬度。

1）总硬度的测定

取一定体积水样，调节 pH=10，加铬黑 T(EBT)指示剂，然后用 EDTA 标准溶液滴定。EBT 和 EDTA 都能和 Ca^{2+}、Mg^{2+} 生成配合物。它们的稳定性顺序为

$$CaY^{2-} > MgY^{2-} > MgIn^- > CaIn^-$$

被测试液中先加入少量 EBT，它首先与 Mg^{2+} 结合生成酒红色的 $MgIn^-$ 配合物。滴入的 EDTA 先与游离 Ca^{2+} 配位，其次与游离 Mg^{2+} 配位，最后夺取 $MgIn^-$ 中的 Mg^{2+} 而游离出 EBT。溶液由红经紫到蓝色，指示终点的到达。设消耗的 EDTA 标准溶液的体积为 V_1，则

$$总硬度=\frac{c(EDTA)\cdot V_1\cdot M(CaO)}{V(水样)}\times 1000\ [mg(CaO)\cdot L^{-1}] \qquad (11-33)$$

2）钙硬度的测定

取同样体积的水样，用 NaOH 溶液调节到 pH=12，此时 Mg^{2+} 以 $Mg(OH)_2$ 沉淀析出，不干扰 Ca^{2+} 的测定。再加入钙指示剂，此时溶液呈红色。再滴入 EDTA 标准溶液，直至溶液突变为蓝色即为滴定终点。设又消耗的 EDTA 标准溶液的体积为 V_2，则

$$钙硬=\frac{c(EDTA)\cdot V_2\cdot M(CaO)}{V(水样)}\times 1000\ [mg(CaO)\cdot L^{-1}] \qquad (11-34)$$

3）镁硬度的计算

$$镁硬=\frac{c(EDTA)\cdot (V_1-V_2)\cdot M(CaO)}{V(水样)}\times 1000\ [mg(CaO)\cdot L^{-1}] \qquad (11-35)$$

综合练习

一、思考题

1. 常用于标定HCl溶液的基准物质有哪些？如果保存不当，会使标定结果产生什么影响？在正常保存情况下，选择哪个更好？

2. Na_2S、HCN+HAc能否被准确滴定？假定初始浓度为0.1 mol·L^{-1}，如能滴定，有几个突跃？化学计量点时pH为多少？应选用什么作指示剂？

3. 下列滴定，能否用直接法进行？若可，计算化学计量点的pH，并选择指示剂；若不可，能否用返滴定法进行？

（1）0.10 mol·L^{-1} HCl滴定0.10 mol·L^{-1} NaCN溶液[$K_a^\ominus$(HCN)=6.2×10^{-10}]。

（2）0.10 mol·L^{-1} HCl滴定0.10 mol·L^{-1} NaAc溶液[$K_a^\ominus$(HAc)=1.8×10^{-5}]。

4. 某学生标定一氢氧化钠溶液。标得其浓度为0.1026 mol·L^{-1}，但误将其暴露于空气中，致使其吸收了CO_2。为测定CO_2的吸收量，取该碱液25.00mL用0.1143 mol·L^{-1}的盐酸滴至酚酞的终点，耗去盐酸22.31 mL。计算：

（1）每升该碱液吸收了多少克CO_2？

（2）用该碱液去滴定弱酸溶液，若浓度仍以0.1026 mol·L^{-1}计算，会引起多大的误差？

5. 采用蒸馏法测定铵盐中氮的含量时，通常用饱和的H_3BO_3溶液吸收，而不用HAc溶液，为什么？

6. 试述银量法指示剂的作用原理，并与酸碱滴定法比较。

7. 在下列各种情况下，分析结果是准确的，还是偏低或偏高，为什么？

（1）pH≈4时用莫尔法滴定Cl^-。

（2）若试液中含有铵盐，在pH≈10时，用莫尔法滴定Cl^-。

（3）用法扬司法滴定Cl^-时，用曙红作指示剂。

（4）用佛尔哈德法测定Cl^-时，未将AgCl沉淀过滤，也未将试液煮沸使AgCl沉淀凝聚，也未在形成AgCl沉淀之后加硝基苯。

（5）用佛尔哈德法测定I^-时，先加铁铵钒指示剂，然后加入过量$AgNO_3$标准溶液。

8. 在氧化－还原滴定中，有时为什么要进行预处理？对预处理所用氧化剂和还原剂有何要求？

9. 氧化还原滴定中，为什么可以用氧化剂和还原剂这两个电对中任一个电对的电势计算滴定过程中溶液的电势？

10. 在pH=10的氨性缓冲溶液中，若以铬黑T为指示剂，用EDTA单独滴定Ca^{2+}时，终点误差较大，此时可加入少量MgY作为间接指示剂。问能否用Mg^{2+}直接代替MgY作为间接指示剂？说明理由。

11. 用EDTA滴定Ca^{2+}、Mg^{2+}试液时，可用三乙醇胺、KCN掩蔽Fe^{3+}，但抗坏血酸或盐酸羟胺则不能掩蔽Fe^{3+}；而在pH=1左右滴定Bi^{3+}时，恰恰相反，即抗坏血酸或盐酸羟胺可以掩蔽Fe^{3+}，而三乙醇胺、KCN则不能掩蔽。试说明理由。

12. 酸效应曲线是怎样绘制的？它在配位滴定中有何用途？

二、练习题

1. 选择题

(1) 以 EDTA 滴定法测定石灰石中 CaO(分子量为 56.08)的含量，采用 0.02mol·L^{-1}EDTA 滴定。设试样中含 CaO 约 50%，试样溶解后定容 250mL，移取 25.00mL 进行滴定，则试样称取量为(　　)。

(A) 0.1g 左右　　(B) 0.2～0.4g 左右

(C) 0.4～0.7g 左右　　(D) 1.2～2.4g 左右

(2) 下列物质(均为分析纯)中，不能用作基准物质的是(　　)。

(A) $K_2Cr_2O_7$　　(B) NaOH　　(C) $Na_2C_2O_4$　　(D) ZnO

(3) 已知 $T_{Fe_3O_4/K_2Cr_2O_7}=0.009\ 260\ g \cdot mL^{-1}$，则 $K_2Cr_2O_7$ 标准溶液浓度为(　　)。

(A) 0.010 00 mol·L^{-1}　　(B) 0.100 0 mol·L^{-1}

(C) 0.020 00 mol·L^{-1}　　(D) 0.200 0 mol·L^{-1}

(4) 以下试剂能作为基准物质的是(　　)。

(A) 分析纯的盐酸　　(B) 99.99%的纯锌

(C) 分析纯的 $KMnO_4$　　(D) 100℃烘干的 Na_2CO_3

(5) 滴定分析中，指示剂颜色突变时停止滴定，这一点称为(　　)。

(A) 化学计量点　　(B) 突跃范围

(C) 滴定终点　　(D) 滴定误差

(6) 下述情况中，使分析结果产生正误差的是(　　)。

(A) 以 HCl 标准溶液滴定某碱样，所用滴定管未洗净，滴定时内壁挂液珠

(B) 某试样在称量时吸潮了

(C) 以失去部分结晶水的硼砂为基准物，标定 HCl 溶液的浓度

(D) 以 EDTA 标准溶液滴定钙镁含量时，滴定速度过快

(7) 用物质的量浓度相同的 NaOH 和 $KMnO_4$ 两溶液分别滴定相同质量的 $KH(HC_2O_4)_2 \cdot 2H_2O$。滴定消耗的两种溶液的体积($V$)关系是(　　)。

(A) $V(NaOH)=V(KMnO_4)$　　(B) $3V(NaOH)=4V(KMnO_4)$

(C) $4V(NaOH)=5\times3V(KMnO_4)$　　(D) $4\times5V(NaOH)=3V(KMnO_4)$

(8) 强碱滴定弱酸($K_a^{\ominus}=1.0\times10^{-5}$)宜选用的指示剂为(　　)。

(A) 甲基橙　　(B) 酚酞　　(C) 甲基红　　(D) 铬黑 T

(9) 在酸碱滴定中，选择指示剂可不必考虑的因素是(　　)。

(A) pH 突跃范围　　(B) 指示剂的变色范围

(C) 指示剂的颜色变化　　(D) 指示剂的分子结构

(10) 某一弱酸型指示剂，在 pH>4.5 的溶液中呈纯碱色。该指示剂的 $K^{\ominus}$(HIn)约为(　　)。

(A) 3.2×10^{-4}　　(B) 3.2×10^{-5}　　(C) 3.2×10^{-6}　　(D) 3.2×10^{-7}

(11) 酸碱滴定中选择指示剂的原则是(　　)。

(A) 指示剂的变色范围与化学计量点完全相符

(B) 指示剂应在 pH=7.00 时变色

(C) 指示剂变色范围应全部落在 pH 突跃范围之内

(D) 指示剂的变色范围应全部或部分落在 pH 突跃范围之内

(12) 强酸滴定弱碱，以下指示剂不能使用的是(　　)。

(A) 甲基橙　　(B) 酚酞　　(C) 甲基红　　(D) 溴甲酚绿

(13) 已知邻苯二甲酸氢钾的相对分子质量为 204.2，用它来标定 0.1 $mol \cdot L^{-1}$ 的 NaOH 溶液，宜称取邻苯二甲酸氢钾(　　)。

(A) 0.25g 左右　　(B) 1.0 g 左右　　(C) 0.45g 左右　　(D) 0.1g 左右

(14) 下列多元酸或混合酸中，用 NaOH 溶液滴定出现两个突跃的是(　　)。

(A) H_2S($K_{a_1}^{\ominus}=1.3\times10^{-7}$，$K_{a_2}^{\ominus}=7.1\times10^{-15}$)

(B) $H_2C_2O_4$($K_{a_1}^{\ominus}=5.9\times10^{-2}$，$K_{a_2}^{\ominus}=6.4\times10^{-5}$)

(C) HCl＋一氯乙酸($K_a^{\ominus}$(一氯乙酸)$=1.4\times10^{-3}$)

(D) H_3PO_4($K_{a_1}^{\ominus}=7.6\times10^{-3}$，$K_{a_2}^{\ominus}=6.3\times10^{-8}$，$K_{a_3}^{\ominus}=4.4\times10^{-13}$)

(15) 用 NaOH 标准溶液滴定某弱酸 HA，若两者初始浓度相同，当滴至 50%时，溶液 pH＝5.00；滴至 100%时，溶液 pH＝8.00；滴至 200%时，溶液 pH＝12.00。则该酸的 $pK_a^{\ominus}$ 为(　　)。

(A) 5.00　　(B) 7.00　　(C) 8.00　　(D) 12.00

(16) 用甲醛法测 NH_4^+ 时，是基于 $4NH_4^+ + 6HCHO = (CH_2)_6N_4H^+ + 3H^+ + 6H_2O$ 反应置换出“酸”，再用 NaOH 滴定。则 NH_4^+ 与 NaOH 的计量关系 $n(NH_4^+)$：n(NaOH)为(　　)。

(A) 4∶3　　(B) 2∶3　　(C) 2∶1　　(D) 1∶1

(17) 以邻苯二甲酸氢钾为基准物质，标定 NaOH 溶液浓度，滴定前，碱式滴定管内的气泡未赶出，滴定过程中气泡消失，则会导致(　　)。

(A) 滴定体积减小　　(B) 对测定结果无影响

(C) NaOH 浓度偏大　　(D) NaOH 浓度偏小

(18) 以 0.100 $mol \cdot L^{-1}$ NaOH 溶液滴定 20.0mL0.100 $mol \cdot L^{-1}$ HCl 和 2.0×10^{-4} $mol \cdot L^{-1}$盐酸羟胺($pK_b^{\ominus}=8.00$)混合溶液，则滴定盐酸至化学计量点时的 pH 为(　　)。

(A) 5.00　　(B) 6.00　　(C) 5.50　　(D) 5.20

(19) 用同一 $KMnO_4$ 标准溶液分别滴定体积相等的 $FeSO_4$ 和 $H_2C_2O_4$ 溶液，消耗的 $KMnO_4$ 量相等，则两溶液浓度关系为(　　)。

(A) $c(FeSO_4)=c(H_2C_2O_4)$　　(B) $3c(FeSO_4)=c(H_2C_2O_4)$

(C) $2c(FeSO_4)=c(H_2C_2O_4)$　　(D) $c(FeSO_4)=2c(H_2C_2O_4)$

(20) 在硫酸－磷酸介质中，用 $K_2Cr_2O_7$ 标准溶液滴定 Fe^{2+} 试样时，其化学计量点电位为 0.86V，则应选择的指示剂为(　　)。

(A) 次甲级蓝($\varphi^{\ominus\prime}=0.36V$)　　(B) 二苯胺磺酸钠($\varphi^{\ominus\prime}=0.84V$)

(C) 邻二氮菲亚铁($\varphi^{\ominus\prime}=1.06V$)　　(D) 二苯胺($\varphi^{\ominus\prime}=0.76V$)

(21) 利用下列反应进行氧化还原滴定时，其滴定曲线在化学计量点前后为对称的是(　　)。

(A) $2Fe^{3+} + Sn^{2+} = Sn^{4+} + 2Fe^{2+}$

(B) $I_2 + 2S_2O_3^{2-} = 2I^- + S_4O_6^{2-}$

(C) $Ce^{4+} + Fe^{2+} = Ce^{3+} + Fe^{3+}$

(D) $Cr_2O_7^{2-} + 6Fe^{2+} + 14H^+ = 2Cr^{3+} + 6Fe^{3+} + 7H_2O$

(22) 间接碘量法加入淀粉指示剂的最佳时间是(　　)。

(A) 滴定开始前　　(B) 接近终点时

(C) 碘的颜色完全褪去　　(D) 很难选择

(23) 用 EDTA 作为标准溶液，以铬黑 T 为指示剂滴定水中钙镁时，有关配合物稳定性大小的顺序为(　　)。

(A) $MgY^{2-}>MgIn^{-}>CaY^{2-}>CaIn^{-}$　　(B) $CaY^{2-}>MgY^{2-}>MgIn^{-}>CaIn^{-}$

(C) $CaY^{2-}>CaIn^{-}>MgY^{2-}>MgIn^{-}$　　(D) $CaY^{2-}>MgY^{2-}>CaIn^{-}>MgIn^{-}$

(24) 用 EDTA 滴定 Bi^{3+} 时，消除 Fe^{3+} 的干扰宜采用(　　)。

(A) 加 NaOH　　(B) 加抗坏血酸

(C) 加三乙醇胺　　(D) 加氰化钾

(25) 以铬黑 T 为指示剂，用 EDTA 测定水中 Ca^{2+}、Mg^{2+} 的含量，pH 应取的范围为(　　)。

(A) pH<6　　(B) pH=8～12　　(C) pH=10　　(D) pH >12

(26) 在 EDTA 配位滴定中，下列有关酸效应的叙述正确的是(　　)。

(A) 酸效应系数越大，配合物的稳定性越高

(B) 反应的 pH 越大，EDTA 的酸效应系数越大

(C) 酸效应系数越小，配合物的稳定性越高

(D) EDTA 的酸效应系数越大，滴定曲线的突跃范围越大

(27) 在 EDTA 直接滴定法中，通常终点所呈现的颜色是(　　)。

(A) 金属指示剂与待测金属离子形成的配合物的颜色

(B) 游离金属指示剂的颜色

(C) EDTA 与待测金属离子形成的配合物的颜色

(D) 上述 A 项与 B 项的混合色

(28) 在 EDTA 配位滴定中，下列有关掩蔽剂的陈述错误的是(　　)。

(A) 配位掩蔽剂必须可溶且无色

(B) 沉淀掩蔽剂生成的沉淀，其溶解度要小

(C) 氧化还原掩蔽剂必须能改变干扰离子的氧化数

(D) 掩蔽剂的用量越多越好

(29) 在 Ca^{2+}、Mg^{2+} 的混合液中，用 EDTA 法测定 Ca^{2+}，要消除 Mg^{2+} 的干扰，宜采用(　　)。

(A) 控制酸度法　　(B) 配位掩蔽法

(C) 沉淀掩蔽法　　(D) 氧化还原掩蔽法

(30) 用 EDTA 滴定 Ca^{2+}、Mg^{2+}，采用铬黑 T 为指示剂，少量 Fe^{3+} 的存在将导致(　　)。

(A) 指示剂被封闭

(B) 在化学计量点前指示剂即开始游离出来，使终点提前

(C) 使 EDTA 与指示剂作用缓慢，使终点提前

(D) 与指示剂形成沉淀，使其失去作用

(31) 用 EDTA 滴定 Pb^{2+} 时，要求溶液的 pH≈5，用以调节试液酸度的缓冲溶液应选(　　)。

(A) HAc－NaAc 缓冲溶液　　(B) 六亚甲基四胺缓冲溶液

(C) NH_3－NH_4Cl 缓冲溶液　　(D) 一氯乙酸缓冲溶液

2. 填空题

(1) $0.30 mol \cdot L^{-1}$的H_2A($pK_{a_1}^{\ominus}=2$，$pK_{a_2}^{\ominus}=4$)溶液，以$0.30 mol \cdot L^{-1}$ NaOH标准溶液滴定，将出现一个滴定突跃，化学计量点时产物为________，这时溶液的pH为________。

(2) 已标定出准确浓度的NaOH溶液，由于保存不当，吸收了空气中的少量CO_2，如果用此NaOH标准溶液滴定HAc溶液，应使用的指示剂是________。由于CO_2的影响，HAc的测定结果将________（偏大、偏小、不变）。若用它测HCl和NH_4Cl的混合液中的HCl含量，用________作指示剂，测定结果将________。

(3) 用$0.1 mol \cdot L^{-1}$，NaOH溶液滴定$0.1 mol \cdot L^{-1}$的某二元弱酸H_2A($K_{a_1}^{\ominus}=1.0\times10^{-2}$，$K_{a_2}^{\ominus}=1.0\times10^{-7}$)，两个化学计量点的pH分别为________和________，分别选________和________作指示剂。

(4) 标定HCl溶液时，常使用硼砂作标定剂，硼砂的化学式为________，滴定反应为________，滴定时使用的指示剂是________，终点颜色变化由________色到________色。

(5) HCl滴定Na_2CO_3时，以甲基橙为指示剂，则Na_2CO_3与HCl的摩尔比是________；若以酚酞为指示剂，Na_2CO_3与HCl的摩尔比是________。

(6) $0.1 mol \cdot L^{-1}$的NaOH标准溶液，因保存不当，吸收了CO_2。当用它测定HCl溶液浓度，滴至甲基橙变橙色为止，对测得的结果________，用它测定醋酸浓度时，结果将________。

(7) 制备Na_2CO_3基准物时，通常采用的方法是：将$NaHCO_3$加热至270～330℃。但加热时温度过高，超过了330℃，部分Na_2CO_3分解为Na_2O，用此基准物标定HCl溶液，则对标定结果________。

(8) 用部分风化的$Na_2B_4O_7 \cdot 10H_2O$作基准物标定HCl溶液的浓度，则标定结果________。

(9) 佛尔哈德法中的直接法是在含有Ag^+的酸性溶液中，以________作指示剂，用________作滴定剂的分析方法。

(10) 若试液中无铵盐存在，则用莫尔法测Cl^-时的适宜pH范围是________，滴定剂是________，指示剂是________。

(11) 卤化银对卤化物和几种吸附指示剂的吸附的次序为，$I^- > SCN^- > Br^- >$曙红$> Cl^- >$荧光黄。因此，滴定Cl^-时应选________作指示剂。

(12) 用佛尔哈德法测Cl^-时，既没有当AgCl沉淀完全后将其滤去，也没有将试液煮沸使AgCl沉淀凝聚，也没有在形成AgCl沉淀之后加入少量硝基苯等有机溶剂，分析结果将________。

(13) 莫尔法主要用于以$AgNO_3$标准溶液直接滴定Cl^-、Br^-和CN^-的反应，而不适用于滴定I^-和SCN^-。这是因为AgI和AgSCN沉淀对I^-和SCN^-有________。

(14) 所谓吸附指示剂是一类有机化合物，当它被沉淀表面吸附后，会因结构的改变引起________，从而指示滴定终点。

(15) 碘量法分析中所用的标准溶液为I_2和$Na_2S_2O_3$。配制I_2溶液时，为了防止I_2的挥发，通常需加入________使其生成________。而配制$Na_2S_2O_3$时需加入少量Na_2CO_3，其作用是________。

(16) 用 $Na_2C_2O_4$ 标定 $KMnO_4$ 溶液时，选用的指示剂是________，最适宜的温度是________、酸度为________；开始滴定时的速度________。

(17) 用重铬酸钾法测 Fe^{2+} 时，常以二苯胺磺酸钠为指示剂，在 $H_2SO_4-H_3PO_4$ 混合酸介质中进行。其中加入 H_3PO_4 的作用有两个，一是________；二是________。

(18) 测定 H_2O_2 试样通常选用________标准溶液。测碘则选用________标准溶液，用________作指示剂。

(19) 称取 $Na_2C_2O_4$ 基准物时，有少量 $Na_2C_2O_4$ 撒在天平台上而未被发现，则用其标定的 $KMnO_4$ 溶液浓度将比实际浓度________；用此 $KMnO_4$ 溶液测定 H_2O_2 时，将引起________误差(正、负)。

(20) 用氧化还原滴定法测定 Cu 的含量时，在中性或弱酸性溶液中，Cu^{2+} 与 I^- 作用析出 I_2。析出的 I_2 用 $Na_2S_2O_3$ 标准溶液滴定。则 Cu^{2+} 与 $Na_2S_2O_3$ 物质的量之比是________。

(21) 用 EDTA 能准确滴定 $0.01mol \cdot L^{-1}$ 的金属离子时，此配合物的条件稳定常数应满足________才可以。

(22) EDTA 配合物的稳定性与溶液的酸度有关。酸度愈________，稳定性愈________。

(23) 在 pH=5.0 时，用 EDTA 标准溶液滴定含有 Al^{3+}、Zn^{2+}、Mg^{2+}(均为 $0.02mol \cdot L^{-1}$)和大量 F^- 等离子的溶液，已知 $\lg K_f^{\ominus}(AlY)=16.3$，$\lg K_f^{\ominus}(ZnY)=16.5$，$\lg K_f^{\ominus}(MgY)=8.7$，$\lg\alpha_{Y(H)}=6.5$，能被定量测定的离子是________，依据是________。

(24) 若配制 EDTA 溶液的水中含有 Ca^{2+}、Mg^{2+}，此 EDTA 用二甲酚橙指示剂，在 pH 5～6 用 Zn^{2+} 标定。若用此 EDTA 标准溶液测定 Ca^{2+}、Mg^{2+}，所得结果________实际值。

(25) 以铬黑 T 为指示剂，溶液 pH 必须维持在________，直接滴定法滴定到终点时，溶液由________色变到________色。

3. 测定蛋白质样品中的 N 含量时，称取样品 0.2503g，用浓 H_2SO_4 和催化剂消解，使样品中的 N 全部转化为 NH_4^+；然后加碱蒸馏，用硼酸溶液吸收蒸出的 NH_3；最后以甲基红作指示剂，用 $0.09766\ mol \cdot L^{-1}$ HCl 溶液滴定到甲基红由黄色变为橙色，共用去 HCl 溶液 24.94mL，计算样品中 N 的质量分数 $w(N)$。

4. 称取某纯碱样品 0.3014 g，加水溶解后，用 $0.1011mol \cdot L^{-1}$ HCl 溶液滴定至酚酞终点，用去 HCl 溶液 20.30mL；再加入甲基橙，继续滴定至甲基橙变色，又用去 HCl 溶液 22.45mL。求试样中各组分的质量分数。

5. 已知试样可能含有 NaOH、Na_3PO_4、Na_2HPO_4、NaH_2PO_4 中的一种或几种及其他不与酸作用的物质。今称取两份各重 0.6632g 的该试样，溶解后均以 0.2010mol/L HCl 溶液滴定。一份滴至甲基红变色时，用去 HCl 溶液 32.00mL；另一份滴至酚酞变色，用去 HCl 溶液 12.00mL。求试样中各组分的质量分数。(NaOH、Na_3PO_4、Na_2HPO_4、NaH_2PO_4 的相对摩尔质量分别为 40.00、163.94、142.14、119.98)

6. 称取某混合碱(可能含有 NaOH、Na_2CO_3 或 $NaHCO_3$ 中的一种或两种)试样 0.4201g，溶于新煮沸除去 CO_2 的水中，用酚酞作指示剂，用 $0.3000\ mol \cdot L^{-1}$ HCl 溶液滴至红色消失，需 30.50mL，再加入甲基橙作指示剂，用上述 HCl 溶液继续滴至橙色，共消耗 33.00 mL，求试样中各组分的质量分数。

7. 称取含砷试样 0.4886 g，溶解后在弱碱性介质中将砷处理为 AsO_4^{3-}，然后沉淀为 Ag_3AsO_4。将沉淀过滤、洗涤，最后将沉淀溶于酸中。以 0.1108 mol・L^{-1} NH_4SCN 溶液滴定其中的 Ag^+ 至终点，消耗 45.45 mL。计算试样中砷的质量分数。

8. 称取含有 NaCl 和 NaBr 的试样 0.6280 g，溶解后用 $AgNO_3$ 溶液处理，得到干燥的 AgCl 和 AgBr 沉淀 0.5064 g。另称取相同质量的试样 1 份，用 0.1050 mol・L^{-1} $AgNO_3$ 溶液滴定至终点，消耗 28.34mL。计算试样中 NaCl 和 NaBr 的质量分数。

9. 化学需氧量的大小，是水体污染程度的指标。现用重铬酸钾法测定某工业废水的化学需氧量。取水样 100.00mL，在 H_2SO_4 介质中以 Ag_2SO_4 为催化剂，加入过量的 $K_2Cr_2O_7$ 标准溶液，待反应完成后，以 1，10 -二氮菲-亚铁为指示剂，用 0.01928mol・L^{-1} $FeSO_4$ 标准溶液返滴过量的 $K_2Cr_2O_7$，消耗 19.82 mL；空白测定消耗的 $FeSO_4$ 标准溶液为 28.04mL。计算该水样的化学需氧量，单位为 mg・L^{-1}，($M(O_2)$＝32.00 g・mol^{-1})。

10. 取 25.00mL H_2O_2 试液，用水稀释至 250.0mL，取 25.00mL，以硫酸酸化后，用 0.01926mol・L^{-1} $KMnO_4$ 滴定，用去 30.06mL $KMnO_4$。试计算试液中 H_2O_2 的质量浓度 ($M(H_2O_2)$＝34.01g・mol^{-1})。

11. 抗坏血酸(摩尔质量为 176.1g・mol^{-1})是一个还原剂，它的半反应为

$$C_6H_6O_6 + 2H^+ + 2e^- \longrightarrow C_6H_8O_6$$

它能被 I_2 氧化。如果 10.00mL 柠檬汁试样用 HAc 酸化，并加入 20.00mL 0.02500 mol・L^{-1} I_2 溶液，待反应完全后，过量的 I_2 用 10.00mL 0.0100 mol・L^{-1} $Na_2S_2O_3$ 滴定。计算每毫升柠檬汁中抗坏血酸的质量。

12. 分析铜镁锌合金时，称取 0.5000g 试样，用容量瓶配成 100.0mL 试液。吸取该溶液 25.00mL，调至 pH＝6.0 时，以 PAN 作指示剂，用 $c(H_4Y)$＝0.05000 mol・L^{-1}的溶液滴定 Cu^{2+} 和 Zn^{2+}，用去 36.30mL。另外又吸取 25.00mL 试液，调至 pH＝10，加 KCN 以掩蔽 Cu^{2+} 和 Zn^{2+}。用同浓度的 EDTA 溶液滴定 Mg^{2+}，用去 6.20mL；然后再加甲醛以解蔽 Zn^{2+}，又用同浓度的 EDTA 溶液滴定，用去 13.40mL。计算试样中含 Cu^{2+}、Zn^{2+} 和 Mg^{2+} 的质量分数。[$M(Mg)$＝24.31 g・mol^{-1}，$M(Zn)$＝65.39 g・mol^{-1}，$M(Cu)$＝63.55 g・mol^{-1}]

13. 用 0.01102mol・L^{-1} EDTA 标准溶液滴定水中钙和镁的含量，取 100.0mL 水样，以铬黑 T 为指示剂，在 pH＝10 时滴定，消耗 EDTA 31.30mL。另取一份 100.0mL 水样，加 NaOH 使呈强碱性，使 Mg^{2+} 成 $Mg(OH)_2$ 沉淀，用钙指示剂指示终点，继续用 EDTA 滴定，消耗 19.20 mL。计算：

(1) 水的总硬度(以 mg(CaO)・L^{-1}表示)。

(2) 水中钙和镁的含量(以 mg(CaO)・L^{-1}表示)。

14. 分析含铅、铋和镉的合金试样时，称取试样 2.034g，溶于 HNO_3 溶液后，用容量瓶配成 100.0mL 试液。吸取该试液 25.00mL，调至 pH 为 1，以二甲酚橙为指示剂，用 0.02501mol・L^{-1}EDTA 溶液滴定，消耗 25.67mL，然后加六亚甲基四胺缓冲溶液调节 pH＝5，继续用上述 EDTA 滴定，又消耗 EDTA 24.76mL。加入邻二氮菲，置换出 EDTA 配合物中的 Cd^{2+}，然后用 0.02174mol・L $Pb(NO_3)_2$ 标准溶液滴定游离 EDTA，消耗 6.76mL。计算合金中铅、铋和镉的质量分数。

第12章 吸光光度法和电位分析法

教学目标

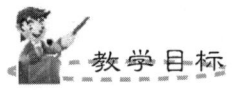

(1) 掌握朗伯-比尔定律及其偏离的原因，掌握吸收曲线的特点，能运用吸收曲线和吸收定律进行定性和定量分析。

(2) 了解紫外-可见分光光度计的结构、原理和使用方法。

(3) 熟悉光吸收定律使用的条件及测量条件的选择原理和方法。

(4) 了解紫外-可见分光光度法的实际应用。

(5) 掌握电位分析法的基本原理，理解工作电池、参比电极和指示电极的概念。

(6) 了解甘汞电极、pH玻璃电极、氟离子选择性电极的结构和机理。

(7) 掌握测定溶液pH的方法。掌握直接电位法和电位滴定法的基本原理及电位滴定终点的确定方法。

根据分析原理，分析化学可分为化学分析和仪器分析两大部分。化学分析是以物质的化学反应为基础建立起来的分析方法，历史悠久，是经典的分析方法；仪器分析是以物质的物理和物理化学性质为基础建立起来的分析方法，通常需要比较复杂或特殊的仪器设备。根据测量原理和信号特点，仪器分析方法又大致可分为光学分析法、电化学分析法、色谱分析法和其它仪器分析法四大类。

利用物质的光学性质进行的仪器分析方法，称为光学分析法。主要包括：①分子光谱法(如可见—紫外吸光光度法、红外光谱法、分子荧光和磷光分析法)；②原子光谱法(如原子发射光谱法、原子吸收光谱法)；③其他光学分析法(如激光拉曼光谱法、光声光谱法、化学发光分析法)。

根据物质在溶液中的电化学性质建立起来的一类分析方法，称为电化学分析法。如电位法、电导法、电解法、库仑法、伏安法和极谱法等。

根据物质在两相(流动相和固定相)中分配比的差异而建立起来的分离和分析方法，称为色谱分析法，包括气相色谱法和液相色谱法两大类。

除光学分析法、电化学分析法、色谱分析法以外的仪器分析方法均称为其他仪器分析法。如质谱法、热分析法和放射分析法等。

近年来，由于近代物理学、电子学、数学、生物化学等学科的迅速发展，以及激光、电子计算机等新技术的开发应用，使仪器分析方法不断得到革新和发展。在不断发展各种新的分析仪器的同时，又开拓了多种不同仪器联合使用的联机分析方法，如色谱-库仑、色谱-质谱等联用技术。这些新的分析手段的应用，使分析工作逐步从宏观到微观，从静态向动态分析发展。

与化学分析相比，仪器分析灵敏、准确、快速。但一般来说，仪器分析所需仪器价格昂贵、操作费用和维修费用均较高，而且要求的环境条件也较苛刻(如要求恒温、恒湿、防震等)，一般不适用于野外作业，因而其应用尚有一定的局限性。仪器分析和化学分析之间不是取代和排斥，而是互为补充和相互配合的关系，它们的结合使分析化学在鉴定和测定中更为完善，更加有效。

由于吸光光度法和电位分析法具有仪器设备简单、操作方法简便、灵敏度高、线性范围宽、应用广泛等特点，故将其纳入本课程中进行教学，其他各种仪器分析方法将在“仪器分析”课程中介绍。

12.1 吸光光度法

12.1.1 吸光光度法的基本原理

1. 物质对光的选择性吸收

当光照射到某物质或溶液时，光子的能量转移到组成物质的分子、原子或离子上，使这些粒子由最低能态(基态)跃迁到较高能态(激发态)：

$$\text{M(基态)} + h\nu \rightarrow \text{M}^*\text{(激发态)}$$

即物质对光的吸收。由于分子、原子或离子的能级是量子化的，只有光子的能量($h\nu$)与被照射物质粒子的基态和激发态之间的能量差(ΔE)相等时，才能被吸收。分子中电子发生跃迁所需的能量为 $1.6\times10^{-19}\sim3.2\times10^{-18}$ J，其吸收光的波长范围大部分处于可见和紫外光区域。不同物质的基态和激发态的能量差不同，选择吸收光子的能量也随之不同，即吸收光的波长不同。

单一波长的光称为单色光，由不同波长组成的光称为复色光。白光(如日光或白炽灯光等)是复色光，其波长范围约为 400～750 nm。若将两种适当颜色的光按一定强度比例混合可以得到白光，则这两种有色光称为互补色光。

图 12-1 中，处于一条直线的两种单色光都是互补色光。如蓝色光与黄色光互补，紫色光与绿色光互补等。溶液之所以具有不同的颜色，与它对光的选择性吸收有关。当一束白光通过，无色透明溶液对各种波长的可见光都不吸收，有色溶液则选择性吸收某些波长的光，溶液所呈现的颜色与它吸收的光的颜色互为补色，如高锰酸钾溶液吸收绿色光而呈现出紫色；硫酸铜溶液吸收黄色光而呈现出蓝色。

2. 透光率和吸光度

当一束平行单色光照射到一均匀、非散射的有色溶液上时，光的一部分被吸收，一部分透过溶液，一部分被器皿的表面所反射，如图 12-2 所示。设入射光强度为 I_0，吸收光强度为 I_a，透射光强度为 I，反射光强度为 I_r，则

$$I_0 = I_a + I + I_r \tag{12-1}$$

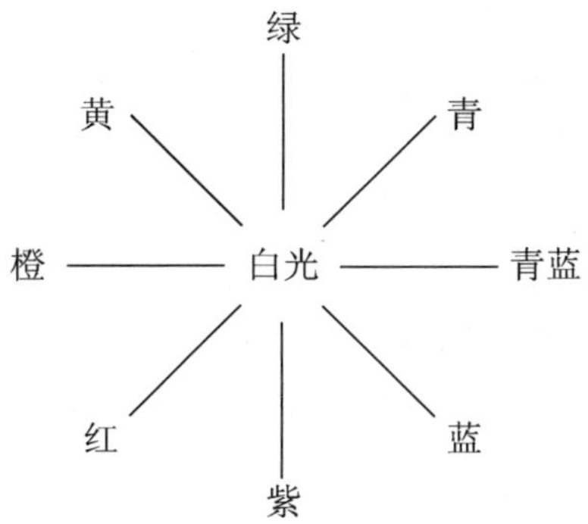

图 12-1 互补色光示意图

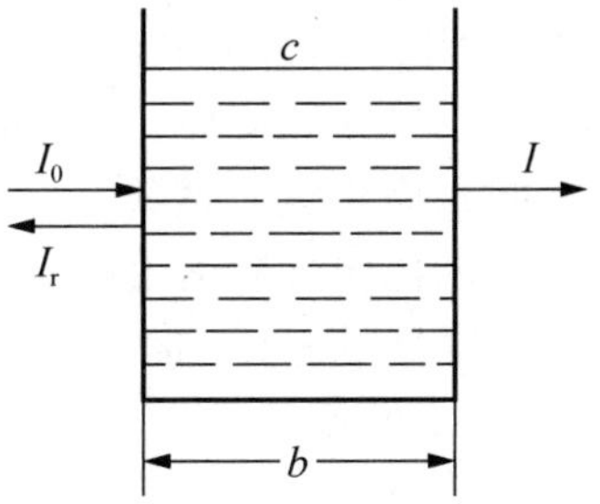

图 12-2 光吸收示意图

在吸光光度法中，通常将被测溶液和参比溶液分别置于两个材料和厚度完全相同的吸收池(比色皿)中，让强度为 I_0 的单色光分别通过两个吸收池，再测量透射光的强度(I)，所以反射光强度(I_r)基本相同，它的影响可以相互抵消，因此式(12-1)可简化为

$$I_0 = I_a + I \tag{12-2}$$

由式(12-2)可以看出，溶液透射光的强度 I 越大，则吸收光的强度 I_a 就越小；反之，若溶液透射光的强度越小，则吸收光的强度就越大，表示溶液的吸光能力越强。透射光的强度 I 与入射光强度 I_0 之比称为透光率，用符号 T 表示：

$$T = \frac{I}{I_0} \tag{12-3}$$

透光率的负对数称为吸光度，用符号 A 表示。A 愈大，溶液对光的吸收愈多。

$$A = -\lg T = \lg \frac{I_0}{I} \tag{12-4}$$

3. 朗伯-比尔定律

1) 朗伯-比尔定律

1760 年，朗伯(Lamber)指出，当单色光通过一定的、均匀的吸收溶液时，该溶液对光的吸光度 A 与液层厚度 b 成正比。这种关系称为朗伯定律，其数学表达式为

$$A = -\lg T = \lg \frac{I_0}{I} = K_1 b \tag{12-5}$$

1852 年，比尔(Beer)指出，当单色光通过液层厚度一定、均匀的吸收溶液时，该溶液对光的吸光度 A 与溶液中吸光物质的浓度 c 成正比。这种关系称为比尔定律，其数学表达式为

$$A = -\lg T = \lg \frac{I_0}{I} = K_2 c \tag{12-6}$$

如果同时考虑溶液浓度和液层厚度对光吸收的影响，将朗伯定律与比尔定律结合起

来，则可得

$$A=-\lg T=\lg\frac{I_0}{I}=Kbc \tag{12-7}$$

式(12－7)为朗伯-比尔定律的数学表达式。上述各式中 I_0、I 分别为入射光强度和透射光强度；b 为光通过的液层厚度(cm)；c 为吸光物质的浓度($mol\cdot L^{-1}$)；K_1、K_2 和 K 分别为比例常数。

式(12－7)的物理意义是：当一束平行的单色光通过均匀的某吸收溶液时，溶液对光的吸光度 A 与吸光物质的浓度 c 和光通过的液层厚度 b 成正比。朗伯-比尔定律不仅适用于可见光区，也适用于紫外光和红外光区；不仅适用于溶液，也适用于其他均匀的，非散射的吸光物质(包括气体和固体)，是各类吸光光度法的定量依据。

2) 吸光系数、摩尔吸光系数

式(12－7)中的比例常数 K 随 b、c 所用的单位不同而不同。如果液层厚度 b 的单位是 cm，浓度 c 的单位是 $g\cdot L^{-1}$ 时，K 用 a 表示，a 称为吸光系数，其单位是 $L\cdot g^{-1}\cdot cm^{-1}$，则(12－7)式变为

$$A=abc \tag{12-8}$$

如果液层的厚度 b 的单位是 cm，浓度 c 的单位是 $mol\cdot L^{-1}$ 时，，则常数 K 用 ε 表示，ε 称为摩尔吸光系数，其单位是 $L\cdot mol^{-1}\cdot cm^{-1}$，此时(12－7)式变为

$$A=\varepsilon bc \tag{12-9}$$

吸光系数 a 和摩尔吸光系数 ε 是吸光物质在一定条件、一定波长和溶剂下的特征常数。同一物质与不同显色剂反应，生成不同的有色化合物时具有不同的 ε 值，同一化合物在不同波长处的 ε 一般也不相同。ε 值越大，表示该有色物质对入射光的吸收能力越强，显色反应越灵敏。所以在测定时，为了提高测定的灵敏度，必须选择 ε 值大的有色化合物，并以最大摩尔吸光系数所对应的波长(即最大吸收波长)为测量波长。通常所说的 ε，就是指最大吸收波长处的摩尔吸光系数，常以 ε_{max} 或 $\varepsilon_{最大}$ 表示。

ε 与 a 的关系是

$$\varepsilon=Ma \tag{12-10}$$

式中 M 为吸光物质的摩尔质量。

【例 12－1】 用双硫腙法测定 Pb^{2+} 的浓度为 $1.6\times10^{-3}\,g\cdot L^{-1}$。用 0.50 cm 厚的比色皿在波长 520 nm 处测得 $A=0.14$。求吸光系数 a 和摩尔吸光系数 ε 各为多少？已知 Pb^{2+} 的摩尔质量为 $207.2\,g\cdot mol^{-1}$。

解：$a=A/bc=0.14/(0.50\times1.6\times10^{-3})=175\ L\cdot g^{-1}\cdot cm^{-1}$

$\varepsilon=Ma=207.2\times175=3.63\times10^4\ L\cdot mol^{-1}\cdot cm^{-1}$

4. 吸收曲线

将不同波长的单色光依次通过某一固定浓度的溶液，测量其吸光度，然后以波长 λ 为横坐标，吸光度 A 为纵坐标作图，这样得到的曲线称为吸收曲线或吸收光谱。吸收曲线描述了物质对不同波长的光的吸收能力。

图 12－3 为不同浓度时 $KMnO_4$ 溶液的吸收曲线(光谱)。图中的几条曲线分别代表不同浓度时的吸收曲线，它们的形状基本相同，其中在某一波长处吸收最大，我们把吸收光谱中产生最大吸收所对应的波长称为最大吸收波长，用 λ_{max} 表示。$KMnO_4$ 溶液的最大吸

收波长 λ_{max} 为 525nm。说明溶液最容易吸收波长为 525nm 的绿青色光，而对与绿青色互补的 400nm 附近的紫色光几乎不吸收，故溶液呈现绿青色的补色——紫红色。

吸收曲线的形状和 λ_{max} 的位置取决于物质的分子结构，不同的物质因其分子结构不同而具有各自特征的吸收曲线，据此可以进行物质的定性分析。对于同一物质，浓度不同，其吸收曲线的形状和 λ_{max} 的位置不变，只是在同一波长下吸光度随着浓度的增大而增大，据此可以进行物质的定量分析。显然，在 λ_{max} 处测量吸光度的灵敏度最高，因此吸收曲线是吸光光度法选择测量波长的依据。如果没有其他干扰，一般都是选择 λ_{max} 为测量波长。

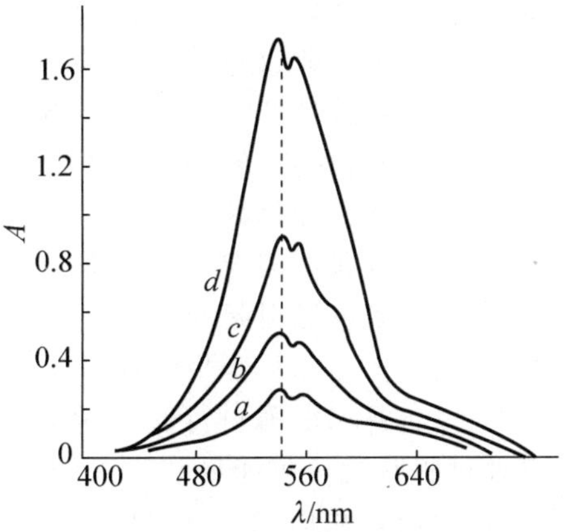

图 12－3 $KMnO_4$ 溶液的吸收曲线

(c_{KMnO_4}：a＜b＜c＜d)

5. 桑德尔灵敏度

吸光光度法的灵敏度除用摩尔吸光系数 ε 表示外，还常用桑德尔(Sandell)灵敏度 S 来表示。桑德尔灵敏度的定义为，当光度仪器的检测极限为 $A=0.001$ 时，单位截面积光程内所能检出的吸光物质的最低质量，其单位为 $\mu g \cdot cm^{-2}$。由于此时仪器的信号检测能力已经确定，则 S 只与物质的吸光能力有关，即只与 ε 有关，二者的关系可推导如下：

∵ $A=0.001=\varepsilon bc$

∴ $bc=0.001/\varepsilon$

b 的单位为 cm，c 的单位为 $mol \cdot L^{-1}$，即 $mol/10^3 cm^3$，故 bc 的单位为 $mol/10^3 cm^2$，若再乘以吸光物质的摩尔质量 $M(g \cdot mol^{-1})$，则为 $10^3 cm^2$ 截面积光程中所含物质的质量(g)，所以单位截面积光程中所含物质的质量(μg)为

$$S=10^{-3}bcM\times10^6=bcM\times10^3=(0.001/\varepsilon)\,M\times10^3$$

即

$$S=M/\varepsilon \tag{12-11}$$

由式 (12－11)可知，某吸光物质的 ε 越大，其 S 越小，即该测定方法的灵敏度越高。对于比较灵敏的显色反应，其 S 值一般在 0.01～0.001 $\mu g \cdot cm^{-2}$ 之间。

6. 引起偏离朗伯-比尔定律的因素

根据朗伯-比尔定律，当吸收层厚度(b)不变时，标准曲线应当是一条通过原点的直线，即 A 与 c 成正比关系，称之为服从比尔定律。但在实际测定中，标准曲线上部会出现

如图 12－4 所示的情况，有时向浓度轴弯曲(负偏离)，有时向吸光度轴弯曲(正偏离)，这种现象称为对朗伯-比尔定律的偏离。造成偏离的原因是多方面的，但基本上可分为物理因素和化学因素两大类。

1）物理因素

(1) 单色光不纯引起的偏离。朗伯-比尔定律的重要假设条件之一是入射光为单色光，但实际上用各种方式从光源分离出来的光都是具有一定波长范围的光谱带，以它作为入射光，就有可能导致对朗伯-比尔定律的偏离。在光度分析中，采用性能较好的单色器以获得波长范围较窄的入射光和选择合适的入射波长都可以减小因非单色光带来的影响。如果吸收曲线的顶部比较平缓(即吸光度随波长变化较小)，选择该处的波长为入射波长，则既可保证测定有较高的灵敏度，同时又可以减小由非单色光引起的偏离。

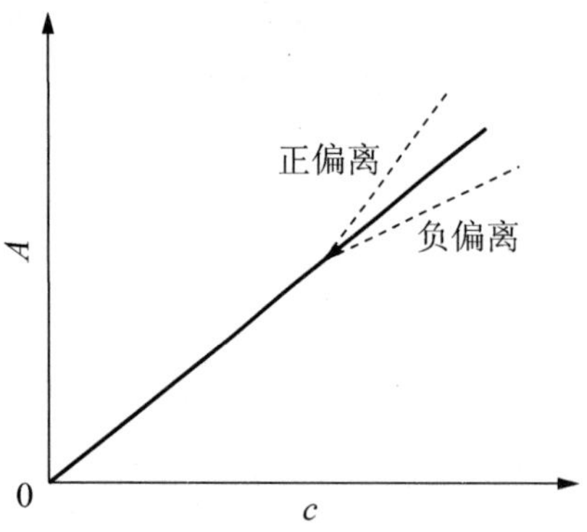

图 12－4　标准曲线及其偏离

(2) 非平行入射光引起的偏离。朗伯-比尔定律要求采用平行光束垂直入射。若入射光束为非平行光，就不能保证光束全部垂直通过吸收池，可能导致光束的平均光程(b')大于吸收池厚度(b)，实际测得的吸光度将大于理论值，从而产生正偏离。

(3) 介质不均匀引起的偏离。朗伯-比尔定律要求吸光物质的溶液是均匀非散射的。若溶液不均匀，如产生胶体或混浊，当入射光通过该溶液时，除了一部分被吸收外，还有一部分就会因散射而损失，使透射比减小，即实测的吸光度偏高。此时该吸光物质的浓度越大，对光的散射现象越严重，实测吸光度值偏高得越多，从而使标准曲线的上部偏离直线向吸光度轴弯曲，即对朗伯-比尔定律产生正偏离。

2）化学因素

(1) 溶液浓度过高引起的偏离。朗伯-比尔定律是建立在吸光质点之间没有相互作用的前提下的。但当溶液浓度较高时，吸光物质的分子或离子间的平均距离减小，由于相互作用就会改变吸光微粒的电荷分布，从而改变它们对光的吸收能力，即改变物质的摩尔吸收系数。浓度增加，这种相互作用也随之增强，由此导致在高浓度范围内因摩尔吸光系数(ε)不恒定而使吸光度与浓度之间的线性关系被破坏，偏离了朗伯-比尔定律，因此朗伯-比尔定律只适用于稀溶液。此外，溶液中高浓度的电解质对低浓度的吸光物质有时也会产生类似的影响，应尽量避免之。

(2) 化学反应引起的偏离。朗伯-比尔定律中的浓度指的是吸光物质的平衡浓度，即吸光型体的浓度，而在实际测定中，常用吸光物质(甚至待测组分)的分析浓度来代替它。只有当吸光物质的平衡浓度等于或正比于其分析浓度时，按照分析浓度所制作的标准曲线才是一条通过原点的直线，即 A 与 c 的关系服从比尔定律。但溶液中吸光物质常因解离、缔合、形成新化合物或互变异构等化学反应而破坏了其平衡浓度与分析浓度之间的正比关系，也就破坏了吸光度 A 与分析浓度 c 之间的线性关系，从而产生对朗伯-比尔定律的偏离。

例如，重铬酸钾在弱酸性介质中有如下平衡：

$$Cr_2O_7^{2-} + H_2O \rightleftharpoons 2\ HCrO_4^-$$

在 450nm 波长处测量不同浓度重铬酸钾溶液的吸光度。由于在浓度低时重铬酸根的离解度大，而浓度高时离解度小，同时由于铬酸氢根离子($HCrO_4^-$)的摩尔吸光系数比重铬酸根离子的摩尔吸光系数要小得多，因此低浓度时重铬酸根离子的吸光度降低十分显著，这就使工作曲线偏离朗伯-比耳定律。

12.1.2 紫外-可见分光光度计

1. 分光光度计的基本构造

分光光度计的种类和型号众多，但基本上都由光源、单色器(分光系统)、吸收池、检测系统和信号显示系统五大部分组成。

1) 光源

在仪器工作的波长范围内，光源应能提供具有足够发射强度、稳定且波长连续变化的复合光，同时发射光的强度还应不随波长的变化而明显改变。可见分光光度计通常采用 6～12 V 低压钨丝灯作光源，其发射的复合光最适宜的波长范围约在 360～1000 nm 之间。但在近紫外光区测定时应使用氢灯(或氘灯)作光源，它们能发射出波长为 150～400 nm 范围的光，适用于 200～400nm 波长范围的紫外分光光度法测定。为了使光源的发射光强度稳定，一般采用稳压器严格控制灯电源电压。

2) 单色器(分光系统)

单色器的作用是从光源发出的复合光中分离出所需要的单色光。分光光度计的单色器通常由入射狭缝、准直镜、色散元件(棱镜或光栅)、聚焦镜和出射狭缝组成。

由于对不同波长的光具有不同的折射率，棱镜能将光源发出的复合光分解为按波长顺序排列的单色光(对玻璃棱镜是由红色到紫色)。由于玻璃对紫外光有强烈吸收，故玻璃棱镜应在波长 360～700nm 范围内使用，主要用于可见分光光度计中。石英棱镜可用的波长范围一般为 200～1000nm，适用于紫外-可见分光光度计。

光栅是利用光的衍射和干涉原理而进行分光作用的，具有色散均匀、工作波长范围宽、分辨率高等特点，一般用在较高档的仪器中。

由色散元件分出的所需波长的光，通过出射狭缝再照射到吸收池上。由于狭缝的宽度可以调至几个纳米，因此光的纯度很高。

3) 吸收池

吸收池又叫比色皿，是用于盛装参比溶液、试样溶液的容器。通常随仪器配有厚度(光程长度)为 1cm 的比色皿。在可见光区测定时既可使用光学玻璃皿也可使用石英皿，而在紫外光区应采用石英皿。

比色皿的表面对入射光有一定的反射作用。因为这种反射作用很小，加之进行光度分析时，都采用同质料、同厚度的比色皿分别盛装试液与参比溶液，因此可以基本抵消因器皿表面对入射光的反射作用（使透射比略有减小）而引起的误差。

比色皿要保持清洁，尤其不要磨损它的光学面，以避免造成其光学性质的不一致。为了减小测量误差，在测定时要使用同一规格中透射比彼此相差小于 0.5%的比色皿。

4) 检测系统

通过吸收池后的透射光投射到检测器上。检测器是利用光电效应使光信号转换为电信号的装置。光度分析仪器中常用的检测器有光电池、光电管或光电倍增管。

硒光电池用于简易的分光光度计中。它对光的响应范围为 300～800nm，尤其对 500～600nm 的光最为灵敏。在较长时间连续照射后，会出现“疲劳”现象，使灵敏度降低，使用时应注意。

光电管和光电倍增管用于较精密的分光光度计中，具有灵敏度高、光敏范围宽及不易疲劳等优点。由于对不同波长范围的光的敏感程度不同，常用的光电管有“蓝敏”和“红敏”两种。“蓝敏”光电管的阴极表面镀有金属锑和铯，应用范围为 210～615nm，“红敏”光电管的阴极镀有金属银和氧化铯，应用范围为 625～1000nm。由于光电倍增管中有多个倍增极，对微弱的光电流有很强的放大作用，较普通的光电管更为灵敏，故广泛应用于中、高档的分光光度计。

5）信号显示系统

信号显示系统的作用是将检测器检测的信号显示和记录下来。在分光光度计中常用的是微安表、数码显示管等。简单的分光光度计多用微安表。在标尺上有透射比(T)和吸光度(A)两种刻度，由于吸光度和透射比是负对数关系，因此透射比的刻度是均匀的，而吸光度的刻度是不均匀的，如图 12－5 所示。现代精密的分光光度计多带有微机，能在屏幕上显示操作条件、各项数据并可对光谱图像进行数据处理。

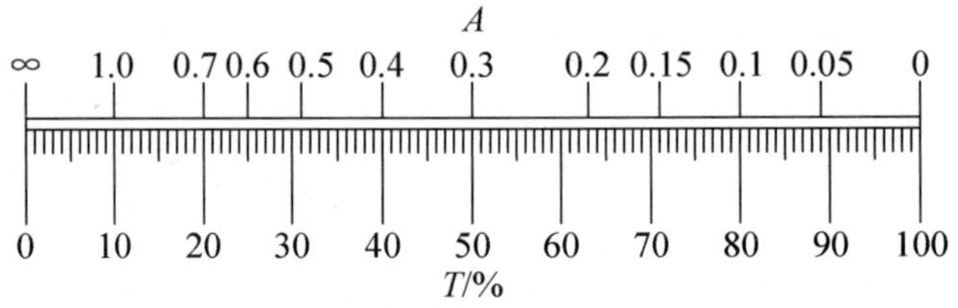

图 12－5　吸光度与透射比标尺及其关系

2. 分光光度计的类型

根据仪器适用的波长范围，分光光度计分为可见分光光度计、紫外-可见分光光度计和红外分光光度计，其中红外分光光度计主要用于有机物的结构分析，在此不予讨论。根据仪器的结构，分光光度计又可分为单光束、双光束和双波长三种基本类型，三者在光路和吸收池排列方式上的差异如图 12－6 所示。

1）单光束分光光度计

单光束分光光度计结构简单、价格低廉，如国产的 751 型、7516 型、7520 型和日本岛津的 QV－50 型等都属于这种类型，其结构示意图如图 12－6 (a)所示。这类分光光度计特别适合于固定测定波长的定量分析。但因测量时需先将参比溶液移入光路调节吸光度零点，然后再手动吸收池拉杆将试液移入光路测量其吸光度，参比溶液和试液在不同时间内进行比较，由于光源和检测系统的不稳定性，因此会引起测量误差；此外一般也无法进行吸收光谱的自动扫描，因此不适合于作定性分析和结构分析。

2）双光束分光光度计

双光束分光光度计的原理如图 12－6 (b)所示。图中 M_1 和 M_4 为半反射半透射旋转镜，M_2 和 M_3 为平面反射镜。工作时，来自单色器的单色光在 M_1 旋转到透射位置而 M_4 旋转到反射位置的瞬间，通过参比溶液 R 照射到检测器上，光强为 I_0；而在 M_1 旋转到反射位置、M_4 旋转到透射位置的另一瞬间，单色光则通过试液 S 照射到检测器上，光强为 I。

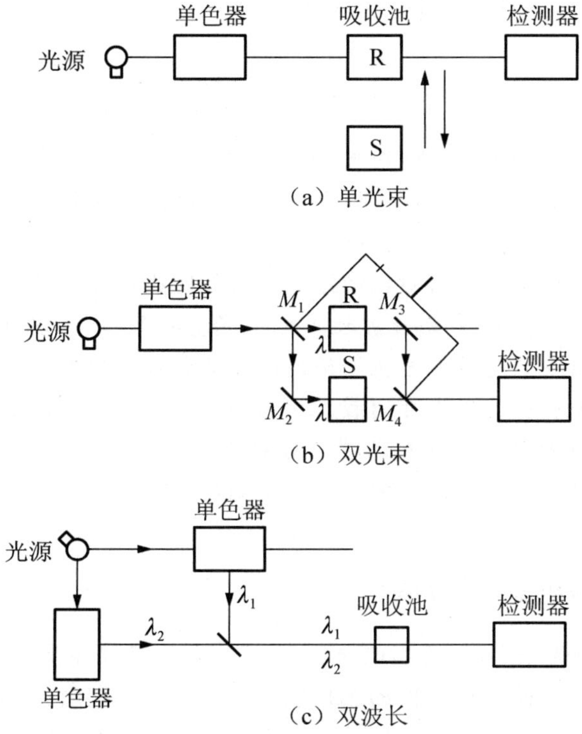

图 12-6 各类分光光度计工作原理示意图

(R-参比溶液，S-试液)

旋转镜快速同步旋转，检测器交替接收光信号 I_0 和 I，经处理后即可测得试样溶液的吸光度 A。

由于双光束仪器对透过参比溶液和试液的光强 I_0 和 I 的测量几乎同时进行，补偿了因光源和检测系统的不稳定而造成的影响，具有较高的测量精密度和准确度，而且测量也更方便快捷。同时双光束分光光度计可以连续地变更入射光波长，自动测量在不同波长下试液的吸光度，绘制出相应的吸收曲线，实现吸收光谱的自动扫描。双光束分光光度计是近30年来发展最快的一类光度计，特别适合于结构分析。但其光路设计要求严格，价格也比较昂贵。

3) 双波长分光光度计

双波长分光光度计的原理如图 12-6 (c)所示。从光源发出的光分成两束，分别经过两个单色器，得到强度均为 I_0、波长分别为 λ_1 和 λ_2 的两束单色光。经过切光器的调制，两束单色光以一定的频率交替通过装有试液的同一吸收池。设透射光强度分别为 I_1 和 I_2，则检测器交替地接收 I_1 和 I_2，经处理后得到两透射光强度之比的对数值 $\lg\frac{I_1}{I_2}$ 。根据朗伯-比尔定律：

$$A_{\lambda_1} = \lg\frac{I_0}{I_1} = k_{\lambda_1}bc + A_{b_1}$$

$$A_{\lambda_2} = \lg\frac{I_0}{I_2} = k_{\lambda_2}bc + A_{b_2}$$

式中 A_b 表示背景或干扰物质的吸收。若波长选择合适，在 λ_1 和 λ_2 处 A_b 相同，则两式相减得

$$\Delta A = A_{\lambda_2} - A_{\lambda_1} = \lg \frac{I_1}{I_2} = (k_{\lambda_2} - k_{\lambda_1})bc \qquad (12-12)$$

可见，两波长透射光强度之比的对数值，即试液在两波长处的吸光度之差 ΔA 与溶液中被测组分的浓度 c 成正比，而与背景吸收无关，这就是双波长分光光度法进行定量分析的依据。

在双波长分光光度法中，没有参比溶液，只有参比波长，所测量的是装在同一吸收池中的同一份溶液在测量波长 λ_2 和参比波长 λ_1 处吸光度的差 ΔA，这样不仅可以通过波长选择消除浑浊背景和吸收光谱重叠的干扰，进行浑浊液和多组分混合物的测定，而且避免了单波长法中因被测溶液和参比溶液在组成、均匀性上的差异以及两个吸收池之间的差异所引入的误差。此外，由于双波长分光光度法对两波长处的透射光强度 I_1 和 I_2 的检测几乎是在同一时刻进行，因此也就校正了因光源、检测器等的不稳定性所引入的误差，提高了测定的准确度。

12.1.3 吸光光度法分析条件的选择

在光度分析中，一般先选择适当的试剂与试样中的待测组分反应使之生成有色化合物，然后再进行测定。因此分析条件的选择包括反应条件和测量条件的选择。

1. 显色反应及其条件的选择

将待测组分转变成有色化合物的反应叫做显色反应。与待测组分形成有色化合物的试剂称为显色剂。在分析工作中选择合适的显色反应，并严格控制反应条件十分重要。

1）显色反应的选择

显色反应可分为两大类，即配位反应和氧化还原反应，而配位反应是最主要的显色反应。同一组分常可与多种显色剂反应，生成不同的有色物质。在分析时，究竟选用何种显色反应，应考虑以下因素：

(1) 显色反应灵敏度高。光度法一般用于微量组分的测定，因此选择高灵敏度的显色反应是考虑的主要方面。摩尔吸光系数 ε 的大小是显色反应灵敏度高低的重要标志，实际工作中应选择生成的有色物质 ε 较大的显色反应。一般来说，当 ε 值为 $10^4 \sim 10^5$ 时，可认为该反应灵敏度较高。

(2) 显色反应选择性好。选择性好是指显色剂仅与一个组分或少数组分发生显色反应。仅与某一种离子发生反应的显色剂称为特效(或专属)显色剂。这种显色剂实际上是不存在的，但干扰较少或干扰易于除去的显色反应是可以找到的。

(3) 显色剂在测定波长处无明显吸收。试剂空白值小，可以提高测定的准确度。通常把两种有色物质最大吸收波长之差称为“对比度”，一般要求显色剂与有色化合物的对比度 $\Delta\lambda$ 在 60nm 以上。

(4) 反应生成的有色化合物组成恒定，化学性质稳定。保证至少在测定过程中吸光度基本不变，否则将影响吸光度测定的准确度及再现性。

2）显色条件的选择

吸光光度法是测定显色反应达到平衡后溶液的吸光度。欲得到准确的结果，必须从研

究平衡着手，了解影响显色反应的因素，控制合适条件，以使显色反应完全、稳定，现对影响显色反应的主要条件讨论如下：

(1) 显色剂用量。为了使显色反应尽可能完全，一般需加入适当过量的显色剂。但显色剂过量较多时，有时会生成不同配位数的配合物。在这种情况下，显色剂的加入量应严格控制，使标准溶液和试样溶液生成有色配合物的组成一致。

在拟定新的吸光光度分析法时，显色剂和其他试剂的加入量，都必须通过实验确定。其方法是：在一系列浓度相同的试液中，加入不同量的显色剂，在相同的条件下，分别测定其吸光度，如果显色剂用量在某范围内所测得的吸光度不变，就可在此范围内确定显色剂的加入量。如图 12－7 所示，对于曲线(a)，显色剂的用量应该在曲线平坦的范围内选择；对于曲线(b)，则不仅要在显色稳定的区域内选择显色剂用量，而且要防止过量太多；对于曲线(c)，实际工作中应尽量避免，若必须使用时就要严格控制显色剂的用量，以保证被测物质显色生成的是组成相同的有色物质，使测定结果达到一定的准确度。

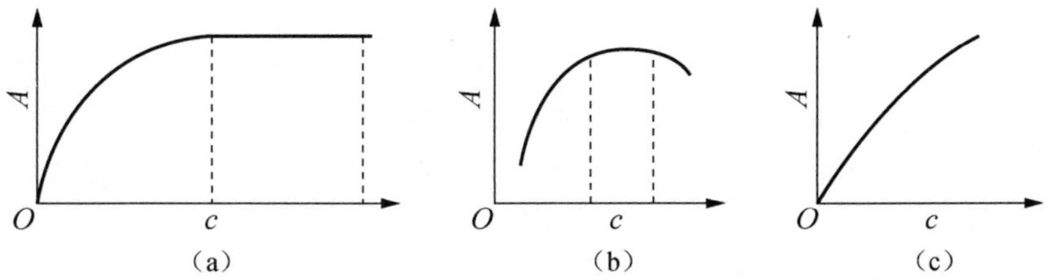

图 12－7 吸光度与显色剂浓度的关系

(2) 溶液的酸度。显色反应通常必须在适宜的酸度下进行，同一金属离子与同一试剂在不同的酸度下反应，往往会生成不同组成的有色配合物。例如 Fe^{3+} 用磺基水杨酸(H_2Ssal)显色时，在 pH＝1.8～2.5 的溶液中，生成紫红色的$[Fe(Ssal)]^{+}$配离子；在 pH＝4～8 时，生成橙色$[Fe(Ssal)_2]^{-}$配离子；pH＝8～11.5 时，生成黄色$[Fe(Ssal)_3]^{3-}$配离子。此外大部分高价金属离子都容易水解，在酸度较低时，会产生氢氧化物沉淀，如 Fe^{3+}、Al^{3+} 等会生成 $Fe(OH)_3$ 和 $Al(OH)_3$ 沉淀。因此，必须控制合适的酸度，才能获得准确的分析结果。在光度分析中，通常采用缓冲溶液来控制酸度。酸度对显色反应影响是多方面的。对某一显色反应的最适宜酸度必须通过实验确定。可以取若干份浓度相同的被测离子溶液，在不同 pH 的缓冲溶液中进行显色，分别测定其吸光度。以吸光度为纵坐标，pH 为横坐标作图，曲线上平直部分(吸光度不变)所对应的 pH 区间，即为最合适的酸度范围。

(3) 显色时间。有些显色反应要经过一定时间才能完成；也有些有色物质在放置过程中，受到空气中 O_2 的氧化或发生光化学反应，会使颜色减弱。因此，应根据具体情况，控制适当的显色时间，在颜色稳定的时间内进行光度分析。为了确定适当的显色时间，可作显色实验，从加入显色剂开始计时，每隔一定时间测定吸光度一次，然后以吸光度对时间作图，从曲线上平直部分所对应的时间，选取测定吸光度的最佳显色时间。

(4) 显色温度。不同显色反应对温度的要求是不同的。一般显色反应可在室温下完成，但有的显色反应需要加温后才能完成，有的有色物质在高温下容易分解。因此，应根据不同情况选择适当的温度进行显色。温度对光的吸收及颜色的深浅也有一定的影响，因此标准样品和试样的显色温度应保持一致。合适的显色温度必须通过实验确定，根据吸光度-温度曲线求得。

(5) 有机溶剂和表面活性剂。有机溶剂可以降低有色化合物的解离度，从而提高显色反应的灵敏度。此外，有机溶剂还可以影响显色反应速率，影响配合物的颜色、溶解度和组成等。合适的溶剂及其用量一般也应通过实验来确定。

合适的表面活性剂的加入可以提高显色反应的灵敏度，增加有色化合物的稳定性。其作用原理一方面是胶束增溶，另一方面是可形成含有表面活性剂的多元配合物。合适的表面活性剂及其用量也要通过实验来确定。常用的有溴化十六烷基吡啶(CPB)、溴化十四烷基吡啶（TPB)、氯化十六烷基三甲基铵(CTMAC)和氯化十四烷基二甲基苄基铵(Zeph)等阳离子表面活性剂，十二烷基磺酸钠(SDBS)、十二烷基硫酸钠(SDS)等阴离子表面活性剂和 OP、Triton X－100、吐温－80 等非离子表面活性剂。此外，近年来环糊精的应用研究也较多。

(6) 共存离子的干扰和消除。在光度分析中，共存离子常常对测定产生干扰。如果共存离子本身有颜色或能与显色剂反应生成有色化合物，并且在测量条件下产生吸收，就会使测定结果偏高，产生正误差。如果共存离子因与待测组分反应或与显色剂反应生成更稳定的在测量条件下无吸收的配合物，从而降低了待测组分和显色剂的平衡浓度，致使显色反应不能进行完全，就会导致测定结果偏低，产生负误差。如果在显色条件下，共存离子发生水解、析出沉淀，则会使溶液浑浊而无法进行测定。消除干扰的方法主要有以下几种，可根据具体情况选择使用或配合使用。

① 控制酸度。控制显色液的酸度是消除干扰简便而重要的方法。它实质上是根据各种离子与显色剂所形成配合物稳定性的差异，利用酸效应来控制显色反应的完全程度，从而消除干扰提高选择性的。如用 4－[(5－氯－2－吡啶)偶氮]－1，3－二氨基苯(5－Cl－PADAB)测定 Co^{2+}，在弱酸性介质中共存的 Cu^{2+}、Ni^{2+} 和 Cr^{3+} 等离子也能与试剂生成有色配合物，干扰测定。但因 Co^{2+} 与试剂生成的配合物最稳定，当用强酸酸化有色配合物溶液时，只有 Co^{2+} 的配合物仍能稳定存在，其它的配合物则被酸分解，从而消除了其干扰。

② 加入掩蔽剂。常用的掩蔽剂是配位剂，还有氧化剂和还原剂。例如，用 SCN^- 测定钴时，Fe^{3+} 的干扰可用 F^- 作掩蔽剂利用配位效应予以消除；用铬天青 S 法测定铝时，Fe^{3+} 的干扰则可用抗坏血酸的还原作用来消除。加入掩蔽剂是消除干扰经常采用而又行之有效的方法。选择掩蔽剂时，要求它不与被测离子作用。掩蔽剂的颜色以及它与干扰离子反应产物的颜色也不应干扰被测组分的测定。

③ 将二元配合物体系改变为多元配合物体系，选择适当的测量波长和参比溶液等也是消除干扰的方法。当上述方法都无效时，则要将干扰组分分离除去。

2. 吸光光度法的测量误差及测量条件的选择

光度法的误差除各种化学因素外，还有因仪器精度不够，测量不准所带来的误差。

1）仪器测量误差

仪器测量误差是由光电管的灵敏性差、光电流测量不准、光源不稳定及读数不准等因素引起的。它使测得的透光率 T 与真实值相差 ΔT，从而引起浓度误差 Δc。由比尔定律可推得浓度的相对误差与溶液透光率的关系式

$$\frac{\Delta c}{c}=\frac{0.434\Delta T}{T\lg T} \tag{12-13}$$

分光光度计透光率的测量误差 ΔT（绝对误差）一般约为 $\pm 0.002 \sim \pm 0.01$ 之间。若 $\Delta T=0.005$，则将不同的 T 值代入式(12－13)，可求得相应的浓度相对误差 $\frac{\Delta c}{c}$。以 T(%)或 A 为横坐标，$\frac{\Delta c}{c}$(%)为纵坐标作图，得到浓度测量的相对误差和透光率(或吸光度)之间的关系曲线，如图 12－8 所示。

由图 12－8 可见，溶液透光率很大或很小时，所产生的浓度相对误差都较大，只有在 T 为 20%～65%(即 $A=0.7 \sim 0.2$)时，产生的浓度相对误差较小。溶液透光率 T 为 36.8%($A=0.434$)时所产生的浓度相对误差最小。测定时，可调整溶液浓度或液层厚度，使透光率控制在 20%～65%之间，即吸光度控制在 0.2～0.7 之间。

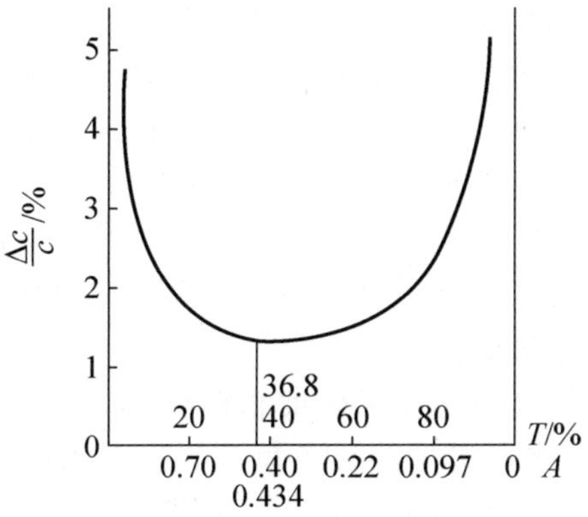

图 12－8 浓度测量的相对误差和透光率的关系

2）测量条件的选择

欲使光度分析法有较高的准确度和灵敏度，除了要选择和控制适当的显色反应条件外，还应选择适当的光度测量条件。

(1) 入射光波长的选择。为了使测定有较高的灵敏度，一般情况下，入射光的波长应根据吸收曲线，选择被测溶液有最大吸收的波长，因为在 λ_{max} 处 ε 值最大，测定灵敏度较高，同时在 λ_{max} 附近吸光度随波长变化不大，由非单色光引起的对朗伯-比尔定律的偏离较小，结果较准确。如果有干扰时，可选择另一灵敏度稍低，却能避免干扰的入射光。

(2) 吸光度读数范围的选择。从仪器测量误差来考虑，为了使测量结果有较高的准确度，一般吸光度 A 在 0.7～0.2 范围内。为此应适当调节标准溶液和被测溶液的浓度，并选择适当厚度的比色皿，使吸光度 A 处在适宜的范围之内。

(3) 参比溶液的选择。在光度测量中利用参比溶液来调节仪器的零点，以消除由于比色皿、溶剂和试剂对入射光的反射和吸收等带来的误差。参比溶液的选择是光度测量的重要步骤之一，选择适当的参比溶液的原则是：

① 当试液、显色剂及所用其他试剂在测定波长处均无吸收时，可用纯溶剂(如蒸馏水)作参比溶液。

② 当试液无吸收，而显色剂或其他试剂在测定波长处有吸收时，可用不加试样的“试剂空白”作参比溶液。

③ 当待测试液本身在测量波长处有吸收，而显色剂等无吸收，则采用不加显色剂的“试样空白”作参比溶液。

④ 如显色剂和试液在测量波长都有吸收，可将一份试样溶液加入适当掩蔽剂，将待测组分掩蔽起来，使之不再与显色剂反应，然后按相同步骤加入显色剂和其他试剂，所得溶液作为参比溶液。

在进行试样显色液吸光度测量前，先将参比溶液装入吸收池(比色皿)中，在测定波长处利用分光光度计的 $T=100\%$按钮将透光率 T 调至 100%（即 $A=0$)处，然后再进行试样显色液吸光度的测量。

12.1.4 吸光光度法的分析方法

1. 目视比色法

用眼睛观察、比较溶液颜色深度以确定物质含量的方法称为目视比色法。将一系列不同体积的标准溶液依次加入各比色管中，再分别加入等量的显色剂和其他试剂，并控制其他实验条件相同，最后稀释至同样体积，配成一套颜色逐渐加深的标准色阶。将一定量的被测溶液置于另一比色管中，在同样条件下进行显色，并稀释至同样体积，从管口垂直向下(有时由侧面)观察颜色。如果被测溶液与标准系列中某溶液的颜色相同，则被测溶液的浓度就等于该标准溶液的浓度；如果被测试液颜色介于相邻两种标准溶液之间，则试液的浓度就介于这两个标准溶液浓度之间。

目视比色法设备简单，操作迅速，灵敏度也较高，适宜于大批试样中微量组分的粗略分析。对于某些不符合朗伯-比耳定律的显色反应，仍可用此法进行测定。由于人眼对不同颜色及其深度的分辨力不同，有主观误差，因而准确度不高。

2. 标准曲线法

根据朗伯-比耳定律，如果液层厚度保持不变，入射光波长和其他条件也保持不变，则在一定浓度范围内，所测得的吸光度与溶液中待测物质的浓度成正比。因此，配制一系列已知的具有不同浓度的标准溶液，分别在选定波长处测定其吸光度 A，然后以标准溶液的浓度 c 为横坐标，以相应的吸光度 A 为纵坐标，绘制出 $A-c$ 关系图。如果符合比尔定律，则可获得一条直线，称为标准曲线或称工作曲线，如图 12－4 所示。在相同条件下测定样品溶液的吸光度 A，就可从标准曲线上查出该样品溶液的浓度。

3. 二元混合组分的测定

在进行分光光度分析时，混合溶液中两组分的测定有以下三种情况：

(1) 若 1 和 2 两组分的最大吸收峰互不重合，而且在组分 1 的最大吸收波长 λ_1处，组分 2 没有吸收；反之，在组分 2 的最大吸收波长 λ_2 处，组分 1 无吸收，如图 12－9(a)所示，则可分别在 λ_1和 λ_2 处测量混合液的吸光度 A_1及 A_2，然后按常规方法测定 1 和 2 两组分的浓度。

(2) 若 1 和 2 两组分在混合溶液中的吸收光谱曲线如图 12－9 (b)所示，则当 1 和 2 混合在一起时，在组分 1 的最大吸收波长处，组分 2 无吸收，所以只需在 λ_1处就可以测定组分 1。但在 λ_2 处所测定吸光度是组分 1 和 2 的总吸收 $A_{\lambda_2}^{1+2}$ ，因此必须事先测得组分 1 的纯成分在 λ_2 处的摩尔吸光系数 $\varepsilon_{\lambda_2}^{1}$ ，这样可根据混合物中测得组分 1 的浓度来算出组分 1 在

λ_2 处的吸光度 $A_{\lambda_2}^1$，则组分 2 的浓度可从下式求得：

$$A_{\lambda_2}^{1+2} - A_{\lambda_2}^1 = \varepsilon_{\lambda_2}^2 c_2 b \tag{12-14}$$

由式(12－14)可知，1 和 2 两组分在 λ_2 处的总吸光度和 λ_2 处组分 1 吸光度之差与组分 2 的浓度 c_2 成正比，即仍服从比耳定律。

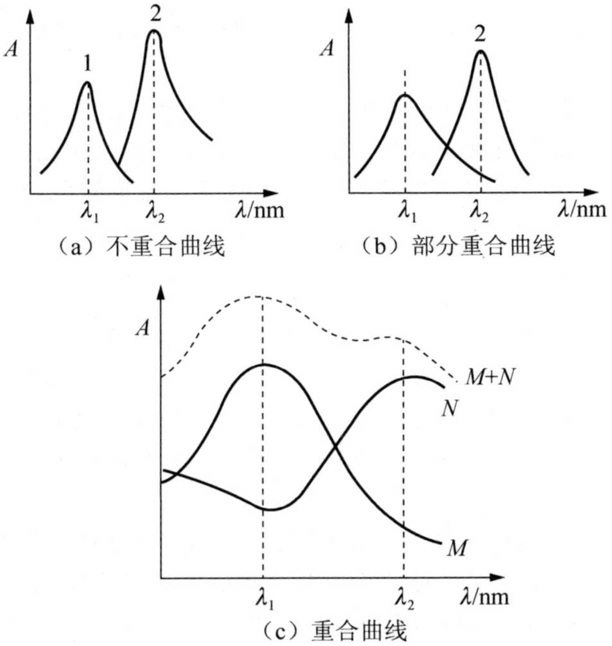

图 12－9　同时含有二种组分的吸收光谱

(3) 若二组分在最大吸收波长处互相都有吸收，如图 12－9(c)所示，曲线 M＋N 为两组分混合时的吸收光谱，则根据吸光度的加和性，即混合物的吸光度为各组分吸光度之和的原则，可在 λ_1 和 λ_2 处分别测得混合物的吸光度 $A_{\lambda_1}^{1+2}$ 及 $A_{\lambda_2}^{1+2}$，并以下列关系求得结果

$$A_{\lambda_1}^{1+2} = A_{\lambda_1}^1 + A_{\lambda_1}^2 = \varepsilon_{\lambda_1}^1 c_1 + \varepsilon_{\lambda_1}^2 c_2 \tag{12-15}$$

$$A_{\lambda_2}^{1+2} = A_{\lambda_2}^1 + A_{\lambda_2}^2 = \varepsilon_{\lambda_2}^1 c_1 + \varepsilon_{\lambda_2}^2 c_2 \tag{12-16}$$

联立式(12－15)与(12－16)解之，可得 c_1 和 c_2。

以上是用吸光光度法测定混合物的一般方法，在具体应用中还有很多处理方法。

12.1.5　吸光光度法应用实例

1. 植物中铁含量的测定

铁是植物所必需的微量元素之一，在植物细胞的代谢中起着重要作用。通常采用邻二氮菲法测定铁。先用盐酸羟胺将 Fe^{3+} 还原为 Fe^{2+}：

$$4Fe^{3+} + 2NH_2OH = 4Fe^{2+} + N_2O + 4H^+ + H_2O$$

然后在 pH＝3～9 的范围内(一般控制 pH＝5～6)，Fe^{2+} 与邻二氮菲生成稳定的桔红色配合物：

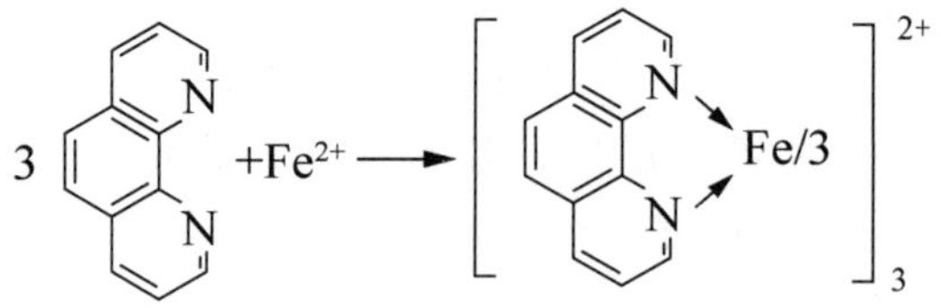

它的最大吸收波长 $\lambda_{max}=512nm$，摩尔吸光系数 $\varepsilon=1.1\times10^4\ L\cdot mol^{-1}\cdot cm^{-1}$。这种方法灵敏度与选择性均较好。

分析植物试样时，必须将试样进行预处理，制成试液。预处理的方法有干灰化法和湿灰化法两种。干灰化法是将植物样品在450～550℃高温下灼烧灰化，残渣用硝酸或盐酸溶液提取，即得到待测试液。湿灰化法是将样品用硝酸－高氯酸混合酸消化后制备成待测试液。

2. 磷钼蓝法测定全磷

磷是构成生物体的重要元素，也是土壤、肥料的基本要素之一。测定时先用浓硫酸和高氯酸处理试样，使磷的各种形式转变为 H_3PO_4，然后在 HNO_3 介质中，H_3PO_4 与 $(NH_4)_2MoO_4$ 反应生成磷钼黄杂多酸 $(NH_4)_3PO_4\cdot12MoO_3$。反应式为

$$H_3PO_4+12(NH_4)_2MoO_4+21HNO_3 = (NH_4)_3PO_4\cdot12MoO_3+21NH_4NO_3+12H_2O$$

再用适当的还原剂（如抗坏血酸、$SnCl_2$、1，2，4－四胺基萘磺酸等）将其中的Mo(Ⅵ)还原为Mo(Ⅴ)，即生成蓝色的磷钼蓝，其最大吸收波长 $\lambda_{max}=660nm$ 左右，在一定的浓度范围内，蓝色溶液吸光度与磷含量成正比。

磷钼蓝法是测定磷的高灵敏方法，可用于土壤、肥料、水样和核酸中磷含量的测定。

3. 在对氯苯酚存在时苯酚含量的测定

苯酚(M)水溶液和对氯苯酚(N)水溶液的吸收光谱相互重叠，如图12－10所示。要求在N存在下测定M的含量(或在M存在下测定N的含量)。

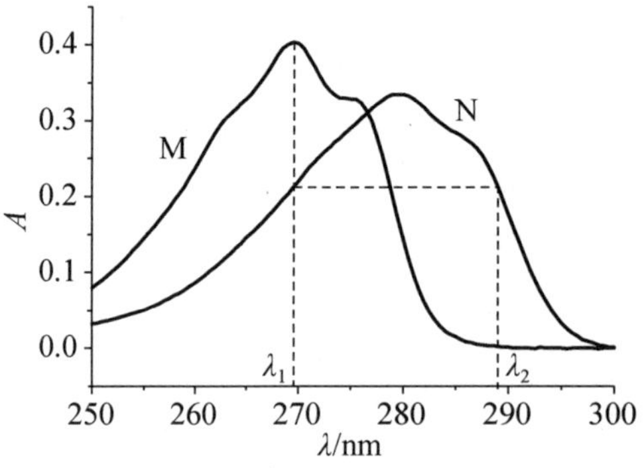

图12－10　等吸光度法原理

如要求测定M的含量而消除N的干扰，可从N的吸收光谱上选择两个波长 λ_1、λ_2，在这两波长处N具有相等的吸光度。即对N来说，不论其浓度是多少，$\Delta A_N=A_{\lambda_1}-A_{\lambda_2}=0$。这样，就可从这两个波长测得的吸光度差值 ΔA 确定M组分的含量。因为 ΔA 与M的浓度呈线性关系，即

$$\Delta A = A_{\lambda_1} - A_{\lambda_2} = k \cdot c_M$$

这一方法就是等吸光度测定法。可见，所选得的波长必须满足两个基本条件：①在这两波长处，干扰组分应具有相同的吸光度(即 $\Delta A_N = 0$)；②在这两波长处，待测组分的吸光度差值 ΔA_M 足够大。

4. 配合物组成的测定

应用光度法测定有色配合物组成的方法有摩尔比法、等摩尔连续变化法、平衡移动法、斜率比法等多种方法。这里只介绍常用的摩尔比法和等摩尔连续变化法。

1）摩尔比法

摩尔比法是根据在形成配合物的反应中，金属离子 M 被显色剂 R(或显色剂 R 被金属离子 M)所饱和的原理来测定配合物组成的。若 M 与 R 形成配合物的反应如下：

$$M + nR = MR_n$$

设 M、R 的分析浓度分别为 c_M、c_R。在适宜的实验条件下，固定金属离子 M 的浓度，依次由小到大地改变显色剂 R 的浓度，配制一系列体积相同的溶液。测量每份溶液的吸光度，然后以吸光度 A 为纵坐标，c_R/c_M 为横坐标绘制曲线(如图 12-11 所示)。由图 12-11 可知，当加入试剂 R 的量还未使金属离子 M 完全转变为 MR_n 时，随着 R 的浓度增大生成的 MR_n 不断增多，相应吸光度 A 也不断增大。当加入试剂的量已使金属离子 M 定量转变为 MR_n 并稍有过量时，R 的量再增多吸光度也不会增大，曲线出现转折。继续加入过量仍不再增大，曲线呈水平直线。转折点对应的横坐标 c_R/c_M，即为该配合物的组成比。由于配合物的离解使曲线转折点不敏锐时，可用外推法求得两直线的交点，交点 D 对应的 c_R/c_M 值即是 n 值。摩尔比法简单快速，但不适用于离解度大的配合物。

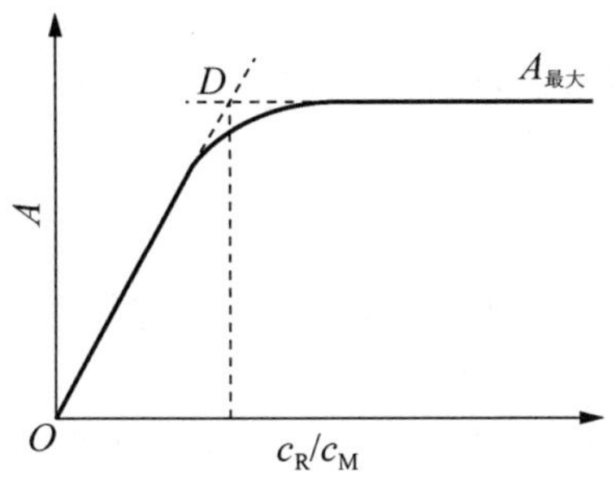

图 12-11 摩尔比法

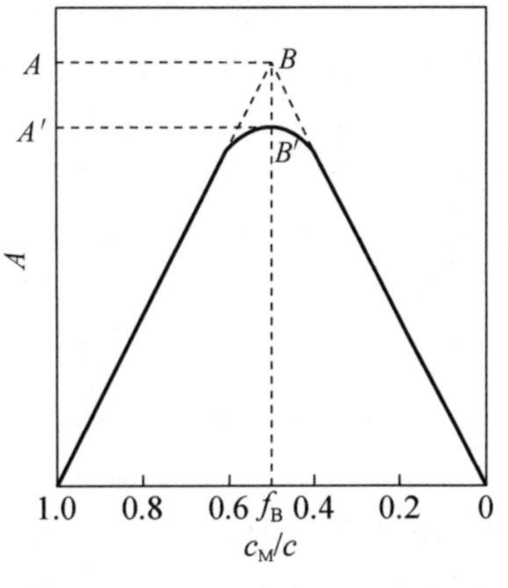

图 12-12 等摩尔连续变化法

2）等摩尔连续变化法

设 c_M、c_R 分别为溶液中金属离子 M 和显色剂 R 的浓度，保持溶液中 $c_M + c_R = c$(常数)，改变 c_M 与 c_R 的相对比值，配制一系列溶液。在适宜的实验条件下，测量这一系列溶液的吸光度，以 A 为纵坐标，c_M/c 为横坐标作图，得到如图 12-12 所示的曲线。将曲线两边的直线部分延长，根据其交点即吸光度最大处所对应的 c_M/c 值即可求得配合物的组成。图 12-12 中最大吸光度所对应的 $c_M/c = 0.5$，即 $c_M/c_R = 1$，表示配合物组成比为 M∶R=1∶1。本法适用于离解度小的稳定配合物组成的测定。当 $n > 3$ 时，测得的结果往往不可靠。

5. 紫外吸收光谱在有机物分析中的应用简介

紫外光谱可分为远紫外区和近紫外区，远紫外区波长在 100～200nm，近紫外区波长在 200～400nm。在有机物分析中，有使用价值的主要是近紫外区的吸收光谱。

1）定性鉴定

不同的有机物具有不同的吸收光谱，根据化合物的特征吸收峰波长和强度可以进行物质的鉴定。通常采用的方法是比较光谱法，即将样品与标准物用同一溶剂配成溶液，在相同条件下绘制吸收光谱图，比较二者吸收光谱是否一致。

利用物质的紫外吸收光谱还可以确定样品中是否含有某种杂质。如果有一化合物在近紫外区没有明显的吸收，而它所含的杂质有较强的吸收峰，则可根据杂质的特征吸收峰将其检查出来。例如检查乙醇中的苯，苯在 256nm 处有最大吸收，而乙醇在此波长几乎无吸收。

必须指出，物质吸收光谱的特性与所采用的溶剂密切相关，因此溶剂的选择是很重要的。

2）定量测定

许多有机物不仅在紫外光区有特征吸收且在测定浓度范围内符合朗伯-比耳定律，因而可以进行定量测定。例如用紫外分光光度法测定粮食中的色氨酸。试样先用乙醚脱脂，再用氯仿萃取试样的水解产物，以除去残存的不饱和脂肪酸。

3）结构分析

一个复杂的有机化合物的结构式不能单从紫外光谱来确定，必须与红外、核磁共振、质谱及化学分析等方法的综合解析才能完成。紫外光谱的主要作用是推测分子中是否有某种官能团、说明结构中的共轭关系、不饱和有机物的结构骨架及化合物的异构情况等。例如有一化合物在 210～250nm 有强吸收带，可能含有二个双键的共轭单位；在 260～300nm 有强吸收带表示有 3～5 个共轭单位；在 250～300nm 有弱吸收带，表示有羰基存在；在 250～300nm 有中等强度吸收带且有一定振动结构，表示有苯环的特征吸收。又如乙酰丙酮存在酮式和醇式两种互变异构体：

$$CH_3-\overset{\overset{\displaystyle O}{\|}}{C}-CH_2-\overset{\overset{\displaystyle O}{\|}}{C}-CH_3 \rightleftharpoons CH_3-\overset{\overset{\displaystyle O}{\|}}{C}-CH_2-\overset{\overset{\displaystyle O}{\|}}{C}-CH_3$$

酮式　　　　　　　　醇式

在水中，酮式异构体占 85%，λ_{max} 在 277nm，ε 为 1900；在己烷中醇式异构体占 96%，λ_{max} 在 269nm，ε 为 12100。利用这个特征，就可以判断异构体存在的主要形式。

12.2　电位分析法

电位分析法是一种电化学分析法，包括直接电位法和电位滴定法。直接电位法是通过测量原电池的电动势直接测定有关离子浓度的方法。该方法具有良好的选择性和灵敏性，所需仪器设备简单，操作简便，并能连续、快速、自动测量，因此应用广泛。电位滴定法是通过测量滴定过程中电池电动势的变化来确定终点的一种滴定分析法，它适用于各种滴定分析，对找不到合适指示剂，深色溶液或浑浊溶液等难于用指示剂判断终点的滴定分析特别有用。

电位分析是将化学信号转变为电信号的有力手段，是化学传感器中最为庞大、最为活跃的一个分支。在化工、环境、医学等领域中已广泛应用于在线分析、自动监测、自动报警等方面，有着广阔的发展前景。

12.2.1 离子选择性电极的分类及响应机理

1. 离子选择性电极的类型

离子选择性电极也称离子敏感电极，是一种特殊的电化学传感器，根据敏感膜的性质和材料的不同，离子选择性电极可分为不同种类。1975 年，国际纯粹与应用化学联合会(IUPAC)推荐离子选择电极的分类方法如表 12-1 所示。

表 12-1 离子选择性电极的分类

<table>
<tr><td rowspan="10">离子选择性电极</td><td rowspan="8">基本离子选择电极(原电极)</td><td rowspan="3">晶体膜电极</td><td rowspan="2">均相膜电极</td><td>单晶膜电极，如 LaF_3 制成的氟电极</td></tr>
<tr><td>混晶膜电极，如 $AgCl-Ag_2S$ 制成的氯电极</td></tr>
<tr><td colspan="2">非均相膜电极，如 Ag_2S 搀入硅橡胶中制成的硫电极</td></tr>
<tr><td rowspan="5">非晶体膜电极</td><td rowspan="2">玻璃电极</td><td>pH 玻璃电极</td></tr>
<tr><td>pM 玻璃电极，如 Na^+、K^+ 及 Li^+ 等玻璃电极</td></tr>
<tr><td rowspan="3">液膜电极(流动载体电极)</td><td>正电荷载体电极，如硝酸根电极</td></tr>
<tr><td>负电荷载体电极，如钙电极</td></tr>
<tr><td>中性载体电极，如钾电极</td></tr>
<tr><td rowspan="2">混合物离子选择电极(敏化电极)</td><td colspan="3">气敏电极，如氨电极</td></tr>
<tr><td colspan="3">酶电极，如尿素电极</td></tr>
</table>

本节以玻璃电极和晶体膜电极为例，介绍离子选择性电极的基本结构和响应原理。

2. 玻璃电极

1）玻璃电极的构造

玻璃电极是最早出现的膜电极。它的核心部分是玻璃膜，这种膜是在 SiO_2 基质中加入 Na_2O 和少量 CaO 烧制而成的，膜厚 0.05mm 左右，呈球泡形。球泡内充注 $0.10\ mol \cdot L^{-1}$ 的盐酸作为内参比溶液，再插入一根 AgCl-Ag 电极作内参比电极。由于玻璃电极的内阻一般都很高(50～500MΩ)，导线及电极引出线应带有屏蔽层及良好的绝缘，在支持杆引出线一端用胶木帽及粘结剂封闭牢固，即成为一支玻璃电极(如图 12-13 所示)。

2）玻璃电极的响应原理

大量实践证明，玻璃膜的化学组成对电极性能影响很大，纯 SiO_2 制成的石英玻璃不具有响应氢离子的功能，这是因为石英玻璃中的硅和氧以共价键结合：

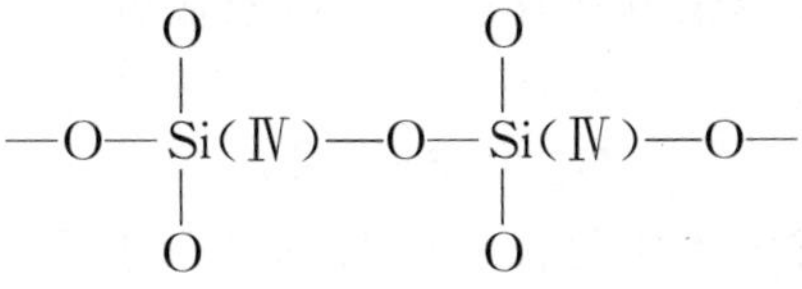

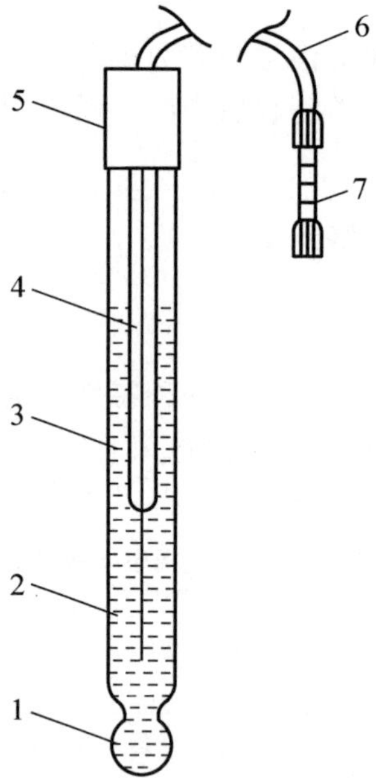

图 12-13　pH 玻璃电极的结构

（1. 玻璃膜；2. 厚玻璃外壳；3. 0.1mol·L^{-1} HCl；4. Ag—AgCl 内参比电极；
5. 绝缘套；6. 电极引线；7. 电极插头）

没有可供离子交换用的电荷质点(即点位)，不能完成传导电荷的任务，因此，纯 SiO_2 制成的石英玻璃对氢离子没有响应。然而，如果在石英玻璃中加入碱金属的氧化物(如 Na_2O)，将引起硅氧键断裂形成荷电的硅氧交换点位：

$$
\begin{array}{c}
\mathrm{O} \\
| \\
\text{—O—Si(IV)—O}^{-}\ \mathrm{Na}^{+} \\
| \\
\mathrm{O}
\end{array}
$$

当玻璃电极浸泡在水中时，溶液中氢离子可进入玻璃膜与钠离子交换而占据钠离子的点位，交换反应为

$$\underset{溶液}{H^+} + \underset{玻璃膜}{Na^+ Gl^-} \rightleftharpoons \underset{溶液}{Na^+} + \underset{玻璃膜}{H^+ Gl^-}$$

此交换反应的平衡常数很大，这主要是因为硅氧结构与氢离子的键合强度远大于其钠离子的强度(约为 10^{14})。由于氢离子取代了钠离子的点位，玻璃膜表面形成了一个类似硅酸结构(如图 12-14 所示)的水化胶层。在水化胶层的最表面，钠离子点位全部被氢离子占有，从水化胶层表面到水化胶层内部，氢离子占有的点位逐渐减少，而钠离子占据的点位逐渐增多，到玻璃膜的中部即干玻璃层，全部点位被钠离子占有。图 12-15 显示了玻璃膜表面与内部离子的分布情况。

当被氢离子全部占有交换点位的水化胶层与试液接触时，由于它们的氢离子活(浓)度不同就会发生扩散，即

$$H^+_{水化层} \rightleftharpoons H^+_{溶液}$$

当溶液中氢离子活(浓)度大于水化胶层中的氢离子活(浓)度时，则氢离子从溶液进入

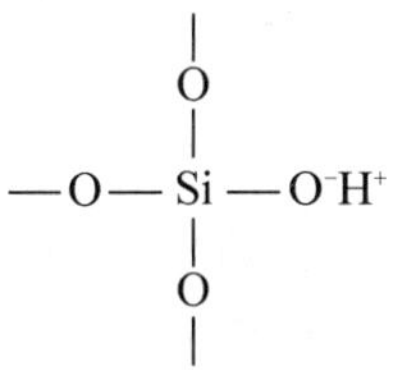

图 12-14 硅酸结构

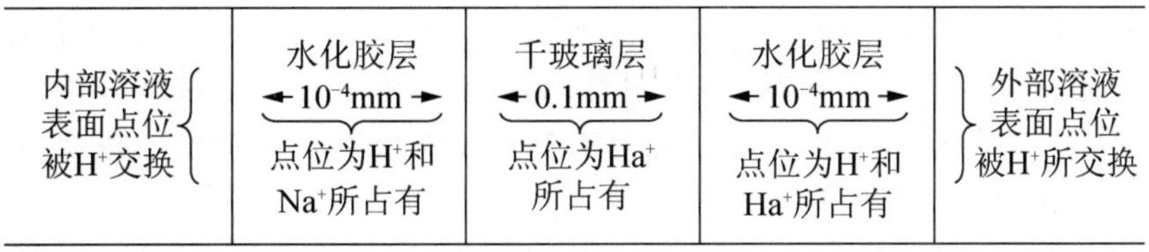

图 12-15 玻璃膜中离子分布图

水化胶层；反之，则氢离子由水化胶层进入溶液。

氢离子的扩散破坏了玻璃膜外表面与试液间两相界面的电荷分布，从而产生电位差，形成相界电位($\varphi_{外}$)。同理，玻璃膜内表面与内参比溶液两相界面也产生相界电位($\varphi_{内}$)，显然，相界电位的大小与两相间的氢离子活(浓)度有关，其关系为

$$\varphi_{外}=k_{外}+\frac{RT}{F}\ln\frac{a(H^+_{外})}{a'(H^+_{外})} \tag{12-17}$$

$$\varphi_{内}=k_{内}+\frac{RT}{F}\ln\frac{a(H^+_{内})}{a'(H^+_{内})} \tag{12-18}$$

式中：$a(H^+_{外})$、$a(H^+_{内})$为膜外溶液和膜内溶液的氢离子活度；$a'(H^+_{外})$、$a'(H^+_{内})$为外水化胶层和内水化胶层中的氢离子活度；$k_{外}$、$k_{内}$为由玻璃外、内膜性质决定的常数。

对于同一支玻璃电极，膜内、外表面的性质基本上相同，所以常数项$k_{外}$、$k_{内}$应是相等的，又因为膜内、外水化胶层中可被氢离子交换的点位数相同，所以$a'(H^+_{外})=a'(H^+_{内})$，因此，玻璃膜内外侧之间的电位差为

$$\varphi_{膜}=\varphi_{外}-\varphi_{内}=\frac{RT}{F}\ln\frac{a(H^+_{外})}{a(H^+_{内})} \tag{12-19}$$

作为玻璃电极的整体，玻璃电极的电位应包含有内参比电极的电位，即

$$\varphi_{玻}=\varphi_{内参}+\varphi_{膜}$$

因为内参比电极为 Ag-AgCl 电极，其电位为

$$\varphi_{内参}=\varphi^{\ominus}(AgCl/Ag)-\frac{RT}{F}\ln a(Cl^-)$$

于是

$$\varphi_{玻}=\varphi^{\ominus}(AgCl/Ag)-\frac{RT}{F}\ln a(Cl^-)+\frac{RT}{F}\ln\frac{a(H^+_{外})}{a(H^+_{内})} \tag{12-20}$$

$a(H^+_{内})$和$a(Cl^-)$为常数，所以上式简化为

$$\varphi_{玻}=K+\frac{RT}{F}\ln a(H^+_{外}) \tag{12-21}$$

在 25℃时，上式可写为

$$\varphi_{玻}=K+0.0592\lg a(H^+_{外})=K-0.0592pH \tag{12-22}$$

上式表明，试液的 pH 每改变 1 个单位，电位变化 0.0592V(即 59.2 mV)，这是玻璃电极成为氢离子指示电极的依据。

3）玻璃电极的特性

(1) 不对称电位。如果玻璃膜两侧溶液的 pH 相同，则膜电位应等于零。但实际上仍有一微小的电位差存在，这个电位差称为不对称电位($\varphi_{不对称}$)，它是由于玻璃膜内、外结构和性质上的差异造成的。玻璃电极在水溶液中经较长时间浸泡后，可使不对称电位降至最小值并保持稳定，并可通过使用标准缓冲溶液校正电极的方法予以抵消。

(2) 碱差。用玻璃电极测定 pH>10 的溶液或钠离子浓度较高的溶液时，测得的 pH 比实际数值偏低，这种现象称为碱差(或钠差)。碱差是由于在水化胶层和溶液界面之间的离子交换过程中，不但有氢离子参加，而且有钠离子的贡献，结果由电极电位反映出来的是氢离子活(浓)度增加，pH 降低。

(3) 酸差。酸差是指用 pH 玻璃电极测定 pH <1 的强酸性溶液时，pH 的测定值比实际值高。产生酸差的原因是由于在强酸性溶液中，水分子活(浓)度降低，而氢离子是靠 H_3O^+ 传递的，这样达到电极表面的氢离子数目减少，pH 增高。

4）其他玻璃电极

除 pH 玻璃电极外，还有 Na^+、K^+ 和 Li^+ 等玻璃电极，这些玻璃电极的结构与响应机理和 pH 玻璃电极相似。电极的选择性主要取决于玻璃膜的组成，只要适当改变玻璃膜组成中的 $Na_2O-Al_2O_3-SiO_2$ 三者的比例，电极的选择性就会呈现出一定的差异。某些玻璃电极的组成和选择性见表 12-2。

表 12-2　某些玻璃电极的组成和选择性

被测离子	玻璃膜的组成(摩尔比)/%			选择系数
	Na_2O	Al_2O_3	SiO_2	
Na^+	11	18	71	$K_{Na^+,K^+}\approx 2800$，pH=11
K^+	27	5	68	$K_{K^+,Na^+}\approx 20$
Li^+	15(Li_2O)	25	60	$K_{Li^+,Na^+}\approx 3$，$K(Li^+,K^+)\approx 1000$
Ag^+	28.8	19.1	52.1	$K_{Ag^+,Na^+}\approx 10^5$

3. 晶体膜电极

晶体膜电极的敏感膜一般由电活性物质的难溶盐经过加压或拉制成单晶、多晶或混晶制成的。例如用 LaF_3 单晶(搀有氟化铕，以增加其导电性)制成的膜电极就是一种典型的晶体膜电极。把 LaF_3 单晶经切片抛光后将其封在塑料管的一端，管内封有 Ag-AgCl 银丝作为内参比电极，0.1 mol·L^{-1} NaCl 溶液和 0.1 mol·L^{-1} NaF 溶液作为内参比溶液，即构成氟离子选择性电极(如图 12-16 所示)。

在晶体膜中，由于存在晶体缺陷空穴，靠近缺陷空穴的氟离子可移入空穴，氟离子的移动便能传递电荷，而 La^{3+} 固定在膜相中，不参与电荷的传递。由于晶格中缺陷空穴的大小、形状和电荷的分布，只能允许特定的离子进入空穴，其他离子不能进入空穴，因而氟电极对氟离子有选择性响应。

当把氟电极浸入被测试液中时，试液中的氟离子向氟电极表面扩散进入膜相，而膜相

中的氟离子也可以进入溶液，形成双电层产生膜电位，其膜电位与膜两侧氟离子活度的关系符合能斯特方程式

$$\varphi_{膜} = \frac{RT}{F}\ln\frac{a(F^-_{内})}{a(F^+_{外})} \qquad (12-23)$$

氟电极的电位为

$$\varphi_{氟电极} = \varphi_{内参} + \varphi_{膜} \qquad (12-24)$$

当 $\varphi_{内参}$ 和 $a(F^-_{内})$ 为一定值时，

$$\varphi_{氟电极} = K - \frac{RT}{F}\ln a(F^-_{外}) \qquad (12-25)$$

氟离子选择性电极有较好的选择性，主要干扰离子是 OH^-，因为在碱性溶液中电极表面发生如下反应：

$$LaF_3 + 3OH^- \rightleftharpoons La(OH)_3 + 3F^-$$

在较高的酸度下，由于 HF 和 HF_2^- 的生成，使 F^- 离子活度降低。所以在使用氟离子选择性电极时，溶液的 pH 应控制在 5～6 之间。

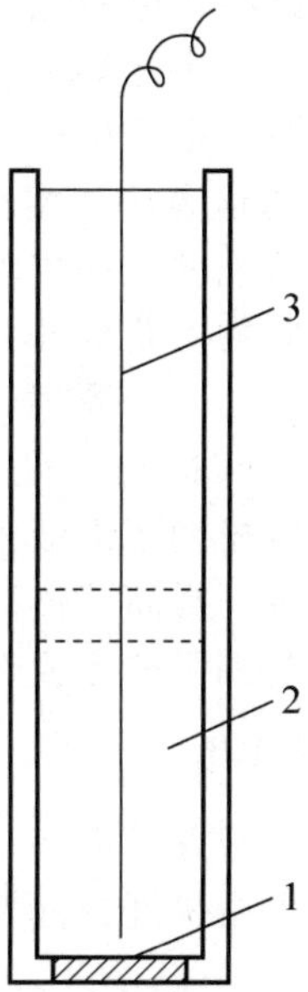

图 12－16　氟离子选择性电极

1. 氟化镧单晶膜；2. 内充液(0.1 mol·L^{-1}NaF 和 0.1mol·L^{-1}NaCl)；3. Ag－AgCl 内参比电极

根据式(12－21)和式(12－25)可知，离子选择性电极的定量依据是：

$$\varphi = K \pm \frac{RT}{nF}\ln a \qquad (12-26)$$

式中 n 为被测离子所带的电荷数(取绝对值)；至于“±”的取用，对阳离子取“＋”号，而阴离子则取“－”号。

12.2.2　离子选择性电极的性能参数

在使用离子选择性电极进行测定时，结果的可靠性主要取决于电极的性能是否符合测定要求。评价离子选择性电极的主要性能参数有线性范围、检测限、电位选择系数和响应时间等。

1. 线性范围和检测限

将离子选择性电极的电位(φ)对响应离子活度的对数值($\lg a_i$)作图，得到标准曲线，如图 12－17 所示。与此标准曲线的直线部分所对应的离子活度范围称为离子选择性电极响应的线性范围(图中 AB 部分)。当待测离子活度逐渐降低时，电极的电位也相应减小，直至电位无明显变化(图 12－17 中 CD 所示)。直线 AB 部分的斜率即为离子选择性电极的响应斜率，当斜率接近理论值时，则称电极在给定的活度范围内具有能斯特响应。

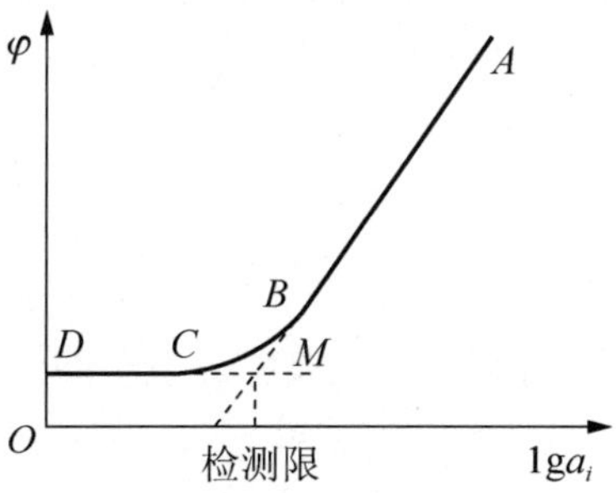

图 12－17　标准曲线和检测限

按 IUPAC 的定义，标准曲线的两条切线的交点 M 所对应的离子活(浓)度，即为该电极对待测离子的检测

限。它表示离子选择性电极能够检测的待测离子最低浓度，常以 $mol \cdot L^{-1}$ 为单位。影响检测限的因素很多，决定性的因素是组成电极膜的活性物质在被测溶液中的溶解度。

对于晶体电极，由于构成膜的难溶盐具有一定的溶解度，当待测溶液的浓度低于某一限度时，构成膜的难溶盐就溶解，以维持特定条件下的沉淀平衡，从而对检测限产生影响，即检测限不可能低于构成膜的难溶盐溶解所产生的离子活(浓)度。例如，Cl^- 离子选择电极，其敏感膜的主要成分为 AgCl。常温下，AgCl 在纯水中溶解的 Ag^+ 和 Cl^- 有如下关系：

$$c(Ag^+)=c(Cl^-)=[K_{sp}^{\ominus}(AgCl)]^{1/2}=(1.8\times10^{-10})^{1/2}=1.3\times10^{-5}\ mol\cdot L^{-1}$$

所以，用该电极测定溶液中浓度低于 $1.3\times10^{-5}\ mol\cdot L^{-1}$ 的 Cl^- 是难以实现的。

对于液膜电极，提高液体离子交换剂的亲脂性，选用合适的萃取剂以提高分配系数，是降低液膜电极检测限的主要途径。

2. 电位选择系数

离子选择性电极并不是特定离子的专属电极。它们在不同程度上受到干扰离子的影响，其影响程度可由扩展的能斯特公式描述：

$$\varphi=K\pm\frac{2.303RT}{nF}\lg(a_i+K_{i,j}a_j^{n/a}+K_{i,k}a_k^{n/b}+\cdots) \tag{12-27}$$

式中：i 为被测离子，j 和 k 等为干扰离子，n 为 i 离子的电荷数，a 和 b 分别是 j 和 k 离子的电荷数，a_i、a_j 和 a_k 分别为 i 离子、j 离子和 k 离子的活度。$K_{i,j}$ 和 $K_{i,k}$ 为电位选择系数，它表征了共存离子 j 和 k 对响应离子 i 的干扰程度。从上式可以看出，电位选择系数愈小，电极对被测离子的选择性越好。例如，一个 pH 玻璃电极对钠离子的选择系数为 $K_{H^+,Na^+}=10^{-7}$，则意味着该玻璃电极对氢离子响应比对钠离子响应灵敏 10^7 倍。

必须指出的是，电位选择系数只是一个实验数据，并不是一个严格的常数，它随着溶液中离子活度和测量方法的不同而有所变化。因此，电位选择系数不能用于校正干扰值，通常仅用来估计电极的测量误差。

根据电位选择系数的定义，干扰离子 j 对待测离子 i 产生的绝对误差和相对误差分别为

$$绝对误差=K_{i,j}a_j^{n/a} \tag{12-28}$$

$$相对误差=\frac{K_{i,j}a_j^{n/a}}{a_i}\times100\% \tag{12-29}$$

【例 12-2】 用 Ca^{2+} 选择性电极($K_{Ca^{2+},Mg^{2+}}=0.014$)测定 $1.00\times10^{-2}\ mol\cdot L^{-1}$ 的 Ca^{2+} 的溶液时，若其中含有 $5.00\times10^{-2}\ mol\cdot L^{-1}$ 的 Mg^{2+}，将引入多大的误差？

解： 根据测量误差的计算公式

$$相对误差=\frac{K_{i,j}a_j^{n/a}}{a_i}\times100\%$$

得

$$\begin{aligned}相对误差&=\frac{K_{Ca^{2+},Mg^{2+}}c_{Mg^{2+}}^{n/a}}{c_{Ca^{2+}}}\times100\%\\&=[0.014\times(5.00\times10^{-2})^{2/2}/(1.00\times10^{-2})]\times100\%=7.00\%\end{aligned}$$

3. 响应时间

按 IUPAC 的建议，电极响应时间是指从参比电极与离子选择性电极同时接触试液时

开始，直到电极电位值达到与稳定值相差 1mV 所需的时间。影响电位达到平衡的因素有：溶液的搅拌速度、参比电极的稳定性和被测离子的浓度等。显然，被测离子的浓度高，达到平衡快，响应时间短；静态测定，响应时间长，动态测定，响应时间短。因此，在实际工作中，通常采用搅拌试液的方法来加快响应速度。

12.2.3 直接电位法

在应用电位分析法进行测定时，需要有一支电位固定不变的参比电极与待测离子的指示电极及待测溶液一起组成一个工作电池：

参比电极‖试样溶液|指示电极

通过测量该工作电池的电动势(或指示电极的电位)，从而求得待测离子的活(浓)度。电位分析法的基本装置如图 12-18 所示。

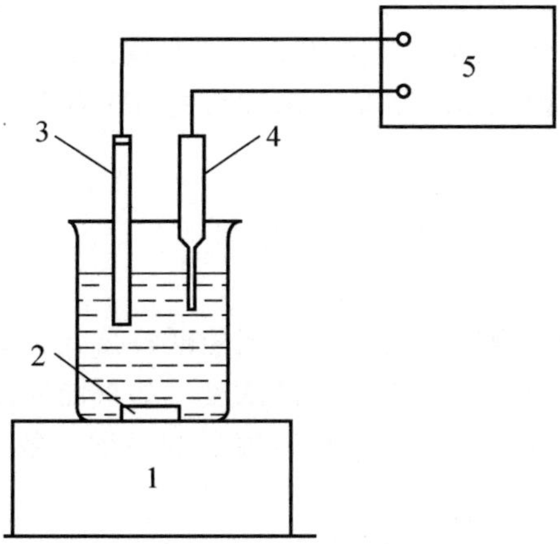

图 12-18 电位法的基本装置

1. 磁力搅拌器；2. 搅拌子；3. 指示电极；4. 参比电极；5. 测量仪表(离子计)

1. *溶液 pH 的测定*

用酸度计可直接测定溶液的 pH。测定时，用 pH 玻璃电极作指示电极，饱和甘汞电极作参比电极，与待测溶液组成一个测量电池：

饱和甘汞电极‖试样溶液|pH 玻璃电极

该电池的电动势

$$E=\varphi_{玻}-\varphi_{甘汞}$$

将玻璃电极的电位表达式代入上式得

$$E=K'+\frac{RT}{F}\ln a(H^+)-\varphi_{甘汞}$$

甘汞电极的电位 $\varphi_{甘汞}$ 在一定条件下是一个常数，可与 K' 合并，得到

$$E=K+\frac{RT}{F}\ln a(H^+) \tag{12-30}$$

或

$$E=K-\frac{2.303RT}{F}\text{pH} \tag{12-31a}$$

在25℃时：

$$E = K - 0.0592\text{pH} \tag{12-31b}$$

由于式(12－31)中 K 无法测量，在实际测定中，溶液的 pH_x 是通过与标准缓冲溶液的 pH_s 相比较而确定的。

在25℃时，若测得 pH_s 的标准缓冲溶液的电动势为 E_s，则

$$E_s = K - 0.0592\text{pH}_s \tag{12-32}$$

在相同条件下，测得 pH_x 的试样溶液的电动势为 E_x，则

$$E_x = K - 0.0592\text{pH}_x \tag{12-33}$$

由式(12－32)、式(12－33)可得

$$\text{pH}_x = \text{pH}_s + \frac{E_s - E_x}{0.0592} \tag{12-34}$$

式(12－34)称为溶液pH的操作定义，亦称pH标度。因此用电位法测定溶液的pH时，应先用标准缓冲溶液定位，然后直接在pH计上读出试液的pH(称直读法)。应该注意的是所选择的标准缓冲溶液的 pH_s 尽量与未知液的 pH_x 接近，这样可以减小测定误差。

2. 离子浓度的测定

1) 标准曲线法

(1) 浓度与活度。

利用离子选择性电极进行电位分析时，根据能斯特公式，离子选择性电极所响应的是离子活度，而通常在定量分析时要求测定的是浓度。如果能控制标准溶液和试液的总离子强度基本一致，那么试液和标准溶液中的被测离子的活度系数(γ_i)就应该相同，根据能斯特公式

$$\varphi = K \pm \frac{RT}{nF}\ln a_i = K \pm \frac{RT}{nF}\ln \gamma_i c_i$$

当总离子强度保持基本相同时，则离子活度系数(γ_i)基本不变，$\frac{RT}{nF}\ln\gamma_i$ 可视为恒定，与常数项 K 合并后，则得如下关系：

$$\varphi = K \pm \frac{RT}{nF}\ln c_i \tag{12-35}$$

式(12－35)说明被测离子的浓度与电位的关系符合能斯特公式。

在电位分析中，通常采用加入总离子强度调节缓冲溶液(Total Ionic Strength Adjustment Buffer，缩写为TISAB)的方法来控制溶液的总离子强度。总离子强度调节缓冲溶液一般由离子强度调节剂(中性强电解质)、掩蔽剂和缓冲剂组成。例如，测定试样溶液中的氟离子时所用的TISAB由氯化钠、柠檬酸钠及HAc－NaAc缓冲溶液组成。氯化钠用以保持溶液的总离子强度基本恒定，柠檬酸钠用以掩蔽 Fe^{3+}、Al^{3+} 等干扰离子，HAc－NaAc缓冲溶液则使被测溶液的pH控制在5.0～6.0左右。

(2) 标准曲线法。

与用pH玻璃电极测定溶液的pH类似，用离子选择性电极测定离子浓度时也是将指示电极与参比电极浸入被测溶液组成一测定电池，并测量其电动势。例如，使用氟离子选择性电极测定氟离子浓度时组成如下电池：

饱和甘汞电极‖试样溶液|氟离子选择性电极

该电池电动势为

$$E=\varphi_{氟}-\varphi_{甘汞}$$

根据式(12－25)，得到

$$E=K'-\frac{2.303RT}{F}\lg c(F^-)-\varphi_{甘汞}=K-\frac{2.303RT}{F}\lg c(F^-) \quad (12-36)$$

将式(12－36)扩大到一般的情况，可以写为

$$E=K\pm\frac{2.303RT}{n_iF}\lg c_i \quad (12-37)$$

式中 c_i为离子 i 的浓度，n_i为该离子所带的电荷数(取绝对值)。当离子选择性电极作正极时，对阳离子响应的电极取"＋"，对阴离子响应的电极取"－"。

标准曲线法是将离子选择性电极与参比电极插入一系列浓度已知的标准溶液中(其离子强度已用惰性电解质调节)，测出相应的电动势，然后以 $E\sim\ln c_i$绘制标准曲线。用同样的方法测定试样溶液的电动势，即可从标准曲线上查出被测溶液的浓度。

2) 标准加入法

对于成分较为复杂的试样，难以用标准曲线法定量时，可以采用标准加入法定量。标准加入法的基本思路是：向待测的试样溶液中加入一定量的小体积、高浓度的待测离子的标准溶液，通过测定加入标准溶液前、后电动势的变化与加入量之间的关系，对原试样溶液中的待测离子浓度进行定量分析。

设待测试样溶液的体积为 V_x，其中待测离子的浓度为 c_x，它在待测溶液中的活度系数为 γ，测得的电动势为

$$E_1=K+\frac{2.303RT}{nF}\lg\gamma c_x \quad (12-38)$$

加入浓度为 c_s(c_s最好是 c_x的 50～100 倍)，体积为 V_s(V_s最好是 V_x的 1/50～l/100)的待测离子标准溶液后测得的电动势为

$$E_2=K+\frac{2.303RT}{nF}\lg\gamma\frac{c_xV_x+c_sV_s}{V_x+V_s} \quad (12-39)$$

由于所加入的标准溶液的体积很小，对试样溶液组成影响可以忽略不计，因此式(12－38)和式(12－39)中的 K 和 γ 应基本相同。用式(12－39)减式(12－38)，得到

$$\Delta E=E_2-E_1=\frac{2.303RT}{nF}\lg\frac{c_xV_x+c_sV_s}{c_x(V_x+V_s)}$$

由于 $V_s<<V_x$，所以 $V_s+V_x\approx V_x$。将这一近似代入上式，经变换可以得到

$$c_x=\frac{c_sV_s}{V_x}(10\Delta E/S-1)-1 \quad (12-40)$$

式中 $S=\frac{2.303RT}{nF}$，在 25℃时 $S=0.0592/n$，n 为待测离子电荷数(绝对值)；ΔE 用两电动势之差的绝对值代入，即

$$\Delta E=|E_2-E_1|$$

标准加入法可以克服由于标准溶液组成与试样溶液不一致所带来的定量困难，也能在一定程度上消除共存组分的干扰。但标准加入法每个试样测定的次数增加了一倍，使测定的工作量增加。

12.2.4 电位滴定法

电位滴定法是根据滴定过程中指示电极的电位(或测定电池的电动势)变化以确定滴定终点的定量分析方法。进行电位滴定时，随着滴定剂的不断加入，待测离子与滴定剂发生化学反应，使待测离子的浓度不断变化。根据能斯特方程，指示电极的电极电位也随之发生相应的变化。在化学计量点附近，待测离子的浓度变化最大，引起电极电位产生突跃。通过测量电池电动势随滴定剂的消耗量(如滴定剂的体积)的变化可确定滴定终点。

电位滴定有手动滴定和自动滴定两种方式。手动电位滴定装置如图 12-19(a)所示，自动电位滴定装置如图 12-19(b)所示。自动电位滴定仪能以恒定速率或可变速率输送滴定剂，至参比电极和指示电极间的电势差达到预定值，并可自动绘制 $E-V$ 滴定曲线，根据电位变化判断滴定终点。

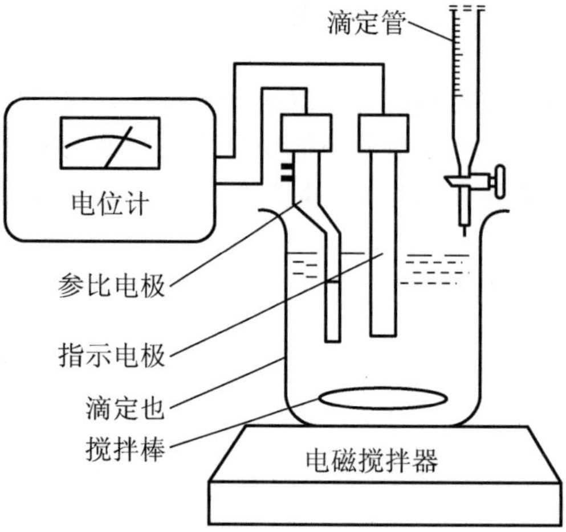

(a) 手动电位滴定装置

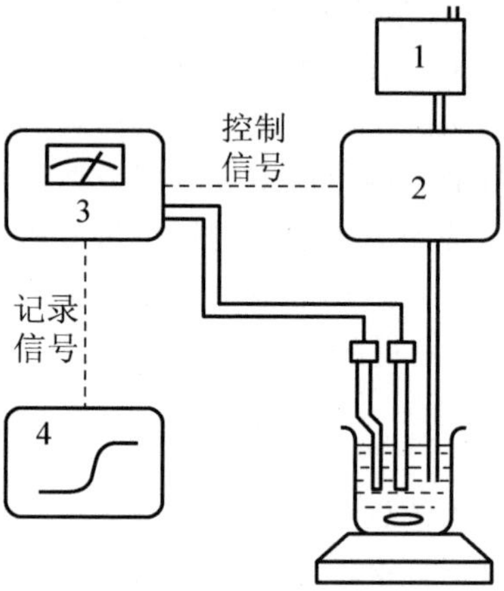

(b) 自动电位滴定装置

图 12-19 电位滴定装置

1. *终点确定方法*

进行手动电位滴定时，在待测溶液中插入适当的指示电极和参比电极组成电池，并接入电位差计(酸度计)，边滴定边记录加入滴定剂的体积 V 及电位差计的读数 E。随着滴定的进行，加入单位体积的滴定剂所引起的指示电极电位(或电池电动势)的变化逐渐增大，因此应酌情减慢滴定速率和增加记录数据的频次。在化学计量点附近，加入单位体积的滴定剂所引起的电位变化迅速增大，应进一步减慢滴定速率。滴定终点的确定有三种方法，现以 0.1 $mol \cdot L^{-1}$ $AgNO_3$ 溶液滴定含 Cl^- 试液(以银电极为指示电极，双液接饱和甘汞电极为参比电极)为例加以说明。

1) $E-V$ 曲线法

以加入滴定剂的体积 V 为横坐标、以 V 对应的电动势 E 为纵坐标作图，得到一条 S 形的 $E-V$ 曲线，如图 12-20 (a)所示。该曲线与指示剂指示滴定终点的滴定曲线一致，曲线的拐点所对应的体积为化学计量点时消耗的滴定剂体积。

2) $\Delta E/\Delta V-V$ 曲线法

$\Delta E/\Delta V-V$ 曲线法又称一阶导数法。$\Delta E/\Delta V$ 表示滴定剂单位体积变化引起的电动势变化值。以 $\Delta E/\Delta V$ 为纵坐标，以相邻两次加入滴定剂体积的算术平均值 V 为横坐标作图，得到一条峰形的 $\Delta E/\Delta V-V$ 曲线，如图 12－20(b)所示。化学计量点前，体积改变引起的电动势改变较小，即 $\Delta E/\Delta V$ 较小。在化学计量点附近，体积改变引起的电动势改变逐渐增大，即 $\Delta E/\Delta V$ 逐渐增大。化学计量点时，体积改变引起的电动势改变最大，即 $\Delta E/\Delta V$ 最大。所以，曲线最高点所对应的体积为化学计量点时消耗的滴定剂体积。根据函数微分的性质，此点的横坐标与 $E-V$ 曲线上拐点的横坐标是一致的。

3) $\Delta^2E/\Delta V^2-V$ 曲线法

$\Delta^2E/\Delta V^2-V$ 曲线法又称二阶导数法。$\Delta^2E/\Delta V^2$ 表示单位滴定剂体积变化引起的 $\Delta E/\Delta V$ 变化值，即 $\Delta(\Delta E/\Delta V)/\Delta V$。以 $\Delta^2E/\Delta V^2$ 为纵坐标，以 V 为横坐标作图，得一条具有两个极值的 $\Delta^2E/\Delta V^2-V$ 曲线，如图 12－20(*c*)所示。化学计量点前，V 改变引起的 $\Delta E/\Delta V$ 改变逐渐增大，即 $\Delta^2E/\Delta V^2$ 逐渐增大。在化学计量点附近，$\Delta^2E/\Delta V^2$ 达到极大值。化学计量点后 V 改变引起的 $\Delta E/\Delta V$ 改变为负值，即 V 增大引起 $\Delta E/\Delta V$ 减小。在化学计量点附近，$\Delta^2E/\Delta V^2$ 达到极小值。随着滴定剂继续加入，$\Delta^2E/\Delta V^2$ 逐渐增大。根据函数微分的性质，$E-V$ 曲线拐点的二阶导数为零，故 $\Delta^2E/\Delta V^2=0$ 时所对应的体积即为化学计量点时消耗的滴定剂体积。

用以上方法确定电位滴定终点时，主要依据化学计量点附近的测量值。因此，如果不需要对滴定的全过程进行研究，一般只需要准确测量和记录化学计量点前后 1～2 mL 内的数据便可确定电位滴定的终点。

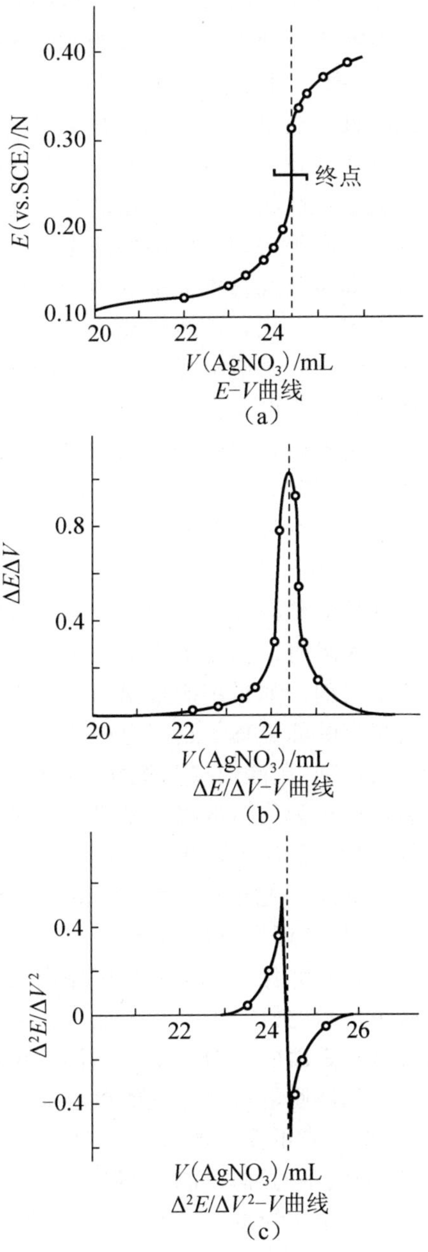

图 12－20　电位滴定曲线

2. 电位滴定法的应用

电位滴定法在酸碱滴定、沉淀滴定、氧化还原滴定和配位滴定中均有广泛应用。

1) 酸碱电位滴定

在酸碱电位滴定中，通常以玻璃电极为指示电极、饱和甘汞电极为参比电极，用 pH 计测量滴定过程中溶液的 pH，绘制 pH－V 滴定曲线确定化学计量点。

如果被滴定的酸较弱，则酸碱滴定的突跃范围较小。被滴定物质和滴定剂的浓度减小时，也有类似情况。用强碱滴定弱酸(或强酸滴定弱碱)时，若要使终点误差在允许的±0.1%之内，则要求$c\cdot K_a^{\ominus}\geqslant 10^{-8}$(或$c\cdot K_b^{\ominus}\geqslant 10^{-8}$)。对于$c\cdot K_a^{\ominus}$或$c\cdot K_b^{\ominus}$小于$10^{-8}$的弱酸或弱碱，在水溶液中不能被准确滴定，只能在非水溶液中才能被准确滴定。但非水滴定往往难于寻找合适的指示剂，电位滴定法成为非水滴定的基本方法。

滴定碱性物质时，常用的电极是玻璃电极-饱和甘汞电极，适于冰醋酸、醋酸-醋酐混合液、醋酐等溶剂系统中的滴定。为避免甘汞电极漏出的水干扰非水滴定，可用饱和氯化钾的乙醇溶液代替电极中的饱和氯化钾水溶液。滴定生物碱或有机碱的氢卤酸盐时，氯离子对滴定有干扰，不能将充有 KCl 溶液的甘汞电极直接浸入滴定液中，常用 KNO_3 盐桥把滴定液与甘汞电极隔开。简便的方法是使用具有 KNO_3 盐桥的双液接饱和甘汞电极(在普通饱和甘汞电极外，再套上一个盛有 KNO_3 溶液的玻璃套管)。

滴定酸性物质时，常用的电极也是玻璃电极一饱和甘汞电极，适于二甲基甲酰胺溶剂中极弱酸(如苯酚等)的测定。同样，为避免甘汞电极漏出的水干扰非水滴定，可用饱和氯化钾的乙醇溶液代替电极中的饱和氯化钾水溶液。

2) 沉淀电位滴定

沉淀电位滴定法可测定 Ag^+、Hg^{2+}、Pb^{2+}、Zn^{2+}、Cl^-、Br^-、I^-、SCN^- 等离子的浓度。滴定时，滴定剂不同，选用的指示电极也不同。一般来说，沉淀滴定常用银盐和汞盐为滴定剂。如果用硝酸银为滴定剂滴定卤素离子，可用银电极(纯银丝)作指示电极，也可用相应的卤素离子选择电极作指示电极。如果用汞盐为滴定剂，用汞电极作指示电极。用铅滴定剂(硝酸铅或高氯酸铅)滴定硫酸盐等，因无适当的指示剂而难以进行。但用铅离子选择电极为指示电极，则可顺利进行电位滴定。参比电极一般采用饱和甘汞电极。但在银量法和汞量法中，由于氯离子有干扰，可用 KNO_3 盐桥把滴定液与甘汞电极隔开，或使用具有 KNO_3 盐桥的双液接饱和甘汞电极为参比电极。

3) 氧化还原电位滴定

一般的氧化还原滴定均可用电位滴定法指示滴定终点。常用 Pt、Au、Hg 等惰性金属电极为指示电极，饱和甘汞电极为参比电极。为保证指示电极有足够的响应灵敏度，必须保持电极表面的洁净。如有沾污，可用热硝酸浸洗，必要时用氧化焰灼烧。

氧化还原电位滴定法的典型应用实例有高锰酸钾法测定亚铁离子和碘量法测定维生素C。需要注意的是，当氧化剂电对与还原剂电对在半电池反应中得失的电子数不相等时，$E-V$ 曲线不对称，曲线的拐点与化学计量点不吻合。用一阶倒数法、二阶导数法所确定的终点与化学计量点也有一定程度的偏离。但是，如果突跃范围足够大，这种差异可以忽略不计。

4) 配位电位滴定

配位滴定中最常用的滴定剂是 EDTA 标准溶液。用 EDTA 标准溶液滴定金属离子时，常以饱和甘汞电极为参比电极，可选用相应的金属离子选择性电极为指示电极，如用钙离子选择电极指示钙离子的 EDTA 配位电位滴定。还可用 pM 汞电极作为多种金属离子的 EDTA 配位电位滴定的共用指示电极，只要被测金属离子与 EDTA 的配合物的稳定性比 $[HgY]^{2-}$ 的稳定性差即可。pM 汞电极的适用 pH 范围为 2～11。当 pH<2 时，$[HgY]^{2-}$ 不稳定；pH>11 时，$[HgY]^{2-}$ 会生成 HgO 沉淀。

但是，多数金属离子选择电极在金属离子活度变化较大时，其响应将偏离能斯特方程，且对滴定液中的溶解氧及其他共存离子敏感，所以能用作指示电极的并不多。

与指示剂滴定法相比较，电位滴定法受液接电势和活度因子等的影响很小或不受影响，准确性更高。电位滴定法还可用于有色溶液及浑浊液的滴定。但电位滴定法操作比较麻烦。与直接电位法相比，电位滴定法一般具有较高的准确度和精密度。通常，直接电位法的相对误差可达百分之几，而电位滴定法的相对误差可控制在千分之几以内。由于电位滴定法测量的是滴定剂加入引起的电极电位变化，即使电极的响应斜率稍有改变，也不会对测定结果产生较大影响。但电位滴定法的分析时间比直接电位法要长。

综合练习

一、思考题

1. 什么是分光光度分析中的吸收曲线？制作吸收曲线的目的是什么？

2. 在分光光度法测定时，为什么常要使用显色剂？为什么可以通过测定显色后的产物的吸光度来确定被测物质的浓度？

3. 在分光光度法测定中，参比溶液的作用是什么？它与哪些因素有关？

4. 影响显色反应的主要因素有哪些？如何选择合适的显色剂？

5. 确定一种新的分光光度分析法时，应从哪几个方面去确定分析条件？

6. 什么是分光光度分析中的标准曲线？为什么一般不以透光度对浓度来制作标准曲线？

7. 在制作标准曲线时，可能遇到下列几种情况，试分析其原因。

(1) 标准曲线为一直线但不通过原点。

(2) 标准曲线下部向上翘起。

(3) 标准曲线上部向下弯曲。

(4) 标准曲线呈折线状。

8. 电极可分为哪几类？离子选择电极又可以分为哪几类？

9. 玻璃电极的结构如何？玻璃电极的膜电位包括哪两个部分？

10. 离子选择电极的响应时间指的是什么？它有哪些影响因素？

11. 在用氟离子选择电极测定水中的氟离子的浓度时，加入 TISAB 的作用是什么？它由哪些成分组成？

12. 甘汞电极、银-氯化银电极用作参比电极时，为什么电极电位可以保持不变？

13. 电位滴定法有哪些优点？怎样确定滴定终点？

二、练习题

1. 选择题

(1) 某试样溶液 50mL，其中含有某待测物质 0.10mg，用 1.0cm 比色皿在某一波长下测得透光率为 10%，则其质量吸收系数 a 为(　　)。

(A) 1.0×10^{2} L·g^{-1}·cm^{-1}　　(B) 2.0×10^{2} L·g^{-1}·cm^{-1}

(C) 5.0×10^{2} L·g^{-1}·cm^{-1}　　(D) 1.0×10^{3} L·g^{-1}·cm^{-1}

(2) 吸收曲线可以用于定性分析，是因为吸收曲线(　　)。

(A) 只有一个峰　　(B) 形状与物质结构相关

(C) 不与其他物质的吸收曲线相交　　(D) 只有一个最高峰

(3) 有色化合物的摩尔吸收系数与下列因素中有关的量是(　　)。

(A) 比色皿厚度　　(B) 有色化合物浓度

(C) 比色皿材料　　(D) 入射光波长

(4) 在分光光度法分析中，浓度测量的相对误差较小的吸光度范围是(　　)。

(A) 0.1～0.2　　(B) 0.2～0.7　　(C) 0.8～1.0　　(D) 1.1～1.5

(5) 符合朗伯-比尔定律的某有色溶液，浓度为 c 时透光率为 T，则浓度为 $2c$ 时透光率为(　　)。

(A) $2T$　　(B) T^2　　(C) T^{-2}　　(D) $-2\lg T$

(6) 某溶液的透光率为 26%，稀释一倍后其透光率为(　　)。

(A) 13%　　(B) 52%　　(C) 26%　　(D) 51%

(7) 下列情况不会对分析结果造成误差的是(　　)。

(A) 单色光不纯　　(B) 显色剂稍有过量

(C) 存在干扰物质　　(D) 有色物质不稳定

(8) 某一有色溶液，在 520nm 处摩尔吸收系数 ε 值为 $1.5\times10^5\,cm^{-1}\cdot L\cdot mol^{-1}$，当用 2cm 比色皿测得该溶液的吸光度为 0.407 时，该溶液的浓度为(　　)。

(A) $1.36\times10^{-4}\,mol\cdot L^{-1}$　　(B) $1.36\times10^{-3}\,mol\cdot L^{-1}$

(C) $1.36\times10^{-6}\,mol\cdot L^{-1}$　　(D) $1.36\times10^{-5}\,mol\cdot L^{-1}$

(9) 关于显色剂的叙述正确的是(　　)。

(A) 本身为有色物质

(B) 本身的颜色与被测物质的颜色呈互补色

(C) 能与被测物质生成稳定的、摩尔吸收系数大的有色物质

(D) 本身的颜色与被测物质相同

(10) 用邻二氮菲法测定微量铁时，加入盐酸羟胺的作用是(　　)。

(A) 作还原剂　　(B) 作氧化剂　　(C) 作稳定剂　　(D) 调节酸度

(11) pH 玻璃电极膜电位的产生是由于(　　)。

(A) H^+ 离子得到电子

(B) H^+ 离子透过玻璃膜

(C) 电子的得失

(D) 溶液中 H^+ 和玻璃膜水化层中的 H^+ 的交换作用

(12) 玻璃电极在使用前一定要在蒸馏水中浸泡 24h，其目的为(　　)。

(A) 清洗电极　　(B) 活化电极

(C) 校正电极　　(D) 检查电极好坏

(13) 在电位滴定中，以 $\Delta E/\Delta V-V$ 作图绘制滴定曲线，滴定终点为(　　)。

(A) 曲线斜率为零时的点(即一阶微分曲线的极大点)

(B) 曲线的斜率为 1 时的点

(C) 曲线的最大斜率点

(D) 曲线突跃的转折点

(14) 在电位分析法中，指示电极的电极电位与待测离子浓度的关系为(　　)。

(A) 成正比　　(B) 符合能斯特方程

(C) 符合扩散电流公式　　(D) 与浓度的对数成正比

(15) 在直接电位法中，用标准曲线法进行定量分析时，应要求(　　)。

(A) 试样溶液与标准系列溶液的离子强度相一致

(B) 试样溶液与标准系列溶液中待测离子的离子强度相一致

(C) 试样溶液与标准系列溶液的离子强度大于1

(D) 试样溶液与标准系列溶液中待测离子的活度相一致

(16) 用离子选择性电极进行测量时，常用磁力搅拌器搅拌溶液，其目的是(　　)。

(A) 降低电极内阻　　(B) 使电极表面保持干净

(C) 减小浓差极化　　(D) 加快响应速度

(17) 用玻璃电极测量溶液的 pH 时，采用的定量分析方法是(　　)。

(A) 标准加入法　　(B) 增量法

(C) 标准曲线法　　(D) 直接比较法

(18) 下列说法正确的是(　　)。

(A) 阳离子选择性电极的电位随试液中阳离子浓度的增大向正方向变化

(B) 阳离子选择性电极的电位随试液中被响应的阳离子浓度的增大而减小

(C) 阴离子选择性电极的电位随试液中被响应的阴离子活度的变化而变化

(D) 阴离子选择性电极的电位随试液中阴离子浓度的增大而减小

2. 准确称取 0.0500g 试样于 250mL 容量瓶中，加 HCl 溶液稀至刻度。吸取 2.0mL 该试液，再稀至 100mL。以 0.02 $mol \cdot L^{-1}$ HCl 溶液为参比，在最大吸收波长 265nm 处用 1.0cm 比色皿测得吸光度 A 为 0.380，其摩尔吸收系数 ε 为 12000 $L \cdot mol^{-1} \cdot cm^{-1}$，被测物摩尔质量为 100.0 $g \cdot mol^{-1}$，试求 265nm 处的吸收系数 a 和待测试样的质量分数。

3. 有一待测溶液，取 10.0mL 稀释到 100.0mL，测得其吸光度为 0.330。另取 2.0mL 标准溶液稀至 100.0mL，再以同样的条件测量，其吸光度为 0.400，那么标准溶液的浓度是待测溶液浓度的多少倍?

4. 称取钢样 0.5115g 溶解后定量转入 100mL 容量瓶中，用水稀至刻度。从中移取 10.0mL 试液于 50mL 容量瓶中，将其中的 Mn^{2+} 氧化为 MnO_4^-，再用水稀至刻度，摇匀。于 518nm 处用 1.0 cm 比色皿测得吸光度为 0.250，试求钢样中锰的质量分数。(已知 $\varepsilon_{518}=2.3\times10^3 L \cdot mol^{-1} \cdot cm^{-1}$，$M(Mn)=55.0g \cdot mol^{-1}$)

5. 物质 M 的摩尔吸收系数为 $1.1\times10^4 L \cdot mol^{-1} \cdot cm^{-1}$，物质 N 的摩尔吸收系数为 $2.6\times10^4 L \cdot mol^{-1} \cdot cm^{-1}$，取相同浓度的 M、N 两种物质溶液等体积混合，测得混合溶液的吸光度为 0.222，求两种溶液的原始浓度。

6. 某化合物在醇溶液中的最大吸收波长 λ_{max} 为 245 nm，其摩尔吸收系数 ε 为 1.7×10^4 $L \cdot mol^{-1} \cdot cm^{-1}$，摩尔质量为 314.47 $g \cdot mol^{-1}$。试问：当用 1.0 cm 比色皿测量时，配制什么样的浓度范围($g \cdot L^{-1}$)最为合适?

7. 在对水中微量铁测定时，所用的标准溶液中含铁 0.0875$mg \cdot L^{-1}$，测得其吸光度为 0.37，将试样稀释 5 倍后，再以同样的条件显色，测得其吸光度为 0.41。求原试样中 Fe_2O_3 的质量浓度。

8. 用纯品氯霉素(M=323.15 $g \cdot mol^{-1}$) 20.0 mg 配制成 1000mL 溶液。以 1.0cm 吸收池在其最大吸收波长 280nm 处测得透光率为 24.3%。试求氯霉素的摩尔吸收系数。

9. 在测定柠檬汁中氯化物含量时，用氯离子选择性电极和参比电极在 100.0mL 柠檬汁中测得电动势为 −37.5mV，加入 1.00mL 浓度为 $1.0\times10^{-2} mol \cdot L^{-1}$ NaCl 标准溶液，又测得电动势为-64.9mV。已知$M(Cl)=35.45g\cdot mol^{-1}$，求柠檬汁中氯的含量(以$mg\cdot L^{-1}$表示)。

10. 用氟离子选择性电极测定水样中的氟时(25℃)，取水样25.00mL，加入总离子强度调节缓冲溶液(TISAB)25mL，测得工作电池的电动势(相对于SCE)为0.1372V；再加入1.00×10^{-3} $mol\cdot L^{-1}$标准氟溶液1.00mL，测得其电动势为0.1170V(相对于SCE)。忽略稀释影响，计算水样中氟离子的浓度。

11. 为测定海带中I^-离子含量，称取10.56g海带，经处理制成溶液，再稀至200mL，用银电极-双盐桥饱和甘汞电极，以$0.1026mol\cdot L^{-1}$ $AgNO_3$标准溶液进行滴定，在终点附近测得如下数据：

$V(AgNO_3)$/mL	16.00	16.60	16.70	16.80	16.90	17.00	17.10	17.20
E/mV	−166	−153	−142	−123	+244	+312	+332	338

计算：(1)用二级微商法计算滴定终点体积。

(2) 海带试样中KI的含量。(已知$M(KI)=166.0\ g\cdot mol^{-1}$)

第13章 主族元素

教学目标

（1）了解主族金属、非金属元素单质的通性。

（2）掌握ⅠA、ⅡA族金属氢化物、氧化物、过氧化物、超氧化物的生成、结构与性能；掌握硼、铝、碳、硅、氮、磷、氧、硫和卤素的成键特征及其单质和化合物的结构与性能。

（3）了解硼、铝的缺电子性和缺电子化合物的反应性能及应用；掌握碳、硅的单质、氧化物和含氧酸及其盐的结构与性能的关系；了解氮、磷单质的成键特点，掌握氢化物、氧化物、含氧酸及其盐的结构和性质；了解氧、硫的电子层结构与成键特征，掌握氧气、臭氧、过氧化氢、SO_2、SO_3、SO_4^{2-}的结构与特性；掌握卤素单质、氢化物、含氧酸及其盐的结构、重要性质和应用。

（4）了解稀有气体的基本知识和应用。

迄今为止，人类已发现(或合成)117种元素，其中地球上天然存在的元素有90余种。丰富多彩的物质世界正是由这些元素及其化合物组成的。元素化学是无机化学的中心内容之一，它主要涉及元素及其化合物的存在、性质、制备和用途等内容。本章将介绍主族元素重要单质和化合物的制备、结构、性质及其变化规律。

13.1 s区元素

s区元素包括氢、ⅠA族(碱金属)及ⅡA族(碱土金属)元素。

氢是周期系中第一个元素，氢原子是所有元素中最小、最简单的原子。氢原子的电子层结构为$1s^1$，它可以失去1个电子形成H^+，又可形成双原子的气态分子，并且可与碱金属作用形成H^-。因此在周期表中，可以把氢归于第ⅠA族中，也可以将氢归于第ⅦA族中，但通常把它放在第ⅠA族的位置上。

ⅠA族元素包括锂(Li)、钠(Na)、钾(K)、铷(Rb)、铯(Cs)、钫(Fr)六种元素，由于它们的氢氧化物都是易溶于水的强碱，所以又称为碱金属。

ⅡA族元素包括铍(Be)、镁(Mg)、钙(Ca)、锶(Sr)、钡(Ba)、镭(Ra)六种元素，由于钙、锶、钡的氧化物在性质上介于“碱性的”碱金属氧化物和“土性的”难溶氧化物 Al_2O_3(粘土的主要成分)等之间，故称之为碱土金属。现在习惯上把铍和镁也包括在碱土金属之内。

13.1.1 碱金属和碱土金属概述

碱金属和碱土金属的最外电子层结构分别为 ns^1 和 ns^2，它们的原子半径比同周期其他元素大(稀有气体除外)，而核电荷比同周期其他元素少，内层又具有稀有气体的稳定电子层结构，对核电荷的屏蔽效应较高，故它们很容易失去最外层的 s 电子而显强金属性。其中碱金属是同周期中金属性最强的元素，碱土金属的金属性仅次于碱金属。

碱金属和碱土金属元素在形成化合物时，以形成离子键为主要特征，但在某些情况下也有一定强度的共价性。例如锂和铍，由于原子半径较小，电离能比同族其他元素高，形成共价键的倾向比较显著。

碱金属和碱土金属具有强还原性，碱金属是最强的还原剂。碱金属在空气中极易与氧化合，尤其是铷和铯遇空气即燃烧，并生成不同类型的氧化物。碱土金属在空气中也较易被氧化生成氧化物。碱金属和碱土金属能与卤素或硫直接化合，生成卤化物或硫化物；在加热时可与氮化合生成氮化物。

碱金属及钙、锶、钡在高温下能与氢直接化合，生成离子型的氢化物 MH 和 MH_2，这些氢化物都是白色固体，外表似盐，具有 NaCl 型晶格，故称之为盐形氢化物。离子型氢化物可与水反应放出氢气：

$$MH + H_2O \longequal MOH + H_2\uparrow$$

CaH_2 常用作军事和气象野外作业的生氢剂。

碱金属和碱土金属能与水发生激烈反应，从水中置换出氢气，并生成相应的氢氧化物。但锂、铍和镁与水作用时，在金属表面生成难溶的氢氧化物，覆盖在金属表面上，从而阻碍反应的继续进行。

13.1.2 碱金属和碱土金属的化合物

1. 氧化物

s 区金属与 O_2 反应可能生成四种不同类型的氧化物：正常氧化物、过氧化物、超氧化物和臭氧化物。除锂和钙外，均能生成稳定的过氧化物和超氧化物。

1) 正常氧化物

正常氧化物中，除 BeO 为两性外，其他均显碱性。经过煅烧的 BeO 和 MgO 极难与水反应，它们的熔点很高，都是很好的耐火材料。经特定过程生产的轻质氧化镁粉末是一种很好的补强材料，常用作橡胶、塑料和纸张的填料。

2) 过氧化物

碱金属过氧化物中最常见的是过氧化钠，呈浅黄色粒状。工业上用除去 CO_2 的干燥空气通入熔融的金属钠中，控制空气流量和反应温度制得：

$$2Na+O_2 \xlongequal{573\sim672K} Na_2O_2$$

碱土金属过氧化物中以过氧化钡较为重要。在加热条件下，将氧气通过金属钡即可制得：

$$Ba+O_2 \xlongequal{773\sim793K} BaO_2$$

过氧化物遇水、稀酸等均能产生 H_2O_2，H_2O_2 进一步分解放出氧气，或遇到 CO_2 直接放出氧气。所以过氧化物可用作氧化剂、漂白剂和氧气发生剂。

$$Na_2O_2+2H_2O = H_2O_2+2NaOH$$

$$2H_2O_2 = H_2O+O_2$$

$$2Na_2O_2+CO_2 = 2Na_2CO_3+O_2$$

所以 Na_2O_2 在防毒面具、高空作业和潜艇中可作 CO_2 的吸收剂和供氧剂。

此外，过氧化钠兼具碱性和强氧化性，是常用的强氧化剂，可用作矿物熔剂，使某些不溶于酸的矿物分解。如：

$$2Fe(CrO_2)_2+7Na_2O_2 = 4Na_2CrO_4+Fe_2O_3+3Na_2O$$

由于过氧化物有强氧化性，熔融时遇到棉花、碳粉或铝粉时会发生爆炸，使用时要十分小心。

3）超氧化物

K、Rb、Cs 等在过量氧气中反应生成超氧化物。KO_2 是橙黄色固体，RbO_2 是深棕色固体，CsO_2 为深黄色固体。超氧化物中含有超氧离子 O_2^-。超氧化物也是强氧化剂，能与水、二氧化碳等反应放出氧气，故也可用作供氧剂。

过氧化物和超氧化物在遇到水和二氧化碳等时，能缓慢释放氧气，可作为储氧材料。

4）臭氧化物

干燥的 K、Rb、Cs 的氢氧化物固体与 O_3 反应，或将 O_3 通入 K、Rb、Cs 等的液氨溶液均能得到臭氧化物。

$$3MOH+2O_3 = 2MO_3+MOH\cdot H_2O+\frac{1}{2}O_2\uparrow \quad (M=K、Rb、Cs)$$

$$M+O_3 \xrightarrow{NH_3(l)} MO_3 \quad (M=K、Rb、Cs)$$

臭氧化物与水反应放出氧气：

$$4MO_3+2H_2O = 4MOH+5O_2\uparrow$$

碱金属臭氧化物在室温放置会缓慢分解，生成超氧化物和氧气。

2. 氢氧化物

碱金属的氢氧化物因对皮肤和纤维有强烈的腐蚀作用，故称为苛性碱。NaOH 和 KOH 通常被称为苛性钠（又名烧碱）和苛性钾。碱金属和碱土金属的氢氧化物都是白色固体，放置在空气中易吸水而潮解，所以固体 NaOH 和 $Ca(OH)_2$ 是常用的干燥剂。在空气中易吸收 CO_2 而生成碳酸盐，所以要密封保存。

碱金属的氢氧化物除 LiOH 溶解度较小外都易溶于水，溶解时还放出大量的热。碱土金属氢氧化物在水中的溶解度比碱金属的氢氧化物小得多，其中 $Be(OH)_2$ 和 $Mg(OH)_2$ 是难溶氢氧化物，并且同族元素氢氧化物溶解度自上而下逐渐增大。

在碱金属、碱土金属的氢氧化物中，除 $Be(OH)_2$ 为两性外，其他氢氧化物都是强碱或中强碱。这两族元素氢氧化物的碱性随金属元素原子序数的增加而增强：

LiOH	NaOH	KOH	RbOH	CsOH
中强碱	强碱	强碱	强碱	强碱
$Be(OH)_2$	$Mg(OH)_2$	$Ca(OH)_2$	$Sr(OH)_2$	$Ba(OH)_2$
两性	中强碱	强碱	强碱	强碱

其中两性氢氧化物 $Be(OH)_2$ 既溶于酸也溶于碱。反应式为

$$Be(OH)_2 + 2H^+ = Be^{2+} + 2H_2O$$

$$Be(OH)_2 + 2OH^- = [Be(OH)_4]^{2-}$$

碱除了可与酸、酸性氧化物及盐等反应外，它还可与两性金属和某些非金属单质(如B、Si 等)反应，放出 H_2。如

$$2Al + 2NaOH + 6H_2O = 2Na[Al(OH)_4] + 3H_2\uparrow$$

$$Si + 2NaOH + H_2O = Na_2SiO_3 + 2H_2\uparrow$$

卤素、硫、磷等在碱中能发生歧化反应。如

$$X_2 + 2NaOH = NaX + NaXO + H_2O \quad (X=Cl、Br、I)$$

碱能腐蚀玻璃，实验室盛放碱液的试剂瓶应该用橡皮塞，而不能用玻璃塞，否则，它易与玻璃中的 SiO_2 反应生成硅酸盐而把塞子粘住。

3. 盐类

1) 溶解性

碱金属盐类最大的特点是易溶于水，且在水中完全电离。只有少数盐类是难溶的，这些不溶盐一般都是由大的阴离子组成。如钾、铷、铯的亚硝酸钴盐 $M_3[Co(NO_2)_6]$、四苯硼化物 $MB(C_6H_5)_4$、高氯酸盐 $MClO_4$、氯铂酸盐 M_2PtCl_6 和醋酸铀酰锌钠 $NaAc \cdot Zn(Ac)_2 \cdot 3UO_2(Ac)_2 \cdot 9H_2O$ 等。这些难溶盐一般用于定性分析、重量分析和沉淀分离。

碱土金属盐类的重要特点是难溶于水。碱土金属的氯化物、硝酸盐等易溶于水，但其碳酸盐、硫酸盐、草酸盐、磷酸盐等则难溶于水(其中硫酸镁、铬酸镁是易溶的)，在分析化学中，常利用草酸钙 CaC_2O_4 的难溶性来测定土壤、肥料和动物血液中钙的含量。

2) 热稳定性

一般来说，碱金属盐具有较高的热稳定性。卤化物在高温时挥发而不分解；硫酸盐在高温时不挥发，又难分解；碳酸盐除 Li_2CO_3 在 1273K 以上部分地分解为 Li_2O 和 CO_2 外，其余的都不分解。

碱土金属的碳酸盐(除 $BeCO_3$ 外)在常温下是稳定的，只有在强热的情况下，才能分解为相应的 MO 和 CO_2。

3) 焰色反应

碱金属和钙、锶、钡的挥发性盐在火焰中分别呈现特殊的颜色。例如，锂盐的火焰呈洋红色，钠盐呈黄色，钾、铷、铯的盐呈玫瑰紫色、钙盐呈橙红色，锶盐呈深红色，钡盐则呈黄绿色。在分析化学中常利用这一性质来对它们进行定性鉴定。

4) 生命必须元素

钠、钾、钙、镁对生物的生长发育作用极大。Na^+、K^+、Ca^{2+} 和 Mg^{2+} 约占人体中金属离子总量的 99%。

13.1.3 碱金属和碱土金属的制备及用途

1. 制备

碱金属和碱土金属具有较强的还原性，要使 M^+ 和 M^{2+} 还原为 M，通常采用的方法有两种：熔盐电解法和热还原法。

1）熔盐电解法

从理论上讲，电解任何熔融的碱金属和碱土金属盐类都可以制得相应的金属。例如：电解熔融的氯化钠可以制备金属钠：

$$2NaCl \xlongequal{电解} 2Na + Cl_2\uparrow$$

电解熔融的氯化钙可以制备金属钙：

$$CaCl_2 \xlongequal{电解} Ca + Cl_2\uparrow$$

有时为了降低熔体的熔点，也常电解混合的熔盐，如制备金属锂时常用 1∶1 物质的量比的氯化锂和氯化钾混合物作为熔融电解质。

2）热还原法

镁的制备方法除了电解熔融的无水氯化镁之外，工业上还通常采用氧化镁的热还原法。例如：

$$MgO(s) + CaC_2(s) \xlongequal{} Mg(s) + CaO(s) + 2C(s，石墨)$$

$$MgO(s) + C(s) \xlongequal{} Mg(s) + CO(g)$$

2. 用途

s 区金属有许多优异性能，广泛应用于工业生产中。金属钠用量最大，主要用于生产其他金属，特别是稀有金属；制备高附加值的钠的化合物，如氢化钠、过氧化钠等；在某些染料、药物及香料生产中用作还原剂；制造钠光灯，用于核反应堆的冷却剂等。

锂的用途越来越广泛，锂和锂合金是一种理想的高能燃料，锂电池是一种高能电池，$LiBH_4$、$LiAlH_4$ 等是重要的还原剂和储氢材料。另外，锂在核技术中也有重要应用。

碱金属，尤其是 Cs 失去电子的倾向很强，受光照射时，表现出强烈的光电效应，所以 Cs 常用于制造光电管。

铷、铯可用于制造最准确的计时仪器——铷、铯原子钟。1967 年把铯原子钟所定的秒规定为新的国际时间单位。

13.1.4 对角线规则

一般说来，碱金属和碱土金属元素性质的递变是很有规律的，但锂和铍却表现出反常性。锂及其化合物的性质与其他碱金属元素及其化合物的性质有明显的差异，铍也同样表现出与其他碱土金属元素性质上的差异。但是锂与镁，铍与铝在性质上却表现出很多的相似性。

在周期系中，某元素的性质和它左上方或右下方的另一元素性质具有相似性，称为对角线规则。在周期表中(如下图所示)，锂与镁、铍与铝、硼与硅处于对角线位置，它们的相似性特别明显。

Li　　Be　　B　C

Na　Mg　　Al　　Si

对角线规则可用离子极化的观点加以说明。一般来说，若两个正离子的极化能力相近，它们形成的化学键的性质就相近，因而相应化合物的性质便呈现出某些相似性。如 Li^+ 的极化能力比 Na^+、K^+ 等大得多，但却与 Mg^{2+} 相近，因为 Mg^{2+} 的半径虽比 Li^+ 大，但它的电荷却比 Li^+ 高。于是 Li^+ 与它的右下方的 Mg^{2+} 在性质上显示出某些相似性。

13.2　p 区元素

p 区元素包括周期系中ⅢA～ⅦA 主族和零族，它们分别称为硼族(ⅢA)、碳族(ⅣA)、氮族(ⅤA)、氧族(ⅥA)、卤素(ⅦA)和稀有气体(零族)。与 s 区相似，p 区元素在同一族自上而下原子半径逐渐增大，失去电子能力逐渐增强，元素的金属性逐渐增强，非金属性逐渐减弱。p 区元素(零族除外)价电子构型为 $ns^2np^{1\sim5}$，元素中的 ns、np 电子均能参与成键，因此 p 区元素(除氟外)一般具有多种氧化值，且氧化值差数常为 2。p 区元素电负性较 s 区元素大，在许多化合物中都以共价键结合。

13.2.1　硼族元素

1. *硼族元素概述*

硼族元素包括硼(B)、铝(Al)、镓(Ga)、铟(In)、铊(Tl)五种元素，属ⅢA 族。其中硼和铝都有丰富的矿藏，铝在地壳中的含量仅次于氧和硅，居第三位。镓、铟、铊没有单独的矿藏，以分散的形式与其他矿物共生，所以把镓、铟、铊和锗一起归结为稀有分散性元素。周期系中的硼族元素除硼是非金属外，其他都是金属元素，而且金属性随着原子序数的增加而增强。

硼族元素的价电子构型为 ns^2np^1，氧化态一般为+3。惰性电子对效应在本族元素中有所体现，+1 氧化态从上到下稳定性增加，铊的+1 氧化态稳定。本族元素价电子层有 4 个轨道(1 个 s 轨道和 3 个 p 轨道)，但价电子只有 3 个，这种价电子数少于价轨道数的原子称缺电子原子。当它与其他原子形成共价键时，价电子层中还留下空轨道，这种化合物称为缺电子化合物。由于空轨道的存在，有很强的接受电子对的能力，故它们具有如下特性：

(1) 易形成配合物，如

$$F_3B + :NH_3 \longrightarrow F_3B \leftarrow NH_3$$

$$BF_3 + F^- \longrightarrow [BF_4]^-$$

(2) 易形成聚合分子，气态的卤化铝(除离子型化合物 AlF_3 外)易形成双聚分子 Al_2X_6，如

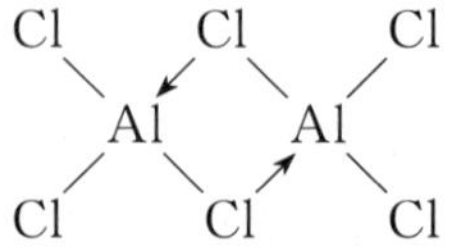

在 Al_2Cl_6 分子中，每个 Al 原子以 sp^3 杂化轨道与四个 Cl 原子成键，呈四面体结构。

中间两个 Cl 原子形成桥式结构，它除与一个 Al 原子形成正常共价键外，还与另一个 Al 原子形成配位键。这种结构也是由 $AlCl_3$ 的缺电子性所造成的。

2. 硼及其重要化合物

1）单质硼

在自然界中没有游离态的硼。硼的重要矿物有硼砂矿（$Na_2B_4O_7 \cdot 10H_2O$）、硼镁矿（$Mg_2B_2O_5 \cdot H_2O$）、方硼石（$2Mg_3B_8O_{15} \cdot MgCl_2$）等。无定形硼为无色粉末，晶体硼呈黑灰色。单质硼的硬度接近金刚石，具有高的电阻，其导电率随温度升高而增大（与常见的金属导体相反）。

结晶状单质硼具有惰性，而无定形硼较为活泼。在高温下硼能与 N_2、O_2、S、X_2 等单质反应，也能在高温下同金属反应生成硼化物，如

$$4B+3O_2 = 2B_2O_3$$

$$2B+3Cl_2 = 2BCl_3$$

$$2B+N_2 = 2BN$$

在赤热的条件下，无定形硼可与水蒸气作用生成硼酸和氢气：

$$2B+6H_2O\,(g) = 2B(OH)_3+3H_2(g)$$

在无氧化剂存在时，无定形硼不能溶于水，但热浓硫酸、热浓硝酸能逐渐把硼氧化成硼酸：

$$B+3HNO_3(浓) = B(OH)_3+3NO_2(g)$$

$$2B+3H_2SO_4(浓) = 2\,B(OH)_3+3SO_2(g)$$

在有氧化剂存在时，硼和强碱共熔可得到偏硼酸盐：

$$2B+2NaOH+3KNO_3 \xrightarrow{\triangle} 2NaBO_2+3KNO_2+H_2O$$

2）硼的氢化物

(1) 乙硼烷的制备与结构。

硼可形成一系列共价氢化物（称为“硼烷”），其中最简单、最重要的是乙硼烷（B_2H_6）。硼烷的生成焓都是正值，所以不能用硼和氢直接合成，而只能用间接方法制得。例如用 NaH 或 $NaBH_4$ 还原卤化硼可制得 B_2H_6。

$$6NaH+8BF_3 = 6NaBF_4+B_2H_6$$

$$3NaBH_4+4BF_3 = 3NaBF_4+2B_2H_6$$

乙硼烷是无色气体、极毒。

硼烷的结构都很独特。按照硼原子的结构，它最简单的氢化物应为 BH_3，但是在这样的分子中 B 还有一个空的 2p 轨道没有成键，如果该轨道也能参加成键，体系的能量将会进一步降低，故 BH_3 是不稳定体系。B_2H_6 的分子结构如图 13 - 1 所示。B 为 sp^3 杂化，每个 B 原子用两个杂化轨道分别与两个 H 原子形成正常共价键。当两个处于同一平面的 BH_2 单元相互接近时，剩下的另外两个 sp^3 杂化轨道在平面的两侧分别与 H 原子轨道重叠，形成两个包括两个 B 原子和一个 H 原子的三中心二电子键，记为 $B\overset{H}{\frown}B$。它是一种非定域键，又称氢桥键。该键的形成体现了硼原子的缺电子特性。

(2) 乙硼烷的反应。

① 氧化反应。

由于氢桥键键能小，乙硼烷很不稳定，在空气中能自燃。反应式为

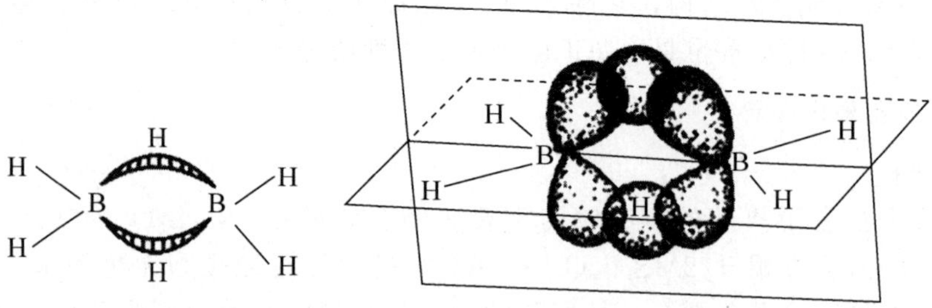

图 13-1 B_2H_6 的分子结构

$$B_2H_6(g)+3O_2(g)\Longrightarrow B_2O_3(s)+3H_2O(l) \quad \Delta_rH_m^{\ominus}=-2156 \text{ kJ}\cdot\text{mol}^{-1}$$

此反应的反应热很大,故硼烷可在火箭和导弹中用作高能喷射燃料。

B_2H_6 是强还原剂,能被 Cl_2 氧化:

$$B_2H_6(g)+6Cl_2(g)\Longrightarrow 2BCl_3(l)+6HCl(g) \quad \Delta_rH_m^{\ominus}=-1376 \text{ kJ}\cdot\text{mol}^{-1}$$

但与 Br_2、I_2 反应生成取代产物 B_2H_5X(X=Br、I)。

② 水解、醇解反应。

B_2H_6 极易与 H_2O、CH_3OH 反应生成 H_2 和硼的化合物:

$$B_2H_6+6H_2O\Longrightarrow 2H_3BO_3+6H_2$$
$$B_2H_6+6CH_3OH\Longrightarrow 2B(OCH_3)_3+6H_2$$

③ 与离子型氢化物反应。

$$B_2H_6+2NaH\Longrightarrow 2NaBH_4$$
$$B_2H_6+2LiH\Longrightarrow 2LiBH_4$$

3) 硼的含氧化合物

(1) 硼酸。

硼的氧化物主要是 B_2O_3,它与水反应可生成偏硼酸和硼酸。硼酸受热脱水又可变成偏硼酸和 B_2O_3,这种反应是可逆的。

$$B_2O_3 \underset{-H_2O}{\overset{+H_2O}{\rightleftharpoons}} HBO_2 \underset{-H_2O}{\overset{+H_2O}{\rightleftharpoons}} H_3BO_3$$

H_3BO_3 是一元弱酸,$K_a^{\ominus}=5.8\times10^{-10}$,它显酸性并不是它本身给出质子,而是由于硼是缺电子原子,它加合了来自 H_2O 分子中的 OH^- 而释放出 H^+,这与其他酸的解离情况是不同的,其解离方程式为

$$H_3BO_3+H_2O\Longrightarrow [HO-B(OH)_2\leftarrow OH]^-+H^+$$

利用 H_3BO_3 的缺电子性质,若加入多羟基化合物(如二醇或甘油),由于形成配合物而使溶液酸性增强:

$$2\begin{array}{c}R\\|\\H-C-OH\\|\\H-C-OH\\|\\R\end{array}+H_3BO_3\Longrightarrow \left[\begin{array}{c}R\quad\quad R\\|\quad\quad|\\H-C-O\quad O-C-H\\\quad\quad\diagdown\!\!/\\\quad\quad B\\\quad\quad\diagup\!\!\diagdown\\H-C-O\quad O-C-H\\|\quad\quad|\\R\quad\quad R\end{array}\right]^-+H^++3H_2O$$

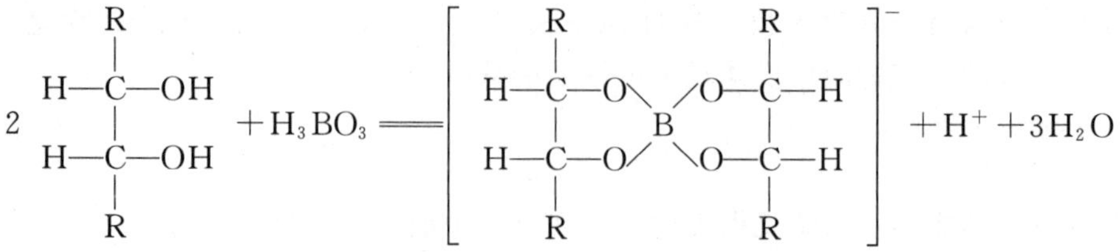

在定量分析中根据这一性质，用 NaOH 直接滴定硼酸成为可能。

硼酸与强碱作用生成偏硼酸盐，如 $NaBO_2$；与弱碱作用生成四硼酸盐，如硼砂 $Na_2B_4O_7 \cdot 10H_2O$。但反过来，向任何一种硼酸盐中加入酸时，总是得到硼酸，因为 H_3BO_3 的溶解度小而容易从溶液中析出。

(2) 硼酸盐。

硼酸盐有偏硼酸盐、正硼酸盐和多硼酸盐等多种。最重要的硼酸盐是四硼酸钠，俗称硼砂。硼砂的分子式是 $Na_2B_4O_5(OH)_4 \cdot 8H_2O$，习惯上也常写作 $Na_2B_4O_7 \cdot 10H_2O$。

硼砂是无色透明晶体，在干燥空气中易风化失水。硼砂受热时失去结晶水，加热至 623～673K 时进一步脱水生成无水四硼酸钠 $Na_2B_4O_7$，在 1051K 时熔化为玻璃体。熔融的硼砂可以溶解许多金属氧化物而形成硼酸的复盐。不同金属的硼酸复盐显示各种不同的特征颜色。例如：

$$Na_2B_4O_7 + CoO = Co(BO_2)_2 \cdot 2NaBO_2\text{（蓝色）}$$

$$Na_2B_4O_7 + MnO = Mn(BO_2)_2 \cdot 2NaBO_2\text{（绿色）}$$

利用这一性质可以定性鉴定某些金属离子(称为硼砂珠试验)。

硼砂是一种用途广泛的化工原料，很多用途是基于它在高温下同金属氧化物的作用，如用于陶瓷和搪瓷工业(点釉)、玻璃工业(特种玻璃)、烧焊技术等方面。在实验室中常用硼砂作基准物质来标定酸浓度、制备缓冲溶液。此外，在农业上常用作微量元素肥料，对小麦、棉花等作物有增产作用。

4) 硼的卤化物

在通常情况下，BF_3 是气体，BCl_3 和 BBr_3 是液体，BI_3 是固体。它们都是共价型化合物，分子结构呈平面三角形，它们在固态时是分子晶体。

三卤化物都能强烈水解。三氟化硼水解后生成氟硼酸，反应式为

$$4BF_3 + 3H_2O = H_3BO_3 + 3H[BF_4]$$

氟硼酸是一种强酸。由于 B—F 键能比 B—O 键能大，氟离子半径小，故能形成稳定的$[BF_4]^-$离子。其他卤化硼，由于 B—X 键能比 B—O 键能小，因此这些卤化硼水解时不能生成四卤合硼离子，只能生成 H_3BO_3，例如 BCl_3 的水解：

$$BCl_3 + 3H_2O = H_3BO_3 + 3HCl$$

由于三卤化硼易发生水解，因此不能在水溶液中制取。

三氟化硼可以由三氧化二硼、萤石及浓硫酸一起共热制备，反应式为

$$B_2O_3 + 3CaF_2 + 3H_2SO_4 \xlongequal{\triangle} 2BF_3 + 3CaSO_4(s) + 3H_2O$$

三氯化硼可用三氧化二硼氯化的方法来制备，反应式为：

$$B_2O_3 + 3C + 3Cl_2 \xlongequal{\triangle} 2BCl_3 + 3CO(g)$$

三卤化硼是缺电子分子，它们都是电子对接受体(路易斯酸)，易与电子给予体(路易斯碱)形成配合物。例如

$$BF_3 + NH_3 = F_3B \leftarrow NH_3$$

$$BF_3 + HF = H[BF_4]$$

3. 铝及其重要化合物

1) 单质铝

铝是两性元素，既能溶于酸、又能溶于碱：

$$2Al+6HCl \xlongequal{} 2AlCl_3+3H_2$$

$$2Al+2NaOH+6H_2O \xlongequal{} 2Na[Al(OH)_4]+3H_2$$

铝在空气中极易被氧化，在表面形成一层致密的氧化铝保护膜，使其不易被一般的无机酸碱所腐蚀。铝能与氧气剧烈反应，并放出大量的热：

$$4Al+3O_2 \xlongequal{} 2Al_2O_3 \quad \Delta_r H_m^{\ominus}=-3235.6\ kJ\cdot mol^{-1}$$

由于铝与氧结合力极强，因此可与某些金属氧化物发生置换反应制备其他金属，称之为“铝热法”，如：

$$2Al(s)+Cr_2O_3(s) \xlongequal{} 2Cr(s)+Al_2O_3(s)$$

$$2Al(s)+Fe_2O_3(s) \xlongequal{} 2Fe(s)+Al_2O_3(s)$$

$$4Al(s)+3SiO_2(s) \xlongequal{} 3Si(s)+2Al_2O_3(s)$$

铝的电导率虽然低于铜，但密度小。按同等质量比较，铝的电导率比铜高一倍，价格也低得多。硬质铝合金可用于制造汽车和飞机的材料，铝合金制品已深入到我们日常生活的各个方面，如铝合金炊具和餐具、铝合金门窗等等。

铝的制备：在工业上，首先用碱处理铝土矿，从中提取出 Al_2O_3；然后再电解 Al_2O_3。

2）氧化铝和氢氧化铝

（1）氧化铝。

氧化铝（Al_2O_3）主要包含有三种变体：$\alpha-Al_2O_3$、$\beta-Al_2O_3$ 和 $\gamma-Al_2O_3$。

$\alpha-Al_2O_3$ 又称为刚玉、其密度大，硬度高（仅次于金刚石和金刚砂（SiC））、耐腐蚀、电绝缘性好，可用作高硬度研磨材料和耐火材料。刚玉中若含微量 Cr(Ⅲ)，则为红宝石，若含 Fe(Ⅱ)、Fe(Ⅲ)和 Ti(Ⅳ)即为蓝宝石。人造宝石是将铝矾土（$Al_2O_3\cdot xH_2O$）熔融制得。人造红宝石或蓝宝石可作为激光光源产生相干光。

$\alpha-Al_2O_3$ 化学性质稳定，不溶于水，也不溶于酸或碱，只能用 $K_2S_2O_7$（焦硫酸钾）使之转化为可溶性的硫酸盐，反应式为

$$Al_2O_3+3K_2S_2O_7 \xlongequal{} 3K_2SO_4+Al_2(SO_4)_3$$

$\beta-Al_2O_3$ 具有很大的离子导电能力，是重要的固态电解质，因此可作为固体电池的理想材料，如用于新型高能钠硫蓄电池中，它的蓄电能力约为铅电池的 10 倍。

$\gamma-Al_2O_3$ 又称活性氧化铝，不溶于水，但能溶于酸或碱。只在低温下稳定，比表面很大，具有较强的吸附能力和催化活性，是重要的吸附剂和催化剂。

（2）氢氧化铝。

在铝酸盐溶液中通入 CO_2，得到白色晶态氢氧化铝[$Al(OH)_3$] 沉淀；用铝盐加入氨水或适量碱，则得到白色的凝胶状无定形 $Al(OH)_3$ 沉淀，这种沉淀是含水量不定的氧化铝（$Al_2O_3\cdot xH_2O$），故也称为水合氧化铝。习惯上把水合氧化铝称为氢氧化铝。无定形水合氧化铝经静置可转变为晶态的 AlO(OH)，温度越高转变越快。

氢氧化铝难溶于水，是以碱性为主的两性氢氧化物，既溶于酸生成盐，又溶于碱而生成铝酸盐，反应如下：

$$Al(OH)_3+3H^+ \xlongequal{} Al^{3+}+3H_2O$$

$$Al(OH)_3+OH^- \xlongequal{} [Al(OH)_4]^-$$

光谱实验显示，氢氧化铝溶于碱溶液后，生成的化合物是 $Na[Al(OH)_4]$，而不是 $NaAlO_2$ 或 Na_3AlO_3，固态 $NaAlO_2$ 可用 Al_2O_3 与 NaOH 固体共熔的方法制备，反应式为

$$Al_2O_3(s)+2NaOH(s) \xlongequal{熔融} 2NaAlO_2(s)+H_2O(g)$$

3）铝盐

（1）卤化铝。

在铝的卤化物（AlX_3）中，AlF_3 为白色难溶的离子型化合物，而 $AlCl_3$、$AlBr_3$ 和 AlI_3 均为共价化合物。

卤化铝中最重要的是三氯化铝。无水三氯化铝是无色晶体，在常温下能挥发，453K 时升华，在接近沸点的蒸气中，三氯化铝是双聚分子 Al_2Cl_6，在较高温度下离解为三角形的三氯化铝。三氯化铝与碱金属氯化物发生作用，生成 $M[AlCl_4]$ 或 $M_3[AlCl_6]$。三氯化铝在水中的溶解度很大，溶于水后，由于极性分子的作用，即转化为离子化合物并发生"水解"使溶液呈酸性，反应式为

$$AlCl_3 + 6H_2O = [Al(H_2O)_5OH]Cl_2 + HCl$$

三氯化铝易被空气中的水蒸气水解，形成氯化氢雾滴，因此在空气中会"发烟"。无水三氯化铝是典型的缺电子体（即路易斯酸），可与路易斯碱加合，如 $AlCl_3 \cdot NH_3$。

三氯化铝可由铝和氯气直接合成，也可用氧化物制备：

$$2Al + 3Cl_2 \xlongequal{\triangle} 2AlCl_3$$

$$Al_2O_3 + 3C + 3Cl_2 = 2AlCl_3 + 3CO$$

无水三氯化铝最重要的工业用途是作为有机合成和石油工业的催化剂。

三溴化铝（Al_2Br_6）、三碘化铝（Al_2I_6）具有和三氯化铝（Al_2Cl_6）相似的结构，其性质也和三氯化铝相似。

（2）硫酸铝和铝矾。

无水硫酸铝[$Al_2(SO_4)_3$]是一种白色粉末状固体，从水溶液中得到的 $Al_2(SO_4)_3 \cdot 18H_2O$ 是无色针状晶体。硫酸铝的一个重要特性是易与 K^+、Rb^+、Cs^+、Ag^+ 等氧化值为+1 的金属离子及 NH_4^+ 的硫酸盐结合形成铝矾，其通式为 $MAl(SO_4)_2 \cdot 12H_2O$。在铝矾的结构中，有 6 个水分子与 Al^{3+} 配位，形成 $[Al(H_2O)_6]^{3+}$ 离子，余下的为晶格中的水分子，它们在 $[Al(H_2O)_6]^{3+}$ 与阴离子 SO_4^{2-} 之间形成氢键。$KAl(SO_4)_2 \cdot 12H_2O$ 称为铝钾矾，俗称明矾，是无色晶体。硫酸铝或明矾易溶于水并水解，其水解产物从碱式盐到 $Al(OH)_3$ 的胶状沉淀，均有吸附和凝聚作用，因此硫酸铝和明矾被用作净水剂或絮凝剂。

13.2.2 碳族元素

1. *碳族元素概述*

周期系中第ⅣA 主族包括碳（C）、硅（Si）、锗（Ge）、锡（Sn）和铅（Pb）五种元素，统称为碳族元素。碳和硅在自然界中分布很广，硅是构成地球上矿物界的主要元素，而碳是组成生物界的主要元素。

在碳族元素中，碳和硅是非金属元素，硅虽然也呈现较弱的金属性，但仍以非金属性为主；锗、锡和铅是金属元素，其中锗在某些情况下也表现出非金属性。本族元素价电子构型为 ns^2np^2，它们的主要氧化态为+2 和+4。碳有时也生成氧化态为-4 的化合物。惰性电子对效应在本族元素中表现得也很明显，+4 氧化态的稳定性从上到下降低，而+2 氧化态的稳定性从上到下增加。所以碳、硅主要表现+4 氧化态，Ge(Ⅱ)，Sn(Ⅱ)的化合物表现出较强的还原性[即 Ge(Ⅳ)，Sn(Ⅳ)的化合物比较稳定]，而 Pb(Ⅳ)的化合物表现强氧化性[即 Pb(Ⅱ)的化合物比较稳定]。

本族元素 M—M 和 M—H 键中以 C—C，C—H 键的键能最大，这就是碳为什么能形成数百万种有机化合物的原因；M—O 键中以 Si—O 键的键能最大，这也就是在自然界中硅总是以含氧化合物形式存在的原因。

2. 碳及其化合物

1）碳的单质

碳主要有三种同素异形体——金刚石、石墨和富勒烯 C_{60}，它们的结构模型如图 13-2 所示。所谓无定形碳，经 X 射线研究发现，实际上具有石墨结构。

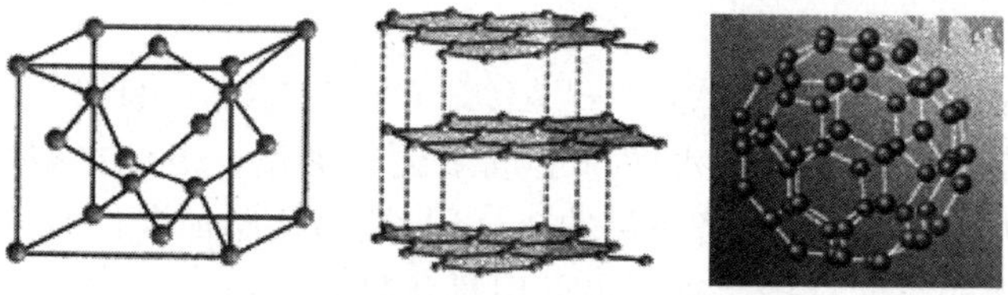

图 13-2　金刚石、石墨和富勒烯的结构

金刚石是具有立方对称结构的原子晶体。石墨是六方层状结构。在石墨晶体中，C 原子以 sp^2 杂化轨道与其他碳原子结合成六方型稠环平面结构，C 原子上另一个未参与杂化的 p 轨道相互平行，形成离域大 Π 键，即 Π_6^6 。同层 C—C 键的键长为 142pm，层与层之间以范德华力结合，C 原子之间相距 335pm。由于层与层之间结合力小，距离大，各层之间可以滑移，使石墨具有润滑功能。由于离域大 Π 键的电子可自由运动，所以石墨可以导电、导热。

富勒烯 C_{60} 是 1985 年美国科学家克洛托(Kroto)和斯莫利(Smalley)发现的碳的第三种同素异形体。现已发现富勒烯具有许多独特的性质，有望在半导体、超导材料、蓄电池材料和超级润滑材料等方面获得重要应用。

2）碳的氧化物

(1) CO。

一氧化碳是无色无臭的剧毒气体，它的主要化学性质是加合性和还原性。

一氧化碳与许多过渡金属加合生成金属羰基配合物。例如 $Fe(CO)_5$、$Ni(CO)_4$、$Cr(CO)_6$ 等。CO 的加合性与它的分子结构有关。CO 分子中的化学键是共价叁键：1 个 σ 键，2 个 π 键(其中 1 个 π 键为配位键，由氧原子单方面提供一对电子)，其结构式为：

$$:C \overset{\leftarrow}{\equiv} O:$$

由于 C 原子上具有孤对电子，CO 很容易作为配合物的配位体，一氧化碳对人体和动物的毒性也是产生于它的加合作用。CO 与血红蛋白的配位能力比 O_2 大 300 倍左右，其结果是妨碍血液中血红蛋白输送 O_2 的作用。

高温时 CO 能使许多金属氧化物(CuO、Fe_2O_3 等)还原成金属，常利用这一性质进行金属的冶炼。

在常温下 CO 能将溶液中的氯化钯(Ⅱ)还原为黑色的金属钯，反应十分灵敏，可用来检查 CO 的存在与否，其反应式为

$$CO + PdCl_2 + H_2O = CO_2 + Pd + 2HCl$$

(2) CO_2。

CO_2 是无色、无臭气体，在空气中的平均含量(体积百分比)约为 0.03%。近年来，大气中 CO_2 含量有所增加，这是世界范围内气温普遍升高的原因之一。CO_2 临界温度高，加压时易液化，液态 CO_2 自由蒸发时一部分冷凝成雪花状固体，称为干冰。干冰不经熔化而直接升华气化，它在 194.5K 时的蒸气压为 1.013×10^5 Pa。

CO_2 分子结构为直线型，C—O 键键长为 116pm，介于 C=O 双键和 C≡O 叁键键长之间。CO_2 分子中含有两个 σ 键和两个 Π_3^4 离域键。其结构式为

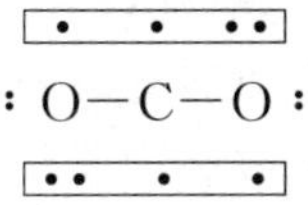

CO_2 是常用的灭火剂，空气中 CO_2 含量达到 2.5%，火焰就会熄灭。但燃着的金属镁能与 CO_2 反应并放出大量的热：

$$2Mg + CO_2 = 2MgO + C$$

CO_2 虽然无毒，但空气中含量过高会刺激呼吸中心，引起呼吸加快，产生窒息的现象。

人类用 CO_2 制造化学品已有很长时间，例如生产碳酸钠、碳酸氢钠、碳酸氢铵、尿素、乙酰碳酸酯和水杨酸等。但是利用 CO_2 的规模还远远小于废气的排放规模。人类必须增加 CO_2 的化学转化，使其化学产品的附加值增大，加工的规模和使用效益提高，把 CO_2 变成人类可利用的宝贵的再生资源。

3) 碳酸及碳酸盐

CO_2 溶于水生成碳酸。碳酸是很弱的二元酸，能够形成碳酸盐和酸式碳酸盐。碳酸盐中只有碱金属(锂除外)和 NH_4^+ 的碳酸盐易溶于水，并能水解。其他金属的碳酸盐都不易溶于水，最难溶于水的是 Ca^{2+}、Sr^{2+}、Ba^{2+} 的碳酸盐。大部分碳酸氢盐都溶于水。

碱金属的碳酸盐和碳酸氢盐在水溶液中均因水解而分别显强碱性和弱碱性，即

$$CO_3^{2-} + H_2O = HCO_3^- + OH^-\text{(显强碱性)}$$

$$HCO_3^- + H_2O = H_2CO_3 + OH^-\text{(显弱碱性)}$$

当可溶性碳酸盐作为沉淀剂与溶液中的金属离子作用时，产物可能是正盐、碱式碳酸盐或氢氧化物。对于一个具体反应来说，其产物类型可根据相应金属碳酸盐和氢氧化物的溶解度来判断。如果碳酸盐的溶解度小于相应的氢氧化物的溶解度，则产物为正盐。例如

$$Ca^{2+} + CO_3^{2-} = CaCO_3(s)$$

如果碳酸盐和相应的氢氧化物的溶解度相近，则反应产物为碱式碳酸盐。例如

$$2Cu^{2+} + 2CO_3^{2-} + H_2O = Cu_2(OH)_2CO_3(s) + CO_2(g)$$

由于碳酸铜完全水解为碱式碳酸盐，所以至今尚未制得 $CuCO_3$。

如果氢氧化物的溶解度很小，金属离子和 CO_3^{2-} 的水解完全，则生成氢氧化物沉淀。例如

$$2Fe^{3+} + 3CO_3^{2-} + 3H_2O = 2Fe(OH)_3(s) + 3CO_2(g)$$

碳酸盐的另一个重要性质是其热稳定性差。不同碳酸盐的热稳定性相差很大，有如下规律：

(1) 同一种含氧酸盐的热稳定性次序为正盐>酸式盐>酸，如 $Na_2CO_3 > NaHCO_3 > H_2CO_3$。

(2) 同族元素从上到下，碳酸盐的热稳定性依次增强，如 $BeCO_3 < MgCO_3 < CaCO_3 <$

$SrCO_3 < BaCO_3$。

(3) 不同金属碳酸盐的热稳定性次序为 $K_2CO_3 > CaCO_3 > ZnCO_3 > (NH_4)_2CO_3$。

3. 硅及其化合物

1) 硅的单质

硅的分布很广，在地壳中的含量仅次于氧，占地壳质量的27.2%，主要以二氧化硅和各种硅酸盐的形式存在。

工业用硅(纯度96% ～ 99%)可由二氧化硅和焦炭在电炉中反应制得：

$$SiO_2 + 2C \xlongequal{} Si + 2CO$$

反应中 SiO_2 过量，以防止 SiC 的生成。

由于硅的熔点(1410℃)和沸点(2355℃)很高，难以用物理方法纯化，所以高纯硅(含硅99.99%以上)是先用工业硅合成为硅的卤化物(主要是氯化物)或氢化物，再经过有效提纯后用还原法或热分解法制得的。

单质硅可分为无定形硅和晶体硅，晶体硅又分为多晶硅和单晶硅。硅晶体具有金刚石结构，Si－Si 距离为235.2 pm，表明 Si－Si 键能($222\ kJ \cdot mol^{-1}$)比 C－C 键能($346\ kJ \cdot mol^{-1}$)小。单晶硅是半导体材料，室温下硅的电阻率为40 ohm·cm。

常温下硅极不活泼，不与氧、水和水蒸气反应，这可能是由于硅的表面形成有几个原子厚度的 SiO_2 保护膜。但在高温下(如1000℃左右)与氧发生明显反应：

$$Si + O_2 \xlongequal{} SiO_2 \quad \Delta_r G_m^{\ominus} = -805\ kJ \cdot mol^{-1}$$

1400℃左右与 N_2 反应生成 SiN 和 Si_3N_4。

硅不与一般的酸反应，但能与浓的 HNO_3-HF 混合酸反应，或在高温下与 HF 反应：

$$Si + 4HF \xlongequal{} SiF_4 + 2H_2 \quad \Delta_r G_m^{\ominus} = -327.9kJ \cdot mol^{-1}$$

硅能与碱反应：.

$$Si + 4OH^- \xlongequal{} SiO_4^{4-} + 2H_2 \uparrow$$

硅与卤素直接反应生成四卤化硅：

$$Si + 2X_2 \xlongequal{} SiX_4$$

F_2 在室温下、Cl_2 在300℃左右、Br_2 和 I_2 在500℃左右的条件下均可发生上述反应。

2) 硅的重要化合物

(1) SiO_2。

SiO_2 又称硅石，是石英(石)的主要成分，它在自然界中有晶体和无定形体两种形态，它是一种坚硬、脆性、难溶于水的无色固体。石英在不同的温度条件下具有多种不同的变体。低于573℃，称其为 α 石英，亦称低态石英；高于573℃，称其为 β 石英，也称高态石英。而纯净的、结晶完好的、无色透明的 α 石英又称之为水晶。SiO_2 晶体是原子晶体，具有与 CO_2 明显不同的物理性质。

石英在1600℃熔化成黏稠状液体，内部结构变为无规则状态，冷却时因为黏度大不易再结晶，变成玻璃体，称为石英玻璃。石英玻璃具有许多特殊性质，如对可见光和紫外光不吸收，可用它制造紫外灯(汞灯)和光学仪器，它的膨胀系数很小，能经受温度的剧变，不溶于水，具有很好的抗酸性能(氢氟酸除外)，所以石英玻璃可用于制造高级化学器皿。

SiO_2 遇 HF 气体或溶液、热的强碱溶液和熔融的碳酸钠时，将溶解而转变成 SiF_4 或 $H_2[SiF_6]$ 和可溶性硅酸盐，反应式为

$$SiO_2+4HF(g)=\!=\!=SiF_4(g)+2H_2O$$

$$SiO_2+6HF(溶液)=\!=\!=H_2SiF_6+2H_2O$$

$$SiO_2+2OH^- \xlongequal{\triangle} SiO_3^{2-}+H_2O$$

$$SiO_2+Na_2CO_3 \xlongequal{\triangle} Na_2SiO_3+CO_2(g)$$

(2) 硅酸和硅酸盐。

① 硅酸。

SiO_2 是硅酸的酸酐，可构成多种硅酸，其组成随形成时的条件而异，常以 $xSiO_2 \cdot yH_2O$ 表示。如偏硅酸 $H_2SiO_3(SiO_2 \cdot H_2O)$；二硅酸 $H_6Si_2O_7(2SiO_2 \cdot 3H_2O)$；三硅酸 $H_4Si_3O_8(3SiO_2 \cdot 2H_2O)$；二偏硅酸 $H_2Si_2O_5(2SiO_2 \cdot H_2O)$；正硅酸 $H_4SiO_4(SiO_2 \cdot 2H_2O)$。

在各种硅酸中，以偏硅酸最简单，故常以 H_2SiO_3 代表硅酸。

硅酸是二元弱酸，在纯水中溶解度很小。实验室常用可溶性硅酸盐与酸作用制取硅酸：

$$SiO_3^{2-}+2H^+=\!=\!=H_2SiO_3$$

但所生成的硅酸并不立即沉淀，这是因为单个硅酸分子可溶于水。这些单个硅酸分子会逐渐聚合而形成多硅酸。但这时也不一定有沉淀，而是生成硅酸溶胶，加入电解质于稀的硅酸溶胶中方可得到黏浆状的硅酸沉淀；若硅酸较浓则得硅酸凝胶。将硅酸凝胶部分水分蒸发，则得到硅酸干胶，即硅胶。

硅胶是一种白色稍透明的固体物质，孔隙率很高，内表面积很大(可达 800 ～ 900 $m^2 \cdot g^{-1}$)，因而有很强的吸附性能，可作吸附剂、干燥剂和催化剂载体。实验室用变色硅胶作干燥剂，是将硅胶用 $CoCl_2$ 溶液浸透后烘干制得。无水 Co^{2+} 为蓝色，$[Co(H_2O)_6]^{2+}$ 为粉红色。随着吸附水分增多，硅胶的颜色由蓝色向粉红色转变，粉红色硅胶不再有吸湿能力，可重新烘干变为蓝色，恢复吸湿能力。

② 硅酸盐。

在所有硅酸盐中，只有碱金属硅酸盐可溶于水。贵金属的硅酸盐一般具有特征的颜色。由于硅酸是弱酸，硅酸钠与水作用而使溶液呈碱性。在硅酸钠溶液中加入 NH_4Cl，NH_4^+ 与水作用而显酸性，SiO_3^{2-} 与水作用显碱性，可相互促进，使其与水作用更加完全，产物有 H_2SiO_3 沉淀和氨气放出，可用来鉴定可溶性硅酸盐。反应式为

$$SiO_3^{2-}+2NH_4^+=\!=\!=H_2SiO_3\downarrow+2NH_3\uparrow$$

自然界中硅酸盐分布极广，种类繁多，约占矿物总类的 $\frac{1}{4}$，构成地壳总质量的 80% 左右。硅酸盐的组成非常复杂，为了方便表示其组成，通常把它们看作是硅酐和金属氧化物相结合的产物，其化学式可写作：

钾长石　$K_2O \cdot Al_2O_3 \cdot 6SiO_2$ 或 $K_2Al_2Si_6O_{16}$

高岭土　$Al_2O_3 \cdot 2SiO_2 \cdot 2H_2O$ 或 $Al_2H_4Si_2O_9$

白云母　$K_2O \cdot Al_2O_3 \cdot 6SiO_2 \cdot 2H_2O$ 或 $K_2H_4Al_2(SiO_3)_6$

石棉　$CaO \cdot 3MgO \cdot 4SiO_2$ 或 $CaMg_3(SiO_3)_4$

沸石　$Na_2O \cdot Al_2O_3 \cdot 2SiO_2 \cdot nH_2O$ 或 $Na_2Al_2(SiO_4)_2 \cdot nH_2O$

滑石　$3MgO \cdot 4SiO_2 \cdot H_2O$ 或 $Mg_3H_2(SiO_3)_4$

高岭土是黏土的基本成分。纯高岭土是制造瓷器的原料。钾长石、云母和石英是构成花岗岩的主要成分。花岗岩和黏土是主要的建筑材料。石棉耐酸、耐热，可用来包扎蒸气管道和过滤酸液，也可制成耐火布。云母透明，耐热，可作炉窗和绝缘材料。沸石可作硬水的软化剂，也是天然的分子筛。

无论天然硅酸盐多么复杂，其内部基本结构单位都是$[SiO_4]^{4-}$四面体。$[SiO_4]^{4-}$四面体不同的连接方式构成不同的硅氧骨干结构形式。

(3) 硅的卤化物。

硅的卤化物主要有 SiF_4 和 $SiCl_4$，它们都是共价化合物，熔、沸点都较低，易用精馏的方法提纯，常用作制备其他化合物的原料。

SiF_4 为无色、有刺激性气味的气体，易溶于水并发生水解，其水解产物为氟硅酸和正硅酸，SiF_4 与氢氟酸反应能直接生成酸性比硫酸还强的氟硅酸，反应式为

$$3SiF_4+4H_2O = H_4SiO_4(s)+4H^++2[SiF_6]^{2-}$$

$$SiF_4+2HF = 2H^++[SiF_6]^{2-}$$

氟硅酸在水中以$[SiF_6]^{2-}$和 H_3O^+ 离子形式存在。金属锂、钙的氟硅酸盐溶于水，而钠、钾、钡的盐难溶于水。用纯碱溶液吸收 SiF_4 气体，可得到白色的氟硅酸钠 $Na_2[SiF_6]$ 晶体，反应式为

$$3SiF_4+2Na_2CO_3+2H_2O = 2Na_2[SiF_6](s)+H_4SiO_4+2CO_2(g)$$

生产磷肥时，利用此反应除去废气中的 SiF_4，同时得到有用的副产物 $Na_2[SiF_6]$。

SiF_4 与碱性氟化物反应，得到氟硅酸盐，反应式为

$$SiF_4+2KF = K_2[SiF_6]$$

$K_2[SiF_6]$可用于制备含量为 99.97%的纯硅。

99.99%的 SiF_4 是制造太阳能电池用的非晶硅的原料。SiF_4 可由氢氟酸与二氧化硅反应制得，反应式为

$$SiO_2+4HF = SiF_4(g)+2H_2O$$

SiF_4 主要用于硅酸脂类、有机硅单体、高温绝缘漆和硅橡胶，还用于制取生产光导纤维所需要的高纯石英。

$SiCl_4$ 在室温下为无色、强烈刺激性液体，易挥发(沸点为 341K)。$SiCl_4$ 易溶于水并水解，在潮湿的空气中会因水解而产生白雾，因此它可作烟雾剂，反应式为

$$SiCl_4+4H_2O = H_4SiO_4(s)+4HCl$$

4. 锗、锡、铅及其重要的化合物

1) 锗、锡、铅单质

(1) 锗、锡、铅的性质。

锗(Ge)是一种灰白色的脆性金属，较硬，性质与硅相似。Ge 是典型的半导体元素。在常温下 Ge 不与氧反应，高温下与氧反应生成 GeO_2。Ge 不与稀盐酸、稀硫酸反应，但可溶于浓硫酸、硝酸、王水、$HF-HNO_3$ 和 H_2O_2-NaOH。

锡是银白色金属，较软，延展性好。锡有三种同素异形体：灰锡(α 型)、白锡(β 型)和脆锡(γ 型)，它们之间在一定条件下可相互转化：

$$灰锡(\alpha 型) \xrightleftharpoons{291K} 白锡(\beta 型) \xrightleftharpoons{434K} 脆锡(\gamma 型)$$

常温下，锡表面生成一层保护膜，故锡在空气和水中都是稳定的。将锡镀在铁的表面

可以保护铁，俗称马口铁。室温下，锡和卤素、硫可直接反应。锡与酸、碱的反应如下：

$$Sn+2HCl(稀)=SnCl_2+H_2\uparrow\ (Sn缓慢溶解)$$

$$Sn+4HCl(浓)=H_2[SnCl_4]+H_2\uparrow\ (由于生成配合物，Sn较快溶解)$$

$$3Sn+8HNO_3(稀)=3Sn(NO_3)_2+2NO\uparrow+4H_2O$$

$$Sn+4HNO_3(浓)=H_2SnO_3+4NO_2\uparrow+H_2O$$

$$Sn+2H_2SO_4(浓)=SnSO_4+SO_2\uparrow+2H_2O$$

$$Sn+2KOH+4H_2O=K_2[Sn(OH)_6]+2H_2\uparrow$$

铅是很软、强度不高的重金属，密度很大(仅次于汞和金)，熔点为 601K。新切开的铅表面有金属光泽，但很快变成暗灰色，表面生成一层碱式碳酸铅保护膜。在某些合金中，铅是必不可少的组分，铅既起着调节合金硬度的作用，又不影响所需合金的低熔点。铅是铅蓄电池的电极材料。铅板用于 X 射线和放射性实验中对射线的防护。

铅缓慢地与盐酸作用，易溶于硝酸和浓度大于 79%的硫酸中。在空气存在下，铅与水反应生成氢氧化铅。铅在加热条件下能与氯、氧、硫反应生成相应的二元化合物。由于铅的稳定性及质软等特性，常用它来方便地制作铅皮、铅管以保护电缆线。常见铅的反应为

$$Pb+2HCl=PbCl_2+H_2\uparrow$$

$$Pb+2H_2SO_4(>79\%)=Pb(HSO_4)_2+H_2\uparrow$$

$$Pb+4HNO_3=Pb(NO_3)_2+2NO_2\uparrow+2H_2O$$

$$Pb+Cl_2=PbCl_2$$

$$Pb+2KOH+2H_2O=K[Pb(OH)_3]+H_2\uparrow$$

(2) 锗、锡、铅的冶炼。

① 锗的冶炼。

锗的冶炼是先把原料转化为 $GeCl_4$，然后通过精馏来提纯。用纯氢气还原 $GeCl_4$ 的水解产物 CeO_2，即可得到纯度较高的锗，反应式为

$$GeCl_4+(x+2)H_2O=GeO_2\cdot xH_2O+4HCl$$

$$GeO_2+2H_2=Ge+2H_2O$$

② 锡的冶炼。

锡的冶炼是先将粉碎洗净的硫化矿石焙烧，使砷和硫变成氧化物挥发除去，然后加盐酸溶解其他金属氧化物，将净化后的矿石用炭还原

$$SnO_2+2C=Sn+2CO\uparrow$$

最后以氟硅酸($H_2[SiF_6]$)和 H_2SO_4 作为电解液，用电解精炼的方法制取纯锡。

③ 铅的冶炼。

铅的冶炼是先将矿石经过浮选富集，然后在空气中焙烧使硫化物变成氧化物，反应式为

$$2PbS+3O_2=2PbO+2SO_2\uparrow$$

然后在反射炉中用焦炭使焙烧产物还原成铅，反应式为

$$PbO+C=Pb+CO\uparrow$$

$$PbO+CO=Pb+CO_2\uparrow$$

最后以粗铅为阳极，纯铅为阴极，$Pb[SiF_6]$和 $H_2[SiF_6]$为电解液进行电解精炼，制取纯铅。

2) 锡和铅的化合物

(1) 氧化物和氢氧化物。

锡和铅可生成 MO 和 MO_2 两类氧化物及相应的氢氧化物 $M(OH)_2$ 和 $M(OH)_4$。它们都是两性的，但+4 氧化态的以酸性为主，+2 氧化态的以碱性为主。它们的酸碱性变化规律如下：

$$\begin{array}{ccc} SnO,\ Sn(OH)_2 & \xrightarrow{\text{碱性增强}} & PbO,\ Pb(OH)_2 \\ \downarrow \text{碱性增强} & & \uparrow \text{碱性增强} \\ SnO_2,\ Sn(OH)_4 & \xleftarrow{\text{酸性增强}} & PbO_2,\ Pb(OH)_4 \end{array}$$

在含有 Sn^{2+} 或 Pb^{2+} 的溶液中加入适量的 NaOH 溶液，分别析出白色的 $Sn(OH)_2$ 或 $Pb(OH)_2$ 沉淀，它们既可溶于酸，又能溶于过量碱液而生成 $[Sn(OH)_3]^-$ 或 $[Pb(OH)_3]^-$：

$$Sn(OH)_2 + OH^- = [Sn(OH)_3]^-$$
$$Pb(OH)_2 + OH^- = [Pb(OH)_3]^-$$

在含有 Sn^{4+} 的溶液中加入适量碱可生成白色胶状沉淀 α-锡酸，它既能和酸作用又能和碱作用。用锡与浓硝酸反应或在高温下水解制得的是 β-锡酸，它既不溶于酸又不溶于碱。把 α-锡酸久置也会变成 β-锡酸。虽然两者的化学式都可写成 $SnO_2 \cdot xH_2O$，但它们的结构不同。有人认为前者是无定形态，后者是晶态。

PbO_2 是强氧化剂，它与浓盐酸或浓硫酸反应可放出 Cl_2 或 O_2，但它不溶 HNO_3，有关反应式为

$$PbO_2 + 4HCl(浓) = PbCl_2 + Cl_2\uparrow + 2H_2O$$
$$PbO_2 + 2H_2SO_4(浓) = 2PbSO_4 + O_2\uparrow + 2H_2O$$

铅的氧化物除 PbO(黄色)和 PbO_2(褐色)以外，还存在鲜红色的 Pb_3O_4(铅丹)，它表现出 PbO_2 和 PbO 的性质。例如

$$Pb_3O_4 + 4HNO_3 = PbO_2(s) + 2Pb(NO_3)_2 + 2H_2O$$
$$Pb_3O_4 + 8HCl = 3PbCl_2 + Cl_2\uparrow + 4H_2O$$

所以通常把 Pb_3O_4 看作“混合氧化物” $2PbO \cdot PbO_2$。

(2) 盐类。

由于惰性电子对效应，Sn(Ⅱ)显还原性，而 Pb(Ⅳ)呈氧化性。Sn(Ⅱ)无论在酸性还是在碱性介质中都具有还原性，在碱性介质中还原性更强。例如

$$3[Sn(OH)_4]^{2-} + 6OH^- + 2Bi^{3+} = 2Bi(s) + 3[Sn(OH)_6]^{2-}$$

这是鉴定铋盐的一种方法。

$SnCl_2$ 是重要的还原剂，例如，

$$2HgCl_2 + SnCl_2 = SnCl_4 + Hg_2Cl_2\downarrow(白色)$$

当 $SnCl_2$ 过量时，氯化亚汞将进一步被还原为金属汞，即

$$Hg_2Cl_2 + SnCl_2 = SnCl_4 + 2Hg(s，黑色)$$

此反应常用于鉴定 Hg^{2+} 或 Sn^{2+}。

锡(Ⅱ)盐和含氧酸盐均易水解生成碱式盐和氢氧化亚锡沉淀，反应式为

$$Sn^{2+} + Cl^- + H_2O = Sn(OH)Cl\downarrow + H^+$$
$$SnO_2^{2-} + 2H_2O = Sn(OH)_2\downarrow + 2OH^-$$

配制 $SnCl_2$ 溶液时，通常把 $SnCl_2$ 固体溶解在浓盐酸中，待完全溶解后，加水稀释至所需要的浓度。为防止 Sn^{2+} 被氧化，常在新配制的溶液中加入少量金属锡。$SnCl_4$ 遇水强烈水解，在潮湿空气中会冒白烟。

Pb(Ⅱ)水解不显著，而 $PbCl_4$ 极不稳定，容易分解为 $PbCl_2$ 和 Cl_2。绝大多数铅的化合物难溶于水。卤化铅中以金黄色的 PbI_2 溶解度最小，但它能溶于沸水和 KI 溶液中，即

$$PbI_2 + 2KI(浓) \xlongequal{沸水} K_2[PbI_4]$$

$PbCl_2$ 难溶于冷水，易溶于热水和浓盐酸中，即

$$PbCl_2 + 2HCl \xlongequal{沸水} H_2[PbCl_4]$$

$PbSO_4$ 难溶于水，但易溶于浓硫酸。在饱和的乙酸铵溶液中可生成难解离的乙酸铅而溶解，其反应式为

$$PbSO_4 + H_2SO_4(浓) = Pb(HSO_4)_2$$

$$PbSO_4 + 2Ac^- = Pb(Ac)_2 + SO_4^{2-}$$

在可溶的铅盐溶液中加入碳酸钠溶液，因相互水解而生成碱式碳酸铅沉淀：

$$2Pb^{2+} + 2CO_3^{2-} + H_2O = [Pb(OH)]_2CO_3\downarrow + CO_2\uparrow$$

碱式碳酸铅是一种覆盖力很强的白色染料，俗称铅白。

Pb^{2+} 与 CrO_4^{2-} 反应生成黄色的铬酸铅沉淀，即

$$Pb^{2+} + CrO_4^{2-} = PbCrO_4\downarrow(黄色)$$

这一反应可用来鉴定 Pb^{2+} 或 CrO_4^{2-}。$PbCrO_4$ 俗称铬黄。

常用的可溶性 Pb(Ⅱ)盐是 $Pb(NO_3)_2$ 和 $Pb(Ac)_2$(俗称铅糖)，二者皆无色。铅盐有毒，其毒性是由于 Pb^{2+} 和蛋白质分子中半胱氨酸的巯基(—SH)作用生成难溶物。

(3) 硫化物。

锡和铅能生成 MS 和 MS_2 两类硫化物。硫化氢与其相应的盐溶液作用可得到硫化物沉淀，它们的颜色如下：

SnS	SnS_2	PbS
棕色	黄色	黑色

Pb(Ⅳ)的化合物稳定性小，因而 PbS_2 不能稳定存在。上述三种硫化物不溶于水和稀酸，与氧化物一样，高氧化值的硫化物显酸性，低氧化值的硫化物呈碱性。SnS_2 与碱金属硫化物(或硫化铵)反应，可生成硫代酸盐而溶解，反应式为

$$SnS_2 + S^{2-} = SnS_3^{2-}$$

硫代酸盐不稳定，遇酸按下式分解

$$SnS_3^{2-} + 2H^+ = SnS_2\downarrow + H_2S$$

SnS、PbS 不溶于碱金属硫化物，但 SnS 能溶于多硫化铵中，这是因为多硫离子具有氧化性，能将 SnS 氧化为 SnS_2，并进一步生成硫代酸盐而溶解，即

$$SnS + S_2^{2-} = SnS_3^{2-}$$

PbS 虽不溶于碱金属硫化物和稀酸，但可溶于稀硝酸和浓盐酸，反应如下

$$3PbS + 8H^+ + 2NO_3^- = 3Pb^{2+} + 3S\downarrow + 2NO\uparrow + 4H_2O$$

$$PbS + 4Cl^- + 2H^+ = [PbCl_4]^{2-} + H_2S\uparrow$$

PbS 在空气中煅烧或加 HNO_3 和 H_2O_2 等氧化剂，很容易转化为白色的 $PbSO_4$，反应

式为

$$PbS+4H_2O_2 \xlongequal{} PbSO_4\downarrow+4H_2O$$

13.2.3 氮族元素

1. 氮族元素概述

周期系第VA族元素包括氮(N)、磷(P)、砷(As)、锑(Sb)和铋(Bi)五种元素，统称氮族元素。氮和磷是非金属元素，砷和锑是准金属，铋是金属元素，因此本族元素在性质递变上表现出从典型的非金属到金属的一个完整的过渡。

本族元素价电子构型为 ns^2np^3，常见氧化态为－3、＋3和＋5，随原子序数增加，从上到下形成－3氧化态的倾向减小。对氮和磷来说，也只存在少数－3氧化态的离子型化合物(如 Li_3N，Mg_3N_2，Ca_3P_2 等)，且它们遇水即水解。－3氧化态主要以共价型化合物的形式存在(如氢化物)。本族元素特征氧化态是＋3和＋5。从上到下＋3氧化态稳定性增加，＋5氧化态稳定性减小。铋主要表现＋3氧化态，而 $NaBiO_3$ 是极强的氧化剂，可将 Mn^{2+} 氧化为 MnO_4^-。这是因为铋原子出现了充满的4f和5d能级，而f和d电子的屏蔽效应较小，6s电子又具有较大的穿透效应，所以6s能级显著降低，6s电子不易参加成键而变得“惰性”了。这种现象称为“惰性电子对效应”。该效应不仅出现在VA族，在ⅢA、ⅣA、ⅥA、ⅦA和ⅡB族中都有所体现。

氮和磷的单质性质差别很大。N_2 的熔、沸点很低，而磷单质的熔、沸点较高；N_2 很不活泼，用作保护气，而白磷有很高的活性，特别是对氧，它暴露在空气中就会自燃。这种差异是由于它们分子结构不同引起的。原子半径小的氮原子之间易形成多重键，N≡N键键能很高(945 kJ·mol^{-1})，而磷原子半径较大，磷原子通过单键与其它三个磷原子相连，形成四面体结构。这种四面体结构键角很小(60°)，张力大，所以P—P键键能很小。因此白磷必须贮存在水中。

2. 氮的重要化合物

1) 氮的氢化物和铵盐

氮的氢化物包括：NH_3、N_2H_4、NH_2OH、HN_3 等，氮原子的氧化数分别是：－3、－2、－1、－1/3。氢化物的酸碱性取决于与氢直接相连的原子上的电子云密度，电子云密度越小，酸性越强。

(1) 氨。

氨(NH_3)是无色、有刺激性臭味的气体，极易溶于水。氨的主要化学性质如下：

① 加合作用。氨分子中的孤电子对倾向于和别的离子或分子形成配位键。例如，氨与 Ag^+、Cu^{2+}、Cr^{3+}、BF_3 等形成 $[Ag(NH_3)_2]^+$、$[Cu(NH_3)_4]^{2+}$、$[Cr(NH_3)_6]^{3+}$ 和 $BF_3\cdot NH_3$ 等氨的加合物。氨与盐酸、硝酸、硫酸均可直接起加合作用，生成相应的铵盐。氨溶于水时，小部分氨分子和水中的 H^+ 加合形成 NH_4^+，同时游离出 OH^- 而显碱性。

② 氧化反应。氨具有还原性，氨在纯氧中燃烧，生成氮气和水；铂作催化剂时，氨可被空气中的氧氧化为NO，这一反应是工业合成 HNO_3 的基础。氨也能被 Br_2 或 Cl_2 氧化为 N_2。

③ 取代反应。氨中的3个H可被金属依次取代，生成氨基$-NH_2$、亚氨基（$N\lessgtr$）或氮化物（$N\equiv$）的衍生物。例如：

$$2Na+2NH_3 = 2NaNH_2(\text{氨基钠})+H_2\uparrow$$

氨在生物体系中有着重要的意义。氨是生物利用氮的主要形式，它是合成有机氮的重要物质。在植物体内氨能与α-酮戊二酸作用（经谷氨酸脱氢酶的催化）生成谷氨酸。

$$NH_3+HOOC-(CH_2)_2-\underset{\underset{O}{\|}}{C}-COOH+H^+ \rightleftharpoons HOOC-(CH_2)_2-\underset{\underset{NH_2}{|}}{CH}-COOH+H_2O$$

以上反应在所有氨基酸的合成中都具有重要的意义，因为它是生物界多种生物直接利用NH_3形成α-氨基酸的主要途径，谷氨酸的氨基又可转到任何一种α-酮酸上形成各种相应的氨基酸。

（2）铵盐。

铵盐是氨和酸进行加合反应的产物。铵盐在晶型、颜色、溶解度等方面都与相应的钾盐相似，因此在化合物的分类上往往把铵盐和碱金属盐列在一起。

铵盐一般为无色晶体，易溶于水。在铵盐溶液中加入强碱并加热，将有氨气放出。反应式为

$$NH_4^+ + OH^- \xlongequal{\triangle} NH_3\uparrow + H_2O$$

这是鉴定铵盐的常用方法。

固态铵盐加热易分解，其分解产物因酸根性质不同而异，如挥发性酸组成的铵盐，分解产物一般为氨和相应的酸。例如：

$$NH_4HCO_3 \xlongequal{\triangle} NH_3\uparrow + CO_2\uparrow + H_2O$$

$$NH_4Cl \xlongequal{\triangle} NH_3\uparrow + HCl\uparrow \text{（遇冷又结成 }NH_4Cl\text{ 固体）}$$

难挥发性酸组成的铵盐，加热时只有氨逸出。例如：

$$(NH_4)_2SO_4 \xlongequal{\triangle} NH_3\uparrow + NH_4HSO_4$$

$$(NH_4)_3PO_4 \xlongequal{\triangle} 3NH_3\uparrow + H_3PO_4$$

氧化性酸组成的铵盐，分解出的氨会进一步被氧化。例如：

$$NH_4NO_2 \xlongequal{\triangle} N_2\uparrow + 2H_2O$$

$$(NH_4)_2Cr_2O_7 \xlongequal{\triangle} N_2\uparrow + Cr_2O_3 + 4H_2O$$

硝酸铵的热分解产物与温度有关。例如

$$NH_4NO_3 \xlongequal{\sim 483K} N_2O\uparrow + 2H_2O\uparrow$$

$$2NH_4NO_3 \xlongequal{\text{高于 }573K} 2N_2\uparrow + O_2\uparrow + 4H_2O\uparrow \quad \Delta_r H_m^{\ominus} = -236\ kJ\cdot mol^{-1}$$

由于反应产生大量的气体和热量，气体受热体积又急剧膨胀，所以在密闭的容器中反应就会发生爆炸。因此，硝酸铵可用于制造炸药（称硝铵炸药），这种炸药被广泛用于矿山爆破、开山劈岭等工程项目。

硝酸铵、硫酸铵和碳酸氢铵是最重要的铵盐，它们都是化学肥料。氯化铵常用于染料

工业、焊接以及干电池的制造。

(3) 氨的衍生物。

氨分子中一个 H 被—OH 取代的衍生物称为羟胺；氨分子中一个 H 被—NH_2 取代的衍生物称为联胺(也称为肼)，它是重要的火箭燃料。羟胺和肼的主要性质有：碱性、配位性、氧化还原性。它们不稳定，易分解：

$$N_2H_4 \longrightarrow N_2\uparrow + H_2(\text{或 } NH_3)$$

$$NH_2OH \longrightarrow NH_3\uparrow + H_2O + N_2\uparrow(\text{或 } N_2O)$$

羟胺和肼可形成配合物：如[$Pt(NH_3)_2(N_2H_4)_2$]Cl、[$Zn(NH_2OH)_2$]Cl 等。形成配合物的能力顺序为：$NH_3 > N_2H_4 > NH_2OH$。

羟胺和肼既具有还原性又具有氧化性，实际工作中通常是用其还原性。它们用作还原剂的优点是本身被氧化的产物(如 N_2、NO、N_2O 等)可以脱离反应体系而不引入新的杂质。如：

$$2NH_2OH + 4FeCl_3 = N_2O\uparrow + 4FeCl_2 + 4HCl + H_2O$$

$$2NH_2OH + 2AgBr = 2Ag\downarrow + N_2\uparrow(\text{或 } N_2O) + 2HBr + 2H_2O$$

$$N_2H_4 + 4CuO = 2Cu_2O + N_2\uparrow + 2H_2O$$

$$N_2H_4 + O_2 \xlongequal{\text{燃烧}} N_2\uparrow + 2H_2O$$

$$N_2H_4 + 2H_2O_2 = N_2\uparrow + 4H_2O$$

2) 氮的含氧酸及其盐

(1) 亚硝酸及其盐。

亚硝酸(HNO_2)是弱酸，其酸性比醋酸略强。它很不稳定，容易分解，仅能存在于很稀的溶液中。亚硝酸既具有氧化性又具有还原性，但以氧化性为主，当它与更强的氧化剂作用时，则表现出还原性。例如：

$$2HNO_2 + 2HI = 2NO + I_2 + 2H_2O$$

$$2HMnO_4 + 5HNO_2 = 2Mn(NO_2)_2 + HNO_3 + 3H_2O$$

大多数亚硝酸盐是稳定的，易溶于水。亚硝酸盐一般有毒，并且是致癌物质，它们能与蛋白质反应生成致癌的亚硝基胺。KNO_2 和 $NaNO_2$ 大量用于染料工业和有机合成工业，在实验室里常用做氧化剂。

(2) 硝酸及其盐。

硝酸是化学工业中最重要的三大无机酸之一，是制造炸药、染料、塑料、硝酸盐和许多其他化学品的重要原料。实验室用 $NaNO_3$ 和 H_2SO_4 作用来制取硝酸。工业上硝酸的生产普遍采用氨催化氧化法。其主要反应为

$$4NH_3 + 5O_2 \xlongequal{\text{Pt - Ru}} 4NO(g) + 6H_2O$$

$$2NO + O_2 = 2NO_2(g)$$

$$3NO_2 + H_2O = 2HNO_3 + NO(g)$$

纯硝酸是无色液体，沸点 356K，易挥发，能与水以任意比例混合。一般市售硝酸相对密度为 1.49 $g \cdot mL^{-1}$，含硝酸 68% ～ 70%，相当于 15 $mol \cdot L^{-1}$。溶有 NO_2 的浓硝酸，称发烟硝酸。由于硝酸分解时产生的 NO_2 溶于 HNO_3，因此硝酸常呈现黄到红色。硝酸中溶解的 NO_2 越多，HNO_3 的颜色越深。硝酸热分解的反应式为

$$4HNO_3 \xlongequal{\text{光或热}} 4NO_2(g) + O_2(g) + 2H_2O$$

温度越高，浓度越大，分解程度越大。因此 HNO_3 应避光保存。

硝酸是一种强氧化性的酸，能氧化许多金属或非金属。硝酸作为氧化剂，被金属的还原程度主要取决于硝酸的浓度和金属的活泼性。一般来说，浓硝酸被金属还原的主要产物是 NO_2，例如：

$$Cu+4HNO_3(浓)=\!=\!=Cu(NO_3)_2+2NO_2(g)+2H_2O$$

稀硝酸被不活泼金属还原的主要产物一般是 NO，例如：

$$3Cu+8HNO_3(稀)=\!=\!=3Cu(NO_3)_2+2NO(g)+4H_2O$$

稀硝酸与活泼金属(Zn、Mg)反应，其主要产物是 N_2O，反应如下：

$$4Zn+10HNO_3(稀)=\!=\!=4Zn(NO_3)_2+N_2O(g)+5H_2O$$

极稀硝酸被活泼金属(如 Zn)还原的主要产物是 NH_3，不过在硝酸的存在下实际上是生成 NH_4NO_3，反应如下：

$$4Zn+10HNO_3(极稀)=\!=\!=4Zn(NO_3)_2+NH_4NO_3+3H_2O$$

由上述反应可以看出，与同种金属反应，硝酸越稀，被还原程度越大。与同浓度硝酸反应，金属越活泼，硝酸被还原程度越大。

很多非金属(P、C、S、I)都能被 HNO_3 氧化成相应的氧化物或含氧酸。HNO_3 则被还原为 NO，反应式为

$$3C+4HNO_3=\!=\!=3CO_2(g)+4NO(g)+2H_2O$$
$$3P+5HNO_3+2H_2O=\!=\!=3H_3PO_4+5NO(g)$$
$$S+2HNO_3=\!=\!=H_2SO_4+2NO(g)$$
$$3I_2+10HNO_3=\!=\!=6HIO_3+10NO(g)+2H_2O$$

H_2S、HI 等还原性较强，比 S、I_2 更易被 HNO_3 所氧化。有机物如松节油遇浓硝酸则燃烧，故不要把浓硝酸与还原性物质放在一起储存。

利用发烟硝酸的硝化作用可以制备含氮染料、塑料、药物及烈性的含氮炸药。

由一体积浓硝酸和三体积浓盐酸所组成的王水能够溶解金和铂：

$$Au+HNO_3+4HCl=\!=\!=H[AuCl_4]+NO(g)+2H_2O$$
$$3Pt+4HNO_3+18HCl=\!=\!=3H_2[PtCl_6]+4NO(g)+8H_2O$$

这主要是由于在王水中存在大量的 Cl^- 离子，能够与金、铂形成配离子$[AuCl_4]^-$和$[PtCl_6]^-$，使金、铂的电极电位减小。例如：

$$Au^{3+}+3e=\!=\!=Au \quad \varphi^{\ominus}=+1.42\ V$$
$$[AuCl_4]^-+3e=\!=\!=Au+4Cl^- \quad \varphi^{\ominus}=+0.994V$$

硝酸与金属或金属氧化物作用可制得硝酸盐。硝酸盐大多数是无色、易溶于水的离子晶体，其水溶液没有氧化性。硝酸盐在常温下比较稳定，但在高温时，固体硝酸盐都会分解而显氧化性，分解产物因金属离子的不同而有差别。除硝酸铵外，硝酸盐受热分解可分为三种情况。

① 比 Mg 活泼的碱金属、碱土金属硝酸盐的分解产物为亚硝酸盐和氧气，例如：

$$2NaNO_3 \xlongequal{\triangle} O_2(g)+2NaNO_2$$

② 活泼性在 Mg 与 Cu 之间的硝酸盐，热分解时得到相应的金属氧化物，例如：

$$2Pb(NO_3)_2 \xlongequal{\triangle} 2PbO+4NO_2(g)+O_2(g)$$

③ 活泼性比 Cu 差的硝酸盐，则分解生成金属单质，例如：

$$2AgNO_3 \xlongequal{\triangle} 2Ag + 2NO_2(g) + O_2(g)$$

由于所有的硝酸盐在高温时易放出氧，所以它们和可燃性物质混合会迅速地燃烧，根据这种性质，硝酸盐可用来制造烟火及黑火药。

3. 磷及其重要化合物

在自然界中磷总是以磷酸盐的形式存在，如磷酸钙 $Ca_3(PO_4)_2$、磷灰石 $Ca_5F(PO_4)_3$ 等。磷在地壳中的含量为 0.118%。磷是生命元素，它存在于细胞、蛋白质、骨骼和牙齿中，磷在脑细胞中含量丰富，脑磷脂供给大脑活动所需的巨大能量。

1）磷的同素异形体

磷有三种同素异形体：白磷、红磷和黑磷。

白磷的分子式是 P_4，分子中 4 个磷原子处于四面体的 4 个顶点，每个 P 原子以共价键分别与其他三个 P 原子相连。白磷由 P_4 分子通过分子间力堆积起来。纯白磷是无色透明的蜡状固体，质软、剧毒、遇光即变为黄色，故白磷又称为黄磷。P_4 分子是非极性分子，所以白磷能溶于非极性溶剂。P—P 键的键能小，易被破坏，所以白磷化学性质很活泼，容易氧化，在空气中能自燃，因此必须将白磷保存在水中。

将白磷在隔绝空气的条件下加热至 533K，可以得到红磷。红磷无毒，其结构比较复杂，至今尚不清楚。红磷较白磷稳定，其化学性质不如白磷活泼，室温下不与 O_2 反应，673K 以上才燃烧。红磷不溶于有机溶剂。

红磷在高压和较高温度下可以转变为黑磷。黑磷是层状晶体，每个 P 原子也是以三个共价键与另外三个 P 原子相连。但与石墨不同的是，黑磷每一层内的磷原子并不都在同一平面上，而是以共价键连接成的网状结构。黑磷具有导电性，不溶于有机溶剂。

2）磷的氧化物

磷在空气中完全燃烧生成五氧化二磷，如果氧气不足则生成三氧化二磷，它们的分子式分别为 P_4O_{10} 和 P_4O_6。

P_4O_6 与冷水反应较慢，可生成亚磷酸；与热水反应则歧化为磷酸和膦。反应式为

$$P_4O_6 + 6H_2O(冷) \xlongequal{} 4H_3PO_3$$

$$P_4O_6 + 6H_2O(热) \xlongequal{} 3H_3PO_4 + PH_3(g)$$

P_4O_{10} 有很强的吸水性，是效率很高的优良干燥剂。P_4O_{10} 与水反应，随反应水量的不同，可形成偏磷酸、聚磷酸，焦磷酸和(正)磷酸等。P_4O_{10} 对皮肤和黏膜有腐蚀性，使用时不要沾到皮肤上。

3）磷的含氧酸及其盐

磷有多种含氧酸，表 13-1 列出了几种较重要的磷的含氧酸。

表 13-1　磷的含氧酸

名 称	正磷酸	焦磷酸	三聚磷酸	偏磷酸	亚磷酸	次磷酸
化学式	H_3PO_4	$H_4P_2O_7$	$H_5P_3O_{10}$	HPO_3	H_3PO_3	H_3PO_2
磷的氧化值	+5	+5	+5	+5	+3	+1
n 元酸	3	4	5	1	2	1

在各种磷的含氧酸中，以(正)磷酸最为稳定，磷酸在高温下会脱水，依次生成焦磷酸

和偏磷酸，反应式为

$$2H_3PO_4 \xlongequal{523K} H_4P_2O_7 + H_2O\ (g)$$

$$4H_3PO_4 \xlongequal{573K} (HPO_3)_4(\text{四偏磷酸}) + 4H_2O\ (g)$$

焦磷酸和偏磷酸均属多聚磷酸(多酸)，多聚磷酸为缩合酸。

(1) H_3PO_4 及其盐。

① 磷酸及其盐的性质。

五氧化二磷(P_4O_{10})与水作用，可形成各种磷酸：

$$P_4O_{10} \xrightarrow{2\,H_2O} \underset{\text{四偏磷酸}}{(HPO_3)_4} \xrightarrow{2\,H_2O} \underset{\text{焦磷酸}}{2H_4P_2O_7} \xrightarrow{2\,H_2O} \underset{\text{正磷酸}}{4H_3PO_4}$$

当 P_4O_{10} 与水的摩尔比超过 1∶6，特别是有硝酸作催化剂时，P_4O_{10} 可完全转化成正磷酸(简称磷酸)。

磷酸是磷的含氧酸中最稳定的。纯净的磷酸为无色晶体，易溶于水，无毒。它是一种中等强度的三元酸。磷酸在酸性溶液中的标准电极电位是－0.276V，它几乎没有氧化性。

磷酸具有强的配合能力，能与许多金属形成可溶性配合物。例如与 Fe^{3+} 生成可溶性无色配合物 $H_3[Fe(PO_4)_2]$ 和 $H[Fe(HPO_4)_2]$，在分析化学中常用来掩蔽 Fe^{3+} 离子。

磷酸在生物体系中有着重要的意义。它是核糖核酸(RNA)和脱氧核糖核酸(DNA)的基本组成成分，对于生物遗传和蛋白质的生物合成具有重要的作用。

磷酸能形成正磷酸盐(如 Na_3PO_4)、磷酸氢盐(如 Na_2HPO_4)和磷酸二氢盐(如 NaH_2PO_4)。所有的磷酸二氢盐都易溶于水，而磷酸氢盐和正磷酸盐(钠、钾和铵盐除外)都难溶于水。磷酸的钙盐和铵盐可作肥料。$Ca(H_2PO_4)_2$(过磷酸钙的主要成分)易溶于水，是重要的磷肥，$CaHPO_4$ 虽不溶于水，但能溶于柠檬酸，也能被植物吸收利用。

② 磷酸的分子结构

磷酸分子是一个磷氧四面体的结构，其分子结构如图 13－3 所示。

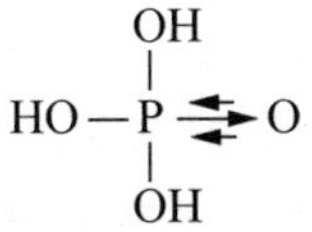

图 13－3　磷酸分子的磷氧四面体结构

在磷酸分子中，P 原子先采取 sp^3 杂化，P 原子的三个 sp^3 杂化轨道上的成单电子分别与三个氧原子之间形成三个 σ 键。P 原子与另一个氧原子(此氧原子先腾空一个 2p 轨道)之间的键，是由一个从 P 到 O 的 σ 配键和两个从 O 到 P 的 d－pπ 配键组成的三重键。在这里，P 到 O 的 σ 配键是由磷的 sp^3 杂化轨道中的孤对电子与氧原子的空 2p 轨道重叠形成；两个 d－pπ 配键是由这个氧原子的 $2p_y$ 和 $2p_z$ 轨道上的两对孤对电子分别和磷原子上的 $3d_{xy}$ 和 $3d_{xz}$ 空轨道重叠形成。这种 π 配键是由 d 和 p 轨道组成的，故称为 d－pπ 配键。磷和氧间的 d－pπ 配键较弱，用短箭头表示。在无机含氧酸 H_2SO_4 和 $HClO_4$ 的分子中都存在 d－pπ 配键。

(2) 三聚磷酸盐。

三聚磷酸钠 $Na_5P_3O_{10}$ 为白色粉末，能溶于水。$Na_5P_3O_{10}$ 水溶液呈碱性，在水中逐渐水解成正磷酸盐。水解速率和产物与浓度和温度有关。

$Na_5P_3O_{10}$的主要用途是：合成洗涤剂的主要添加剂(或助剂)，工业用水软化剂，制革预鞣剂，染色助剂，油漆、高岭土、氧化镁等悬浮液出来的有效分散剂等。

$Na_5P_3O_{10}$作为合成洗涤剂助剂其主要作用是：软化水，防止金属"皂垢"的沉淀；起缓冲作用，维持适宜的 pH；与表面活性剂起协同作用，改善洗涤功能。

但含磷酸盐的废水排入水系后将引起水体富营养化，造成环境污染。洗涤剂中磷酸盐的替代品有：碳酸钠、硅酸钠和 4A 沸石。

4）磷化氢

磷的常见氢化物为：PH_3(膦)、P_2H_4(双膦)。常温下 PH_3 是无色极毒气体。PH_3 可通过金属磷化物水解或白磷与碱反应制备。

$$AlP+3H_2O=PH_3(g)+Al(OH)_3$$

PH_3 的主要性质是其具有还原性和配位性。如：

$$PH_3+6Ag^++3H_2O=6Ag+H_3PO_3+6H^+$$

$$BF_3+PH_3=H_3P\rightarrow BF_3$$

PH_3 在水中的溶解度小于 NH_3；剧毒，在空气中最高允许量为 0.3ppm。

4. 砷、锑、铋的重要化合物

1）砷、锑、铋的氧化物及其水合物

(1) 氧化值为+3 的氧化物及其水合物。

氧化值为+3 的氧化物有 As_2O_3、Sb_2O_3 和 Bi_2O_3。单质或硫化物在空气中燃烧生成氧化值为+3 的氧化物。

As_2O_3(俗称砒霜)是砷的重要化合物，为白色粉末状剧毒物质，致死量为 0.1g，它主要用于制造杀虫剂、除草剂以及含砷药物。

As_2O_3 是以酸性为主的两性氧化物，As_2O_3 微溶于水，其水溶液是亚砷酸，As_2O_3 既能溶于酸、又能溶于碱，其反应为

$$As_2O_3+6NaOH=2Na_3AsO_3+3H_2O$$

$$As_2O_3+6HCl=2AsCl_3+3H_2O$$

由于 As_2O_3 具有明显的酸性，所以它在碱中的溶解度比在水中大得多。

Sb_2O_3(俗称锑白)是锑的重要化合物，是优良的白色颜料，其遮盖力略次于钛白，而与锌钡白相近。Sb_2O_3 是许多塑料的理想阻燃剂成分，这不仅因为它具有阻燃功能，而且它使塑料具有耐热性，对光和空气有较高的稳定性。因此，Sb_2O_3 广泛用于搪瓷、颜料、塑料、防火织物等制造行业。

Sb_2O_3 是以碱性为主的两性氧化物，难溶于水，但却能溶于酸和碱。

Bi_2O_3 则是碱性氧化物，只能溶于酸，所以在溶液中只存在 Bi^{3+} 或水解产物 BiO^+ 离子。

砷、碲、铋的+3(氧化态)氧化物的另一个重要性质是它们的氧化还原性。As_2O_3 是一种较强的还原剂，在碱性介质中可以被碘定量地氧化成砷酸，反应式为

$$NaH_2AsO_3+4NaOH+I_2=Na_3AsO_4+2NaI+3H_2O$$

这是分析工作中的一个重要反应。

Bi_2O_3 和 As_2O_3 不同，它很难被氧化成 Bi_2O_4(或 Bi_2O_5)。+3(氧化态)氧化物的还原性按砷、碲、铋的顺序减小，这是因为按砷、碲、铋的顺序，其"惰性电子对"ns^2 的稳

定性逐渐增加的缘故。

（2）氧化值为+5的氧化物及其水合物。

氧化值为+5的氧化物有 As_2O_5（白色）、Sb_2O_5（淡黄色）和 Bi_2O_5（红棕色）。

用浓硝酸氧化单质砷、碲或它们的三氧化物所得的酸脱水后即可得到+5价的氧化物，反应式为：

$$3Sb+5HNO_3+2H_2O = 3H_3SbO_4+5NO(g)$$

$$3As_2O_3+4HNO_3+7H_2O = 6H_3AsO_4+4NO(g)$$

$$2H_3AsO_4 \xrightarrow{>443K} As_2O_5(\text{白色})+3H_2O$$

$$2H_3SbO_4 \xrightarrow{>548K} Sb_2O_5(\text{淡黄色})+3H_2O$$

HNO_3 能把 Bi 氧化成 $Bi(NO_3)_3$，反应式为

$$Bi+4HNO_3 = Bi(NO_3)_3+NO(g)+2H_2O$$

氧化值为+5的铋的含氧酸盐，只能在强碱性介质中用强氧化剂（如 Cl_2）氧化才能得到，反应为

$$Bi(OH)_3+Cl_2+3NaOH = NaBiO_3+2NaCl+3H_2O$$

用酸处理 $NaBiO_3$（偏铋酸钠）则得到红棕色的 Bi_2O_5，Bi_2O_5 不稳定很快分解为 Bi_2O_3 和 O_2，所以至今还没有制得纯净的 Bi_2O_5。

砷、碲、铋的+5（氧化态）氧化物和其他高价氧化物一样都是酸性氧化物，与水反应生成难溶于水的含氧酸或氧化物的水合物（不存在游离的 $HBiO_3$），含氧酸的酸性依砷、碲、铋的顺序减弱；同时，比相应+3（氧化态）氧化物及其水合物的酸性要强。

砷（V）含氧酸的分子式为 H_3AsO_4，是一种三元酸。碲（V）的含氧酸与 H_3AsO_4 不同，实验表明它是一元酸，其分子式相当于 $H[Sb(OH)_6]$。目前还没有分离出铋（V）的含氧酸，但却已制得了它的盐，如 $NaBiO_3$，从组成上看，其相应的含氧酸应为 $HBiO_3$。

砷（V）、碲（V）、铋（V）的含氧酸及其盐的最突出的性质是它们的氧化性，其氧化性按砷、碲、铋的顺序递增。例如：砷酸和碲酸只有在酸性介质中才表现出氧化性，在这种情况下砷酸可把 HI 氧化成 I_2，碲酸甚至可以把 HCl 氧化成 Cl_2，反应式为

$$H_3AsO_4+2HI = H_3AsO_3+I_2+H_2O$$

$$H[Sb(OH)_6]+2HCl = H_3SbO_3+Cl_2(g)+3H_2O$$

而铋（V）的化合物却能把 Mn^{2+} 氧化成 MnO_4^-，反应式为

$$2Mn^{2+}+5BiO_3^-+14H^+ = 2MnO_4^-+5Bi^{3+}+7H_2O$$

在分析工作中，常用这一反应来定性检验溶液中有无 Mn^{2+} 离子存在。

2）砷、锑、铋的硫化物和硫代酸盐

向砷、碲、铋的 M^{3+}、M^{5+} 盐溶液中或者向酸化后的 MO_3^{3-}、MO_4^{3-} 溶液中通入 H_2S，都可得到相应的硫化合物沉淀，如

As_2S_3（黄）　Sb_2S_3（橙红）　Bi_2S_3（黑）　As_2S_5（黄）　Sb_2S_5（橙红）

砷、碲、铋的硫化物与酸、碱的反应和它们相应的氧化物类似。As_2S_3 基本上是酸性硫化物，甚至不溶于浓盐酸；Sb_2S_3 是两性硫化物，既可溶于浓盐酸（约 $9mol \cdot L^{-1}$）又可溶于碱；Bi_2S_3 则是碱性硫化物，只能溶于浓盐酸（约 $4mol \cdot L^{-1}$）而不能溶于碱，反应式为

$$As_2S_3+6NaOH = Na_3AsO_3+Na_3AsS_3+3H_2O$$

$$Sb_2S_3 + 6NaOH = Na_3SbO_3 + Na_3SbS_3 + 3H_2O$$

$$Sb_2S_3 + 12HCl = 2H_3SbCl_6 + 3H_2S(g)$$

$$Bi_2S_3 + 6HCl = 2BiCl_3 + 3H_2S(g)$$

砷、碲的硫化物还能溶于 Na_2S 或$(NH_4)_2S$ 中生成相应的硫代酸盐，但 Bi_2S_3 不溶，有关反应式为

$$As_2S_3 + 3S^{2-} = 2AsS_3^{3-}\text{（硫代亚砷酸盐）}$$

$$Sb_2S_3 + 3S^{2-} = 2SbS_3^{3-}\text{（硫代亚碲酸盐）}$$

As_2S_5 和 Sb_2S_5 的酸性比相应的 M_2S_3 强，因此更易溶于碱性硫化物中，即

$$As_2S_5 + 3S^{2-} = 2AsS_4^{3-}$$

$$Sb_2S_5 + 3S^{2-} = 2SbS_4^{3-}$$

硫代亚砷酸盐(AsS_3^{3-})和硫代亚碲酸盐(SbS_3^{3-})可以看成是亚砷酸盐(AsO_3^{3-})和亚碲酸盐(SbO_3^{3-})中的 O 被 S 取代的产物。这种被硫取代的盐统称硫代酸盐。将它们酸化后即生成相应的硫代酸。硫代酸不稳定，立即分解为相应的不溶硫化物并放出硫化氢气体，反应式为

$$2AsS_3^{3-} + 6H^+ \rightarrow 2H_3AsS_3 \rightarrow As_2S_3(s) + 3H_2S(g)$$

$$2AsS_4^{3-} + 6H^+ \rightarrow 2H_3AsS_4 \rightarrow As_2S_5(s) + 3H_2S(g)$$

在分析工作中常用硫代酸盐的生成与分解将砷、碲的硫化物与铋的硫化物分离开来。

13.2.4 氧族元素

1. 氧族元素概述

第六主族(ⅥA)元素包括氧(O)、硫(S)、硒(Se)、碲(Te)和钋(Po)，总称为氧族元素。其中氧和硫是典型的非金属，硒和碲是半金属，钋为放射性金属。

氧族元素原子的外层电子结构为 ns^2np^4，比相应的卤素原子少一个 p 电子。本族的氧、硫、硒的原子都能结合两个电子形成－2 价的阴离子，表现出非金属元素的特征，其非金属活泼性弱于卤素。由于氧的电负性仅次于氟，它可和大多数金属化合，生成含 O^{2-} 的离子型氧化物(如 Li_2O、MgO、Al_2O_3 等)；而硫、硒只能和电负性较小的金属化合，生成含 S^{2-} 或 Se^{2-} 的离子型化合物(如 Na_2S、BaS、K_2Se 等)，并且它们与大多数金属化合时，主要是生成共价化合物(如 CuS、HgS 等)。氧族元素与非金属化合时，都是形成共价化合物。氧在化合物中一般为－2 价，仅在与 F 化合时显正价(如(OF_2))；硫、硒、碲的主要价态为－2，＋2，＋4 和＋6。

2. 氧和硫的单质

1) O_2 和 O_3

氧有两种同素异形体：氧(O_2)和臭氧(O_3)。

氧是地壳中分布最广和含量最多的元素。氧是无色、无臭的气体，在 90K 时凝结为淡蓝色液体。氧气是人和一切生物必不可少的气体。

臭氧是有鱼腥味的淡蓝色气体。O_3 不如 O_2 稳定，常温下分解较慢，437K 以上迅速分解，生成氧气，并放出能量。

$$2O_3 = 3O_2 \quad \Delta_r H_m^{\ominus} = -284\text{kJ} \cdot \text{mol}^{-1}$$

无论酸性或碱性环境，臭氧都比氧气具有更强的氧化性。

$$2Ag+2O_3 \!=\!=\!= Ag_2O_2+2O_2$$

$$PbS+4O_3 \!=\!=\!= PbSO_4+4O_2(g)$$

$$3KOH(s)+2O_3(g) \!=\!=\!= 2KO_3(s)(\text{臭氧化钾})+KOH\cdot H_2O\ (s)+\frac{1}{2}O_2(g)$$

KO_3 不稳定，在室温放置会缓慢分解，生成 KO_2 和 O_2。反应式为

$$2KO_3 \!=\!=\!= 2KO_2+O_2$$

臭氧能氧化 CN^-，故常用来治理电镀工业含氰废水：

$$O_3+CN^- \!=\!=\!= OCN^-+O_2$$

$$4OCN^-+4O_3+2H_2O \!=\!=\!= 4CO_2+2N_2+3O_2+4OH^-$$

臭氧能杀死细菌，可用作消毒杀菌剂。臭氧在污水处理中有广泛应用，为优良的污水净化剂、脱色剂。空气中的臭氧达到一定量时，对生命物质均有伤害。

2）单质 S

硫有多种同素异形体：斜方硫（正交硫、菱形硫或 α-硫）、单斜硫（β-硫）和弹性硫（γ-硫）等。天然硫是黄色固体，属斜方硫，斜方硫和单斜硫均由环状的 S_8 分子聚结而成，如图 13-4 所示。但两者晶体内分子排列的方式有所不同。在 S_8 分子中，每个 S 原子各以 sp^3 杂化轨道中的两个轨道与相邻的两个 S 原子形成 σ 键，而另外两个 sp^3 杂化轨道中各有 1 对孤对电子。S_8 分子之间靠弱的分子间力结合，故熔点较低，不溶于水，而溶于 CS_2、CCl_4 等非极性溶剂或 CH_3Cl、C_2H_5OH 等弱极性溶剂。

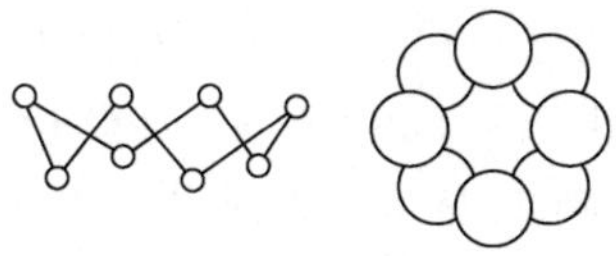

图 13-4　S_8 的环状结构

常压下，将单质硫加热到 368.6K，斜方硫不经熔化就转变成单斜硫，当把它冷却时，就发生相反的转变过程：

$$S(\text{斜方}) \xrightleftharpoons{368.6K} S(\text{单斜})$$

将单质硫加热到 433K 以上，S_8 环开始断裂变成链状的线形分子，并聚合成更长的链；进一步加热到 563K 以上，长硫链会断裂成较小的分子如 S_6、S_3、S_2 等；到 717.6K 时，硫达到沸点，硫的蒸气中含有 S_2 分子。把加热到 503K 熔融态的硫迅速倒入冷水，纠缠在一起的长链硫被固定下来，成为可以拉伸的弹性硫。经放置，弹性硫会逐渐转化为结晶硫。

硫的最大用途是制造硫酸，硫在橡胶工业、造纸工业、火柴和焰火制造等方面也是不可缺少的。此外，硫还用于制造黑火药、合成药剂及农药杀虫剂等。

3. 过氧化氢（H_2O_2）

纯过氧化氢是无色粘稠状液体，能与水互溶。过氧化氢的水溶液叫做双氧水。H_2O_2 分子为极性分子，其中的氧原子采取不等性的 sp^3 杂化，两个 sp^3 杂化轨道中各有两个成单电子，其中一个和氢原子的 1s 轨道重叠形成 O—H σ 键，另一个则和第二个氧原子的 sp^3 杂化轨道重叠形成 O—O σ 键。H_2O_2 分子中 H—O—O—H 不在一条直线上，两个氢

原子就像在半展开书本的两页纸上，两页纸的夹角为 93°51′，两个氧原子在书的夹缝上，O—H 键和 O—O 键之间的夹角为 96°52′

从热力学上讲，H_2O_2 应该不能存在，因为它可自发地发生如下歧化反应：

$$2H_2O_2 \rightleftharpoons 2H_2O + O_2 \quad \Delta_r G_m^{\ominus} = -205\ kJ \cdot mol^{-1}$$

但该反应活化能较高，室温下分解速率较慢。如果有催化剂(如 Cu^{2+}、Fe^{2+}、Mn^{2+}、Cr^{3+} 等)存在，分解反应可大大加速。为了防止 H_2O_2 的分解，常将 H_2O_2 溶液装在棕色瓶中，并避光放置于阴凉处。

由于 H_2O_2 分子中存在过氧键(—O—O—)，因而它呈现强烈的氧化还原性。H_2O_2 的标准电极电位如下：

酸性溶液：
$$H_2O_2 + 2H^+ + 2e^- \rightleftharpoons 2H_2O \quad \varphi^{\ominus} = 1.77V$$
$$O_2 + 2H^+ + 2e^- \rightleftharpoons H_2O_2 \quad \varphi^{\ominus} = 0.68V$$

碱性溶液：
$$H_2O + HO_2^- + 2e^- \rightleftharpoons 3OH^- \quad \varphi^{\ominus} = 0.87V$$
$$O_2 + H_2O + 2e^- \rightleftharpoons OH^- + HO_2^- \quad \varphi^{\ominus} = -0.076V$$

由以上电极电位可见，H_2O_2 既是一种氧化剂(在酸性介质中是一种很强的氧化剂)，又是一种较弱的还原剂。

作为氧化剂，H_2O_2 比其他氧化剂优越，因为它的还原产物是水，不会给反应体系带来杂质。例如，在酸性介质中 I^- 和 Fe^{2+} 都能被 H_2O_2 氧化。在强碱性介质中 CrO_2^- 才能被 H_2O_2 所氧化。有关反应式为

$$H_2O_2 + 2H^+ + 2I^- = 2H_2O + I_2$$
$$H_2O_2 + 2H^+ + 2Fe^{2+} = 2H_2O + 2Fe^{3+}$$
$$2CrO_2^- + 3H_2O_2 + 2OH^- = 2CrO_4^{2-} + 4H_2O$$

常利用 H_2O_2 和 KI 的反应来测定 H_2O_2 的含量。基于 H_2O_2 的氧化性，常把它用做漂白剂、氧化剂和消毒剂。高浓度的 H_2O_2 是火箭燃料的氧化剂。

当 H_2O_2 遇到比它更强的氧化剂时，它就表现出还原剂的性质。例如：

$$2MnO_4^- + 6H^+ + 5H_2O_2 = 2Mn^{2+} + 5O_2 + 8H_2O$$
$$2MnO_4^- + 3H_2O_2 = 2MnO_2 \downarrow + 3O_2 + 2OH^- + 2H_2O$$
$$Cl_2 + H_2O_2 = 2HCl + O_2$$

在工业上常利用 H_2O_2 与 Cl_2 的反应，除去漂白过的物件上残余 Cl_2。在定量分析中，常利用 H_2O_2 与 $KMnO_4$ 的反应(在酸性介质中)测定 H_2O_2 的浓度。

4. 硫的重要化合物

1) 硫化氢和氢硫酸

硫化氢是无色、有臭鸡蛋气味的极毒气体。空气中如含有 1% 的硫化氢就会引起头痛、眩晕和恶心，吸入大量硫化氢会引起严重中毒导致昏迷甚至死亡，硫化氢在空气中的最大允许含量为 $0.01mg \cdot L^{-1}$。

硫蒸气能和氢直接化合生成硫化氢。实验室中硫化氢是由金属硫化物同酸作用来制备的，有关反应式为

$$FeS + H_2SO_4 = FeSO_4 + H_2S \uparrow$$
$$Na_2S + H_2SO_4 = Na_2SO_4 + H_2S \uparrow$$

H_2S 在水中溶解度较小，饱和溶液的浓度约为 $0.1\ mol \cdot L^{-1}$，其溶液叫做氢硫酸。

氢硫酸的化学性质主要是弱酸性(很弱的二元酸)和还原性。

在硫化氢中，硫的氧化值为-2，处于最低氧化态，因此S^{2-}容易失去电子而具有较强的还原性。硫化氢能在空气中燃烧，反应式为

$$2H_2S+3O_2(\text{充足}) \xlongequal{\text{燃烧}} 2SO_2(g)+2H_2O$$

$$2H_2S+O_2(\text{不足}) \xlongequal{\text{燃烧}} 2S(s)+2H_2O$$

H_2S标准电极电势为

酸性介质　　$S+2H^+ +2e^- \xlongequal{} H_2S$　　$\varphi^{\ominus}=0.141V$

碱性介质　　$S+2e^- \xlongequal{} S^{2-}$　　$\varphi^{\ominus}=-0.48V$

所以，硫化氢的水溶液暴露在空气中，易被氧化析出游离的硫，从而使溶液变浑浊，反应式为

$$2H_2S+O_2 \xlongequal{} 2S(s)+2H_2O$$

无论在酸性介质还是在碱性介质中，H_2S均可作还原剂，且在碱性介质中还原性更强一些。S^{2-}易被氧化成单质硫，但强氧化剂可使它氧化为H_2SO_4。例如：

$$H_2S+2FeCl_3 \xlongequal{} S(s)+2FeCl_2+2HCl$$

$$H_2S+4Cl_2+4H_2O \xlongequal{} H_2SO_4+8HCl$$

2) 金属硫化物

金属硫化物的特性是难溶于水，除碱金属和碱土金属硫化物溶于水外(BeS难溶)，其他金属硫化物几乎都不溶于水。金属硫化物按溶解的方法不同，可分为五类：

(1) 溶于水的硫化物。ⅠA族和铵的硫化物易溶于水，使溶液呈碱性；ⅡA族除BeS不溶于水外，其他硫化物微溶于水，且与水作用生成氢氧化物和硫氢化物：

$$2CaS+2H_2O \xlongequal{} Ca(HS)_2+Ca(OH)_2$$

(2) 不溶于水而溶于稀盐酸的硫化物。这类硫化物有FeS、MnS、CoS、NiS、Al_2S_3、Cr_2S_3、ZnS、BeS、TiS、Ga_2S_3、ZrS等：

$$FeS+2HCl \xlongequal{} FeCl_2+H_2S\uparrow$$

其中Al_2S_3和Cr_2S_3遇水生成氢氧化物，而$Al(OH)_3$和$Cr(OH)_3$不溶于水而溶于稀酸，故将其列入此类。

(3) 难溶于水和稀盐酸，但能溶于浓盐酸的硫化物。例如CdS、SnS_2等：

$$CdS+4HCl(\text{浓}) \xlongequal{} H_2[CdCl_4]+H_2S\uparrow$$

$$SnS_2+6HCl(\text{浓}) \xlongequal{} H_2[SnCl_6]+2H_2S\uparrow$$

(4) 只溶于氧化性酸的硫化物。例如CuS等：

$$3CuS+8HNO_3 \xlongequal{} 3Cu(NO_3)_2+3S\downarrow+2NO\uparrow+4H_2O$$

(5) 只溶于王水(3体积的浓HCl和1体积的浓HNO_3的混合物)的硫化物。例如HgS等：

$$3HgS+12HCl+2HNO_3 \xlongequal{} 3H_2[HgCl_4]+3S\downarrow+2NO\uparrow+4H_2O$$

在无机化学中常利用硫化物的难溶性来除去溶液中金属离子杂质。在分析化学中利用硫化物溶解方法的多样性以及硫化物具有特征的颜色，用来分离和鉴别金属离子。表13-2列出了常见金属硫化物的颜色及溶解性。

表 13-2 常见金属硫化物的颜色及溶解性

溶于水或微溶于水	难溶于水			
	溶于稀 HCl (0.3 mol·L^{-1})	难溶于稀酸		
		溶于浓 HCl	溶于 HNO_3	溶于王水
$(NH_4)_2S$(白)	Al_2S_3(白)	SnS(褐)	CuS(黑)	HgS(黑)
Na_2S(白)	Cr_2S_3(白)	SnS_2(黄)	Cu_2S(黑)	Hg_2S(黑)
K_2S(白)	Fe_2S_3(黑)	PbS(黑)	Ag_2S(黑)	
MgS(白)	MnS(肉)	Sb_2S_3(橙红)	As_2S_3(浅黄)	
CaS(白)	ZnS(白)	Sb_2S_5(橘红)	As_2S_5(淡黄)	
SrS(白)	FeS(黑)	CdS(黄)	Bi_2S_3(暗棕)	
BaS(白)	CoS(黑)			
	NiS(黑)			

3）硫的含氧化合物

（1）二氧化硫(SO_2)与三氧化硫(SO_3)。

① SO_2。

SO_2 是一种无色、有刺激性臭味、易液化的气体。SO_2 的慢性中毒会引起食欲丧失，大便不通和气管炎症。大气中 SO_2 含量不得超过 0.02mg·L^{-1}。

SO_2 的分子结构与 O_3 相似，呈 V 形，中心原子采取 sp^2 杂化，在分子平面内还存在离域 π 键(Π_3^4)。

硫在空气中燃烧生成 SO_2，反应式为：

$$S + O_2 \xlongequal{\text{燃烧}} SO_2(g)$$

SO_2 既有氧化性又有还原性，但还原性较为显著，只有在强还原剂作用下才表现出氧化性。其典型的氧化还原反应有：

$$KIO_3 + 3SO_2 + 3H_2O \xlongequal{} KI + 3H_2SO_4$$

$$Br_2 + SO_2 + 2H_2O \xlongequal{} 2HBr + H_2SO_4$$

$$2H_2S + SO_2 \xlongequal{} 3S + 2H_2O$$

$$SO_2 + 2CO \xlongequal[723K]{\text{铝钒土}} 2CO_2 + S$$

② SO_3。

气态 SO_3 的分子构型呈平面三角形，键角 120°，中心 S 原子以 sp^2 杂化轨道与氧原子形成三个 σ 键，另一个 p 轨道与两个 d 轨道杂化形成 3 个 pd^2 杂化轨道，与 3 个 O 原子形成大 π 键(Π_4^6)。

SO_3 可通过 SO_2 的催化氧化来制备，在工业上通常采用 V_2O_5 作催化剂，即

$$2SO_2 + O_2 \xlongequal[723K]{V_2O_2} 2SO_3$$

SO_3 是强氧化剂。它可以使单质磷燃烧，可将碘化物氧化为单质碘，反应式为

$$5SO_3 + 2P \xlongequal{} 5SO_2 + P_2O_5$$

$$SO_3 + 2KI = K_2SO_3 + I_2$$

(2) 亚硫酸(H_2SO_3)及其盐。

H_2SO_3 是二元中强酸，既具有氧化性、又具有还原性，在酸性介质中还原性较为突出。可使品红褪色，可将 I_2 还原为 I^-；遇到强还原剂时 H_2SO_3 才表现出氧化性。有关反应式为

$$H_2SO_3 + I_2 + H_2O = H_2SO_4 + 2HI \text{（}H_2SO_3\text{ 的还原性）}$$

$$H_2SO_3 + 2H_2S = 3S\downarrow + 3H_2O \text{（}H_2SO_3\text{ 的氧化性）}$$

亚硫酸盐受热歧化分解，如

$$4Na_2SO_3 \xlongequal{\triangle} 3Na_2SO_4 + Na_2S$$

同样，亚硫酸盐既可作氧化剂、又可作还原剂，如

$$SO_3^{2-} + 2H_2S + 2H^+ = 3S\downarrow + 3H_2O$$

$$SO_3^{2-} + Cl_2 + H_2O = SO_4^{2-} + 2Cl^- + 2H^+$$

$$5SO_3^{2-} + 2MnO_4^- + 6H^+ = 2Mn^{2+} + 5SO_4^{2-} + 3H_2O$$

亚硫酸盐遇酸分解，放出 SO_2：

$$SO_3^{2-} + 2H^+ = SO_2\uparrow + H_2O$$

$$HSO_3^- + H^+ = SO_2\uparrow + H_2O$$

亚硫酸盐在造纸、印染等领域有重要应用。农业上，$NaHSO_3$ 作为抑制剂，促使水稻、小麦、油菜、棉花等农作物增产。

(3) 硫酸(H_2SO_4)及其盐。

H_2SO_4 为无色油状液体。市售浓 H_2SO_4 的质量分数为 96% ～ 98%，密度为 1.84 g·mL^{-1}，有强烈吸水性，并能从一些有机物质中夺取水分而发生炭化作用。因此浓 H_2SO_4 能严重破坏动植物组织，如损坏衣服和灼伤皮肤等，使用时必须注意安全。浓 H_2SO_4 的水合能很大(878 kJ·mol^{-1})，所以稀释时必须十分小心，切不可把水倒入 H_2SO_4 中，而应该在不断搅拌下，把 H_2SO_4 慢慢地倒入水中。

在 H_2SO_4 分子中，中心 S 原子采取 sp^3 杂化。H_2SO_4 的第一步解离是完全的，所以是强酸，但 HSO_4^- 只部分解离($K_{a_2}^{\ominus} = 1.2\times10^{-2}$)。

热的浓 H_2SO_4 是强氧化剂，可与许多金属或非金属反应，本身被还原为 SO_2 或 S。例如：

$$Cu + H_2SO_4\text{(浓)} = CuSO_4 + SO_2\uparrow + 2H_2O$$

$$C + 2H_2SO_4\text{(浓)} \xlongequal{\triangle} CO_2\uparrow + 2SO_2\uparrow + 2H_2O$$

$$3Zn + 4H_2SO_4\text{(浓)} = 3ZnSO_4 + S\downarrow + 4H_2O$$

冷的浓 H_2SO_4 不与 Fe、Al 等金属作用，这是因为在冷的浓 H_2SO_4 中，Fe、Al 表面生成一层致密的氧化物保护膜保护了金属，使之不再与 H_2SO_4 继续反应，这种现象称为钝化，所以可用 Fe、Al 制的容器盛装浓 H_2SO_4。

基于浓 H_2SO_4 的吸水性，浓 H_2SO_4 是工业上和实验室中最常用的干燥剂，用以干燥 Cl_2、H_2 和 CO_2 等气体。

H_2SO_4 可形成两类盐：正盐和酸式盐。在酸式盐中，仅有最活泼的碱金属才能形成稳定的固态酸式硫酸盐。酸式硫酸盐大都易溶于水。在碱金属的硫酸盐溶液中加入过量的硫酸，可结晶析出酸式硫酸盐，即

$$Na_2SO_4 + H_2SO_4 \longrightarrow 2NaHSO_4$$

硫酸盐中，$BaSO_4$、$PbSO_4$ 和 $CaSO_4$ 的溶解度较小，前两个常用于鉴定硫酸根离子。

可溶性硫酸盐从溶液中析出的晶体常带有结晶水，如 $CuSO_4 \cdot 5H_2O$ 和 $FeSO_4 \cdot 7H_2O$，这些含结晶水的硫酸盐俗称矾，如 $CuSO_4 \cdot 5H_2O$ 称为胆矾，$FeSO_4 \cdot 7H_2O$ 称为皂矾(黑矾、绿矾)，$ZnSO_4 \cdot 7H_2O$ 称为皓矾等。但化学上真正称为矾的应为符合下列通式的复盐：

$$M(\text{Ⅰ})_2SO_4 \cdot M(\text{Ⅱ})SO_4 \cdot 6H_2O$$

$$M(\text{Ⅰ})_2SO_4 \cdot M(\text{Ⅲ})_2(SO_4)_3 \cdot 24H_2O$$

符合前一通式的有莫尔盐$(NH_4)_2SO_4 \cdot FeSO_4 \cdot 6H_2O$，符合后一通式的有常见的明矾(或白矾)$K_2SO_4 \cdot Al_2(SO_4)_3 \cdot 24H_2O$。

活泼金属的硫酸盐在高温下是稳定的，如 Na_2SO_4、K_2SO_4、$BaSO_4$ 等。一些重金属的硫酸盐，如 $CuSO_4$、Ag_2SO_4 等，在高温下会分解成金属氧化物或单质，反应式为

$$CuSO_4 \xlongequal{\text{高温}} CuO + SO_3(g)$$

$$2Ag_2SO_4 \xlongequal{\text{高温}} 4Ag + 2SO_3(g) + O_2(g)$$

许多硫酸盐具有重要的用途，如明矾是常用的净水剂，媒染剂；胆矾是消毒杀菌剂和农药；绿矾是农药，药物和制造墨水的原料；芒硝($Na_2SO_4 \cdot 10H_2O$)是重要的化工原料等。

(4) 硫代硫酸($H_2S_2O_3$)及其盐。

S 和 O 是同族元素，所以 H_2SO_4 中的一个 O 可被 S 取代而生成 $H_2S_2O_3$(硫代硫酸)。$H_2S_2O_3$ 极不稳定，实际上自由的硫代硫酸是不存在的，当 H^+ 与 $S_2O_3^{2-}$ 相遇，得到的不是 $H_2S_2O_3$ 而是 S(s)、SO_2(g)和 H_2O，有关反应式为

$$S_2O_3^{2-} + 2H^+ \longrightarrow S\downarrow + SO_2\uparrow + H_2O$$

在分析化学中常用此反应来鉴定 $S_2O_3^{2-}$ 的存在。但在碱性溶液中 $S_2O_3^{2-}$ 很稳定。常见的碱金属硫代硫酸盐中，最重要的是 $Na_2S_2O_3 \cdot 5H_2O$(俗称大苏打或海波)。

将 S 粉溶于沸腾的 Na_2SO_3 溶液或将 Na_2S 和 Na_2CO_3 以 2∶1(物质的量比)的比例配成溶液再通入 SO_2 等方法都可制得到 $Na_2S_2O_3$，有关反应式为

$$Na_2SO_3 + S \xlongequal{\triangle} Na_2S_2O_3$$

$$2Na_2S + Na_2CO_3 + 4SO_2 \longrightarrow 3Na_2S_2O_3 + CO_2\uparrow$$

$Na_2S_2O_3$ 是一个中等强度的还原剂，单质 I_2 可将 $Na_2S_2O_3$ 氧化生成 $Na_2S_4O_6$(连四硫酸钠)，反应式为

$$2Na_2S_2O_3 + I_2 \longrightarrow Na_2S_4O_6 + 2NaI$$

这是分析化学中间接碘量法的一个基本反应。较强的氧化剂如 Cl_2、Br_2 等可将 $Na_2S_2O_3$ 氧化为 Na_2SO_4，反应式为

$$Na_2S_2O_3 + 4Cl_2 + 5H_2O \longrightarrow Na_2SO_4 + H_2SO_4 + 8HCl$$

因此，在纺织和造纸工业中可用 $Na_2S_2O_3$ 作脱氯剂。

$Na_2S_2O_3$ 的另一个重要性质是它的配位性。$S_2O_3^{2-}$ 是一个较强的配位体，在传统的照相技术中，常用 $Na_2S_2O_3$ 作定影液将未曝光的 AgBr 溶解，反应式为

$$AgBr + 2S_2O_3^{2-} \longrightarrow [Ag(S_2O_3)_2]^{3-} + Br^-$$

重金属的硫代硫酸盐难溶于水，且不稳定。例如，Ag^+ 与 $S_2O_3^{2-}$ 生成的白色沉淀

$Ag_2S_2O_3$，在溶液中迅速分解，颜色由白色经黄色、棕色、最后生成黑色 Ag_2S 沉淀。该现象可用于鉴定 $S_2O_3^{2-}$，反应式为

$$S_2O_3^{2-} + 2Ag^+ \xlongequal{\quad} Ag_2S_2O_3 \downarrow$$

$$Ag_2S_2O_3 + H_2O \xlongequal{\quad} Ag_2S\downarrow + H_2SO_4$$

$Na_2S_2O_3$ 常用于配制定量分析(间接碘量法)的标准溶液，漂染工业中的脱氯剂，摄影业中的定影剂，医药工业中用作洗涤剂、消毒剂和褪色剂，医药上可用作氰化物(如氰化钠 NaCN)的解毒剂。

(5) 过硫酸钠及其盐。

过硫酸可分为过一硫酸(H_2SO_5)和过二硫酸($H_2S_2O_8$)。它们的结构式分别为

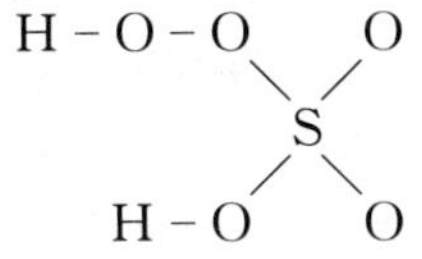

过一硫酸

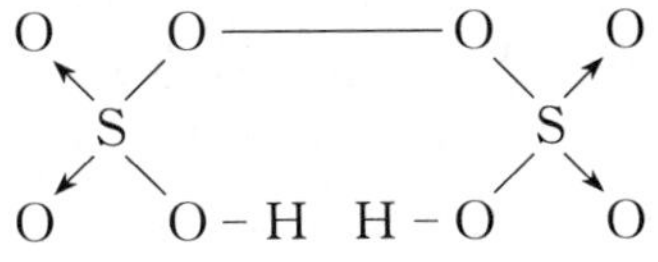

过二硫酸

可以把它们看成是 H_2O_2 分子中的 H 原子被 $-SO_3H$ 取代的产物，过硫酸及其盐都含有过氧键—O—O—，故都具有强氧化性。在 $H_2S_2O_8$ 中，过氧键上 O 的氧化数为 −1，S 的氧化数仍是 +6，但通常按 $H_2S_2O_8$ 形式上的氧化数计算，把 S 的氧化数看做 +7。过二硫酸钾($K_2S_2O_8$)和过二硫酸铵[$(NH_4)_2S_2O_8$] 都是常用的强氧化剂。

$$S_2O_8^{2-} + 2e^- \xlongequal{\quad} 2SO_4^{2-}, \qquad \varphi^{\ominus} = +2.01\ V$$

在酸性介质中，以 $AgNO_3$ 为催化剂，$S_2O_8^{2-}$ 可将 Cr^{3+} 氧化为 $Cr_2O_7^{2-}$，将 Mn^{2+} 氧化为 MnO_4^{2-}，有关反应式为

$$2Mn^{2+} + 5S_2O_8^{2-} + 8H_2O \xlongequal[Ag^+催化]{加热} 2MnO_4^- + 10SO_4^{2-} + 16H^+$$

$$2Cr^{3+} + 3S_2O_8^{2-} + 7H_2O \xlongequal[Ag^+催化]{加热} Cr_2O_7^{2-} + 6SO_4^{2-} + 14H^+$$

分析工作中常用$(NH_4)_2S_2O_8$处理植物或土壤样品，使其中的 Mn(Ⅱ)转化为 MnO_4^-(紫色)，然后再进行 Mn 的光度分析。

(6) 焦硫酸($H_2S_2O_7$)及其盐。

硫酸中溶解了过多的 SO_3 时，在空气中会发烟，叫做发烟硫酸，其化学式可以用 $H_2SO_4 \cdot xSO_3$ 表示。当 $x=1$ 时就形成 $H_2S_2O_7$。$H_2S_2O_7$ 是一种无色晶状固体，熔点 308K。$H_2S_2O_7$ 可看成是由两分子硫酸脱去一分子水所得的产物，即

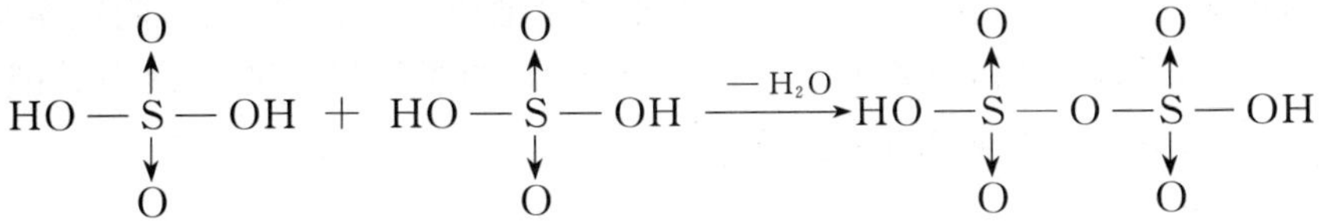

$H_2S_2O_7$ 与 H_2O 作用可生成 H_2SO_4，即

$$H_2S_2O_7 + H_2O \xlongequal{\quad} 2H_2SO_4$$

$H_2S_2O_7$ 比 H_2SO_4 具有更强的氧化性、吸水性和腐蚀性。它是良好的磺化剂，用于制造某些染料、炸药和其他有机磺酸类化合物。

把酸式硫酸盐加热到熔点以上时，首先转化为焦硫酸盐，例如：

$$2KHSO_4 \xlongequal{\triangle} K_2S_2O_7 + H_2O$$

使焦硫酸盐进一步受热，则失去 SO_3 而生成硫酸盐，即

$$K_2S_2O_7 \xlongequal{\triangle} K_2SO_4 + SO_3\uparrow$$

为了使某些不溶于水也不溶于酸的金属矿物(如 Cr_2O_3、Al_2O_3)溶解，常用焦硫酸盐(如 $K_2S_2O_7$)与这些金属氧化物共熔，而生成可溶性的该金属的硫酸盐。例如

$$Al_2O_3 + 3K_2S_2O_7 = Al_2(SO_4)_3 + 3K_2SO_4$$

$$Cr_2O_3 + 3K_2S_2O_7 = Cr_2(SO_4)_3 + 3K_2SO_4$$

以 $KHSO_4$ 代替 $K_2S_2O_7$ 可起到同样的效果。

(7) 连二亚硫酸($H_2S_2O_4$)及其盐。

连二亚硫酸($H_2S_2O_4$)只能存在于水溶液中，不能游离存在，是一种二元酸。

连二亚硫酸盐在无水时是相当稳定的。二水合连二亚硫酸钠($Na_2S_2O_4 \cdot 2H_2O$)俗称保险粉，为白色粉末，是染料工业中常用的还原剂。$Na_2S_2O_4$ 是一种强还原剂，能将 I_2、MnO_4^-、H_2O_2 和 IO_3^- 还原，将 Cr(Ⅵ)还原为 Cr(Ⅲ)，将很多重金属离子如 Cu^{2+}、Ag^+、Pb^{2+}、Sb^{3+}、Bi^{3+} 等还原为金属，可用于水处理和环境污染控制。

缓慢加热 $Na_2S_2O_4 \cdot 2H_2O$ 可以脱水，在 150℃以上 $Na_2S_2O_4$ 急剧分解：

$$2Na_2S_2O_4 \xlongequal{\triangle} Na_2S_2O_3 + Na_2SO_3 + SO_2\uparrow$$

13.2.5 卤素元素

1. 卤素元素概述

第七主族(ⅦA)元素包括氟(F)、氯(Cl)、溴(Br)、碘(I)和砹(At)，总称为卤素，其中砹为放射性元素。卤素原子的外层电子构型为 ns^2np^5。它们的电负性都较大，极易获得一个电子形成－1价的阴离子。因此卤族是典型的非金属，能和活泼的金属结合生成离子化合物。卤族还几乎能和所有的非金属结合，生成共价化合物。由于氟是所有元素中电负性最大的，它在化合物中只能显－1价；而其他卤素，在与电负性较小的元素结合时显－1价；在与电负性比它们更大的非金属(如氧、氟)结合时，除显＋1价外，还可显＋3、＋5、＋7价，这是由于氯、溴、碘原子外层电子结构中都存在空的 nd 轨道，可以参加成键，原来已成对的 p 和 s 电子能拆开进入 nd 轨道中。

由于卤素结合电子的能力强，它们都是强氧化剂，其中氟是最强的氧化剂。根据 X_2/X^- 电对的标准电极电位可知，卤素单质的氧化性按 F_2、Cl_2、Br_2、I_2 的次序减弱，而卤素离子 X^- 的还原性则按 F^-、Cl^-、Br^-、I^- 的次序增强。因此氯(Cl_2)能置换溴化物和碘化物溶液中的溴离子(Br^-)和碘离子(I^-)，溴(Br_2)只能置换碘化物溶液中的碘离子(I^-)，而不能置换氯化物溶液中的氯离子(Cl^-)。

2. 卤化氢与氢卤酸

卤化氢都是具有刺激性气味的无色气体。在实验室卤化氢(HX)可由卤化物与高沸点酸(如 H_2SO_4、H_3PO_4)反应制取：

$$CaF_2 + H_2SO_4(浓) \xlongequal{\triangle} CaSO_4 + 2HF\uparrow$$

$$NaCl + H_2SO_4(浓) \xlongequal{\triangle} NaHSO_4 + HCl\uparrow$$

但 HBr 和 HI 不能用浓 H_2SO_4 制取，因为浓 H_2SO_4 可以氧化它们，得不到纯的 HBr

和 HI：

$$2HBr+H_2SO_4(浓) \longrightarrow SO_2\uparrow+Br_2+2H_2O$$

$$8HI+H_2SO_4(浓) \longrightarrow H_2S\uparrow+4I_2+4H_2O$$

若用非氧化性的 H_3PO_4 代替浓 H_2SO_4，则可制得 HBr 和 HI。

$$NaX+H_3PO_4 \xrightarrow{\triangle} NaH_2PO_4+HX\uparrow$$

HBr 和 HI 也可用磷与 Br_2(或 I_2)反应生成 PBr_3(或 PI_3)，PBr_3(或 PI_3)遇水立即水解成亚磷酸和 HBr(或 HI)，反应式为

$$2P+3X_2+6H_2O \longrightarrow 2H_3PO_3+6HX$$

卤化氢的水溶液称为氢卤酸，除氢氟酸是弱酸外，其他氢卤酸均为强酸。但是氢氟酸却表现出一些独特的性质，例如它可与 SiO_2 或硅酸盐反应生成气体的 SiF_4。反应式为

$$SiO_2+4HF \longrightarrow SiF_4\uparrow+2H_2O$$

$$CaSiO_3+6HF \longrightarrow SiF_4\uparrow+CaF_2+3H_2O$$

利用这一性质可以刻蚀玻璃或溶解各种硅酸盐。在分析工作中，常利用这一特性来测定矿物、钢板和土壤中 SiO_2 的含量或分离除去硅。氢氟酸能腐蚀皮肤，且创伤难以愈合，使用时应注意安全。

氢氟酸也可用来溶解普通强酸不能溶解的 Ti、Zr、Hf 等金属。这一特性与 F^- 半径特别小有关，因 F^-(硬碱)可与一些半径小、电荷高的离子如 Ti^{4+}、Zr^{4+}、Hf^{4+} 等(硬酸)形成稳定的配离子 $[MF_6]^{2-}$。

3. 卤化物

卤素与电负性较小的元素生成的二元化合物叫做卤化物。卤化物可分为金属卤化物和非金属卤化物两大类。卤化物最重要的性质是其溶解性和水解性。

1）溶解性

常见的金属氯化物中只有 AgCl 和 Hg_2Cl_2 难溶，CuCl 微溶，$PbCl_2$ 在冷水中的溶解度较小(但能溶于热水)，其他金属氯化物均溶于水。

溴化物和碘化物的溶解度和相应的氯化物相似。

氟化物的溶解性常与其它卤化物不同。例如 AgF 易溶于水，而 LiF，MF_2(M 为碱土金属，Mn、Fe、Ni、Cu、Zn、Pb)和 AlF_3 等都难溶于水。

2）水解性

金属卤化物溶于水时，除少数活泼金属卤化物外，均发生不同程度的水解。如

$$MgCl_2+H_2O \rightleftharpoons Mg(OH)Cl+HCl$$

其中 $SnCl_2$，$SbCl_3$ 和 $BiCl_3$ 水解后分别以碱式氯化亚锡 Sn(OH)Cl，氯氧化锑 SbOCl 和氯氧化铋 BiOCl 的沉淀形式析出。反应式为

$$SnCl_2+H_2O \rightleftharpoons Sn(OH)Cl\downarrow+HCl$$

$$SbCl_3+H_2O \rightleftharpoons SbOCl\downarrow+2HCl$$

$$BiCl_3+H_2O \rightleftharpoons BiOCl\downarrow+2HCl$$

所以在配制这些盐溶液时，为了防止沉淀产生，应将盐类先溶于浓盐酸，然后再加水稀释。

非金属卤化物溶于水时，也能发生强烈水解。水解产物通常是卤化物中的卤原子与水中的氢结合生成氢卤酸，卤化物中电负性比卤素小的另一原子，与水中的氢氧根结合生成

含氧酸，例如：

$$BCl_3+3H_2O = H_3BO_3+3HCl$$

$$SiCl_4+4H_2O = H_4SiO_4+4HCl$$

$$PCl_5+4H_2O = H_3PO_4+5HCl$$

但 CCl_4、SF_6 等不能水解，它们几乎不溶于水。

4. 卤素的含氧酸及其盐

氯、溴和碘能生成4种类型的含氧酸，其分子式为HXO（次卤酸）、HXO_2（亚卤酸，未见有 $HBrO_2$ 和 HIO_2）、HXO_3（卤酸）和 HXO_4（高卤酸；其中正高碘酸为 H_5IO_6，偏高碘酸为 HIO_4）。卤素的含氧酸不稳定，多数只能存在于水溶液中。在卤素的含氧酸根离子或含氧酸中，除了 H_5IO_6 中的I原子是 sp^3d^2 杂化外，其他卤素原子都采用 sp^3 杂化轨道与氧成键。

不同卤素元素的同类含氧酸，其酸性从氯到碘随着卤素电负性的减小依次减弱，如 HClO＞HBrO＞HIO。相同元素的不同含氧酸其酸性随着价态的升高而增强，即 HXO＜HXO_2＜HXO_3＜HXO_4。

卤素的含氧酸的稳定性小于相应的盐。同种卤素的含氧酸，其稳定性随着卤素原子周围非羟基氧原子数目的增多而增大。

卤素的含氧酸均有较强的氧化性，而且在酸性介质中氧化性更强一些，它们作氧化剂时的还原产物是 X^-。卤素含氧酸的氧化性强于其含氧酸盐，许多中间氧化值物质容易发生歧化反应。

在卤素的含氧酸及其盐中，以氯的含氧酸及其盐实际应用较多。

1）次卤酸及其盐

次卤酸包括HClO、HBrO和HIO。次卤酸HXO可通过卤素在水溶液中的歧化反应来制备：

$$X_2+H_2O = HXO+HX$$

次卤酸的分解方式通常有两种：

$$2HXO \xlongequal{光照} 2HX+O_2$$

$$3HXO = 2HX+HXO_3$$

在碱性介质中，所有次卤酸根（XO^-）都发生歧化反应。XO^- 的歧化速率与温度有关。

室温或低于室温时，ClO^- 歧化速率极慢；在348K左右的热溶液中，ClO^- 歧化速率相当快，产物是 Cl^- 和 ClO_3^-。

BrO^- 在室温时歧化速率已相当快，只有在273K左右的低温时才可能得到次溴酸盐，在323～353K时产物均为溴酸盐。

IO^- 的歧化速率很快，溶液中不存在次碘酸盐：

$$3I_2+6OH^- = 5I^-+IO_3^-+3H_2O$$

用氯气与氢氧化钙反应，控制温度在298K左右可得到次氯酸钙：

$$2Cl_2+2Ca(OH)_2 = Ca(ClO)_2+CaCl_2+2H_2O$$

次氯酸钙是漂白粉（次氯酸钙、氯化钙和氢氧化钙所组成的混合物）的有效成分。其漂白作用主要是基于次氯酸的氧化性。漂白粉的质量是用有效氯的含量来衡量的。一定量的漂白粉与稀盐酸反应所逸出的 Cl_2 称为有效氯。

$$Ca(ClO)_2 + 4HCl = CaCl_2 + 2Cl_2\uparrow + 2H_2O$$

次卤酸盐的主要用途之一是漂白和消毒。其次，次卤酸是芳香族和脂肪族化合物的卤化剂。

2）亚卤酸及其盐

已知的亚卤酸仅有亚氯酸，它存在于水溶液中，酸性比次氯酸强。ClO_2 与过氧化钠或过氧化氢的碱液作用，可得到 $NaClO_2$。反应式为

$$2ClO_2 + Na_2O_2 = 2NaClO_2 + O_2\uparrow$$

亚氯酸盐在溶液中较为稳定，有强氧化性，也用作漂白剂。

用硫酸与亚氯酸钡作用可得到亚氯酸的水溶液，即

$$Ba(ClO_2)_2 + H_2SO_4 = BaSO_4\downarrow + 2HClO_2$$

过滤分离出硫酸钡，可得到稀的亚氯酸溶液。亚氯酸的热稳定性差，易分解成 ClO_2、$HClO_3$ 和 HCl。

3）卤酸及其盐

除氟外，所有卤酸都是已知的。$HClO_3$、$HBrO_3$ 仅存在于水溶液中，是强酸，HIO_3 为白色固体，为中强酸。

氯酸盐可以用氯气与热的碱溶液反应来制取，也可以用电解热的氯化物溶液得到。

碘酸盐可以用单质碘与热的碱溶液反应制取，也可以用氯气在强碱介质中氧化碘化物得到。有关反应式为

$$3I_2 + 6NaOH = NaIO_3 + 5NaI + 3H_2O$$

$$KI + 6KOH + 3Cl_2 = KIO_3 + 6KCl + 3H_2O$$

卤酸及其盐溶液都是强氧化剂，其中以溴酸及其盐的氧化性最强，这反映了第四周期元素的不规则性。

$KClO_3$ 固体是强氧化剂，它与易燃物质(如 C、S、P 等)混合后，一旦受到撞击即猛烈爆炸。因此，大量用于制造火柴和烟火。氯酸钠用作除草剂，溴酸盐和碘酸盐可用作分析试剂。

卤酸盐加热可分解：

$$4KClO_3 \xlongequal{668K} 3KClO_4 + KCl$$

$$4KClO_3 \xlongequal[MnO_2]{加热} 4KCl + 6O_2$$

4）高卤酸及其盐

（1）高氯酸及其盐。

高氯酸是常用的分析试剂，它既是无机酸中最强的酸，又是一种强的氧化剂，而且高氯酸盐多是易溶的(但其钾盐溶解度较小)。

用高氯酸钾与硫酸反应可以得到高氯酸，反应式为

$$KClO_4 + H_2SO_4 = KHSO_4 + HClO_4$$

采用减压蒸馏的方法可将高氯酸分离出来，温度要低于 365K，否则会发生爆炸。高氯酸水溶液浓度低于 60％时加热不会发生分解。高氯酸的浓溶液是强氧化剂，与易燃物质相遇易发生猛烈爆炸。但是，冷的高氯酸稀溶液没有明显的氧化性。

工业上用电解氧化盐酸的方法来生产高氯酸，电解时用铂作阳极，用银或铜作阴极。在阳极区可得到质量分数为 20％的高氯酸。电极反应为

$$Cl^- + 4H_2O \rightleftharpoons ClO_4^- + 8H^+ + 8e^-$$

经减压蒸馏可得到60%的市售 $HClO_4$。

(2) 高溴酸及其盐。

高溴酸($HBrO_4$)是强酸，其强度接近 $HClO_4$。高溴酸的氧化能力比高氯酸和高碘酸都强。过去一直认为高溴酸不存在，但后来人们用强氧化剂 XeF_2 或 F_2 在 $c(OH^-)=5mol \cdot L^{-1}$ 的强碱性条件下氧化 BrO_3^- 制得了高溴酸。反应式为

$$BrO_3^- + XeF_2 + H_2O \xlongequal{} BrO_4^- + 2HF + Xe(g)$$

$$BrO_3^-(\text{饱和}) + F_2 + 2OH^- \xlongequal{} BrO_4^- + 2F^- + H_2O$$

将得到的 BrO_4^- 酸化，即可获得 $HBrO_4$。55%(6mol · L^{-1})的 $HBrO_4$ 溶液能稳定存在，加热到 373K 也不分解。

(3) 高碘酸及其盐。

高碘酸通常有两种形式：正高碘酸(H_5IO_6)和偏高碘酸(HIO_4)。H_5IO_6是弱酸，当它被中和时，常形成酸式盐。H_5IO_6是无色晶体，熔融时分解为 HIO_3，反应式为

$$2H_5IO_6 \xlongequal{} 2HIO_3 + O_2(g) + 4H_2O$$

在真空(1620Pa)中将 H_5IO_6加热到 373K，生成 HIO_4，反应式为

$$H_5IO_6 \xlongequal{} HIO_4 + 2H_2O$$

在 298K 水溶液中主要以偏高碘酸根 IO_4^- 存在。高碘酸在酸性介质中是强氧化剂，反应平稳而且迅速。例如：在酸性介质中能把 Mn^{2+} 氧化为 MnO_4^-。反应式为

$$2Mn^{2+} + 5H_5IO_6 \xlongequal{H^+} 2MnO_4^- + 5IO_3^- + 11H^+ + 7H_2O$$

13.2.6 稀有气体(简介)

周期系中的零族包括氦(He)、氖(Ne)、氩(Ar)、氪(Kr)、氙(Xe)和氡(Rn)六种元素，由于它们在自然界中的含量极微，所以又称为稀有气体。

稀有气体在自然界中以单质状态存在，除氡以外，它们主要存在于空气中。

稀有气体中除氦的外层电子构型为 $1s^2$ 之外，其余原子的外层电子构型均为 ns^2np^6 的 8 电于稳定构型，因此稀有气体的化学性质很不活泼，这些气体在自然界中以原子的形式存在。因此，1962 年以前人们一直将"稀有气体"称为"惰性气体"。

稀有气体原子之间仅存在着微弱的色散力，因此它们的熔点、沸点以及临界温度都很低，它们的蒸发热和在水中的溶解度也都很小，这些性质随着原子序数的增加而逐渐升高。

1962 年，人类成功制备出橙黄色固态的 Xe[PtF_6]。后来进一步发现，相对原子质量较大的稀有气体都能与 F_2 直接化合，并可根据混合时物质的量比来控制反应产物(Kr 只能得到 KrF_2)，生成不同氧化数的氟化物，如 XeF_2、XeF_4、XeF_6、$XeOF_4$、$CsXeF_7$、XeO_3、Na_4XeO_6、KrF_2。尽管 He、Ne 和 Ar 的化合物还未制备出来，但人们已将这类单质由"惰性气体"改名为"稀有气体"。

在生产和科研中，稀有气体的用途日益广泛。在焊接一些活泼金属、拉制半导体单晶和石英光纤时，He 和 Ar 是重要的保护气体；在气相色谱中 He 可用作载气。利用 He 和 O_2 混合制造"人造空气"，供潜水员呼吸以预防氮中毒。He 可代替氢气填充飞艇和气球，实现科学研究的超低温环境。在高电压下，氖产生红光，氩产生绿光，所以氖和氩可广泛

应用于制造霓虹灯、灯塔和信号装置。氙有极高的发光强度，氙灯有“小太阳”之称。氡和氙的同位素在医学上被用来测定脑血流量，研究肝功能。氙能溶于油脂细胞引起细胞膨胀和麻痹，可用作无副反应的麻醉剂。

综合练习

一、思考题

1. 锂和镁的性质有哪些相似之处？锂和铍与同族其他金属相比有哪些特殊性质？

2. 简要回答下列问题：

(1) 金属钾比金属钠活泼，但为什么可以用金属钠与氯化钾反应来制备金属钾？

(2) 按电对 Mg^{2+}/Mg 的标准电极电势判断，Mg 应能与 H_2O 反应生成 H_2，但为什么室温下 Mg 与 H_2O 无明显反应？

(3) 虽然 Mg 在室温下与 H_2O 无明显反应，但却能与 NH_4Cl 溶液反应，这是为什么？

3. 硫有哪些化合物是较好的还原剂？哪些是较好的氧化剂？并指出其氧化还原产物。

4. 一种盐 A 溶于水后，加入稀盐酸，有刺激性气体 B 产生，同时有黄色沉淀 C 析出。气体 B 能使 $KMnO_4$ 溶液褪色。若通氯气于 A 溶液中，Cl_2 随即消失并得到溶液 D，D 与钡盐作用，产生不溶于酸的白色沉淀 E。试确定 A、B、C、D，E 各为何物？写出各步反应方程式。

5. 在酸性介质中 $NaBiO_3$ 可将 Mn^{2+} 氧化为 MnO_4^-，但实验时可能观察到气体的产生，或出现红棕色沉淀，试分析原因。

6. 试比较 As、Sb、Bi 高低氧化态的氧化还原性，并用反应方程式说明。

7. 解释下列事实，并写出有关反应方程式：

(1) 碳酸氢铵储存时需要密封。

(2) 天然的磷酸钙必须转变为过磷酸钙才能作为肥料使用。

(3) 过磷酸钙肥料不能与石灰一起使用。

8. 碳单质有哪几种同素异形体？说明其结构特点。

9. 比较 CO 和 CO_2 的结构，如何除去 CO 中含有的少量 CO_2，CO_2 中含有的少量 CO？

10. 以反应方程式说明硼珠试验的原理及硼砂作焊药焊接某些金属的化学原理。

二、练习题

1. 选择题

(1) 在充足的空气中燃烧时，生成的主要产物不是普通氧化物或过氧化物而是超氧化物的是(　　)。

(A) Na　　(B) K、Rb、Cs　　(C) Ba　　(D) Li

(2) 碱金属和碱土金属的氯化物中共价性最强、最容易水解的是(　　)。

(A) $MgCl_2$　　(B) LiCl　　(C) $BeCl_2$　　(D) $BaCl_2$

(3) 盛 $Ba(OH)_2$ 溶液的瓶子在空气中放置一段时间后，内壁蒙一层白色薄膜，欲除去这层薄膜，最合适的洗涤溶液是(　　)。

(A) 硫酸溶液　　(B) 水

(C) 氢氧化钠溶液　　(D) 盐酸溶液

(4) 下列锂的化合物中，易溶于水的一种是(　　)。

(A) LiF　　(B) $LiClO_4$

(C) Li_2CO_3　　(D) Li_3PO_4

(5) 热稳定性由低到高的顺序是(　　)。

(A) $NaHCO_3 < H_2CO_3 < Na_2CO_3$　　(B) $Na_2CO_3 < H_2CO_3 < NaHCO_3$

(C) $H_2CO_3 < NaHCO_3 < Na_2CO_3$　　(D) $NaHCO_3 < Na_2CO_3 < H_2CO_3$

(6) 将 BF_3 通入过量的 Na_2CO_3 溶液，得到的产物是(　　)。

(A) HF 和 H_3BO_3　　(B) $H[BF_4]$和 $B(OH)_3$

(C) $Na[BF_4]$和 $Na[B(OH)_4]$　　(D) $H[BF_4]$和 $Na[B(OH)_4]$

(7) 用 NaOH 滴定 H_3BO_3 时，常加入多元醇。多元醇的作用是(　　)。

(A) 指示剂　　(B) 还原剂　　(C) 催化剂　　(D) 螯合剂

(8) 气态 BF_3、B_2H_6、Al_2Cl_6 都是稳定的化合物，而 BH_3、$AlCl_3$ 不稳定，其原因是(　　)。

(A) 前三者形成离域 π 键，后二者为缺电子化合物

(B) 前三者通过不同的键型形成稳定分子，后二者为缺电子化合物

(C) 前三者为八隅体分子，后二者为非八隅体分子

(D) 前三者形成了多中心键，后二者为缺电子分子

(9) 固态铵盐加热分解，其产物为(　　)。

(A) 一定含 NH_3　　(B) 一定含 N_2

(C) 一定含 N_2O　　(D) 不能确定

(10) 对于 H_2O_2 和 N_2H_4，下列陈述正确的是(　　)。

(A) 都是二元弱酸

(B) 都是二元弱碱

(C) 都可与氧作用

(D) 在一定条件下，它们之间可以发生反应

(11) 溴化钾与酸作用可制取溴化氢，选用的酸是(　　)。

(A) 浓盐酸　　(B) 浓硫酸　　(C) 浓硝酸　　(D) 浓磷酸

(12) 向含 I^- 离子的溶液中缓慢地通入氯气，其产物可能是(　　)。

(A) I_2 和 Cl^-　　(B) IO_3^- 和 Cl^-

(C) ICl_2^-　　(D) 以上三种情况均可能

(13) 下列离子的结构中不含硫链的是(　　)。

(A) $S_2O_3^{2-}$　　(B) $S_2O_4^{2-}$

(C) $S_2O_8^{2-}$　　(D) $S_2O_6^{2-}$

(14) 下列化合物中还原性最强的是(　　)。

(A) Na_2SO_3　　(B) $Na_2S_2O_3$

(C) $Na_2S_4O_6$　　(D) $Na_2S_2O_4$

2. 用化学反应方程式表示下列物质间的转换：

$$Mg \rightarrow Mg_3N_2 \rightarrow Mg(OH)_2 \rightarrow Mg(NO_3)_2 \rightarrow MgO$$

3. 将金属镁在空气中燃烧，反应中生成一些什么物质？如何加以证明？写出有关的反应方程式。

4. 现有 4 种无标签的白色固体，它们分别是 Na_2CO_3、Na_2SO_4、$NaHCO_3$ 和 $Ba(NO_3)_2$，试用最简单的化学方法鉴别出白色固体各是什么物质。

5. 化合物 A、B、C 都是某碱金属元素的化合物，等物质的量的 A 和 C 反应可以生成 B，加热 C 也可以生成 B 并放出气体 D，向 A 的浓水溶液中通入 D，可生成 B 的水溶液，若长时间通入 D，可生成一些 C 的结晶，A 的焰色显示为黄色。请问 A、B、C、D 各是什么物质？写出有关的化学反应方程式。

6. 如何用实验证明 Pb_3O_4 为混合价化合物？写出有关的反应方程式。

7. 用反应方程式说明锡、铅高低价态的氧化还原性。

8. 实验室中如何制备乙硼烷？说明乙硼烷的结构和成键作用。

9. 为什么硼酸为一元弱酸？加入丙三醇后其酸性为何增强？

10. 以反应方程式说明砷(Ⅲ，Ⅴ)、锑(Ⅲ，Ⅴ)和铋(Ⅲ)氧化物的水合物酸碱性的变化规律。

11. AsO_3^{3-} 在碱性溶液中被 I_2 氧化为 AsO_4^{3-}，而在酸性溶液中 AsO_4^{3-} 又能被 I^- 还原为 AsO_3^{3-}，试说明原因。

12. 试回答下列问题：

(1) 白磷为什么会自燃？白磷为什么又叫黄磷？

(2) 红磷为什么会潮解？如何证明红磷被氧化？

13. 如何鉴别下列各组物质：

(1) NH_4Cl 和 NH_4NO_3。

(2) NH_4NO_2 和 NH_4NO_3。

(3) As^{3+}、Sb^{3+} 和 Bi^{3+}。

(4) Na_3AsO_3 和 Na_3AsO_4。

14. 以反应方程式表示下列物质的转化：

$$As_2O_3 \rightarrow Na_3AsO_4 \rightarrow As_2S_3 \rightarrow Na_3AsS_3$$

15. 氯气通入消石灰中可得到漂白粉，而在漂白粉溶液中加入盐酸可产生氯气，试写出有关的反应方程式，并用标准电极电势加以说明。

16. 三瓶无标签的白色固体，它们是 KClO、$KClO_3$ 和 $KClO_4$，试设计方法加以鉴别。

17. 皮肤被液溴伤害或沾上碘水，应如何处置？

18. SO_2 作漂白剂有何特点？如何除去大气或烟道中的 SO_2？

19. 何谓发烟硫酸和焦硫酸？$K_2S_2O_7$ 的主要用途是什么？

第14章 过渡元素

教学目标

（1）了解钛、钒及其重要化合物的化学性质。

（2）掌握Cr(Ⅲ)和Cr(Ⅵ)化合物的酸碱性、氧化还原性及CrO_4^{2-}和$Cr_2O_7^{2-}$之间的相互转化关系；了解钼、钨的重要化合物。

（3）掌握Mn(Ⅱ)、Mn(Ⅳ)、Mn(Ⅵ)、Mn(Ⅶ)重要化合物的化学性质及各氧化态锰之间相互转化的关系。

（4）掌握铁、钴、镍的＋2、＋3氧化态稳定性变化规律及这些氧化态化合物在反应性上的差异；熟悉铁、钴、镍的重要配合物。

（5）了解铂及其重要化合物的性质。

（6）了解ds区元素单质的重要化学性质，掌握这些金属与酸碱的反应；掌握ds区元素氧化物、氢氧化物、重要盐类的性质及金属离子的配位性。

（7）了解镧系和锕系元素电子层结构的特点；掌握镧系收缩及其对镧系元素本身和镧系后面元素性质的影响。

过渡元素是指具有部分填充d或f壳层电子的元素，包括d区元素、ds区元素和f区元素。这些元素都是金属元素，也称为过渡金属。过渡元素根据电子构型的特点可分为外过渡元素(d区、ds区元素)和内过渡元素(f区元素)两大组。外过渡元素是指除镧系、锕系以外的其他过渡元素，内过渡元素是指镧系和锕系元素。ⅢB族的钇(Y)和镧系元素在性质上非常相似，常将它们称为稀土元素。

14.1 d区元素

14.1.1 d区元素概述

d区元素都是金属，包括ⅢB～Ⅷ族元素，属外过渡元素。根据d区元素所在周期的不同，通常将 d 区元素分为下列三个过渡系：

(1) 第一过渡系：包括第四周期的 Sc、Ti、V、Cr、Mn、Fe、Co、Ni 八种元素。

(2) 第二过渡系：包括第五周期的 Y、Zr、Nb、Mo、Tc、Ru、Rh、Pd 八种元素。

(3) 第三过渡系：包括第六周期的 La、Hf、Ta、W、Re、Os、Ir、Pt 八种元素。

按金属的密度，习惯上把第四周期的 d 区元素称为轻过渡元素，第五、六周期的 d 区元素称为重过渡元素。

1. d 区元素的原子半径

d 区元素原子的价层电子构型是 $(n-1)d^{1\sim10}ns^{0\sim2}$（见元素周期表）。对第四周期而言，随着原子序数的增大，有效核电荷增大，原子半径缓慢减小；第五、六周期从左到右元素的原子半径仅略有减小。同族元素从上往下，原子半径增大，但第五、六周期（ⅢB 除外）由于镧系收缩的影响，几乎抵消了同族元素由上往下周期数增加的影响，使这两周期同族元素原子半径十分接近，导致第二和第三过渡系同族元素在性质上的差异比第一和第二过渡系相应的元素要小。d 区元素的原子半径随原子序数的变化情况如图 14-1 所示。

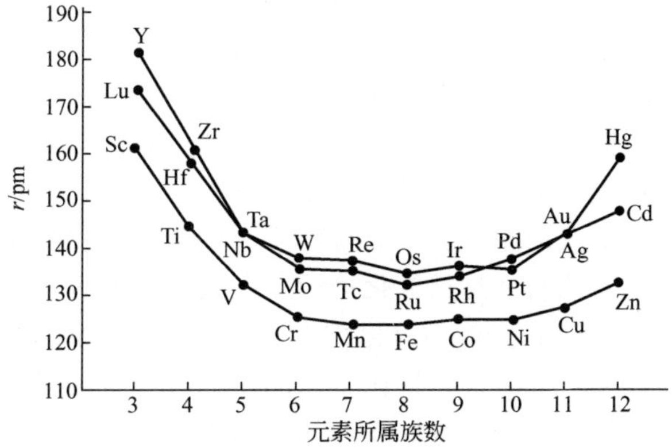

图 14-1　d 区元素的原子半径

2. d 区元素的物理性质

d 区元素的单质都是高熔点、高沸点、密度大、导电性和导热性良好的金属。在同周期中，它们的熔点从左到右一般是先逐渐升高，然后又缓慢下降。通常认为产生这种现象的原因是在这些金属原子间除了主要以金属键结合之外，还可能具有部分共价性，这与原子中未成对的 d 电子参与成键有关。原子中未成对的 d 电子数增多，金属键中由这些电子参与成键造成的部分共价性增强，表现出这些金属单质的熔点升高，在各周期中熔点最高的金属在ⅥB 族中出现，如图 14-2 所示。在同一族中，第二过渡系元素的单质的熔点、沸点大多高于第一过渡系，而第三过渡系的熔点、沸点又高于第二过渡系（ⅢB 族除外），熔点、沸点最高的单质是钨（熔点 3683K，沸点 5933K）。应当指出，金属的熔点还与金属原子半径的大小、晶体结构等因素有关，并非单纯地决定于未成对 d 电子数目的多少。过渡元素单质的硬度也有类似的变化规律，硬度最大的金属是铬。另外，在过渡元素中，单质密度最大的是Ⅷ族的锇(Os)，其次是铱(Ir)、铂(Pt)、铼(Re)，这些金属都比室温下同体积的水重 20 倍以上，是典型的重金属。

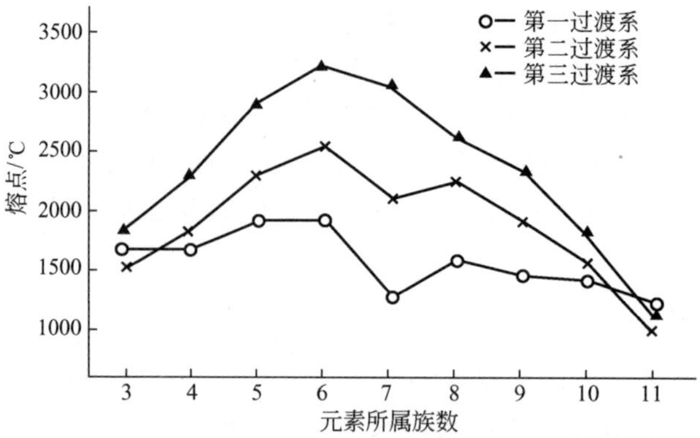

图 14-2　d 区元素单质的熔点

3. d 区元素的化学性质

在化学性质上，第一过渡系元素的单质比第二、三过渡系元素的单质活泼。例如，第一过渡系中除铜外，其他金属都能与稀酸作用，而第二、三过渡系的单质大多较难与稀酸发生反应。在第二、三过渡系中，有些元素的单质仅能溶于王水和氢氟酸中，如锆(Zr)、铪(Hf)等，有些甚至不溶于王水，如钌(Ru)、铑(Rh)、锇(Os)、铱(Ir)等。化学性质的这些差别，与第二、三过渡系的原子具有较大的电离能和标准摩尔升华焓(原子化焓)有关，有时这些金属在表面上易形成致密的氧化膜，也影响了它们的活泼性。

过渡元素的单质能与活泼的非金属单质直接形成化合物。过渡元素与氢元素形成金属型氢化物，又称为过渡型氢化物。这类氢化物的特点是组成大多不固定，通常是非化学计量的，如 $VH_{1.8}$、$TaH_{0.76}$ 等。在金属型氢化物中，氢原子钻到金属晶体的空隙中形成化合物，也有人认为氢与金属组成固溶体，氢原子在晶体中占据与金属原子相似的位置。金属型氢化物基本上保留着金属的一些物理性质，如金属光泽、导电性等，其密度小于相应的金属。

有些元素(如ⅣB～ⅦB 族的元素)的单质，还能与原子半径较小的非金属(如 B、C、N)形成间充(或间隙)式化合物。这类化合物是由 B、C、N 原子钻到金属晶格的空隙中而形成的，它们的组成往往是可变的，是非化学计量的，常随 B、C、N 在金属中溶解的多少而改变。间充式化合物比相应的纯金属的熔点高、硬度大，化学性质不活泼。工业上常用 W_2C 作硬质合金，可用其制造某些特殊设备。

过渡元素的单质由于具有多种优良的物理性能和化学性能，在冶金工业上用来制造各种合金钢，如不锈钢(含铬、镍等)、弹簧钢(含钒等)、建筑钢(含锰等)。另外，过渡元素的一些单质或化合物在化学工业上常用作催化剂。

4. d 区元素的氧化值

过渡元素大都可以形成多种氧化值的化合物。在某种条件下，过渡元素的原子只有最外层的 s 电子参与成键；而在另外条件下，这些元素的部分或全部 d 电子也参与成键。一般说来，过渡元素的高氧化值化合物比其他低氧化值化合物的氧化性强。过渡元素与非金属元素形成二元化合物时，往往只有电负性较大、阴离子难被氧化的非金属元素(氧或氟)才能与它们形成高氧化值的二元化合物，如 Mn_2O_7、CrF_6 等；而电负性较小、阴离子易被氧化的非金属(如碘、溴、硫等)，则难与它们形成高氧化值的二元化合物。在过渡元素的高氧化值化合物中，其含氧酸盐较稳定。

过渡元素的较低氧化值(+2 和+3)大都有简单的离子 M^{2+} 和 M^{3+}，这些离子的氧化性一般都不强(Co^{3+}、Ni^{3+} 和 Mn^{3+} 除外)，因此都能与多种酸根离子形成盐类。

14.1.2 钛、锆和铪

钛在地壳中的丰度为 0.632%，在金属中仅次于铁，在所有元素中排第九位。但大都处于分散状态，主要矿物有金红石(TiO_2)、钛铁矿($FeTiO_3$)和钒钛铁矿。钛的资源虽然丰富，但冶炼困难。锆在地壳中的含量为 0.0162%，海水中为 2.6×10^{-9}%，比铜、锌和铅的总量还多，但分布非常分散，主要矿物为斜锆石(ZrO_2)和锆英石($ZrSO_4$)。铪在地壳中的含量为 2.8×10^{-4}%，海水中低于 8×10^{-7}%，没有独自的矿物，在自然界与锆共生于锆英石中。所以，钛、锆和铪都归入稀有金属。

1. 钛的性质和用途

钛属于高熔点的轻金属，具有许多优异性能，如比铁轻，比强度(强度与质量之比)是铁的 2 倍以上，铝的 5 倍。钛具有铁和铝无法相比的抗腐蚀性能，所以广泛应用于制造航天飞机、火箭、导弹、潜艇、轮船和化工设备。钛还能承受超低温，用于制备盛放液氮和液氧等设备。此外，钛具有生物相容性，用于接骨和制作人工关节，故誉为“生物金属”。

钛是活泼金属，其标准电极电势为−1.63V，在空气中能迅速与氧反应生成致密的氧化物膜而钝化，使其在室温下不与水、稀酸和碱反应。但钛能生成配合物$[TiF_6]^{2-}$而可溶于氢氟酸或酸性氟化物溶液中：

$$Ti+6HF=[TiF_6]^{2-}+2H^++2H_2$$

钛也能溶于热的浓盐酸，生成绿色的 $TiCl_3\cdot6H_2O$：

$$2Ti+6HCl=2TiCl_3+3H_2$$

钛在高温下可与碳、氮、硼反应生成碳化钛(TiC)、氮化钛(TiN)和硼化钛(TiB)。它们硬度大、熔点高、性质稳定，被称为金属陶瓷。氮化钛为青铜色，涂层能仿金。钛与氢反应形成非整比的氢化物，可作为储氢材料。钛与氧反应生成 TiO_2。因为钛与氧、氯、氮、氢有很大的亲和力，因此制备纯的金属钛比较困难。钛的化学反应如图 14－3 所示。

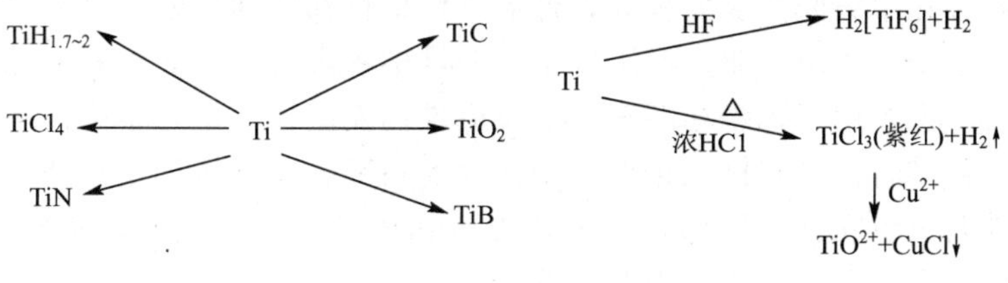

图 14－3 钛的化学反应

2. 金属钛的制备

大规模生产钛一般采用 $TiCl_4$ 金属热还原法。即将 TiO_2 或天然金红石与碳粉混合加热至 1000～1100K，进行氯化处理制备 $TiCl_4$，然后用金属镁或钠在 1070K、氩气中还原得到金属钛：

$$TiO_2(s)+2Cl_2(g)+2C(s)\xlongequal{1000\sim1100K}TiCl_4(g)+2CO(g)$$

$$TiCl_4(g)+2Mg(l)\xlongequal[Ar]{1070K}Ti(s)+2MgCl_2(s)$$

过量的 Mg 和 $MgCl_2$ 用稀盐酸处理除去，得到“海绵钛”。

3. TiO_2

自然界中 TiO_2 有三种晶型——金红石型、锐钛矿型和板钛矿型，其中最重要的是金红石型。金红石型属于简单四方晶系($a=b\neq c$，$\alpha=\beta=\gamma=90°$)。TiO_2 是白色粉末，不溶于水和稀酸，但溶于氢氟酸和热的浓硫酸中：

$$TiO_2+6HF\xlongequal{}H_2[TiF_6]+2H_2O$$

$$TiO_2+H_2SO_4\xlongequal{}TiOSO_4+H_2O$$

TiO_2 俗称钛白(或钛白粉)，是一种优良的白色颜料，具有折射率高、着色力和遮盖力强、化学稳定性好等优点，是制备高级涂料和白色橡胶的重要原料；也是造纸和人造纤维工业的消光剂；是陶瓷工业特别是功能陶瓷如 $BaTiO_3$ 的重要原料。纳米 TiO_2 有极好的光催化性能，在有机污水处理领域有广阔的应用前景。

4. 锆和铪的性质和用途

由于镧系收缩，使锆和铪的性质极为相似。锆是具有钢灰色的可锻金属，铪是银白色的柔软性可锻金属。它们都是活泼金属。致密金属在空气中是稳定的；在高温下，能与空气反应生成氧化物保护膜；在更高的温度下，氧化速率增大。此外，高温下，氧可在锆中溶解，在真空中加热也不能除去。铪的亲氧能力更强，粉末铪在高温时甚至可以夺取 MgO、BeO 和 ThO_2 坩埚中的氧，所以它们只能在金属坩埚中熔融。它们都能吸收氢气，锆的吸氢能力更强，在 573～673K 时能生成一系列氢化物，如 Zr_2H、ZrH、ZrH_2。在真空中加热到 1273～1473K 时，氢气几乎全部排出。在高温下，它们可以与碳及其含碳气体化合物(CO、CH_4 等)作用生成高硬、高熔点的碳化物(ZrC、HfC)；与硼作用可以生成硼化物(ZrB_2、HfB_2)；吸收氮气形成固溶体和氮化物。这些碳化物、硼化物和氮化物都是重要的金属陶瓷材料。锆具有比钛和不锈钢更高的抗化学腐蚀能力，在 373K 以下，锆能抵抗浓盐酸、硝酸和浓度低于 50%的硫酸和各种强碱；但可溶于氢氟酸、浓硫酸、王水及熔融强碱。铪的抗化学腐蚀的能力稍差，低温下可抵抗稀酸和稀碱，可溶于硫酸。

锆和铪主要用于原子能工业。锆用作核反应堆中核燃料的包套材料。铪具有特别强的热中子吸收能力，主要用于军舰和潜艇原子反应堆的控制棒。锆合金强度高，用作反应堆结构材料。铪合金难熔，具有抗氧化性，用作火箭喷嘴、发动机和宇宙飞行器等。锆不与人体的血液、骨骼及组织发生作用，已用作外科和牙科医疗器械，并能强化和代替骨骼。它们还可用于化工设备和电子管的吸气剂等。

14.1.3 钒、铌和钽

钒在地壳中的丰度为 0.0136%，是银的 1000 倍，在所有元素中排第 23 位。但它的分布广且分散，海水中含量仅占 $2\times10^{-9}\%\sim35\times10^{-9}\%$，但在海洋生物体内得到富集，如海鞘体内钒的含量是海水的几千倍。钒主要以+3 和+5 氧化值存在于矿石中，其主要矿物为绿硫钒(VS_2 或 V_2S_5)、钒铅矿[$Pb_5(VO_4)_3Cl$]和钒酸钾铀矿[$K(UO_2)VO_4 \cdot \frac{3}{2}H_2O$]等。由于镧系收缩的影响，铌和钽性质相似，在自然界共生，其矿物可用通式 $Fe(MO_3)_2$ 表示。钒、铌、钽均是稀有金属。

1. 钒

1) 钒的性质和用途

金属钒呈银白色、有光泽，熔点高，易呈钝态，硬度比钢大。钒元素的基本性质见表 14－1。

表 14－1 钒元素的基本性质

元素	价电子层构型	主要氧化值	共价半径/pm	M^{5+} 离子半径/pm	第一电离能/$kJ \cdot mol^{-1}$	电负性	$\varphi_A^{\ominus}(VO_2^+/V)$/V
钒	$3d^34s^2$	+2，+3，+4，+5	123	59	650	1.63	－0.25

从标准电极电势看，钒是强还原剂，但由于呈钝态，因此室温下钒的化学活泼性较低。钒不与空气、水、苛性碱作用，也不与非氧化性的酸作用，但可溶于氢氟酸、浓硫酸、硝酸和王水，即

$$2V + 6HF = 2VF_3 + 3H_2(g)$$

在高温时，钒能和大多数非金属化合，并可与熔融的苛性碱发生作用，如

$$4V + 5O_2 \xlongequal{\text{高于 933K}} 2V_2O_5$$

钒与氯在加热时生成四氯化钒，即

$$V + 2Cl_2 \xlongequal{\triangle} VCl_4$$

钒主要用来制造钒钢。钒钢具有强度大、弹性好、抗磨损、抗冲击等优点，因此钒钢是汽车和飞机制造业中特别重要的材料。

2) 钒的重要化合物

钒的价层电子构型为 $3d^34s^2$，可形成氧化值为＋2、＋3、＋4 和＋5 的化合物，其中以氧化值为＋5 的化合物最重要。

(1) 五氧化二钒。

五氧化二钒呈橙黄色或砖红色粉末，无臭、无味、有毒、微溶于水。加热偏钒酸铵可获得纯的五氧化二钒(V_2O_5)，即

$$2NH_4VO_3 \xlongequal{\triangle} V_2O_5 + 2NH_3(g) + H_2O$$

V_2O_5 为两性偏酸性的氧化物，既能溶于强碱生成偏钒酸盐或钒酸盐，反应为

$$V_2O_5 + 2NaOH = 2NaVO_3 + H_2O$$

也能溶于强酸中，在 $pH<1$ 的酸性溶液中，能生成淡黄色的钒二氧基(VO_2^+)阳离子，即

$$V_2O_5 + 2H^+ = 2VO_2^+ + H_2O$$

V_2O_5 是较强的氧化剂，溶于浓盐酸时，钒(V)能被还原成钒(Ⅳ)，并且放出氯气，即

$$V_2O_5 + 6HCl \xlongequal{} 2VOCl_2 + Cl_2(g) + 3H_2O$$

V_2O_5是一种重要的催化剂，常用在接触法合成硫酸和一些有机合成中。把V_2O_5加入玻璃中还可以防止紫外线透过。

(2) 钒酸盐。

钒酸盐有偏钒酸盐M^IVO_3和正钒酸盐$M_3^IVO_4$。正钒酸根离子VO_4^{3-}的基本构型与ClO_4^-、SO_4^{2-}和PO_4^{3-}等含氧酸根离子一样，都是四面体构型。简单的正钒酸根离子VO_4^{3-}只存在于强碱性溶液中，向正钒酸盐中加酸，使pH逐渐下降，单钒酸根离子逐渐脱水缩合为多钒酸根离子。随着H^+离子浓度的增加，多钒酸中的氧逐渐被H^+离子夺走而使钒与氧的比值依次下降。到pH<1时，溶液中主要是淡黄色的VO_2^+离子。其变化过程如下：

pH	≥13	≥8.48	～3	～2.2	～2	<1
主要离子	VO_4^{3-}	$V_2O_7^{4-}$	$V_3O_9^{3-}$	$V_{10}O_{28}^{6-}$	$V_2O_5 \cdot xH_2O$	VO_2^+
V∶O	1∶4	1∶3.5	1∶3	1∶2.8	1∶2.5	1∶2

钒酸根离子在溶液中的缩合平衡，除了与pH有关外，还与钒酸根离子的浓度有关。

在酸性溶液中，钒酸盐是一个强氧化剂，它的标准电极电势如下：

$$VO_2^+ + 2H^+ + e \xlongequal{} VO^{2+} + H_2O \qquad \varphi_A^\ominus(VO_2^+/VO^{2+}) = 1.0V$$

VO_2^+可以被Fe^{2+}、草酸、酒石酸和乙醇等还原剂还原为VO^{2+}，反应如下：

$$VO_2^+(\text{钒酰离子}) + Fe^{2+} + 2H^+ \xlongequal{} VO^{2+}(\text{亚钒酰离子}) + Fe^{3+} + H_2O$$

$$2VO_2^+ + H_2C_2O_4 + 2H^+ \xlongequal{\triangle} 2VO^{2+} + 2CO_2(g) + 2H_2O$$

上述反应可用于氧化还原容量法测定钒。

2. 铌和钽

铌和钽都是钢灰色金属，略带蓝色。它们具有极其相似的性质，具有极强的抗腐蚀能力，能抵抗浓热的盐酸、硫酸、硝酸和王水。铌和钽只能溶于氢氟酸或氢氟酸与硝酸的热混合液中，在熔融碱中被氧化为铌酸盐或钽酸盐。铌酸盐或钽酸盐进一步转化为其氧化物，再由金属热还原得到铌或钽。

铌和钽最重要的性质是具有吸收氧、氮和氢等气体的能力，如1g铌在常温下可吸收100mL的氢气。另外，它们对人的肌肉和细胞无任何不良影响，而且细胞可在其上生长发育。钽片可以弥补头盖骨的损伤，钽丝可以缝合神经和肌腱，钽条可代替骨头，因此在医学方面有重要应用。目前，钽主要用于制备固体电解质电容器，在计算机、雷达、导弹和彩电等电子线路中发挥重要作用。

14.1.4 铬、钼和钨

铬(Cr)、钼(Mo)和钨(W)是ⅥB族元素。Cr和Mo的价层电子构型分别为$3d^54s^1$和$4d^55s^1$，W的价层电子构型为$5d^46s^2$。Cr、Mo、W各有6个价电子，它们的最高氧化值为+6。虽然Cr和Mo具有相同的价层电子构型$(n-1)d^5ns^1$，但由于受镧系收缩的影响，Mo与Cr在性质上有许多差异，而与W在性质上相近。Cr的常见氧化值为+2、+3、+6，其氧化值为+6的化合物是强氧化剂。Mo和W的主要氧化值为+6，也有不稳定的氧化值+2、+5。

1. 铬、钼和钨的单质

铬、钼和钨都是灰白色金属，它们的熔点和沸点都很高。铬在金属中是硬度最大的。Cr、Mo、W 的金属性并不活泼，这是由于它们容易钝化的缘故。在工业上，为了防止生锈，常在铁制品表面上镀一层铬，这一镀层能长期保持光亮。常温下，铬能溶于稀盐酸和浓硫酸中，钼和钨溶于硝酸和氢氟酸的混合溶液中(钨溶解速度缓慢)。在高温下，铬、钼和钨都能与活泼非金属单质反应，与碳、氮、硼元素也能形成化合物。铬、钼、钨都是重要的合金元素。

2. 铬的化合物

1) 铬(Ⅲ)的化合物

(1) 氧化铬和氢氧化铬。

在高温下，金属铬与氧化合生成氧化铬：

$$4Cr + 3O_2 = 2Cr_2O_3$$

加热重铬酸铵也能制得氧化铬：

$$(NH_4)_2Cr_2O_7 \xlongequal{\triangle} Cr_2O_3 + 4H_2O\uparrow + N_2\uparrow$$

氧化铬为绿色固体，不溶于水，是一种两性氧化物，既溶于酸溶液生成铬盐，也溶于强碱溶液生成亚铬酸盐：

$$Cr_2O_3 + 3H_2SO_4 = Cr_2(SO_4)_3 + 3H_2O$$

$$Cr_2O_3 + 2NaOH = 2NaCrO_2 + H_2O$$

灼烧过的 Cr_2O_3 不溶于酸，但与酸性熔剂共熔可转化为可溶性盐：

$$Cr_2O_3 + 3K_2S_2O_7 \xlongequal{熔融} Cr_2(SO_4)_3 + 3K_2SO_4$$

Cr_2O_3 常用作颜料，少量 Cr_2O_3 可使玻璃呈现出美丽的绿色，陶瓷的绿色釉也掺有 Cr_2O_3。

与氧化铬对应的氢氧化物是氢氧化铬，它可由铬(Ⅲ)盐溶液与氨溶液或氢氧化钠溶液反应而制得：

$$Cr_2(SO_4)_3 + 6NH_3 + 6H_2O = 2Cr(OH)_3\downarrow + 3(NH_4)_2SO_4$$

氢氧化铬为灰蓝色胶状沉淀，它在溶液中存在下列平衡：

$$\underset{(紫蓝色)}{Cr^{3+}} + 3OH^- \rightleftharpoons \underset{(灰蓝色)}{Cr(OH)_3} \rightleftharpoons HCrO_2 + H_2O \rightleftharpoons \underset{(绿色)}{CrO_2^-} + H_3O^+$$

氢氧化铬是两性氢氧化物。加酸时，平衡向生成 Cr^{3+} 的方向移动；加碱时，平衡向生成 CrO_2^- 的方向移动：

$$Cr(OH)_3 + 3HCl = CrCl_3 + 3H_2O$$

$$Cr(OH)_3 + NaOH = NaCrO_2 + H_2O$$

(2) 铬(Ⅲ)盐和亚铬酸盐。

重要的铬(Ⅲ)盐是硫酸铬和铬钒。将 Cr_2O_3 溶于冷的浓硫酸中，可得到紫色的 $Cr_2(SO_4)_3 \cdot 18H_2O$，此外还有绿色的 $Cr_2(SO_4)_3 \cdot 6H_2O$ 和桃红色的无水 $Cr_2(SO_4)_3$。硫酸铬(Ⅲ)与碱金属的硫酸盐可以形成铬矾，铬钾矾[$K_2SO_4 \cdot Cr_2(SO_4)_3 \cdot 2H_2O$]在鞣革、纺织等工业上有广泛的用途。铬钾矾可用 SO_2 还原重铬酸钾的酸性溶液而制得：

$$K_2Cr_2O_7 + H_2SO_4 + 3SO_2 + H_2O = K_2SO_4 \cdot Cr_2(SO_4)_3 \cdot 2H_2O$$

亚铬酸盐在碱性溶液中具有较强的还原性，可被 H_2O_2 或 Na_2O_2 氧化成铬(Ⅵ)酸盐：

$$2CrO_2^- + 3H_2O_2 + 2OH^- = 2CrO_4^{2-} + 4H_2O$$

在酸性溶液中 Cr^{3+} 的还原性很弱，只有强氧化剂(如过硫酸铵、高锰酸钾等)才能将Cr(Ⅲ)氧化成Cr(Ⅵ)，例如：

$$Cr_2(SO_4)_3 + 3(NH_4)_2S_2O_8 + 7H_2O \xrightarrow[\triangle]{Ag^+} (NH_4)_2Cr_2O_7 + 2(NH_4)_2SO_4 + 7H_2SO_4$$

工业上从铬铁矿生产铬酸盐的主要反应就是上述反应。

(3) 铬(Ⅲ)的配合物。

Cr^{3+} 的外层电子构型为 $3d^34s^04p^0$，它的半径也较小(63pm)，因此它容易采取 d^2sp^3 杂化形成配位数为 6 的配合物。如 Cr^{3+} 在水溶液中就是以六水合铬(Ⅲ)配离子 $[Cr(H_2O)_6]^{3+}$ 存在，Cr^{3+} 实际上并不存在于水溶液中，这样写只是为了直观和方便。

$[Cr(H_2O)_6]^{3+}$ 中的水分子可被其他配体所取代，如在不同浓度的氨水中可形成 $[CrNH_3(H_2O)_5]^{3+}$(紫色)、$[Cr(NH_3)_2(H_2O)_4]^{3+}$(紫红色)、$[Cr(NH_3)_3(H_2O)_3]^{3+}$(浅红色)、$[Cr(NH_3)_4(H_2O)_2]^{3+}$(橙红色)、$[Cr(NH_3)_5H_2O]^{3+}$(橙黄色)、$[Cr(NH_3)_6]^{3+}$(黄色)等配离子。

2) 铬(VI)的化合物

(1) 三氧化铬。

三氧化铬俗称铬酐，向重铬酸钾(钠)的浓溶液中加入过量的浓硫酸时，则有橙红色的三氧化铬晶体析出：

$$K_2Cr_2O_7 + H_2SO_4 = K_2SO_4 + 2CrO_3 + H_2O$$

CrO_3 的熔点为 196℃，对热不稳定，加热超过其熔点时便逐步分解，最后产物是 Cr_2O_3：

$$4CrO_3 \xrightarrow{400\sim500℃} 2Cr_2O_3 + 3O_2\uparrow$$

三氧化铬容易潮解，易溶于水生成铬酸(H_2CrO_4)，溶于碱生成铬酸盐。三氧化铬有强的氧化性，遇到易燃的有机物(如酒精)时易燃烧，本身还原为 Cr_2O_3。

(2) 铬酸盐。

常见的铬酸盐是铬酸钾和铬酸钠，都是黄色晶体。碱金属及铵的铬酸盐易溶于水，碱土金属的铬酸盐的溶解度从 Mg 到 Ba 依次减小。铅、银等贵金属的铬酸盐难溶于水。在铬酸盐的溶液中加入铅盐或钡盐溶液，就得到铬酸铅(铬黄)和铬酸钡(柠檬黄)的沉淀：

$$Pb^{2+} + CrO_4^{2-} = PbCrO_4\downarrow$$

$$Ba^{2+} + CrO_4^{2-} = BaCrO_4\downarrow$$

在分析化学中通常用 Pb^{2+}、Ba^{2+} 和 Ag^+ 来检验 CrO_4^{2-} 的存在。

(3) 重铬酸盐。

在所有的重铬酸盐中，重铬酸钾在低温下的溶解度最小，而且不含结晶水，可以通过重结晶法制得纯盐，在分析化学中用作基准试剂。在工业上，$K_2Cr_2O_7$ 大量用于鞣革、印染、颜料、电镀等。往铬酸钠溶液中加入适量的硫酸，溶液则变成红色，将浓溶液冷却则析出 $Na_2Cr_2O_7$，反应式为

$$2Na_2CrO_4 + H_2SO_4 = Na_2SO_4 + Na_2Cr_2O_7 + H_2O$$

$K_2Cr_2O_7$ 可由 $Na_2Cr_2O_7$ 与 KCl 或 K_2SO_4 进行复分解反应制取，反应式为

$$Na_2Cr_2O_7 + 2KCl \rightleftharpoons K_2Cr_2O_7 + 2NaCl$$

利用重铬酸钾在低温时溶解度较小，在高温时溶解度较大，而温度对食盐的溶解度影响不大的性质，可将 $K_2Cr_2O_7$ 与 NaCl 分离。重铬酸钾受强热时按下式分解：

$$4K_2Cr_2O_7 \xlongequal{\triangle} 4K_2CrO_4 + 2Cr_2O_3 + 3O_2\uparrow$$

重铬酸盐在酸性溶液中是强氧化剂，在冷溶液中可以氧化 H_2S、H_2SO_3 和 HI；加热时，可以氧化 HBr 和 HCl。$K_2Cr_2O_7$ 氧化 H_2SO_3 的反应式为

$$Cr_2O_7^{2-} + 3SO_3^{2-} + 8H^+ = 2Cr^{3+} + 3SO_4^{2-} + 4H_2O$$

在分析化学中常用 $K_2Cr_2O_7$ 来测定铁的质量分数：

$$K_2Cr_2O_7 + 6FeSO_4 + 7H_2SO_4 = 3Fe_2(SO_4)_3 + Cr_2(SO_4)_3 + K_2SO_4 + 7H_2O$$

实验室中所用的洗液，是重铬酸钾饱和溶液和浓硫酸的混合物，称为铬酸洗液。铬酸洗液具有强氧化性，可用来洗涤化学玻璃器皿，以除去器壁上粘附的油脂层。洗液经使用后，棕红色逐渐转变成暗绿色，若全部变成暗绿色，说明 Cr(Ⅵ)已转化成为 Cr(Ⅲ)，洗液已失效。

在铬酸钾或重铬酸钾的水溶液中，存在着 CrO_4^{2-} 与 $Cr_2O_7^{2-}$ 的平衡：

$$\underset{(橙红)}{Cr_2O_7^{2-}} + H_2O \rightleftharpoons 2HCrO_4^- \rightleftharpoons \underset{(黄色)}{2CrO_4^{2-}} + 2H^+$$

溶液中 CrO_4^{2-} 与 $Cr_2O_7^{2-}$ 的浓度的相对大小，取决于溶液的 pH。除了在加酸、加碱条件下可使上述平衡发生移动外，向溶液中加入 Ba^{2+}、Pb^{2+} 或Ag^+，由于这些离子与 CrO_4^{2-} 反应而生成难溶的铬酸盐，也都能使平衡向右移动。$Cr_2O_7^{2-}$ 与 Ag^+ 反应的离子方程式为

$$Cr_2O_7^{2-} + 4Ag^+ + H_2O = 2H^+ + 2Ag_2CrO_4\downarrow$$

3. 钼和钨的化合物

钼和钨在化合物中可以表现+2 到+6 的氧化值，其中最稳定的氧化值为+6，如三氧化物、钼酸和钨酸及其盐。

(1) 氧化物。

钼和二硫化钼在空气中灼烧，得到三氧化钼。实验室通常是在钼酸铵溶液中加入盐酸，析出 H_2MoO_4，再加热焙烧而得到 MoO_3，有关反应式为

$$(NH_4)_2MoO_4 + 2HCl = H_2MoO_4\downarrow + 2NH_4Cl$$

$$H_2MoO_4 \xlongequal{\triangle} MoO_3 + H_2O\uparrow$$

MoO_3 是白色晶体，熔点为 1068K，沸点为 1428K，即使在低于熔点的情况下，它也有显著的升华现象。WO_3 为淡黄色粉末，加热时变为橙黄色，熔点为 1746K，沸点为 2023K。

与 CrO_3 不同，MoO_3 和 WO_3 虽然都是酸性氧化物，但它们都不溶于水，仅能溶于氨水和强碱溶液生成相应的含氧酸盐，有关反应式为

$$MoO_3 + 2NH_3 + H_2O = (NH_4)_2MoO_4$$

$$WO_3 + 2NaOH = Na_2WO_4 + H_2O$$

MoO_3 和 WO_3 的氧化性很弱，仅在高温下能被氢气、碳或铝还原。用氢气还原三氧

化钼和三氧化钨可得纯度较高的粉状金属钼和钨。

MoO_2 为紫色粉末，WO_2 为棕色粉末，它们都不溶于酸溶液和碱溶液。

(2) 钼、钨的含氧酸及其盐。

MoO_3 溶于碱生成钼酸盐。钼酸盐在浓硝酸中可以转化为水合钼酸($H_2MoO_4 \cdot H_2O$)而析出。水合钼酸是黄色晶体，逐渐加热至 334K，将脱水而成白色的 H_2MoO_4。

在钨酸盐(M_2WO_4)的热溶液中加入强酸，析出黄色的钨酸(H_2WO_4)；在冷溶液中加入过量的酸，则析出白色胶体的钨酸($H_2WO_4 \cdot xH_2O$)。白色的钨酸经长时间煮沸后，即转化为黄色的钨酸。钨酸溶于过量强酸中形成正钨酸盐。

按照铬酸(H_2CrO_4)、钼酸(H_2MoO_4)和钨酸(H_2WO_4)的顺序，其酸性和氧化性逐渐减弱，即 H_2CrO_4 的酸性和氧化性最强，而 H_2WO_4 最弱。

钼和钨的含氧酸盐中，只有铵、钠、钾、铷、锂、镁、铍和铊(I)的盐可溶于水，其他含氧酸盐都难溶于水。在可溶性钼酸盐和钨酸盐中，最重要的是钠盐和铵盐。

钼酸盐和钨酸盐在酸性溶液中有很强的缩合倾向。例如，将钼酸盐溶液的酸性逐渐增强，钼酸盐将逐渐聚合成二钼酸($Mo_2O_7^{2-}$)、三钼酸($Mo_3O_{10}^{2-}$)等一系列的同多酸盐；在 CrO_4^{2-} 溶液中加酸后得 $Cr_2O_7^{2-}$，当酸性很强时，还可以形成 $Cr_3O_{10}^{2-}$、$Cr_4O_{13}^{2-}$ 等多铬酸根离子。与铬酸盐相比，钼酸盐与钨酸盐形成多酸盐的缩合现象更为突出。

14.1.5 锰、锝和铼

锰、锝和铼是ⅦB族金属，价电子构型为$(n-1)d^5ns^2$。锰在地壳中分布广泛，其丰度为0.106%，最重要的矿物有软锰矿($MnO_2 \cdot xH_2O$)、黑锰矿(Mn_3O_4)和菱锰矿($MnCO_3$)。

1. 锰

锰是硬而脆的银白色金属，在空气中极易生成氧化物保护膜而钝化。锰与水反应生成难溶于水的氢氧化物 $Mn(OH)_2$ 而阻止反应继续进行，与强稀酸反应生成 Mn^{2+} 的盐和氢气。锰可被浓硫酸、浓硝酸钝化。加热时可与卤素、氧、硫、氮、碳和硅等生成相应的化合物，但不能直接与氢化合。锰也是维持植物光合作用必不可少的微量元素。金属锰的最重要用途是生产金属合金材料。例如，锰钢(Mn 12%～15%，Fe 83%～87%，C 约 2%)坚硬、耐磨、抗冲击，应用于制造钢轨、钢甲和破碎机等；代替 Ni 制造不锈钢(16%～20%Cr，8%～10%Mn，0.1%C)，铝锰合金具有良好的抗腐蚀性能和力学性能。

锰的价电子构型为 $3d^54s^2$，能呈现+2、+3、+4、+6、+7 等氧化态。锰的电势图如下：

$$\varphi_A^{\ominus}/V \quad MnO_4^- \xrightarrow{0.564} MnO_4^{2-} \xrightarrow{2.26} MnO_2 \xrightarrow{0.95} Mn^{3+} \xrightarrow{1.51} Mn^{2+} \xrightarrow{-1.19} Mn$$

（MnO_4^- → Mn^{2+}：1.507；MnO_4^- → MnO_2：1.695；MnO_2 → Mn^{2+}：1.23）

$$\varphi_B^{\ominus}/V \quad MnO_4^- \xrightarrow{0.564} MnO_4^{2-} \xrightarrow{0.60} MnO_2 \xrightarrow{-0.20} Mn(OH)_3 \xrightarrow{0.1} Mn(OH)_2 \xrightarrow{-1.55} Mn$$

从锰的元素电势图可看出：①MnO_4^{2-}、Mn^{3+} 可以发生歧化反应，酸性介质中倾向更大，MnO_2 则发生反歧化反应；②酸性介质中，高价态的锰化合物(MnO_4^-、MnO_4^{2-})不稳定，是强氧化剂，易被还原为低价态；碱性介质中，低价态的锰化合物[$Mn(OH)_2$、$Mn(OH)_3$]不稳定，是强还原剂，易被氧化为高价态。

1）Mn(Ⅱ)的化合物

Mn(Ⅱ)常以氧化物、氢氧化物、硫化物、Mn(Ⅱ)盐、配合物等形式存在。Mn(Ⅱ)盐以 $MnCl_2$ 和 $MnSO_4$ 最重要，它们与碱反应可生成 $Mn(OH)_2$。$Mn(OH)_2$ 极易被空气氧化：

$$Mn^{2+} + 2OH^- = Mn(OH)_2$$

$$2Mn(OH)_2 + O_2 = 2MnO(OH)$$

在硫酸或硝酸介质中，强氧化剂（$S_2O_8^{2-}$、$NaBiO_3$、PbO_2）可将 Mn^{2+} 氧化为 MnO_4^-，反应式为

$$S_2O_8^{2-}(NaBiO_3,\ PbO_2) + H^+ + Mn^{2+} \longrightarrow MnO_4^- + SO_4^{2-}(Bi^{3+},\ Pb^{2+})$$

该反应可用于 Mn^{2+} 的检验。

Mn^{2+} 具有 $3d^5$ 构型，易形成高自旋配合物，如 $[Mn(H_2O)_6]^{2+}$、$[Mn(NH_3)_6]^{2+}$ 等。只有与一些强配位体如 CN^-，才生成低自旋配合物，如 $[Mn(CN)_6]^{4-}$。

2）MnO_2 的性质及应用

MnO_2 是一种黑色粉末状固体，晶体呈金红石结构，不溶于水，属弱酸性氧化物。在 MnO_2 中，Mn 的氧化数为+4，居中，既有氧化性，也有还原性。

（1）作氧化剂：

$$MnO_2 + 4HCl(浓) \xlongequal{\triangle} MnCl_2 + Cl_2 + 2H_2O$$

$$4MnO_2 + 6H_2SO_4 \xlongequal{383K} 2Mn_2(SO_4)_3 + 6H_2O + O_2$$

（2）作还原剂：

$$2MnO_2 + 4KOH + O_2 \xlongequal{\triangle} 2K_2MnO_4 + 2H_2O$$

MnO_2 在玻璃中作为脱色剂，在锰-锌干电池中用作去极化剂。

3）Mn(Ⅵ)和 Mn(Ⅶ)化合物

Mn(Ⅵ)化合物一般都不稳定，其中最稳定的锰酸盐也仅能在强碱性介质中存在。从锰的电势图可以看出，MnO_4^{2-} 在 $1mol \cdot L^{-1}$ 的 OH^- 溶液中就可发生歧化反应，且溶液酸度越高，歧化反应进行得越彻底。

$$3MnO_4^{2-} + 4H^+ = 2MnO_4^- + MnO_2(s) + 2H_2O$$

如果在锰酸盐溶液中通入氯气，就能将锰酸盐氧化成高锰酸盐

$$2MnO_4^{2-} + Cl_2 = 2MnO_4^- + 2Cl^-$$

最重要的 Mn(Ⅶ)化合物是高锰酸钾（$KMnO_4$），它是紫黑色晶体，水溶液呈紫红色（MnO_4^- 的颜色）。在酸性溶液中，MnO_4^- 不很稳定，会缓慢地分解：

$$4MnO_4^- + 4H^+ = 4MnO_2(s) + 2H_2O + 3O_2(g)$$

光对 $KMnO_4$ 分解起催化作用，所以配制好的 $KMnO_4$ 溶液必须保存在棕色瓶中。$KMnO_4$ 是强氧化剂，在医药中被用作杀菌消毒剂，质量分数为5%的 $KMnO_4$ 溶液可治疗烫伤。介质的酸碱性不仅影响 $KMnO_4$ 的氧化能力，也影响它的还原产物，在酸性介质、弱碱性或中性介质、强碱性介质中，其还原产物依次是 Mn^{2+}、MnO_2 和 MnO_4^{2-}。例如，$KMnO_4$ 与 K_2SO_3 反应：

$$2KMnO_4 + 5K_2SO_3 + 3H_2SO_4 = 2MnSO_4 + 6K_2SO_4 + 3H_2O$$

（酸性介质）

$$2KMnO_4 + 3K_2SO_3 + H_2O \xlongequal{} 2MnO_2(s) + 3K_2SO_4 + 2KOH$$

（中性或弱碱性介质）

$$2KMnO_4 + K_2SO_3 + 2KOH \xlongequal{} 2K_2MnO_4 + K_2SO_4 + H_2O$$

（强碱性介质）

在酸性介质中，$KMnO_4$ 氧化能力很强，它本身有很深的紫红色，而它的还原产物（Mn^{2+}）几乎无色（浓 Mn^{2+} 溶液呈浅红色），所以在定量分析中用它来测定还原性物质时，不需另外添加指示剂。

Mn(Ⅶ)的氧化物为 Mn_2O_7。Mn_2O_7 为绿色油状液体，氧化性极强，极不稳定，易分解为二氧化锰和氧气，摩擦或与有机物接触会发生爆炸。通过 $KMnO_4$ 与冷的浓 H_2SO_4 反应可制得 Mn_2O_7，反应式为

$$KMnO_4 + H_2SO_4(浓) \xlongequal{冷} Mn_2O_7 + K_2SO_4 + H_2O$$

2. 锝和铼

锝是人造元素，铼是稀有金属。锝和铼的性质极其相似，与 Mn 不同，它们不形成 +2氧化数化合物，而+3(Re)、+4、+6、+7 氧化数化合物很普遍。TcO_4^- 和 ReO_4^- 离子的氧化性较 MnO_4^- 弱得多。

锝和铼都是高熔点金属，在空气中缓慢氧化失去金属光泽。温度高于 673K 时，它们在氧气中燃烧生成可升华的 M_2O_7。它们溶于浓硝酸和浓硫酸，但不溶于氢氟酸和盐酸。与锝不同的是，铼可溶于过氧化氢的氨水溶液中，生成含氧酸盐：

$$2Re + 7H_2O_2 + 2NH_3 \xlongequal{} 2NH_4ReO_4 + 6H_2O$$

锝是已有公斤级产量的人造元素，因为它具有较好的抗腐蚀性能，并不易吸收中子，因而成为建造核反应堆防腐层的理想材料。锝及其合金具有超导性能。铼是高活性的催化剂，选择性好，抗毒能力强，广泛应用于石化工业。铼及其合金在电子管中用作加热灯丝、阳极、阴极、栅极和结构材料。

14.1.6 铁系元素

Ⅷ族元素包括铁(Fe)、钴(Co)、镍(Ni)、钌(Ru)、铑(Rh)、钯(Pd)、锇(Os)、铱(Ir)、铂(Pt)九种元素。第一过渡系的Ⅷ族元素铁、钴、镍的性质很相似，称为铁系元素。第二过渡系和第三过渡系的Ⅷ族元素钌、铑、钯、锇、铱、铂统称为铂系元素。由于镧系收缩的影响，钌、铑、钯与锇、铱、铂的性质比较相似，而与铁、钴、镍的性质差别比较显著。

1. 铁系元素概述

铁、钴、镍三种元素的价电子层构型分别是 $3d^64s^2$、$3d^74s^2$、$3d^84s^2$。它们的原子半径十分相近，在最外层的 4s 轨道上都有 2 个电子，只是次外层的 3d 电子数不同，分别为 6、7、8，所以它们的化学性质很相似。第一过渡系元素原子的电子填充过渡到Ⅷ族时，3d 电子已超过 5 个，在一般情况下它们的价电子全部参加成键的可能性逐渐减少，因而铁元素已不再呈现与族数相当的最高氧化值。铁的最高氧化值为+6，其他氧化值有+5、+4、+3、+2，在某些配位化合物中，也呈现更低的氧化值。在一般条件下，铁的常见氧化值是+2 和+3。与很强的氧化剂作用，铁可以生成不稳定的+6 氧化值的化合物。

钴、镍元素的最高氧化值为+4，其他氧化值有+3和+2，在某些配位化合物中也呈现更低的氧化值。在一般条件下，钴、镍的常见氧化值都是+2，钴的+3氧化值在一般化合物中是不稳定的，而镍的+3氧化值则更少见。

镍的相对原子质量比钴小，这是因为镍的质量数小的一种同位素所占的比例大。铁、钴、镍单质都是具有光泽的白色金属，铁、钴略带灰色，而镍为银白色，它们的密度都较大，熔点也较高。钴比较硬而脆，铁和镍却有很好的延展性，它们都表现铁磁性，钴、镍、铁合金是很好的磁性材料。

铁、钴、镍都是中等活泼的金属。在常温和无水情况下，铁系的单质均较稳定，但在高温时，它们能与氧气、硫、氮气、氯气发生剧烈的反应。常温时，铁和铝、铬一样，与浓硝酸、浓硫酸因被“钝化”而不起作用，所以可用铁制容器盛装和运输浓硝酸和浓硫酸。稀硝酸能溶解铁，当铁过量时，生成 $Fe(NO_3)_2$；当 HNO_3 过量时，则生成 $Fe(NO_3)_3$。铁能从非氧化性酸中置换出氢气，也能被浓碱溶液所侵蚀，在潮湿空气中生成铁锈($Fe_2O_3 \cdot xH_2O$)。钴和镍在大多数无机酸中缓慢溶解，但在碱性溶液中稳定性较高。

2. 铁的重要化合物

1）氧化物和氢氧化物

铁的氧化物有氧化亚铁(FeO)、四氧化三铁(Fe_3O_4)和氧化铁(Fe_2O_3)。

FeO是碱性氧化物，溶于酸形成铁(Ⅱ)盐。

Fe_2O_3 是两性物质，但碱性强于酸性。在低温下制得的 Fe_2O_3 易溶于强酸生成铁(Ⅲ)盐；在600℃以上制得的 Fe_2O_3 则不易溶于强酸，但能与碳酸钠共熔生成铁(Ⅲ)酸盐：

$$Fe_2O_3 + Na_2CO_3 \xlongequal{} 2NaFeO_2 + CO_2\uparrow$$

Fe_2O_3 及其水合物具有多种颜色，故可作为颜料。

Fe_3O_4 是黑色、具有磁性的物质，粉末状 Fe_3O_4 可作为颜料，称为“铁黑”。Fe_3O_4 可认为是 Fe_2O_3 与FeO的混合物或铁(Ⅲ)酸铁(Ⅱ)[$Fe(FeO_2)_2$]。

铁的氢氧化物有 $Fe(OH)_2$ 和 $Fe(OH)_3$，它们都是难溶于水的弱碱。在亚铁盐(除尽并隔绝空气)、铁盐溶液中加碱时，即有相应的氢氧化物沉淀生成：

$$Fe^{2+} + 2OH^- \xlongequal{} Fe(OH)_2\downarrow\text{(白色)}$$

$$Fe^{3+} + 3OH^- \xlongequal{} Fe(OH)_3\downarrow\text{(红棕色)}$$

氢氧化铁实际上是含水量不定的水合氧化铁。

$Fe(OH)_2$ 极不稳定，遇到空气时，白色的 $Fe(OH)_2$ 迅速氧化为红棕色的 $Fe(OH)_3$：

$$4Fe(OH)_2 + O_2 + 2H_2O \xlongequal{} 4Fe(OH)_3$$

2）盐类

铁(Ⅱ)和铁(Ⅲ)的硝酸盐、硫酸盐、氯化物和高氯酸盐等都易溶于水，由于在水中微弱水解使溶液显酸性；它们的碳酸盐、磷酸盐、硫化物等弱酸盐都难溶于水。

铁(Ⅱ)和铁(Ⅲ)的可溶性盐类从溶液中析出时，常常带有结晶水，如 $FeSO_4 \cdot 7H_2O$，$Fe_2(SO_4)_3 \cdot 9H_2O$。

(1) 硫酸亚铁。

将铁屑与稀硫酸反应即生成硫酸亚铁，工业上用氧化黄铁矿的方法来制取硫酸亚铁：

$$2FeS_2 + 7O_2 + 2H_2O \xlongequal{} 2FeSO_4 + 2H_2SO_4$$

从溶液中结晶出来的是绿色的 $FeSO_4 \cdot 7H_2O$ 晶体，俗称绿矾。硫酸亚铁与鞣酸反应生成易溶的鞣酸亚铁，由于它在空气中易被氧化成黑色的鞣酸铁，所以可以用来制造蓝黑墨水。绿矾在农业上用作杀虫剂，防治大麦的黑穗病和条纹病，还可用于染色和木材防腐。绿矾加热失水得到白色的无水 $FeSO_4$，加强热则分解：

$$2FeSO_4 \xlongequal{\triangle} Fe_2O_3 + SO_2\uparrow + SO_3\uparrow$$

绿矾在空气中可逐渐风化而失去一部分结晶水，并且表面容易氧化为黄褐色的碱式硫酸铁(Ⅲ)：

$$4FeSO_4 + 2H_2O + O_2 \xlongequal{} 4Fe(OH)SO_4$$

因此，绿矾在空气中不稳定而变为黄褐色，其溶液久置也常有棕色沉淀。在酸性介质中 Fe^{2+} 较稳定，在碱性介质中立即被氧化，保存 Fe^{2+} 溶液应加足够浓度的酸，同时放入几颗铁钉防止氧化。

硫酸亚铁与碱金属硫酸盐形成复盐 $M_2SO_4 \cdot FeSO_4 \cdot 6H_2O$，其中最重要的是 $(NH_4)_2SO_4 \cdot FeSO_4 \cdot 6H_2O$，俗称摩尔盐，它比绿矾稳定得多，在分析化学中常被用作还原剂。

(2) 三氯化铁。

三氯化铁是比较重要的铁(Ⅲ)盐，可由氯气与铁粉在高温下直接合成。三氯化铁具有明显共价性，能用升华法提纯，它的熔点(555K)、沸点(588K)都比较低，容易溶解在有机溶剂(如丙酮)中，这些事实说明它具有共价性。673K 时，它的蒸气中有双聚分子 Fe_2Cl_6 存在，Cl 在 Fe(Ⅲ)的周围呈四面体排布。在 1023K 以上，双聚分子解离为单分子。三氯化铁易潮解、易溶于水并形成含有 2～6 个水分子的水合物。其水合晶体一般为 $FeCl_3 \cdot 6H_2O$，加热则水解失去 HCl 生成碱式盐。

三氯化铁和其他铁(Ⅲ)盐在酸性溶液中是较强的氧化剂，可以将碘离子氧化成单质碘，将 H_2S 氧化成单质硫，还可以被 $SnCl_2$ 还原，有关反应式为

$$2FeCl_3 + 2KI \xlongequal{} 2KCl + 2FeCl_2 + I_2\downarrow$$

$$2FeCl_3 + H_2S \xlongequal{} 2FeCl_2 + 2HCl + S\downarrow$$

$$2FeCl_3 + SnCl_2 \xlongequal{} 2FeCl_2 + SnCl_4$$

三氯化铁在某些有机反应中用作催化剂，还用作照相、印染、印刷电路的腐蚀剂和氧化剂。由于三氯化铁可以使蛋白沉淀，故可作外伤止血剂。

3) 配合物

Fe^{3+} 和 Fe^{2+} 不仅可以与 F^-、Cl^-、SCN^-、CN^-、$C_2O_4^{2-}$ 等离子形成配合物，还可以与 CO、NO 等分子及许多有机配体形成配合物。由于 Fe^{2+} 的电荷数比 Fe^{3+} 小，所以 Fe^{2+} 的配合物的稳定性一般要比 Fe^{3+} 的配合物差。

(1) 氨配合物。

Fe^{2+} 难形成稳定的氨配合物，如在无水状态下，$FeCl_2$ 与 NH_3 形成 $[Fe(NH_3)_6]Cl_2$，但遇水即按下式分解：

$$[Fe(NH_3)_6]Cl_2 + 2H_2O \xlongequal{} Fe(OH)_2\downarrow + 4NH_3 + 2NH_4Cl$$

Fe^{3+} 由于发生水解，在水溶液中加入氨时不会形成氨合物，而是生成 $Fe(OH)_3$ 沉淀。

(2) 硫氰配合物。

在 Fe^{3+} 的溶液中加入 SCN^- 溶液立即出现血红色：

$$Fe^{3+}+xSCN^- \longrightarrow [Fe(NCS)x]^{3-x}$$

式中，$x=1\sim6$，随 SCN^- 的浓度而异。这是鉴定 Fe^{3+} 的灵敏反应之一，也常用于 Fe^{3+} 的吸收光谱法测定。反应时应保证溶液一定的酸度，否则 Fe^{3+} 发生水解；当 Fe^{3+} 浓度很低时，可用乙醚或异戊醇进行萃取，从而得到较好的效果。

(3) 氰配合物。

Fe^{2+} 和 Fe^{3+} 都能与 CN^- 形成稳定的铁氰配合物。Fe^{2+} 先与 KCN 溶液生成 $Fe(CN)_2$ 沉淀，KCN 过量则沉淀溶解：

$$FeSO_4+2KCN \longrightarrow Fe(CN)_2\downarrow+K_2SO_4$$
$$Fe(CN)_2+4KCN \longrightarrow K_4[Fe(CN)_6]$$

从溶液中析出的黄色晶体是 $K_4[Fe(CN)_6]\cdot 3H_2O$，称为六氰合铁(Ⅱ)酸钾，俗称黄血盐。黄血盐在 373K 时失去所有结晶水，得到白色粉末，进一步加热则分解：

$$K_4[Fe(CN)_6] \xlongequal{\triangle} 4KCN+FeC_2+N_2\uparrow$$

在黄血盐溶液中通入氯气或加入其他氧化剂，则生成六氰合铁(Ⅲ)酸钾：

$$2K_4[Fe(CN)_6]+Cl_2 \longrightarrow 2KCl+2K_3[Fe(CN)_6]$$

六氰合铁(Ⅲ)酸钾的晶体为深红色，俗称赤血盐，其溶解度比黄血盐大。赤血盐在碱性介质中有氧化作用：

$$4K_3[Fe(CN)_6]+4KOH \longrightarrow 4K_4[Fe(CN)_6]+O_2\uparrow+2H_2O$$

在中性溶液中，$K_3[Fe(CN)_6]$有微弱的水解作用：

$$K_3[Fe(CN)_6]+3H_2O \longrightarrow Fe(OH)_3+3KCN+3HCN$$

所以在使用赤血盐溶液时，最好现用现配制。另外，由于$[Fe(CN)_6]^{4-}$不易水解，因此赤血盐的毒性比黄血盐大。

Fe^{3+} 与$[Fe(CN)_6]^{4-}$生成蓝色沉淀，称为普鲁士蓝，常用于鉴定 Fe^{3+}。Fe^{2+} 与赤血盐溶液生成滕氏蓝沉淀，用于鉴定 Fe^{2+}。普鲁士蓝主要用于油漆和油墨工业，也用于制蜡笔、图画颜料等。

(4) 卤离子配合物。

Fe^{3+} 与卤离子的配合物稳定性从 F^- 到 Br^- 显著减小，Fe^{3+} 与 I^- 不能形成配离子，Fe^{3+} 与 F^- 能形成由$[FeF]^{2+}$到$[FeF_6]^{3-}$的一系列配合物，而且这些配合物都十分稳定。氯离子的配合物的稳定性明显减小，经常生成四面体配合物$[FeCl_4]^-$。

(5) 羰基配合物。

铁与一氧化碳作用生成羰基配合物：

$$Fe+5CO \xlongequal[\text{加压}]{473K} Fe(CO)_5$$

铁还可以与烯烃、炔烃等不饱和烃生成配合物，如 Fe(Ⅱ)与环戊二烯反应生成环戊二烯基铁，又称二茂铁。

3. 钴和镍的重要化合物

钴和镍的常见氧化值为+2 和+3。钴(Ⅲ)的一般简单化合物是不稳定的，但是某些配合物却相当稳定。镍的氧化值主要为+2，氧化值为+3 的化合物比较少见。

1) 氧化物和氢氧化物

在隔绝空气的条件下，加热使钴(Ⅱ)或镍(Ⅱ)的碳酸盐、草酸盐或硝酸盐分解，能制得灰绿色的氧化钴(Ⅱ)(CoO)或暗绿色的氧化镍(Ⅱ)(NiO)。CoO 和 NiO 都能溶于酸性溶液中，但难溶于水，一般不溶于碱性溶液。

在空气中加热钴(Ⅱ)的碳酸盐、草酸盐或硝酸盐，则分解生成黑色的四氧化三钴(Co_3O_4)。低于 298K 时用次溴酸钾的碱性溶液与硝酸镍(Ⅱ)溶液反应，镍(Ⅱ)被氧化，生成黑色沉淀 β-NiO(OH)，它易溶于酸中。用 NaOCl 碱性溶液与镍(Ⅱ)盐溶液反应，镍(Ⅱ)进一步被氧化，得黑色 $NiO_2 \cdot xH_2O$。它不稳定，对有机化合物是一个有用的氧化剂。

向钴(Ⅱ)盐溶液或镍(Ⅱ)盐溶液中加碱，可以得到 $Co(OH)_2$ 或 $Ni(OH)_2$ 沉淀。$Co(OH)_2$在空气中慢慢地被氧化为 $Co(OH)_3$，而 $Ni(OH)_2$ 不被空气所氧化。与 $Fe(OH)_2$ 不同，$Co(OH)_2$ 的两性比较显著，它既溶于酸形成钴(Ⅱ)盐，也溶于过量的浓碱溶液形成$[Co(OH)_4]^{2-}$。$Ni(OH)_2$ 则是碱性氢氧化物。

当溶液的 pH 大于 3.5 时，向钴(Ⅱ)盐溶液中加入强氧化剂(如 Cl_2、NaOCl 等)可制得 $Co(OH)_3$。低于 298K 时向镍(Ⅱ)盐的碱性溶液中加入氧化剂 Br_2，可制得 $Ni(OH)_3$、$Co(OH)_3$和 $Ni(OH)_3$ 都是强氧化剂，与盐酸反应生成 Cl_2，例如：

$$2Co(OH)_3 + 6HCl = 2CoCl_2 + Cl_2\uparrow + 6H_2O$$

2）盐类

(1) 硫酸盐。

硫酸钴(Ⅱ)、硫酸镍(Ⅱ)可利用它们的氧化物(Ⅱ)或碳酸盐(Ⅱ)溶于稀硫酸制得，硫酸镍(Ⅱ)还可用金属镍与硫酸和硝酸反应制得：

$$2Ni + 2H_2SO_4 + 2HNO_3 = 2NiSO_4 + NO_2\uparrow + NO\uparrow + 3H_2O$$

从溶液中结晶出来的硫酸钴(Ⅱ)、硫酸镍(Ⅱ)常含有结晶水，如 $CoSO_4 \cdot 7H_2O$、$NiSO_4 \cdot 7H_2O$、硫酸钴(Ⅱ)、硫酸镍(Ⅱ)都可以与碱金属硫酸盐或硫酸铵形成复盐，如$(NH_4)_2SO_4 \cdot NiSO_4 \cdot 6H_2O$。

(2) 卤化物。

钴和镍与氯气反应可以制得二氯化钴和二氯化镍。二氯化钴由于含结晶水数目不同而呈现不同颜色：

$$\underset{(粉红)}{CoCl_2 \cdot 6H_2O} \xrightleftharpoons{325K} \underset{(紫红色)}{CoCl_2 \cdot 2H_2O} \xrightleftharpoons{363K} \underset{(蓝紫色)}{CoCl_2 \cdot H_2O} \xrightleftharpoons{393K} \underset{(蓝色)}{CoCl_2}$$

蓝色无水二氯化钴在潮湿的空气中逐渐变为粉红色，所以常在干燥剂硅胶中掺入无水二氯化钴。当干燥硅胶吸水后，逐渐由蓝色变为粉红色，在烘箱中加热又失水由粉红色变为蓝色，可重复使用。$CoCl_2$ 主要用于电解金属钴和制备钴的化合物，此外还用作氨的吸收剂、防毒面具和肥料添加剂等。

二氯化镍存在一系列水合物，均为绿色晶体，加热逐渐失去结晶水：

$$NiCl_2 \cdot 7H_2O \xrightleftharpoons{239K} NiCl_2 \cdot 6H_2O \xrightleftharpoons{301K} NiCl_2 \cdot 4H_2O \xrightleftharpoons{337K} NiCl_2 \cdot 2H_2O$$

$NiCl_2$ 在乙醚或丙酮中的溶解度比 $CoCl_2$ 小得多，利用这一性质可分离 $CoCl_2$ 和 $NiCl_2$。钴(Ⅲ)的卤化物 CoF_3 受热按下式分解：

$$2CoF_3 = 2CoF_2 + F_2\uparrow$$

$CoCl_3$ 在室温和有水存在时按下式分解：

$$2CoCl_3 = 2CoCl_2 + Cl_2\uparrow$$

相应的氧化值为+3的镍盐尚未制得。

(3) 配合物。

铁、钴、镍都是配位能力较强的中心体，其中钴(Ⅱ)能与许多不同类型的配体形成具有不同立体化学构型的配合物，最常见的是八面体和四面体构型。钴(Ⅱ)比其他任何过渡金属离子(除 Zn^{2+} 外)更容易形成四面体配合物 $[CoX_4]^{2-}$ (X一般是单齿阴离子配体，如 Cl^-、Br^-、I^-、SCN^-、OH^- 等)。例如，向 Co^{2+} 的溶液中加入硫氰化钾溶液生成蓝色的 $[Co(SCN)_4]^{2-}$，它在水溶液中易解离成简单离子：

$$[Co(SCN)_4]^{2-} \rightleftharpoons Co^{2+} + 4SCN^-$$

但 $[Co(SCN)_4]^{2-}$ 溶于丙酮或戊醇等有机溶液中，且在有机溶剂中比较稳定，可用于可见吸收光谱的分析中。向 $[Co(SCN)_4]^{2-}$ 的溶液中加入 Hg^{2+}，则有 $Hg[Co(SCN)_4]$ 沉淀析出：

$$Hg^{2+} + [Co(SCN)_4]^{2-} = Hg[Co(SCN)_4]\downarrow$$

Co^{2+} 与配体 NO_3^- 可形成 $[Co(NO_3)_4]^{2-}$，Co^{2+} 的配位数为8，NO_3^- 起双齿配体的作用。

许多钴(Ⅱ)盐及它们的水溶液含有八面体的粉红色 $[Co(H_2O)_6]^{2+}$，因为钴的最稳定氧化值为+2。但 Co^{3+} 很不稳定，氧化性很强：

$$[Co(H_2O)_6]^{3+} + e^- \rightleftharpoons [Co(H_2O)_6]^{2+}; \quad \varphi^\ominus = 1.84V$$

当将过量氨水加入 Co^{2+} 的溶液中时，生成可溶性的 $[Co(NH_3)_6]^{2+}$。它不稳定，易被空气中的氧气氧化为 $[Co(NH_3)_6]^{3+}$：

$$4[Co(NH_3)_6]^{2+} + O_2 + 2H_2O = 4[Co(NH_3)_6]^{3+} + 4OH^-$$

许多钴(Ⅱ)配合物容易被氧化而生成钴(Ⅲ)的配合物，如用活性炭作催化剂，向含有 $CoCl_2$、NH_3 和 NH_4Cl 的溶液中通入空气或加入 H_2O_2，可从溶液中结晶出橙黄色的 $[Co(NH_3)_6]Cl_3$ 晶体：

$$2[Co(H_2O)_6]^{2+} + 10NH_3 + 2NH_4^+ + H_2O_2 = 2[Co(NH_3)_6]^{3+} + 14H_2O$$

用KCN溶液与钴(Ⅱ)盐溶液作用，先有红色的 $Co(CN)_2$ 沉淀析出，加入过量KCN可析出紫红色 $K_4[Co(CN)_6]$ 晶体，该配合物很不稳定，将它的溶液稍加热，就会发生下列反应：

$$2[Co(CN)_6]^{4-} + 2H_2O = 2[Co(CN)_6]^{3-} + 2OH^- + H_2\uparrow$$

向钴(Ⅱ)盐溶液中加入过量 KNO_2，并用少量醋酸酸化，加热后从溶液中析出的也是钴(Ⅲ)配合物 $K_3[Co(NO_2)_6]$：

$$Co^{2+} + 7NO_2^- + 3K^+ + 2H^+ = K_3[Co(NO_2)_6] + NO\uparrow + H_2O$$

在镍(Ⅱ)盐的水溶液中，Ni^{2+} 总是以 $[Ni(H_2O)_6]^{2+}$ 存在，它能与许多配体形成配离子，如 $[Ni(NH_3)_6]^{2+}$、$[Ni(CN)_4]^{2-}$。镍(Ⅱ)配合物的配位数很少超过6，主要是六配位的八面体和四配位的平面正方形构型。

Ni^{2+} 常与多齿配体形成螯合物，将丁二酮肟(镍试剂)加入 Ni^{2+} 溶液时，就立即生成一种鲜红色的二(丁二酮肟)合镍(Ⅱ)螯合物：

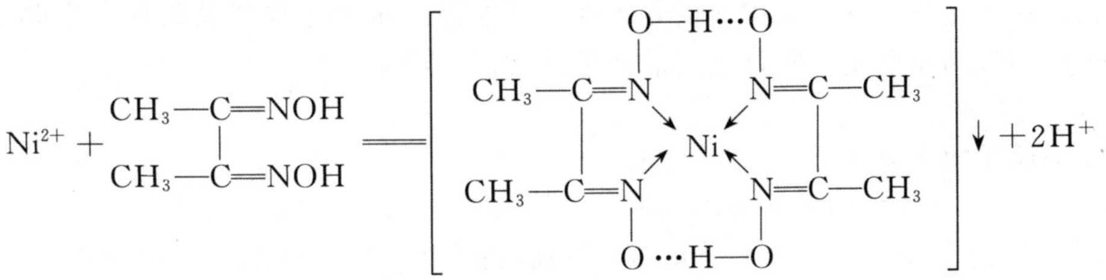

在二(丁二酮肟)合镍(Ⅱ)中，与中心离子配位的 4 个 N 形成平面正方形，这是鉴别 Ni^{2+} 的特征反应。

14.1.7 铂系元素

1. 单质的特点

铂系金属是指ⅧB 族的钌(Ru)、铑(Rh)、钯(Pd)和锇(Os)、铱(Ir)、铂(Pt)等六个铂系稀有元素，它们都是有色金属。铂系金属按照密度大小分为两组，钌、铑、钯的密度约为 $12g\cdot cm^{-3}$，称为轻铂系元素；锇、铱、铂密度约为 $22g\cdot cm^{-3}$，称为重铂系元素。

铂系金属的性质非常相似，在自然界共生。它们在地壳中的丰度(%)分别为：钌(Ru)10^{-8}、铑(Rh)10^{-8}、钯(Pd)1.5×10^{-6}、锇(Os)5×10^{-10}、铱(Ir)10^{-7}、铂(Pt) 10^{-6}。它们在自然界可以游离态存在，如铂矿和锇铱矿；也可共生于铜和镍的硫化物中，因此在电解精炼铜和镍后，铂系金属和金、银常以阳极泥的形式存在于电解槽中。

铂系金属原子的价电子构型分别是：Ru $4d^7 5s^1$、Rh $4d^8 5s^1$、Pd $4d^{10}$、Os $5d^6 6s^2$、Ir $5d^7 6s^2$、Pt $5d^9 6s^1$，与原子核外电子排布规律不完全一致。这是因为与 3d 和 4s 相比，4d 和 5s 及 5d 和 6s 能级差更小，更易发生能级交错现象，导致铂系元素的原子最外层电子有从 ns 进入$(n-1)$d 的更强趋势，而且这种趋势随原子序数的增大而增强。

铂系金属除锇呈蓝灰色外，其余均呈银白色。它们熔点、沸点高，密度大。钌、锇硬而脆，其余韧性、延展性好。特别是纯铂，可塑性极高，可冷轧成厚度为 $2.5\mu m$ 的箔。

铂系金属都有良好的吸收气体(特别是氢气和氧气)的能力，具有高度的催化活性，是优良的催化剂。铂是烯烃和炔烃氧化反应的催化剂，也是氨氧化合成硝酸的催化剂。钌是苯氢化作用的催化剂。

铂系金属呈化学惰性，在常温下不与氧、氟、氮等非金属反应，具有极高的抗氧化和抗腐蚀性能。Ru、Rh、Ir 和块状的 Os 不溶于王水。Pd 和 Pt 相对较活泼，可溶于王水。Pt 溶于王水的反应式为

$$3Pt+4HNO_3+18HCl = 3H_2[PtCl_6]+4NO\uparrow+8H_2O$$

Pd 可溶于浓硝酸和浓硫酸中。在有氧化剂如 KNO_3、$KClO_3$ 等存在时，铂系金属与碱共熔可转化成可溶性化合物。

铂系金属除作催化剂外，用途很广。铂可做蒸发皿、坩埚和电极；铂及其铂铑合金可制造测量高温的热电偶，铂铱合金可制造金笔的笔尖和国际标准米尺。

2. 重要化合物

1) 配合物

铂系金属容易生成配合物，水溶液中几乎全是配合物。Pd(Ⅱ)、Pt(Ⅱ)、Rh(Ⅰ)、Ir(Ⅰ)等 d^8 型离子与强场配体常常生成反磁性的平面正方形配合物。这些正方形配合物配位不饱和，在适当条件下，可在 z 轴方向进入某些配体使配位数和氧化数发生改变，并使分子活化，实现均相催化。所以它们都是优良的催化剂。

(1) 卤配合物。

PtF_6 是最强的氧化剂之一：

$$PtF_6+O_2 = [O_2]^+[PtF_6]^-\text{(深红色)}$$

基于 O_2 与 Xe 的电离能相近，于 1962 年成功制备了稀有气体的第一个化合物：

$$Xe+PtF_6 = [Xe]^+[PtF_6]^-\text{(橙黄色)}$$

Na_2PtCl_6为橙红色晶体，易溶于水和酒精；$(NH_4)_2PtCl_6$、K_2PtCl_6为黄色晶体难溶于水。

(2) 氨配合物。

在铂黑催化下，用草酸钾、二氧化硫等还原剂使$K_2[PtCl_6]$还原可制得$K_2[PtCl_4]$：

$$K_2[PtCl_6]+K_2C_2O_4 \xlongequal{\text{铂黑}} K_2[PtCl_4]+2KCl+2CO_2\uparrow$$

将$K_2[PtCl_4]$与醋酸铵作用或用NH_3处理$[PtCl_4]^{2-}$，可制得顺二氯·二氨合铂(Ⅱ)(顺铂)：

$$K_2[PtCl_4]+2NH_4Ac = [Pt(NH_3)_2Cl_2]+2KAc+2HCl$$

顺铂具有抗癌活性，能抑制细胞分裂，特别是抑制癌细胞的增生。

(3) 铂系金属与富勒烯形成配位化合物。

铂系金属与富勒烯形成的配合物，其中心金属常呈现低氧化数，使金属-富勒烯配位键上有较多的π电子，在光照下电子容易流动，具有优良的光电转换性能，是有实用价值的光电材料。

2) 二氯化钯

在红热条件下，把金属钯直接氯化可制得二氯化钯。

在常温常压下，乙烯在二氯化钯催化下被氧化成乙醛，这是一个重要的配位催化反应，是目前生产乙醛的主要方法。

二氯化钯溶液与一氧化碳作用，即被还原成金属钯：

$$PdCl_2+CO+H_2O = Pd\downarrow+CO_2\uparrow+2HCl$$

析出的少量钯使溶液呈现黑色，因此可利用这一反应检验CO的存在。

14.2 ds 区 元 素

ds区元素由ⅠB族和ⅡB族元素组成。ⅠB族元素包括铜(Cu)、银(Ag)和金(Au)三种元素，通常称为铜族元素；ⅡB族元素包括锌(Zn)、镉(Cd)和汞(Hg)三种元素，通常称为锌族元素。本章将讨论铜族和锌族元素的单质及其重要化合物，重点讨论铜、银、锌和汞。

14.2.1 铜族元素

1. 铜族元素概述

1) 铜族元素的通性

铜族元素原子的外层电子构型为$(n-1)d^{10}ns^1$。从最外层电子来看，铜族元素与碱金属元素相同，都只有1个s电子，但它们的次外层电子数目却不相同，铜族元素次外层为18个电子，而碱金属元素次外层为8个电子(锂次外层为2个电子)。由于18电子层结构对原子核的屏蔽效应比8电子层结构要小，铜元素原子作用在最外层电子上的有效核电荷较多，因此铜族元素原子最外层的s电子受原子核的吸引比碱金属元素原子要强得多，所以铜族元素的电离能比同周期碱金属元素显著增大，原子半径也显著减小，铜族元素的单质的化学性质远不如相应的碱金属元素的单质活泼。

铜族元素的氧化值有+1、+2和+3，而碱金属元素的氧化值只有+1。这是由于铜族元素原子的最外层ns电子的能量与外次层$(n-1)$d电子的能量相差较小，在反应中不仅能失去ns电子，在一定条件下还可以失去1个或2个$(n-1)$d电子，所以呈现三种氧化值。

铜族元素的标准电极电势比碱金属元素大得多。铜、银、金的元素电势图分别如下所示：

$$\varphi_A^{\ominus}/V$$

$$CuO^+ \xrightarrow{(+1.8)} Cu^{2+} \xrightarrow{0.1607} Cu^+ \xrightarrow{+0.5180} Cu \quad (Cu^{2+} \xrightarrow{+0.3394} Cu)$$

$$AgO^+ \xrightarrow[4mol\cdot L^{-1}HNO_3]{+2.1} Ag^{2+} \xrightarrow[4mol\cdot L^{-1}HClO_4]{+1.989} Ag^+ \xrightarrow{+0.1991} Ag$$

$$Au^{3+} \xrightarrow{+1.41} Au^+ \xrightarrow{+1.68} Au \quad (Au^{3+} \xrightarrow{1.50} Au)$$

从元素电势图可以看出，铜、银、金单质所在电对的标准电极电势都比标准氢电极的大，所以铜族元素单质在水溶液中的活泼性远小于碱金属单质，金属活泼性按铜、银、金的顺序降低。这与碱金属从钠到铯金属活泼性增强恰好相反。这是因为从Cu到Au，原子半径虽增加但并不明显，而核电荷对最外层电子的吸引力增大了许多，所以金属活泼性依次减弱。从元素电势图还可以看出，在酸性溶液中，Cu^+和Au^+均不稳定，容易发生歧化反应。

由于铜族元素的离子具有18电子或9～17电子构型，具有较强的极化力和明显的变形性，所以本族元素容易形成共价化合物。同时，本族元素离子的$(n-1)$d、ns、np、nd轨道能量相差较小，且空轨道较多，因此形成配合物的倾向较大。

2）铜族元素的单质

（1）单质的物理性质。

纯铜为红色，金为黄色，银为银白色，它们的密度大于$5g\cdot cm^{-3}$，都是重金属，其中金的密度最大，为$19.3g\cdot cm^{-3}$。与过渡元素单质相比，它们的熔点、沸点相对较低，硬度小，有极好的延展性和可塑性，金更为突出。1g金可以拉成长达3.4km的金丝，也能展压成1μm厚的金箔。这三种金属的导热、导电能力极强，尤以银为最佳，铜是最通用的导体。铜、银、金能与许多金属形成合金，其中铜的合金种类最多，如黄铜、青铜、白铜等，其中黄铜表面经抛光可呈金黄色，是仿金首饰的材料。银表面反射光线能力强，过去用作银镜、保温瓶、太阳能反射镜。

（2）单质的化学性质。

铜、银、金的化学活泼性较差。在干燥空气中铜很稳定，但有二氧化碳及湿气存在时，表面生成绿色的碱式碳酸铜（"铜绿"的主要成分）：

$$2Cu+O_2+H_2O+CO_2 = Cu_2(OH)_2CO_3$$

金是在高温下唯一不与氧气起反应的金属，在自然界中仅与碲形成天然化合物（碲化金）。

银的活泼性介于铜和金之间，在室温下不与氧气和水作用，即使在高温下也不与氢气、氮气或碳作用，与卤素反应较慢，在室温下与含有H_2S的空气接触时，表面因形成

一层 Ag_2S 而发暗，这是银币和银首饰变暗的原因。反应式为

$$4Ag + 2H_2S + O_2 = 2Ag_2S + 2H_2O$$

铜、银不溶于非氧化性稀酸，能与硝酸、热的浓硫酸作用：

$$3Cu + 8HNO_3(稀) = 3Cu(NO_3)_2 + 2NO\uparrow + 4H_2O$$

$$Ag + 2HNO_3 = AgNO_3 + NO_2\uparrow + H_2O$$

金不溶于单一的无机酸，但能溶于王水(浓硝酸与浓盐酸的体积比为 1∶3)：

$$Au + HNO_3 + 4HCl = H[AuCl_4] + NO\uparrow + 2H_2O$$

银在王水中因表面生成 AgCl 薄膜而阻止反应继续进行。

(3) 单质的用途。

铜、银的用途很广，除作钱币、饰物外，铜大量用于制造电线、电缆，广泛用于电子工业和航天工业及各种化工设备，如热交换器、蒸馏器等。铜合金主要用于制造齿轮等机械零件、热电偶、刀具等。铜是生命必需的微量元素，故有“生命元素”之称。银主要用作电镀、制镜、感光材料、化学试剂、电池、催化剂、药物等及修补牙齿用的银汞齐等。

金主要作为黄金储备、铸币、电子工业及制造首饰，为使金饰品变得坚硬且便宜，通常与适量 Ag 和 Cu 熔炼成保持金黄色的合金，其中金的质量分数用“K”表示，1 K 表示金的质量分数为 4.166%，纯金为 24K 金。金在镶牙、电子工业和航天工业方面也有重要用途。

2. 铜的重要化合物

1) 氧化物和氢氧化物

(1) 氧化铜和氢氧化铜。

加热分解硝酸铜或碳酸铜可得黑色的 CuO，它不溶于水，但可溶于酸。CuO 的热稳定性很高，加热到 1000℃才开始分解为暗红色的 Cu_2O：

$$4CuO \xlongequal{1000℃} 2Cu_2O + O_2\uparrow$$

加强碱于铜盐溶液中，可析出浅蓝色的 $Cu(OH)_2$ 沉淀，它受热易脱水变成 CuO：

$$Cu^{2+} + 2OH^- = Cu(OH)_2\downarrow$$

$$Cu(OH)_2 \xlongequal{80\sim90℃} CuO + H_2O$$

$Cu(OH)_2$ 显两性，但以弱碱性为主，易溶于酸；它也能溶于浓的强碱溶液，生成亮蓝色的四羟基合铜(Ⅱ)配离子：

$$Cu(OH)_2 + 2H^+ = Cu^{2+} + 2H_2O$$

$$Cu(OH)_2 + 2OH^- = [Cu(OH)_4]^{2-}$$

$[Cu(OH)_4]^{2-}$ 可被葡萄糖还原为暗红色的 Cu_2O：

$$2[Cu(OH)_4]^{2-} + \underset{(葡萄糖)}{C_6H_{12}O_6} = Cu_2O\downarrow + \underset{(葡萄糖酸)}{C_6H_{12}O_7} + 4OH^- + 2H_2O$$

医学上用此反应来检查糖尿病。

$Cu(OH)_2$ 也易溶于氨水，可生成深蓝色的 $[Cu(NH_3)_4]^{2+}$。

(2) 氧化亚铜。

Cu_2O 对热很稳定，在 1235℃熔化也不分解，难溶于水，但易溶于稀酸，并立即歧化为 Cu 和 Cu^{2+}：

$$Cu_2O+2H^+ \longrightarrow Cu^{2+}+Cu+H_2O$$

Cu_2O 与盐酸反应形成难溶于水的 CuCl 白色沉淀：

$$Cu_2O+2HCl \longrightarrow 2CuCl\downarrow +H_2O$$

Cu_2O 主要用作玻璃、搪瓷工业的红色颜料。此外，由于 Cu_2O 具有半导体性质，可用它和铜制造亚铜整流器。

CuOH 极不稳定，至今尚未制得 CuOH。

2）盐类

（1）氯化亚铜。

氯化亚铜(CuCl)是一种白色晶体，熔点为 430℃，难溶于水，在空气中吸湿后变绿，溶于氨水。

在热的浓盐酸溶液中，用铜粉还原 $CuCl_2$，生成无色的$[CuCl_2]^-$，用水稀释即可得到难溶于水的 CuCl 白色沉淀：

$$Cu^{2+}+Cu+4Cl^- \longrightarrow 2[CuCl_2]^-$$

$$2[CuCl_2]^- \xrightarrow{H_2O} 2CuCl\downarrow +2Cl^-$$

CuCl 的盐酸溶液能吸收 CO，形成$[CuCl(CO)]\cdot H_2O$，此反应在气体分析中可用于测定混合气体中 CO 的含量。在有机合成中，CuCl 用作催化剂和还原剂。

（2）氯化铜。

无水氯化铜($CuCl_2$)为棕黄色固体，可由单质直接化合而成。它不但易溶于水，而且易溶于一些有机溶剂(如乙醇、丙酮)中，这表明 $CuCl_2$ 具有较强的共价性。$CuCl_2$ 溶液通常为黄绿色或绿色，这是由于溶液中同时含有$[CuCl_4]^{2-}$和$[Cu(H_2O)_4]^{2+}$的缘故。氯化铜用于制造玻璃、陶瓷用颜料、消毒剂、媒染剂和催化剂等。

（3）硫酸铜。

无水硫酸铜($CuSO_4$)为白色粉末，但从水溶液中结晶时，得到的是蓝色的硫酸铜的水合物 $CuSO_4\cdot 5H_2O$，俗称胆矾或蓝矾。$CuSO_4\cdot 5H_2O$ 受热后逐步脱水，最后生成无水硫酸铜：

$$CuSO_4\cdot 5H_2O \xrightarrow{375K} CuSO_4\cdot 3H_2O \xrightarrow{386K} CuSO_4\cdot H_2O \xrightarrow{531K} CuSO_4$$

无水硫酸铜易溶于水，难溶于乙醇或乙醚，具有很强的吸水性，吸水后呈现出特征的蓝色，可利用这一性质检验或除去乙醇、乙醚等有机溶剂中所含有的少量水分。硫酸铜是制备其他含铜化合物的重要原料，在电解或电镀工业中用作电解液和用于配制电镀液。硫酸铜具有杀菌能力，用作蓄水池、游泳池净化水的除藻剂；在医学上用作收敛剂、防腐剂和催吐剂；在农业上，硫酸铜与石灰乳的混合液(波尔多液)用作果树和农作物的杀虫剂和杀菌剂。

3）配合物

（1）Cu^+ 的配合物。

Cu^+ 可与单齿配体形成配位数为 2、3 和 4 的配位化合物。Cu^+ 形成的常见配离子有$[CuCl_2]^-$、$[Cu(SCN)_2]^-$、$[Cu(NH_3)_2]^+$、$[Cu(S_2O_3)_2]^{3-}$、$[Cu(CN)_2]^-$。大多数 Cu^+ 的配合物溶液具有吸收烯烃、炔烃和一氧化碳的能力，例如：

$$[Cu(NH_3)_2]^+ +CO \rightleftharpoons [Cu(NH_3)_2(CO)]^+$$

上述反应是可逆的，受热时放出 CO，可用于合成氨的铜洗工段(吸收可使催化剂中毒的 CO)。

(2) Cu^{2+} 的配合物。

Cu^{2+} 的价电子构型为 $3s^2 3p^6 3d^9$，有 1 个单电子，所以它的化合物具有顺磁性。由于可以发生 d−d 跃迁，铜(Ⅱ)化合物都有颜色。Cu^{2+} 比 Cu^+ 的配位能力更强，它与单齿配体通常形成配位数为 4 的配合物，如$[Cu(NH_3)_4]^{2+}$、$[Cu(H_2O)_4]^{2+}$、$[CuCl_4]^{2-}$等。此外，Cu^{2+} 还能与一些有机配位体(如 en、EDTA 等)形成稳定的螯合物。

4) Cu^{2+} 与 Cu^+ 的相互转化

由铜的元素电势图可知，$\varphi^{\ominus}(Cu^+/Cu) > \varphi^{\ominus}(Cu^{2+}/Cu^+)$，所以在酸性介质中 Cu^+ 易发生歧化反应：

$$2Cu^+ \rightleftharpoons Cu + Cu^{2+}$$

在 298.15K 时，此歧化反应的标准平衡常数($K^{\ominus} = 1.2 \times 10^6$)很大，溶液中只要有微量的 Cu^+ 存在，就几乎全部转变为 Cu 和 Cu^{2+}，在水溶液中 Cu^{2+} 是稳定的。只有当 Cu^+ 形成沉淀或配合物，使溶液中 Cu^+ 浓度降低到非常低，反歧化反应的电动势升高到 $E > 0$ 时，反应才能逆向进行。例如，铜与氯化铜在热浓盐酸中形成亚铜的化合物：

$$Cu + CuCl_2 + 2HCl = 2H[CuCl_2]$$

由于生成了$[CuCl_2]^-$，溶液中 Cu^+ 浓度很低，反应可继续向右进行到完全程度。又如，Cu^{2+} 与 I^- 反应由于生成 CuI 沉淀，也使反应能向生成 CuI 的方向进行。可见在水溶液中，Cu^+ 的化合物除了以难溶解的沉淀或以配离子的形式存在外，其他可溶性盐都是不稳定的。

因为 Cu^{2+} 的极化作用比 Cu^+ 强，在高温下，Cu^{2+} 化合物变得不稳定，受热变成稳定的 Cu^+ 化合物。例如，CuO 加热到 1273K 以上就分解为 O_2 和 Cu_2O：

$$4CuO = 2Cu_2O + O_2\uparrow$$

其他 Cu^{2+} 的化合物(如 CuS、$CuCl_2$、$CuBr_2$)加热至高温都可分解为相应的亚铜化合物，甚至有些化合物[CuI_2、$Cu(CN)_2$]在常温下就分解为 Cu^+ 化合物。可见两种氧化值的铜的化合物各在一定条件下存在，当条件变化时发生相互转化。

3. 银的重要化合物

1) 氧化银

在 $AgNO_3$ 溶液中加入 NaOH 溶液，首先析出白色 AgOH 沉淀，AgOH 极不稳定，立即脱水生成暗棕色 Ag_2O 沉淀。Ag_2O 微溶于水，其溶液呈微碱性。Ag_2O 稳定性较差，加热到 573K 时，就完全分解。氧化银具有较强的氧化性，容易被 CO 或 H_2O_2 所还原：

$$Ag_2O + CO = 2Ag + CO_2$$

$$Ag_2O + H_2O_2 = 2Ag + H_2O + O_2\uparrow$$

Ag_2O 和 MnO_2、Co_2O_3、CuO 的混合物能在室温下将 CO 迅速氧化成 CO_2，可用在防毒面具中。

2) 硝酸银

$AgNO_3$ 是最重要的可溶性银盐，将银溶于热的质量分数为 65%的硝酸溶液中，蒸发、结晶，制得无色菱片状硝酸银晶体。$AgNO_3$ 受热不稳定，加热到 713K，按下式分解：

$$2AgNO_3 \xlongequal{\triangle} 2Ag + 2NO_2\uparrow + O_2\uparrow$$

在日光照射下，$AgNO_3$ 也会按上式缓慢地分解，因此 $AgNO_3$ 必须保存在棕色瓶中。

硝酸银具有氧化性，遇微量的有机化合物即被还原为黑色的单质银。一旦皮肤沾上 $AgNO_3$ 溶液，就会出现黑色斑点。

$AgNO_3$ 主要用于制造照相底片所需的溴化银乳剂，它还是一种重要的分析试剂。医药上常用它作消毒剂和腐蚀剂。

3）卤化银

Ag^+ 为 18 电子构型，有强的极化力，且容易变形，它与易变形的 Cl^-、Br^-、I^- 结合生成的 AgX 的性质(如颜色、溶解性、键型等)呈现出有规律的变化。卤化银中只有 AgF 是离子型化合物，易溶于水，其他卤化银均难溶于水。硝酸银与可溶性卤化物反应，生成不同颜色的卤化银沉淀。卤化银的颜色依 AgF(白)、AgCl(白)、AgBr(淡黄)、AgI(黄)的顺序加深，其溶解度也依次降低。

卤化银有感光性，在光照下被分解为单质(先变为紫色，最后变为黑色)：

$$2AgX \xlongequal{\text{光}} 2Ag + X_2$$

基于卤化银的感光性，可用作照相底片上的感光物质。例如，照相底片上敷有一层含有 AgBr 胶体粒子的明胶，在光照下 AgBr 被分解为“银核”(银原子)：

$$AgBr \xlongequal{\text{光}} Ag + Br$$

然后用显影剂处理，使含有银核的 AgBr 粒子被还原为金属银而变为黑色，最后在定影液(主要含 $Na_2S_2O_3$)作用下，使未感光的 AgBr 形成配离子 $[Ag(S_2O_3)_2]^{3-}$ 而溶解，晾干后就得到“底片”(负像)：

$$AgBr + 2S_2O_3^{2-} \xlongequal{} [Ag(S_2O_3)_2]^{3-} + Br^-$$

印相时，将“底片”放在照相纸上进行曝光，经显影、定影，即得普通照片(正像)。

AgI 在人工降雨中用作冰核形成剂。作为快离子导体(固体电解质)，AgI 已用于固体电解质电池和电化学器件中。

4）配合物

Ag^+ 与单齿配体形成的配离子中，以配位数为 2 的直线形最为常见。常见的 Ag^+ 的配离子有 $[Ag(NH_3)_2]^+$、$[Ag(SCN)_2]^-$、$[Ag(S_2O_3)_2]^{3-}$、$[Ag(CN)_2]^-$ 等，它们的稳定性依次增强。$[Ag(NH_3)_2]^+$ 具有弱氧化性，工业上用它在玻璃或暖水瓶胆上化学镀银：

$$2[Ag(NH_3)_2]^+ + \underset{\text{(甲醛或葡萄糖)}}{RCHO} + 3OH^- \xlongequal{} 2Ag\downarrow + RCOO^- + 4NH_3\uparrow + 2H_2O$$

$[Ag(NH_3)_2]^+$ 溶液在放置过程中会逐渐转变成具有爆炸性的 Ag_2NH 和 $AgNH_2$，因此切勿将 $[Ag(NH_3)_2]^+$ 溶液长期放置，使用后应及时处理。

$[Ag(CN)_2]^-$ 在过去曾作为镀银电解液的主要成分，但因氰化物剧毒，近年来逐渐由无毒镀银液(如 $[Ag(SCN)_2]^-$ 等)所代替。

14.2.2 锌族元素

1. 锌族元素概述

1）锌族元素的通性

ⅡB 族的锌(Zn)、镉(Cd)、汞(Hg)，称为锌族。Zn、Cd、Hg 的价电子构型分别为

$3d^{10}4s^2$、$4d^{10}5s^2$ 和 $4f^{14}5d^{10}6s^2$，它们的稳定氧化数为+2，汞可以 Hg_2^{2+} 的形式呈现+1 氧化值。由于锌族元素原子次外层有 18 个电子，而 18 电子构型对原子核的屏蔽作用较小，因此ⅡB 族元素原子作用在最外层 s 电子上的有效核电荷较大，原子核对最外层电子吸引力较强。与同周期碱土金属元素相比较，锌族元素的原子半径和离子半径较小，所以锌族元素的电负性和电离能都比碱土金属元素大，锌族元素的活泼性比碱土金属元素差。

锌族元素单质的熔点、沸点、标准摩尔熔化焓和标准摩尔气化焓不仅比碱土金属低，而且比铜族元素单质低。这可能是由于锌族元素原子的最外层 s 电子成对后稳定性增大的缘故，而且这种稳定性随着锌族元素的原子序数增大而增强。由于锌族元素原子最外层的 *n*s 轨道已填满，能脱离的自由电子数量不多，与铜族元素相比，锌族元素单质的导电性较差。

锌族元素原子的次外层 d 轨道已填满，满层中的电子很难失去，s 电子与 d 电子的电离能的差值远比铜族元素大，通常只能失去最外层的 2 个 s 电子而呈现+2 氧化值。至于氧化值为+1 的亚汞离子 Hg_2^{2+} 的存在，可能是 Hg 原子中 4f 电子对 6s 电子的屏蔽较小，使 Hg 的第一电离能特别大，与 Rn 的第一电离能相近，于是 6s 电子较难失去而共用，形成[—Hg∶Hg—]$^{2+}$。或者说，Hg 的外三层的电子构型为 32、18、2，是一种封闭的饱和结构，在 Hg_2^{2+} 中每个 Hg 仍保持这种封闭结构，这也是单质汞呈液态和表现出一定惰性结构的原因。锌族元素的电势图为：

$\varphi_A^{\ominus}/V$

$$Zn^{2+} \xrightarrow{-0.7621} Zn$$

$$\underbrace{Cd^{2+} \xrightarrow{>-0.6} Cd_2^{2+} \xrightarrow{<-0.2} Cd}_{-0.4022}$$

$$\underbrace{Hg^{2+} \xrightarrow{0.9083} Hg_2^{2+} \xrightarrow{0.7955} Hg}_{0.8519}$$

$$HgCl_2 \xrightarrow{0.63} HgCl_2 \xrightarrow{0.268\,2} Hg$$

$\varphi_B^{\ominus}/V$

$$[Zn(OH)_2] \xrightarrow{-1.249} Zn$$

$$[Zn(OH)_4]^{2+} \xrightarrow{-1.295} Zn$$

$$[Cd(OH)_4]^{2-} \xrightarrow{-0.622} Cd$$

$$\underbrace{HgO \xrightarrow{0.0724} Hg_2O \xrightarrow{0.123} Hg}_{0.0977}$$

由元素电势图可看出，锌族元素的标准电极电势比同周期的铜族元素更小，所以锌族元素的单质在水溶液中比铜族元素的单质活泼。除汞外，锌和镉是较活泼金属，活泼性按 Zn、Cd、Hg 次序减弱，锌和镉的化学性质比较接近，汞与它们相差较大，类似于铜族元素。

2）锌族元素的单质

（1）物理性质。

Zn、Cd、Hg 都是银白色金属，由于 d 电子没有参与形成金属键，故本族金属均较软。汞是常温下唯一的液态金属，且在 273～473K 体积膨胀系数很均匀，又不润湿玻璃，故用来制造温度计。汞的密度很大（$13.55g \cdot cm^{-3}$），蒸气压低，可用于制造压力计，还可用于高压汞灯和日光灯等。

汞能溶解许多金属，如钠、钾、银、金、锌、镉、锡、铅和铊等而形成汞齐。汞齐可以是简单化合物（如 AgHg），或是溶液（如少量锡溶于汞），或是两者的混合物。当溶解于汞中的金属含量不高时，所得汞齐呈液态或糊状。钠-汞齐反应平稳，是有机合成的常用还原剂；银、锡、铜汞齐可做牙齿的填充材料。过去曾用汞与金形成汞齐回收贵金属金。

铊-汞齐在 213K 才凝固，可做低温温度计。锌和镉主要用于电镀镀层、电池和催化剂。

（2）化学性质。

锌和镉的化学性质相似，而汞的化学活泼性差得多。锌在加热条件下可以与绝大多数非金属单质发生化学反应；在 1000℃时，锌在空气中燃烧生成氧化锌。汞需加热至沸才缓慢与氧气作用生成氧化汞，在 500℃以上又重新分解成氧气和汞。锌在潮湿空气中，表面生成的一层致密碱式碳酸盐 $Zn(OH)_2 \cdot ZnCO_3$，对内部的锌起保护作用，故铜铁等制品表面常镀锌防腐。

$$2Zn + O_2 + H_2O + CO_2 \xlongequal{} Zn(OH)_2 \cdot ZnCO_3$$

锌与铝相似，具有两性，既可溶于酸溶液，也可溶于碱溶液：

$$Zn + 2H^+ \xlongequal{} Zn^{2+} + H_2\uparrow$$

$$Zn + 2OH^- + 2H_2O \xlongequal{} [Zn(OH)_4]^{2-} + H_2\uparrow$$

与铝不同的是，锌与氨水能形成配离子而溶解：

$$Zn + 4NH_3 + 2H_2O \xlongequal{} [Zn(NH_3)_4]^{2+} + 2OH^- + H_2\uparrow$$

汞与硫粉直接研磨时，由于汞呈液态，接触面积较大，且二者亲合力较强，可以形成硫化汞。

2. 锌的重要化合物

1）氧化锌和氢氧化锌

锌与氧气直接化合，得白色粉末状氧化锌，俗称锌白，可用作白色颜料。ZnO 对热稳定，微溶于水，显两性，溶于酸、碱溶液分别形成锌盐、锌酸盐。

由于 ZnO 对气体吸附性强，在石油化工上用作脱氢剂及苯酚与甲醛缩合等反应的催化剂。ZnO 大量用作橡胶填料及油漆颜料，医药上用它制软膏、锌糊、橡皮膏等。

在锌盐溶液中，加入适量的碱溶液可析出 $Zn(OH)_2$ 沉淀。$Zn(OH)_2$ 也显两性，溶于酸溶液形成锌盐，溶于碱溶液形成锌酸盐：

$$Zn(OH)_2 + 2OH^- \xlongequal{} [Zn(OH)_4]^{2-}$$

$Zn(OH)_2$ 能溶于氨水，形成配合物：

$$Zn(OH)_2 + 4NH_3 \xlongequal{} [Zn(NH_3)_4]^{2+} + 2OH^-$$

2）氯化锌

无水氯化锌为白色固体，可由锌与氯气反应，或在 700℃下用干燥的氯化氢通过金属锌而制得。$ZnCl_2$ 在乙醇和其他有机溶剂中溶解度较大，这说明它具有共价性。$ZnCl_2$ 吸水性很强，极易溶于水，其水溶液由于 Zn^{2+} 的水解而显弱酸性。在 $ZnCl_2$ 浓溶液中，由于形成 $H[ZnCl_2(OH)]$ 而使溶液具有显著的酸性，能溶解金属氧化物：

$$ZnCl_2 + H_2O \xlongequal{} H[ZnCl_2(OH)]$$

$$Fe_2O_3 + 6H[ZnCl_2(OH)] \xlongequal{} 2Fe[ZnCl_2(OH)]_3 + 3H_2O$$

因此在用锡焊接金属之前，常用 $ZnCl_2$ 浓溶液清除金属表面的氧化物。焊接时它不损害金属表面，当水分蒸发后，熔盐覆盖在金属表面，使之不再氧化，能保证焊接金属的直接接触。

欲制取无水 $ZnCl_2$，可将 $ZnCl_2$ 水合物与 $SOCl_2$（氯化亚砜）一起加热：

$$ZnCl_2 \cdot xH_2O + xSOCl_2 \xlongequal{} ZnCl_2 + 2xHCl + xSO_2\uparrow$$

$ZnCl_2$ 主要用作有机合成工业的脱水剂、缩合剂和催化剂及印染工业的媒染剂，也用作石油净化剂和活性炭活化剂。此外，$ZnCl_2$ 还用于干电池、电镀、医药、木材防腐和农药等方面。

3）硫化锌

向锌盐溶液中通入 H_2S 时，生成 ZnS 白色沉淀：

$$Zn^{2+} + H_2S = ZnS\downarrow + 2H^+$$

ZnS 是常见难溶硫化物中唯一呈白色的，可用作白色颜料，它与 $BaSO_4$ 共沉淀所形成的混合物晶体 $ZnS \cdot BaSO_4$ 称为锌钡白(俗称立德粉，是一种优良的白色颜料)。无定形 ZnS 在 H_2S 气流中灼烧可以转变为 ZnS 晶体。若在 ZnS 晶体中加入微量 Cu、Mn、Ag 作活化剂，经光照射后可发出不同颜色的荧光，这种材料可作荧光粉，用于制作荧光屏。

4）配合物

Zn^{2+} 为 18 电子构型，极化能力和变形性都较大，能与 NH_3、CN^- 等配体形成配位数为 4 的配离子 $[Zn(NH_3)_4]^{2+}$、$[Zn(CN)_4]^{2-}$ 等，其中 Zn^{2+} 与 CN^- 形成的配离子 $[Zn(CN)_4]^{2-}$ 很稳定。

3. 汞的重要化合物

1）氧化汞

氧化汞有红、黄两种变体，都不溶于水，有毒。氧化汞在 500℃时分解为汞和氧气。在汞盐溶液中加入碱，可得到黄色 HgO，这是由于生成的 $Hg(OH)_2$ 极不稳定，立即脱水分解：

$$Hg^{2+} + 2OH^- = HgO\downarrow(\text{黄色}) + H_2O$$

红色的 HgO 一般是由硝酸汞受热分解而制得：

$$2Hg(NO_3)_2 \xlongequal{\triangle} 2HgO(\text{红色}) + 4NO_2\uparrow + O_2\uparrow$$

HgO 是制备许多汞盐的原料，还用作医药制剂、分析试剂、陶瓷颜料等。

2）氯化汞和氯化亚汞

氯化汞($HgCl_2$)为白色针状晶体，可在过量的氯气中加热金属汞制得。$HgCl_2$ 为共价型化合物，氯原子以共价键与汞原子结合成直线形分子(Cl—Hg—Cl)。$HgCl_2$ 的熔点较低(280℃)，易升华，因而又称升汞。$HgCl_2$ 略溶于水，在水中解离度很小，主要以 $HgCl_2$ 分子形式存在，所以 $HgCl_2$ 又称为“假盐”。$HgCl_2$ 在水中稍有水解：

$$HgCl_2 + H_2O \rightleftharpoons Hg(OH)Cl + HCl$$

$HgCl_2$ 与稀氨水反应，则生成白色的氨基氯化汞沉淀：

$$HgCl_2 + 2NH_3 = Hg(NH_2)Cl\downarrow(\text{白色}) + NH_4Cl$$

$HgCl_2$ 还可与碱金属氯化物反应形成四氯合汞(Ⅱ)配离子，使 $HgCl_2$ 的溶解度增大：

$$HgCl_2 + 2Cl^- = [HgCl_4]^{2-}$$

$HgCl_2$ 在酸性溶液中具有一定的氧化性，适量的 $SnCl_2$ 可将其还原为难溶于水的白色氯化亚汞：

$$2HgCl_2 + SnCl_2 = Hg_2Cl_2\downarrow(\text{白色}) + SnCl_4$$

如果 $SnCl_2$ 过量，生成的 Hg_2Cl_2 进一步被 $SnCl_2$ 还原为金属汞，使沉淀变黑：

$$Hg_2Cl_2 + SnCl_2 = 2Hg\downarrow + SnCl_4$$

在分析化学中利用此反应鉴定 Hg^{2+} 或 Sn^{2+}。

$HgCl_2$ 的稀溶液有杀菌作用，外科上用作消毒剂。$HgCl_2$ 也用作有机反应的催化剂。

金属汞与 $HgCl_2$ 固体一起研磨，可制得氯化亚汞：

$$HgCl_2 + Hg = Hg_2Cl_2$$

Hg_2Cl_2 为直线形分子(Cl－Hg－Hg－Cl)。在亚汞化合物中，汞总是以双聚体 Hg_2^{2+} 出现，两个 Hg^+ 以共价键相结合。从 Hg^+ 的价电子构型 $5d^{10}6s^1$ 推测，亚汞化合物应是顺磁性的，但实际上是反磁性的。*X* 射线衍射实验结果也表明，单个 Hg^+ 是不存在的。

Hg_2Cl_2 为白色固体，难溶于水。少量的 Hg_2Cl_2 无毒，因味略甜，又称甘汞，常用于制作甘汞电极。在医药上，Hg_2Cl_2 用作泻剂和利尿剂。Hg_2Cl_2 见光易分解：

$$Hg_2Cl_2 \xlongequal{光} HgCl_2 + Hg$$

Hg_2Cl_2 与氨水反应可生成氨基氯化汞和汞，使沉淀显灰色。此反应可用于鉴定 Hg_2^{2+}，反应式为

$$Hg_2Cl_2 + 2NH_3 = Hg(NH_2)Cl\downarrow + Hg\downarrow + NH_4Cl$$

3）硝酸汞和硝酸亚汞

硝酸汞和硝酸亚汞都溶于水，并水解生成碱式盐沉淀：

$$2Hg(NO_3)_2 + H_2O = HgO \cdot Hg(NO_3)_2\downarrow + 2HNO_3$$

$$Hg_2(NO_3)_2 + H_2O = Hg_2(OH)NO_3\downarrow + HNO_3$$

在配制 $Hg(NO_3)_2$ 和 $Hg_2(NO_3)_2$ 溶液时，为防止水解，应先溶于稀硝酸中。

在 $Hg(NO_3)_2$ 溶液中，加入 KI 可产生橘红色 HgI_2 沉淀，后者溶于过量 KI 中，形成无色$[HgI_4]^{2-}$：

$$Hg^{2+} + 2I^- = HgI_2\downarrow（橘红色）$$

$$HgI_2 + 2I^- = [HgI_4]^{2-}$$

在 $Hg_2(NO_3)_2$ 溶液中加入 KI，先生成浅绿色 Hg_2I_2 沉淀，继续加入 KI 溶液则形成$[HgI_4]^{2-}$，同时有汞析出：

$$Hg_2^{2+} + 2I^- = Hg_2I_2\downarrow（浅绿色）$$

$$Hg_2I_2 + 2I^- = [HgI_4]^{2-} + Hg$$

在 $Hg(NO_3)_2$ 溶液中加入氨水，可得碱式氨基硝酸汞白色沉淀：

$$2Hg(NO_3)_2 + 4NH_3 + H_2O = HgO \cdot NH_2HgNO_3\downarrow（白色）+ 3NH_4NO_3$$

而在硝酸亚汞 $Hg_2(NO_3)_2$ 溶液中加入氨水，不仅有上述沉淀产生，同时有汞析出：

$$2Hg_2(NO_3)_2 + 4NH_3 + H_2O = HgO \cdot NH_2HgNO_3\downarrow（白色）+ 2Hg\downarrow + 3NH_4NO_3$$

$Hg_2(NO_3)_2$ 受热时按下式分解：

$$Hg_2(NO_3)_2 \xlongequal{\triangle} 2HgO + 2NO_2\uparrow$$

在空气中，$Hg_2(NO_3)_2$ 易被氧化为 $Hg(NO_3)_2$：

$$2Hg_2(NO_3)_2 + O_2 + 4HNO_3 = 4Hg(NO_3)_2 + 2H_2O$$

为防止氧化，$Hg_2(NO_3)_2$ 溶液中加入少量金属汞，使所生成的 Hg^{2+} 被还原为 Hg_2^{2+}。

$$Hg^{2+} + Hg = Hg_2^{2+}$$

4）配合物

Hg_2^{2+} 形成配合物的倾向较小。Hg^{2+} 易与 Cl^-、Br^-、I^-、CN^-、SCN^- 等配体形成配位数为 4 的稳定配离子，如$[HgCl_4]^{2-}$、$[HgI_4]^{2-}$、$[Hg(SCN)_4]^{2-}$、$[Hg(CN)_4]^{2-}$ 等。当配体一定时，Hg^{2+} 形成的配离子比 Zn^{2+} 形成的配离子稳定得多。

$K_2[HgI_4]$和 KOH 的混合溶液称为奈斯勒试剂，是鉴定 NH_4^+ 的特效试剂。如果溶液

中有微量 NH_4^+ 存在，滴加奈斯勒试剂，就会立即生成红棕色沉淀：

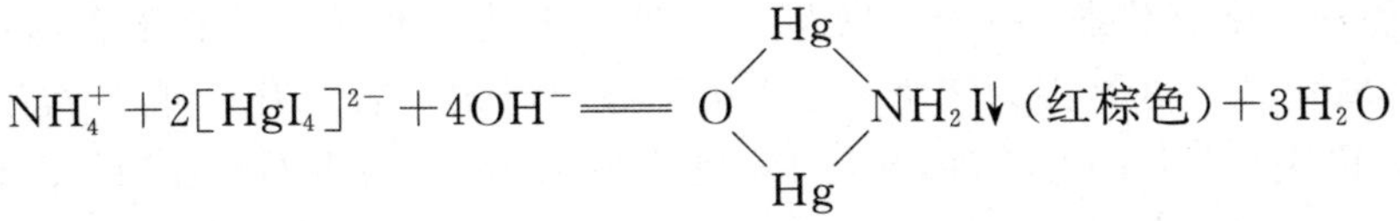

5) Hg^{2+} 与 Hg_2^{2+} 的相互转化

从汞的元素电势图可知，$\varphi^{\ominus}(Hg^{2+}/Hg_2^{2+}) > \varphi^{\ominus}(Hg_2^{2+}/Hg)$，因此在酸性溶液中 Hg^{2+} 可氧化 Hg 生成 Hg_2^{2+}：

$$Hg^{2+} + Hg \rightleftharpoons Hg_2^{2+}$$

这是一个 Hg_2^{2+} 离子的反歧化反应，在 298.15K 时该反应的标准平衡常数 $K^{\ominus}=80$。从反应的标准平衡常数来看，平衡时 Hg^{2+} 基本上转变为 Hg_2^{2+}，因此常用汞盐和金属汞制备亚汞盐。

根据平衡移动原理，如果 Hg^{2+} 生成沉淀或配离子，则会降低 Hg^{2+} 的浓度，有利于 Hg_2^{2+} 发生歧化反应。例如，在 Hg_2^{2+} 溶液中分别加入 NaOH、Na_2S、KI 时，就会发生 Hg_2^{2+} 的歧化反应：

$$Hg_2^{2+} + 2\,OH^- = HgO\downarrow + Hg\downarrow + H_2O$$
$$Hg_2^{2+} + S^{2-} = HgS\downarrow + Hg\downarrow$$
$$Hg_2^{2+} + 4I^- = [HgI_4]^{2-} + Hg\downarrow$$

除 Hg_2F_2 外，Hg_2X_2 都难溶于水。如果用适量 X^- 与 Hg_2^{2+} 作用，生成物是 Hg_2X_2 沉淀。只有当 X^- 过量时，Hg_2^{2+} 才能歧化为$[HgX_4]^{2-}$和 Hg。

14.3 f 区 元 素

周期表中第六周期第ⅢB 族的位置代表了从 57 号元素镧(La)到 71 号元素镥(Lu)，共 15 种元素，统称镧系元素。第七周期第ⅢB 族的位置则代表了从 89 号元素锕(Ac)到 103 号元素铹(Lr)，也是 15 种元素，统称锕系元素。f 区元素就是包括除镧、锕以外的镧系和锕系元素。

镧系元素和ⅢB 族另一种元素钇 Y 一起，合称为稀土元素。因为它们的化学性质相似，在自然界中基本上共生在一起。

锕系元素都是放射性元素。在钚后面的九种元素(95～103)是在 1940—1962 年用人工核反应合成的。锕系元素除钍、铀外，其他元素在地壳中含量极微或者根本不存在，目前对于它们的性质研究得还不充分。

14.3.1 镧系元素

1. 镧系元素的通性

位于周期表下方的 15 个镧系元素，挤在第六周期第ⅢB 族的同一格子内，常用符号 Ln 作为镧系 15 个元素的总代表。它们的价层电子构型为 $4f^{0\sim14}5d^{0\sim1}6s^2$。4f 轨道的能量略低于 5d，所以自铈(Ce)开始，随原子序数增加，电子依次填入 4f，只有钆($_{64}$Gd)新增电子进入 5d，从而保持 $4f^7$ 的半充满，这样的电子排布符合洪特规则。

镧系元素的常见氧化态为+3。只有$_{63}$Eu 和$_{70}$Yb 容易形成+2 氧化态，$_{58}$Ce 和$_{65}$Tb 则容易形成+4 氧化态。这是因为 2 个或 4 个电子参与成键之后，有 f^7 或 f^{14}壳层的形成。例如镧与 O_2 作用都生成 La_2O_3，而 Ce 与 O_2 则生成 CeO_2，因为 Ce(Ⅳ)比 Ce(Ⅲ)更稳定。能以+4 氧化态稳定存在于水溶液的镧系离子只有 Ce^{4+}，其氧化性很强：

$$Ce^{4+} + e \xlongequal{} Ce^{3+} \quad \varphi^{\ominus} = 1.45V$$

$\varphi^{\ominus}(Ce^{4+}/Ce^{3+})$和 $\varphi^{\ominus}(ClO^-/Cl^-)$的大小接近，$Ce^{4+}$ 可定量地使 Fe^{2+} 氧化为 Fe^{3+}，用 Ce^{4+}为氧化剂的定量分析方法称为“铈量法”。Ln 在 300～400℃ 和 H_2 反应可以生成 LnH_2，但 EuH_2 和 YbH_2 为离子型氢化物，而其他 LnH_2 则为金属型氢化物，具有导电性。其实，这类金属氢化物中 Ln 的氧化态还是+3，因为还有一个电子占据导带成离域状态，所以能导电。

镧系金属都是活泼金属，它们的标准电极电势 $\varphi^{\ominus}(Ln^{3+}/Ln)$都低于−2.0V，其中只有 $\varphi^{\ominus}(Eu^{3+}/Eu) = -2.0V$。而在碱性介质中，$\varphi^{\ominus}(Ln(OH)_3/Ln)$在−2.9V～−2.7V，说明无论在酸性还是碱性介质中，Ln 都是活泼金属。

与 d 区元素离子相似，镧系元素离子的颜色也非常丰富。d 区元素离子的颜色主要来源于 d 轨道分裂，发生 d−d 跃迁；而镧系元素的颜色主要源于 f 轨道分裂，即 f−f 跃迁。由于 f 轨道深处内层，很少受到外界环境(如配体和溶剂)的影响，因此镧系离子的颜色和吸收光谱都相当稳定，可以用于定性和定量分析。此外，镧系元素+3 价阳离子的颜色呈现有趣的规律性，自$_{57}La^{3+}$至$_{71}Lu^{3+}$，其颜色由无色→有色→无色→有色→无色不断变化。以$_{64}$Gd 为中点，分别向原子序数增加和减少两个方向移动时，颜色变化很相似，但由于镧系元素电子能级的复杂性，至今对这种颜色变化规律尚无明确的解释。

镧系金属离子中，除了 La^{3+}、Ce^{4+}和 Lu^{3+} 的核外电子排布是全空或全满，具有反磁性之外，其他离子都有未成对电子，因此都具有顺磁性。由于镧系元素内层 f 电子的能级受外界环境变化的影响较小，因此镧系合金或化合物可作为优良的磁性材料。例如，Nb-Fe-B永磁材料及其他许多磁性材料中都应用了镧系元素。

2. 镧系收缩现象

镧系元素的原子半径和离子半径随原子序数的增加而缓慢减小的现象称为镧系收缩现象，如图 14-4 所示。由于镧系元素的电子几乎是依次填入内层的 4f 轨道的，而 4f 电子的递增不能完全抵消核电荷的递增，因此镧系元素的原子半径随原子序数增加缓慢下降。由 57 号元素 La 至 71 号元素 Lu，原子半径由 188pm 降低为 173pm。这是镧系元素物理化学性质相近的主要因素。由图 14-4 还可以看出 Eu 和 Yb 的原子半径显著大于其他各元素。

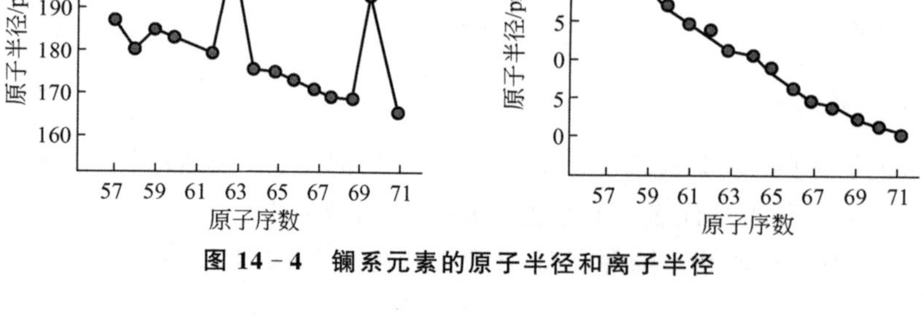

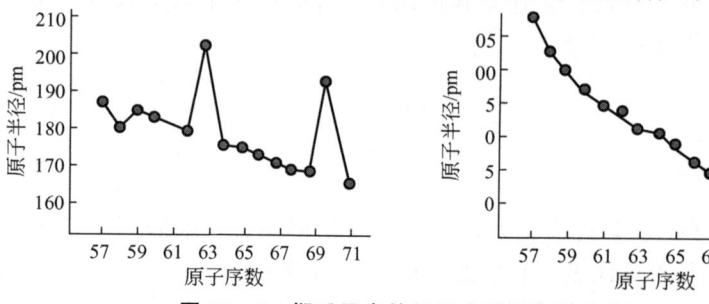

图 14-4　镧系元素的原子半径和离子半径

镧系收缩现象不仅影响到镧系元素，也使位于镧系元素后面ⅣB族的$_{72}$Hf(铪)和$_{40}$Zr(锆)、ⅤB族的$_{73}$Ta(钽)和$_{41}$Nb(铌)与ⅥB族的$_{74}$W(钨)和$_{42}$Mo(钼)的原子半径差不多相等。原子序数相差32，而原子半径却变化不大，导致这些第五周期、第六周期的同族元素性质非常相似，在自然界共生，难于分离，见表14－2。第六周期位于La后面的$_{72}$Hf、$_{73}$Ta、$_{74}$W、$_{75}$Re、$_{76}$Os等金属都具有密度大、熔点高、硬度大等特点。这也是因为受镧系收缩的影响，其核电荷增大，半径增加却很少，原子间作用力增强的缘故。这就是所谓的镧系收缩效应。

表14－2　镧系收缩对于过渡元素金属半径的影响

ⅣB	原子半径/pm	ⅤB	原子半径/pm	ⅥB	原子半径/pm
$_{40}$Zr	160	$_{41}$Nb	146	$_{42}$Mo	139
$_{72}$Hf	159	$_{73}$Ta	146	$_{74}$W	139

总之，镧系15种元素以相似性为主，在自然界共生，因此镧系元素的分离是复杂而艰巨的工作。但它们也有微小的差异，可利用它们氧化还原能力的不同或溶解度的不同进行分离。化学家在19世纪初就发现了一种新元素，取名铈土，其实它是镧系元素的混合物。经历了几代人的努力，到20世纪初才把它们一一分离开来。

3. 镧系元素的用途

我国是世界上稀土资源储量丰富的国家之一。近几十年来，稀土工业发展十分迅速，它在各个工业部门，尤其在尖端科学技术领域中应用越来越广泛，如高磁性材料、激光材料(Nd^{3+}、Er^{3+})，超导体、发光材料(Ce、Eu、Tb、Er)和原子堆的控制材料(Sm、Eu、Gd)等。已发现它们在农业和医药上的应用，如根据我国某些地区大田试验结果，发现稀土元素微量肥料能促使多种作物增产。对小麦来说，每亩施硝酸稀土40g，可增产10%。稀土元素可作为植物光合作用的催化剂，既可促进谷物灌浆的生理过程，又可促进无机磷的转化过程。

14.3.2　锕系元素概述

15种锕系元素位于第七周期ⅢB族，在镧系的下面。它们的性质和镧系相似，存在锕系收缩现象；＋3价金属离子的颜色从无色→有色→无色，依次变化。

与镧系元素相比，锕系元素的核外电子排布更复杂。镧系元素的特征价态是＋3，但是锕系元素则没有这么规律。锕系元素的主要价态除了＋3之外，＋2、＋4和＋5都比较常见。这主要是由于5f电子比4f电子更容易失去，从而易于形成高价稳定离子。

锕系元素都是放射性元素。普通的化学反应涉及原子核外电子重排，而放射性化学反应则涉及原子核内中子和质子的重新组合，即核化学反应。

综合练习

一、思考题

1. 过渡元素的共性有哪些？并请列举熔点最高的金属、硬度最大的金属、沸点最高的金属、密度最大的金属。

2. 对同一族元素来说，随周期数增加，为什么主族元素低氧化态趋于稳定，而过渡元素高氧化态趋于稳定？

3. 用反应式来解释下列实验现象：

(1) 黄色的 $BaCrO_4$ 溶解在浓 HCl 中，得到一种绿色溶液。

(2) 在 $K_2Cr_2O_7$ 饱和溶液中加入浓 H_2SO_4，并加热至 200℃，溶液的颜色由橙红色变蓝绿色。

(3) 在酸性介质中用 Zn 还原 $Cr_2O_7^{2-}$ 时，溶液颜色由橙色经绿色而变成蓝色，放置后又变回绿色。

(4) Co^{2+} 溶液中加入 KCN 固体，稍稍加热有气体放出。

(5) 在酸性介质中用 Zn 还原 Na_2MoO_4 时，溶液变成棕色，而还原 Na_2WO_4 时，溶液呈蓝色。

4. 有一黑色的化合物 A，它不溶于碱液，加热可溶于浓 HCl 得淡红色溶液 B，同时放出气体 C。在 B 溶液中加 NaOH 溶液可得白色沉淀 D。D 在空气中慢慢变成棕色 E。将 E 和固体 NaOH 一起熔融并通入气体 C，可得到绿色物质 F。将 F 溶于水后再通入气体 C，则变成紫色溶液 G。试指出各字母所代表的物质，并写出有关的反应方程式。

5. 为什么氯化亚汞的分子式要写成 Hg_2Cl_2 而不写成 HgCl?

6. 在含配离子 A 的溶液中加入稀盐酸，有黄色沉淀 B、刺激性气体 C 和白色沉淀 H 生成。气体 C 能使 $KMnO_4$ 溶液褪色。若将氯气通到溶液 A 中，则得到白色沉淀 H 和含 D 的溶液。D 和 $BaCl_2$ 作用，有不溶于酸的白色沉淀 E 产生。若在 A 溶液中加入 KI 溶液，产生黄色沉淀 F，再加入 NaCN 溶液，黄色沉淀 F 溶解形成无色溶液 G。试确定 A、B、C、D、E、F、G 和 H 各为何物，并写出各步的反应方程式。

7. 请解释下列实验现象。

(1) 向 $FeCl_3$ 溶液中加入 KSCN 溶液，溶液立即变红，加入适量的 $SnCl_2$ 后溶液变成无色。

(2) 向 $FeSO_4$ 溶液中加入碘水溶液，碘水不褪色，再加入适量的 $NaHCO_3$ 后，碘水褪色。

(3) 向 $FeCl_3$ 溶液中通入 H_2S，并没有硫化物沉淀析出。

8. 为什么镧系元素化学性质很相似，而锕系元素彼此间化学性质差别较大?

二、练习题

1. 向 Cr(Ⅲ)盐溶液中逐滴加入 NaOH 试液，先有灰蓝色胶状沉淀生成，继而沉淀溶解，溶液变成深绿色。此时加入适量的 H_2O_2 试液，溶液变成黄色，加酸至过量，溶液由黄色变为橙红色，再加入适量的 H_2O_2 试液和少量的乙醚，溶液显蓝色，放置后溶液又变成绿色。试写出每一步变化的反应方程式。

2. 以二氧化锰为原料，制备下列化合物：

(1) 硫酸锰；(2) 锰酸钾；(3) 高锰酸钾。

3. 回答下列问题。

(1) $KMnO_4$ 溶液为何应储存在棕色瓶中?

(2) Mn(Ⅱ)的配合物为何大多无色或颜色较淡?

(3) 为什么不能将 $KMnO_4$ 固体与浓硫酸混合?

(4) 说明 Cr(Ⅵ)和 Mn(Ⅶ)含氧化合物颜色较深的原因。

(5) 若溶液中同时含有 Cr^{3+}、Al^{3+} 和 Fe^{3+}，应如何分离它们。

4. 有一种棕黑色的固体铁化合物 A，与盐酸作用生成浅绿色溶液 B，同时放出臭味气体 C，将 C 通入 $CuSO_4$ 溶液生成棕黑色沉淀 D，将 Cl_2 通入 B 中得到黄色溶液 E，向 E 中加入 KSCN 试液得血红色液体 F，向 F 中加入 NaF 固体生成无色液体 G。试指出 A、B、C、D、E、F、G 各位何物，并写出有关的反应方程式。

5. 在 Fe^{2+}、Co^{2+} 和 Ni^{2+} 的溶液中分别加入足量的 NaOH，在无 CO_2 的空气中放置后各有什么变化？写出反应方程式。

6. 氯化钴溶液与过量的浓氨水作用，并将空气通入该溶液。请描述可能观察到的现象，写出相关化学反应方程式。

7. 能否用铂制容器盛装下列试剂，如不能请写出相关化学反应式。实验室在使用铂制器皿时，应注意些什么？

(1) 浓 HCl；(2) 浓 HNO_3；(3) 氢氟酸；(4) 王水。

8. 写出下列由所给的原料制备所指的化合物的反应式：

(1) 由 MnS 制备 $KMnO_4$；

(2) 由 $FeSO_4$ 制备无水 $FeCl_3$；

(3) 由 FeS_2 制备 $Fe(CO)_5$；

(4) 由 $CoCl_2$ 制备 $Co(ClO_4)$。

9. 解释下列现象：

(1) $BaCrO_4$ 和 $BaSO_4$ 溶度积相近，为什么前者能溶于强酸，而后者却不溶？

(2) 为什么$[Cu(NH_3)_2]^+$无色而$[Cu(NH_3)_4]^{2+}$呈深蓝色？

(3) 变色硅胶为什么干燥时呈蓝色，吸水后变粉红色？

10. 找出实现下列变化所需的物质，并写出反应方程式：

(1) $Mn^{2+} \rightarrow MnO_4^-$；

(2) $Cr^{3+} \rightarrow CrO_4^{2-}$；

(3) $Co^{2+} \rightarrow [Co(CN)_6]^{3-}$；

(4) 粗 Ni→纯 Ni。

11. 比较 H_2CrO_4、H_2MoO_4、H_2WO_4 以下几方面性质的大小：氧化性，稳定性，酸性，生成多酸趋势，水中溶解度。

12. 欲制备纯 $ZnSO_4$，已知粗 $ZnSO_4$ 溶液中含有 Fe^{2+}、Fe^{3+}、Cu^{2+}，在不引进杂质的条件下，如何设计除杂工艺？

13. 请选用适当的配位剂将下列各种沉淀物溶解，写出相应的方程式：

(1) $Cu(OH)_2$；(2) AgBr；(3) $Zn(OH)_2$；(4) HgI_2。

14. 同属 ds 区元素，为什么铜族元素不仅可失去 s 轨道上的价电子，还可失去$(n-1)$d 轨道上的 d 电子而显$+2$ 甚至$+3$ 氧化态，而ⅡB 族元素则无$+3$ 氧化态？

15. 分离并鉴定下列物质：

(1) 用三种不同方法区别锌盐和镁盐；(2) 用两种不同方法区别锌盐与镉盐；(3) 分离 ①Cd^{2+} 和 Cu^{2+}，②Zn^{2+}、Cd^{2+} 和 Mg^{2+}。

16. 有一份测试报告说明溶液中同时含有 Ag^+、K^+、$S_2O_3^{2-}$ 和 Sn^{2+}，这个结论是否正确？简述原因。

第15章 常用的分离和富集方法

教学目标

（1）了解无机沉淀剂沉淀分离法、有机沉淀剂沉淀分离法的原理。

（2）了解萃取分离的基本原理、重要萃取体系和萃取操作方法。

（3）了解离子交换树脂的分类、组成、分离原理和特性；了解离子交换分离法的操作方法和重要的应用实例。

（4）了解经典液相色谱法——柱色谱法、纸色谱法和薄层色谱法的分离原理和操作方法。

在实际工作中，绝大多数试样都含有多种组分。当对其中某一组分进行测定时，其他共存组分就有可能产生干扰。当采用掩蔽或控制分析条件等较简便的方法仍无法消除共存组分的干扰时，就需要先将其分离，然后再进行测定。分离是消除干扰最根本最彻底的方法。

在有的试样中，待测组分含量较低，所采用的方法因灵敏度不够高而无法进行测定，此时就需要进行富集。即在分离的同时，设法增大待测组分的浓度。

分离效果的优劣通常可用回收率和分离率这两个指标来衡量。

（1）回收率。

组分 A 的回收率用 R_A 表示，其定义式如下：

$$R_A = \frac{\text{分离后 A 的质量}}{\text{分离前 A 的质量}} \times 100\% \qquad (15-1)$$

回收率越高，表明分离效果越好，但实际上被分离组分多少会有所损失。通常分离相对含量较大的常量组分时，回收率应在 99%以上；而对于微量组分，回收率能够达到 95%甚至 90%就可以满足要求。

（2）分离率。

分离率表示干扰组分 B 与待测组分 A 的分离程度，用 $S_{B/A}$（分离因素）表示：

$$S_{B/A}=\frac{R_B}{R_A}\times 100\% \quad (15-2)$$

由于待测组分A的回收率一般接近100%，故也可近似地认为

$$S_{B/A}=R_B$$

分离率越低，或B的回收率越低，A与B之间的分离就越完全，干扰就消除得越彻底。通常，对常量待测组分和常量干扰组分，分离率应在0.1%以下；但对微量待测组分和常量干扰组分，则要求分离率小于10^{-4}%。

分析化学中常用的分离方法，除仪器分离方法外，还有沉淀分离法、萃取分离法、离子交换分离法和液相色谱分离法等。这些方法虽然各不相同，但都有一个共同点，即本质上都是使待分离组分分别处于不同的两相中，然后采用物理方法进行分离。以分离某两组分为例，沉淀分离法是使其分别处于液相和固相，萃取分离法是使它们分别处于水相和有机相，离子交换分离法是使其分别处于水相和树脂相，而液相色谱分离法则是使它们分别处于流动相和固定相。以下分别对这四种分离方法作简单介绍。

15.1 沉淀分离法

沉淀分离法是根据溶度积原理，利用各类沉淀剂将待测组分从被分析的样品体系中沉淀分离出来。可分为无机沉淀剂沉淀分离法、有机沉淀剂沉淀分离法、盐析法和等电点沉淀法等几种。

15.1.1 无机沉淀剂沉淀分离法

无机沉淀剂很多，形成沉淀的类型也很多，主要有以下几种。

1. 氢氧化物沉淀分离法

这类分离法常用的沉淀剂有NaOH、$NH_3\cdot H_2O$、ZnO悬浮溶液、六次甲基四胺等。一些常见金属氢氧化物开始沉淀和沉淀完全时的pH见表15-1。

表15-1 各种金属离子的氢氧化物开始沉淀和沉淀完全时的pH

氢氧化物	溶度积 $K_{sp}^{\ominus}$	开始沉淀时的pH 假定 $c(M)=0.01\ mol\cdot L^{-1}$	沉淀完全时的pH 假定 $c(M)=10^{-6}\ mol\cdot L^{-1}$
$Sn(OH)_4$	1.0×10^{-57}	0.5	1.3
$TiO(OH)_2$	1.0×10^{-29}	0.5	2.0
$Sn(OH)_2$	3.0×10^{-27}	1.7	3.7
$Fe(OH)_3$	3.5×10^{-38}	2.2	3.5
$Al(OH)_3$	2.0×10^{-32}	4.1	5.4
$Cr(OH)_3$	5.4×10^{-31}	4.6	5.9
$Zn(OH)_2$	1.2×10^{-17}	6.5	8.5
$Fe(OH)_2$	1.0×10^{-15}	7.5	9.5

续表

氢氧化物	溶度积 $K_{sp}^{\ominus}$	开始沉淀时的 pH 假定 $c(M)=0.01\ mol\cdot L^{-1}$	沉淀完全时的 pH 假定 $c(M)=10^{-6}\ mol\cdot L^{-1}$
$Ni(OH)_2$	6.5×10^{-18}	6.4	8.4
$Mn(OH)_2$	4.5×10^{-13}	8.8	10.8
$Mg(OH)_2$	1.8×10^{-11}	9.6	11.6

氢氧化物沉淀分离时常用于控制 pH 的试剂有：

(1) NaOH 溶液。常用于控制 pH≥12 的沉淀分离反应，适用于两性金属离子和非两性金属离子的分离。

(2) 氨一氯化铵缓冲溶液。用于控制 pH＝9 左右的沉淀分离反应，常用来沉淀不与 NH_3 形成配位离子的许多金属离子，也可用于两性金属离子的沉淀分离。

(3) 其他。如乙酸-乙酸盐、六次甲基四胺-六次甲基四胺盐酸盐等弱酸(碱)及其共轭碱(酸)所组成的缓冲体系，可分别控制相应的 pH，用于沉淀分离。

2. 硫化物沉淀分离法

能形成硫化物沉淀的金属离子约 40 种。由于它们的溶解度相差悬殊，通过在反应中控制 S^{2-} 浓度，可使溶解度不同的硫化物分批沉淀下来。该法常用的沉淀剂为 H_2S，溶液中 S^{2-} 与 H^+ 之间存在下列平衡：

$$H_2S \underset{+H^+}{\overset{-H^+}{\rightleftharpoons}} HS^- \underset{+H^+}{\overset{-H^+}{\rightleftharpoons}} S^{2-}$$

因此，溶液中的 S^{2-} 浓度与溶液的酸度有关，控制适当的酸度，亦即控制了 S^{2-} 浓度，这样就可进行硫化物沉淀分离。

根据硫化物的溶解度不同，可将离子分为下列五类：

(1) 在 $c(H^+)\approx0.3\ mol\cdot L^{-1}$ 时，能生成硫化物沉淀的有：铜、镉、铋、铅、银、汞、钌、铑、钯、锇、砷、锑、锡、钒、锗、硒、碲、钼、钨、铱、铂和金等离子。

(2) 上述硫化物沉淀中，能溶于硫化钠溶液的有：砷、锑、锡、钒、锗、硒、碲、钼、钨、铱、铂和金等离子。

(3) 在 pH≈2 的酸性溶液中，能生成硫化物沉淀的元素除(1)所列的以外还有锌、镓、铟和铊等离子。

(4) 在氨性溶液中，能生成硫化物沉淀的有：银、汞、铅、铜、镉、铋、铟、铊、锰、铁、钴、镍、钍和铀等离子，同时铝、镓、铬、铍、钛、锆、铪、铌和钽等离子析出难溶性的氢氧化物沉淀。

(5) 硫化物可溶于水的有：钾、钠、锂、铷、铯、镁、钙、锶、钡和镭等离子。

另外，采用硫代乙酰胺在热溶液中水解，可从溶液内部产生 H_2S，起到均相沉淀的作用。

$$CH_3CSNH_2 + H_2O \xlongequal{\triangle} CH_3CONH_2 + H_2S\uparrow$$

3. 其他无机沉淀剂

以硫酸盐为沉淀剂，可使钙、锶、钡、铅等离子沉淀($CaSO_4$ 溶解度较大，加适量乙醇可降低其溶解度)；以 NH_4F 为沉淀剂，可使钙、锶、镁、钍和稀土元素沉淀；以 Cl^- 为沉淀剂，可使银、亚汞(Hg_2^{2+})、铅等离子沉淀；以 PO_4^{3-} 为沉淀剂，可使铋、锆等离子沉淀。

15.1.2 有机沉淀剂沉淀分离法

有机沉淀剂与金属离子形成的沉淀有三种类型：螯合物沉淀、缔合物沉淀和三元配合物沉淀。能形成配合物的有机试剂由于它们与金属离子反应具有高的灵敏度和选择性，所以在分离分析中应用比较普遍。

1. 形成螯合物沉淀

所用的有机沉淀剂，常具有—COOH、—OH、—NOH、—SH、—SO_3H 等官能团，这些官能团中的 H^+ 可被金属离子置换。同时在沉淀剂中还含有另一些官能团，这些官能团具有不止一个能与金属离子形成配位键的原子。因而这种沉淀剂能与金属离子形成具有五元环或六元环的稳定的螯合物。例如，8-羟基喹啉与 Mg^{2+} 的作用可简单表示为

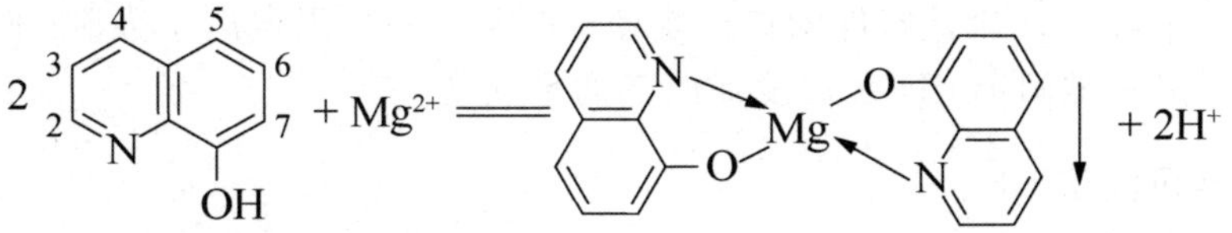

这类螯合物不带电荷，含有较多的憎水性基团，因而难溶于水，便于沉淀分离。

2. 形成缔合物沉淀

所用的有机沉淀剂在水溶液中离解成带正电荷或带负电荷的大体积离子。沉淀剂的离子，与带不同电荷的金属离子或金属配合物离子缔合，成为不带电荷的难溶于水的中性分子而沉淀。例如氯化四苯砷、四苯硼钠等，它们形成沉淀的反应如下：

$$(C_6H_5)_4As^+ + MnO_4^- \longrightarrow (C_6H_5)_4AsMnO_4\downarrow$$

$$2(C_6H_5)_4As^+ + HgCl_4^{2-} \longrightarrow [(C_6H_5)_4As]_2HgCl_4\downarrow$$

$$B(C_6H_5)_4^- + K^+ \longrightarrow KB(C_6H_5)_4\downarrow$$

3. 形成三元配合物沉淀

这里泛指被沉淀的组分与两种不同的配位体形成三元混配配合物和三元离子缔合物。例如在 HF 溶液中，硼与 F^- 和二安替比林甲烷及其衍生物所形成的三元离子缔合物就属于这一类。二安替比林甲烷及其衍生物在酸性溶液中形成阳离子，可与 BF_4^- 配阴离子缔合成三元离子缔合物沉淀，如下所示。

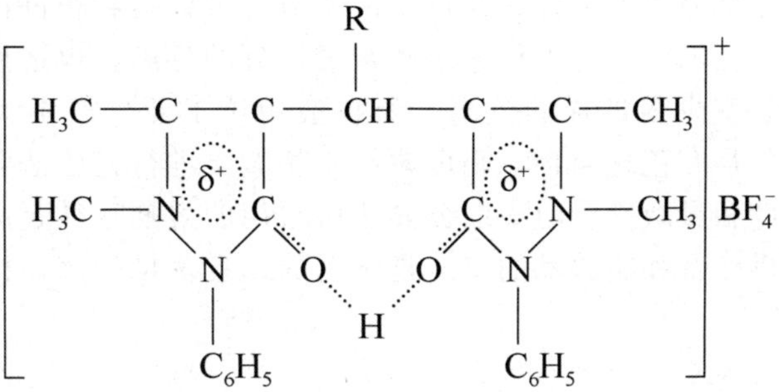

形成三元配合物的沉淀反应不仅选择性好、灵敏度高，而且生成的沉淀组成稳定、相对分子质量大，作为重量分析的称量形式也较合适，因而近年来三元配合物的应用发展较快。三元配合物不仅应用于沉淀分离中，也应用于分析化学的其他方面，如分光光度法等。

15.1.3 盐析法

在溶液中加入中性盐使固体溶质沉淀析出的过程称为盐析。在许多生物物质的制备过程中都可以用盐析法进行沉淀分离，如蛋白质、多肽、多糖、核酸等。其中盐析法在蛋白质的分离中应用最为广泛。盐析法由于共沉淀的影响因而不是一种高效的分离方法，但与其他分离方法交替使用仍具有成本低、操作简单安全、对许多生物活性物质具有稳定作用等优点，因而在生化分离技术高度发展的今天仍然是一种十分常用的分离纯化方法。用于盐析的中性盐有硫酸盐、磷酸盐、氯化物等许多种，但以硫酸铵、硫酸钠应用得最多，尤其适用于蛋白质的盐析。盐析条件的选择途径有两条：一是固定离子强度(即盐的浓度)改变 pH 和温度；另一是固定 pH 和温度而改变离子强度。

15.1.4 等电点沉淀法

利用两性电解质分子在电中性时溶解度最低，而不同的两性电解质分子具有不同的等电点而进行分离的方法称为等电点沉淀法。氨基酸、核苷酸和许多同时具有酸性和碱性基团的生物小分子以及蛋白质、核酸等生物大分子都是一些两性电解质，在处于等电点的 pH 时加上其他沉淀因素则很容易沉淀析出。因在许多等电点十分接近的蛋白质分离时单独运用盐析法分离分辨率较差，故等电点法常与盐析法、有机溶剂和其他沉淀剂法一起使用，以提高其分离能力。

15.2 溶剂萃取分离法

溶剂萃取又称液-液萃取，是利用物质对水的亲疏性不同而进行分离的一种方法。一般将物质易溶于水而难溶于非极性有机溶剂的性质称为亲水性，反之则称为疏水性。萃取分离法是将与水不相混溶的有机溶剂同试样水溶液一起振荡，使两相充分接触，试液中对水亲疏性不同的物质就会在两相之间进行分配。当将有机相与水相分开时，亲水性物质和疏水性物质也就得到一定程度的分离。通常把物质从水相进入有机相的过程称为萃取，而相反的过程称为反萃取。本节主要讨论萃取过程。

萃取分离法的优点是分离效果好，通过多次萃取，可以达到很高的回收率；且操作简便，易于自动化，适用范围广。它不仅适用于常量组分的分离，也适用于微量组分的分离富集；不仅适用于实验室少量试样的分离，而且适用于工业生产中大量物质的分离和纯化。如果被萃取的组分是有色化合物，则可取有机相直接进行光度法测定，称为萃取光度法，具有较高的选择性和灵敏度。但萃取分离法所采用的溶剂往往是易燃、易挥发和有一定毒性的物质，这对操作者和实验室的安全是不利的，且价格较高，因此在应用上受到一定限制。

15.2.1 萃取分离的基本原理

1. 萃取过程的本质

物质对水的亲疏性是有一定规律的。首先，凡离子都具有一定的亲水性。这是因为水是一种极性很强的溶剂，带电荷的离子很容易与水分子结合成水合离子分散在水中。其次，根据“相似相溶”规则，极性化合物易溶于水中，具有亲水性；而非极性化合物则易溶于非极性的有机溶剂中，具有疏水性。此外，物质含亲水基团越多，其亲水性越强；物质含疏水基团越多，疏水基团越大，其疏水性越强。一般认为，羟基、羧基、氨基和磺酸基等为亲水基团，而芳香基、烷基和卤代烷基等为疏水基团。

要将亲水的无机离子萃取到有机相中，必须设法将其亲水性转变为疏水性。如中和其所带电荷，并使之与含有较多疏水基团的有机物结合等。可见萃取过程的本质，是将物质由亲水性转化为疏水性的过程。

例如，在弱酸性条件下用双硫腙(H_2Dz)的 CCl_4 溶液萃取 Zn^{2+} 时，在水相中先发生以下配位反应：

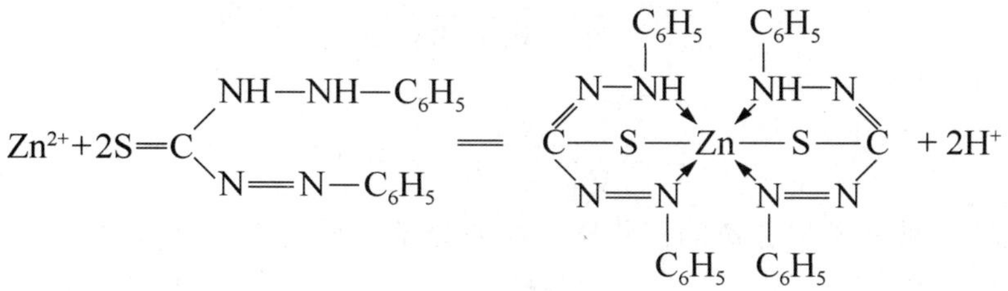

这就使 Zn^{2+} 转变为电中性的 $Zn(HDz)_2$ 螯合物，而且引入了 4 个疏水性基团(苯基)，使其亲水性大大减弱，疏水性大大增加。再加入 CCl_4 后，螯合物就很容易由水相被萃取到有机相。所以，由亲水性向疏水性转变是萃取分离无机离子的关键。

2. 分配系数

设水相中有某溶质 A，加入有机溶剂并使两相充分接触后，A 在两相中进行分配，如果溶质 A 在两相中存在的型体相同，并在一段时间后达到动态平衡：

$$A(水) \rightleftharpoons A(有)$$

达到动态平衡时在有机相中的平衡浓度 $c(A)_O$ 和在水相中的平衡浓度 $c(A)_W$ 之比在一定温度下是一常数，即

$$K_D = \frac{c(A)_O}{c(A)_W} \tag{15-3}$$

此式称为分配定律，K_D 称为分配系数。

3. 分配比

在许多情况下，A 在两相中并不仅以某一型体存在，它还可能发生解离、聚合或配位等副反应。例如，用 CCl_4 萃取 OsO_4 时，Os(Ⅷ)在水相中有 OsO_4、OsO_5^{2-} 和 $HOsO_5^-$ 三种型体；在 CCl_4 有机相中有 OsO_4 和 $(OsO_4)_4$ 两种型体存在。此时，分配系数 $K_D = c(A)_O/c(A)_W$ 将无法反映所有 Os(Ⅷ)型体在两相中分配的全貌。因此，在分析化学中通常用分配比来表示溶质在两相中的分配情况，即

$$D = \frac{c_O}{c_W} \tag{15-4}$$

式中D为分配比，c_O表示溶质A在有机相中各种存在型体的总浓度，c_W表示溶质A在水相中各种存在型体的总浓度。

可见，分配比D能够更准确地反映在萃取过程中某物质在两相中分配的实际情况，更具有实际应用价值。

应注意的是，分配比D和分配系数K_D不同。K_D在一定温度下是一常数，而D随实验条件(如溶液的pH，待萃取物和萃取剂的浓度及温度等)的不同而改变。在大多数情况下，$K_D \neq D$。只有溶质在两相中的存在形式完全相同时，才有$K_D = D$。当两相体积相等时，若D值大于1，则说明溶质进入有机相的量要多一些。在实际工作中，要使被萃取物质绝大部分进入有机相，一般要求D值大于10。

4. 萃取率

萃取率是衡量萃取效果的一个重要指标。当萃取A物质的反应达到平衡后，其萃取率E定义为

$$E = \frac{\text{溶质 A 在有机相中的总量}}{\text{溶质 A 在两相中的总量}} \times 100\% \tag{15-5}$$

即

$$E = \frac{c_O V_O}{c_O V_O + c_W V_W} \times 100\% \tag{15-6}$$

萃取率实际上就是萃取分离的回收率。如果分子分母同除$c_W V_O$，则

$$E = \frac{D}{D + \frac{V_W}{V_O}} \times 100\% \tag{15-7}$$

可见，萃取率E的大小与分配比D以及两相体积比V_W/V_O(又称相比)有关。分配比D越大，相比V_W/V_O越小，萃取效率越高。

由于在一定条件下某物质的分配比是常数，因此在实际工作中，通常采用连续萃取即增加萃取次数的方法来提高萃取率，特别对于分配比不够大的体系更需如此。

设体积为V_W的水溶液中含有质量为m_0的A物质，若用体积为V_O有机溶剂萃取一次，水相中剩余的A的质量为m_1，进入有机相的A的质量为$m_0 - m_1$，则

$$D = \frac{c_O}{c_W} = \frac{(m_0 - m_1)/V_O}{m_1/V_W}$$

于是

$$m_1 = m_0 \frac{V_W}{DV_O + V_W}$$

如再用体积为V_O的新鲜有机溶剂对水相萃取一次，水相中剩余的A质量减至m_2，则

$$m_2 = m_1 \frac{V_W}{DV_O + V_W} = m_0 \left(\frac{V_W}{DV_O + V_W}\right)^2$$

设经过n次萃取后，水相中剩余的A质量仅为m_n，则

$$m_n = m_0 \left(\frac{V_W}{DV_O + V_W}\right)^n \tag{15-8}$$

【例 15-1】 有100mL含碘(I_2)10.00mg的水溶液，用90mLCCl_4分别按照下列情况

进行萃取：(1)全量一次萃取；(2)每次用 30mL 分三次萃取。求萃取率各为多少？已知分配比 $D=85$。

解 (1)全量一次萃取时：

$$m_1 = m_0 \frac{V_W}{DV_O + V_W} = 10.00 \times \left(\frac{100}{85 \times 90 + 100}\right) = 0.13\text{mg}$$

$$E = \frac{(10.00 - 0.13)}{10.00} \times 100\% = 98.7\%$$

(2) 每次用 30mL 分三次举取时：

$$m_3 = m_0 \left(\frac{V_W}{DV_O + V_W}\right)^3 = 10.00 \times \left(\frac{100}{85 \times 30 + 100}\right)^3 = 5.4 \times 10^{-4}\text{mg}$$

$$E = \frac{(10.00 - 0.00054)}{10.00} \times 100\% = 99.99\%$$

显然，采用总体积相同的有机溶剂进行萃取时，少量多次比全量一次的萃取率更高，分离效果更好，实际工作中常借此来提高萃取率。但由此必然增加工作量，也会加大被分离组分的损失，因此萃取次数应根据实际情况而定。

根据多次连续萃取的公式(15-8)，可以预测在一定条件下要达到某一萃取率时所需的萃取次数。

【例 15-2】 含有 OsO_4 的 50.0 mL 水溶液，欲用 $CHCl_3$ 进行萃取，要求萃取率达到 99.8%以上。若每次所用 $CHCl_3$ 的体积为 10.0mL，则至少需萃取多少次？已知此条件下的分配比 $D=19.1$。

解： 萃取率为 99.8%，则残留在水相中的 OsO_4 为 0.2%，根据 $m_n = m_0 \left(\frac{V_W}{DV_O + V_W}\right)^n$ 得：

$$\frac{m_n}{m_0} = \left(\frac{V_W}{DV_O + V_W}\right)^n = 0.002$$

$$\left(\frac{50}{19.1 \times 10.0 + 50}\right)^n = 0.207^n = 0.002$$

即

$$n = \lg 0.002 / \lg 0.207 = 3.95 \approx 4 \text{ 次}$$

5. 分离系数

分离系数用来表示 A、B 两组分在萃取中被分离的情况。它定义为上述两种物质的分配比的比值：

$$\beta_{A/B} = D_A / D_B \qquad (15-9)$$

分离系数也是衡量萃取效果的重要指标。当 D_A 和 D_B 比较接近时，分离系数 $\beta_{A/B}$ 接近于 1，表明 A、B 两组分难以通过萃取方法进行分离。反之，D_A 和 D_B 相差越大，二者被分离的程度越好。

15.2.2 重要萃取体系

1. 金属螯合物萃取体系

螯合物萃取体系广泛应用于金属阳离子的萃取，是最重要最常用的萃取体系。如前所述，所采用的螯合剂应能与待萃取的金属离子形成电中性的螯合物，并带有较多疏水基团，才有利于被萃取。例如，前述双硫腙的 CCl_4 溶液萃取 Zn^{2+}，就属于螯合物萃取体系。又如，铜铁试剂与 Fe^{3+} 形成的螯合物也属于这种类型。

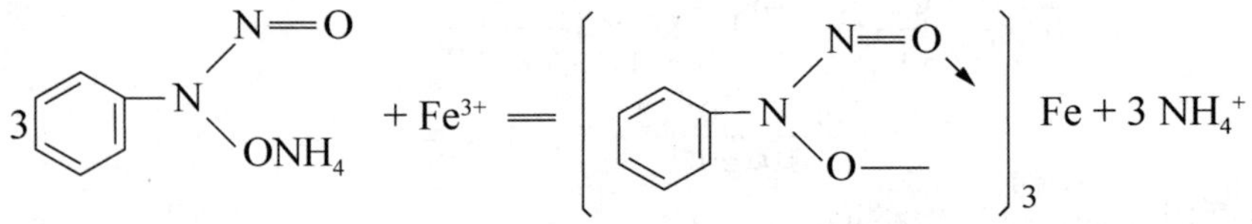

常用的螯合剂还有 8-羟基喹啉、乙酰丙酮和丁二酮肟等。

萃取效率与螯合物的稳定性、螯合物在有机相中的分配系数等有关。螯合剂与金属离子形成的螯合物越稳定，螯合物在有机相的分配系数越大，则萃取效率越高。由于不同金属离子所生成的螯合物稳定性不同，螯合物在两相中的分配系数不同，因此可选择适当的萃取条件，如萃取剂和萃取溶剂的种类、溶液的酸度等，就可使不同的金属离子通过萃取得以分离。

2. 离子缔合物萃取体系

阳离子和阴离子通过静电引力相结合而形成的中性化合物，称为离子缔合物。通常离子的体积越大，所带电荷越少，越容易形成疏水性的离子缔合物而被萃取。常见的离子缔合物萃取体系有以下几类。

1）金属配阳离子的离子缔合物

金属阳离子与大体积的配合剂作用，形成没有或很少配位水分子的配阳离子，然后与适当的阴离子缔合，形成疏水性的离子缔合物。例如，Fe^{2+} 与邻二氮菲的螯合物带正电荷，能与 ClO_4^- 生成可被 $CHCl_3$ 萃取的离子缔合物。

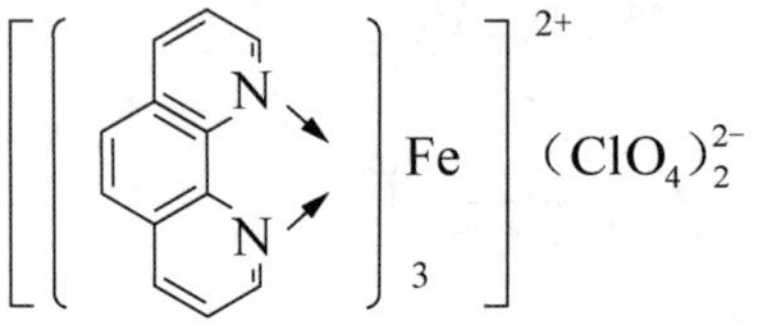

2）金属配阴离子的离子缔合物

金属离子与溶液中简单配位阴离子配位形成配阴离子，然后与大体积的有机阳离子形成疏水性的离子缔合物。一些含有氨基的大分子有机染料，如三苯甲烷类试剂常用来作为萃取剂。例如，Sb(V)在 HCl 溶液中形成 $SbCl_6^-$ 配阴离子，结晶紫在酸性溶液中形成的大阳离子可与之缔合，而被甲苯萃取。

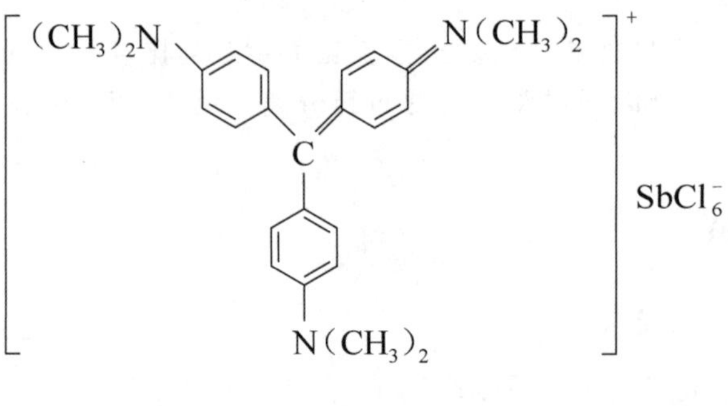

3）形成鎓盐的缔合物

含氧的有机溶剂如醚、醇、酮和酯等，能够结合 H^+ 而形成鎓离子，再与金属配阴离子形成离子缔合物(又称鎓盐)，而被有机溶剂萃取。例如在盐酸介质中，Fe^{3+} 与 Cl^- 形成 $FeCl_4^-$，乙醚与 H^+ 结合成鎓离子 $(C_2H_5)_2OH^+$，二者可结合为鎓盐型缔合物 $[(C_2H_5)_2OH^+\ FeCl_4^-]$ 而被乙醚萃取。这里乙醚既是萃取剂又是萃取溶剂。可见，鎓离子和鎓盐的形成均须在较高的酸度下进行，常用不含氧的强酸如盐酸等来调节酸度。实验表明，含氧有机溶剂形成鎓离子的能力按下列次序增强：

$$R_2O < ROH < RCOOH < RCOOR < RCOR$$

鎓盐萃取体系的特点是萃取能力较强，但选择性较差，通常用于大量基体物质的分离。

4）其他离子缔合物

如用含砷的有机萃取剂萃取铼，是基于铼酸根阴离子与四苯砷阳离子的反应：

$$(C_6H_5)_4As^+ + ReO_4^- \xlongequal{} (C_6H_5)_4As^+ReO_4^-$$

该缔合物可被苯或甲苯萃取。

3. 无机共价化合物萃取体系

某些稳定的无机共价化合物，如 Cl_2、Br_2、I_2、OsO_4 和 SnI_4 等，在水中以分子形式存在，不带电荷，没有极性或极性很小。由于它们在水中的溶解度较小，而易溶于某些有机溶剂中，可以利用 CCl_4、$CHCl_3$ 或苯等进行萃取。

15.2.3 萃取操作方法

在定量分析中常采用间歇萃取法(也称单效萃取法)，在 60 ～ 125mL 容积的梨形分液漏斗中进行萃取。其主要步骤是，移取一定体积的试液于分液漏斗中，加入萃取剂，调节至最佳分离条件(酸度、掩蔽剂等)，并加入一定体积的有机溶剂，盖上顶塞充分振荡数分钟(注意放气)。静置待两相分层后，转动漏斗的旋塞，使下层的水相或有机相流入到另一容器中，从而达到一定程度的分离。如果被萃取物质的分配比足够大，则一次萃取即可达到定量分离的要求；如果分配比不够大，经第一次分离后，可在水相中再加入新鲜有机溶剂，重复萃取 1 ～ 2 次。

静置分层时，有时在两相交界处会出现一层乳浊液，其原因很多。一般来说，采用增大有机溶剂的用量，加入电解质，改变溶液酸度，振荡不要过于激烈等方法，都有可能避免或消除乳浊液的产生。

在萃取过程中，伴随着待测组分往往还有少量干扰组分也转入有机相中。此时可配制与试液的组成基本相同但不含被萃取物质的洗涤液，与已分出的有机相一起振荡。如果杂质的分配比较小，则易进入洗涤液中而被除去。待测组分在洗涤时也将有部分损失，一般洗涤 1 ～ 2 次为宜。

萃取分离后，如果需将被萃取的物质再转入水相中进行测定，可改变条件进行反萃取。例如，Fe^{3+} 在盐酸介质中形成 $FeCl_4^-$，可与甲基异丁酮结合成鎓盐而被萃取；如果再用酸度较低的水相对有机相进行反萃取，则 Fe^{3+} 将定量进入水相，即可进行测定。

15.3　离子交换分离法

利用离子交换剂与溶液中离子发生交换反应而使离子分离的方法，称为离子交换法。如果把交换上去的离子，用适当的洗脱剂一次洗脱，相互分离，称为离子交换层析法。该方法分离效率高，既能用于带相反电荷离子间的分离；也能用于带相同电荷离子间的分离；尤其适用于性质相近的离子间的分离，如 Nb 和 Ta、Zr 和 Hf 以及稀土元素等离子的分离。还可用于微量元素的富集和高纯物质的制备，其中也包括蛋白质、核酸、酶等生物活性物质的纯化。离子交换分离法设备简单，操作也不复杂，树脂又具有再生能力，可以反复使用。因此被广泛应用于科研、生产等许多部门。离子交换分离法的不足之处是分离过程的周期长，耗时过多。因此在分析化学中，仅用它解决较困难的分离问题。

离子交换剂的种类很多，有无机交换剂，也有有机交换剂。目前应用较多的是有机交换剂，即离子交换树脂。

15.3.1　离子交换树脂

离子交换树脂是一种高分子聚合物，其网状结构的骨架部分一般很稳定，对于酸、碱、一般的有机溶剂和较弱的氧化剂都不起作用，也不溶于溶剂中。在网状结构的骨架上有许多可以被交换的活性基团，根据这些活性基团的不同，一般把离子交换树脂分成阳离子交换树脂、阴离子交换树脂和螯合树脂三大类。

1. 阳离子交换树脂

这类树脂的活性交换基团是酸性的，它的 H^+ 可被阳离子交换。根据活性基团酸性的强弱，可分为强酸型和弱酸型两类。强酸型树脂含有磺酸基（$-SO_3H$）；弱酸型树脂含有羧基（$-COOH$）或酚羟基（$-OH$）。这类树脂以强酸型离子交换树脂应用较广，它在酸性、中性或碱性溶液中都能使用，且交换反应速度快，与简单的、复杂的、无机的和有机的阳离子都可以交换，因而在分析化学上应用较多。弱酸型树脂对 H^+ 的亲和力大，酸性溶液中不能使用，但选择性好，如果选酸作洗脱剂，就能分离不同强度的碱性氨基酸。上述各种树脂中酸性基团上的 H^+ 可以离解出来，并能与其他阳离子进行交换，因此又称为 H-型阳离子交换树脂。

H-型强酸性阳离子交换树脂与溶液中的其他阳离子（例如 Na^+）发生的交换反应，可以简单地表示如下。

$$R-SO_3H+Na^+ \underset{\text{洗脱过程}}{\overset{\text{交换过程}}{\rightleftharpoons}} R-SO_3Na+H^+$$

溶液中的 Na^+ 进入树脂网状结构中，H^+ 则交换进入溶液，树脂就转变为 Na-型强酸型阳离子交换树脂。由于交换过程是可逆过程，如果以适当浓度的酸溶液处理已经交换的树脂，反应将向相反方向进行，树脂又恢复原状，这一过程称为再生或洗脱过程。再生后的树脂经过洗涤后又可以再次使用。

2. 阴离子交换树脂

这类树脂的活性基团是碱性的，它的阴离子可被其他阴离子交换。根据基团碱性的强弱，又可分为强碱型和弱碱型两类。弱碱型阴离子交换树脂含有胺基($-NH_2$)、仲胺基($-NHCH_3$)、叔胺基($-N(CH_3)_2$)；强碱型树脂含有季铵基($-N(CH_3)_3^+OH^-$)。这种树脂中的OH^-能与其他阴离子发生交换。交换过程和洗脱过程可以表示如下：

$$R-N(CH_3)_3^+OH^- + Cl^- \underset{\text{洗脱过程}}{\overset{\text{交换过程}}{\rightleftharpoons}} R-N(CH_3)_3^+Cl^- + OH^-$$

上述各种阴离子交换树脂为OH-型阴离子交换树脂。经交换后则转变为Cl-型阴离子交换树脂。交换后的树脂经适当浓度的碱溶液处理后，可以再生。

各种阴离子交换树脂中以强碱性阴离子交换树脂的应用较广，在酸性、中性和碱性溶液中都能使用，对于强酸根和弱酸根离子都能交换。弱碱型阴离子交换树脂，在碱性溶液中就失去交换能力，在分析化学中应用较少。

3. 螯合树脂

这类树脂含有特殊活性基团，可与某些金属离子形成螯合物，在交换过程中能选择性地交换某种金属离子，所以对化学分离有重要的意义。如含有氨羧基[$-N(CH_2COOH)_2$]的螯合树脂，对Cu^{2+}、Co^{2+}、Ni^{2+}等金属离子有很好的选择性螯合作用。可以预计，利用这种方法同样可以制备含某一金属离子的树脂来分离含有某些功能团的有机化合物。如含汞的树脂可以分离含有巯基的化合物，如半胱氨酸、谷胱甘肽等，这一设想可能对生物化学的研究有一定的意义。

15.3.2 离子交换树脂的交联度和交换容量

交联度和交换容量是衡量树脂质量的重要参数。离子交换树脂在合成过程中分子与分子之间相互联结形成网状结构，称为交联。交联的程度用交联度来表示。例如在聚苯乙烯磺酸型阳离子交换树脂中，由苯乙烯聚合成长链，由二乙烯苯将各链状的分子联成网状结构。因此，二乙烯苯称为交联剂。树脂中所含交联剂的质量百分数就是该树脂的交联度。

交联度的大小直接影响树脂的空隙度。交联度大，网眼小，树脂结构紧密，离子难以进入树脂相，交换反应速率慢，但选择性高；相反，交联度小，网眼大，交换反应速率快，但选择性差，其机械强度也差。在实际工作中，树脂的交联度一般在4%～14%为宜。

交换容量是每克干树脂所能交换的物质的量，通常以$mmol \cdot g^{-1}$表示，它取决于树脂网状结构内所含活性基团的数目。交换容量可通过实验方法测得，一般树脂的交换容量为$3 \sim 6 mmol \cdot g^{-1}$。

15.3.3 离子交换色谱法

1. 离子交换树脂的亲和力

离子交换分离法也可用来分离各种带相同电荷的离子，这是基于各种离子在树脂上的交换能力不同。离子在树脂上交换能力的大小称为离子交换亲和力。这种亲和力的大小与水合离子半径、离子的电荷以及离子的极化程度有关。水合离子半径越小，电荷越高，极化度越高，其亲和力越大。实验表明，在常温下，稀溶液中，树脂对离子的亲和力顺序如下所述。

1）强酸型阳离子交换树脂

(1) 不同价态的离子，电荷越高，亲和力越大，如：

$$Na^+ < Ca^{2+} < Fe^{3+} < Th^{4+}$$

（2）相同价态的离子，水合离子半径越大，亲和力越小，如：

$$Li^+ < H^+ < Na^+ < NH_4^+ < K^+ < Rb^+ < Cs^+ < Ag^+ < Tl^+$$

$$Mg^{2+} < Ca^{2+} < Sr^{2+} < Ba^{2+}$$

$$Lu^{3+} < Yb^{3+} < Er^{3+} < Ho^{3+} < Dy^{3+} < Tb^{3+} < Gd^{3+} < Eu^{3+} < Sm^{3+} < Nd^{3+} < Pr^{3+} < Ce^{3+} < La^{3+}$$

2）弱酸型阳离子交换树脂

对 H^+ 的亲和力大于其它阳离子，而对其它阳离子的亲和力与强酸型阳离子相同。

3）强碱型阴离子交换树脂

$$F^- < OH^- < CH_3COO^- < HCOO^- < Cl^- < NO_2^- < CN^- < Br^- < NO_3^- < HSO_4^- < I^- < CrO_4^{2-} < SO_4^{2-}$$

4）弱碱型阴离子交换树脂

$$F^- < Cl^- < Br^- < I^- < CH_3COO^- < PO_4^{3-} < AsO_4^{3-} < NO_{3-} < CrO_4^{2-} < SO_4^{2-} < OH^-$$

2. 离子交换色谱法

由于带相同电荷离子的交换亲和力存在着差异，因而可以进行离子交换层析分离。例如为了分离 Li^+、Na^+、K^+，可让这三种离子的中性溶液通过细长的填充有强酸性阳离子交换树脂的交换柱，这三种离子都留在交换柱的上端。接着以 0.1 mol・L^{-1} HCl 溶液洗脱，它们都将被洗下。随着洗脱液的流动，这三种离子在下面的树脂层上又被交换上去，接着又被洗脱。如此沿着交换柱不断地发生交换、洗脱、又交换、又洗脱的过程。于是交换亲和力最弱的 Li^+ 将首先被洗下，接着是 Na^+，最后是交换亲合力最强的 K^+。如果洗脱液分段收集，则可把 Li^+、Na^+、K^+ 分离，而后可以分别测定。

由于离子间交换亲和力的差异往往较小，单独依靠交换亲和力的差异来分离比较困难，如果采用某种配位剂溶液作洗脱液，则结合洗脱液的配位作用可使分离作用进行得更好。

近年来有机化合物的离子交换色谱分离也获得迅速发展和日益广泛的应用，尤其在药物分析和生物化学分析方面应用更多。例如对氨基酸的分离，已进行深入的研究并取得了较大的成果，在一根交换柱上已能分离出 46 种氨基酸和其他组分。

以上讨论的各种分离都用离子交换树脂作为交换剂，但离子交换树脂不能耐高温、不能耐辐射。为了适应原子能工业的需要，人们研究并生产出了能耐高温、耐辐射的无机离子交换剂，如磷酸锆、钨酸锆等。

另一方面，把离子交换树脂和黏合剂均匀混合，或把纤维素加以处理，引入可交换的活性基团，用来涂铺薄层，进行离子交换薄层层析的研究和应用，近年来也有较大发展。

15.3.4 离子交换分离法的操作

离子交换分离一般都是在交换柱上进行的，其操作过程如下。

1. 树脂的选择和处理

根据分离的对象和要求，选择适当类型和粒度的树脂。树脂先用水浸泡，再用 4～6mol・L^{-1} HCl 溶液浸泡以除去杂质，并使树脂溶胀，最后用水冲洗至中性，浸于水中备用。此时阳离子树脂已处理成 H-型，阴离子树脂已处理成 Cl-型。

2. 装柱

装柱时应避免树脂层中出现气泡，因此经过处理的树脂应该在柱中充满水的情况下装入柱中。树脂床的高度一般约为柱高的90%。为防止树脂的干裂，树脂的顶部应保持一定高度的液面。

3. 交换

将待分离的试液缓慢地倾入柱中，并以适当的流速由上而下流经柱中进行交换。交换完成后，用洗涤液洗去残留的溶液及从树脂中被交换下来的离子。

4. 洗脱

将交换到树脂上的离子，用适当的洗脱剂置换下来。阳离子交换树脂常用 HCl 溶液作洗脱剂，阴离子交换树脂常用 HCl、NaOH 或 NaCl 作洗脱剂。

5. 树脂的再生

把柱内的树脂恢复到交换前的形式称为树脂的再生。多数情况下洗脱过程也就是树脂的再生过程。

15.3.5 离子交换分离法的应用实例

目前，离子交换分离法已成为分析、分离各种无机离子和有机离子以及蛋白质、核酸、多糖等大分子物质的极其重要的工具。它被广泛应用于科研和生产等各方面。

1. 纯水的制备

自来水中常含有一些无机离子，如 K^+、Na^+、Ca^{2+}、Mg^{2+}、Cl^- 和 NO_3^- 等。在生产和科研中普遍采用离子交换分离法进行纯化，这样制得的纯水又叫去离子水，可以代替蒸馏水使用。

如果让自来水先通过 H-型强酸性阳离子交换树脂，则水中的阳离子可被交换除去：

$$nR-SO_3H+M^{n+} = (R-SO_3)_nM+nH^+$$

然后再通过 OH-型强碱性阴离子交换树脂，则水中的阴离子可被交换除去：

$$nR-N(CH_3)_3^+OH^-+X^{n-} = [R-N(CH_3)_3]_nX+nOH^-$$

同时交换下来的 H^+ 和 OH^- 结合形成 H_2O：

$$H^+ + OH^- = H_2O$$

实际工作中往往采用多个阳柱和阴柱交错排列，当待纯化的水依次通过它们流出后，就成为总离子含量极低的纯水。树脂使用过一段时间后，活性基团就会逐渐被交换上去的离子所饱和，以致完全丧失交换能力。此时需分别用强酸和强碱溶液洗脱阳柱和阴柱，恢复树脂的交换能力，此过程即为再生。

2. 干扰离子的分离

1）阴阳离子的分离

由于阳、阴离子交换树脂只能分别交换阳、阴离子，因此用离子交换法分离不同电荷的离子十分方便。例如，用 $BaSO_4$ 沉淀重量法测定黄铁矿中硫的含量时，经处理后的试液中除含有 SO_4^{2-} 外，还含有大量 Fe^{3+} 和 Ca^{2+} 等离子，它们可与 $BaSO_4$ 共沉淀而干扰 SO_4^{2-} 的测定。为此可先将试液通过氢型阳离子交换树脂以除去干扰阳离子，再测定流出液中的 SO_4^{2-}，则可大大提高准确度。又如，用光度法测定钢铁中微量 Al^{3+} 和 Mg^{2+} 时，试液中大量的 Fe^{3+} 有干扰。可先用 9 mol·L^{-1} HCl 溶液处理试液，使 Fe^{3+} 转化为配阴离子

$FeCl_4^-$，而 Al^{3+} 和 Mg^{2+} 则仍以阳离子型体存在。再将试液通过强碱性阴离子交换树脂，$FeCl_4^-$ 被交换到树脂相，而 Al^{3+} 和 Mg^{2+} 则在水相中流出，从而达到了消除干扰的目的。这种分离不需要进行洗脱，速度快，效果好，充分显示了离子交换法的优越性。

2）带同种电荷离子的分离

详见“15.3.3　离子交换色谱法”。

3．生化分离

在生化分离中，根据各种物质对树脂亲和力的不同，选用适当的洗脱剂，离子交换分离法可用于氨基酸混合物、核苷酸混合物、蛋白质等多种物质的分离。例如，用强酸性阳离子交换树脂 $AG-50W-X_4$ 可有效地分离 AMP、CMP、GMP 和 UMP 四种核苷酸混合物。

4．微（痕）量组分的富集

离子交换法不仅可进行干扰组分的分离，而且也是使微（痕）量组分富集的有效方法之一。以测定矿石中的铂、钯为例。由于其含量一般仅为 $10^{-7}\%\sim10^{-5}\%$，因此必须事先富集。试样用王水溶解后，加入浓 HCl 溶液，使铂、钯形成 $PtCl_6^{2-}$ 和 $PdCl_6^{2-}$ 配阴离子。稀释之后，将试液通过强碱性阴离子交换树脂，即可使铂、钯与其他阳离子分离，并逐渐富集到树脂相中。将树脂灰化，再用王水浸取残渣，就得到含 Pt(Ⅳ)和 Pd(Ⅳ)浓度较高的试液，可用光度法进行测定。

15.4　经典液相色谱分离法

15.4.1　色谱分离法简述

色谱法又称层析法或色层法，是一种物理化学分离方法。自 20 世纪初提出后，由于分离效果好，操作简便，目前已发展成为一门内容十分丰富的专门学科。色谱分离法是利用组分在不相混溶的两相中分配的差异而进行分离的。其中一相为固定相，另一相为流动相。当流动相对固定相作相对移动时，待分离组分在两相之间反复进行分配，使它们之间微小的分配差异得到放大，造成其迁移速度的差别，从而得到分离。

色谱分离法有不同的分类方法。如按流动相的聚集态分类，可分为以气体为流动相的气相色谱法和以液体为流动相的液相色谱法。如以固定相的形状及操作方式分类可分为柱色谱、纸色谱和薄层色谱。如以分离机理分类则可分为吸附色谱、分配色谱、凝胶色谱和离子交换色谱等。在色谱分离法中，属于仪器分析方法的气相色谱和高效液相色谱近年来发展极快，已成为一门相对独立的分支学科，在仪器分析课程中将专门讨论。本章只介绍属于经典液相色谱法的柱色谱法、纸色谱法和薄层色谱法。液相色谱法主要用于有机物的分离。

15.4.2　柱色谱

色谱柱通常为玻璃柱或塑料柱，其中填充硅胶或氧化铝等吸附剂作为固定相（也可以利用其他分离机理，采用其他类型的固定相）。将试液加到色谱柱上后，待分离组分将被吸附在柱的上端，再用一种洗脱剂从柱上方进行洗脱。洗脱剂又称展开剂，通常为有机溶剂，在柱色谱中作流动相。例如试液中含有 A、B 两组分，假设固定相对 A 的吸附力大于 B，则 A 先于 B 被吸附。但由于上述吸附力的差别往往很小，因此开始并不能使两者分离。当用适当的有机溶剂洗脱时，随着 A、B 两组分在固定相与流动相之间反复进行吸附和解吸，它们在柱上迁移的速度就发生了差别，其中受固定相吸附力较大的 A 迁移速度较 B 慢。经过一段时间后，它们就逐渐被分离开来。综上所述，就分离机理而言，柱色谱一般属于吸附色谱。如果 A、B 具有不同颜色，两者被分离后，色谱柱上就会出现两条颜色不同的色带，“色谱”一词即来源于此。如果继续洗脱，并用不同的容器接收，就会得到分别含有 A 和 B 组分的溶液。

在色谱分离中，溶质组分既能进入固定相又能进入流动相。如果流动相的流速足够慢，组分将在两相中达到分配平衡，其分配系数用 K_{D}表示：

$$K_D = \frac{\text{组分在固定相中的浓度}}{\text{组分在流动相中的浓度}} = \frac{c_{\mathrm{s}}}{c_{\mathrm{m}}} \tag{15-10}$$

在一定条件下 K_{D}是一个常数。分配系数是色谱分离的依据。对某一固定相，如果两组分具有相同的分配系数 K_{D}，则无论如何改善分离条件都无法实现分离。当固定相和流动相一定时，K_{D}值大的组分在固定相中保留的时间长，移动速度慢，不易被洗脱；K_{D}值小的组分则相反。$K_{\mathrm{D}}=0$ 的组分不被固定相所保留，最先随流动相流出。待分离组分的 K_{D}值差别越大，越容易使它们分离。为此，必须根据物质的结构和性质选择适宜的吸附剂和洗脱剂。

吸附色谱对吸附剂的基本要求是：

(1) 具有较大的表面积和足够的吸附能力。

(2) 在所用的溶剂和洗脱剂中不溶解；不与试样各组分、溶剂和洗脱剂发生化学反应。

(3) 颗粒较均匀，有一定的细度，在使用过程中不易破碎。

(4) 具有较为可逆的吸附性，既能吸附试样组分，又易于解吸。

目前最常用的吸附剂是硅胶和氧化铝，其次是聚酰胺、硅酸镁等。

对洗脱剂的基本要求是：

(1) 对试样组分的溶解度要足够大。

(2) 不与试样组分和吸附剂发生化学反应。

(3) 粘度小，易流动。

(4) 有足够的纯度。

选择吸附剂和洗脱剂应综合考虑吸附剂的吸附能力和待分离组分的极性。一般来说，若被分离物质极性较强，则应选用吸附性较弱的吸附剂和极性较大的洗脱剂；若被分离物质极性较弱，则应选用吸附性较强的吸附剂和弱极性(或非极性)洗脱剂。

柱色谱的优点是分离效果好，适用范围广，可以用来分离很多性质相似的有机化合物。它的缺点是不灵敏，只适用于大量试样中各组分的分离，且需耗费较多的洗脱剂。

15.4.3 纸色谱

纸色谱法是以层析滤纸为载体的液相色谱法。滤纸中的纤维素通常吸收 20% ～ 25% 的水分，其中约 6%的水分子通过氢键与纤维素上的羟基结合，在分离过程中不随有机溶剂流动，形成纸色谱中的固定相；而有机溶剂为流动相，又称展开剂。操作时在长条滤纸的一端点上试样，待晾干后将其吊放在一个密闭的盛有流动相的容器内(称为“层析筒”)，使滤纸被有机溶剂的蒸气饱和，然后将其一端浸入有机溶剂中(图 15-1)。由于滤纸的毛细作用，有机溶剂将沿滤纸不断上升并通过试样点，待分离的各组分也将随之上移，并在固定相和流动相之间不断进行分配，相当于反复进行萃取和反萃取。分配比大的组分较易进入有机相而较难进入水相，故上升速度较快；而分配比小的组分则上升较慢。经过一定时间后，溶剂前沿到达滤纸上端时，试样中的不同组分就会得到分离。再根据组分的性质喷洒显示剂使之显色，就会在滤纸上显示出若干个分开的色斑(图 15-1)。若要进行定量测定，可将色斑分别剪下并将组分溶出，或灰化后将组分溶解，再用适宜方法测定之。也可直接用紫外-可见分光光度计测量色斑的吸光度，并在相同条件下与标准品的结果进行比较。如果试样组分吸收紫外光后有荧光发射，则可采用荧光光度计测量其荧光强度来定量。

从分离机理看，纸色谱属于分配色谱，常用比移值 R_f 来表示某组分在滤纸上的迁移情况，如图 15-2 所示。

$$R_f = \frac{\text{原点至斑点中心的距离}}{\text{原点至溶剂前沿的距离}} = \frac{a}{b} \tag{15-11}$$

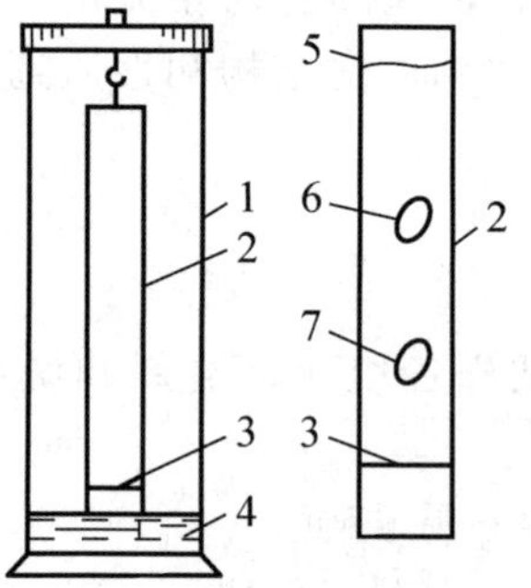

图 15-1　纸色谱分离法

1—层析筒；2—滤纸；3—试样原点；4—有机溶剂；5—溶剂前沿；6，7—组分斑点

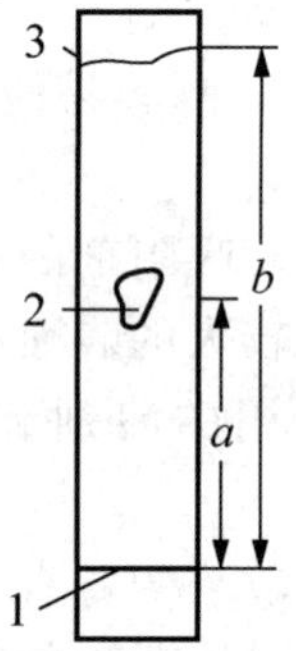

图 15-2　比移值的计算示意图

1—原点；2—组分斑点；3—溶剂前沿

比移值 R_f 最大等于 1，此时组分随展开剂同速上升，不溶于固定相(水相)。比移值最小等于 0，组分始终留在原点，不溶于流动相(有机相)。通常情况下组分的 R_f 在 0 和 1 之间，表明它既有一定的亲水性，又有一定的疏水性。在所用的滤纸和展开剂等条件都一定的情况下，不同物质都有其特定的 R_f，可用于定性鉴定；也可以根据比移值的差别来判断共存组分彼此分离的可能性。一般只有当两组分的 R_f 相差 0.02 以上时，才有可能用纸色谱进行分离。

在纸色谱中，分离在作为载体的滤纸上进行，因此滤纸的质量是影响分离效果的重要因素之一。对滤纸的一般要求是：

(1) 质地和厚薄必须均匀，边缘整齐，平整无折痕，无污渍。

(2) 纸纤维疏松度适当。过于疏松易使斑点扩散，过于紧密则流速太慢。

(3) 有一定的强度，不易断裂。

(4) 纯度高，不含填充剂，灰分在 0.01%以下。否则金属离子杂质会与某些组分结合，影响分离效果。

纸色谱中的展开剂通常为有机溶剂。用单一溶剂时，由于组分简单，因此分离的重现性好，但往往不能满足复杂组分的分离，此时就要采用有机溶剂、酸和水组成的三元溶剂作为展开剂。通过改变混合展开剂中各溶剂的比例，可以调节展开剂的极性，改善分离效果。例如增大展开剂中极性溶剂的比例，可以增大极性物质的 R_f，同时减小非极性物质的 R_f，从而增大它们之间 R_f 之差。当然，混合展开剂的各组分之间，以及它们与待分离的物质之间都不应发生化学反应；所选的展开剂应使待分离组分在两相间迅速达到分配平衡。

纸色谱法所需试样量极少，通常只要几十微升，故十分灵敏，且操作简便，分离效果好，在有机物的分析中应用广泛。

15.4.4 薄层色谱

薄层色谱法是将柱色谱与纸色谱相结合而发展起来的一种分离方法。它将柱色谱分离效果好、适用范围广的优点与纸色谱设备简单、灵敏快速、显色方便等优点相结合，具有独特的优越性。

薄层色谱的固定相与柱色谱类似，是在玻璃板或塑料板上涂布的吸附剂，如硅胶、氧化铝等，只是其粒度更细。而其分离操作则非常类似于纸色谱。干燥后的薄层板经活化后，在其下端用毛细管点上试样，然后在密闭的层析缸中用有机溶剂作为流动相自下而上进行展开。在此过程中，试样中各组分在两相间不断进行吸附和解吸，视吸附剂对不同组分吸附力的差异而逐渐得到分离。经显色后，就会在薄层板上显示出分开的色斑。同样，比移值 R_f 的大小表征了组分在薄层板上的分离情况(如图 15-3 所示)。若要进行定量测定，可将色斑分别刮下，将组分溶出，再用适宜的方法测定之，也可使用薄层色谱扫描仪直接测定。可见，从形式上看薄层色谱与纸色谱很相似；但从分离机理看薄层色谱与柱色谱是相同的，都属于吸附色谱。由于薄层色谱所需试样量极少，一般仅几十微升，因而十分灵敏；它又能分离许多纸色谱无法分离的组分，且较之分离速度快、效率高。又由于薄层色谱的斑点扩散小，其检出灵敏度比纸色谱要高出 10 ~ 100 倍。但是，由于薄层涂布不易均匀，且制取的薄板质量也很难一致，因此即使是同一物质、同种薄层和同一展开剂，在不同薄板上得到的 R_f 也难以完全一致，所以薄层色谱 R_f 的重现性比纸色谱差。因此在进行分离时，通常将标准试样与试样在同一薄板上同时展开，以克服上述缺点。

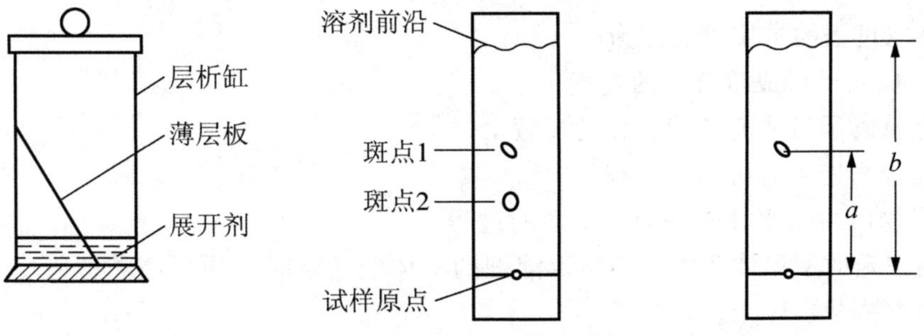

图 15-3　薄层色谱分离法示意图及比移值的计算

薄层色谱通常以吸附剂为固定相，但有时也利用其他分离机理，如分配、离子交换和凝胶色谱等，主要取决于所采用的固定相的性质。例如，若薄层以纤维素为载体，以吸收在纤维素上的水为固定相，则属于分配色谱；若以离子交换剂为固定相，则属于离子交换色谱。

近年来出现了许多新的分离与富集方法，如超临界流体萃取分离法、微波萃取分离法、液膜萃取分离法、固相微萃取分离法和膜分离法。由于篇幅所限，在本书中不作介绍。

综合练习

一、思考题

1. 分离方法在定量分析中有什么重要性？分离时对常量和微量组分的回收率要求如何？

2. 在氢氧化物沉淀分离中，常用的有哪些方法？举例说明。

3. 离子交换树脂分几类，各有什么特点？什么是离子交换树脂的交联度、交换容量？

4. 为何在分析工作中常采用离子交换法制备纯净水，但很少采用金属容器来制备蒸馏水？

5. 何谓分配系数、分配比？二者在什么情况下相等？

6. 为什么在进行螯合物萃取时控制溶液的酸度十分重要？

7. 在离子交换分离法中，影响离子交换亲和力的主要因素有哪些？

二、练习题

1. 选择题

(1) 用氨水分离法分离 Fe^{3+}、Al^{3+}、Cu^{2+}、Zn^{2+}、Ca^{2+}、Mg^{2+} 时，下列说法正确的是(　　)。

(A) Fe^{3+}、Al^{3+} 被沉淀，而 Cu^{2+}、Zn^{2+}、Ca^{2+}、Mg^{2+} 在溶液中

(B) Fe^{3+}、Al^{3+}、Ca^{2+}、Mg^{2+} 被沉淀，而 Cu^{2+}、Zn^{2+} 在溶液中

(C) Ca^{2+}、Mg^{2+} 被沉淀，而 Fe^{3+}、Al^{3+}、Cu^{2+}、Zn^{2+} 在溶液中

(D) Cu^{2+}、Zn^{2+} 被沉淀，而 Fe^{3+}、Al^{3+}、Ca^{2+}、Mg^{2+} 在溶液中

(2) 硫化物沉淀分离中，常用的沉淀剂为(　　)。

(A) Na_2S　　(B) H_2S　　(C) $(NH_4)_2S$　　(D) K_2S

(3) 萃取过程的本质可表述为(　　)。

(A) 金属离子形成螯合物的过程

(B) 金属离子形成离子缔合物的过程

(C) 配合物进入有机相的过程

(D) 将物质由亲水性转变为疏水性的过程

(4) 在一定的萃取体系中，当萃取溶剂的总体积一定时，为提高萃取效率，下列方法中最有效的方法是(　　)。

(A) 提高萃取时的温度

(B) 提高萃取时的压力

(C) 减少萃取次数，增加每次萃取液的体积

(D) 增加萃取次数，减少每次萃取液的体积

(5) 含 Al^{3+} 的 20mL 溶液，用等体积的乙酰丙酮萃取，已知其分配比为 10，则 Al^{3+} 的萃取率约为(　　)。

(A) 99%　　(B) 90%　　(C) 85%　　(D) 95%

(6) 用等体积萃取要求一次萃取率大于 90%，则分配比必须大于(　　)。

(A) 50　　(B) 20　　(C) 18　　(D) 9

(7) 移取 25.00mL 含 0.125g I_2 的 KI 溶液，用 25.00mL CCl_4 萃取，平衡后测得水相中含 0.00500g I_2，则萃取两次的萃取率是(　　)。

(A) 99.8%　　(B) 99.0%　　(C) 98.6%　　(D) 98.0%

(8) 离子交换亲和力是指(　　)。

(A) 离子在树脂上的交换能力

(B) 离子在树脂上的吸附能力

(C) 离子在树脂和淋洗液中的分配能力

(D) 离子交换树脂对离子的选择性

(9) 下列物质属阳离子交换树脂的是(　　)。

(A) RNH_3OH　　(B) RNH_2CH_3OH

(C) ROH　　(D) $RN(CH_3)_3OH$

(10) 在下列几种离子交换树脂中，最容易与 H^+ 交换的是(　　)。

(A) R—COONa　　(B) $R—SO_3Na$

(C) R—ONa　　(D) $R{=}NH_2^+Cl^-$

(11) 当 K^+、Rb^+、Cs^+ 等离子的混合液通过强酸型阳离子交换树脂后，用稀 HCl 洗脱，它们流出交换柱的顺序为(　　)。

(A) K^+、Rb^+、Cs^+　　(B) Cs^+、Rb^+、K^+

(C) K^+、Cs^+、Rb^+　　(D) Rb^+、Cs^+、K^+

(12) 用纸层析法分离 Fe^{3+}、Co^{2+}、Ni^{2+} 以正丁醇-丙酮-浓 HCl 为展开剂，若展开剂的前沿与原点的距离为 13cm，Co^{2+} 斑点中心与原点的距离为 5.2cm，则 Co^{2+} 的比移值 R_f 为(　　)。

(A) 0.40　　(B) 2.5　　(C) 0.78　　(D) 0.67

(13) 薄层层析分离法是基于物质在固定相和流动相中的(　　)。

(A) 溶解度不同　　(B) 分配比不同

(C) 存在形式不同　　(D) 亲和力不同

2. 欲制备纯的 $ZnSO_4$，已知粗 $ZnSO_4$ 溶液中含有 Fe^{3+}，为了分离除去 Fe^{3+}，采用提高溶液 pH 的办法，计算使 Fe^{3+} 沉淀完全时的 pH。(已知 $K_{sp}^{\ominus}[Fe(OH)_3]=2.79\times10^{-39}$)

3. 已知 I_2 在 CS_2 和水中的分配比为 420，今有 100mL I_2 溶液，欲使萃取率达 99.5%，若每次用 5mL CS_2 萃取，问需萃取几次？

4. 某溶质从 10 mL 水相中被萃取到有机相，其分配比等于 4.0。问：(1)在一次萃取中，萃取溶质 99%，需要有机相的体积为多少？(2)用相同的体积萃取三次，同样除去 99%的溶质，需要有机相的总体积是多少？

5. 称取 1.000g 干燥的氢型阳离子交换树脂置于 250mL 锥形瓶中，加入 100.0 mL 0.1000 mol·L^{-1} 的 NaOH 标准溶液，其中含 5% NaCl，密闭，静置过夜，取出清液 20.00mL，用 0.1000 mol·L^{-1} 的 HCl 标准溶液滴定至酚酞变色，用去 19.50 mL。计算该树脂的交换容量。

6. 已知分配比 $D=99$，萃取 $10mgFe^{3+}$ 时，用等体积溶剂萃取一次、二次后，分出有机相，再用等体积水洗一次，将损失多少 Fe^{3+}？

7. 设一含有 A、B 两组分的混合溶液，已知 $R_f(A)=0.32$，$R_f(B)=0.70$，如果用纸上色谱法进行分离，滤纸长度为 15 cm，则 A、B 组分分离后两斑点中心相距最大为多少？

8. 简述如何用离子交换法将大量 Fe^{3+} 和微量 Mg^{2+} 分离。

9. 称取 Na_2CO_3 和 K_2CO_3 混合试样 1.0000 g，溶于水后通过 H^+ 型阳离子交换柱，流出液用 0.5000 $mol \cdot L^{-1}$ NaOH 溶液滴定，用去 30.00 mL，计算试样中 Na_2CO_3 和 K_2CO_3 的质量分数。

附　　录

附录Ⅰ　本书采用的法定计量单位

1. 国际单位制基本单位

量的名称	单位名称	单位符号
长度	米	m
质量	千克	kg
时间	秒	s
电流	安培	A
热力学温度	开尔文	K
物质的量	摩[尔]	mol
光强度	坎德拉	cd

2. 国际单位制导出单位(部分)

量的名称	单位名称	单位符号
面积	平方米	m^2
体积	立方米	m^3
压力	帕斯卡	Pa
能、功、热量	焦耳	J
电量、电荷	库仑	C
电势、电压、电动势	伏特	V
摄氏温度	摄氏度	℃

3. 国际单位制词冠(部分)

倍数	中文符号	国际符号	分数	中文符号	国际符号
10^1	十	da	10^{-1}	分	d
10^2	百	h	10^{-2}	厘	c
10^3	千	k	10^{-3}	毫	m
10^6	兆	M	10^{-6}	微	μ
10^9	吉	G	10^{-9}	纳	n
10^{12}	太	T	10^{-12}	皮	p

4. 我国选定的非国际单位制单位(部分)

	单位名称	单位符号
时间	分	min
	[小]时	h
	天(日)	d
体积	升	L
	毫升	mL
能	电子伏特	eV
质量	吨	t

附录Ⅱ 一些重要的物理常数和常用量的符号及名称

1. 一些重要的物理常数

量	符号	数值	单位
摩尔气体常数	R	8.314510	$J \cdot mol^{-1} \cdot K^{-1}$
阿伏加德罗常数	N_A	$6.022136\ 7 \times 10^{23}$	mol^{-1}
真空中的光速	c	$2.997924\ 58 \times 10^{8}$	$m \cdot s^{-1}$
普朗克常量	h	$6.626075\ 5 \times 10^{-34}$	$J \cdot s$
元电荷	e	$1.602177\ 22 \times 10^{-19}$	C
法拉第常数	F	96 485.309	$C \cdot mol^{-1}$或$J \cdot V^{-1} \cdot mol^{-1}$
热力学温度	T	$\{T\} = \{t\} + 273.15$	K
原子质量单位	u	$1.6605402 \times 10^{-27}$	kg
质子[静]质量	m_P	$1.6726231 \times 10^{-27}$	kg
中子[静]质量	M_n	$1.6749543 \times 10^{-27}$	kg
电子[静]质量	M_e	$9.1093897 \times 10^{-31}$	kg
理想气体摩尔体积	$V_{m,0}$	2.241410×10^{-2}	$m^3 \cdot mol^{-1}$
波尔兹曼常量	k	1.380658×10^{-23}	$J \cdot K^{-1}$

2. 本书使用的一些常用量的符号与名称

符号	名称	符号	名称	符号	名称
a	活度	p	压力(压强)	α	副反应系数、极化率
E_A	电子亲和能	Q	热量、电量、反应商	β	累积平衡常数
c	物质的量浓度	r	粒子半径	γ	活度系数
d_i	偏差	s	标准偏差、溶解度	Δ	分裂能
D_i	键解离能	S	熵	θ	键角
G	吉布斯函数	T	热力学温度、滴定度	μ	真值、键矩、磁矩、偶极矩
H	焓	U	热力学能、晶格能	ρ	密度
I	离子强度、电离能	V	体积	ξ	反应进度
k	速率常数	w	质量分数	σ	屏蔽常数
K	平衡常数	W	功	φ	电极电势
m	质量	x	摩尔分数、电负性	ψ	波函数、原子(分子)轨道
M	摩尔质量	$Y_{l,m}$	原子轨道的角度分布	ν	化学计量数、频率
n	物质的量	E_a	活化能	v	反应速度
N_A	阿伏加德罗数	E	能量、误差、电动势		

附录Ⅲ 一些物质的热力学性质(298.15K，p＝100kPa)

1. 标准摩尔生成焓、标准模摩尔生成吉布斯函数和标准摩尔熵

物质(状态)	$\Delta_f H_m^\ominus$ /kJ·mol⁻¹	$\Delta_f G_m^\ominus$ /kJ·mol⁻¹	$S_m^\ominus$ /J·mol⁻¹·K⁻¹	物质(状态)	$\Delta_f H_m^\ominus$ /kJ·mol⁻¹	$\Delta_f G_m^\ominus$ /kJ·mol⁻¹	$S_m^\ominus$ /J·mol⁻¹·K⁻¹
Ag(s)	0	0	42.712	Br_2(g)	30.71	3.109	245.455
Ag^+(ao)	105.6	77.11	72.68	Br_2(l)	0	0	152.3
AgCl(s)	−127.068	−109.8	96.2	C(g)	718.384	672.942	158.101
Ag_2CO_3(s)	−506.14	−437.09	167.36	C(金刚石)	1.896	2.866	2.439
Ag_2O(s)	−30.56	−10.82	121.71	C(石墨)	0	0	5.694
Al(s)	0	0	28.315	CH_3OH(l)	−238.66	−166.27	126.8
Al(g)	313.80	273.2	164.553	CH_4(g)	−74.81	−50.72	186.15
α-Al_2O_3	−1669.8	−2213.16	0.986	CO(g)	−110.525	−137.285	198.016
$Al_2(SO_4)_3$(s)	−3434.98	−3728.53	239.3	CO_2(g)	−393.511	−394.38	213.76
Br_2(s)	111.884	82.396	175.021	Ca(s)	0	0	41.63

续表

物质(状态)	$\Delta_f H_m^\ominus$ /kJ·mol^{-1}	$\Delta_f G_m^\ominus$ /kJ·mol^{-1}	$S_m^\ominus$ /J·mol^{-1}·K^{-1}	物质(状态)	$\Delta_f H_m^\ominus$ /kJ·mol^{-1}	$\Delta_f G_m^\ominus$ /kJ·mol^{-1}	$S_m^\ominus$ /J·mol^{-1}·K^{-1}
CaC_2(s)	−62.8	−67.8	70.2	H_2O_2(g)	−136.11	−105.57	232.7
$CaCO_3$(方解石)	−1206.87	−1128.70	92.8	H_2O_2(l)	−187.61	−118.04	102.26
$CaCl_2$(s)	−795.0	−750.2	113.8	H_2S(g)	−20.146	−33.040	205.75
CaO	−635.6	−604.2	39.7	H_2SO_4(l)	−811.35	(−866.4)	156.85
$Ca(OH)_2$(s)	−986.5	−896.89	76.1	I_2(s)	0	0	116.70
$CaSO_4$(硬石膏)	−1432.68	−1320.24	106.7	I_2(g)	62.242	19.34	260.60
Cl^-(aq)	−167.456	−131.168	55.10	I^-(ao)	−55.19	−51.57	111.3
Cl_2(g)	0	0	222.948	N_2(g)	0	0	191.598
Cu(s)	0	0	33.32	NH_3(g)	−46.19	−16.603	192.61
CuO(s)	−155.2	−127.1	43.51	NH_4Cl(s)	−314.43	−202.87	94.6
α-Cu_2O	−166.69	−146.33	100.8	N_2H_4(l)	50.63	149.34	121.21
F_2(g)	0	0	203.5	NO(g)	89.860	90.37	210.309
α-Fe	0	0	27.15	NO_2(g)	33.85	51.86	240.57
$FeCO_3$(s)	−747.68	−673.84	92.8	N_2O(g)	81.55	103.62	220.10
FeO(s)	−266.52	−244.3	54.0	N_2O_4(g)	9.160	97.89	304.29
Fe_2O_3(s)	−822.1	−741.0	90.0	N_2O_5(g)	2.51	110.5	342.4
Fe_3O_4(s)	−117.1	−1014.1	146.4	Na_2CO_3(s)	−1130.68	−1044.44	134.98
H(g)	217.4	203.122	114.724	$NaHCO_3$(s)	−950.81	−851.0	101.7
H_2(g)	0	0	130.695	O(g)	247.521	230.095	161.063
H^+(aq)	0	0	0	O_2(g)	0	0	205.138
HBr(g)	−36.24	−53.22	198.60	O_3(g)	142.3	163.45	237.7
HBr(aq)	−120.92	−102.80	80.71	OH^-(aq)	−229.940	−157.297	−10.539
HCl(g)	−92.311	−95.265	186.786	S(单斜)	0.29	0.096	32.55
HCl(aq)	−167.44	−131.17	55.10	S(正交)	0	0	31.80
H_2CO_3(aq)	−698.7	−623.37	191.2	S_8(g)	102.30	49.63	430.98
HI(g)	26.48	1.70	206.549	S(g)	278.81	238.25	167.825
H_2O(g)	−241.818	−228.575	188.825	SO_2(g)	−296.90	−300.37	248.64
H_2O(l)	−285.830	−237.129	69.910	SO_3(g)	−395.18	−370.40	256.34
H_2O(s)	−291.850	(−234.03)	(39.4)	SO_4^{2-}(aq)	−907.51	−741.90	17.20

2. 某些有机化合物的标准燃烧焓

表中 $\Delta_c H_m^\ominus$ 是有机化合物在 298.15K 时完全氧化的标准摩尔焓变。化合物中各种元素完全氧化的最终产物为 CO_2(g)，H_2O(l)，N_2(g)，SO_2。

物质		$\Delta_c H_m^{\ominus}$/kJ·mol^{-1}	物质		$\Delta_c H_m^{\ominus}$/kJ·mol^{-1}
烃类			**醛、酮、酯类**		
甲烷(g)	CH_4	−890.7	甲醛(g)	CH_2O	−570.8
乙烷(g)	C_2H_6	−1559.8	乙醛(l)	C_2H_4O	−1166.4
丙烷(g)	C_3H_8	−2219.1	丙酮(l)	C_3H_6O	−1790.4
丁烷(g)	C_4H_{10}	−2878.3	丁酮(l)	C_4H_8O	−2444.2
异丁烷(g)	C_4H_{10}	−2871.5	乙酸乙酯(l)	$C_4H_8O_2$	−2254.2
戊烷(g)	C_5H_{12}	−3536.2	**酸类**		
异戊烷(g)	C_5H_{10}	−3527.9	甲酸(l)	CH_2O_2	−254.6
正庚烷	C_7H_{16}	−4811.2	乙酸(l)	$C_2H_4O_2$	−874.5
辛烷(l)	C_8H_{18}	−5507.4	草酸(l)	$C_2H_2O_4$	−245.6
环已烷(l)	C_6H_{12}	−3919.9	丙二酸(s)	$C_3H_4O_4$	−861.2
乙炔(g)	C_2H_2	−1299.6	D，L-乳酸(l)	$C_3H_6O_3$	−1367.3
乙烯(g)	C_2H_4	−1410.9	顺丁烯二酸(s)	$C_4H_4O_4$	−1355.2
丙烯(g)	C_3H_6	−2058.5	反丁烯二酸(s)	$C_4H_4O_4$	−1334.7
丁烯(g)	C_4H_8	−2718.6	琥珀酸(s)	$C_4H_5O_4$	−1491.0
苯(l)	C_6H_6	−3267.5	L-苹果酸(s)	$C_4H_6O_5$	−1327.9
甲苯(l)	C_7H_8	−3925.4	L-酒石酸(s)	$C_4H_6O_6$	−1147.3
对二甲苯(l)	C_8H_{10}	−4552.8	苯甲酸(s)	$C_7H_6O_2$	−3228.7
萘(s)	$C_{10}H_8$	−5153.9	水杨酸(s)	$C_7H_6O_3$	−3022.5
蒽(s)	$C_{14}H_{10}$	−7163.9	油酸(l)	$C_{18}H_{34}O_2$	−11118.6
菲(s)	$C_{14}H_{10}$	−7052.9	硬脂酸(s)	$C_{18}H_{36}O_2$	−11280.6
醇、酚、醚类			**碳水化合物类**		
甲醇(l)	CH_4O	−726.6	阿拉伯糖(s)	$C_5H_{10}O_5$	−2342.6
乙醇(l)	C_2H_6O	−1366.8	木糖(s)	$C_5H_{10}O_5$	−2338.9
乙二醇(l)	$C_2H_6O_2$	−1180.7	葡萄糖(s)	$C_6H_{12}O_6$	−2820.9
甘油(l)	$C_3H_8O_3$	−1662.7	果糖(s)	$C_6H_{12}O_6$	−2829.6
苯酚(s)	C_6H_6O	−3053.5	蔗糖(s)	$C_{12}H_{22}O_{11}$	−5640.9
甲醚(g)	C_2H_6O	−1460.46	乳糖(s)	$C_{12}H_{22}O_{11}$	−5648.4
乙醚(l)	$C_4H_{10}O$	−2723.6	麦芽糖(s)	$C_{12}H_{22}O_{11}$	−5645.5

附录Ⅳ 弱酸、弱碱的解离常数 $K^{\ominus}$(25℃)

弱电解质	级数	解离常数	弱电解质	级数	解离常数
H_3AsO_4	1	6.3×10^{-3}	HOCN	1	3.3×10^{-4}
	2	1.1×10^{-7}	$C_6H_4(COOH)_2$(邻苯二甲酸)	1	1.1×10^{-3}
	3	3.2×10^{-12}		1	3.9×10^{-6}
H_3BO_3	1	5.8×10^{-10}	C_6H_5OH	1	1.05×10^{-10}
HBrO	1	2.4×10^{-9}	H_2S	1	1.07×10^{-7}
H_2CO_3	1	4.30×10^{-7}		2	1.3×10^{-13}
	2	5.61×10^{-11}	H_2SO_4	2	1.2×10^{-2}
$H_2C_2O_4$	1	5.90×10^{-2}	H_2SO_3	1	1.3×10^{-2}
	2	6.40×10^{-5}		2	6.3×10^{-8}
HCN	1	4.93×10^{-10}	H_2SiO_3	1	1.7×10^{-10}
HClO	1	3.2×10^{-8}		2	1.6×10^{-12}
H_2CrO_4	1	1.8×10^{-1}	HCOOH	1	1.77×10^{-4}
	2	3.20×10^{-7}	CH_3COOH	1	1.8×10^{-5}
			$(CH_3)_2AsO(OH)$	1	6.4×10^{-7}
HF	1	3.53×10^{-4}	$CH_2ClCOOH$	1	1.4×10^{-3}
HIO_3	1	1.69×10^{-1}	$CHCl_2COOH$	1	3.32×10^{-2}
HIO	1	2.3×10^{-11}	$H_3C_6H_5O_7$(柠檬酸)	1	7.4×10^{-4}
HNO_2	1	5.1×10^{-4}		2	1.7×10^{-5}
NH_4^+	1	5.64×10^{-10}		3	4.0×10^{-7}
H_2O_2	1	2.4×10^{-12}	$NH_3\cdot H_2O$	1	1.8×10^{-5}
H_3PO_4	1	7.5×10^{-3}	$H_2NCH_2CH_2NH_2$(乙二胺)	1	8.5×10^{-5}
	2	6.3×10^{-8}		2	7.1×10^{-8}
	3	4.3×10^{-13}	C_5H_5N	1	1.52×10^{-9}
C_6H_5COOH	1	6.3×10^{-5}			

附录Ⅴ 某些配离子的标准稳定常数

配离子	$K_f^\ominus$(298.15 K)	配离子	$K_f^\ominus$(298.15 K)
$[AgCl_2]^-$	3.0×10^5	$[Cu(CN)_2]^-$	9.98×10^{23}
$[Ag(NH_3)_2]^+$	1.12×10^7	$[Cu(edta)]^{2-}$	5.0×10^{18}
$[Ag(CN)_2]^-$	1.3×10^{21}	$[Fe(CN)_6]^{3-}$	1.0×10^{42}
$[Ag(SCN)_2]^-$	2.04×10^8	$[Fe(CN)_6]^{4-}$	1.0×10^{35}
$[Ag(S_2O_3)_2]^{3-}$	2.9×10^{13}	$[FeF_6]^{3-}$	1.0×10^{16}
$[Ag(en)_2]^+$	5.0×10^7	$[Fe(SCN)_6]^{3-}$	1.5×10^3
$[Ag(edta)]^{3-}$	2.1×10^7	$[FeCl_4]^-$	1.02
$[Al(OH)_4]^-$	3.31×10^{33}	$[Fe(C_2O_4)_3]^{3-}$	1.59×10^{20}
$[AlF_6]^{3-}$	6.9×10^{19}	$[Fe(edta)]^{2-}$	2.1×10^{14}
$[Al(edta)]^-$	1.3×10^{16}	$[Fe(edta)]^-$	1.7×10^{24}
$[Ba(edta)]^{2-}$	6.0×10^7	$[HgCl_4]^{2-}$	1.31×10^{15}
$[Ca(edta)]^{2-}$	1.0×10^{11}	$[HgBr_4]^{2-}$	9.22×10^{20}
$[Ca(P_2O_7)]^{2-}$	1.0×10^5	$[HgI_4]^{2-}$	5.66×10^{29}
$[Cd(NH_3)_4]^{2+}$	2.78×10^7	$[Hg(NH_3)_4]^{2+}$	1.95×10^{19}
$[Cd(CN)_4]^{2-}$	1.95×10^{18}	$[Hg(CN)_4]^{2-}$	1.82×10^{41}
$[Cd(OH)_4]^{2-}$	1.20×10^9	$[Hg(CNS)_4]^{2-}$	4.98×10^{21}
$[CdBr_4]^{2-}$	5.0×10^3	$[Hg(edta)]^{2-}$	6.3×10^{21}
$[CdCl_4]^{2-}$	6.3×10^2	$[Ni(NH_3)_6]^{2+}$	8.97×10^8
$[CdI_4]^{2-}$	4.05×10^5	$[Ni(CN)_4]^{2-}$	1.31×10^{30}
$[Cd(en)_3]^{2+}$	1.2×10^{12}	$[Ni(en)_3]^{2+}$	2.1×10^{18}
$[Cd(edta)]^{2-}$	2.5×10^{16}	$[Ni(edta)]^{2-}$	3.6×10^{18}
$[Co(NH_3)_4]^{2+}$	1.16×10^5	$[Pb(Ac)_4]^{2-}$	3.2×10^8
$[Co(NH_3)_6]^{2+}$	1.3×10^5	$[Pb(edta)]^{2-}$	2×10^{18}
$[Co(NH_3)_6]^{3+}$	1.6×10^{35}	$[PtCl_4]^{2-}$	9.86×10^{15}
$[Co(NCS)_4]^{2-}$	1.0×10^3	$[PtBr_4]^{2-}$	6.47×10^{17}
$[Co(edta)]^{2-}$	2.0×10^{16}	$[Pt(NH_3)_4]^{2+}$	2.18×10^{35}
$[Co(edta)]^-$	1×10^{36}	$[Zn(OH)_4]^{2-}$	3.0×10^{15}
$[Cr(OH)_4]^-$	7.8×10^{29}	$[Zn(NH_3)_4]^{2+}$	2.88×10^9
$[Cr(edta)]^-$	1.0×10^{23}	$[Zn(CN)_4]^{2-}$	5.71×10^{16}
$[Cu(SO_3)_2]^{3-}$	4.13×10^8	$[Zn(CNS)_4]^{2-}$	19.6
$[Cu(NH_3)_4]^{2+}$	2.09×10^{13}	$[Zn(C_2O_4)_2]^{2-}$	2.96×10^7
$[Cu(C_2O_4)_2]^{2-}$	2.35×10^9	$[Zn(edta)]^{2-}$	2.5×10^{16}

附录Ⅵ 常见难溶电解质的溶度积 $K_{sp}^{\ominus}$(298.15K)

难溶电解质	$K_{sp}^{\ominus}$	难溶电解质	$K_{sp}^{\ominus}$
AgCl	1.77×10^{-10}	$Cu(OH)_2$	2.2×10^{-20}
AgBr	5.35×10^{-13}	CuS	6.3×10^{-36}
AgI	8.3×10^{-17}	Cu_2S	2.5×10^{-48}
Ag_2CO_3	8.45×10^{-12}	$Fe(OH)_2$	8.0×10^{-16}
Ag_2CrO_4	1.12×10^{-12}	$Fe(OH)_3$	4.0×10^{-38}
$AgIO_3$	9.2×10^{-9}	FeS	1.59×10^{-19}
Ag_2SO_4	1.20×10^{-5}	Hg_2Cl_2	1.45×10^{-18}
$Ag_2S(\alpha)$	6.3×10^{-50}	HgS（黑）	6.44×10^{-53}
$Ag_2S(\beta)$	1.09×10^{-49}	$MgCO_3$	6.82×10^{-6}
$Al(OH)_3$(无定形)	1.3×10^{-33}	$Mg(OH)_2$	1.8×10^{-11}
$BaCO_3$	2.58×10^{-9}	$Mn(OH)_2$	2.06×10^{-13}
$BaSO_4$	1.07×10^{-10}	MnS(晶状)	2.5×10^{-13}
$BaCrO_4$	1.17×10^{-10}	$Ni(OH)_2$(新制备)	2.0×10^{-15}
$CaCO_3$	3.36×10^{-9}	NiS	1.07×10^{-21}
$CaC_2O_4\cdot H_2O$	4.0×10^{-9}	$PbCl_2$	1.6×10^{-5}
CaF_2	2.7×10^{-11}	$PbCO_3$	1.46×10^{-13}
$Ca_3(PO_4)_2$	2.07×10^{-33}	$PbCrO_4$	1.77×10^{-14}
$CaSO_4$	9.1×10^{-6}	PbF_2	7.12×10^{-7}
$Cd(OH)_2$	5.27×10^{-15}	$PbSO_4$	1.6×10^{-8}
CdS	1.40×10^{-29}	PbS	8.0×10^{-28}
$Co(OH)_2$(桃红)	1.09×10^{-15}	PbI_2	8.49×10^{-9}
$Co(OH)_2$(蓝)	5.92×10^{-15}	$Pb(OH)_2$	1.42×10^{-20}
$Co(OH)_3$	1.6×10^{-44}	$SrCO_3$	5.60×10^{-10}
$CoS(\alpha)$	4.0×10^{-21}	$SrSO_4$	3.44×10^{-7}
$CoS(\beta)$	2.0×10^{-25}	$ZnCO_3$	1.4×10^{-11}
$Cr(OH)_3$	7.0×10^{-31}	ZnC_2O_4	2.7×10^{-8}
CuCl	1.2×10^{-6}	$Zn(OH)_2$	1.2×10^{-17}
CuBr	5.3×10^{-9}	α-ZnS	1.6×10^{-24}
CuI	1.1×10^{-12}	β-ZnS	2.5×10^{-22}

附录Ⅶ 标准电极电势 $\varphi^{\ominus}$(298.15K)

1. 酸性溶液中

	电极反应	$\varphi^{\ominus}$/V
Ag	$AgBr + e = Ag + Br^-$	0.07133
	$AgCl + e = Ag + Cl^-$	0.2223
	$Ag_2CrO_4 + 2e = 2Ag + CrO_4^{2-}$	0.447
	$Ag^+ + e = Ag$	0.7996
Al	$Al^{3+} + 3e = Al$	−1.662
As	$HAsO_2 + 3H^+ + 3e = As + 2H_2O$	0.248
	$H_3AsO_4 + 2H^+ + 2e = HAsO_2 + 2H_2O$	0.56
Bi	$BiOCl + 2H^+ + 3e = Bi + 2H_2O + Cl^-$	0.1583
	$BiO^+ + 2H^+ + 3e = Bi + H_2O$	0.32
Br	$Br_2 + 2e = 2Br^-$	1.066
	$BrO_3^- + 6H^+ + 5e = 1/2Br_2 + 3H_2O$	1.482
Ca	$Ca^{2+} + 2e = Ca$	−2.868
Cl	$ClO_4^- + 2H^+ + 2e = ClO_3^- + H_2O$	1.189
	$Cl_2 + 2e = 2Cl^-$	1.358
	$ClO_3^- + 6H^+ + 6e = Cl^- + 3H_2O$	1.451
	$ClO_3^- + 6H^+ + 5e = 1/2Cl_2 + 3H_2O$	1.47
	$HClO + H^+ + e = 1/2Cl_2 + H_2O$	1.611
	$ClO_3^- + 3H^+ + 2e = HClO_2 + H_2O$	1.214
	$ClO_2 + H^+ + e = HClO_2$	1.277
	$HClO_2 + 2H^+ + 2e = HClO + H_2O$	1.645
Co	$Co^{3+} + e = Co^{2+}$	1.83
Cr	$Cr_2O_7^{2-} + 14H^+ + 6e = 2Cr^{3+} + 7H_2O$	1.332
Cu	$Cu^{2+} + e = Cu^+$	0.153
	$Cu^{2+} + 2e = Cu$	0.337
	$Cu^+ + e = Cu$	0.522
F	$F_2 + 2e = 2F^-$	2.87
	$F_2 + 2H^+ + 2e = 2HF$	3.06

续表

	电极反应	$\varphi^{\ominus}$/V
Fe	$Fe^{2+}+2e = Fe$	−0.447
	$Fe(CN)_6^{3-}+e = Fe(CN)_6^{4-}$	0.358
	$Fe^{3+}+e = Fe^{2+}$	0.771
H	$2H^{+}+e = H_2$	0
Hg	$Hg_2Cl_2+2e = 2Hg+2Cl^{-}$(饱和 KCl 溶液)	0.2412
	$Hg_2Cl_2+2e = 2Hg+2Cl^{-}$(1 mol·$L^{-1}$ KCl 溶液)	0.2801
	$Hg_2{}^{2+}+2e = 2Hg$	0.7973
	$Hg^{2+}+2e = 2Hg$	0.851
	$2Hg^{2+}+2e = Hg_2^{2+}$	0.92
I	$I_2+2e = 2I^{-}$	0.5355
	$I_3^{-}+2e = 3I^{-}$	0.536
	$IO_3^{-}+6H^{+}+5e = 1/2I_2+3H_2O$	1.195
	$HIO+H^{+}+e = I_2+H2O$	1.439
K	$K^{+}+e = K$	−2.931
Mg	$Mg^{2+}+2e = Mg$	−2.372
Mn	$Mn^{2+}+2e = Mn$	−1.185
	$MnO_4^{-}+e = MnO_4^{2-}$	0.558
	$MnO_2+4H^{+}+2e = Mn^{2+}+2H_2O$	1.224
	$MnO_4^{-}+8H^{+}+5e = Mn^{2+}+4H_2O$	1.51
	$MnO_4^{-}+4H^{+}+3e = MnO_2+2H_2O$	1.679
Na	$Na^{+}+e = Na$	−2.71
N	$NO_3^{-}+4H^{+}+3e = NO+2H_2O$	0.957
	$2NO_3^{-}+4H^{+}+2e = N_2O_4+2H_2O$	0.803
	$HNO_2+H^{+}+e = NO+H_2O$	0.983
	$N_2O_4+4H^{+}+4e = 2NO+2H_2O$	1.035
	$NO_3^{-}+3H^{+}+2e = HNO_2+H_2O$	0.934
	$N_2O_4+2H^{+}+2e = 2HNO_2$	1.065
O	$O_2+2H^{+}+2e = H_2O_2$	0.695
	$H_2O_2+2H^{+}+2e = 2H_2O$	1.776
	$O_2+4H^{+}+4e = 2H_2O$	1.229
P	$H_3PO_4+2H^{+}+2e = H_3PO_3+H_2O$	−0.276

续表

	电极反应	$\varphi^{\ominus}$/V
Pb	$PbI_2+2e=Pb+2I^-$	−0.365
	$PbSO_4+2e=Pb+SO_4^{2-}$	−0.3588
	$PbCl_2+2e=Pb+2Cl^-$	−0.2675
	$Pb^{2+}+2e=Pb$	−0.1262
	$PbO_2+4H^++2e=Pb^{2+}+2H_2O$	1.455
	$PbO_2+SO_4^{2-}+4H^++2e=PbSO_4+2H_2O$	1.6913
S	$H_2SO_3+4H^++4e=S+3H_2O$	0.449
	$S+2H^++2e=H_2S$	0.142
	$SO_4^{2-}+4H^++2e=H_2SO_3+2H_2O$	0.172
	$S_4O_6^{2-}+2e=2S_2O_3^{2-}$	0.08
	$S_2O_8^{2-}+2e=2SO_4^{2-}$	2.01
Sb	$Sb_2O_3+6H^++6e=2Sb+3H_2O$	0.152
	$Sb_2O_5+6H^++4e=2SbO^++3H_2O$	0.581
sn	$Sn^{4+}+2e=Sn^{2+}$	0.151
	$Sn^{2+}+2e=Sn$	−0.136
V	$V(OH)_4^++4H^++5e=V+4H_2O$	−0.254
	$VO^{2+}+2H^++e=V^{3+}+H_2O$	0.337
	$V(OH)_4^++2H^++e=VO^{2+}+3H_2O$	1
Zn	$Zn^{2+}+2e=Zn$	−0.763

2. 碱性溶液中

	电极反应	$\varphi^{\ominus}$/V
Ag	$Ag_2S+2e=2Ag+S^{2-}$	−0.691
	$Ag_2O+H_2O+2e=2Ag+2OH^-$	0.342
Al	$H_2AlO_3^-+H_2O+3e=Al+4OH^-$	−2.33
As	$AsO_2^-+2H_2O+3e=As+4OH^-$	−0.68
	$AsO_4^{3-}+2H_2O+2e=AsO_2^-+4OH^-$	−0.71
Br	$BrO_3^-+3H_2O+6e=Br^-+6OH^-$	0.61
	$BrO^-+H_2O+2e=Br^-+2OH^-$	0.761

续表

	电极反应	$\varphi^{\ominus}$/V
Cl	$ClO_3^- + H_2O + 2e = ClO_2^- + 2OH^-$	0.33
	$ClO_4^- + H_2O + 2e = ClO_3^- + 2OH^-$	0.36
	$ClO_2^- + H_2O + 2e = ClO^- + 2OH^-$	0.66
	$ClO^- + H_2O + 2e = Cl^- + 2OH^-$	0.81
Co	$Co(OH)_2 + 2e = Co + 2OH^-$	−0.73
	$Co(NH_3)_6^{3+} + e = Co(NH_3)_6^{2+}$	0.108
	$Co(OH)_3 + e = Co(OH)_2 + OH^-$	0.17
Cr	$Cr(OH)_3 + 3e = Cr + 3OH^-$	−1.48
	$CrO_2^- + 2H_2O + 3e = Cr + 4OH^-$	−1.2
	$CrO_4^{2-} + 4H_2O + 3e = Cr(OH)_3 + 5OH^-$	−0.13
Cu	$Cu_2O + H_2O + 2e = 2Cu + 2OH^-$	−0.360
Fe	$Fe(OH)_3 + e = Fe(OH)_2 + OH^-$	−0.56
H	$2H_2O + 2e = H_2 + 2OH^-$	−0.8277
Hg	$HgO + H_2O + 2e = Hg + 2OH^-$	0.0977
I	$IO_3^- + 3H_2O + 6e = I^- + 6OH^-$	0.26
	$IO^- + H_2O + 2e = I^- + 2OH^-$	0.485
Mg	$Mg(OH)_2 + 2e = Mg + 2OH^-$	−2.690
Mn	$Mn(OH)_2 + 2e = Mn + 2OH^-$	−1.56
	$MnO_4^- + 2H_2O + 3e = MnO_2 + 4OH^-$	0.595
	$MnO_4^{2-} + 2H_2O + 2e = MnO_2 + 4OH^-$	0.6
N	$NO_3^- + H_2O + 2e = NO_2^- + 2OH^-$	0.01
O	$O_2 + 2H_2O + 4e = 4OH^-$	0.401
S	$S + 2e = S^{2-}$	−0.47627
	$SO_4^{2-} + H_2O + 2e = SO_3^{2-} + 2OH^-$	−0.93
	$2SO_3^{2-} + 3H_2O + 4e = S_2O_3^{2-} + 6OH^-$	−0.571
	$S_4O_6^{2-} + 2e = 2S_2O_3^{2-}$	0.08
Sb	$SbO_2^- + 2H_2O + 3e = Sb + 4OH^-$	−0.66
Sn	$Sn(OH)_6^{2-} + 2e = HSnO_2^- + H_2O + 3OH^-$	−0.93
	$HSnO_2^- + H_2O + 2e = Sn + 3OH^-$	−0.909

附录Ⅷ 部分条件电极电势(298.15)

电极反应	$\varphi^{\ominus}$/V	介质
$Ag^+ + e = Ag$	0.792	1.0 mol·L^{-1} $HClO_4$
	0.228	1.0 mol·L^{-1} HCl
	0.59	1.0 mol·L^{-1} NaOH
$Ce^{4+} + e = Ce^{3+}$	1.70	1.0 mol·L^{-1} $HClO_4$
	1.61	1.0 mol·L^{-1} HNO_3
	1.44	0.5mol·L^{-1} H_2SO_4
	1.28	1.0 mol·L^{-1} HCl
$Cr_2O_7^{2-} + 14H^+ + 6e = 2Cr^{3+} + 7H_2O$	0.93	0.1 mol·L^{-1} HCl
	1.00	1.0 mol·L^{-1} HCl
	1.05	2.0 mol·L^{-1} HCl
	1.08	3.0 mol·L^{-1} HCl
	1.15	4.0 mol·L^{-1} HCl
	1.08	0.5mol·L^{-1} H_2SO_4
	1.10	2.0mol·L^{-1} H_2SO_4
	1.15	4.0mol·L^{-1} H_2SO_4
	0.84	0.1mol·L^{-1} $HClO_4$
	1.025	1.0 mol·L^{-1} $HClO_4$
	1.27	1.0 mol·L^{-1} HNO_3
$CrO_4^{2-} + 2H_2O + 3e = CrO_2^- + 4OH^-$	−0.12	1.0 mol·L^{-1} NaOH
$Fe^{3+} + e = Fe^{2+}$	0.73	0.1 mol·L^{-1} HCl
	0.70	1.0 mol·L^{-1} HCl
	0.69	2.0 mol·L^{-1} HCl
	0.68	3.0 mol·L^{-1} HCl
	0.64	5.0 mol·L^{-1} HCl
	0.68	0.1mol·L^{-1} H_2SO_4
	0.674	0.5mol·L^{-1} H_2SO_4
	0.68	4.0mol·L^{-1} H_2SO_4
	0.732	1.0 mol·L^{-1} $HClO_4$
	0.46	2.0mol·L^{-1} H_3PO_4
	0.70	1.0 mol·L^{-1} HNO_3
	−0.68	1.0 mol·L^{-1} NaOH
	0.51	1.0 mol·L^{-1} HCl+0.5mol·L^{-1} H_3PO_4

续表

电极反应	$\varphi^\ominus$/V	介质
$MnO_4^- + 8H^+ + 5e = Mn^{2+} + 4H_2O$	1.45	1.0 $mol \cdot L^{-1}$ $HClO_4$
	1.27	8.0 $mol \cdot L^{-1}$ H_3PO_4
$Pb^{2+} + 2e = Pb$	−0.32	1.0 $mol \cdot L^{-1}$ NaAc
	−0.14	1.0 $mol \cdot L^{-1}$ $HClO_4$
$Sn^{4+} + 2e = Sn^{2+}$	0.14	1.0 $mol \cdot L^{-1}$ HCl
	0.13	2.0 $mol \cdot L^{-1}$ HCl
$Ti^{4+} + e = Ti^{3+}$	−0.05	1.0 $mol \cdot L^{-1}$ H_3PO_4
	−0.15	5.0 $mol \cdot L^{-1}$ H_3PO_4
	0.12	2.0 $mol \cdot L^{-1}$ H_2SO_4

附录Ⅸ 元素周期表

原子序数 → 19；元素符号 → K；钾 ← 元素名称（注*的是人造元素）；$4s^1$ ← 外围电子的构型，括号指可能的构型；原子量 → 39.0983

注:

1. 原子量录自1997年国际原子量表，以$^{12}C=12$为基准。原子量末位数的准确度加注在其后括号内。
2. 商品Li的原子量范围为6.94~6.99。

周期	ⅠA 1	ⅡA 2	ⅢB 3	ⅣB 4	ⅤB 5	ⅥB 6	ⅦB 7	Ⅷ 8	Ⅷ 9	Ⅷ 10	ⅠB 11	ⅡB 12	ⅢA 13	ⅣA 14	ⅤA 15	ⅥA 16	ⅦA 17	0 18	电子层	0族电子数
1	1 H 氢 $1s^1$ 1.00794(7)																	2 He 氦 $1s^2$ 4.002602(2)	K	2
2	3 Li 锂 $2s^1$ 6.941(2)	4 Be 铍 $2s^2$ 9.012182(3)											5 B 硼 $2s^22p^1$ 10.811(7)	6 C 碳 $2s^22p^2$ 12.0107(8)	7 N 氮 $2s^22p^3$ 14.00674(7)	8 O 氧 $2s^22p^4$ 15.9994(3)	9 F 氟 $2s^22p^5$ 18.9984032(5)	10 Ne 氖 $2s^22p^6$ 20.1797(6)	L K	8 2
3	11 Na 钠 $3s^1$ 22.989770(2)	12 Mg 镁 $3s^2$ 24.3050(6)											13 Al 铝 $3s^23p^1$ 26.981538(2)	14 Si 硅 $3s^23p^2$ 28.0855(3)	15 P 磷 $3s^23p^3$ 30.973761(2)	16 S 硫 $3s^23p^4$ 32.066(6)	17 Cl 氯 $3s^23p^5$ 35.4527(9)	18 Ar 氩 $3s^23p^6$ 39.948(1)	M L K	8 8 2
4	19 K 钾 $4s^1$ 39.0983(1)	20 Ca 钙 $4s^2$ 40.078(4)	21 Sc 钪 $3d^14s^2$ 44.955910(8)	22 Ti 钛 $3d^24s^2$ 47.867(1)	23 V 钒 $3d^34s^2$ 50.9415(1)	24 Cr 铬 $3d^54s^1$ 51.9961(6)	25 Mn 锰 $3d^54s^2$ 54.938049(9)	26 Fe 铁 $3d^64s^2$ 55.845(2)	27 Co 钴 $3d^74s^2$ 58.933200(9)	28 Ni 镍 $3d^84s^2$ 58.6934(2)	29 Cu 铜 $3d^{10}4s^1$ 63.546(3)	30 Zn 锌 $3d^{10}4s^2$ 65.39(2)	31 Ga 镓 $4s^24p^1$ 69.723(1)	32 Ge 锗 $4s^24p^2$ 72.61(2)	33 As 砷 $4s^24p^3$ 74.92160(2)	34 Se 硒 $4s^24p^4$ 78.96(3)	35 Br 溴 $4s^24p^5$ 79.904(1)	36 Kr 氪 $4s^24p^6$ 83.80(1)	N M L K	8 18 8 2
5	37 Rb 铷 $5s^1$ 85.4678(3)	38 Sr 锶 $5s^2$ 87.62(1)	39 Y 钇 $4d^15s^2$ 88.90585(2)	40 Zr 锆 $4d^25s^2$ 91.224(2)	41 Nb 铌 $4d^45s^1$ 92.90638(2)	42 Mo 钼 $4d^55s^1$ 95.94(1)	43 Tc 锝 $4d^55s^2$ (98)	44 Ru 钌 $4d^75s^1$ 101.07(2)	45 Rh 铑 $4d^85s^1$ 102.90550(2)	46 Pd 钯 $4d^{10}$ 106.42(1)	47 Ag 银 $4d^{10}5s^1$ 107.8682(2)	48 Cd 镉 $4d^{10}5s^2$ 112.411(8)	49 In 铟 $5s^25p^1$ 114.818(3)	50 Sn 锡 $5s^25p^2$ 118.710(7)	51 Sb 锑 $5s^25p^3$ 121.760(1)	52 Te 碲 $5s^25p^4$ 127.60(3)	53 I 碘 $5s^25p^5$ 126.90447(3)	54 Xe 氙 $5s^25p^6$ 131.29(2)	O N M L K	8 18 18 8 2
6	55 Cs 铯 $6s^1$ 132.90545(2)	56 Ba 钡 $6s^2$ 137.357(7)	57—71 La—Lu 镧系	72 Hf 铪 $5d^26s^2$ 178.49(2)	73 Ta 钽 $5d^36s^2$ 180.9479(1)	74 W 钨 $5d^46s^2$ 183.84(1)	75 Re 铼 $5d^56s^2$ 186.207(1)	76 Os 锇 $5d^66s^2$ 190.23(3)	77 Ir 铱 $5d^76s^2$ 192.217(3)	78 Pt 铂 $5d^96s^1$ 195.078(2)	79 Au 金 $5d^{10}6s^1$ 196.96655(2)	80 Hg 汞 $5d^{10}6s^2$ 200.59(2)	81 Tl 铊 $6s^26p^1$ 204.38(2)	82 Pb 铅 $6s^26p^2$ 207.2(1)	83 Bi 铋 $6s^26p^3$ 208.98038(2)	84 Po 钋 $6s^26p^4$ (209)	85 At 砹 $6s^26p^5$ (210)	86 Rn 氡 $6s^26p^6$ (222)	P O N M L K	8 18 32 18 8 2
7	87 Fr 钫 $7s^1$ (223)	88 Ra 镭 $7s^2$ (226)	89—103 Ac—Lr 锕系	104 Rf 𬬻* $(6d^27s^2)$ (265)	105 Db 𬭊* $(6d^37s^2)$ (268)	106 Sg 𬭳* (271)	107 Bh 𬭛* (270)	108 Hs 𬭶* (277)	109 Mt 鿏* (276)	110 Ds 𫟼* (281)	111 Rg 𬬭* (280)	112 Cn 鿔* (285)	113 Nh 鿭* (284)	114 Fl 𫓧* (289)	115 Mc 镆* (288)	116 Lv 𫟷* (293)	117 Ts 鿬	118 Og 鿫* (294)		

镧系	57 La 镧 $5d^16s^2$ 138.9055(2)	58 Ce 铈 $4f^15d^16s^2$ 140.116(1)	59 Pr 镨 $4f^36s^2$ 140.90765(2)	60 Nd 钕 $4f^46s^2$ 144.24(3)	61 Pm 钷 $4f^56s^2$	62 Sm 钐 $4f^66s^2$ 150.36(3)	63 Eu 铕 $4f^76s^2$ 151.964(1)	64 Gd 钆 $4f^75d^16s^2$ 157.25(3)	65 Tb 铽 $4f^96s^2$ 158.92534(2)	66 Dy 镝 $4f^{10}6s^2$ 162.50(3)	67 Ho 钬 $4f^{11}6s^2$ 164.93032(2)	68 Er 铒 $4f^{12}6s^2$ 167.26(3)	69 Tm 铥 $4f^{13}6s^2$ 168.93421(2)	70 Yb 镱 $4f^{14}6s^2$ 173.04(3)	71 Lu 镥 $4f^{14}5d^16s^2$ 174.967(1)
锕系	89 Ac 锕 $6d^17s^2$	90 Th 钍 $6d^27s^2$ 232.0381(1)	91 Pa 镤 $5f^26d^17s^2$ 231.03588(2)	92 U 铀 $5f^36d^17s^2$ 238.0289(1)	93 Np 镎 $5f^46d^17s^2$ (237)	94 Pu 钚 $5f^67s^2$ (244)	95 Am 镅* $5f^77s^2$ (243)	96 Cm 锔* $5f^76d^17s^2$ (247)	97 Bk 锫* $5f^97s^2$ (247)	98 Cf 锎* $5f^{10}7s^2$ (251)	99 Es 锿* $5f^{11}7s^2$ (252)	100 Fm 镄* $5f^{12}7s^2$ (257)	101 Md 钔* $(5f^{13}7s^2)$ (258)	102 No 锘* $(5f^{14}7s^2)$ (259)	103 Lr 铹* $(5f^{14}6d^17s^2)$ (262)

参 考 文 献

[1] 江棂，张晓梅，张群正，等．工科化学[M]. 2 版．北京：化学工业出版社，2006.

[2] 魏祖期，刘德育．基础化学[M]. 7 版．北京：人民卫生出版社，2008.

[3] 崔爱莉，沈光球，寇会忠，等．现代化学基础[M]. 2 版．北京：清华大学出版社，2008.

[4] 浙江大学．无机及分析化学[M]. 北京：高等教育出版社，2003.

[5] 呼世斌，黄蔷蕾．无机及分析化学[M]. 北京：高等教育出版社，2001.

[6] 易洪潮．无机及分析化学[M]．北京：石油工业出版社，2007.

[7] 陈虹锦．无机与分析化学[M]．北京：科学出版社，2002.

[8] 南京大学．无机及分析化学[M]．北京：高等教育出版社，2003.

[9] 武汉大学．无机及分析化学[M]．武汉：武汉大学出版社，2003.

[10] 李保山．基础化学[M]，北京：科学出版社，2003.

[11] 邵学俊，董平安，魏益海．无机化学（上、下册）[M]. 武汉：武汉大学出版社，2003.

[12] 北京师范大学，华中师范大学，南京师范大学．无机化学（上、下册）[M]. 北京：高等教育出版社，2001.

[13] 大连理工大学无机化学教研室．无机化学[M]. 4 版．北京：高等教育出版社，2001.

[14] 周享春．普通化学[M]. 北京：北京大学出版社，2013.

[15] 沈光球，陶家洵，徐功骅．现代化学基础[M]. 北京：清华大学出版社，1999.

[16] 朱传征，高剑南．现代化学基础[M]. 上海：华东师范大学出版社，1998.

[17] 申泮文．近代化学导论[M]. 北京：高等教育出版社，2002.

[18] 孔荣贵，等．化学原理和应用（1 分册）[M]. 北京：高等教育出版社，1998.

[19] 丁廷桢．化学原理和应用(3 分册）[M]. 北京：高等教育出版社．1998.

[20] 朱玉贞，顾达，黑恩成．现代基础化学（上、下册）[M]. 北京：化学工业出版社，1998.

[21] 施宪法．化学原理和应用(4 分册）[M]. 北京：高等教育出版社，1999.

[22] 金安定，刘淑薇，吴勇．高等无机化学简明教程[M]. 南京：南京师范大学出版社，1999.

[23] 顾登平，童汝亭．化学电源[M]. 北京：高等教育出版社，1993.

[24] 胡忠鲠．现代化学基础[M]. 北京：高等教育出版社，2000.

[25] 王志林，黄孟健．无机化学学习指导[M]. 北京：科学出版社，2002.

[26] [美]Shriver D F，Atkins P W，Langford C H. *Inorganic Chemistry*. New York：Freeman and Company，1990.

[27] [美]Masterton W L，Hurley C N. *Chemistry Principles & Reactions*，5th ed，1997.

[28] [美]Oxtoby D W，Gillis H P，Nachtrieb N H. *Principles of Modern Chemistry*. 4th ed. Saunders College Publishing，1999.

[29] Hill J W，Petrucci R H. *General Chemistry*. 2nd ed. Prentice Hall，New Jersey，1999.

[30] 徐春祥，刘有训．基础化学[M]. 4 版．北京：人民卫生出版社，2007.

[31] 武汉大学．分析化学[M]. 4 版．北京：高等教育出版社，2000.

[32] 华中师范大学等．分析化学（上、下册）[M]. 3 版．北京：高等教育出版社，2001.

[33] 武汉大学．仪器分析 [M]. 北京：高等教育出版社，2001.

[34] 朱明华．仪器分析[M]. 3 版．北京：高等教育出版社，2000.

[35] 刘志广．仪器分析 [M]. 北京：高等教育出版社，2007.